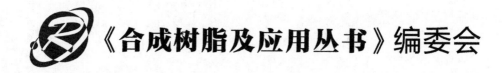《合成树脂及应用丛书》编委会

高 级 顾 问： 李勇武　袁晴棠

编委会主任： 杨元一

编委会副主任： 洪定一　廖正品　何盛宝　富志侠　胡　杰
　　　　　　　　　王玉庆　潘正安　吴海君　赵起超

编委会委员（按姓氏笔画排序）：

　　　　　　王玉庆　王正元　王荣伟　王绪江　乔金樑
　　　　　　朱建民　刘益军　江建安　杨元一　李　杨
　　　　　　李　玲　邴涓林　肖淑红　吴忠文　吴海君
　　　　　　何盛宝　张师军　陈　平　林　雯　胡　杰
　　　　　　胡企中　赵陈超　赵起超　洪定一　徐世峰
　　　　　　黄　帆　黄　锐　黄发荣　富志侠　廖正品
　　　　　　颜　悦　潘正安　魏家瑞

"十二五"国家重点图书

合成树脂及应用丛书

酚醛树脂及其应用

■ 黄发荣 万里强 等编著

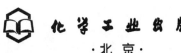

·北京·

本书重点介绍了酚醛树脂及其制品的生产、加工技术及其在相关领域中的应用。主要内容可分为三部分。第一部分，在简述酚醛树脂的发展之后，比较详细地介绍了酚醛树脂化学、合成及生产，结合酚醛树脂的结构与性能，侧重阐述酚醛树脂的改性及其应用。第二部分，重点介绍酚醛树脂的后加工技术及各方面的应用，涉及酚醛泡沫塑料、涂料、胶黏剂、油墨及其应用、苯并噁嗪树脂及其材料与应用、酚醛树脂复合材料加工技术、酚醛树脂复合材料的制备与应用，包括酚醛模塑料、酚醛层压材料和酚醛树脂木材复合材料以及特种功能酚醛树脂复合材料的制备与应用。第三部分，在介绍酚醛树脂的生产和使用的安全与防护内容后，对酚醛树脂的发展与展望做了讨论。书后还附上酚醛树脂的原材料、国内外主要酚醛树脂生产厂家及其相关产品、有关酚醛树脂及其材料的测试标准和酚醛树脂有关的出版物，便于读者参考。

本书内容系统全面，提供许多实用数据，包括应用实例、产品特性、参考文献，可供从事酚醛树脂及其制品的生产、加工、制造等生产企业或公司的管理和技术人员参考，也可供科研院所从事与酚醛树脂相关的科研人员和树脂基复合材料教学人员参考。

图书在版编目（CIP）数据

酚醛树脂及其应用/黄发荣，万里强等编著.
北京：化学工业出版社，2011.6（2022.2 重印）
（合成树脂及应用丛书）
ISBN 978-7-122-11019-0

Ⅰ.酚… Ⅱ.①黄… ②万… Ⅲ.酚醛树脂
Ⅳ.TQ323.1

中国版本图书馆 CIP 数据核字（2011）第 067180 号

责任编辑：王苏平	文字编辑：王 琪
责任校对：陶燕华	装帧设计：尹琳琳

出版发行：化学工业出版社（北京市东城区青年湖南街 13 号　邮政编码 100011）
印　　装：北京机工印刷厂有限公司
710mm×1000mm　1/16　印张 26¾　字数 526 千字　2022 年 2 月北京第 1 版第 2 次印刷

购书咨询：010-64518888　　　　　　　　　售后服务：010-64518899
网　　址：http://www.cip.com.cn
凡购买本书，如有缺损质量问题，本社销售中心负责调换。

定　　价：78.00 元　　　　　　　　　　　　　　　　　　版权所有　违者必究
京化广临字 2011——30 号

Preface 序

合成树脂作为塑料、合成纤维、涂料、胶黏剂等行业的基础原料，不仅在建筑业、农业、制造业（汽车、铁路、船舶）、包装业有广泛应用，在国防建设、尖端技术、电子信息等领域也有很大需求，已成为继金属、木材、水泥之后的第四大类材料。2010 年我国合成树脂产量达 4361 万吨，产量以每年两位数的速度增长，消费量也逐年提高，我国已成为仅次于美国的世界第二大合成树脂消费国。

近年来，我国合成树脂在产品质量、生产技术和装备、科研开发等方面均取得了长足的进步，在某些领域已达到或接近世界先进水平，但整体水平与发达国家相比尚存在明显差距。随着生产技术和加工应用技术的发展，合成树脂生产行业和塑料加工行业的研发人员、管理人员、技术工人都迫切希望提高自己的专业技术水平，掌握先进技术的发展现状及趋势，对高质量的合成树脂及应用方面的丛书有迫切需求。

化学工业出版社急行业之所需，组织编写《合成树脂及应用丛书》（共 17 个分册），开创性地打破合成树脂生产行业和加工应用行业之间的藩篱，架起了一座横跨合成树脂研究开发、生产制备、加工应用等领域的沟通桥梁。使得合成树脂上游（研发、生产、销售）人员了解下游（加工应用）的需求，下游人员了解生产过程对加工应用的影响，从而达到互相沟通，进一步提高合成树脂及加工应用产业的生产和技术水平。

该套丛书反映了我国"十五"、"十一五"期间合成树脂生产及加工应用方面的研发进展，包括"973"、"863"、"自然科学基金"等国家级课题的相关研究成果和各大公司、科研机构攻关项目的相关研究成果，突出了产、研、销、用一体化的理念。丛书涵盖了树脂产品的发展趋势及其合成新工艺、树脂牌号、加工性能、测试表征等技术，内容全面、实用。丛书的出版为提高从业人员的业务水准和提升行业竞争力做出贡献。

该套丛书的策划得到了国内生产树脂的三大集团公司（中国石化、中国石油、中国化工集团），以及管理树脂加工应用的中国塑料加工工业协会的支持。聘请国内20多家科研院所、高等院校和生产企业的骨干技术专家、教授组成了强大的编写队伍。各分册的稿件都经丛书编委会和编著者认真的讨论，反复修改和审查，有力地保证了该套图书内容的实用性、先进性，相信丛书的出版一定会赢得行业读者的喜爱，并对行业的结构调整、产业升级与持续发展起到重要的指导作用。

袁晴棠

2011年8月

Foreword 前言

酚醛树脂作为三大合成热固性树脂之一，经历了100多年的历史，至今已广泛用作模塑料、胶黏剂、涂料、泡沫塑料、油墨等，虽然用量不及不饱和聚酯树脂和环氧树脂，但已在国防军工及建筑、交通、化学工业等各领域发挥重要的作用，不仅以树脂形式，而且以复合材料形式应用。相比其他树脂，酚醛树脂的显著特征是耐热、耐烧蚀、阻燃、耐辐照、耐摩擦磨损等，且成本低，用作烧蚀材料、木材黏合剂、覆膜砂、摩擦材料目前还没有任何树脂可与其竞争；用作阻燃材料或涂料、耐火材料显示出独特的优势。在酚醛树脂理论方面，先由经验上升到理论，然后理论再指导实践，实践又发展了理论，经过一个多世纪的发展，已达到比较完善的程度，然而在酚醛反应机理、结构与性能等方面仍在研究，如用计算机技术研究酚醛树脂合成反应、固化反应及其树脂结构。酚醛树脂的复合成型工艺也获得发展，从模塑粉和浸渍物的模压成型发展到注射成型、手糊成型、拉挤成型及RTM成型等。新型加聚型酚醛结构树脂如苯并噁嗪树脂等也获得迅速发展，并已走向应用。酚醛合成反应的连续化、共混和共聚等技术的实施使酚醛树脂性能更加稳定、性能范围更加广大，可满足更多的使用要求。目前酚醛树脂及其材料已成为一个很有特色的重要化工行业。

作者在《酚醛树脂及其应用》2003年版本的基础上，收集和参阅了近年来国内外酚醛树脂方面的专著、文献资料，编写了本书。在介绍酚醛树脂的反应基本理论之后，本书适当介绍酚醛树脂结构与性能，重点叙述酚醛树脂的制备及其改性、酚醛树脂的后加工技术及各方面的应用，最后对酚醛树脂的发展与展望做了讨论。本书内容全面，并尽量提供实用数据，包括应用实例、产品特性、参考文献，以供从事酚醛树脂行业的工作人员、科研人员、教学人员参考。

本书第1、2、3章由万里强、黄发荣编写；第4章第1、2、3节由胡福增编写，第4章第4节由吴世明编写；第5章由顾宜、王智编写；第6章由邓诗峰、黄发荣、陆关兴编写；第7章

第 1 节由朱永茂、刘勇、殷荣忠编写，第 7 章第 2 节由邓诗峰、黄发荣、姚希增编写，第 7 章第 3 节由万里强、黄发荣、倪礼忠编写；第 8 章第 1、4、5 节由陈麒编写，第 8 章第 2 节由万里强、黄发荣、顾澄中编写，第 8 章第 3 节由黄发荣编写；第 9 章由邓诗峰、王灿锋、姜云、黄发荣编写；附录由王灿锋、黄发荣编写，全书由黄发荣初审并定稿，最终请中国科学院北京化学研究所赵彤审阅。由于作者时间仓促，书中不当之处在所难免，恳请广大读者不吝指正。

作者在编写过程中，得到特种功能高分子材料及相关技术教育部重点实验室、耐高温材料研究室的老师、同事的支持与帮助，王嵘在书稿修订等方面做了工作，在此一并致以谢意！

编著者

2011 年 6 月

Contents 目录

第1章 绪言 ——— 1
- 1.1 酚醛树脂的发展 ……………………………………… 1
- 1.2 酚醛树脂的性能 ……………………………………… 4
  - 1.2.1 酚醛树脂的基本性能 ……………………………… 4
  - 1.2.2 酚醛树脂的热性能及烧蚀性能 …………………… 7
  - 1.2.3 酚醛树脂的阻燃性能和发烟性能 ………………… 8
  - 1.2.4 酚醛树脂的耐辐射性 ……………………………… 10
- 1.3 酚醛树脂的应用 ……………………………………… 11
  - 1.3.1 酚醛树脂的种类 …………………………………… 11
  - 1.3.2 酚醛树脂的主要应用 ……………………………… 11
- 参考文献 …………………………………………………… 13

第2章 酚醛树脂的化学、合成及生产 ——— 14
- 2.1 引言 …………………………………………………… 14
- 2.2 酚醛树脂的合成化学 ………………………………… 14
  - 2.2.1 酚与醛的化学反应性 ……………………………… 14
  - 2.2.2 热固性酚醛树脂的合成反应 ……………………… 16
  - 2.2.3 热塑性酚醛树脂的合成反应 ……………………… 20
  - 2.2.4 高邻位酚醛树脂的合成反应 ……………………… 23
  - 2.2.5 影响酚醛反应的因素 ……………………………… 25
- 2.3 酚醛树脂的反应 ……………………………………… 29
  - 2.3.1 酚醛树脂的固化反应 ……………………………… 29
  - 2.3.2 酚醛树脂的其他化学反应 ………………………… 36
- 2.4 酚醛树脂的合成与生产 ……………………………… 39
  - 2.4.1 酚醛树脂的合成 …………………………………… 39
  - 2.4.2 酚醛树脂的生产 …………………………………… 41
- 2.5 酚醛树脂的质量控制 ………………………………… 56
  - 2.5.1 酚醛树脂常用的原材料及其质量控制 …………… 56
  - 2.5.2 酚醛树脂的质量检验方法 ………………………… 56
- 参考文献 …………………………………………………… 62

第3章 酚醛树脂的结构、性能及改性与应用 —————— 64

3.1 引言 ———————————————————————————————— 64
3.2 酚醛树脂的结构与性能表征 ————————————————————— 65
3.2.1 红外光谱 ————————————————————————————— 65
3.2.2 核磁共振 ————————————————————————————— 66
3.2.3 色谱分析法 ———————————————————————————— 68
3.2.4 热分析 —————————————————————————————— 73
3.2.5 黏度测定 ————————————————————————————— 74
3.2.6 电子能谱 ————————————————————————————— 74
3.2.7 其他表征方法 ——————————————————————————— 75
3.3 酚醛树脂的改性及产品、应用 ———————————————————— 75
3.3.1 醚化酚醛树脂 ——————————————————————————— 76
3.3.2 酯化酚醛树脂 ——————————————————————————— 80
3.3.3 金属改性酚醛树脂 ————————————————————————— 83
3.3.4 有机硅改性酚醛树脂 ———————————————————————— 83
3.3.5 磷改性酚醛树脂 —————————————————————————— 85
3.3.6 氮改性酚醛树脂 —————————————————————————— 86
3.3.7 硫改性酚醛树脂 —————————————————————————— 92
3.3.8 呋喃改性酚醛树脂 ————————————————————————— 93
3.3.9 二甲苯改性酚醛树脂 ———————————————————————— 94
3.3.10 二苯醚改性酚醛树脂 ———————————————————————— 98
3.3.11 聚乙烯醇缩醛改性酚醛树脂 ————————————————————— 99
3.3.12 环氧改性酚醛树脂 ————————————————————————— 102
3.3.13 天然产物改性酚醛树脂 ——————————————————————— 105
3.3.14 双马来酰亚胺改性酚醛树脂 ————————————————————— 110
3.3.15 丙烯酸改性酚醛树脂 ———————————————————————— 112
3.3.16 橡胶改性酚醛树脂 ————————————————————————— 112
3.3.17 其他改性酚醛树脂 ————————————————————————— 115

参考文献 ———————————————————————————————— 116

第4章 酚醛泡沫塑料、涂料、胶黏剂、油墨及其应用 —————— 118

4.1 酚醛泡沫塑料 ————————————————————————————— 118
4.1.1 泡沫塑料概述 ——————————————————————————— 118
4.1.2 酚醛泡沫塑料概述 ————————————————————————— 123
4.1.3 酚醛泡沫塑料的制备 ———————————————————————— 125
4.1.4 酚醛泡沫塑料的应用 ———————————————————————— 131
4.2 酚醛涂料 ——————————————————————————————— 133

    4.2.1　概述 ·· 133
    4.2.2　醇溶性酚醛树脂漆 ·· 134
    4.2.3　松香改性酚醛树脂漆 ··· 136
    4.2.4　丁醇醚化酚醛树脂 ·· 139
    4.2.5　油溶性纯酚醛树脂 ·· 140
    4.2.6　油基酚醛涂料 ·· 141
    4.2.7　酚醛涂料的应用 ··· 144
  4.3　酚醛胶黏剂 ·· 145
    4.3.1　胶黏剂概述 ··· 145
    4.3.2　酚醛胶黏剂 ··· 147
    4.3.3　未改性酚醛树脂胶黏剂 ·· 148
    4.3.4　改性酚醛树脂胶黏剂 ··· 150
    4.3.5　酚醛胶黏剂的应用 ·· 161
  4.4　酚醛油墨 ··· 164
    4.4.1　概述 ·· 164
    4.4.2　印刷油墨对其连接料的性能要求 ·· 164
    4.4.3　酚醛树脂在各类油墨中的应用 ··· 167
    4.4.4　酚醛树脂在油墨工业中的发展前景 ··· 177
  参考文献 ·· 178

第5章　苯并㗁嗪树脂及其材料与应用　179

  5.1　引言 ··· 179
    5.1.1　苯并㗁嗪树脂的发展历史 ··· 179
    5.1.2　苯并㗁嗪树脂的种类、特点及其发展 ··· 180
  5.2　苯并㗁嗪树脂及其材料的制备、性能 ··· 182
    5.2.1　苯并㗁嗪树脂的合成与表征 ·· 182
    5.2.2　苯并㗁嗪树脂的固化反应 ··· 186
    5.2.3　聚苯并㗁嗪的结构、性能与表征 ··· 190
    5.2.4　苯并㗁嗪树脂的改性原理及基本方法 ··· 198
  5.3　苯并㗁嗪树脂的应用 ··· 210
    5.3.1　苯并㗁嗪的应用 ··· 210
    5.3.2　苯并㗁嗪树脂的工业化产品及主要性能指标 ··· 215
  5.4　苯并㗁嗪树脂及其材料的展望 ·· 216
  参考文献 ·· 217

第6章　酚醛树脂复合材料加工技术　222

  6.1　引言 ··· 222
  6.2　酚醛树脂的缠绕成型 ·· 222
    6.2.1　概述 ·· 222

    6.2.2 缠绕复合材料成型的芯模和内衬 …………………………………… 223
    6.2.3 缠绕复合材料的设计 …………………………………………………… 224
    6.2.4 纤维缠绕复合材料成型工艺 …………………………………………… 231
    6.2.5 影响缠绕复合材料性能的主要因素 …………………………………… 234
    6.2.6 纤维缠绕复合材料制品的应用 ………………………………………… 235
  6.3 酚醛树脂的拉挤成型工艺 ……………………………………………………… 236
    6.3.1 引言 ……………………………………………………………………… 236
    6.3.2 酚醛树脂的拉挤成型工艺 ……………………………………………… 236
    6.3.3 酚醛树脂拉挤成型工艺的主要影响因素 ……………………………… 237
    6.3.4 酚醛树脂拉挤成型工艺的挑战 ………………………………………… 238
    6.3.5 酚醛树脂拉挤复合材料的性能 ………………………………………… 239
    6.3.6 酚醛树脂拉挤工艺的研究和发展 ……………………………………… 240
  6.4 树脂传递模塑 RTM 成型工艺 ………………………………………………… 240
    6.4.1 引言 ……………………………………………………………………… 240
    6.4.2 RTM 成型原理 …………………………………………………………… 241
    6.4.3 RTM 成型技术应用及制品性能 ………………………………………… 241
  6.5 酚醛树脂预浸料成型 …………………………………………………………… 243
    6.5.1 酚醛树脂预浸料（坯）的制备及原料 ………………………………… 243
    6.5.2 酚醛树脂预浸料(坯)的加工工艺和固化条件 ………………………… 244
    6.5.3 酚醛树脂预浸料成型的应用 …………………………………………… 245
    6.5.4 酚醛树脂预浸料（坯）成型的未来发展 ……………………………… 246
  6.6 酚醛树脂 SMC/BMC 模压成型工艺 …………………………………………… 246
  6.7 其他酚醛树脂复合材料成型技术 ……………………………………………… 248
  参考文献 ……………………………………………………………………………… 249

第 7 章 酚醛树脂复合材料的制备与应用 —————————— 250
  7.1 酚醛模塑料 ……………………………………………………………………… 250
    7.1.1 概述 ……………………………………………………………………… 250
    7.1.2 酚醛模塑料的制造 ……………………………………………………… 252
    7.1.3 酚醛模塑料的性能 ……………………………………………………… 262
    7.1.4 酚醛模塑料的品种与发展 ……………………………………………… 274
    7.1.5 酚醛模塑料的注射成型加工工艺 ……………………………………… 281
    7.1.6 酚醛模塑料的质量检验及标准 ………………………………………… 285
    7.1.7 酚醛模塑料的应用 ……………………………………………………… 290
  7.2 酚醛层压材料 …………………………………………………………………… 295
    7.2.1 酚醛层压板的制备及性能 ……………………………………………… 295
    7.2.2 酚醛层压管、棒的制造及性能 ………………………………………… 303
    7.2.3 酚醛层压材料的应用 …………………………………………………… 304
  7.3 酚醛树脂木材复合材料 ………………………………………………………… 305

7.3.1 概述 ··· 305
7.3.2 酚醛树脂多层复合板 ··· 306
7.3.3 酚醛树脂刨花板 ·· 312
参考文献 ·· 314

第8章 特种功能酚醛树脂复合材料的制备与应用 —— 315

8.1 酚醛树脂摩擦材料 ··· 315
  8.1.1 摩擦材料的主要性能和成分 ·· 315
  8.1.2 摩擦材料的主要制造工艺 ··· 318
  8.1.3 摩擦材料中使用的酚醛树脂 ·· 324
  8.1.4 酚醛树脂摩擦材料的发展 ··· 325
8.2 酚醛树脂覆膜砂 ··· 327
  8.2.1 概述 ··· 327
  8.2.2 覆膜砂用酚醛树脂 ··· 327
  8.2.3 覆膜砂用酚醛树脂的发展 ··· 333
8.3 酚醛树脂耐火材料 ··· 334
  8.3.1 引言 ··· 334
  8.3.2 耐火材料的主要成分及其作用 ····································· 334
  8.3.3 耐火材料的制备过程 ·· 337
  8.3.4 耐火材料的性能及其影响因素 ····································· 341
  8.3.5 酚醛树脂黏合剂 ··· 345
  8.3.6 酚醛树脂在耐火材料中的应用 ····································· 348
  8.3.7 酚醛树脂耐火材料的发展 ··· 352
8.4 酚醛树脂烧蚀材料 ··· 352
  8.4.1 材料的耐烧蚀性 ··· 352
  8.4.2 酚醛树脂的耐烧蚀性 ·· 353
  8.4.3 耐烧蚀改性酚醛材料的合成和应用 ······························· 356
8.5 酚醛树脂碳/碳复合材料 ·· 358
  8.5.1 碳/碳复合材料简介 ·· 358
  8.5.2 碳/碳复合材料的制备工艺 ·· 359
  8.5.3 碳/碳复合材料的性能 ··· 362
  8.5.4 碳/碳复合材料的应用 ··· 363
参考文献 ·· 366

第9章 酚醛树脂材料的发展与展望 —— 367

9.1 概述 ··· 367
9.2 新型加聚型酚醛树脂 ·· 368
  9.2.1 烯丙基酚醛树脂 ··· 368
  9.2.2 炔基酚醛树脂 ·· 369

  9.2.3　氰酸酯基酚醛树脂 ………………………………………………… 372
 9.3　酚醛树脂纳米复合材料 …………………………………………………… 374
  9.3.1　碳纳米管/酚醛树脂复合材料 ………………………………………… 375
  9.3.2　纳米碳纤维/酚醛树脂复合材料 ……………………………………… 375
  9.3.3　蒙脱土/酚醛树脂复合材料 …………………………………………… 376
  9.3.4　笼形倍半硅氧烷（POSS）/酚醛树脂复合材料 ……………………… 376
  9.3.5　纳米二氧化硅/酚醛树脂复合材料 …………………………………… 377
 9.4　酚醛碳材料 ………………………………………………………………… 377
  9.4.1　碳/碳（C/C）复合材料 ……………………………………………… 377
  9.4.2　酚醛碳泡沫 …………………………………………………………… 378
  9.4.3　酚醛基活性碳纤维 …………………………………………………… 379
  9.4.4　酚醛玻璃碳 …………………………………………………………… 381
 9.5　环境友好型酚醛树脂 ……………………………………………………… 383
  9.5.1　水溶性酚醛树脂 ……………………………………………………… 383
  9.5.2　生物质资源改性酚醛树脂 …………………………………………… 384
 9.6　酚醛树脂及其材料的绿色化 ……………………………………………… 386
  9.6.1　酚醛树脂的物理循环利用 …………………………………………… 386
  9.6.2　酚醛树脂的化学循环利用 …………………………………………… 387
  9.6.3　清洁生产工艺 ………………………………………………………… 388
 参考文献 ………………………………………………………………………… 388

附录　　　　　　　　　　　　　　　　　　　　　　　　　　391

 附录一　酚醛树脂材料的主要原材料 ………………………………………… 391
 附录二　国内外主要酚醛树脂生产厂家及其相关产品 ……………………… 396
 附录三　酚醛树脂及其材料测试标准和酚醛模塑料试验与性能 …………… 398
 附录四　酚醛树脂有关的出版物 ……………………………………………… 413

第1章 绪言

1.1 酚醛树脂的发展

一般由酚类化合物与醛类化合物缩聚而成的树脂称为酚醛树脂。所用酚类化合物主要是苯酚，还可用甲酚、混甲酚、壬基酚、辛基酚、二甲酚、腰果酚、芳烷基酚、双酚 A 或几种酚的混合物等；所用醛类化合物主要是甲醛，还可用多聚甲醛、糠醛、乙醛或几种醛的混合物，其中由苯酚与甲醛缩聚而成的酚醛树脂是最典型和最重要的一种酚醛树脂，本书以其为代表展开论述。

酚醛树脂作为三大热固性树脂之一，应用面广、量大，发展历史悠久。早在 1872 年西德化学家拜耳（A. Baeyer）首先发现酚与醛在酸存在下可以缩合得到结晶的产物（作中间体或药物合成原料）及无定形的、棕红色的、不可处理的树脂状产物，但当时对这种树脂状产物未曾展开研究。随后，化学家克莱堡（Kleeberg，1891 年）和史密斯（Smith，1899 年）再次对苯酚与甲醛的缩合反应进行了研究。克莱堡在学术刊物上详细发表了在浓盐酸存在下酚醛的反应，发现反应生成物不结晶，不易精制，但易成为不溶不熔物，于是他研究在五倍子酸存在下甲醛与多元酚的反应，发现生成结晶性化合物。史密斯从克莱堡的反应中得到启示，认为苯酚与甲醛缩合反应可得到某种可成型的化合物，并使原来过分激烈的反应趋于平稳，即把酚与醛的缩合反应在甲醇等溶剂中进行，同时以稀盐酸代替浓盐酸作为反应催化剂，以乙醛或多聚甲醛代替甲醛，控制反应在 100℃ 以下进行，然后在 12~30h 内蒸出反应物中的溶剂，得到片状或块状硬化物，再通过切削加工成各种形状的制品，但树脂收缩易变形，还无法达到实用。

进入 20 世纪后，各国化学家对苯酚与甲醛缩合反应越来越感兴趣，1902 年布卢默（Blumer）用酒石酸（135 份）作催化剂，用 40% 的甲醛溶液（150 份）与苯酚（195 份）进行反应，把得到的油状物倒入温水中，同时加入少量的氨水，并加热除去过量的苯酚和甲醛，最终得到树脂状物质，后来成为第一个商业化酚醛树脂 Laccain。1903 年卢格特（Lugt）用 40% 的甲醛溶液与同分量的苯酚混合，以盐酸、硫酸或草酸作催化剂制得树脂。当时研究的重点只是用酚醛树脂作为虫胶的代用品用于涂料，称为"清漆树脂"，但没有形成工业化规模。至此，酚醛树脂作为材料还未有突破性进展，这是因为酚醛树脂易碎，且在硬化过程中放出水分等易使制件具有多孔性，并存在龟裂等问题。

直到1905~1907年，比利时出生的美国科学家巴克兰（Baekeland，酚醛树脂创始人）对酚醛树脂进行了系统而广泛的研究之后，发现低温成型可以避免形成气泡，但生产周期太长，固化树脂也太脆，多数场合不能使用，但通过加木粉或其他填料可以克服脆性，在密闭模具中加压可减少气体和蒸汽的放出，较高温度模压有助于缩短生产周期，从而于1907年申请了关于酚醛树脂"加压、加热"固化的专利，并于1910年10月10日成立巴克兰（Bakelite）公司。随后，他们先后申请了400多个专利，预见到目前除酚醛树脂作烧蚀材料以外的主要应用，解决了酚醛树脂应用的关键问题。Baekeland成功地发展了施加高压使酚醛树脂发生固化的技术，他还明确指出酚醛树脂是否具有热塑性取决于苯酚与甲醛的用量比和所用催化剂类型，在碱性催化剂存在下，即使苯酚过量一些，生成物也是热固性树脂，受热后能够转变为不溶不熔树脂。之后Bakelite酚醛树脂一直控制着塑料市场，直到1926年、1928年醇酸树脂和氨基树脂的出现。

通用巴克兰公司最初生产并进入市场的产品就是甲阶酚醛树脂系列的纸质层压板，以木粉、云母、石棉作填料的模塑料主要用于制作电气绝缘制品。1911年艾尔斯沃思（Aylesworth）发现应用六亚甲基四胺（乌洛托品）可使当时认为仅具有永久可溶可熔的乙阶酚醛树脂转变为不溶不熔的产物。因为乙阶酚醛树脂性脆，所以可以粉碎，易于加工，且长时间贮存也不会变质，加六亚甲基四胺后制成的制品具有优良的电绝缘性能，从而使乙阶酚醛树脂作为绝缘材料也广泛用于电气工业部门。依靠Baekeland专利，德国、英国、法国和日本等国家都先后实现了酚醛树脂的工业化生产。

20世纪40年代后，酚醛树脂的合成方法进一步成熟并多元化，出现了许多改性酚醛树脂，使综合性能不断提高，其应用也发展到宇航工业。美国和前苏联20世纪50年代就开始将酚醛复合材料用于空间飞行器、火箭、导弹和超声速飞机的部件，也用作耐瞬时高温和烧蚀材料。20世纪60~70年代出现多种热固性和热塑性树脂，如乙烯基树脂、环氧树脂、聚酰亚胺、聚乙烯、聚丙烯、聚氯乙烯、聚碳酸酯、ABS（丙烯腈-丁二烯-苯乙烯共聚物）等，它们具有优良的性能，其使用几乎占据整个塑料领域，使酚醛树脂的应用和发展受到限制。

在随后的多年工作中，许多科学家从事酚醛树脂的研究，有许多综述和专著出版，如Hultzsch、Martin、Megson、Robitschek、Knop等对酚醛树脂化学、改性、加工工艺和应用等方面均有研究。

20世纪80年代初，发达国家经济繁荣、交通发达、建设昌盛，但火灾事故频繁发生，80%~85%的人员致死和致伤是由着火时产生的浓烟和毒气所致，因此各国政府在建筑、运输等领域对材料提出严格的阻燃、低火焰或发烟、低毒等要求，酚醛树脂正是此类材料因而受到重视。

进入21世纪以来，酚醛树脂的发展处于稳定的发展时期。从美国SCI Finder数据库统计，酚醛树脂的研究论文和专利数每年基本稳定，如2000~2004年总共发表论文5635篇，申请专利4133项；2005~2009年总共发表论文5777篇，申请专利4033项，而酚醛树脂的产量有所增长。表1-1列出了1993年、2003年、2006年世界酚醛树脂的生产情况。与1955年对比，世界酚醛树脂的总产量增长了16.2倍，而美国增长了21.0倍，快于其他国家的增长速度，但美国在2003年之后酚醛树脂的产量就稳定在200万吨左右不再增长，相对而言近些年来的大幅度增长主要在亚洲，尤其中国、日本、韩国三国产量提高明显。世界上从事酚醛树脂行业的厂家不少，但主要集中在20多家公司，表1-2列出了世界上主要酚醛树脂生产厂家及其生产的主要产品情况。

■表1-1　近年来世界酚醛树脂的生产情况①　　　　　　　　　　　单位：万吨

国家或地区	1993年	2003年	2006年
美国	71.0	201.5	205.1
西欧	49.9	33.4	37.06
日本	13.4	26.1	34.1
中国	6.4	31.6	45.0
其他	84.4	31.4	80.24
合计	225.1	324	401.5

① 根据苯酚用量推算：产量=苯酚×1.2。

我国生产酚醛树脂具有50多年的历史。新中国成立前，我国只有在上海和天津有小型工厂以落后的工艺生产酚醛树脂，并且当时酚醛树脂在国内的应用领域仅限于模塑粉（电木粉），用于压制电气开关、闸盒、插座等小件电绝缘制品等；新中国成立后，在政府的大力扶持下，各酚醛树脂生产企业广泛进行技术革新，至20世纪50年代中期，国内技术比较成熟，有一定能力的酚醛树脂及其塑料的生产企业有上海塑料厂、上海天山塑料厂、天津卫津化工厂、重庆塑料厂等。当时引进前苏联技术和装备建成的哈尔滨绝缘材料厂和西安绝缘材料厂是国内技术和装备最先进、生产规模最大的酚醛树脂及其制品厂，对推动我国酚醛树脂及其塑料工业技术的发展和技术起到了很大的作用。

1978年以前，我国酚醛树脂的产量增长速度很慢，技术水平远远落后于先进国家。1978年后，酚醛树脂及其塑料获得飞跃发展，2003年酚醛树脂产量迅猛增加至20万吨，2008年又增至58万吨左右。目前约有100多家酚醛树脂生产企业，生产能力为65万吨/年。我国酚醛树脂行业虽然获得了较快发展，但是我国酚醛树脂企业技术水平有限，每年还需进口较大数量的高性能酚醛树脂。表1-3列出了我国酚醛树脂的应用情况。

■表1-2 全世界主要酚醛树脂生产厂家

国家	公司	生产能力/(万吨/年)	商品名	树脂主要应用领域			
				木材制品	工业应用	模塑料	其他
美国	Borden Inc.	35.4	Durite	√	√		
	Dyno polymers Co.	8.7		√	√		
	Georgia-pacific Ltd.	37.5		√			√
	Nest Resin Ltd.	14.7		√	√		
	Occidental Chemical Ltd.	17.0	Occupy		√	√	√
	Plastics Engineering Co.	4.5	Plenco		√	√	√
日本	大日本油墨株式会社	2.3		√	√	√	
	住友 Durez	1.0	Superbakasite		√	√	
	松下电工	2.0	Durez		√	√	√
	日立化成	2.0	National		√	√	√
	三新化学工业株式会社	3.1	Stanrdlite	√	√		
英国	B. P Plastics Ltd.		Cellobond				
	ICI Ltd.		Bedesol				
	UCC Ltd.		Bakelite				
德国	Dynamit Nobel A G		Irolitan				
	Bakelande A G		Bakelite				
	Hoechst A G		Hostaset				
	BASF A G						
法国	CdF Chimie		Novsophen				
中国	济南圣泉化工			√	√	√	√

注：√表示适用于。

■表1-3 我国酚醛树脂的应用情况

年份	产量/万吨	进口量/万吨	出口量/万吨	消费量/万吨	进口量比重/%
2002年	27.4	9.4	2.8	34.0	27.65
2003年	30.5	10.4	3.2	37.7	27.59
2004年	34.5	12.0	4.4	42.1	28.50
2005年	39.7	10.2	5.8	44.1	23.13
2006年	45.0	10.2	5.7	49.5	20.61
2007年	51.8	10.5	5.5	56.8	18.48
2008年	58.8	9.95	6.35	62.4	15.94

注：其中酚醛树脂产量是行业协会根据国内苯酚用量推算而得。酚醛树脂产量=苯酚用量×1.2，其中低固酚醛树脂折算为酚醛树脂净含量的30%计算。

1.2 酚醛树脂的性能

1.2.1 酚醛树脂的基本性能

酚醛树脂作为人类最早合成的一种树脂，具有高分子化合物的一些基本特点，即：①分子量（相对分子质量）较大，且呈现多分散性；②分子结构有多样性，在不同条件下可分别制成线型、支链型、交联型酚醛树脂；③当树脂处于线型、支链型结构状态，具有可溶可熔、可流动，当其转变为交联结构状态时就固化定型，且不溶不熔。

就酚醛树脂而言，通过控制酚和醛的比例及酚的官能度，以及催化剂的类型（酸性和碱性），可制得热塑性（线型或支链型）和热固性酚醛（交联型）树脂。热固性酚醛树脂又称可溶酚醛树脂或称一阶酚醛树脂、甲阶树脂、Resol 酚醛树脂，它是一种含有可进一步反应的羟甲基活性基团的树脂，该树脂在加热或在酸性条件下就可以交联固化。如果合成反应不加控制，则会使缩聚反应一直进行至形成不溶不熔的交联结构的树脂。另一类称为热塑性酚醛树脂，又称线型酚醛树脂或二阶酚醛树脂、乙阶树脂、Novolak 树脂，该树脂要加入固化剂如六亚甲基四胺后才可反应形成具有交联结构的树脂。

相对于其他树脂，酚醛树脂具有以下主要特性：①原料价格便宜、生产工艺简单且成熟，制造及加工设备投资少，成型加工容易；②耐热、耐燃，可自灭，电绝缘性能好，但耐电弧性差；③化学稳定性好，耐酸性强，但不耐碱；④树脂既可混入无机填料或有机填料制成模塑料，也可浸渍织物制成层压制品，还可以发泡；⑤制品尺寸稳定。表 1-4 列出了三大热固性树脂的特点。

酚醛树脂与其他热固性树脂的性能比较如表 1-5 所示，酚醛树脂固化温度较高，固化树脂的力学性能、耐化学腐蚀性与不饱和聚酯相当，但不及环氧树脂；酚醛树脂的脆性比较大、收缩率高、不耐碱、易吸潮、电性能差，不及聚酯和环氧树脂。

■表 1-4 三大热固性树脂的特点

特点	酚醛树脂	环氧树脂	不饱和聚酯树脂
优点	1. 容易制成 B 阶树脂，有优良的预浸渍制品的特性 2. 可用水和醇的混合溶剂，操作方便 3. 成型只需加热、加压，不需添加引发剂和促进剂 4. 有优良的耐燃性，耐腐蚀性好 5. 固化物耐高温，特别是高温强度比聚酯好得多 6. 固化物强度比聚酯高 7. 热变形温度高，脱模时变形小 8. 价格低廉	1. 固化收缩小，随固化剂种类而异，体积收缩 1%～5% 2. 固化物机械强度高 3. 尺寸稳定性好 4. 黏结性好 5. 电性能、耐腐蚀性（特别是耐碱性）优良 6. 若对树脂及固化剂进行选择，能得到耐热性好的固化物 7. 固化物无臭味，能用于食品行业 8. 树脂保存期长，选择固化剂可以制成 B 阶树脂，有良好的制预浸渍制品的特性	1. 固化时无挥发性副产物，几乎可达到 100% 固化 2. 固化迅速，即使在常温下也能固化 3. 可用多种手段实现固化，如过氧化物、紫外线、射线等 4. 机械强度及电性能优良 5. 能赋予柔软性、硬质、耐候性、耐热性、耐药品性、触变性、难燃、耐熄等特性 6. 可着色，获得透明美观的涂膜 7. 能实现兼具保护与装饰的涂装 8. 能实现空气干燥 9. 固化收缩可做到非常小，甚至达到零收缩

续表

特点	酚醛树脂	环氧树脂	不饱和聚酯树脂
缺点	1. 固化比聚酯慢，达到完全固化需较长时间 2. 固化时有副产物产生，成型时需比聚酯更高的温度和压力 3. 固化物硬而脆 4. 固化物的颜色在褐色与黑色之间，不能随意着色或着淡色 5. 耐候性差，日久会变色 6. 预浸渍制品的保存期短，必须低温贮存	1. 固化剂毒性大，操作时应十分注意 2. 固化时间比聚酯长，达到完全固化必须进行长时间的热处理 3. 黏度高，浸渍纤维需一定的时间 4. 固化放热高 5. 价格较高	1. 一般来说，空气中氧的存在会妨碍固化 2. 硫黄、酚类化合物、炭等混入时，固化困难 3. 特殊的金属或化合物对固化有很大的影响 4. 通常有百分之几的固化收缩 5. 固化方法不当时，在制品中会产生裂纹 6. 固化易受温度、湿度的影响 7. 易燃 8. 黏稠性液体，有特殊的臭味

■表1-5　几种常用热固性树脂的性能

性　能	酚醛	不饱和聚酯	环氧	有机硅
密度/(g/cm³)	1.30~1.32	1.10~1.46	1.11~1.23	1.70~1.90
拉伸强度/MPa	42~64	42~71	约85	21~49
伸长率/%	1.5~2.0	5.0	5.0	—
拉伸模量/GPa	约3.2	2.1~4.5	约3.2	—
压缩强度/MPa	88~110	92~190	约110	64~130
弯曲强度/MPa	78~120	60~120	约130	约69
热变形温度/℃	—	60~100	120	—
线膨胀系数/×10⁻⁶℃⁻¹	60~80	80~100	60	308
洛氏硬度	120	115	100	45
收缩率/%	8~10	4~6	1~2	4~8
体积电阻率/Ω·cm	10^{12}~10^{13}	10^{14}	10^{16}~10^{17}	10^{11}~10^{13}
介电强度/(kV/mm)	14~16	15~20	16~20	7.3
介电常数（60Hz）	6.5~7.5	3.0~4.4	3.8	4.0~5.0
介电损耗角正切（60Hz）	0.10~0.15	0.003	0.001	0.006
耐电弧性/s	100~125	125	50~180	—
吸水率(24h)/%	0.12~0.36	0.15~0.60	0.14	低
对玻璃、金属、陶瓷的黏结力	优良	良好	优良	差
耐化学品性				
弱酸	轻微	轻微	无	轻微
强酸	侵蚀	侵蚀	侵蚀	侵蚀
弱碱	轻微	轻微	无	轻微
强碱	降解	降解	非常轻微	侵蚀
有机溶剂	某些溶剂侵蚀	侵蚀	耐侵蚀	某些溶剂侵蚀

1.2.2 酚醛树脂的热性能及烧蚀性能

酚醛树脂固化后因其芳香环结构和高度交联而具有优良的耐热性，如表1-6所示。酚醛树脂及其玻璃纤维增强材料的模量及强度随温度变化情况如图1-1和图1-2所示。可见酚醛树脂的玻璃化转变温度、马丁耐热度等均比不饱和聚酯和环氧树脂高，模量在300℃内变化不大，虽然弯曲强度在室温下不及聚酯和环氧树脂，但在≥150℃时强度都比它们高。

■表1-6 热固性材料的耐热性和玻璃化转变温度（T_g）　　　　　单位：℃

项目	标准	酚醛树脂	不饱和聚酯树脂	环氧树脂
耐热度（Martens）	DIN 53458	180	115	170
耐热度（Iso/R 75）	DIN 53461	210	145	180
玻璃化转变温度	DIN 53445	>300	170	200

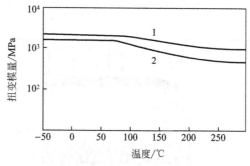

■ 图1-1　酚醛树脂材料的扭变模量与温度的关系

1—玻璃纤维增强酚醛树脂；2—酚醛树脂

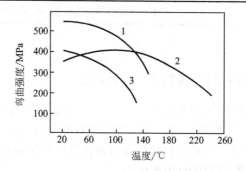

■ 图1-2　纤维增强热固性树脂的弯曲强度与温度的关系

1—环氧树脂；2—酚醛树脂；3—不饱和聚酯树脂

酚醛树脂在300℃以上开始分解，逐渐炭化而成为残留物，酚醛树脂的残留率比较高，达60%以上，如图1-3所示。在高温800～2500℃下酚醛树脂材料表面形成炭化层，使内部材料得到保护，如图1-4所示。因此酚醛树脂广泛用作烧蚀材料，用于火箭、导弹、飞机、宇宙飞船等。

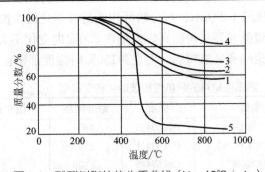

■ 图1-3　酚醛树脂的热失重曲线（N_2，15℃/min）

1—Novolak树脂（10%HMTA）；2—Novolak/Resol（=60:40）树脂，6%HMTA；
3—硼改性酚树脂（18%B）；4—聚对二甲基苯；5—聚碳酸酯

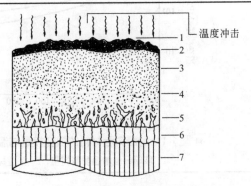

■ 图1-4　纤维增强复合材料的烧蚀

1—气体界面层；2—熔化层（玻璃）；3—致密炭化层；4—初生多孔炭化层；
5—分解物挥发层；6—分解层；7—初始材料状态

1.2.3 酚醛树脂的阻燃性能和发烟性能

阻燃性对于建筑材料、石油化工设备和管道保温材料、交通运输工具（车、船、飞机等）的结构和装饰材料都是极重要的性能。酚醛树脂制成的泡沫塑料以及酚醛树脂基复合材料在这些领域都有较高的利用价值，这是因为酚醛树脂具有优良的阻燃性。

人们发现火灾事故中烟和毒性气体的放出是人员损伤和死亡的主要原因，这驱使人们研究聚合物的燃烧产物，并开发阻燃聚合物产品。阻燃和燃烧速度成为建筑材料的关键性能指标，前者可用有限氧指数（LOI）来表征，两者的试验方法可分别参考 ASTM D 2863—77 和 D 635。LOI 是垂直安装的试样（棒）通过外界气体火焰点燃试样的上端后能维持燃烧的氮氧混合物的氧含量，LOI 指数越高，阻燃性越好。表 1-7 列出了各种泡沫材料的氧指数，可见酚醛树脂的氧指数很高。发烟特性可按标准在烟密度室中通过组合的光学系统来测定，发烟的毒性也可测定。酚醛树脂复合材料的发烟特性如图 1-5 所示。

■表1-7 各种泡沫材料的氧指数

材　　料	氧指数(LOI)/%
聚苯乙烯	19.5
聚氨酯	21.7
聚氨酯，阻燃剂	25.0
聚异氰酸酯	29.0
酚醛树脂	32～36

酚醛树脂复合材料具有不燃性、低发烟率、少或无有毒气体放出，在火中性能如可燃性、热释放、发烟、毒性和阻燃性等远优于环氧树脂和聚酯树脂、乙烯基酯树脂，表 1-8 列出了几种树脂的发烟情况，可见酚醛树脂明显较低。不仅如此，酚醛材料还具有优良的耐热性，在 300℃ 下 1～2h 仍有 70% 的强度保留率。

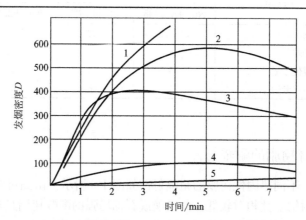

■ 图1-5 热固性复合材料的发烟密度（NBS室）
1—不饱和聚酯层压板；2—环氧夹心板；3—环氧层压板；4—酚醛夹心板；5—酚醛层压板

■表1-8 几种塑料在火中燃烧时的烟道气密度

塑　　料	发烟密度	
	闷烧火	火
酚醛树脂	2	16
环氧树脂	132～206	482～515
乙烯基酯树脂	39	530
聚氯乙烯	144	364

大多数聚合物材料都是可燃烧的，但可以通过添加阻燃剂来改变，可达到 94 V-1 和 94 V-0 级。酚醛树脂是例外，它既具有阻燃性，又具有低烟释放和低毒性。酚醛树脂主要由碳、氧和氢组成，它们的燃烧产物与燃烧条件有关，主要是水蒸气、二氧化碳、焦炭（char）和一氧化碳（中等量），因此燃烧产物的毒性相对较低。毒性与酚醛树脂的分子结构有关，研究表明，改性酚醛树脂的复合材料具有最低的毒性。酚醛树脂燃烧时易形成高碳泡沫结构，成为优良的热绝缘体，从而制止内部继续燃烧。交联密度高的树脂，有利于减少燃烧时毒性产物的放出，因为低分子量酚醛分子易分解和挥发。酚醛树脂的发烟特性与氧指数，还与成炭率有关，氧指数高，成炭率高，它们之间存在线性关系。成炭率也与酚醛树脂的酚取代有关，非取代酚的酚醛树脂的成炭率往往高于取代酚的酚醛树脂，如表 1-9 所示。酚醛树脂还可使用阻燃添加剂来提高树脂的阻燃性，中等燃烧能力的填料或增强纤维，如纤维素、木粉等可作为阻燃添加剂。较理想的阻燃添加剂有四溴双酚 A（TBBA）和其他的溴化苯酚、对溴代苯甲醛、无机和有机磷化合物如三（2-氯乙基）磷酸酯、磷酸铵、二苯甲酚磷酸酯、红磷、三聚氰胺及其树脂、脲、二氰二胺、硼酸及硼酸盐等及其他无机材料。

■表1-9　各种酚醛树脂的氧指数和成炭率

所用的酚	氧指数/%		成炭率/%	
	Novolak 树脂	Resol 树脂	Novolak 树脂	Resol 树脂
苯酚	34～35	36	56～57	54
间甲酚	33	—	51	—
间氯代苯酚	75	74	50	50
间溴代苯酚	75	76	41	46

1.2.4　酚醛树脂的耐辐射性

不同热固性树脂的耐辐射性如图 1-6 所示。由图可知，无填充的酚醛树脂耐辐射性相对较低，而玻璃或石棉增强的酚醛树脂是非常好的耐辐射合成材料，但酚醛树脂的氧含量对耐辐射具有相当不利的影响。当高能辐射（γ射线、X 射线、中子、电子、质子和氦核）通过物质时，在原子核内或在轨道电子内出现强烈的相互作用使大部分入射能损耗。这种作用的最后结果是在聚合物材料内形成离子和自由基，从而破坏化学键，并同时伴随着新键的形成，紧接着以不同的速率发生交联或降解。破坏和形成键的相对应速率常数决定着耐高能辐射性；含有芳环的聚合物具有低的降解速率；通常刚性高分子结构即热固性材料要比柔性热塑性和弹性体结构要更耐辐射。耐辐射性可通过加矿物填料来改善。相反，加一些添加剂（称为电波敏感剂）可加速损坏，如在酚醛树脂中加入纤维素可加速材料的辐射破坏。

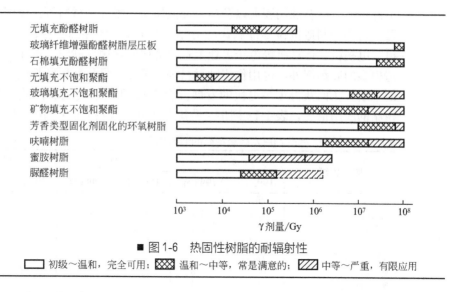

■ 图1-6 热固性树脂的耐辐射性

☐ 初级～温和，完全可用；☒ 温和～中等，常是满意的；☒ 中等～严重，有限应用

由于酚醛树脂尤其是复合材料具有优良的耐辐射性，且具有高的耐热性，故酚醛模压塑料用作核电设备和高压加速器的电学元件、处理辐射材料的装备元件、空间飞行器的电气和结构组件，以及用作核电厂的防护涂料。

1.3 酚醛树脂的应用

1.3.1 酚醛树脂的种类

用不同的酚和甲醛及其两者不同配比、不同催化剂，可制得不同性质和用途的酚醛树脂产品。表1-10列出了典型的几类酚醛树脂的特征及用途。

■表1-10 酚醛类树脂的分类

制法	特征或用途
弱酸催化	线型酚醛清漆、PVC改性酚醛树脂、丁腈改性酚醛树脂、二甲苯甲醛改性酚醛树脂、酚醛模塑料
NH_3 催化	酚醛石棉耐酸模塑料、酚醛棉纤维模塑料、苯胺改性酚醛模塑料、酚醛层压塑料
NaOH 催化	酚醛石棉模塑料、酚醛碎布模塑料、苯酚糠醛模塑料
ZnO 催化	高邻位酚醛树脂、聚乙烯醇缩丁醛树脂、快速成型酚醛模塑料

1.3.2 酚醛树脂的主要应用

酚醛树脂（PF）主要用于清漆、胶黏剂、涂料、模塑料、层压塑料、泡沫塑料、防腐蚀用胶泥以及离子交换树脂、耐烧蚀材料等。酚醛模压塑料已广泛用作制造机械零件和齿轮等结构材料；酚醛覆铜箔板已应用在无线电、电视机、计算机等电子工业上；酚醛树脂除用作砂轮、刹车片、金属铸造模型的胶黏剂外，也用作烧蚀材料等。可以预见酚醛树脂将随着应用领域的不断开拓而获得更多更快的发展。表1-11列出了美国、西欧和日本酚醛树脂的应用情况，表1-12列出了我国各领域酚醛树脂的应用情况。

■表1-11　美国、西欧和日本酚醛树脂的消费情况　　　　　　　　单位：万吨

应用领域	美国		西欧		日本	
	1993年	1998年	1993年	1998年	1993年	1998年
胶合板	25.2	22.7	10.9	12.3	1.2	1.4
绝缘材料	8.0	9.7	7.1	8.4	—	—
层压制品	5.9	6.6	7.9	8.6	3.3	2.7
铸造品	4.1	4.4	3.1	3.3	1.4	1.6
纤维和碎木板	12.7	17.9	0.2	0.3	—	—
模塑制品	4.1	3.8	5.1	5.8	2.2	约2.9
橡胶用胶黏剂	2.1	2.0	—	—	—	—
摩擦材料	1.3	1.6	1.2	1.4	—	—
保护涂层	0.6	1.5	2.5	1.3	—	—
其他胶黏剂	0.9	1.0	6.6	2.8	—	—
其他	1.9	2.1	0.9	9.5	4.9	8.2
总计	66.5	70.7	45.9	53.9	13.0	16.8

■表1-12　2005~2008年我国酚醛树脂在各应用领域的消费情况

应用领域	2005年		2006年		2007年		2008年	
	消耗量/万吨	应用比例/%	消耗量/万吨	应用比例/%	消耗量/万吨	应用比例/%	消耗量/万吨	应用比例/%
酚醛模塑料	9.6	24.2	10.3	22.9	10.6	18.66	12.4	19.4
铸造、耐火、摩擦材料	10.0	25.2	12.3	27.3	12	21.13	13.6	21.3
磨料磨具	5.4	13.6	6.5	14.4	8.7	15.32	9.6	15.02
木材胶黏剂	7.5	18.9	8.1	18.0	9.1	16.02	10	15.65
绝缘层压及电子材料	4.4	11.1	4.7	10.4	8.8	15.49	9.7	15.18
涂料	1.5	3.7	1.8	4.5	3.0	5.28	3.6	5.63
酚醛泡沫及其他	1.3	3.3	1.3	2.5	4.6	8.1	5.0	7.82
合计	39.7	100	45.0	100	56.8	100	63.9	100

注：以上数据根据苯酚消费量统计。

　　酚醛材料具有耐高温、耐冲击、低发烟和耐化学品性、成本低等特点，这使酚醛树脂有较快的发展，现正与热塑性塑料相竞争，如酚醛塑料在汽车燃料系统部件中正取代聚苯硫醚和聚酰胺（尼龙）等热塑性塑料。其用于模制嵌件、酚醛塑料部件在受力时具有优异的抗变形能力，性能也可靠。

　　纤维增强酚醛复合材料具有优异的性能，可替代金属用于汽车和机器制造业，适用于水泵外壳、叶轮、恒温箱外壳、燃料输送泵、盘式制动器活塞、整流子、带燃料导管和回气导管、三角皮带盘、齿轮皮带、阀盖、整流器、滑轮、导向轮等，也用于井下用机械零件、汽车零件等。

　　酚醛树脂的一些具体应用如下。

(1) **运输业** 轿车座椅/飞机座椅、排气管道、隔热板、防护盖板、公共汽车内外装饰材料、飞机尾座、舱内装饰板、装甲材料、隔热材料、轿车、赛车的隔热罩、发动机盖板、同步电机、火车、地铁等的车厢门、窗框、地板等。

(2) **建筑业** 隔热板、内外装饰板、天棚等防火材料、门窗框、防火门、通道、地板、楼梯、管道等。

(3) **军事业** 火箭、坦克、防爆车辆、潜艇内装饰材料、甲板、窗框、密封舱门等、隔热防弹部件、救生艇、灭火船等。酚醛碳/碳复合材料用于火箭发动机罩、火箭喷嘴、鼻锥、碳/碳刹车片（飞机、军事）。酚醛蜂窝结构用于飞机地板、天花板、卫生间、内装饰板，也用于海洋、汽车和体育运动设施，另外还在油田方面应用。

(4) **采矿业** 矿井通风管道、毒气排管、井下运输工具、车辆内外装饰板、座椅、井下排水系统等。

参 考 文 献

[1] 殷荣忠，山永年，毛乾聪，方燮奎. 酚醛树脂及其应用. 北京：化学工业出版社，1990.
[2] 黄发荣，焦扬声. 酚醛树脂及其应用. 北京：化学工业出版社，2003.
[3] Knop A, Pilato L A. Phenolic Resin: Chemistry, Application, and Performance, Future Directions. Berlin: Springer-Verlag, 1985.
[4] 塑料工业编辑部. 塑料工业，1997, 25 (2): 59.
[5] 翁祖祺，陈博，张长发. 中国玻璃钢大全. 北京：国防工业出版社，1992: 248.
[6] Goodman S H. Handbook of Thermoset Plastics. Park Ridges: Noyes Publication, 1986.
[7] Bottcher A, Pilato L L. SAMPE J, 1997, 33 (3): 35.
[8] 上海化工学院，武汉建材学院，哈尔滨建工学院. 玻璃钢工艺学. 北京：中国建筑工业出版社，1979.
[9] Gorbaty L. Phenolic Resins, Chemical Economics Handbook, Plastics and Resins. 580.0900A.1994.
[10] Tipping G. Reinforced Plastics, 1994, 38 (12): 15.
[11] Plastics & Rubber Weekly, 1994, 8 (2): 8.
[12] Plastverarbeiter, 1996, 47 (1): 74.
[13] 孙晓牧. 热固性树脂，1997, 12 (1): 53.
[14] 张凤桐，蔡玉海等. 热固性树脂，1998, 13 (4): 47.
[15] 焦斌. 玻璃钢/复合材料，1995, (5): 5.
[16] 陈秋明. 工程塑料应用，1996, (4): 42.
[17] 哈尔滨绝缘材料研究所. 塑料工业，1994, (3): 45.
[18] 中村克敏. 高分子，1998, 47 (4): 253.
[19] 顾宜等. 高分子材料科学与工程，1997, 13 (3): 41.
[20] 亢雅君，饶军. 玻璃钢/复合材料，1996, (2): 43.
[21] Grande J A. Modern Plastics, 1995, 72 (7): 36.
[22] 国外塑料编辑部. 国外塑料，1995, 13 (3): 53.
[23] 朱永茂，殷荣忠，刘勇. 热固性树脂，2003, 18 (2): 34.
[24] 朱永茂，殷荣忠，刘勇，杨玮. 热固性树脂，2008, 23 (3): 47.
[25] 朱永茂，殷荣忠，刘勇，杨玮. 热固性树脂，2009, 24 (2): 47.
[26] 唐路林，李乃宁，吴培熙. 高性能酚醛树脂及其应用技术. 北京：化学工业出版社，2009.

第 2 章　酚醛树脂的化学、合成及生产

2.1 引言

酚醛树脂的化学最初是不清楚的，直到核磁共振和凝胶色谱技术的出现，才有分析工具剖析化学反应，解决有关的科学问题。但要阐明酚醛树脂中同时发生的、竞争的、连续不断的反应所涉及的问题远比线型聚合如乙烯基或缩聚类型要多。酚醛树脂的主要制造者靠经验已建立万吨级的酚醛工业，然而，他们也知道缺少酚醛树脂的基本化学知识而仅靠多年积累的经验远远满足不了发展的需要，因而他们与科研人员开始从事一些基础研究。经许多研究，酚醛树脂化学现已比较成熟，但酚醛树脂的化学要彻底搞清，仍有一段距离要走，需进一步展开研究。

2.2 酚醛树脂的合成化学

2.2.1 酚与醛的化学反应性

酚醛树脂是由酚类（苯酚、甲酚、二甲酚等）和醛类（甲醛、乙醛、糠醛等）在酸或碱催化剂存在下合成的缩聚物。为了能形成体型结构的树脂，反应单体和平均官能度应大于 2。苯酚为三官能度的单体，甲醛为二官能度的单体，不同酚具有不同的官能度，如表 2-1 所示。因此苯酚和甲醛反应可形成体型聚合物。碳链较长的甲醛同系物，较难与酚类合成热固性树脂，但不饱和醛（糠醛、丙烯醛等）例外。

在树脂的合成过程中，单体的官能团数目、单体物质的量比、催化剂的类型对生成的树脂性能有很大的影响。苯酚与甲醛反应时，甲醛在酚羟基的

■表 2-1　各种酚与甲醛的反应官能度

官能度	酚 类
1	1,2,6-二甲酚，1,2,4-二甲酚
2	邻甲酚，对甲酚，对叔丁基苯酚，1,3,4-二甲酚，1,2,5-二甲酚，对壬基酚
3	苯酚，间甲酚，1,3,5-二甲酚，间苯二酚

邻位、对位进行加成反应。

2.2.1.1　酚的结构和反应性

酚在溶液中和晶体结构中常有氢键，在苯溶液中含有少量水时，形成三分子缔合物如 Ph_3、$Ph_2 \cdot H_2O$ 和 $Ph \cdot 2H_2O$；在固体中以三螺旋（spiral）形成氢键。

不同的酚具有不同的酸碱性，如表 2-2 所示。羟甲基的存在使酚的酸性提高，羟基是吸电子基并有共轭效应，因此对对位反应比较有利、对邻位反应比较困难（位阻）。若变成酚氧基，邻位反应更容易一些。

■表 2-2　酚的酸性

酚化合物	pK_a（25℃）
苯酚	10.0
邻甲酚	10.33
间甲酚	10.10
对甲酚	10.28
2-羟甲基苯酚	9.84
4-羟甲基苯酚	9.73
2,4-二羟甲基苯酚	9.69
2,4,6-三羟甲基苯酚	9.45

在酸性介质中酚易发生亲电反应，在碱性介质中酚氧形成 π 络合物，易发生酚氧的亲核反应，而在实际反应中更加复杂，因存在溶剂、分子内氢键和分子间氢键的作用。在极性溶剂和酸性条件下，有利于对位反应的进行，而在非极性溶剂和碱性条件下如碱土金属氧化物、氢氧化物及其乙酸盐，将有利于邻位反应的进行。酚和有关化合物及相应阴离子的电子密度分布将影响反应，如表 2-3 和表 2-4 所示，酚氧离子的对位电子密度要高于邻位，以此可解释邻对位之比例。

■表 2-3　基态酚电子密度

位置	苯酚	邻甲酚	间甲酚	对甲酚	邻羟甲基苯酚	对羟甲基苯酚
C1	3.836	3.851	3.843	3.847	3.842	3.861
C2	4.005	3.964	4.015	4.007	3.962	4.003
C3	3.995	4.001	3.944	4.005	4.001	4.020
C4	4.011	4.016	4.018	3.959	4.010	3.894
C5	3.997	4.005	3.999	4.005	4.001	4.026
C6	4.015	4.011	4.023	4.017	4.004	4.001
O7	6.378	6.374	6.367	6.368	6.380	6.381

注：用标准 CNDO/2（Complete Neglect of Differential Overlap）方法计算。

■表 2-4 基态酚氧离子的电子密度

位 置	苯酚氧离子	邻羟甲基苯酚氧离子	对羟甲基苯酚氧离子
C1	3.901	3.848	3.910
C2	4.048	3.970	4.047
C3	4.022	4.030	4.031
C4	4.063	4.054	3.944
C5	4.022	4.029	4.036
C6	4.048	4.050	4.042
O7	6.765	6.594	6.761

注：用标准 CNDO/2（Complete Neglect of Differential Overlap）方法计算。

2.2.1.2 醛的结构及反应特征

甲醛是最容易反应的羰基化合物，在酸、碱性水溶液中很快形成甲二醇，其平衡很快建立，平衡常数（K_d）能用 UV 光谱、NMR、极谱方法来测定。

$$CH_2=O + H_2O \rightleftharpoons HOCH_2OH$$

$$K_d = [CH_2O]/[HOCH_2OH] = 1.4 \times 10^{-14}$$

在酸、碱性甲醛水溶液中甲二醇是主要的单体活性种，甲醛浓度很低，常低于 0.01%（K_d 值很小可说明）。多聚甲醛也同样在酸、碱性下会发生反应，生成甲二醇：

$$HO\text{−}[CH_2\text{−}O]_n\text{−}H + H_2O \rightleftharpoons HO\text{−}[CH_2\text{−}O]_{n-1}\text{−}H + HOCH_2OH$$

2.2.1.3 可发生的其他反应

醇在酚醛反应中是常常存在的，至少约 1% 的量，如甲醇的来源有三种：①生产甲醛时甲醇的残余；②在甲醛贮存过程中产生的甲醇；③作为稳定剂而加入的甲醇。醇与醛在中性 pH 值下形成半缩醛：

$$ROH + HOCH_2OH \rightleftharpoons ROCH_2OH + H_2O$$

酚及羟甲基酚也能与甲二醇反应分别生成如下化合物：

$$HO\text{−}C_6H_4\text{−}CH_2O[CH_2O]_n\text{−}H, C_6H_5\text{−}O[CH_2O]_n\text{−}H, n=0,1,2,3$$

酚及其衍生物与甲醛反应可生成环状化合物，例如在碱催化下，叔丁基苯酚与甲醛反应产生 90%（约）环状物和 10% 线型缩聚物，有环八聚体、环四聚体，且其产率最大；环五聚体或环六聚体量较少。这些组分的含量还将随反应条件而变化。

环状化合物具有以下特点：①环状化合物熔点比线型高；②环状化合物酸性高；③具有络合性，允许特定大小的离子通过；④反应速率慢，形成氢键形式。因此通过控制反应，可使反应向环状或线型发展。环状化合物可用于络合金属，作分离剂、开矿用化学药品和多功能催化剂。

2.2.2 热固性酚醛树脂的合成反应

酚醛在碱性 pH 值范围内的反应早在 1894 年就由 Lederer 和 Manasse

发现,并称为 Lederer-Manasse 反应。1945 年前酚醛树脂领域中的许多研究论文涉及酚醛树脂化学,但无论是酚醛树脂的反应机理,还是反应动力学都是经验性的。1954 年 Freeman 和 Lewis 发表了酚醛树脂化学最简单的论文,认为碱催化酚醛反应首先是苯酚与甲醛反应形成羟甲基苯酚,有 5 个化合物、2 个单取代产物、2 个双取代化合物和 1 个三取代化合物,取代化合物的性质如表 2-5 所示。定量分析和研究不同反应的反应速率,研究了温度、pH 值、介电常数和中间体的电离常数等对反应的影响,碱浓度要保证酚氧离子的形成;减少反应物官能度将提高酚醛树脂的分子量,Novolak 酚醛树脂的平均官能度为 2.31;温度和 pH 值将大大影响产物的特性,当 pH=1~4,酚醛反应速率成正比于氢离子浓度;在 pH>5,反应速率成正比于羟基浓度、离子浓度,这表明反应机理不同。控制 pH 值可形成两种不同的聚合物。为了解释实验数据,需涉及多个和多级方程的求解,可利用计算机来解多次方程。1968 年 Zavitsas 等利用计算机,成功地利用甲醛平衡、温度、pH 值、溶剂的介电强度和其他变量求解方程。

■表 2-5 取代化合物的性质

化合物	邻羟甲基酚	对羟甲基酚	邻,对-二羟甲基酚	邻,邻'-二羟甲基酚	三羟甲基酚
熔点/℃	86	124~126	93	101	79~82

热固性酚醛树脂的缩聚反应一般是在碱性催化剂存在下进行的,常用的催化剂为氢氧化钠、氨水、氢氧化钡、氢氧化钙、氢氧化镁、碳酸钠、叔胺等,NaOH 用量 1%~5%,$Ba(OH)_2$ 用量 3%~6%,六亚甲基四胺用量 6%~12%。苯酚和甲醛的物质的量比一般控制在 1:(1~1.5),甚至 1:(1.0~3.0),甲醛量比较多,合成的树脂为高支化型或交联型树脂,常称为 Resol 树脂。整个反应过程可分为两步,即甲醛与苯酚的加成反应和羟甲基化合物的缩聚反应。

2.2.2.2.1 甲醛与苯酚的加成反应

用氢氧化钠为催化剂时,首先苯酚与甲醛进行加成反应,生成多种羟甲基酚,即形成一元酚醇和多元酚醇的混合物(羟甲基酚可进一步发生加成反应)。这些羟甲基苯酚在室温下是比较稳定的。

2.2.2.2.2 缩聚反应

在通常加成条件下,如较高 pH 值(约 9)、低于 60℃,缩聚反应很少发生,加成反应大约是缩聚反应的 5 倍,且甲醛与羟甲基苯酚的反应要比甲醛与酚反应容易,此现象将持续到 50% 甲醛被反应掉。在温度高于 60℃ 时,缩聚反应通常发生在单羟甲基苯酚、双羟甲基苯酚、三羟甲基苯酚、游离酚和甲醛之间，反应比较复杂，在加成反应发生的同时，也发生缩聚反应。由上述反应形成的一元酚醇、多元酚醇或二聚体等在反应过程中不断进行缩聚反应，使树脂分子量不断增大，若反应不加以控制，树脂就会发生凝胶。

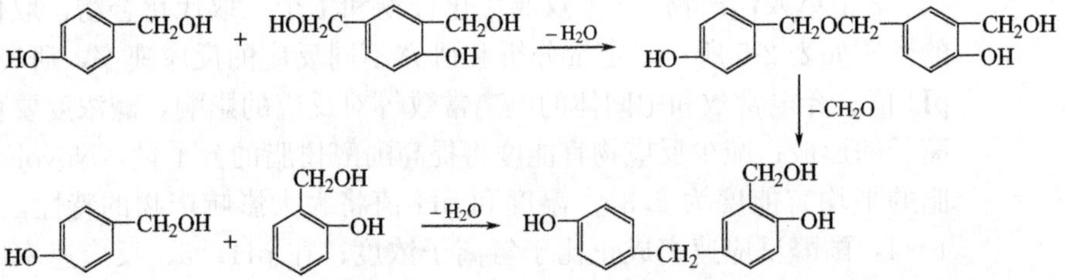

[反应式图]

虽然上述两种反应都可发生，但是在加热和碱性催化条件下醚键不稳定，因此在此条件下，羟甲基主要与酚环上邻位、对位的活泼氢反应形成亚甲基（—CH_2—）桥，而不是两个羟甲基之间的脱水反应。此外，羟甲基苯酚之间的反应要比羟甲基苯酚与苯酚的反应快。

用冷却法可使反应在凝胶点前任何时候停止，再加热又可使反应继续进行，因此，通过控制反应程度，既可得到平均分子量很低的、在室温下可溶于水的水溶性酚醛树脂，又可制成半固体的树脂，溶于醇类溶剂成为醇溶性酚醛树脂，也可以一步反应制成平均分子量较高的固体树脂。因为加成反应速率较缩聚反应速率大得多，所以只要控制好反应条件，就可得到适合各种用途的酚醛树脂。

2.2.2.3 强碱催化下的酚与醛的反应机理

在强碱（NaOH）性催化剂存在下，甲醛在水溶液中存在下列平衡反应：

$$\overset{\delta^+}{CH_2}=\overset{\delta^-}{O} + H_2O \rightleftharpoons HOCH_2OH$$

苯酚与 NaOH 反应时形成酚钠盐或离子形式：

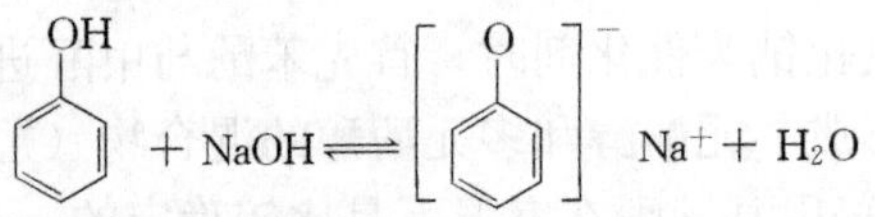

[反应式图]

离子形式的酚钠和甲醛发生加成反应：

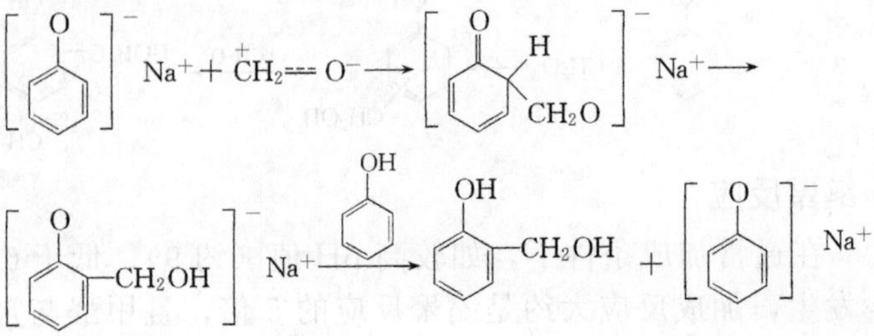

[反应式图]

上述反应的推动力主要在于酚负离子的亲核性质。对羟甲酚可通过下列历程形成：

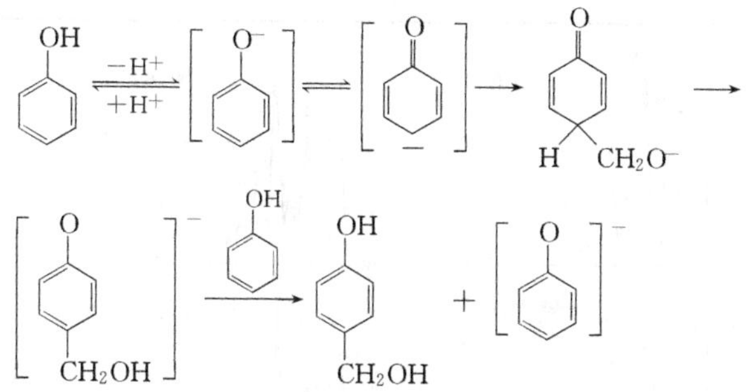

邻对位比取决于阳离子和 pH 值。对位取代用 K^+、Na^+ 和较高的 pH 值有利,而邻位取代在低 pH 值下用二价阳离子如 Ba^{2+}、Ca^{2+} 和 Mg^{2+} 有利。邻位的酮式结构由于位阻及氢键的存在,较对位难以形成。其反应动力学还未完全弄清楚,一般认为是二级反应,即取决于酚盐浓度和甲二醇浓度。反应速率=k[Ph^-][甲二醇](但对氨催化反应不一样,是一级反应)。Freeman 和 Lewis 研究了 30℃ 下酚醛的反应,其配比为 P/F/NaOH=1∶3∶1(物质的量比)。假定为二级反应,一些反应如图 2-1 所示,动力学数据如表 2-6 所示。其反应机制还不完全清楚,如甲二醇如何与酚氧离子反应。表 2-6 中数据表明,甲醇化苯酚与甲醛反应速率要比苯酚与甲醛反应速率快(高达 2~4 倍),因此,酚醛树脂中苯酚的残留率较高(Resol 树脂),尽管甲醛与苯酚之比已高达 3∶1。催化剂对 Resol 树脂的分子量的影响如图 2-2 所示。

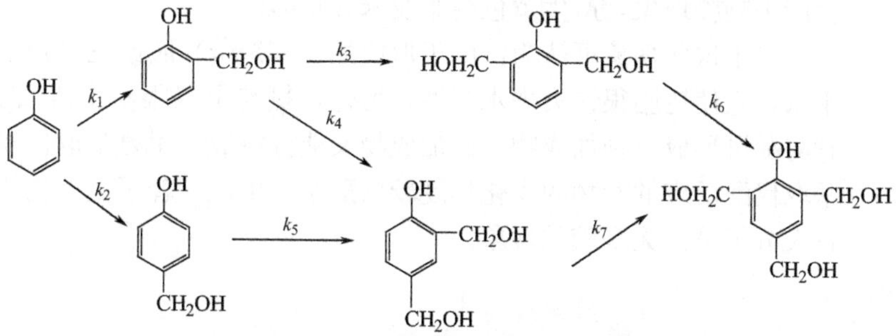

■ 图 2-1 苯酚甲醇化可能的反应速率常数

■ 表 2-6 苯酚甲醇化的反应速率常数①

速率常数	数据组 1	数据组 2	数据组 3
k_1	1.00	1.00	1.00
k_2	1.18	1.09	1.46
k_3	1.66	1.98	1.75
k_4	1.39	1.80	3.00
k_5	0.71	0.79	0.85
k_6	7.94	3.33	4.36
k_7	1.73	1.67	2.04

① 数据组 1、2、3 为不同作者报道的数据。

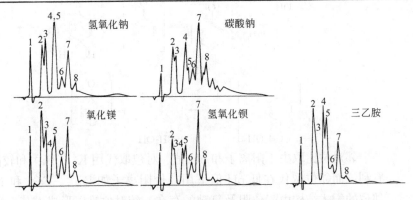

■ 图 2-2　催化剂对 Resol 树脂的分子量分布的影响（GPC 测定）

反应条件：酚 1.0mol，多聚甲醛 1.5mol，催化剂 0.035mol，水 60g，甲醇 1.5g，80℃/90min；
1—苯酚；2—邻羟甲基苯酚；3—对羟甲基苯酚；4—2,6-二羟甲基苯酚；5—2,4-二羟甲基苯酚；
6—二苯基甲烷衍生物；7—三羟甲基苯酚；8—二苯基甲烷衍生物

氨催化合成热固性酚醛树脂的反应有自己的特点。用氨为催化剂合成酚醛树脂的反应较用碱金属氢氧化物为催化剂时的反应更为复杂，其反应历程尚不十分清楚，但在生产实践中发现有下述特征：①用氨催化时生成的树脂几乎立即失去水溶性；②分析树脂产物中发现有二（羟苄）胺或三（羟苄）胺；③树脂中也存在羟甲基；④氨催化的酚醛树脂可反应至较大分子量而不会产生凝胶现象，产生黄色树脂及苯并噁嗪。

对于这些现象可认为：由于形成的二（羟苄）胺或三（羟苄）胺不易溶于水，它使树脂很快失去水溶性，另外，氨与甲醛很易生成六亚甲基四胺，它与酚可形成一种加成物，此加成物又能分解成二甲氨基取代酚。由二甲氨基取代酚反应的产物的支化程度较酚醇小，由此解释了氨催化的酚醛树脂有较大分子量而无凝胶的现象。

2.2.3 热塑性酚醛树脂的合成反应

2.2.3.1 热塑性酚醛树脂合成反应的一般特征

热塑性酚醛树脂的缩聚反应一般是在强酸性催化剂存在下，即 pH<3 时，甲醛和苯酚的物质的量比（F/P）小于 1（如 0.75~0.85）进行的，合成的树脂是一种热塑性树脂，又称 Novolak 树脂，是线型或少量支化的缩聚物，主要以亚甲基连接，相对分子质量可达 2000。它是可溶可熔的分子内不含或少含羟甲基的酚醛树脂。加固化剂如六亚甲基四胺（HMTA）可交联成不溶不熔的产物。若配料比 F/P 大于 0.85 时，也会发生凝胶反应。这些现象不能用 Flory 支化和凝胶理论来解释，主要原因是单体和反应中间体的反应活性不一样。

常用的催化剂有草酸、硫酸、对甲苯磺酸、磷酸等。盐酸曾一度广泛使用，后来逐渐被抛弃，因其易形成氯甲基醚副产物，盐酸与甲醛形成的二氯甲基醚被认为是潜在的致癌物。酸催化及反应的条件影响树脂的结构及性能，如草酸用于制作电学应用的树脂，在加工温度下分解成挥发性副产物，草酸催化会形成苯并二氧六环（benzodioxane）：

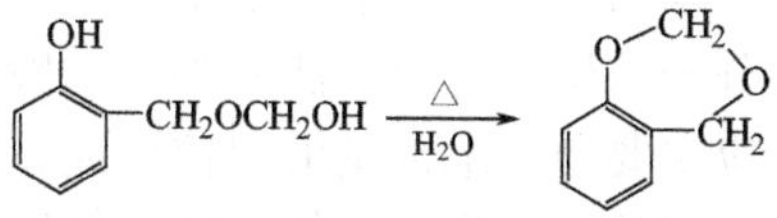

苯并二氧六环在中性 pH 值条件下稳定，但树脂固化时分解，它可作为甲醛的来源。在硫酸或磺酸催化的树脂中未发现有此结构。Novolak 树脂的特性列于表 2-7。

■表 2-7　Novolak 树脂的特性

性能指标	催化剂	
	酸	乙酸锌[①]
F/P（物质的量比）	0.75	0.60
NMR 分析		
2,2'位/%	6	45
2,4'位/%	73	45
4,4'位/%	21	10
GPC 分析		
苯酚/%	4	7
M_n	900	550
M_w	7300	1800
水含量/%	1.1	1.9
T_g/℃	65	48
凝胶时间/s	75	25

① 高邻位。

在酸性反应条件下，苯酚和甲醛在溶液中加成形成羟甲基苯酚，然后与苯酚进行缩聚反应，后者的反应速率较前者的反应速率快得多，约快 5 倍以上。苯酚和甲醛反应主要生成二酚基甲烷：

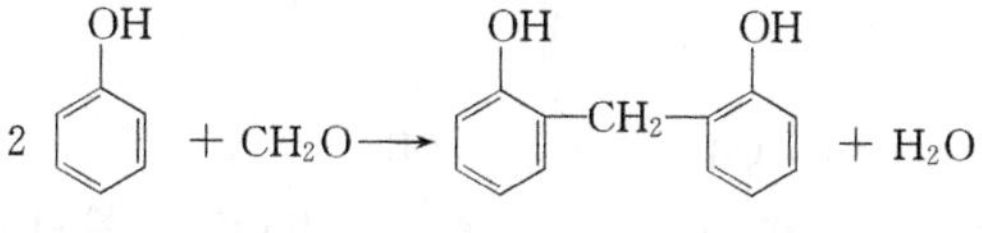

Knopf 和 Wagner 用 NMR 证实羟甲基苯酚在酸性溶液中以羟甲基酚阳离子存在。实验也表明，羟甲基苯酚与 Novolak 链端基团的反应活性要比链内基团高。正因为这样，在酸性缩聚反应中，支化反应是相当少的。当配比 F/P 在 0.85~0.87 以上，随着聚合反应的进行，聚合物浓度提高，单体浓度减少，情况发生变化，内取代反应发生，从而导致发生凝胶。在这种凝胶物中，可萃取物含量是相当高的，很显然交联程度不高。要使交联产物有优

良的性能，需加大量交联剂如六亚甲基四胺。当甲醛和苯酚的物质的量比为 0.8∶1 时，所得的酚醛树脂大分子链中酚环大约有 5 个，数均相对分子质量 M_n 在 500 左右。若甲醛用量提高，可缩聚成分子中含有 15～20 个酚环的热塑性树脂。

生成的二酚基甲烷与甲醛的反应速率大致与苯酚和甲醛的反应速率相同，因此缩聚产物的分子链可进一步增长，并通过酚环对位连接起来。热塑性酚醛树脂的分子结构与合成方法有关。一般认为在强酸性条件下对位比较活泼，缩聚反应主要通过酚羟基的对位反应，因此在热塑性树脂的分子中主要以酚环对位连接的，理想化的线型酚醛树脂应有下列结构：

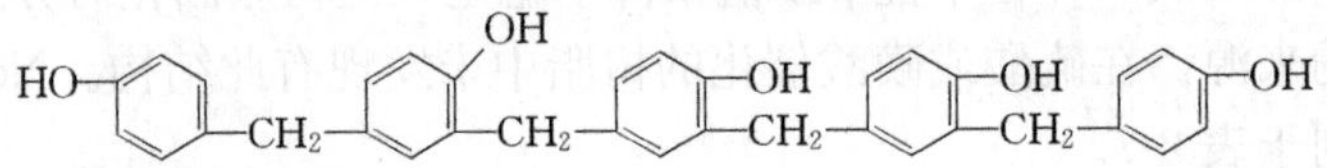

但也存在少量邻位结构如：

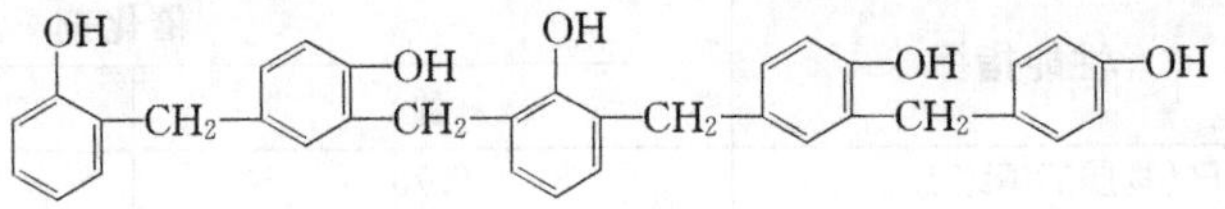

邻位结构的含量随酸性增强而减少，若用高碳醛如乙醛，邻位结构也很少。应该指出的是，若甲醛和苯酚的物质的量比大于 1 时，则在酸性介质条件下，反应就难以控制，最终会得到网状结构的固体树脂。

酸催化下的树脂相对分子质量可接近 5000，含 50%～75% 2,4′位连接产物，其反应速率成正比于催化剂、甲醛、苯酚的浓度，与水浓度成反比。

2.2.3.2 强酸催化下酚与醛的反应历程

通常认为在酸催化下酚与醛的反应是与甲醛或它在水溶液中的甲二醇形成的质子性质有关的亲电取代反应：

$$CH_2O + H_2O \xrightarrow{H^+} HOCH_2OH + H^+ \rightleftharpoons HOCH_2OH_2^+ \rightleftharpoons {}^+CH_2OH + H_2O$$

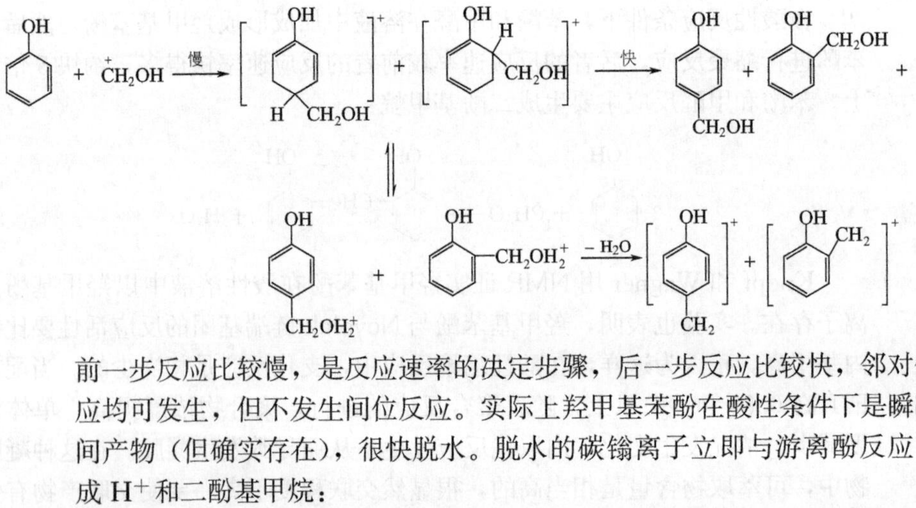

前一步反应比较慢，是反应速率的决定步骤，后一步反应比较快，邻对位反应均可发生，但不发生间位反应。实际上羟甲基苯酚在酸性条件下是瞬时中间产物（但确实存在），很快脱水。脱水的碳鎓离子立即与游离酚反应，生成 H^+ 和二酚基甲烷：

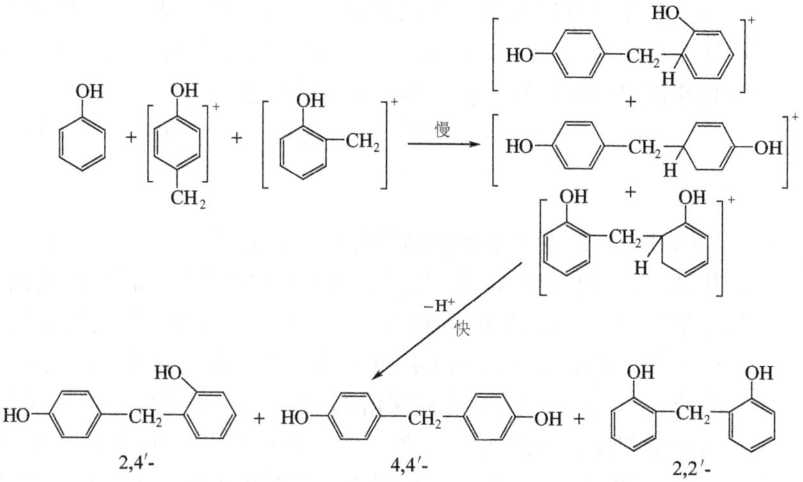

$$\text{[苯酚]} + \text{[对羟基苄基正离子]} + \text{[邻羟基苄基正离子]} \xrightarrow{\text{慢}} \begin{bmatrix}\text{中间体}\end{bmatrix}^+ \xrightarrow[\text{快}]{-H^+}$$

2,4′- + 4,4′- + 2,2′-

前已述及，在酸性条件下缩聚反应速率大致上比加成反应快 5 倍以上，甚至 10~13 倍，因此在甲醛和苯酚的物质的量比小于 1 时，合成的热塑性酚醛树脂的分子中基本上应不含羟甲基。通常第二个甲醛分子不再进行加成反应。在物质的量比 F/P＝0.70~0.85 时，形成线型的分子含有 5~10 个酚单元，并以亚甲基连接（M_w＝500~1000）。分子链有 10 个以上酚单元的树脂可发生支化，^{13}C-NMR 已证实。计算机模拟也证实二支化将需要分子链中有 10 个酚单元，三支化需要分子链中有 15 个酚单元，树脂分子中有 20%发生支化。若甲醛和苯酚的物质的量比等于 1，则不仅导致支化，而且出现凝胶，这时测得的临界支化系数为 0.56，即在反应程度达 56%时就会出现凝胶。

反应动力学研究表明，反应级数为二级（多数情况），H^+ 在酚和醛反应的开始阶段是活性的催化剂，缩聚反应速率与 [H^+] 成正比，整个反应活化能 E_a 和活化熵 S_a 随 pH 值的提高而增加，表明机理发生变化，如表 2-8 所示。

■表 2-8　在酸性介质中整个甲醛-苯酚反应的活化能和活化熵

pH	$k(80℃)/mol^{-1} \cdot s^{-1}$	E_a/kJ	S_a/[J/(K·mol)]
1.14	0.52×10^{-2}	250	−581
1.32	1.53×10^{-3}	331	−390
2.20	2.59×10^{-4}	681	637
3.00	7.05×10^{-6}	794	737

2.2.4 高邻位酚醛树脂的合成反应

2.2.4.1 高邻位酚醛树脂的合成反应特征

如前所述，在强酸性介质条件下合成的热塑性酚醛树脂的分子结构中的酚环主要通过对位和邻位连接起来，而在 pH 值为 4～7 的范围内，用某些特殊的金属碱盐作催化剂（二价金属），可合成酚环主要通过邻位连接起来的高邻位热塑性酚醛树脂（2,2′位含量高达 97％）：

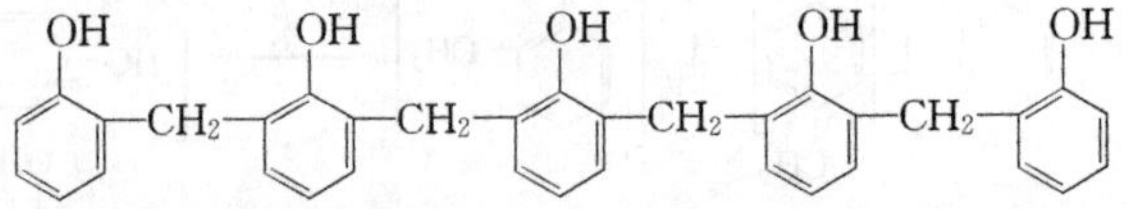

Culbertson 发明了制备高邻位酚醛树脂的过程，以双价金属氢氧化物为催化剂，并加有机酸作共催化剂，用共沸物除水，制得快速固化树脂，邻，邻含量从 50％～75％提高到 75％～100％，苯酚利用率也高。Casiraghi 等开展了较多的高邻位 Novolak 树脂的基础工作，如通过形成螯合物（酚与乙基溴化镁），再与甲醛在非质子溶剂中反应，制得高邻位酚醛树脂。在反应体系中溶剂极性不能太高，高了不能形成环状中间体并发生分子内烷基化（参见以下机理），导致邻位量减少。用多聚甲醛与苯酚在二甲苯中，并在压力容器，170～220℃反应 12h，可制得含 96％邻位的酚醛树脂。

最有效的催化剂是锰、镉、锌和钴，其次为镁和铅。过渡金属例如铜、铬、镍的氢氧化物也很有效，其中锰和钴的氢氧化物是生成 2,2′-二羟甲酚最有效的催化剂。

二羟基二苯基甲烷的三个异构体中，2,2′异构体活性最大，如表 2-9 所示。在 160℃时分别在 2,2′异构体、2,4′异构体和 4,4′异构体中加入 15％的六亚甲基四胺，测定的凝胶时间为，2,2′异构体仅需 60s，而 2,4′异构体与 4,4′异构体分别为 240s 和 175s。2,2′异构体的活性较大，可用两个酚羟基间形成氢键来说明：

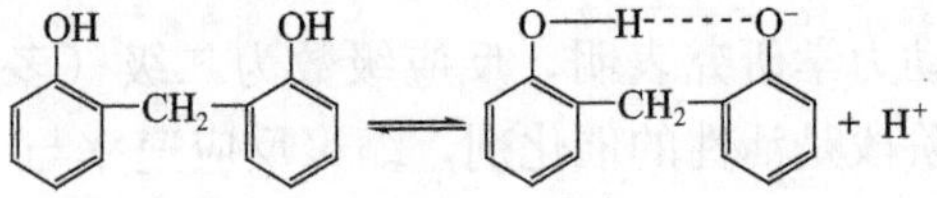

氢键作用产生 H^+，有附加的催化效应。

■表 2-9　二羟基二苯基甲烷与六亚甲基四胺的反应性

酚核位置	熔点/℃	凝胶时间(15%HMTA)/s
2,2′	118.5～119.5	60
2,4′	119～120	240
4,4′	162～163	175

可见，高邻位热塑性酚醛树脂的最大优点是固化速度约比一般的热塑性酚醛树脂快 2～3 倍，因此适于热固性树脂的注射成型。同时，用高邻位酚醛树脂制得的模压制品的热刚性也较好，可用于 RIM、浇铸树脂等。高邻位酚醛树脂具有中等酸性，可与金属形成络合物，如 Mg、Ca、Ba、Cu、Ni、Co、Pb、Mn、Cr、Fe 等。

2.2.4.2　中等 pH 值下催化反应历程

在中等 pH（4～7）值条件下，二价金属离子在反应中形成了螯合物，然后再形成 2,2′-二羟基二苯基甲烷。合成高邻位酚醛树脂的反应历程可表示如下：

$$M^{2+} + CH_2(OH)_2 \rightleftharpoons [M^+\!-\!O\!-\!CH_2\!-\!OH] + H^+$$

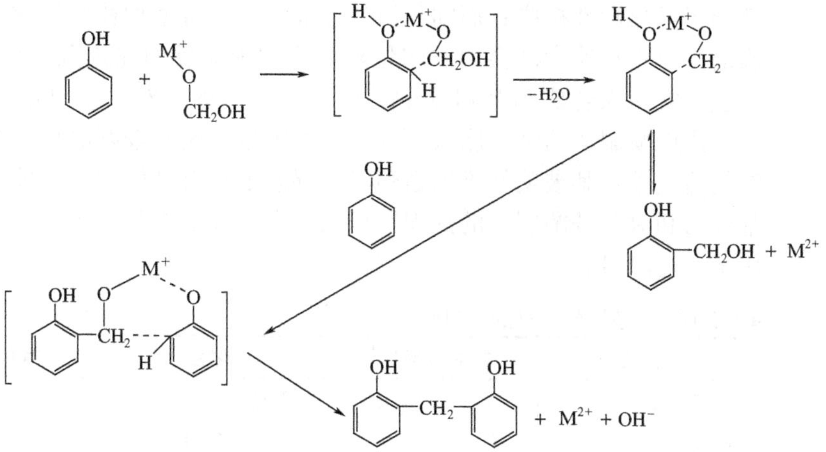

在上述反应历程中，二价金属离子在其中形成不稳定的螯合物，然后再形成邻位加成的酚醛树脂。也有学者提出另一机理，表示如下：

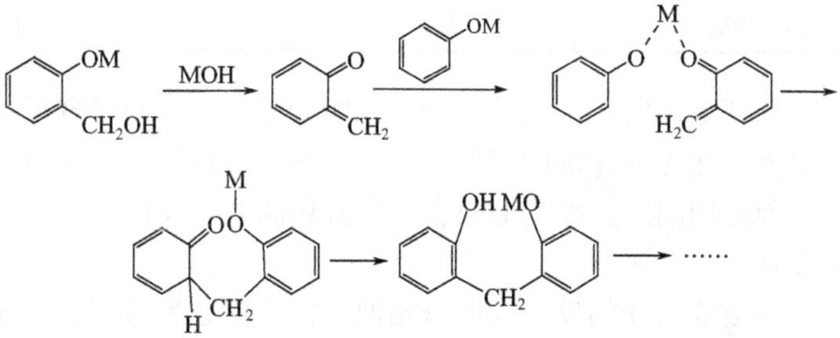

2.2.5 影响酚醛反应的因素

2.2.5.1 苯酚和醛的影响

苯酚的酚羟基的邻对位上有三个活性点，官能度为3。取代酚有几种情况。①当苯酚的邻对位取代基位置上三个活性点全部被烃基取代后，一般就不能再和甲醛发生加成缩合反应。②若苯酚的邻对位取代位置上两个活性点被烃基所取代，则其和甲醛反应只能生成低分子缩合物。③若苯酚的邻对位取代位置上一个活性点被烃基取代，其和甲醛反应只能生成线型酚醛树脂，一般不能生成具有网状结构的树脂。④若苯酚的邻对位取代位置上三个活性点都未被取代，则它与甲醛反应可以生成交联的酚醛树脂。醛类为二官能度的单体，为了得到交联的体型结构的酚醛树脂，所用的酚类必须有三个官能度。

间位取代基的酚类会增加邻对位的取代活性；邻位或对位取代基的酚类则会降低邻对位的取代活性。因此烷基取代位置不同的酚类的反应速率很不一样，如表 2-10 所示。由表 2-10 可以看出，3,5-二甲酚的相对反应速率最大，2,6-二甲酚的相对反应速率最小，两者相差可达 50 余倍。当酚环上部分邻对位的氢被烷基取代加成后，由于活性点减少，故通常只能得到低分子或热塑性树脂；而间位取代加成后，虽可增加树脂固化速度，但树脂的最后固化速度却会因空间位阻效应的影响反而比未取代的树脂还低。工业上常用来合成酚醛树脂的其他酚类有甲酚、对叔丁基酚和对苯基酚等，用甲酚制造酚醛树脂（大多热塑性酚醛）具有较好的韧性和较好的耐湿气透过性，其玻璃纤维增强塑料在湿态下具有良好的电性能。用对叔丁基苯酚和对苯基酚制备的热固性树脂，在干性油中具有较好的溶解性，常用来制造涂料。

■表 2-10 烷基取代酚类的相对反应速率

化合物	相对反应速率	化合物	相对反应速率
2,6-二甲酚	0.16	苯酚	1.00
邻甲酚	0.26	2,3,5-三甲酚	1.49
对甲酚	0.35	间甲酚	2.88
2,5-二甲酚	0.71	3,5-二甲酚	7.75
3,4-二甲酚	0.83		

苯环上保留三个活性点的多元酚如间苯二酚与甲醛反应的速率要比苯酚快得多，在无催化剂的情况下，加成反应可在室温下进行，比间甲酚还要活泼。因此用间苯二酚为原料合成酚醛树脂时，反应应控制在室温下进行，需水冷却。

高级醛与酚的反应与甲醛相似，但反应速率较慢。工业上有价值的醛为乙醛和丁醛，它们常与甲醛混合使用，以增加反应活性，制成的树脂柔性较好。糠醛在碳酸钾催化下与苯酚反应可制成糠醛树脂。

2.2.5.2 酚和醛物质的量比的影响

当甲醛和苯酚的物质的量比为 1.5∶1 时，固化后的酚醛树脂应为理想体型结构。当用碱作催化剂时，因甲醛量超过苯酚量而使初期的加成反应有利于酚醇的生成，为了形成更多的次甲基结构，工业上常用醛与酚的物质的量比为 (1.1～1.5)∶1.0。如果使酚的物质的量数比醛多，则因醛量不足而使酚分子上的活性点没有完全利用，反应开始时所生成的羟甲基就与过量的苯酚反应，最后只能得到热塑性树脂。例如，以 3mol 苯酚和 2mol 甲醛反应，可生成如下结构的缩合物：

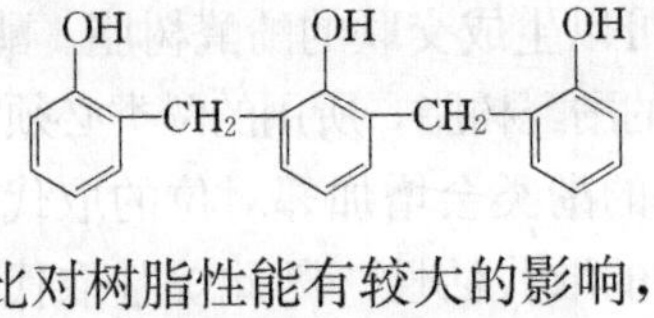

酚与醛的物质的量比对树脂性能有较大的影响，如表 2-11 所示。

■表2-11　甲醛与苯酚比例对热固性树脂性能的影响

苯酚与甲醛的物质的量比	树脂产率(以苯酚用量计)/%	树脂滴点/℃	150℃时凝胶化时间/s	50%乙醇溶液的黏度/mPa·s	游离酚含量/%
5:4	112	42	160	23.0	24.3
5:5	118	50	98	39.5	16.8
5:6	122	65	100	42.0	15.5
5:7	126	66	96	42.5	14.8

2.2.5.3 催化剂的影响

在制造酚醛树脂的过程中，催化剂的影响也是一个重要因素。一般常用的催化剂有下列三种。

(1) **碱性催化剂**　最常用的是氢氧化钠，它的催化效果好，用量可小于1%。但反应结束后，树脂需用酸（如草酸、盐酸、磷酸等）中和，但由于中和生成的盐的存在，使树脂电性能较差。氢氧化铵［常用25%（质量分数）的氨水］也是常用的催化剂，其催化性质温和，用量一般为0.5%~3.0%。由于氨水可在树脂脱水过程中除去，故树脂的电性能较好。也可用氢氧化钡作为催化剂，用量一般为1.0%~1.5%，反应结束后通入CO_2，生成$BaCO_3$沉淀，过滤后可除去催化剂，因此，也可制得电性能较好的树脂。也可用有机胺如三乙胺作为催化剂，所得树脂的分子量小、电性能好。

(2) **碱土金属氧化物催化剂**　常用的有BaO、MgO、CaO，催化效果比碱性催化剂弱，但可形成高邻位的酚醛树脂。

(3) **酸性催化剂**　盐酸是常用的酸性催化剂，催化效果较好，用量在0.05%~0.30%之间。当醛与酚的物质的量比小于1时（若大于1时，反应难控制，极易凝胶），可得热塑性酚醛树脂。也可用碳酸H_2CO_3、有机酸（如草酸、柠檬酸等）作为催化剂，一般用量较大，在1.5%~2.5%之间，使用草酸的优点是缩聚过程较易控制，生成的树脂颜色较浅，且有较好的耐光性。

酸性催化剂的浓度对树脂固化反应非常灵敏，反应速率随氢离子浓度的增加而大大提高。但碱性催化剂则不然，氢氧根离子浓度超过一定值后，则催化剂浓度变化对反应速率无明显影响。

邻对位之间的取代比取决于催化剂。中等pH值下，对碱金属和碱土金属氢氧化物催化的反应，邻位取代按以下次序提高：

$$K < Na < Li < Ba < Sr < Ca < Mg$$

对过渡金属氢氧化物，一般过渡金属离子络合强度越高，越有利于邻位产物的生成，螯合结构如下：

硼酸也有强的邻位效应：

邻对位比（o/p）也随 pH 值变化，在 pH=8.7 时 o/p 为 1.1，在 pH=13.0 时 o/p 减少为 0.38，碱性强有利于对位产物生成。用氧化镁和锌作为催化剂也可制得高邻位 Novolak 树脂。

2.2.5.4 反应介质 pH 值的影响

有人认为反应介质的 pH 值对产品性质的影响比催化剂的影响还大。将 37% 甲醛水溶液与等量的苯酚混合反应，当介质 pH=3.0～3.1 时，加热沸腾数日也无反应，若加入酸使 pH<3.0 或加入碱使 pH>3.0 时，则缩聚反应就会立即发生；故称 pH 值的这个范围为酚醛树脂反应的中性点。当甲醛与苯酚的物质的量比小于 1 时，在弱酸性催化剂存在下（pH<3.0），则反应产物为热塑性树脂。在弱酸性或中性碱土金属催化剂存在下（pH=4～7），可制得高邻位线型酚醛树脂；当甲醛与苯酚的物质的量比大于 1 时，在碱性催化剂存在下（pH=7～11），可制得热固性树脂。

2.2.5.5 其他因素的影响

以上讨论酚类分子结构对树脂的影响时，认为苯酚分子中能参加化学反应的活性点只有三个，但进一步研究表明并非完全如此，由酚醛树脂的氢化裂解实验表明产物中尚有间甲酚存在，这说明反应中也存在少量间位取代反应物。因此，当甲醛大大过量时，邻甲基苯酚或对甲基苯酚与甲醛反应也可得热固性树脂。同时，甲醛过量时，在强酸性催化剂存在下（pH=1～2）也会发生亚甲基之间的交联反应。

最后应该指出的是，酚醛树脂的缩聚反应与不饱和聚酯树脂的缩聚反应不同，其特点是反应的平衡常数很大（$K=10000$），反应的可逆性小，反应速率和缩聚程度取决于催化剂浓度、反应温度和时间，而受产物水的影响很小，故即使在水介质中反应，合成树脂反应仍能顺利进行。

根据酚和醛的官能度、酚与醛的物质的量比以及反应介质的 pH 值不同，可获得工业上两类重要的酚醛树脂：pH>7，酚/醛=1.0∶(1.0～1.5)，得到热固性酚醛树脂；pH<7，酚/醛=1.0∶(0.80～0.86)，得到热塑性酚醛树脂。图 2-3 为酚醛树脂的合成路线示意图。

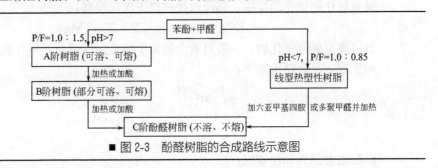

■ 图 2-3　酚醛树脂的合成路线示意图

2.3 酚醛树脂的反应

2.3.1 酚醛树脂的固化反应

热固性酚醛树脂是缩聚控制在一定程度内的产物,因此在合适的反应条件下可促使缩聚继续进行,交联成体型高聚物。热塑性酚醛树脂由于在合成过程中甲醛用量不足,形成线型的热塑性树脂,但是树脂分子内留有未反应的活性点,因此如果加入能与活性点继续反应的物质称为固化剂,如补足甲醛的用量,则能使缩聚继续进行,固化成体型高聚物。

酚醛树脂在合成反应的设备中,通过加成和缩聚反应所得到的树脂,通常都是分子量不高的低聚物和各种羟甲基酚的混合体系,典型酚醛树脂相对分子质量为150~1500,对未取代苯酚所制得的酚醛树脂,最终交联密度为150~300u/每交联点。热固性树脂转变为体型高聚物的速度(即从A阶转变为C阶时的速度),对于树脂及其复合材料成型工艺非常重要。热固性树脂固化的总速度由两个阶段反应速率决定:①A阶树脂转变为B阶状态的速度;②转变为最终坚硬而不溶不熔状态(C阶)的速度。上述两项反应速率并不相互依赖,可将树脂从A阶状态转变为B阶状态的速度称为凝胶速度,而将树脂从B阶状态转变为C阶状态的速度称为固化速度(但许多论文与专著常统称为固化速度)。

热固性树脂当其在凝胶点之前时,可以浸渍增强纤维或其织物,并能按设计要求制成适当几何形状的产品;一旦达到凝胶点后,复合材料制品基本定型,进一步的固化可使复合材料制品的物理性能和化学性能得到完善。

酚醛树脂只有在形成交联网状结构之后才具有优良的使用性能,包括力学性能、电绝缘性能、化学稳定性、热稳定性等。酚醛树脂的固化就是使其转变成网状结构的过程,其固化过程有以下特点:①树脂的结构因素(组成、分子量大小、反应官能度等)影响显著;②固化反应受催化剂、固化剂、树脂pH值等影响显著;③固化过程有热效应;④固化速度受温度、压力影响显著;⑤固化反应有小分子(如水、甲醛等)产生;⑥固化反应属于不可逆过程。

2.3.1.1 热固性酚醛树脂的固化

制备热固性树脂的醛和酚的最高比例(物质的量比)可达1.5∶1.0,此时固化树脂的物理性能也达最高值。热固性酚醛树脂可以在加热条件下固化,也可以在酸性条件下固化。

(1) 热固性酚醛树脂的热固化反应

① 热固性酚醛树脂的热固化反应原理　在加热条件下,热固性酚醛树

脂的固化反应非常复杂，这种复杂性不但取决于温度、原料酚的结构以及酚羟基邻对位的活性，同时取决于合成树脂时所用的碱性催化剂的类型。为了简化问题，用纯的酚醇来研究固化历程。酚醇的反应与温度有关，在低于170℃时主要是分子链的增长，此时的主要反应有以下两类。

a. 酚核上的羟甲基与其他酚核上的邻位或对位的氢缩合反应，失去一分子水，生成亚甲基键：

$$\text{HOCH}_2\text{-C}_6\text{H}_3(\text{OH})\text{-CH}_2\text{OH} + \text{C}_6\text{H}_4(\text{OH})\text{-CH}_2\text{OH} \longrightarrow \text{HOCH}_2\text{-C}_6\text{H}_3(\text{OH})\text{-CH}_2\text{-C}_6\text{H}_3(\text{OH})\text{-CH}_2\text{OH}$$

b. 两个酚核上的羟甲基相互反应，失去一分子水，生成二苄基醚：

$$\text{HOCH}_2\text{-C}_6\text{H}_3(\text{OH})\text{-CH}_2\text{OH} + \text{C}_6\text{H}_4(\text{OH})\text{-CH}_2\text{OH} \longrightarrow \text{HOCH}_2\text{-C}_6\text{H}_3(\text{OH})\text{-CH}_2\text{OCH}_2\text{-C}_6\text{H}_4(\text{OH})$$

据报道，生成亚甲基键的活化热约为 57.4kJ/mol，生成醚键的活化热约为 114.7kJ/mol，因此 b 反应比 a 反应难。

固化反应中除以上反应外，还可发生其他类型的反应，例如酚羟基与羟甲基的缩合反应：

$$\text{C}_6\text{H}_4(\text{OH})\text{-CH}_2\text{OH} + \text{C}_6\text{H}_5\text{OH} \longrightarrow \text{C}_6\text{H}_4(\text{OH})\text{-CH}_2\text{O-C}_6\text{H}_5 + \text{H}_2\text{O}$$

亚甲基与羟甲基的缩合反应：

$$\text{(HO)C}_6\text{H}_4\text{-CH}_2\text{-C}_6\text{H}_4(\text{OH}) + \text{C}_6\text{H}_4(\text{OH})\text{-CH}_2\text{OH} \longrightarrow \text{(HO)C}_6\text{H}_4\text{-CH(-C}_6\text{H}_4\text{OH)-C}_6\text{H}_4(\text{OH})\text{-CH}_2\text{-} + \text{H}_2\text{O}$$

亚甲基与甲醛的缩合反应：

$$2\,\text{(HO)C}_6\text{H}_4\text{-CH}_2\text{-C}_6\text{H}_4(\text{OH})+ \text{CH}_2\text{O} \longrightarrow [\text{(HO)C}_6\text{H}_4]_2\text{CH-CH}_2\text{-CH}[\text{C}_6\text{H}_4(\text{OH})]_2 + \text{H}_2\text{O}$$

热固性树脂在低于170℃固化时，在酚核间主要形成亚甲基键及醚键，其中亚甲基键是酚醛树脂固化时形成的最稳定和最重要的化学键，碱和酸都是有效的亚甲基键形成的催化剂。在酸性条件、中等温度下的固化速度正比于氢离子浓度；在强碱性条件下，在反应的早期，当pH超过一定的值后，固化速度与碱的浓度无关。在固化过程中形成的醚键既可以是固化结构中的最终产物，也可以是过渡的产物。酚醇在中性条件下加热（低于160℃）很

易形成二苄基醚,然而超过 160℃ 二苄基醚易分解成亚甲基键,并逸出甲醛:

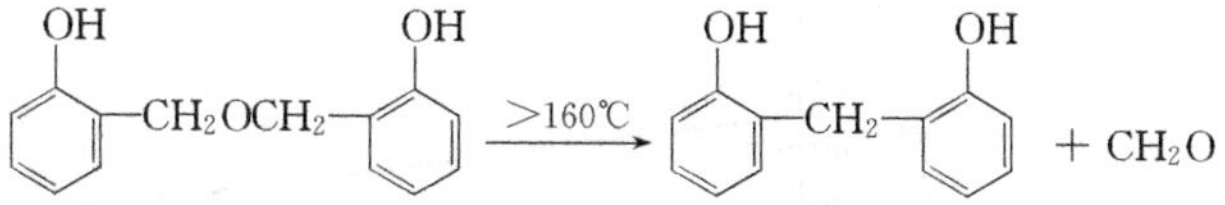

$$\text{HO-C}_6\text{H}_4\text{-CH}_2\text{OCH}_2\text{-C}_6\text{H}_4\text{-OH} \xrightarrow{>160℃} \text{HO-C}_6\text{H}_4\text{-CH}_2\text{-C}_6\text{H}_4\text{-OH} + \text{CH}_2\text{O}$$

如果树脂在碱性条件下,主要生成亚甲基键;在酸性条件下,亚甲基键与醚键同时生成,但在强酸性条件下主要生成亚甲基键。此外,在酚醇分子中取代基的大小与性质对醚键的形成也有很大影响,如表 2-12 所示。

■表 2-12 酚醇的对位取代基对醚键形成的影响

对位取代基	出水温度/℃	出甲醛温度/℃	温度差/℃
甲基	135	145	10
乙基	130	150	20
丙基	130	155	25
正丁基	130	150	20
叔丁基	110	140	30
苯基	125	170	45
环己基	130	180	50
苄基	125	170	45

在较高温度下(超过 170℃),二苄基醚键不稳定,可进一步反应。然而,亚甲基键在低于树脂的完全分解温度时非常稳定,并不断裂。在中性条件下,从三官能度酚合成的热固性树脂的固化结构中,亚甲基键是主要的连接形式。固化温度在 170~250℃ 之间时,第二阶段的缩聚反应极为复杂。此时许多二苄基醚很快减少,而亚甲基键大量增加。此外还生成亚甲基苯醌和它们的聚合物、氧化还原产物。固化过程中产生的 4-亚甲基-2,5-环己二烯-1-酮或 6-亚甲基-2,4-环己二烯-1-酮具有如下结构:

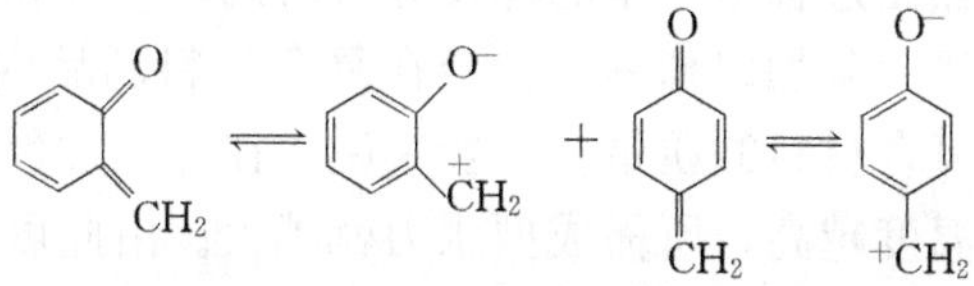

这些化合物可进一步反应,既可与不饱和键进行 Diels-Alder 反应,也可与羟甲基苯酚发生氧化还原反应,生成醛产物:

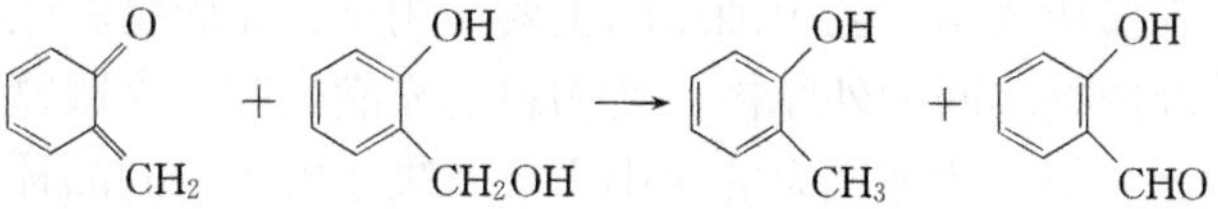

这些反应比较复杂,具体的反应情况还不十分清楚。

② 热固性酚醛树脂固化反应的影响因素

a. 树脂合成时酚与醛的投料比　热固性树脂在固化时的反应速率与合成树脂时的甲醛投料量有关,随着甲醛含量增加,树脂的凝胶时间缩短(图 2-4)。

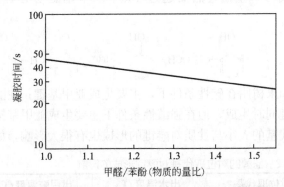

■ 图2-4 合成投料甲醛与苯酚的物质的量比对反应性的影响（150℃）

b. 酸碱性　热固性树脂的热固化反应受体系酸、碱性的影响很大。当固化体系的pH=4时为中性点，固化反应极慢；增加碱性导致快速凝胶；增加酸性导致极快凝胶。

c. 温度　随着固化温度升高，热固性树脂的凝胶时间明显缩短，每增加10℃，凝胶时间约缩短一半。

③ 热固化工艺　用热固性酚醛树脂制备纤维增强复合材料时常采用加压热固化的工艺过程，最终固化温度一般控制在175℃左右。在固化过程中所施加的压力与成型工艺过程有关。例如，层压工艺的压力一般为10～12MPa；模压工艺的压力较高，可控制在30～50MPa范围内。若采用其他的增强材料，则所要求的成型压力各不相同。例如，酚醛布质层压板要求成型压力为7～10MPa，而纸质层压板为6.5～8.0MPa。

在层压工艺过程中施加压力的主要作用：①克服固化过程中挥发分的压力。对在热压过程中产生的挥发分（溶剂、水分和固化产物等）如果没有较大的成型压力来加以抑制，就会在复合材料制品内形成大量的气泡和微孔，从而影响复合材料的质量。一般来说，在热压过程中产生的挥发分越多，热压过程中温度越高，所需成型压力就越大。由此可见，压力的大小主要取决于树脂的特性。②使预浸料层间有较好的接触。③使树脂有合适的流动性，并使增强材料受到一定的压缩。④防止制品在冷却过程中变形。

在模压成型工艺中加压的主要作用是：克服物料流动时的内摩擦及物料与模腔内壁之间的外摩擦，使物料能充满模腔；克服物料挥发物的抵抗力并压紧制品等。所加压力的大小主要取决于模压料的品种、制品结构和模具结构等。

(2) 热固性酚醛树脂的酸固化（常温固化）反应　热固性酚醛树脂用作胶黏剂和浇铸树脂时，一般希望在较低的温度，甚至室温下固化。为了达到这一目的，可在树脂中加入合适的无机酸或有机酸，工业上称为酸类催化剂。常用的酸类催化剂有盐酸或磷酸（可把它们溶解在甘油或乙二醇中使用），也可用对甲苯磺酸、苯酚磺酸或其他的磺酸。酸类催化剂也可促进焙烘型酚醛表面涂层的固化。

在热固性树脂中添加酸使之固化的反应，在许多方面都与热塑性酚醛树脂合成过程中的反应类似。它们的主要区别是在热固性树脂的酸固化过程中醛相对酚有较高的比例，以及当酸添加时醛已化学结合至树脂的分子结构之中。因此，热固性酚醛树脂酸固化时的主要反应是在树脂分子间形成亚甲基键。然而，若酸的用量较少、固化温度较低以及树脂分子中的羟甲基含量较高时，二苄基醚也可形成。热固性酚醛树脂酸固化时的特点是反应剧烈，并放出大量的热。酚醛树脂在酸催化下反应可用于自发泡。

在 pH＝4～7，酚醛反应体系中易形成亚甲基苯醌（benzoquinone）中间体，其呈黄色或粉红色：

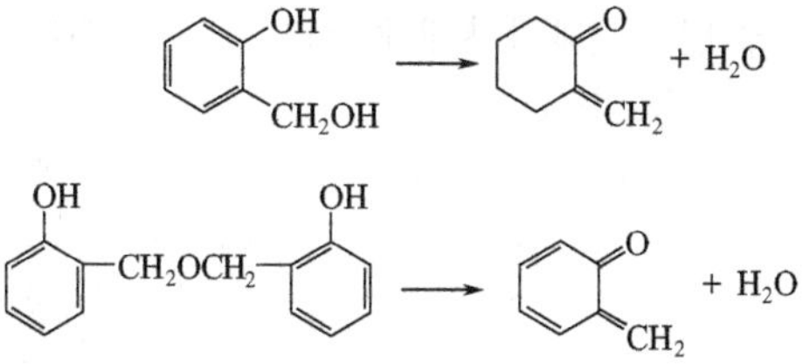

这种中间体是不稳定的，易迅速进一步发生 Diels-Alder 等反应：

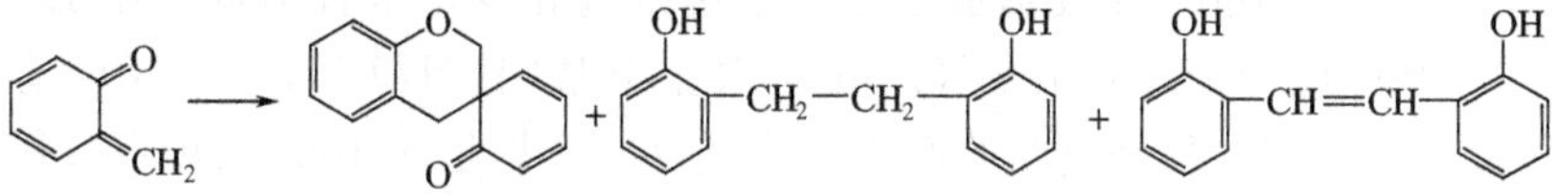

这种中间体也能与酚羟基发生 Michael 反应：

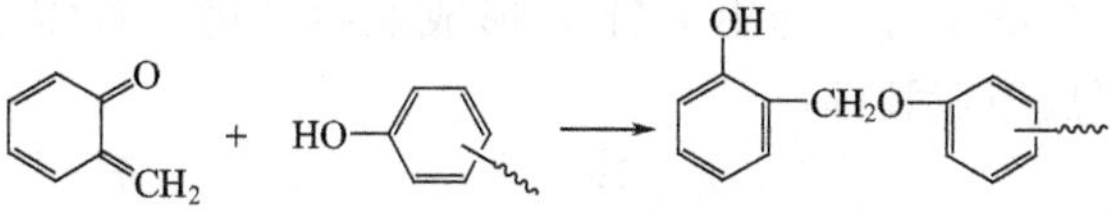

同样，对位羟甲基苯酚等也可发生同样的反应。

用氢氧化钠为催化剂合成的酚醛树脂若采用酸固化，当树脂合成时的酚与甲醛的物质的量比为 1∶1.5 时，固化树脂有最好的物理性能。若甲醛用量过高，树脂在固化过程中要释出甲醛，或者在固化结构中有醚键存在，性能则会受到影响。

2.3.1.2 热塑性酚醛树脂的固化

（1）热塑性酚醛树脂的固化反应 热塑性酚醛树脂是可溶可熔的，需要加入诸如多聚甲醛、六亚甲基四胺等固化剂才能使树脂固化。热固性酚醛树脂也可用来使热塑性树脂固化，它们分子中的羟甲基可与热塑性酚醛树脂酚环上的活泼氢作用，交联成网状结构的产物。

六亚甲基四胺是热塑性酚醛树脂采用最广泛的固化剂。热塑性酚醛树脂最广泛用于酚醛模压料，大约有 80% 的模压料是用六亚甲基四胺固化的。用六亚甲基四胺固化的热塑性树脂还用作胶黏剂和铸造树脂。采用六亚甲基四胺固化具有以下一些优点：①固化快速，模压件在升高温度后有较好刚度、模压周期短，以及制件从模具中顶出后翘曲小；②可以制备稳定的、刚硬的、耐磨塑料；③固化时不放出水，制件的电性能较好。

六亚甲基四胺是氨与甲醛的加成物，分子式为$(CH_2)_6N_4$，结构式如下：

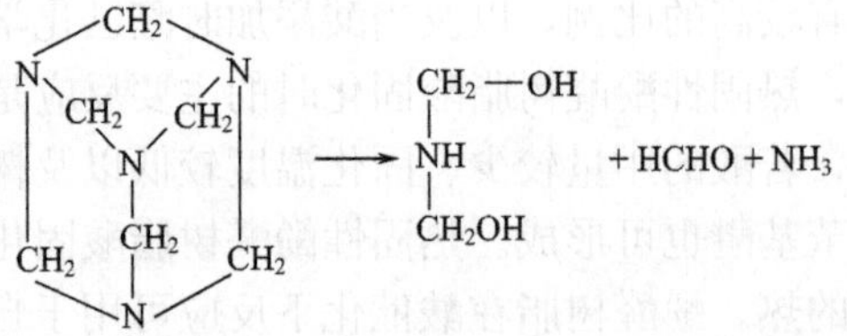

$$\text{结构图：六亚甲基四胺} \longrightarrow \begin{array}{c} CH_2-OH \\ N \\ CH_2OH \end{array} + HCHO + NH_3$$

六亚甲基四胺在超过100℃时会发生分解，形成二甲醇胺和甲醛，从而与酚醛树脂反应，发生交联。用六亚甲基四胺固化热塑性酚醛树脂的反应历程目前仍不十分清楚，六亚甲基四胺与只有一个邻位活性位置的酚反应可生成二（羟基苄）胺，其结构式如下：

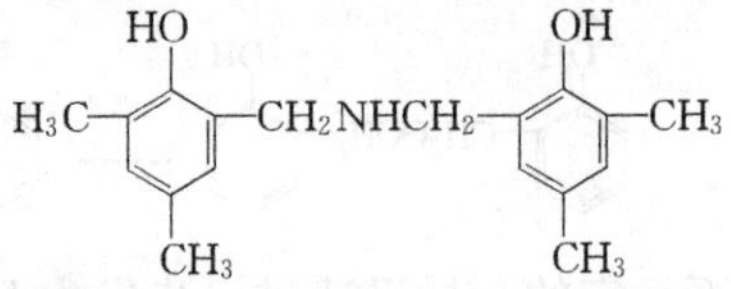

$$\text{二（羟基苄）胺结构式}$$

在160℃主要形成二芳基甲烷结构和少量苄胺结构，在190℃产生二苯基甲烷结构并放出氨气。酚与六亚甲基四胺反应时，二（羟基苄）胺和三（羟基苄）胺是重要的产物，这些反应产物是在130～140℃或稍低的温度下得到的。在较高固化温度下（例如180℃），这类仲胺或叔胺不稳定，进一步与游离酚反应，释出NH_3，形成亚甲基键。若体系中无游离酚存在，则可能形成甲亚胺键：

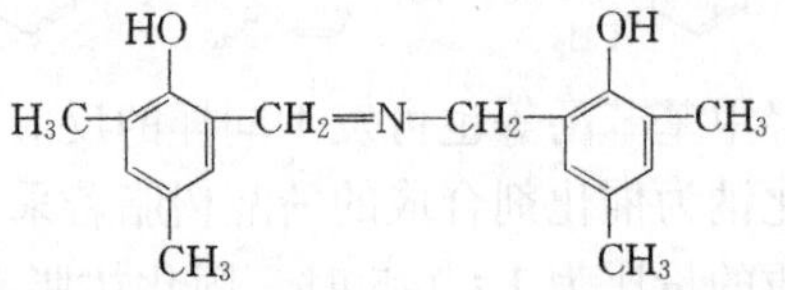

$$\text{甲亚胺键结构式}$$

这一产物显黄色，这可能就是用六亚甲基四胺固化的树脂常带黄色的原因。

另一类更为普遍的反应是六亚甲基四胺和含活性点的树脂反应，此时在六亚甲基四胺中任何一个氮原子上连接的三个化学键可依次打开，与三个树脂的分子上活性点反应，例如：

三个树脂的分子链～～＋六亚甲基四胺⟶（结构图）

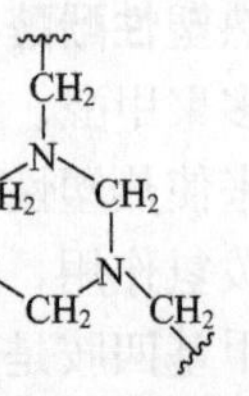

研究热塑性树脂用六亚甲基四胺固化的产物表明：原来存在于六亚甲基四胺中的氮有66%～77%已最终化学结合于固化产物中，即意味着每个六亚甲基四胺分子仅失去一个氮原子；固化时仅释出NH_3，而没有放出水，

以及用至少1.2%的六亚甲基四胺就可与树脂反应生成交联结构等事实，均支持上述反应历程。

对Novolak树脂与六亚甲基四胺（HMTA）反应的研究表明，高邻位酚醛树脂和一般酚醛树脂反应不一样，反应温度要低约20℃，如表2-13所示。高邻位树脂的反应活化能也最低。2,2′结构树脂易与HMTA反应生成苯并噁嗪中间体，然后分解再与Novolak分子的空位反应，发生交联。

■表2-13　不同酚醛树脂的固化温度

分析法	酸催化酚醛树脂	高邻位酚醛树脂
扭辫分析/℃	130	113
DSC/℃	150	138

(2) 热塑性酚醛树脂固化反应的影响因素

① 六亚甲基四胺的用量　六亚甲基四胺的用量对树脂的固化速度和制品的耐热性等性能有很大影响。六亚甲基四胺用量不足，将降低模压制品的压制速度与耐热性；六亚甲基四胺用量过多，不但不增加耐热性和压制速度，反而使制品的耐热性和电性能下降，并可使制件发生肿胀现象。一般用量为树脂的5%～15%，最佳用量为9%～10%。图2-5显示出六亚甲基四胺用量对酚醛树脂凝胶时间的影响。

② 树脂中游离酚和水含量　通用的热塑性酚醛树脂中含有少量的游离酚和微量的水分，它们对凝胶时间有影响。随着它们的含量降低，凝胶速度变慢，图2-6显示水分含量对凝胶时间的影响，当水分含量超过1.2%时，影响较小。图2-7显示游离酚含量对凝胶时间的影响，当酚含量超过7%～8%时，凝胶时间较短。游离酚与水分含量太高会引起制品性能下降。

③ 温度的影响　随着温度上升，凝胶时间缩短，固化速度增加，如图2-8所示。

酚醛模塑粉的压制温度一般为150～175℃，压力通常在30～40MPa范围内。热固性酚醛树脂和热塑性酚醛树脂的固化工艺条件有所不同，其应用也有所侧重，热塑性酚醛树脂主要用作模压塑料和注射塑料，而热固性酚醛树脂主要用作涂料、胶黏剂、复合材料基体树脂。

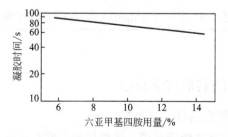

■图2-5　六亚甲基四胺用量对酚醛树脂凝胶时间的影响（150℃）

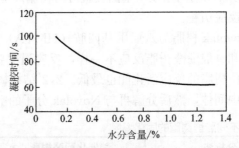

■ 图 2-6　水分含量对线型酚醛树脂凝胶时间的影响（150℃，10%六亚甲基四胺）

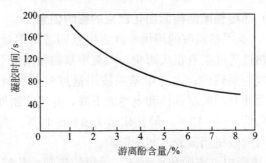

■ 图 2-7　游离酚含量对线型酚醛树脂凝胶时间的影响（150℃）

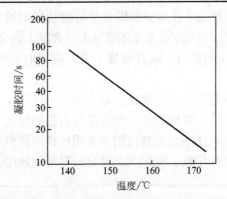

■ 图 2-8　温度对线型酚醛树脂凝胶时间的影响（10%六亚甲基四胺）

2.3.2 酚醛树脂的其他化学反应

2.3.2.1 酚醛树脂的各种化学反应

(1) **与环氧树脂反应**　酚醛树脂与环氧树脂或环氧化合物反应主要是酚羟基与环氧基的开环反应。酚醛环氧是酚醛树脂环氧化后的树脂，其强度高、黏结性强、电性能优异、耐氧化。此外，酚醛树脂可用环氧树脂来改性。

(2) 与异氰酸酯反应　异氰酸酯是非常活泼的化合物，可与具有活泼氢的化合物反应，就酚醛树脂而言，酚羟基和羟甲基均可与异氰酸酯反应，如酚羟基与异氰酸酯反应生成氨基甲酸酯化合物：

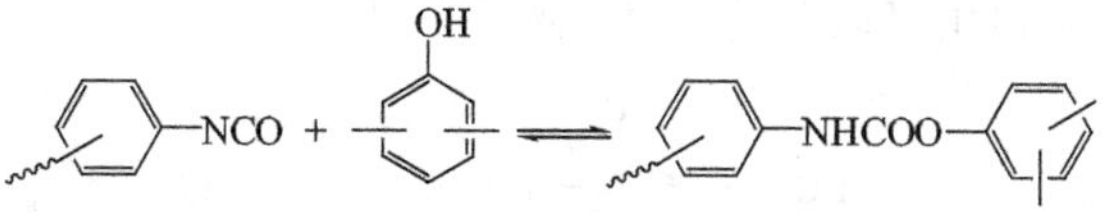

此反应可快速进行，形成的树脂可快速固化。聚氨酯易分解，且其热分解温度与其化学结构有关，如表 2-14 所示。酚醛树脂可用于单组分聚氨酯涂料或聚酯粉末涂料。

■表 2-14　异氰酸酯的化学结构对热分解温度的影响

结构 $R^1 NHCOOR^2$		热分解温度/℃
R^1	R^2	
芳基	芳基	120
烷基	芳基	180
芳基	烷基	200
烷基	烷基	250

(3) 与尿素、蜜胺反应　酚醛树脂可与尿素、蜜胺发生如下反应：

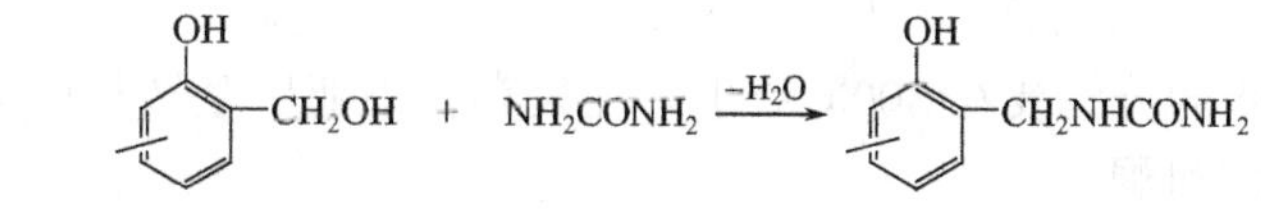

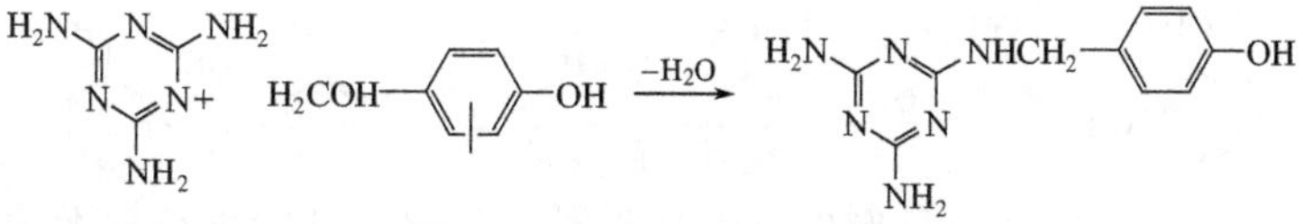

因而可用尿素和蜜胺来改性酚醛树脂，关键是控制反应使其发生共聚而不是均聚。很显然，酚醛树脂也可与脲醛树脂、蜜胺树脂反应。

(4) 与不饱和键化合物或聚合物反应　前已述及，羟甲基苯酚可脱水成亚甲基苯醌，此中间体可与不饱和化合物发生 Diels-Alder 反应：

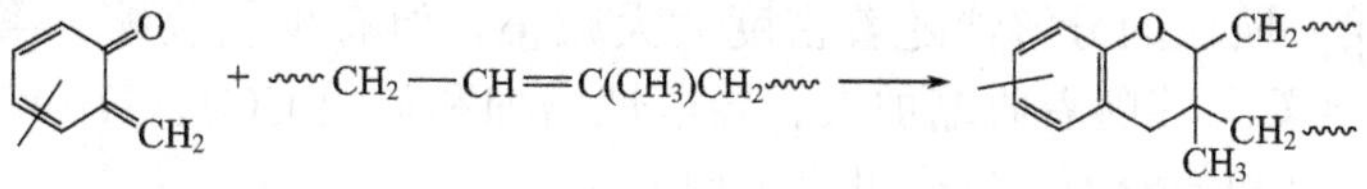

利用此类反应把酚醛树脂用作橡胶硫化剂、橡胶胶黏剂组分等。

(5) 与具有羧基的化合物反应　酚醛树脂可与具有羧基的化合物或预聚物反应，生成酯产物：

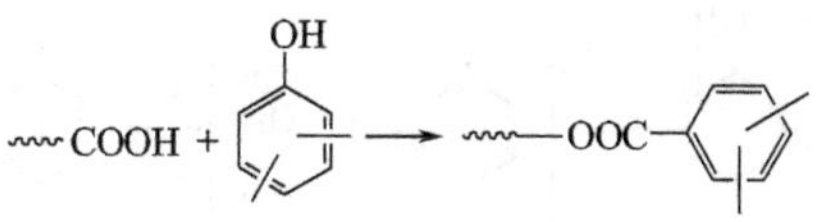

如酚醛树脂与聚酰亚胺反应可改善酚醛树脂的性能（聚酰亚胺中常含有—COOH基团等）。

(6) 酚醛化合物的阻聚反应 酚化合物可发生多种反应，其中可形成酚氧自由基中间产物，如位阻酚可用作抗氧剂，与自由基发生作用，从而阻止自由基的形成。例如，2,6-叔丁基-4-甲基苯酚与自由基反应产生酚氧自由基，酚氧自由基较稳定，不再继续反应。

$$R\cdot + (H_3C)_3C-\underset{CH_3}{\underset{|}{C_6H_2}}(OH)-C(CH_3)_3 \longrightarrow (H_3C)_3C-\underset{CH_3}{\underset{|}{C_6H_2}}(O\cdot)-C(CH_3)_3 + RH$$

显然，酚醛缩合物可用作抗氧剂。

2.3.2.2 酚醛树脂的分解反应

在250℃以上，固化的酚醛树脂会发生分解，如二苄基醚发生歧化反应：

$$\text{HO-C}_6\text{H}_4\text{-CH}_2\text{OCH}_2\text{-C}_6\text{H}_4\text{-OH} \longrightarrow \text{HO-C}_6\text{H}_4\text{-CHO} + \text{HO-C}_6\text{H}_4\text{-CH}_3$$

醛可进一步氧化成酸。在六亚甲基四胺固化的酚醛树脂中，三苄胺能分解成甲酚和甲亚胺化合物（azomethine），从而发黄：

$$[\text{HO-C}_6\text{H}_4\text{-CH}_2\text{-}]_3\text{N} \longrightarrow \text{HO-C}_6\text{H}_4\text{-CH}_2\text{-N=CH-C}_6\text{H}_4\text{-OH} + \text{HO-C}_6\text{H}_4\text{-CH}_3$$

酚醛树脂的分解要在300℃以上，在氧存在下亚甲基转化成氢过氧化物，最后形成醇和酮：

$$\text{Ar-CH}_2\text{-Ar} \xrightarrow[\Delta]{O_2} \text{Ar-CH(OOH)-Ar} \longrightarrow \text{Ar-CH(OH)-Ar} + \text{Ar-CO-Ar}$$

形成的酮特别容易发生自由基断裂。分解可继续进行到大约600℃，副产物大多数是水、一氧化碳、二氧化碳、苯酚和烷基酚，反应示意如下：

$$\text{Ar-CO-Ar} \longrightarrow [\text{Ar-C}\cdot\text{O} + \cdot\text{Ar}] \xrightarrow{O_2} \text{ArOH}, CO, CO_2, H_2O \text{等}$$

第一阶段的分解伴随着密度大大减小，但有少量收缩；第二阶段开始于近600℃，伴随着收缩加大、导电性增加和放出 CO_2、H_2O、CH_4、芳香烃化合物和苯酚等，反应可表示如下：

$$\text{Ar-CH}_2\text{-Ar} \longrightarrow [\text{Ar-CH}_2\cdot + \cdot\text{Ar}] \longrightarrow \text{Ar-CH}_3 + \cdot\text{Ar} \xrightarrow{RH} \text{ArH} + CH_4$$

$$\text{ArOH} \longrightarrow [\text{Ar}\cdot + \cdot OH] \longrightarrow \text{ArH} + H_2O$$

在惰性气氛下，分解产生的芳香碳化物残留物约为 60%；在空气中，残留率会少一些。残炭物在空气中 900℃ 以上可点燃。

2.4 酚醛树脂的合成与生产

2.4.1 酚醛树脂的合成

2.4.1.1 热塑性酚醛树脂的合成

在 1000mL 反应釜中加入 130g 苯酚（1.38mol）、13mL 水、92.4g 37% 甲醛溶液（1.14mol）和 1g 二水合草酸。搅拌并加热混合物，回流 30min。再加 1g 草酸水合物，继续回流 1h，加入 400mL 水，待混合物冷却后，静置 30min，虹吸出上层水，并把冷凝换为真空蒸馏，加热，并在 6.67～13.34kPa（50～100mmHg）的压力下，使釜温升到 120℃，直至达到要求，可得到 140g 树脂，产率不大于 105%（按苯酚质量计）。

水对树脂熔点有显著影响，相对分子质量为 450～700 的树脂，含 1% 的水，可使树脂熔点降低 3.4℃。黏度受水影响更大，加 0.5% 的水可减少熔体黏度 50%。树脂与六亚甲基四胺的反应性随水量的提高将提高。游离酚含量对树脂的影响不及水明显，但对高分子量树脂和树脂熔体黏度有重要影响。

2.4.1.2 糠醛苯酚树脂的合成

在 135℃ 时使 8g 碳酸钾溶于 400g 苯酚中，然后将 300g 糠醛在 30min 内滴加完毕，再在 135℃ 反应 4h 至无水释出为止。反应产物最后在 2.67kPa（20mmHg）、135℃ 的条件下抽真空，直至树脂达到一定的熔点。

按上述方法合成的树脂的熔点和固化速度随合成过程中糠醛/苯酚参加反应的物质的量比不同而不同（表 2-15）。从表 2-15 中列出的数据可知，当糠醛/苯酚的物质的量比增加时，树脂的熔点及固化速度都提高。

■表 2-15 糠醛苯酚树脂的特性

树脂中糠醛相对苯酚的物质的量比	熔点/℃	固化时间[①]/min	
		147℃	164℃
0.875	105	3.5	1.5
0.840	96	4.0	1.5
0.795	92	4.0	1.8
0.675	59	4.5	2.3
0.600	52	5.3	2.3

① 树脂固化时加 2%CaO 和 10% 六亚甲基四胺。固化时间是指树脂在一定温度下从溶液条件转化至用刮刀敲击时，刮刀上不再黏附树脂所需的时间。

糠醛可与苯酚反应缩聚成热塑性树脂，且所用的催化剂为碱性催化剂，而不用酸性催化剂（因为糠醛在酸性条件下本身易聚合，容易形成凝胶），常用的有氢氧化钠、氢氧化钾、碳酸钠或其他碱土金属的氢氧化物，但不用氢氧化铵，因为它易与糠醛发生化学反应。催化剂用量一般在1%左右。

糠醛苯酚树脂的固化过程大体上与热塑性酚醛树脂相似，也要加入六亚甲基四胺等固化剂，但糠醛苯酚树脂必须在较高的温度条件下才能充分固化。如果在130~150℃加热，树脂能在较长一段时间内保持流体状态而不发生凝胶。若温度上升至180~200℃，则迅速转变为不溶不熔的固体。因此这种树脂的主要特点是在给定的固化速度时有比较长的流动时间，由于这一工艺性能使它广泛用作模压料。用糠醛苯酚树脂制备的压塑粉特别适于压制形状比较复杂的或较大的制品，因为树脂硬化前压塑粉有充分的时间可充满模腔，可以压制出均匀的产品。如将糠醛苯酚树脂与热塑性酚醛树脂混合，则可以得到较好流动性能的酚醛树脂。

用糠醛苯酚树脂制备的模压制品的耐热性比酚醛树脂好，使用温度可提高10~20℃，它的尺寸稳定性、在高温下的硬度以及电性能等也比较好。

糠醛苯酚树脂还可用作磨轮、木材、金属和其他热固性树脂的胶黏剂。

工业上制造糠醛苯酚树脂可在高压下进行：将糠醛80份，苯酚100份，氢氧化钠0.5~0.75份放入高压釜中，用压缩空气进行强烈搅拌。然后紧闭高压釜，以0.5~0.6MPa的蒸汽通入夹套进行加热，使釜内压力达到0.45~0.55MPa，即将蒸汽关闭，使釜中温度借反应热继续上升，釜中压力也随之上升到1.0~1.2MPa。夹套中可通入冷水或蒸汽保持釜内压力在0.8~1.0MPa（相当于175~180℃）之间，反应40~60min，然后冷却，放出树脂后，送入真空干燥器中进行烘干，干燥温度为125~135℃，直至烘到树脂的软化点达80~85℃为止。

2.4.1.3 热固性酚醛树脂的合成

在装有冷凝器、搅拌器、温度计和虹吸管（取样用）的500mL反应釜中加入94g蒸馏苯酚、123g 37%甲醛溶液和4.7g八水氢氧化钡，开始搅拌，并用油浴加热至70℃反应2h，在形成的两层混合物中加入足够量的10%硫酸，使反应产物的pH值降到6~7，真空蒸馏（压力30~50mmHg❶）除水，温度不超过70℃，每15min取样测150℃凝胶时间，直到所需的反应程度即得到酚醛树脂。

Resol树脂非常多，随催化剂的用量、类型、配方及反应条件而变化，用于浸渍纸、制胶合板、层压板、刹车片的酚醛树脂都不一样。如水溶性热固性酚醛树脂可用氢氧化钠作为催化剂，按配比投料，使反应物在回流温度下反应45min~1h即可出料，制得的树脂可用于生产胶合板或作木材的胶黏剂。

---

❶ 1mmHg=133.322Pa。

2.4.2 酚醛树脂的生产

酚和醛的缩聚反应可在加压、常压及减压（真空）下进行，应用最多的方法是在常压下的缩聚，这一方法设备简单，工艺过程也容易控制。在加压下进行缩聚反应时，可以加速缩聚反应，减少催化剂用量而获得较高质量的产品，但此方法因设备特殊、操作控制较困难而未被广泛采用。减压法增加了反应时间，实际上未能使树脂的性能有所改进。

酚醛树脂可以是液体状（溶剂型和水性酚醛）或固体状（粉末或片状固体），这取决于：①苯酚与甲醛（P/F）之比；②催化剂；③酚醛反应时间和温度；④水含量和残留酚及溶解性；⑤其他醛或酚的改性；⑥环境、生态、毒性等方面的考虑。

制造固体树脂包括树脂的合成与脱水干燥。合成与干燥可以在同一反应釜内进行（单设备法），也可在两个或多个不同的反应釜内进行（双或多设备法）。用单设备法可以使缩聚和脱水干燥两个过程连续进行，既可以用来生产热塑性树脂，又可以生产热固性树脂。单设备法具有操作简便、设备简单等特点，但设备利用率较低。用双或多设备法生产酚醛树脂是先在一个或两个设备内进行酚与醛的缩聚，然后将反应后的混合物放入一个分离器中进行冷却分层，分离出树脂上层的水溶液，树脂的脱水干燥在另一设备内进行，它的优点是每一阶段的操作都能在最适合的设备中进行，大多用于热塑性树脂的生产。

2.4.2.1 酚醛树脂的制造设备

反应釜是制造树脂的主要设备，反应釜为圆柱形，直径与高度的比约为 $1:(1.2\sim1.7)$，由耐腐蚀材料制成，一般为钢制的。反应釜设有能耐加热蒸汽气压的夹套，用于通入蒸汽、过热水或冷水，以调节釜中反应物的温度。夹套应承受工作压力为 $(1.5\sim2.0)\times10^6$ Pa。夹套底部是冷水进口，也是加热汽出口，上部是蒸汽进口，也作为出水口，在回汽管路上装有排水阻汽器，它的作用是使蒸汽热量不致直接排出管外。在反应釜的底部中心装有放料阀门，反应釜的结构如图 2-9 所示。

反应釜的容量视用途而定。通常制造热塑性酚醛树脂所需的容量较大，约为 $3\sim30m^3$，而制造热固性酚醛树脂所需的容量较小，约为 $1.5\sim3m^3$。反应釜可分为釜身和釜盖两个部分，两者之间用石棉垫圈作为嵌衬，四周用螺栓紧固，进行密封。釜盖上安有带套管的温度计且伸入釜内，套管内加满油，使传热均匀。釜盖上设有视镜和照明灯装置，都用圆形耐高温厚玻璃密封在釜盖上，这样可随时观察釜内物料的液面高度，及反应时的沸腾和脱水状态。釜盖上的视镜和照明灯采用 36V 低压电源，灯泡外面用防爆灯罩密闭，以免触电和发生燃烧事故。在釜盖上设有蒸发管口、回流管口、加料口、取样口等。釜盖上的孔道如图 2-10 所示。在反应釜上装有真空压力表，

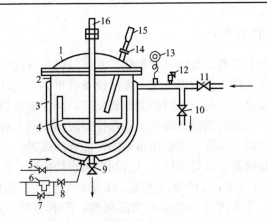

■ 图2-9 酚醛树脂合成反应釜示意图

1—釜盖；2—釜身；3—夹套；4—锚式搅拌器；5—冷水进水阀；6—排水阻汽器；7—夹套放水阀；8—回汽阀；9—放料阀；10—回水阀；11—蒸汽阀；12—安全阀；13—蒸汽压力表；14—温度计套管；15—温度计；16—搅拌轴

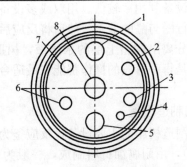

■ 图2-10 合成反应釜盖孔分布情况

1—照明灯；2—加料管；3—取样口；4—温度计；5—视镜；6—蒸发管；7—回流管；8—搅拌轴

以指示釜内物料在高温反应时是否产生压力，并显示脱水时真空度的情况。在真空压力表旁还有一个可调节真空度的阀门，在脱水初期阶段和后期阶段可控制釜内液面，不使其上升。釜盖上的取样口装有闸门阀，便于中间控制取样分析，少量物料也可以从此口倒入釜内。在较大的反应釜上，还安装一个人孔（有时用加料口替代人孔），这样人可进入釜内，方便清理。反应釜在长期生产中，内壁沾有的树脂会形成釜壁层，影响传热和冷却效果，延长生产时间和降低效率，因此，反应釜在使用一定时间后就要清理。由于人工清釜存在劳动强度大的缺点，所以可改为用浓度为2.5%的碱液在釜内加热煮沸24h，随后吸出，再用清水回流洗净。

其他附属设备有真空泵、齿轮泵、缓冲器、接受器、冷凝器等，这些设备之间都用管子接通，如图2-11所示，并在各种管路上装上合适的阀门以

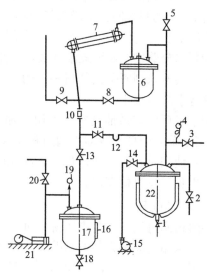

■ 图 2-11　酚醛树脂的合成工艺流程及设备示意图

1—放料阀；2—真空加料阀；3—真空调节阀；4—真空压力表；5—安全阀；6—缓冲器；7—冷凝器；
8，11—回流阀；9，20—通大气阀；10—视镜；12—U形管；13—真空阀；14—加料阀；15—齿轮泵；
16—液面计量玻璃管；17—接受器；18—放水阀；19—真空表；21—真空泵；22—反应釜

用于控制。釜盖表面的蒸发管向上连接缓冲器，缓冲器又接通卧式冷凝器的气体入口。缓冲器的作用是防止物料进入冷凝器，避免造成凝结物堵塞，影响冷却效果，起到保护冷凝器畅通的作用。在蒸发管的顶部装有安全阀，如釜内产生压力，可使物料冲出釜外，防止跑釜，避免重大损失。安全阀必须定期清理和检查，以免低分子物凝结堵塞而不起作用。

釜盖上 U 形回流管连接冷凝器的液体出口管路。U 形管起液封作用，它只能使冷凝器流出的液体回到釜内，而不能使气体对流，使反应过程形成一个循环的路线。回流的冷凝液不必过分冷却，因为还要回流到釜内与沸腾的混合物混合，否则会影响热效率和缩聚速度。在 U 形管上装有耐高温玻璃视镜，后面用灯泡照明，可以清楚地观察流量情况。视镜上部设有通大气的管路，使反应保持常压。

在管路装置的安排上，冷凝器应安装成倾斜约 15°，便于液体流出，冷凝器供回流与脱水合用。冷凝器内部结构为列管式，冷凝器外壳用钢板制造，内部列管用薄铜管，铜管的冷却面积可按反应釜的容量 $12\sim20\text{m}^2/\text{m}^3$ 设计。冷凝器在生产过程中也应打开冷却水阀门，脱水时冷却水量更要开大，并根据需要随时掌握进水量的大小。冷凝器下方液体出口接通接受器，接受器主要用于真空脱水时贮存废水用。接受器的容量应大于物料的最大脱水量。冷凝器和接受器均设有真空接口管。在接受器的外壁有液面计量玻璃管，可看出脱水量，它的底部有放水阀，脱水后就可放去废水。

在釜中心有一锚式搅拌器,它的转速一般为30~42r/min,可高达70r/min,转速较高时,物料之间分子碰撞机会增多,有利于缩合反应。在搅拌器电动机的线路上装有电流表,以便正确反映搅拌器的负荷状况。在脱水的后一阶段,物料水分蒸发,黏度逐渐增大,搅拌轴转速可能因此而减慢,从而可从搅拌轴的转速来判断釜内物料黏度的变化情况,以采取相应的措施,避免树脂硬化等事故的发生。

真空泵用于对反应体系抽真空,可用于加料和脱水(大大加快脱水速度)。在使用真空泵时应打开冷却水阀门和加入机油,防止摩擦发热损坏机件。真空泵停止使用时,应立即打开真空表边的通大气阀门,不使真空泵发生倒转现象,以免影响机械零件。

2.4.2.2 热塑性酚醛树脂的生产

热塑性酚醛树脂可用于制备模塑粉,加入固化剂后,它的固化速度较热固性树脂快。所采用的原料为苯酚和甲醛(也可用其他酚类或酚类与苯胺的混合物,其他醛类如糠醛等)。苯酚与甲醛的物质的量比一般选择在1:0.85左右。采用酸性催化剂,例如盐酸、草酸、甲酸等。草酸在真空下,100℃升华;在常压下,159℃不分解;在高于180℃,分解成CO_2和水。按反应过程可分为批量(间歇)生产和连续生产。以下分别加以介绍。

(1) 热塑性酚醛树脂的批量(间歇)生产 生产热塑性酚醛树脂的最主要的工艺是间歇釜式常压合成法,反应开始时是溶液均相体系,当缩聚体树脂的分子量达到一定程度后,反应体系转为非均相,这时分子量增长反应主要在树脂相中进行。

制备热塑性酚醛树脂(用于模塑粉制造)的一般配方(质量比)为:苯酚或酚类(含量100%计)100份,甲醛(含量100%计)26.5~27.5份,盐酸(含量100%计)0.056份。

固体热塑性酚醛树脂的生产过程包括原料准备、缩合反应、脱水干燥和放料、树脂的粉碎等。酚醛树脂的合成工艺流程及设备示意如图2-11所示。

① 投料

a. 加料 已准备好的原料都需经过计量槽的正确计量苯酚和甲醛后加入釜内(桶装苯酚过秤后,放入由蒸汽直接加热的水槽,待苯酚完成熔融后,按配比计量苯酚)。要求P/F在1.0:(0.75~0.85)之间,计量槽可用自动控制,也可用人工控制,投料时将反应釜抽真空先吸入苯酚,同时将冷凝器通水,此时开动搅拌,最后加入计量后的甲醛。

b. 调整pH值 上述原料加入后,随即调整管路阀门,打开通大气的阀门,使反应釜内与大气保持平衡状态,搅拌5min使釜内温度下降至60℃以下。停止搅拌,从加料阀门口取样,用pH试纸测定混合液的pH值,使之为3~4。根据pH值的大小,加入含量为30%的盐酸,搅拌,调整pH值至1.9~2.3的范围内。

② 缩聚反应

a. 加热 pH值达到后,再检查一下设备管道阀门是否都已调节到符合缩聚的条件。开动搅拌,放去夹套中的冷水,开始往夹套内通入蒸汽加热,同时检查冷凝器内通入冷水的情况。控制夹套加热蒸汽的压力大小,缓缓加热,使料温缓慢地升到85℃左右。此时停止通蒸汽和停止搅拌。应当注意,反应混合物最初的pH值和升温达到55~65℃所需的时间,如果pH值越小,则升温的速度应该越慢。苯酚与甲醛的缩聚反应是放热反应[586 kJ/kg(苯酚与甲醛)],所放出的热量足以使反应混合物自行升到沸腾阶段,因此未达到沸腾之前就应该停止加热,即停止蒸汽的通入,在开始沸腾时,应立即往夹套内通入冷却水,以防止反应猛烈,发生冲料。

b. 补加酸催化剂　混合物由于放热反应,温度逐渐升到95~100℃,开始沸腾时,约隔2~5min开始有回流液。冷凝器回流下来的冷凝液中,除水之外,还含有一部分苯酚和甲醛,开始沸腾时,苯酚和甲醛的含量较高,以致它们在冷凝中就发生缩聚反应,回流液是浑浊的,以后随苯酚与甲醛在冷凝液内含量的减少而逐渐变为澄清液体。回流约隔5~10min沸腾平稳,即开动搅拌,夹套中通入冷水,准备补加盐酸。盐酸应按配比核算计量后,用冷水稀释到含量约10%,视釜内沸腾情况,从盐酸加料器内分几次加入,全部加完需用15~20min,最后用少量清水清洗盐酸加料器,并加入釜中。

c. 缩聚　补加酸后,约5min后反应物开始变成乳白色浑浊物,此时可根据釜内沸腾及回流情况,通入少量蒸汽,以保持沸腾。由于缩聚初期产物的分子量较低,且能溶于甲醛溶液中,反应物的黏度和相对密度在反应初期的变化都不很明显,以后随着反应的进行,反应生成物的分子量逐渐升高,并难溶于水中。反应物料就开始分为两层,上层为水,下层为酚醛树脂。整个回流反应自浑浊开始计算,保持反应30min后取样测黏度。在4号涂料杯中测试达到20~40s(60℃),缩聚即告完毕。

缩聚过程可以根据经验温度曲线加以控制,将通过全部操作过程的温度数据所作的曲线与标准的经验曲线相比较,便可清楚地检查生产过程是否有不妥之处,以便予以改进。图2-12为热塑性酚醛树脂的合成控制温度曲线。

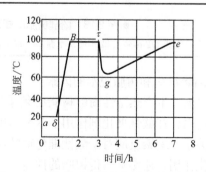

■ 图2-12　热塑性酚醛树脂的合成控制温度曲线
$a\delta$—装入原料、催化剂及搅拌阶段;δB—加热反应混合物到沸腾阶段;$B\tau$—沸腾阶段;τg—真空下冷却树脂阶段;ge—干燥阶段;e—树脂的卸出

③ 脱水和放料

a. 脱水干燥　脱水干燥的目的是为了除去树脂中所含水分,同时也可除去反应产物中的甲醇以及未反应的甲醛和苯酚。当黏度达到要求后,调整管路阀门,开启回流液至接受槽的阀门,关闭回流液通反应釜的阀门和通大气的阀门,然后开动真空泵,缓缓调节真空(在10～20min内)达到40～53kPa(300～400mmHg)(抽真空的速度不宜过大,否则树脂激烈起泡,有冲入冷凝器的危险)。此时温度下降到80～84℃,即从夹套通入蒸汽,以保持脱水温度为(80±2)℃,此时水分大量蒸发。随着水分蒸发,釜内温度逐渐升高,当釜内温度升到95℃左右时,视釜内树脂透明和黏度情况取样测滴点(滴落温度),当滴点达到95～100℃时,即停止加热,解除真空,准备放料。熔点70～75℃的Novolak树脂用作铸造树脂,80～100℃可做其他应用。

b. 放料　在测滴点前即准备好盛料铁盘、料车及其他放料工具,当反应釜真空消除后,打开底阀放料,放料厚度以不超过8cm为宜。放料完毕,放去反应釜夹套的剩汽,并通入冷水,调整好管道,以备下次投料。放出的树脂迅速移到通风处冷却,也可采用不锈钢流延冷却输送带的方式进行冷却,如图2-13所示。

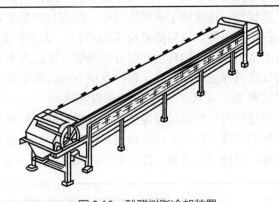

■ 图2-13　酚醛树脂冷却装置
(带宽1.2m,带长22m,冷却水温28℃以下,冷却水量5m³/h)

c. 影响缩聚反应和树脂脱水的因素

(a) 催化剂　生产热塑性酚醛树脂必须采用酸性催化剂,在pH<7的条件下进行缩聚,在酸性催化剂作用下苯酚与甲醛加成反应的速率与H^+的浓度成线性关系,缩聚反应对于酸性催化剂的用量也非常敏感,催化剂不仅对反应有催化作用,还影响所得树脂的性能。

盐酸是最强的催化剂,一般用量为0.05%～0.10%,用量的多少与甲醛溶液的pH值有关。反应体系的pH值通常控制在1.8～2.2。为了防止缩聚过程中的剧烈放热(每摩尔苯酚放热高达586kJ),因此应分2～3次加入反应物中。采用盐酸作为催化剂的优点是价格较低、反应速率快以及在干燥脱水过程中可随水蒸气逸出。但是它对设备腐蚀严重,且生产出的树脂中残存氯离子,会影响其性能。

采用硫酸作为催化剂的较少,主要是硫酸不易除净,必须使之中和生成惰性的硫酸盐,如硫酸钡、硫酸钙等。所得的树脂颜色较深,对设备的腐蚀也较严重。硫酸采用量为苯酚量的0.4%~0.5%。

草酸是一种很好的催化剂,故已普遍作为热塑性酚醛树脂的催化剂。草酸是离解能力较弱的有机酸,它的催化作用较缓和,采用量为苯酚量的0.5%~2%。其特点是缩聚反应平稳,容易控制,从而减少了因加入强酸致使反应剧烈而引起跑料的危险;另一个优点是由于反应缓和,有规律性,就容易对反应实现自动控制。用草酸生产的树脂颜色较浅并具有较好的耐光性,草酸对设备的腐蚀性也较小,缺点是反应速率较慢。草酸也适用于涂料用的酚醛树脂合成。

(b) 原料的用量比　热塑性酚醛树脂是在反应体系的pH<7和甲醛与苯酚的物质的量比小于1时制得的。在工业生产上,苯酚与甲醛(物质的量比)通常控制在1.0∶0.85左右。在同样的条件下进行缩聚,甲醛对苯酚的物质的量比越高,所得树脂的软化点越高,平均分子量越大,收率越高,树脂中游离酚含量也越少。

从表2-16可知,在实际生产中,甲醛对酚的最大用料比为28g甲醛对100g酚,超过此限度,反应易进行到C阶段。

■表2-16　热塑性树脂生产中甲醛与苯酚对树脂性能的影响

100g酚用甲醛量/g	树脂产率/%	滴点/℃	凝胶时间[①]/s	50%乙醇溶液的黏度/Pa·s	游离酚含量/%
24	108.9	97.5	160	8.3×10^{-2}	8.7
26	109.6	103.0	80	1.36×10^{-1}	5.9
28	112	112.0	65	3.70×10^{-1}	4.7
29	转为C阶树脂				

① 加10%六亚甲基四胺固化剂。

(c) 缩聚与脱水条件　延长缩聚时间对热塑性树脂有影响。从表2-17可知,延长缩聚时间,反应趋于完全,树脂的平均分子量、收率都有所提高。

■表2-17　缩聚时间对热塑性树脂的影响

缩聚时间/min	收率(以酚为基准)/%	游离酚含量/%	5%醇溶液黏度/Pa·s	滴点/℃
55	107.6	6.7	1.06×10^{-1}	102
60	107.8	6.4	1.09×10^{-1}	103
90	107.9	6.0	1.26×10^{-1}	110
150	108.0	5.8	1.29×10^{-1}	111
270	108.2	5.2	1.63×10^{-1}	117

树脂脱水干燥的时间及最终温度的高低对所得树脂的分子量、溶液黏度、软化点、滴落温度（滴点）以及游离酚含量皆有影响。图 2-14 显示了不同酚醛配比时，脱水最终温度对热塑性树脂滴点的影响。从图 2-14 可知，最终脱水温度的提高显著地提高了树脂的滴点。甲醛的用料比增大时，对滴点的影响更大。因此，如需使热塑性树脂具有一定的滴点，可增大甲醛与酚的物质的量比或提高最终脱水温度。

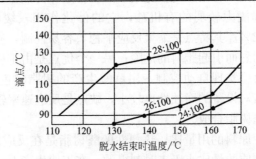

■ 图 2-14　不同酚醛配比时热塑性酚醛树脂滴点与脱水结束时温度的关系

热塑性酚醛树脂的滴点和所采用的脱水干燥方法也有关系。当树脂的脱水操作在敞开式蒸煮釜中进行，则滴点与游离酚的含量成反比。

d. 树脂的粉碎　热塑性酚醛树脂具有脆性，比较容易粉碎。用于制造模塑粉的树脂，粉碎后应通过 60 目筛网。树脂颗粒适宜的均匀细度是为了使其与填料、乌洛托品等很好地混合。树脂粉碎通常是在十字形锤式破碎机或锤形齿牙式破碎机中进行，如欲将树脂粉碎得更细，可使用附有空气分离装置的锤式破碎机，其装置简单，如图 2-15 所示。

树脂在粉碎过程中会形成大量的粉尘，与空气混合后可形成爆炸性混合物，故粉碎车间应严禁带火工作，照明和电气设备也需防爆。

热塑性树脂在贮存时，树脂的熔化温度、黏度及固化速度都很少改变，

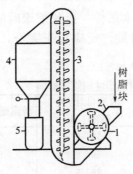

■ 图 2-15　树脂粉碎装置

1—十字形锤式破碎机；2—装料斗；3—斗式提升机；4—卸料斗；5—装树脂的袋

但在 180～200℃时会缓慢地变为不熔物。几种常用热塑性酚醛树脂的性能要求如表 2-18 所示。

■表 2-18　几种常用热塑性酚醛树脂的性能要求

类　　别	滴点/℃	聚合速度/s	游离酚含量/%	水分/%	黏度(B_3-4)/s
苯酚甲醛树脂（酸催化）	95～105	40～60	≤6	≤3	35～55
苯酚工业酚甲醛树脂（酸催化）	95～105	40～60	≤6	—	—

(2) 酚醛树脂的连续生产　连续法生产是化工生产工艺过程普遍追求的目标，酚醛树脂的发展也不例外。多年来有关酚醛树脂连续法生产的专利并不少见，然而真正实现工业规模的成功实例却不是很多。究其原因，主要有以下几点：①连续法工艺适合生产品种单一、控制参数恒定不变的品种，酚醛树脂由于应用领域广泛，产品从配方、生产工艺参数、中控及终点控制都是千变万化，而每种型号品种的酚醛树脂产量并不一定很大，这就造成连续法生产控制困难，致使生产不稳定和产品质量的不稳定；②生产型号品种的频繁更改，还会因为设备的必要清理次数增多而导致物料的无谓浪费；③酚醛树脂生产过程复杂，既有加成、缩聚等化学过程，又有加热、冷却、蒸发、粉碎等物理过程，因而连续法生产的流程较长，设备较多；④在酚醛树脂的生产过程中，物料成分及性质不断变化，尤其物料黏度逐步增大，容易导致生产中断。

虽然有上述各种困难因素，但仍有一些较为成功的连续法生产酚醛树脂的报道，现介绍其中的一种，供作参考。

酚醛树脂连续生产工艺过程如图 2-16 所示。甲醛、苯酚和催化剂（如

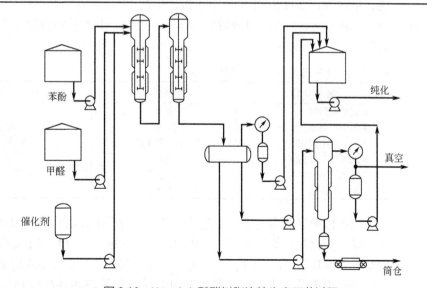

■图 2-16　Novolak 酚醛树脂连续生产工艺过程

草酸）从贮槽中输送到一级反应器，其加入量可自动计量和控制，反应器外部有加热夹套，酚醛在搅拌下发生反应。反应混合物在二级反应器中继续反应，反应常在700kPa（7 bar）、120～180℃下进行，由于温度高而提高了反应速率。反应应在二级反应器中完成。反应混合物离开二级反应器后就进入闪蒸釜（flash drum）（也用作蒸汽和液体分离器）。闪蒸的蒸汽经冷凝在收集器中收集，收集的液相分两层，上层为含少量酚的水，可吸送到纯化设备单元，而底层即树脂被泵送到真空蒸发器中进一步除水，蒸馏出的水（常含其他组分）经冷凝后再进入纯化设备单元进一步处理。而脱水树脂被放到皮带制片机上冷却，即得到片状酚醛树脂。

2.4.2.3 热固性酚醛树脂的生产

热固性酚醛树脂可以是固体状、乳液状，或乙醇水溶液，根据其工业用途而定。热固性树脂与酚和醛的配比、催化剂的种类及制造方法有关。配比P/F＝1：（1～3），催化剂的影响比较大，对结构、分子量分布均有影响，常用的催化剂有氢氧化钠、碳酸钠、碱土金属氧化物和氢氧化物、氨气、六亚甲基四胺和叔胺。有时使用的催化剂要在反应结束后除去，尤其对电性能、耐老化和耐潮湿有要求时，要除去催化剂。一般氢氧化钠、碳酸钠常保留在溶液中；钙氧化物、钡氧化物和氢氧化物应用时，常在反应后加硫酸或通CO_2，使其沉淀除去；氨、叔胺常可蒸馏除去。催化剂的用量按苯酚用量计在1：（0.01～1）之间变化。

制造铸型树脂或木材黏结剂时，常用1mol苯酚与1.5～2.0mol甲醛反应，采用氢氧化钠、氢氧化钾等催化剂。用于制造各种层压制品的热固性酚醛树脂所用配比为6mol酚与7mol甲醛，并以氨水为催化剂，酚类可用苯酚、甲酚等，如可采用苯酚100份、甲醛（100%计）37份、氨水（25%计）5份（以上均为质量分数）。表2-19介绍了生产模塑粉用的热固性酚醛树脂。

■表2-19　生产模塑粉用的热固性酚醛树脂

名　　称	催化剂	外　　观
苯酚甲醛树脂	氨水	乳液
甲酚甲醛树脂	氢氧化钡	乳液
苯酚甲酚甲醛树脂	氧化镁、氢氧化钠	固体
苯酚苯胺甲醛树脂	氨水	固体
苯酚苯胺甲醛树脂	氧化镁	固体
甲酚甲醛树脂	氨水	固体

热固性酚醛树脂的生产工艺过程基本上与热塑性酚醛树脂相同，但采用的是碱性催化剂，如氨水、氢氧化钠、氢氧化钡等。甲醛与苯酚投料的物质的量比为（1.1～1.5）：1。采用的设备通常与生产热塑性酚醛树脂一样，较多的是采用单设备法生产，但所选用的反应釜较热塑性酚醛树脂的反应釜小，一般为1～4m^3，以便实现其合成工艺过程的稳定操作。

(1) 热固性酚醛树脂的生产 现以氨水为催化剂的热固性酚醛树脂的合成过程为例来介绍生产过程,以 $4m^3$ 反应釜为例,原料配比（F/P=1.30:1.0）：苯酚 1152kg,甲醛（37%）1294kg,氨水（25%）61.8kg。其工艺过程如下。

① 加料　将桶装苯酚放入由蒸汽直接加热的水槽,待苯酚完全熔融后,按配比将苯酚、甲醛和氨水计量后,经仔细复核无误后投入釜中,打开冷凝器冷却水,并开动搅拌。

② 缩合反应　物料加入后,随即打开通大气的阀门,使反应釜与大气保持平衡状态。检查回流液返回反应釜的阀门、冷凝液通接受槽的阀门及有关的设备,检查管路是否满足缩合的条件,然后通蒸汽加热,蒸汽压力不宜过大,使温度升到 70℃。酚与醛在氨水作用下,立即开始放热反应,使物料温度加热至 78℃,停止通入蒸汽或用冷却水调节（否则就不易控制温度）,使反应釜内温度缓缓上升到 85~95℃（不要超过 95℃）。此时出现沸腾和回流,从沸腾和回流开始,保持 60min 之后,每隔 10min 取样测定凝胶时间,达约 90s（160℃）,即终止反应。

③ 脱水干燥和放料　调整管道阀门,开通回流到接受槽的阀门,关闭回流液通反应釜的阀门,然后开动真空泵,缓缓调节真空,在 10~15min 内使真空达到 66.7kPa(500mmHg) 左右,往夹套中通入 0.294~0.392MPa 的蒸汽,保持恒温在 70℃ 左右,脱水至树脂透明后取样测聚合速度,若凝胶时间达 70s（160℃）左右,即加入 600kg 乙醇进行稀释,然后出料。氨催化的热固性树脂主要用于浸渍纤维状填料或织物如玻璃纤维或布、石棉布、棉布和纸等,以制造增强塑料。

表 2-20 列出了国内两种热固性酚醛树脂的性能指标。通常热固性树脂生产过程简单,树脂的贮存期较短,因此使用单位往往自产自用。一般热固性酚醛树脂应符合下列技术要求。

树脂黏度（黏度杯）　　5~10s（25℃）
凝胶时间　　　　　　　90~120s（160℃）或 14~24min（130℃）
树脂固含量（乙醇）　　57%~62%
游离酚含量　　　　　　16%~18%

■表 2-20　热固性酚醛树脂的性能

性能	2124(上海)	616(北京)
外观	深棕色黏性液体	琥珀色至红褐色透明液体
黏度	15~30s（4#杯,25℃）	恩氏相对黏度（20℃）7~13
固体含量/%	50±1	>90
游离酚含量/%	<14	<18
固化速度（150℃）/s		80~120
应用	热压玻璃钢层压板	层压制品

从上述工艺过程可知,缩聚的终点要根据凝胶时间的长短来判断,当然还可根据混合物的浑浊情况来判断（经验）。另外要注意,对热固性树脂的

脱水要尽可能采用高真空，以缩短干燥时间，在脱水干燥时，温度应缓慢上升，因为热固性树脂在比较高的温度下以及长时间的加热都会变成B阶或C阶树脂（不溶不熔状态），从而会造成产品报废或停产事故。

关于干燥终点可从冷凝器流入接受槽冷凝液的减少、冷凝液温度降低和树脂颜色较为透明而带浅棕红等来控制，当然最好的方法应按时间与温度操作曲线来判断（图2-17）。如需制造热固性酚醛树脂的溶液时，则在树脂干燥终止后可加入乙醇使其溶解即得。乙醇全部加完后，往反应釜夹套内通入冷却水冷却，在加乙醇的过程中应不断搅拌，以使其均匀溶解。酚醛清漆一般是配成50%左右的浓度，可用作制造酚醛层压塑料、涂料和胶黏剂等。

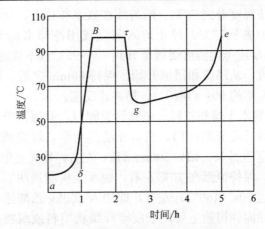

■ 图2-17 热固性酚醛树脂的合成控制温度曲线

$a\delta$—装料阶段；δB—将混合物料加热到沸腾阶段；$B\tau$—沸腾阶段；
τg—在开始干燥时将树脂进行冷却阶段；ge—干燥阶段；e—树脂的卸出

（2）热固性酚醛树脂乳液的生产　热固性酚醛树脂乳液为经过部分脱水的黏稠状缩聚物，它主要用作浸渍纤维状填料（木粉、棉纤维、布等）。其优点是此种树脂不经干燥，同时也可减少制成溶液的乙醇的耗量。但树脂乳液的缺点是稳定性小，贮存时黏度增加很快，游离酚及低分子羟甲基缩聚物的含量较高等。

牌号为K-6热固性酚醛树脂乳液的配方如下（按质量份计）：

苯酚	100份
甲醛	40.5份
氢氧化钠	1.0份

其工艺过程为：先将苯酚、甲醛及氢氧化钠水溶液加入反应釜内，然后进行搅拌并加热到60℃，当反应液温度上升到96～98℃时，开始沸腾，沸腾持续时间100min，当取样测定物料的黏度达到 $(1.50\sim2.50)\times10^{-1}$ Pa·s后，在40kPa（300mmHg）的真空下将物料冷却到70～80℃，并使缩聚反应停止，此时物料的黏度达到0.8～1.0Pa·s。然后冷却，去掉真空，将

物料放入澄清槽中，澄清时间不少于12h，分离出树脂上层水后即可用来浸渍填料，这种树脂的游离酚含量小于9%，在150℃时凝胶时间为75～95s。

热固性酚醛树脂的水乳液配方根据用途要求而定，除以上NaOH配方外，还有以氨水为催化剂的苯酚甲醛树脂配方［苯酚100份、甲醛（37%）100份、氨水（25%）2.5份］以及以氢氧化钡为催化剂的甲酚甲醛树脂配方［甲酚100份、甲醛（37%）100份、$Ba(OH)_2 \cdot 8H_2O$ 2份］。应该指出的是，用$Ba(OH)_2$催化的酚醛树脂具有黏度小、固化快的特点，适合低压成型。

(3) 影响热固性酚醛树脂生产的主要因素

① 催化剂　常用的催化剂有NaOH、$Ba(OH)_2$、NH_4OH和碳酸钠等。NaOH是作用最强的催化剂，因此应用时采用较低的浓度，其特点是由于它对加成反应有很强的催化效应，初始缩聚物在反应介质中具有很大的溶解性，可用来控制缩聚与干燥过程中树脂的凝胶化，容易制备无水的热固性树脂。其缺点是NaOH催化的树脂中游离碱含量高，使树脂的色泽、耐水性、介电性能等较差。因而通常在脱水干燥过程中用弱有机酸（乳酸、苯甲酸、草酸等）来进行中和。

$Ba(OH)_2 \cdot 8H_2O$的碱性较弱，是较为缓和的催化剂，应用时采用较大的浓度（1%～5%），也常与其他催化剂一起使用。缩聚结束后，一般用CO_2即可使之中和，在最终树脂产物中残存的不溶解的惰性钡盐不会影响树脂的介电性能和化学稳定性。

NH_4OH通常应用其25%的水溶液，在热固性酚醛树脂中应用最广，其量以苯酚的1.5%左右为宜。反应中它与甲醛缩合成乌洛托品（六亚甲基四胺），因此HMTA也可用它代替NH_4OH。NH_4OH是弱碱，催化缓和，因此生产过程容易控制，同时残留的催化剂也容易除去，可提高树脂的介电性能。缺点是热压时，在模压（或层压）制品中因放出氨而发生膨胀现象。

② 原料的影响　在热固性酚醛树脂的生产中，理论上原料酚与醛的用量接近等当量即F/P=1.5∶1，才得到理想的交联体，但实际上甲醛往往稍不足，便于树脂的生产和加工。树脂性能将随配比的变化而变化，随着醛量的增加，树脂的滴点、黏度、硬化速度以及树脂的收率均提高，同时游离酚含量减少（表2-11）。

用作模塑粉和层压塑料用的热固性酚醛树脂，通常是采用等物质的量比用量的甲醛和苯酚或甲醛过量不多，例如甲醛与苯酚物质的量比为7∶6条件下缩聚的。

不同类型的酚与甲醛反应活性不同，酚类的性质对热固性酚醛树脂的缩聚反应速率和树脂的固化速度有很大的影响，在树脂形成阶段，缩聚反应速率不仅与原料酚的官能度有关，而且还与酚的结构有关，凡能对苯环上的羟基或对位的氢原子起活化作用的取代基都会使缩聚反应速率增大，取代酚的活性按下列顺序递减（以苯酚与甲醛的反应速率为"1"计）：

3,5-二甲酚＞3-甲酚＞2,3,5-三甲酚＞苯酚＞3,4-二甲酚(2-甲酚)
　(7.8)　　　(2.9)　　(1.5)　　　(1.0)　　(0.8)　(0.8)
＞2,5-二甲酚＞2,6-二甲酚
　(0.7)　　　(0.2)

若酚羟基的邻位或对位取代后，因酚环的活性点减少而通常只能制得热塑性树脂，难以固化。用对叔丁基酚和对苯基酚制备的热固性酚醛树脂在干性油中有较好的溶解性能，常用来制备涂料。甲醛是醛类同系物中最常用的合成酚醛树脂的醛，在工业上有的还使用乙醛、丁醛和糠醛等。某些热固性酚醛树脂的性能列于表 2-21。

■表 2-21　某些热固性酚醛树脂的性能

树脂类别	滴点/℃	凝胶时间/s	游离酚含量/%
苯酚苯胺甲醛树脂（氨水为催化剂）	≥75	60～90	≤6
苯酚苯胺甲醛树脂（氧化镁为催化剂）	≥75	50～120	≤6

注：测上述热固性酚醛树脂凝胶时间时，加热板温度均为 (180±1)℃。

此外，反应温度、原料纯度等均影响树脂的生产，这里不一一叙述。

2.4.2.4　酚醛树脂的生产控制

酚醛树脂的合成生产受各种因素的影响，包括酚醛配比、催化剂、反应温度、反应压力、反应时间等。表 2-22 和表 2-23 列出了热塑性酚醛树脂和热固性酚醛树脂生产过程中可能出现的问题和解决方法，可供参考。

■表 2-22　热塑性苯酚甲醛树脂生产过程中可能发生的异常现象和控制方法

	异常现象	原因	消除方法
缩聚反应阶段	1. 停止加热后升温缓慢，超过平时升温时间	(1) 酚类原料加得多或甲醛催化剂加得少； (2) 原料活性差	(1) 复查所加原料和数量是否正确，如有错应立即纠正； (2) 可适当补充一些热量
	2. 停止加热后，升温较快，迅速达到沸腾温度	(1) 甲醛与催化剂数量加得多或酚类原料加得少； (2) 加热时可能温度超过； (3) 加热蒸汽阀门没有关紧	(1) 复查原料数量，如有错应立即纠正； (2) 可提前开冷却水，使其缓和； (3) 检查蒸汽阀门是否关紧
	3. 跑釜	(1) 蒸汽关迟，沸腾激烈； (2) 加酸过快； (3) 夹套中没有通入冷却水	(1) 立即在反应釜夹套内通入冷水，并注意冷凝器中的冷却水是否畅通； (2) 停止加酸，夹套通冷水，必要时开启回流管阀门至接受槽； (3) 迅速通入冷却水
	4. 反应釜内产生压力	(1) 通大气阀门未开； (2) 回流管路阻塞； (3) 物料反应温度过高，夹套未进行冷却； (4) 冷凝器未通冷却水	(1) 立即打开通大气阀门； (2) 打开真空阀，使回流管积水流入接受器，并清理管道； (3) 夹套立即冷却，降低温度，直至常压为止； (4) 打开冷凝器进水阀通冷水

续表

	异常现象	原因	消除方法
缩聚反应阶段	5. 生产过程中突然停电，搅拌器或真空泵停止转动	（1）电源被切断； （2）超过负荷，保险丝熔断； （3）线路或电气设备损坏	（1）检查电源，并进行抢修； （2）应立即更换保险丝，继续运转，并弄清原因； （3）立即抢修，排除故障，并对各阶段物料做好适当控制
	6. 在生产过程中突然停水、停蒸汽	（1）进水、汽总阀门可能被关闭； （2）自来水管道或锅炉间设备发生故障	（1）检查自来水与蒸汽管道阀门，了解被关闭原因和恢复时间； （2）修复自来水管道或锅炉间设备，并对釜内物料做适当处理
	7. 冷凝器作用不良或冷凝器无水	停水或其他事故	停止搅拌，放去夹套中残存的气体，夹套中通冷水；如遇停水，视反应激烈程度，也可在加料阀门中酌量加进冷水，使沸腾停止，待供水或事故处理后，取样测黏度，根据黏度决定继续缩聚时间
	8. 缩聚液在热板熔融试验后固化（200℃加热5min）	配料可能有错误（可能少加苯酚或多加甲醛）	立即调整配比（补加苯酚）
脱水干燥阶段	1. 真空度不高	设备漏气或真空表失灵	迅速检查设备及真空表，如修复时间长，则需在夹套中通冷却水，使物料降到70℃以下，待修复后进行干燥
	2. 脱水过程中温度不易保持，有下降现象	（1）夹套加热时，蒸汽未开大或蒸汽压力不足； （2）真空度过大； （3）反应釜内壁树脂层厚，影响传热	（1）应开大蒸汽量； （2）可降低真空度； （3）生产结束后，清除釜内结胶
	3. 搅拌困难	树脂黏度大或配料错误	加大蒸汽，增加加热速度或降低真空度； 取样测滴点及观察外观情况来决定处理方法如放料
	4. 搅拌器和真空泵停止运转	停电或其他事故	关闭搅拌器及真空泵，停止通蒸汽，如不同时停水，夹套可通冷却水，使釜温在常压下保持70℃以下，待供电后继续真空干燥； 如停电在接近脱水干燥终点，温度在90℃以上，即在常压下继续干燥，到滴点或接近达到滴点即放料
	5. 冷凝水冷却不良或断水	停水或其他事故	放掉夹套中剩汽，继续保持真空3~5min，使釜内温度很快降低，在常压下放置，待供水或事故处理后，继续真空干燥； 如干燥温度已达90℃以上，可继续操作，直至放料
	6. 如最后温度到110℃，树脂稀薄，滴点低于90~95℃	树脂黏度小，脱水干燥恒温时间过短	可酌量升高干燥温度或加大真空度

■表 2-23　热固性苯酚苯胺甲醛树脂生产中可能发生的异常情况及控制方法

阶段	异常现象	原因	消除方法
缩聚反应阶段	1. 加甲醛时发生跑料	釜内温度过高	停止加甲醛,夹套中继续通冷水,使釜内温度降低后再加甲醛
	2. 跑料	蒸汽关闭,沸腾激烈	立即于反应釜夹套内通冷水,必要时开启回流到接受槽的阀门
	3. 搅拌器停止运转	停电或其他事故	关闭搅拌器,继续缩聚,待供电或待事故处理后恢复搅拌
	4. 冷凝器无水	停水或其他事故	放去夹套中蒸汽,必要时加料口加入部分冷水,使反应物温度降低到60℃以下,待供水后再升温
脱水干燥阶段	1. 真空不够	设备漏气或真空表失灵	迅速检查设备及真空表,可继续脱水
	2. 加热温度不上升	树脂本身发热量不够	再适当通一些蒸汽,当温度有回升趋势时,立即关闭蒸汽,停止加热,并放去剩汽
	3. 搅拌器与真空泵停止运转	停电或其他事故	如在恒温阶段则应放掉夹套中蒸汽,待供电后继续脱水;如在热处理阶段,取样测聚合速度,必要时即放料
	4. 冷凝器冷却不良或断水	停水或其他事故	如在恒温阶段,放掉夹套中蒸汽,待供水后再继续脱水;如在热处理阶段则继续干燥
	5. 没有蒸汽	锅炉或蒸汽管道发生故障	如在恒温阶段则向夹套中通冷水,待蒸汽有时再升温,如已是升温阶段则继续处理,直到聚合速度接近合格再放料
	6. 热处理阶段温度上升快或超过104℃	蒸汽阀门未关闭	立即关闭蒸汽阀门,从加料口加入加倍冷水降温;如温度仍在上升,应立即放料

2.5 酚醛树脂的质量控制

2.5.1 酚醛树脂常用的原材料及其质量控制

　　酚醛树脂常用的原材料及其质量控制在此不再详述,可参考文献及有关专著。

2.5.2 酚醛树脂的质量检验方法

　　酚醛树脂对制品的质量有很大影响。因此对生产的每一釜酚醛树脂都要取样进行质量检验,以保证树脂的质量。酚醛树脂的检验指标有外观、游离酚、醛、水分含量、固体含量、滴点温度、树脂黏度、凝胶时间或聚合速度。外观将影响产品的色泽。游离酚、醛、水分含量过高，会导致固化物交联密度降低，性能下降。特别是热塑性酚醛树脂随游离酚含量的提高，凝胶时间显著缩短。固体含量直接影响树脂的应用和胶液的配制。滴点过高，树脂的流动性不好，耐热性和其他性能将下降。凝胶时间大小将直接影响酚醛树脂的加工工艺和成型工艺。

以氨水为催化剂的酚醛树脂，用于层压和模压，其指标如下：外观为深棕色黏性液体，固体含量为 49%～51%，游离酚 < 14%，黏度 15～30s（涂 4 号杯，25℃）。酚醛树脂的一些指标及其检测方法如下。

2.5.2.1 树脂溶液的折射率

树脂溶液的折射率可通过 Abbe 折射仪很容易而迅速地进行测定。酚与醛的反应程度可通过测定树脂的折射率来加以控制。

2.5.2.2 树脂的水稀释度

树脂的稀释度对许多树脂的加工有重要影响，因此它是水溶性酚醛树脂的一个重要指标。当树脂用水稀释时，树脂会变浑浊，浊度分为开始浑浊的浊度和开始出现乳白（像牛奶）沉淀的浊度（称重浊度），在酚醛树脂中常用后者来表征。树脂的水稀释度受碱含量、溶剂的影响，也受树脂的缩聚程度即酚醛树脂分子量大小的影响，因此，它可作为树脂分子量大小的衡量指标。

测定步骤：在酚醛树脂中逐滴加水，并摇动，直到浊度不变，确定水的用量，即树脂的稀释度。

2.5.2.3 树脂的滴落温度

滴落温度是酚醛树脂在规定的仪器和条件下受热熔化，滴落第一滴树脂时的温度。

(1) 测定仪器及试剂 乌别洛德烧瓶（图 2-18）、滴落温度计（图 2-19）、锥形铜杯（图 2-20）、坩埚钳、剪刀、甘油。

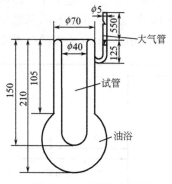

■ 图 2-18 乌别洛德烧瓶

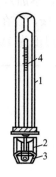

■ 图 2-19 滴落温度计

1—玻璃管温度计；2—铜套子；3—锥形铜杯；4—刻度杆

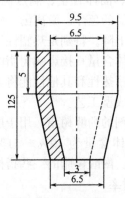

■ 图 2-20　锥形铜杯

(2) 测试步骤　将树脂粉碎成小颗粒，放入已加热到约 60℃ 的锥形铜杯中，约占铜杯体积的 3/4，试样熔化成黏稠状液体，然后将温度计插入杯中，其深度使熔化的树脂浸没过水银球，应防止气泡产生，用刀刮去被温度计挤出的多余试样，并套上套管，放入保持甘油微沸的油浴中的试管内（油浴不可猛烈沸腾）。在试管底铺一张圆纸片，以免试样落入管底，损坏仪器。当温度计读数低于预期温度 20℃ 起，使每分钟升温 1℃，当从小杯下口落下第一滴试样时，记录温度，两次测定误差应小于 2℃，取其平均值即为样品的滴落温度。

2.5.2.4　树脂聚合速度（凝胶时间）

凝胶时间是指在规定的条件下，从树脂熔化至凝胶状态所需的时间。

(1) 试验仪器及药品　加热板（图 2-21）、电炉、调压变压器（1kV·A）、天平（感量 0.1g）、温度计（0～250℃）、秒表；树脂样品（同批树脂中取样）、乌洛托品（六亚甲基四胺）。

(2) 测定步骤　称取树脂试样 4.5g、六亚甲基四胺 0.5g（若用热固性树脂，不加），一起放在研钵中研磨成粉末，并充分混合称取上述研磨好的试样 1g，放在已调节好的温度为 150℃±1℃（对苯酚苯胺甲醛碱性催化树脂，温度为 180℃±1℃）的加热板 50m×50m 小方槽（深度 2～4mm 或圆

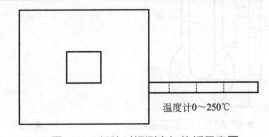

■ 图 2-21　凝胶时间测定加热板示意图

槽）中，迅速用玻璃棒摊平，使其熔化，从全部熔化起，立即用秒表计时，并用玻璃棒不断搅动熔化的树脂，并不时抬起玻璃棒直至树脂不成丝时停止秒表，读记时间，测两次取其平均值，即得样品的聚合速度即凝胶时间。

2.5.2.5 树脂黏度

在特定仪器上在一定条件下进行黏度测定可采用两种方法：一种为 B_3-4 型法，以 s 计；另一种为运动黏度法，以 Pa·s 计。

(1) B_3-4 型法测定黏度（即 4 号杯法）

① B_3-4 型法所用仪器及药品　B_3-4 型黏度计（图 2-22）、天平（感量 0.2g）、量筒（100mL）、瓷漏斗（ϕ60mm）、100 目筛网、温度计（0～100℃）、秒表、加热器（溶解树脂用）、250mL 广口瓶；树脂样品和乙醇（95％）。

② 测试步骤　将广口瓶连同玻璃棒称重，然后称取试样 60g，95％乙醇 60g 放入上述瓶内，加热使其全部溶解、冷却，并补足因加热而失去的乙醇量，过滤，冷却至 20℃，堵住 B_3-4 黏度计下孔，将样品溶液倒满黏度计，迅速打开下孔，同时开始计时，待试样流完，出现断流，立即停止秒表，记录试样流过的时间，以 s 计，取两次测定的平均值，定为树脂的黏度。

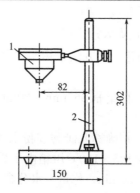

■ 图 2-22　B_3-4 型黏度计
1—黏度计杯；2—支架

(2) 树脂的运动黏度

① 所用仪器和药品　奥氏双球黏度计（毛细孔为 1.2mm，图 2-23）、量筒 100mL、瓷漏斗 ϕ60mm、100 目筛网、天平（感量 0.2 g）、温度计（0～100℃）、秒表、恒温水浴（20℃）、250mL 广口瓶、加热器；树脂样品和 95％乙醇。

② 测试步骤　将广口瓶连同玻璃棒称重，然后称取树脂试样 60g，并加入 95％乙醇 60g，加热使其全部溶解、冷却，并补足因加热而失去的乙醇，过滤、冷却至 20℃。首先在 20℃测定溶液试样的相对密度。然后将奥氏黏度计倒插入试样溶液中，用吸球吸取一定量的试样（至少两个球的体积量），

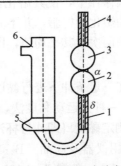

■ 图 2-23 奥氏双球黏度计
1,4—毛细管；2,3,5—胀大区；6—管出口；α,δ—标线

再竖立并插入 20℃恒温浴内，静置 20min，不应有空气泡，再用吸球吸取试样到球 2 标线以上，当试样流经上标线时，立即计时，直到流过下标线时停止秒表，此流动时间应测两次（误差不应超过 0.5s），取其平均值。黏度的计算公式为：

$$v = KDt \times 10^{-3}$$

式中，K 为黏度计系数❶；D 为试样在 20℃时相对密度；t 为试样流动时间，s；v 为试样黏度，Pa·s。

2.5.2.6 树脂的固体含量及水分含量

(1) **干燥法测定**　该方法系树脂在规定条件下进行干燥，测定其失重，作为水分含量。

① 试验仪器　称量瓶 ϕ60mm×30mm、表面皿 ϕ45mm、恒温烘箱、天平（感量 0.0001g）。

② 测定步骤　精确称取研磨成粉末状的树脂约 1~2g 于已知重量的表面皿上，然后放至 105~110℃烘箱内干燥 2h，取出放入干燥器的扁形称量瓶中加盖冷却 20~30min，称量。水分含量（%）按下式计算：

$$X(\%) = G_1 \times 100/G$$

固体含量（%）按下式计算：

$$Y(\%) = G_2 \times 100/G$$

式中，G_1 为干燥后失重，g；G 为试样质量，g；G_2 为干燥后质量，g。

(2) **蒸馏测定法**　利用共沸物来测定水分含量（HG 5-1341—80）。

---

❶ 黏度计系数的测定：将欲测系数的黏度计洗净，并干燥再以烘到恒重的蔗糖配成 60%水溶液（90g 蔗糖加 60g 蒸馏水），按照测定黏度的步骤测定其流动时间，此项测定应做三次，其误差不应超过 0.2s，取其平均值。在测定前应在 20℃时测蔗糖溶液的相对密度。

系数 K 的计算公式为：

$$K = v/(Dt)$$

式中，K 为黏度计系数；v 为 60%蔗糖溶液在 20℃时的黏度应为 55.7×10⁻³Pa·s；D 为 20℃时 60%蔗糖溶液的相对密度；t 为流动时间，s。

① **仪器及药品** 冷凝器、水浴、集水管（10mL，分度 0.1mL）、圆底烧瓶（500mL）；无水苯（经氯化钙干燥）。

② **测定步骤** 准确称取酚醛树脂5g，放入干燥的500mL圆底烧瓶中，加入无水苯约200mL，并在瓶中放入少量碎玻璃片或瓷器碎片，在热水浴中进行蒸馏，冷凝液由冷凝器落入集水管，控制液滴速度每秒 3～4 滴。蒸馏至水分不再增加，且溶液变为透明为止（大约 2 h），冷却至室温后记下读数，按下式计算水分含量（%）：

$$水分含量(\%) = V \times 100 / G$$

式中，V 为集水管中水分读数，mL；G 为样品质量，g。

2.5.2.7 树脂中游离甲醛含量的测定（HG 5-1343—80）

(1) **原理** 甲醛与盐酸羟胺进行肟化，产生的盐酸可用氢氧化钠滴定，反应如下：

$$HCHO + NH_2OH \cdot HCl \longrightarrow CH_2NOH + H_2O + HCl$$
$$HCl + NaOH \longrightarrow NaCl + H_2O$$

(2) **所用试剂及仪器** 磨口三角瓶（250mL）、滴定管（50mL）、容量瓶（250mL）、移液管（10mL）、吸液球；0.1mol/L NaOH 标准溶液、10%盐酸羟胺（$NH_2OH \cdot HCl$）溶液、0.1mol/L 盐酸溶液、溴酚蓝（分子式 $C_{19}H_{10}O_5BrS$，相对分子质量 670，pH=3.0～4.6）指示剂溶液（将 1g 溴酚蓝加入 100g 乙醇中，混匀）。

(3) **测定步骤** 准确称取 2～3g 树脂样品，放入 100mL 容量瓶中，用乙醇稀释至满刻度。吸取 50mL 无水乙醇加入 250mL 的磨口三角瓶中，加入 3 滴溴酚蓝指示剂溶液，用移液管加入 50mL 样品溶液，用 0.1mol/L 稀盐酸中和至黄绿色中性为止，然后加入 100mL 10%盐酸羟胺溶液，激烈振荡 10～15min 后，用 0.1mol/L 氢氧化钠标准溶液滴定。记录所消耗的氢氧化钠标准溶液的体积（mL）。再重复滴定 2 次，取其平均值。以同样方法进行空白试验，作滴定终点颜色标准，按下式计算游离甲醛含量：

$$游离甲醛含量(\%) = 6.006 NV / G$$

式中，N 为氢氧化钠标准溶液的当量浓度；V 为消耗氢氧化钠标准溶液体积，mL；G 为样品质量，g。也可采用 pH 值控制终点。

2.5.2.8 树脂中游离酚含量的测定

酚醛树脂的游离酚含量有三种测试方法，即溴化法、比色法和气相色谱法。

本书仅介绍溴化法，即测定树脂在规定的条件下，含有游离的溴化物含量。

(1) **试验仪器及药品** 5000mL 短颈圆底烧瓶、500mL 圆底烧瓶、400mm 球形冷凝器、1000mL 容量瓶、250mL 碘瓶、天平（感量 0.0001g）；无水乙醇（试剂三级）、丙酮（试剂三级）、20%盐酸溶液、15%碘化钾溶液、0.1mol/L 硫代硫酸钠标准溶液、0.1mol/L 溴化钾-溴酸钾标准溶液、

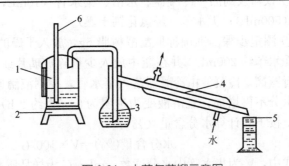

■ 图 2-24　水蒸气蒸馏示意图

1—无压蒸馏桶；2—电炉；3—蒸馏瓶；4—冷凝管；5—100mL量筒；6—放气管

淀粉指示剂。

(2) 测试步骤　试验分为两步，首先，进行水蒸气蒸馏（图2-24）。精确称取试样约2g于500mL圆底烧瓶内，加入无水乙醇（热固性树脂，加入丙酮）20mL，缓慢摇动，使试样完全溶解，然后加入50mL蒸馏水，混匀进行水蒸气蒸馏直至用溴水试验蒸出液不发生浑浊为止，收集馏出液。其次，测定酚含量。将收集的蒸出液倒入1000mL容量瓶内，并用蒸馏水稀释到刻度，摇匀，用移液管吸取蒸出液25mL于250mL碘瓶中，加入30mL 0.1mol/L溴化钾-溴酸钾溶液，10mL 20%盐酸，混匀，水封在20℃下静置15min，加入10mL 15%碘化钾溶液，密塞水封于20℃下静置15min，然后用0.1mol/L硫代硫酸钠试液滴定，并以淀粉作为指示剂，在同样条件下做一空白试验校正。游离酚含量$X(\%)$按下式计算：

$$X\% = (V_2 - V_1)NK \times (1000/25) \times 100/G$$

式中，V_1为空白试验所耗0.1mol/L $Na_2S_2O_3$的体积，mL；V_2为滴定所耗0.1mol/L $Na_2S_2O_3$的体积，mL；N为$Na_2S_2O_3$当量浓度；K为树脂制造中溴化物组分的毫克当量；G为试样质量，g。测定游离酚时，各牌号树脂系数K参见表2-24。

■ 表 2-24　各牌号树脂的系数K

树脂类型	K	对数值
苯酚甲醛树脂（酸催化）	0.01568×4000=62.72	1.7974
苯酚工业酚甲醛树脂（酸催化）	0.01656×4000=66.24	1.8212
苯酚苯胺甲醛树脂（氨催化）	0.01563×4000=65.52	1.7960

参 考 文 献

[1] Knop A, Pilato L A. Phenolic Resin: Chemistry, Application, and Performance, Future Directions. Berlin: Springer-Verlag, 1985.

[2] 黄发荣，焦扬声. 酚醛树脂及其应用. 北京：化学工业出版社，2003.

[3] 赵玉庭，姚希曾主编. 复合材料聚合物基体. 武汉：武汉工业大学出版社，1992.

[4] Gorbaty L. Phenolic Resins，Chemical Economics Handbook，Plastics and Resins. 580.0900A，1994.
[5] 殷荣忠，山永年，毛乾聪，方燮奎. 酚醛树脂及其应用. 北京：化学工业出版社，1990.
[6] 翁祖祺，陈博，张长发. 中国玻璃钢工业大全. 北京：国防工业出版社，1992：248-274.
[7] 中国标准出版社. 塑料标准大全//合成树脂. 北京：中国标准出版社，1999.
[8] 唐路林，李乃宁，吴培熙. 高性能酚醛树脂及其应用技术. 北京：化学工业出版社，2009.

第3章　酚醛树脂的结构、性能及改性与应用

3.1 引言

酚醛树脂是最早开发的合成树脂,现已广泛应用于各行各业。由于苯酚、酚醛树脂的活性较大,所以可以发生许多化学反应,产生许多不同结构、不同性能的酚醛树脂,从而满足不同的使用要求。酚醛树脂可根据其加热加工过程中有无化学反应分为热塑性酚醛树脂和热固性酚醛树脂;根据其结构分为线型酚醛树脂和交联型酚醛树脂;根据其引入的元素或组分不同,分为硼、磷、氮、硫、金属以及聚合物、天然产物改性的酚醛树脂;也可根据其反应特征分为醚化、酯化、共聚、快速固化、共混等酚醛树脂;根据用途也可分为通用、铸造、烧蚀、耐磨、耐震、耐酸、耐腐蚀、黏结、涂料及其他特殊用途的酚醛树脂;有时也根据树脂的特性,分为水溶性酚醛树脂、溶剂型酚醛树脂;根据其加工要求,可有浸渍、注射、模压等酚醛树脂。热塑性酚醛树脂(Novolak)主要用于制造模塑粉,也用于制造层压塑料、清漆和胶黏剂。热固性酚醛树脂主要用于制造层压塑料、表面被覆材料、刹车片衬里、铸造塑料、泡沫塑料(包括微球泡沫塑料)、烧蚀材料、涂料、木材浸渍胶、胶黏剂等。

模塑粉是酚醛树脂的一种主要用途。采用辊压、螺杆挤出或乳液法使固体热塑性酚醛树脂、填料和其他助剂混合均匀,再经粉碎过筛即得模塑粉。其性能因填料种类而异。模塑粉可采用模压、模塑和注射成型等方法制成各种塑料制品,主要用于制造开关、插座、插头等电气零件,也用于制造日用品及其他工业制品。

以酚醛树脂溶液或乳液浸渍各种纤维及其织物,经干燥,压制成各种增强塑料。这种增强塑料的机械强度高,综合性能好,可以进行机械加工。以纸、棉布、玻璃布、石棉布、木材片等浸渍甲阶酚醛树脂,干燥后热压成酚醛层压塑料,层压制品可有不同厚度的平板,也可以是管、棒等形式,既可用作装饰板,也可用作绝缘材料如线路板等。以玻璃纤维、石英纤维等增强

的酚醛塑料主要用于制造各种制动器摩擦片和化工防腐材料。高硅氧玻璃纤维和碳纤维增强的酚醛塑料是航空工业的重要烧蚀材料。

热固性酚醛树脂（或热塑性酚醛树脂）在发泡剂的作用下产生蜂窝结构并在促进剂（固化剂）的作用下交联反应而固化。酚醛泡沫的耐热性好、难燃、自熄、低烟雾、耐火焰穿透、价格低廉，远优于聚苯乙烯、聚氯乙烯、聚氨酯等泡沫塑料，因而越来越受到人们的重视。酚醛泡沫主要用于隔热、隔声、防火及抗震的包装材料和救生圈、浮筒等，也可用于蜂窝或夹心结构，用作车辆、飞机、船舶和宇宙飞船的隔热体，还可作为电气配件的防热。

以松香改性的酚醛树脂、丁醇醚化的酚醛树脂等与桐油、亚麻子油有良好的混溶性，是涂料工业的重要原料。酚醛树脂与环氧树脂、聚乙烯醇缩醛、丁腈橡胶等混合可形成酚醛胶黏剂，黏结性能优良且具有韧性。通用酚醛胶黏剂主要用于木板、锯木和刨花纤维板等的黏结。

热塑性酚醛树脂（线型）经过熔融纺丝后浸于聚甲醛及盐酸水溶液中做固化处理，可得到甲醛交联的体型纤维。若与5%～10%聚酰胺熔混后纺丝，则其强度和模量更高，且阻燃性能突出，耐浓盐酸和氢氟酸，主要用作防护服及耐燃织物或室内装饰品，也可用作绝燃、隔热与过滤材料等，还可加工成低强度、低模量碳纤维、活性碳纤维及离子交换纤维等。

本章在介绍酚醛树脂的结构和性能表征技术之后，以改性为主线，按引入的成分进行叙述，着重介绍酚醛树脂的改性方法、结构与性能，并简述国内一些产品及其应用。

3.2 酚醛树脂的结构与性能表征

在酚醛树脂化学中，已涉及许多分析方法和试验程序用于树脂的结构和性能、产品的质量、单体含量等的分析和测定，以下重点对酚醛树脂各种分析技术及结构表征做简要讨论。

3.2.1 红外光谱

由于有机分子各种官能团均显示特征红外光谱（fourier transform infrared spectroscopy，FTIR）吸收带，以及红外仪器的小型化和操作简便，所以红外光谱得到广泛的应用。许多研究者对酚醛树脂的红外光谱进行了研究，Hummel 收集了许多典型酚醛树脂的红外光谱。例如，邻-邻位结合的线型酚醛树脂在 $752cm^{-1}$ 处有一个强吸收带，而邻-对位线型树脂在 $752cm^{-1}$ 和 $820cm^{-1}$ 处存在两个强度相当的吸收峰；典型的羟甲基吸收峰在 $1010cm^{-1}$ 附近，而交联型酚醛 Resol 结构在 $3333cm^{-1}$（—OH）和

1449cm^{-1}处有强吸收,二苄基醚峰出现在1053cm^{-1}处。醚化酚醛树脂（Resol）在1087cm^{-1}处有吸收。图3-1显示出酚醛树脂及其模塑料的红外光谱图,红外光谱图可用于研究固化反应。

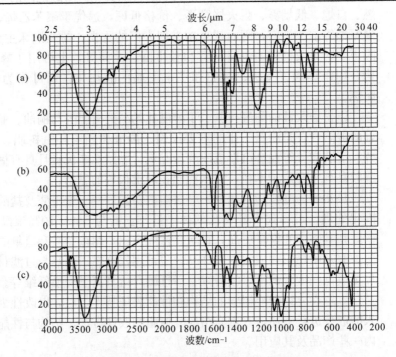

■ 图3-1　酚醛树脂的典型红外光谱图

(a) Novolak 树脂（Polyrez 公司产品,涂膜）; (b) Resol 树脂（Polyrez 公司产品,涂膜）;
(c) 酚醛模塑料（Reichhold Chemicals 公司 Phenolic Molding Compound 25202, KBr 压片）

3.2.2 核磁共振

核磁共振（nuclear magnetic resonance spectroscopy, NMR）是一种分析酚醛树脂的结构、固化反应的强有力工具。形成树脂时产生的各种中间体的分子结构和酚醛树脂预聚物的结构完全可用NMR光谱加以分析,它可以定量测出邻/对位羟甲基的比例和双酚类的对-对位和邻-邻位亚甲基连接键的比例。甲阶Resol酚醛和乙阶Novolak酚醛的NMR光谱有明显的差别,也可清楚地分析和确定酚核上的烷基取代基。酚醛树脂各种化学位移和邻-对位亚甲基氢的化学位移如表3-1所示。

早期利用NMR研究的主要是氢谱,用于确定酚醛树脂中各种中间酚醇。用氢谱分析酚醛树脂有其局限性,即氢的化学位移比较接近,峰常常重叠,峰的定位需要模型化合物,有时也受溶剂的影响,有时还要转变成衍生

■ 表 3-1 酚醛树脂的 ^{1}H-NMR 的化学位移

氢位置	化学位移 δ	
苯环氢（C—H）	6.6～7.1	
（—CH$_2$OCH$_2$—）	4.6～4.8	
（—CH$_2$—Ar—）	2.7～4.2	
（—CH$_2$OH）	4.3～4.5	
Novolak 亚甲基的连接形式	苯并吡啶（溶剂）	吡啶（溶剂）
p,p'（对-对）	4.0	3.8
o,p（邻-对）	4.3	4.1
o,o'（邻-邻）	5.0	4.5

物才能分析确定其结构。^{13}C-NMR 可作为 ^{1}H-NMR 的补充技术，但目前 ^{13}C-NMR 可单独用来分析酚醛树脂，并成为酚醛树脂的更有效的分析工具。其优点是高的分辨率，所有非相同环境的碳原子都能分析鉴别，不需对分析的酚醛化合物进行衍生等化学处理。^{13}C-NMR 不仅能对热固性（Resol）树脂

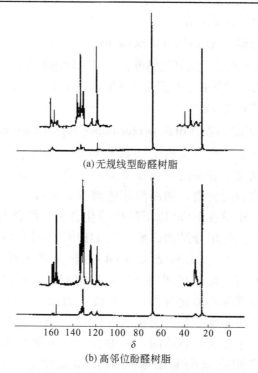

(a) 无规线型酚醛树脂

(b) 高邻位酚醛树脂

■ 图 3-2 无规线型酚醛树脂和高邻位酚醛树脂的 ^{13}C-NMR 谱图

和热塑性（Novolak）树脂进行鉴别，而且也可识别 Novolak 的支化情况、高邻位酚醛树脂和无规线型酚醛树脂，如图 3-2 所示，从图中可以看出，高邻位酚醛树脂出现强的邻位连接苯环碳的特征吸收峰 157（C—OH）、130（C—CH$_2$—）、124（C—H，间位），同时在 31 左右处出现强的邻位连接的亚甲基碳的吸收峰，与无规线型酚醛树脂有明显区别。此外，从碳谱分析还可得到一些非常有用的信息，包括自由酚含量、酚端基和中间体基团的浓度与类型、支化程度等。在积累一定量的 ^{13}C-NMR 数据后，可通过计算机对酚醛树脂的结构进行模拟逼近，用最小的实验工作量对酚醛树脂的结构、合成、加工过程进行优化，如 Novolak 树脂的催化合成、加工（连续或间歇生产）等。此外，固态核磁共振（^{13}C-NMR 谱）可用于分析分子的运动、研究 Novolak 树脂的固化、Resol 树脂的固化及固化树脂的分解，也可研究树脂的微观结构、两相结构、互穿网络等方面。

3.2.3 色谱分析法

色谱分析已广泛用于酚醛树脂的结构分析、分子量分布测定等，它对弄清酚醛树脂的基本结构和物理化学性能，以及研究反应动力学和固化过程等方面均起着重要作用。

3.2.3.1 气相色谱（gas chromatography，GC）

图 3-3 显示了氢氧化钠催化的酚醛树脂和氢氧化钡催化的酚醛树脂的气相色谱图，对氢氧化钡催化的树脂出现了半缩醛的化合物的峰。其相对应的化合物列于表 3-2。

3.2.3.2 高效液相色谱（high performance liquid chromatography，HPLC）

高效液相色谱又称高压液相色谱（high pressure liquid chromatography），该技术在酚醛树脂技术中非常有用。酚醛树脂往往是一种多种结构化合物的混合物，利用液相色谱可分离各组分并确定其含量，尤其是相对分子质量在 1000 以下的酚醛化合物，结合 NMR、UV、MS 质谱等技术可表征各组分结构。典型的 HPLC 谱图如图 3-4 所示，相对应的结构参见表 3-2，其分析结果与 GC 分析结果相符。此外，也可用反相色谱 HPLC 进行酚醛树脂的分析，反相 HPLC 可以分离苯酚类、烷基苯酚类和二羟基苯酚类化合物，反相技术的抽提洗涤次序恰恰与用极性静止相的色谱法相反，在二氧化硅（5~10 μm）上的二氯二丁基硅烷用作静止相，用甲醇或乙腈或两者的混合物作为流动相即洗提剂。反相 HPLC 被认为是测定苯酚和酚醇的最佳和最快的方法。图 3-5 显示了逆相 HPLC 分离酚类的情况。

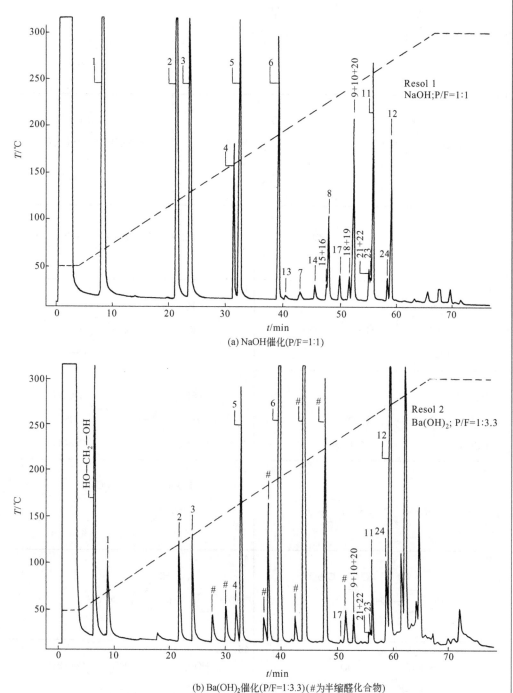

■ 图 3-3 Resol 树脂的 GC 谱图（各峰对应的化合物如表 3-2 所示）

■表 3-2 GC 和 HPLC 谱图各峰所对应的化合物及结构式（编号与图 3-3 和图 3-4 相对应）

1	2	3
4	5	6

7	8
9	10
11	12
13	14
15	16
17	18

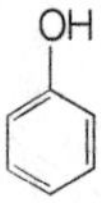

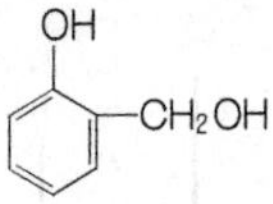

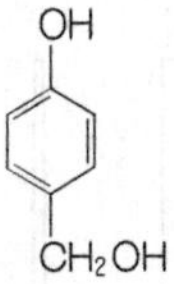

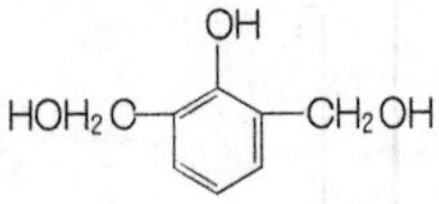

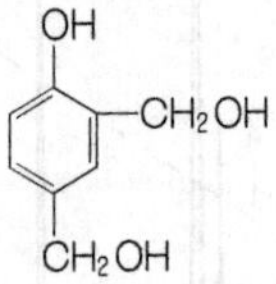

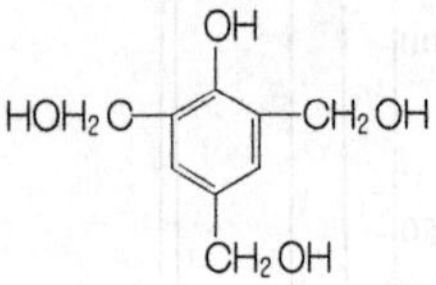

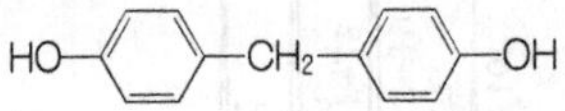

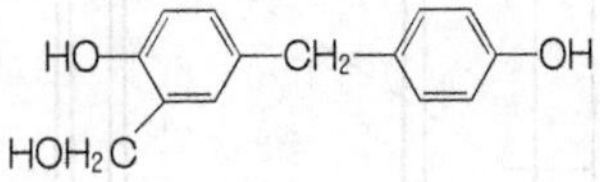

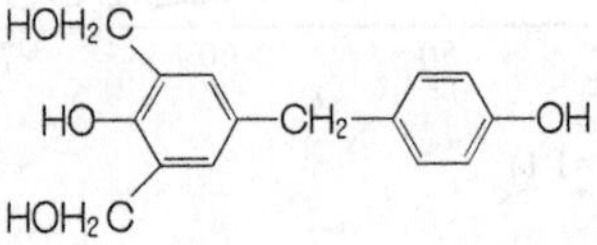

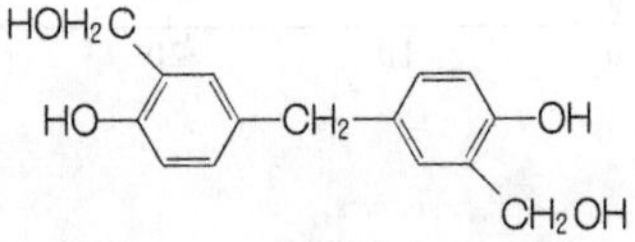

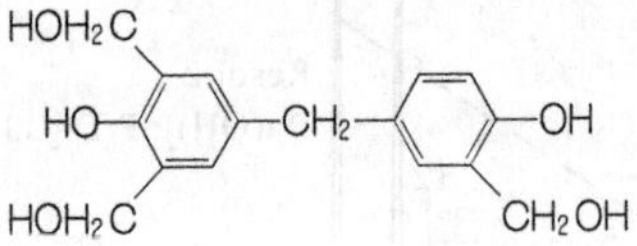

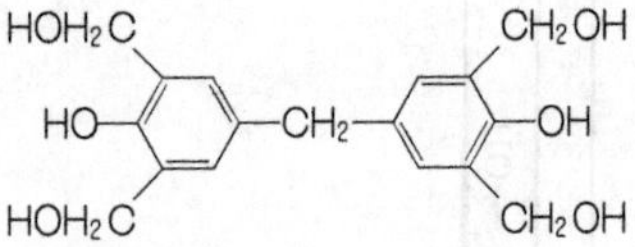

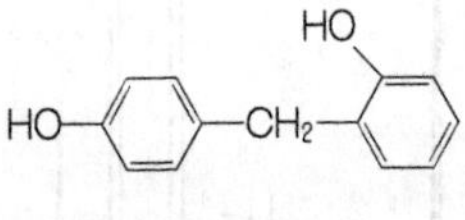

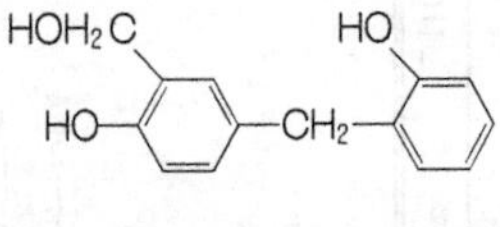

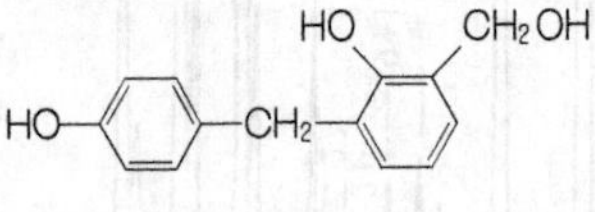

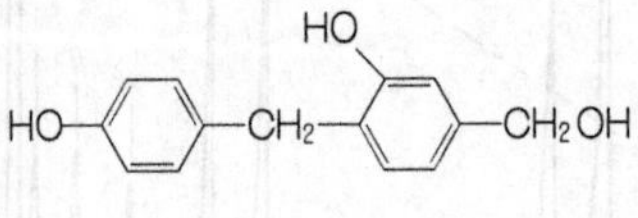

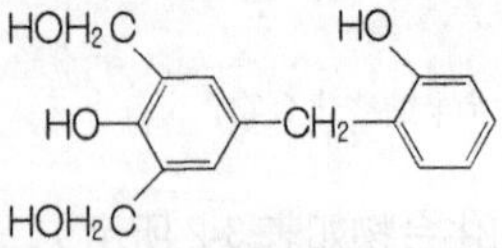

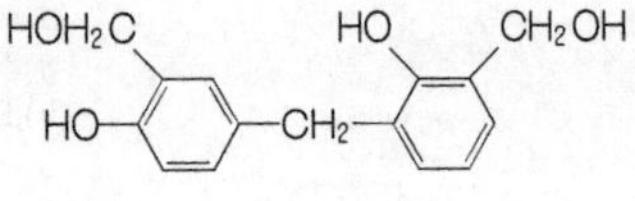

续表

3.2 酚醛树脂的结构与性能表征

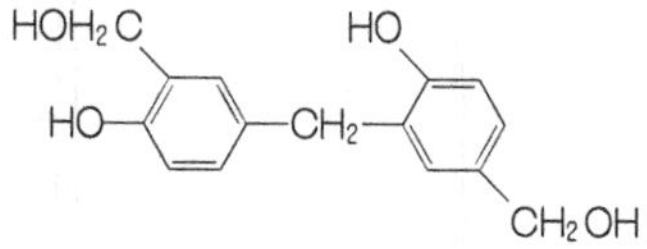

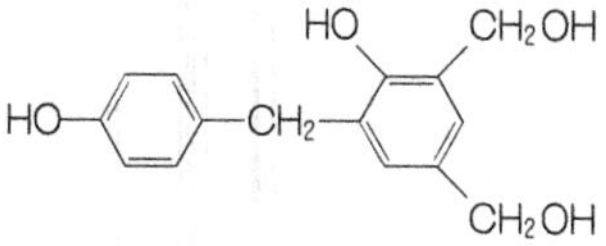

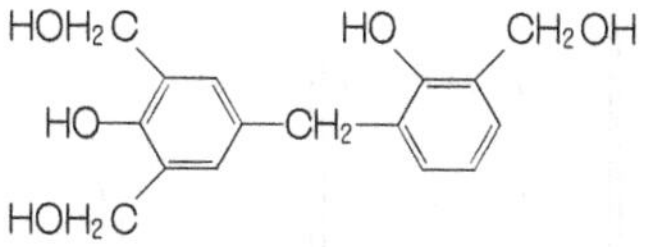

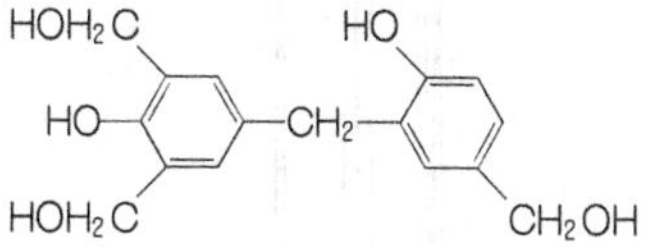

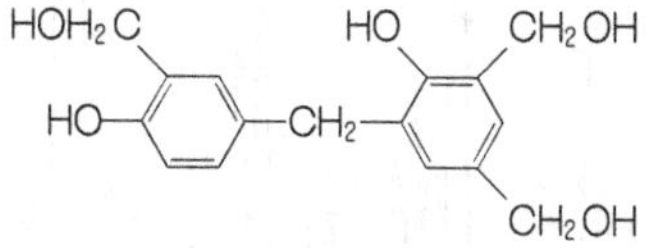

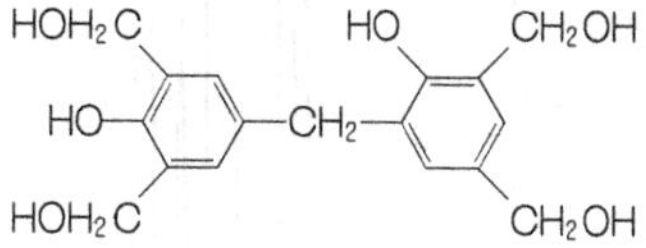

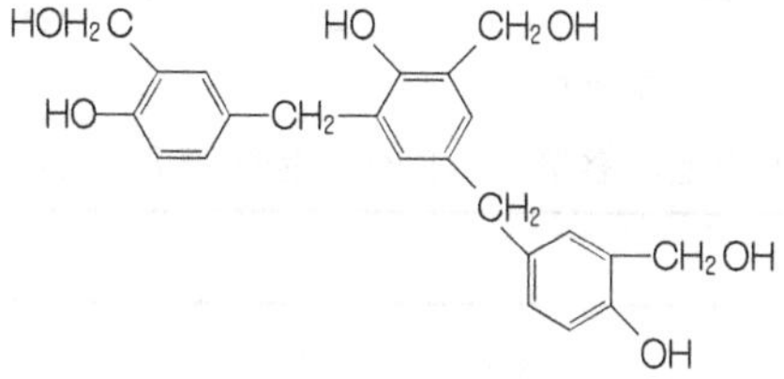

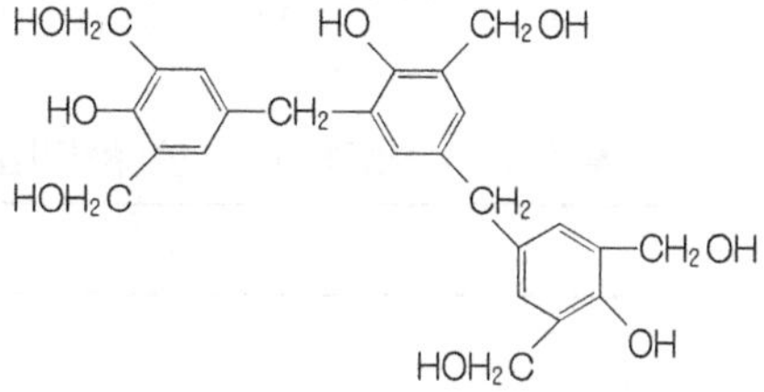

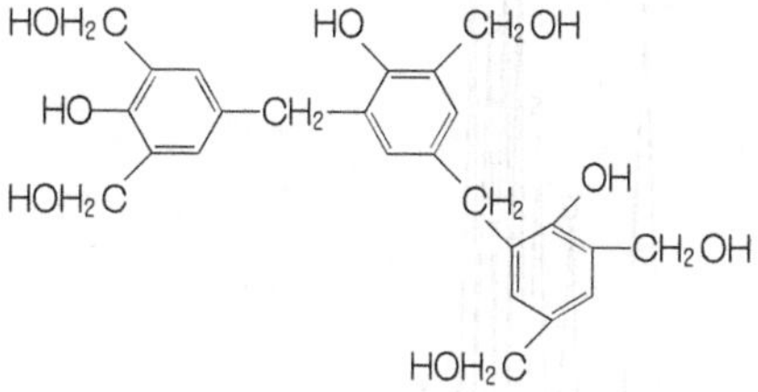

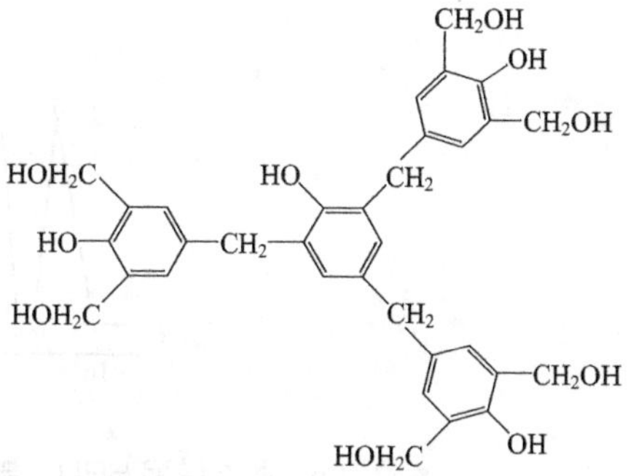

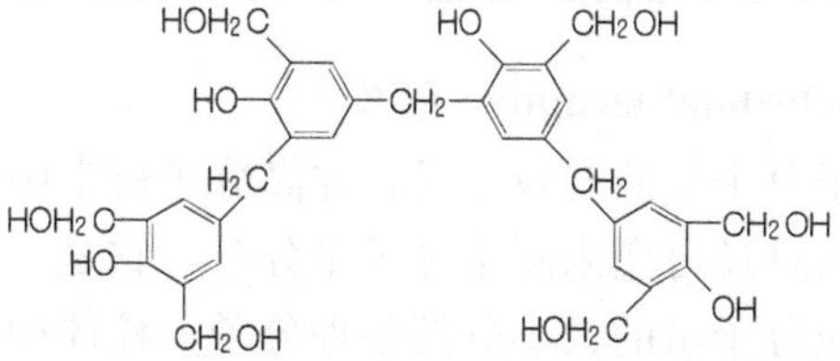

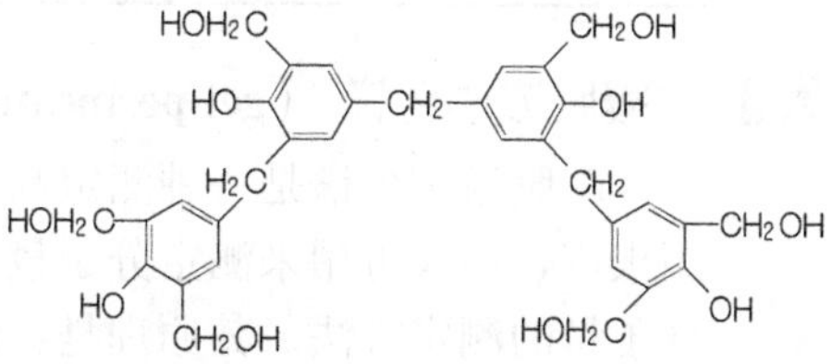

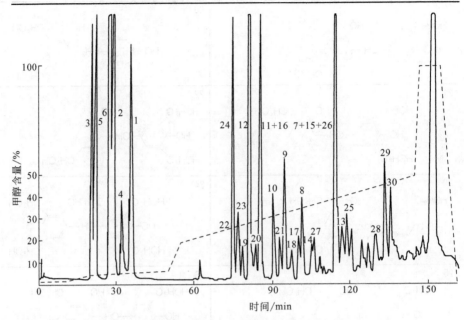

图 3-4 NaOH 催化的酚醛树脂的 HPLC 谱图（各峰对应的化合物如表 3-2 所示）

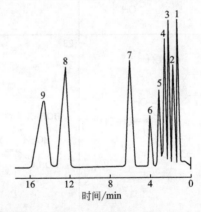

图 3-5 酚类逆相 HPLC 谱图（静止相 Si-100-C_4，洗提液为水/甲醇）
1—甲醇；2—对苯二酚；3—间苯二酚；4—邻苯二酚；5—5-甲基-1,3-苯二酚；
6—苯酚；7—对甲酚；8—间苯二甲酚；9—邻苯二甲酚

3.2.3.3 凝胶渗透色谱（gel permeation chromatography, GPC）

凝胶渗透色谱是一种测定高分子分子量的有效工具，在高分子科学中应用很广，不仅可用来测定分子量，而且还可用来测定分子量分布，它是一种分子量的测定方法。其原理是：按照分子量的大小分离各种分子，柱体中填充材料的孔道和沟槽大约等于欲分离的分子大小，较小的分子能更容易地渗透入孔道而保持在静止相较长的时间，与 HPLC 法相仿。由于缩聚的分子量不大，同时含有流体力学体积不同的同分异构体，故在 GPC 柱中，除分子量分级外，还可进行结构分级。GPC 在酚醛树脂的分析和测定中非常有用，但要注意溶剂、浓度等因素对测定的影响，酚醛树脂的 GPC 测定可在 HPLC 仪上进行。其应用条件为：色谱柱为 TSK GEL、G-4000H＋G-3000H＋2KG-2000H＋G-1000H，淋洗液为四氢呋喃，差示折光仪检测，溶剂流速为 1mL/min，温度为 20℃。标定物质是相对分子质量为 12000 的聚乙二醇，样品浓度 0.8%，待第一个试样的淋洗峰出完后，方可测定第二个试样。但酚醛树脂易形成氢键，造成分离困难或不完全。

3.2.4 热分析

热分析（thermal analysis）的具体方法主要有差热分析（differential thermal analysis，DTA）、差示扫描量热法（differential scanning calorimetry，DSC）、热失重分析（thermogravimetric analysis，TGA）、热机械分析（thermomechanical analysis，TMA）等。热失重分析可用来测定酚醛树脂在升温或恒温过程中质量的得失，尤其研究树脂的热分解、确定聚合物的热稳定性、耐烧蚀性等非常有用。DTA 或 DSC 分析主要测定物质在升温或恒温过程中热效应的变化，可用于研究酚醛树脂的固化反应，包括固化速度、反应活化能，也用来测定树脂的玻璃化转变温度、树脂的结晶性等。一般通过 DSC 分析可以得到以下信息：①峰的位置可确定变化温度；②峰的面积可确定转变时热效应的大小；③峰的形状（陡或平缓）反映过程进行速度的快慢；④比容突变可确定次级转变如玻璃化转变。据报道草酸催化的酚醛反应活化能为 155～165kJ/mol，反应热为 90～100kJ/mol。酚醛树脂的差示扫描量热分析如图 3-6 所示。

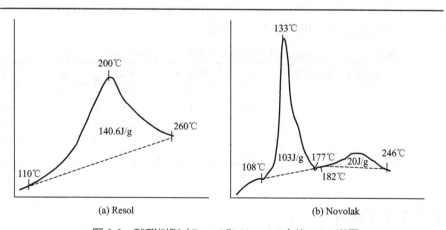

■ 图 3-6　酚醛树脂（Resol 和 Novolak）的 DSC 谱图

热失重分析 TGA 是用热天平来实现的。它可以记录温度程序（如等速升温）控制下聚合物质量损失的速度，即获得质量损失（%）与温度之间的关系，可知在各个温度变化范围内聚合物质量的损失。也可在恒定温度下，记录质量随时间或温度的变化情况。这些质量的变化与聚合物的结构变化密切相关。热失重可在空气、氧气及惰性气体下进行测定，可以用来研究酚醛树脂的热分解反应、热氧化反应，如观察有无氧参与结构变化。

动态机械分析（dynamic mechanical analysis，DMA）是用来测定聚合物材料的温度与模量之间关系的技术，可用来测定聚合物材料的玻璃化转变温度，研究多相材料或复合材料的固化速度、相分离等。扭辫分析（torsional braid analysis，TBA）可测定材料在热作用下弹性模量和损失模量的变化，树脂可以浸渍在玻璃辫子上，作为扭摆。其可用于研究树脂从液体转变成橡胶态，最终至全固化状态的固化现象。用 TBA 研究邻-邻结构的 Novolak 与 HTMA 的固化和无规 Novolak 树脂的固化，发现邻-邻结构的树脂具有较低的活化能（105kJ/mol），而无规树脂（Novolak）固化活化能达 147kJ/mol；高邻位 Resol 树脂比对位 Resol 树脂固化速度快，但刚性较低。DMA 和 TBA 也可用于酚醛树脂的涂料表征、树脂凝胶化等研究。

3.2.5 黏度测定

酚醛树脂的稀溶液性质与溶剂及其分子结构有关，Tobiason 研究了 Novolak 树脂的稀溶液性质，其分子量 M_n 为 1000～8050，MHS（Mark-Houwink-Sakurada）方程 $[\eta]=K_m M^\alpha$ 的参数列于表 3-3，无规树脂和高邻位树脂的 MHS 方程的差异与指数 α 有关。高邻位树脂是高度线型的低分子化合物，其稀溶液的排斥体积效应相当小，指数 α 接近于 0.5。无规聚合物链及其支链有点卷曲，α 值不会相同。Kamide 研究中等分子量 $M_w=1154$ 无规 Novolak 树脂，发现研究的 11 个酚环的分子具有两个支链，一个支链具有一个酚环，另一个支链具有两个酚环。理论模拟计算和[13]C-NMR 实验分析也证明支化存在或支化问题。

■表 3-3 酚醛 Novolak 树脂的 MHS 方程（$[\eta]=K_m M^\alpha$）的表达式

Novolak 树脂类型	溶剂	温度/℃	K_m	α	平均 M_n
无规	丙酮	25	0.019	0.47	1000～8050
无规	丙酮	30	0.631	0.28	370～28000
无规	THF	30	0.730	0.28	540～4700
高邻位	丙酮	30	0.813	0.50	690～2600
无规	丙酮	20	1.075	0.20	—

3.2.6 电子能谱

电子能谱（electron spectroscopy，ES）分为化学分析电子能谱和 X 射线电子能谱。化学分析电子能谱（electron spectroscopy for chemical analysis，ESCA）和 X 射线电子能谱（X-ray photoelectron spectroscopy，XPS）可用来分析聚合物中分布的元素、表面结构及固体化合物的成分。用 ESCA 技术可提供有关聚合物表面（1～2μm）的电子结合能和离子化能的信息，这些信息受化学环境的影响。这些技术可用于表面研究如分析经化学处理、光氧化、电晕、炭化、等离子体或离子束处理后表面的状况。对酚醛树脂来说，ESCA 可用来研究 Novolak 刻蚀胶的等离子处理，以及研究惰性气体 CF_4 和氧等离子体与 Novolak 酚醛树脂的作用。ESCA 也用来分析 Resol 树脂中钠离子的分布位置，还用于研究酚醛复合材料如摩擦材料的炭化表面、砂轮中 Al_2O_3 或 SiC 与酚醛树脂的界面、覆铜板和其他表面效应。

3.2.7 其他表征方法

质谱（mass spectroscopy，MS）尤其是场解吸质谱（field desorption mass spectroscopy，FDMS）用来表征低聚物和聚合物的分子量分布，如确定酚醛树脂中各组分。其原理是：聚合物就地热裂解，产生低分子量碎片，并进行离子化，然后进行检测。该技术已用来识别由苯酚、对苯基苯酚、对叔丁基苯酚、对辛基苯酚制成的 Novolak 酚醛树脂。

结晶性酚醛化合物可用 X 射线衍射分析（X-ray diffraction analysis）确定其构象、晶体结构等，结合理论计算也可用于研究复杂的酚醛树脂的结构。

裂解与 GC、GC-FTIR、GC-HPLC、HPLC-IR、GC-GPC、GC-MS 等联用的技术应用，可分析酚醛树脂组分、研究酚醛树脂的固化、固化树脂的结构等方面。

3.3 酚醛树脂的改性及产品、应用

在酚醛树脂结构中芳环的数量比较多，原子之间键能高，分子链之间存在高的内聚力，因此酚醛树脂显示出显著的耐热性和抗氧化性，如表 3-4 所示。

■表 3-4　聚合物的耐热级别和酚醛树脂的耐热性

聚合物的耐热级别		酚醛树脂的耐热性	
温度/℃	时间/h	温度/℃	时间
175	30000	<200	按年计
250	1000	250～500	按小时计
500	1	500～1000	按分计
700	0.1	1000～1500	按秒计

酚醛树脂的耐热性和热氧化稳定性还可进一步提高，其方法之一是化学改性。酚醛树脂的弱点在于苯酚羟基和亚甲基易氧化。酚羟基在树脂的合成中一般不参加化学反应，因此在酚醛树脂中存在许多酚羟基及一定量的羟甲基，酚羟基是一个强极性基团，易吸水，使酚醛树脂制品的电性能差，致使强度低；酚羟基易在热或紫外线作用下发生变化，生成醌或其他的结构，致使材料变色。因此，羟基和/或亚甲基的保护成为酚醛树脂改性的主要途径。此外，通过其他化学或物理改性也可改善酚醛树脂的性能。

① 酚羟基的醚化或酯化。酚羟基被苯环或芳烷基所封锁，其性能将大大改善。如二苯醚甲醛树脂或芳烷基醚甲醛树脂就克服了由于酚羟基所造成的吸水、变色等缺点，使制品的吸水性降低、脆性降低，而机械强度、电性能及耐化学腐蚀性提高，并可采用低压成型。用有机硅或有机硼改性也属于封锁酚羟基的改性，尤其是耐热性和吸水性更有明显的改进。烷基化反应也用来改性酚醛树脂。由于苯酚具有强的亲核性，采用温和的催化剂和操作条件即可进行。但是在烷基化时也必须考虑到易形成醚及羟基与催化剂的络合。

② 加入其他组分。使加入的组分与酚醛树脂发生化学反应或进行混溶，分隔或包围酚羟基或降低酚羟基浓度，从而达到改变固化速度、降低吸水性、限制酚羟基的作用，以获得性能的改善。例如，在酚改性二甲苯树脂中，疏水性的二甲苯环代替一些酚环，并使酚羟基处于疏水基团的包围之中，因而树脂使吸水性大为降低，电性能、机械强度大为提高。工业上大量生产的用聚乙烯醇缩醛和用环氧树脂改性的酚醛树脂玻璃钢，都是属于这种类型。

③ 在树脂分子链上引入杂原子（P、S、N、Si 等），减少亚甲基量等。

④ 利用多价金属元素（Ca、Mg、Zn、Cd 等）与树脂形成络合物。

⑤ 控制分子链交联状态的不均匀性，使酚醛树脂交联形成非均匀或均匀的连续结构，如互穿网络结构、刚柔结合的多相结构。

以下就各种改性反应，相应改性树脂的制造、性能及应用等加以介绍。

3.3.1 醚化酚醛树脂

3.3.1.1 反应原理

苯酚和甲醛预聚体中的羟基可用醇加以醚化，这是由于它们易形成羟基苄基阳离子的缘故，高羟甲基化的苯酚和过量的醇反应可以避免自缩合作用。醚化反应一般是在 pH＝5～7 和 100～120℃的温度下进行的，可采用甲醇、丁醇和异丁醇等单元醇，最常用的是丁醇。所形成的水通过与过量的丁醇形成共沸物经蒸馏而除去。醚化后的甲阶酚醛树脂提高了在芳香族溶剂中的溶解度，并改进了树脂的柔顺性，但反应活性有所降低。多羟基化合物也用来改善树脂的柔顺性，它们有乙二醇、丙三醇、羟基聚酯、多聚丙醇、聚乙烯醇缩醛等。醚化酚醛树脂主要用于电气工业用层压板的浸渍树脂、涂料及胶黏剂，其反应如下：

$$\text{R}\underset{\text{CH}_2\text{OH}}{\overset{\text{OH}}{\bigcirc}}\text{R} + \text{R'OH} \longrightarrow \text{R}\underset{\text{CH}_2\text{OR'}}{\overset{\text{OH}}{\bigcirc}}\text{R} + \text{H}_2\text{O}$$

苯酚羟基的醚化可改进酚醛树脂的耐碱性，同时也能获得更好的挠曲度和光牢度。使用烯丙基化合物时，还能获得较好的干燥性能。苯酚的醚化合物对甲醛的反应活性要比苯酚低得多。因此一般首先制备甲阶酚醛树脂，然后再将羟基苯酚用强亲电子试剂（例如烯丙基氯化物、烷基溴化物、烷基硫酸盐和环氧化合物）在氢氧化钠的存在下加以醚化（烷基化）。一般需用温和的条件，以免形成聚合物和发生苯环的烷基化反应。

$$\text{R}\underset{\text{CH}_2\text{OH}}{\overset{\text{OH}}{\bigcirc}}\text{R} + \text{CH}_2=\text{CH}-\text{CH}_2\text{X} \xrightarrow{\text{MOH}} \text{R}\underset{\text{CH}_2\text{OH}}{\overset{\text{OCH}_2-\text{CH}=\text{CH}_2}{\bigcirc}}\text{R} + \text{HX}$$

R=H，—CH$_2$OH，—CH$_2$Y（Y=其他基团或氢）

3.3.1.2 醚化酚醛树脂的制备与性能

芳烷基醚甲醛树脂是在酚环上引进芳基或芳烷基后，再与甲醛反应生成的树脂，这类树脂耐碱、吸湿性小、机械强度比较高，并耐热和耐热氧化，能长期于180～200℃下应用。

芳烷基醚甲醛树脂一般由芳香烃经双氯甲基化后，再经甲醇醚化，最后再在付氏催化剂作用下与苯酚发生醚交换反应，生成带两个酚环的芳烷基醚化合物，把它再与甲醛反应，得到芳烷基醚甲醛树脂，其反应式如下：

$$\text{H}_3\text{C}-\bigcirc-\text{CH}_3 \xrightarrow{\text{Cl}_2} \text{ClH}_2\text{C}-\bigcirc-\text{CH}_2\text{Cl} \xrightarrow[\triangle]{\text{CH}_3\text{OH}} \text{H}_2\text{COH}_3\text{C}-\bigcirc-\text{CH}_3\text{OCH}_2$$

$$\text{H}_3\text{COH}_2\text{C}-\bigcirc-\text{CH}_2\text{OCH}_3 + \bigcirc\text{OH} \xrightarrow{\text{BF}_3 \text{复合物}} \bigcirc-\text{OCH}_2-\bigcirc-\text{CH}_2\text{O}-\bigcirc + \text{CH}_3\text{OH}$$

$$\bigcirc-\text{OCH}_2-\bigcirc-\text{CH}_2\text{O}-\bigcirc \begin{array}{l} \xrightarrow{\text{HCHO, H}^+} \text{Novolak树脂} \\ \xrightarrow[\text{OH}^-]{\text{HCHO}} \text{Resol树脂} \end{array}$$

芳烷基醚与甲醛反应在碱性催化剂存在下可得热固性树脂；在酸性催化剂存在下可得热塑性树脂。该类结构的树脂固化速度较快。常用的固化条件是150～180℃，压力8～28MPa。制品一般还要在170℃后处理4～6 h，为了得到最佳性能，还应在170～250℃后处理12h。

在酸催化反应后可得相似于热塑性酚醛树脂的芳烷基醚甲醛树脂，加入各种粉状或纤维状填料，它再与六亚甲基四胺、固化促进剂氧化镁、氧化钙以及颜料、脱模剂混合，辊压粉碎加工后得模塑料，可用模压法、传递模塑法以及注塑法加工成型。芳烷基醚与甲醛在碱性介质中反应，可制得浸渍玻璃纤维或其织物用的热固性树脂，通常为50%～60%树脂的甲乙酮溶液。

以芳烷基醚甲醛树脂制成的玻璃纤维复合材料不仅具有优良的耐热老化性能，而且具有良好的耐酸、耐碱性能。在250℃热老化1000h后，其弯曲强度仍保留80%以上；在275℃暴露750～1000h或300℃暴露300h后仍保留50%以上，因此是良好的耐高温材料，已用作火箭外壳、火箭发动机主体材料等。模塑料具有良好的机械强度及低吸水性、高电阻和高介电强度，对一般酸碱稳定，可长期应用于200～220℃的环境，适用于军工、交通、电力工业等部门。

3.3.1.3 醚化树脂的产品、性能及应用

(1) 聚酚醚酚醛模塑粉（polyaralky-phenolic resin molding compounds）

① 制备　芳烷基卤化物（二氯二甲基苯）或醚类（如苯二亚甲基二甲醚）和苯酚在弗里德尔-克拉夫茨催化剂（如$SnCl_4$）存在下缩聚，得到红棕色的黏稠体或硬而脆的固体，称为Xylok树脂，然后将预聚物用六亚甲基四胺进行加热混合，再与石棉、玻璃纤维等填料混合、辊压、粉碎而成模塑粉。其生产工艺流程如下：

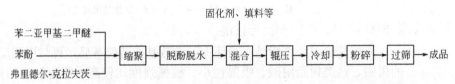

该模塑粉适用于热压成型。模塑粉的热压条件和后固化条件分别列于表3-5和表3-6。后固化工艺条件按照实际需要决定，一般后固化处理温度与其长期工作的温度相一致。

■表3-5　模塑粉的热压条件

预热温度/℃	预热时间/min	模具温度/℃	成型压力/MPa	保压时间/(min/mm厚)
120～130	5～10	170±5	30±5	2.0

■表3-6　模塑粉的后固化条件

后固化温度/℃	时间/h	后固化温度/℃	时间/h	后固化温度/℃	时间/h
160	1	200	4	230	2
170	3	210	4	240	2
180	3	220	4	250	2
190	4				

② 性能　树脂可溶于丙酮和乙醇等有机溶剂中，其模塑制品外观无裂缝、膨胀，具有光亮、平整的表面，耐沸水性试验后无裂缝、无剥层、无翘曲和无褪色，具有较好的机械强度、介电性能、耐化学性、耐磨性、耐烧蚀性，耐高温性优良，可在150～250℃长期使用。表3-7列出了部分聚酚醚酚醛模塑粉的性能。

■表3-7 聚酚醚酚醛模塑粉性能（上海塑料厂企业标准）

性能指标		TE2210-1	TE2210-2	性能指标		TE2210-1	TE2210-2
相对密度	≥	1.80	1.80	弯曲强度/MPa	≥	70	60
收缩率/%		0.30～0.50	0.30～0.50	表面电阻率/Ω	≥	1×10^{13}	1×10^{13}
吸水性/(mg/cm²)	≤	0.2	0.2	体积电阻率/Ω·cm	≥	1×10^{14}	1×10^{14}
流动性（拉西格）/mm		100～180	100～130	介电损耗角正切（50Hz）	≤	0.01	0.01
马丁耐热性/℃	≥			介电常数（10^6Hz）	≤	5	5
未经热处理		170	150	介电强度（kV/mm）		15	12
经热处理		250					
冲击强度/(kJ/m²)	≥	6.0	6.0				

③ 应用　该模塑料主要用于电子、汽车、纺织、机械和航空工业中，作为耐高温、绝缘、耐磨、耐烧蚀的零部件，如潜水泵止推轴承、斯贝发动机组合开关键及701电位器制件。其贮存期为半年，如超过期限应进行检测，测试合格者方可使用。该模塑料可由上海塑料厂等生产，可用内衬聚乙烯薄膜的铁桶包装。

(2) 聚酚醚酚醛复合材料（polyaralkyl-phenolic composite）

① 制备　将聚酚醚树脂溶于丙酮与乙醇的混合溶剂中，配制成不同固含量的液态树脂，与六亚甲基四胺混溶后，浸渍玻璃布或石棉织物，并制造层压塑料；也可浸渍石棉纤维或玻璃纤维、碳纤维制造增强塑料。其工艺流程如下：

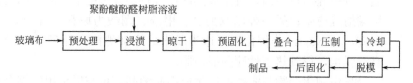

该复合材料的成型加工条件列于表3-8。

② 性能　聚酚醚酚醛树脂既保持了酚醛树脂易于加工的特点，又具有较高的热稳定性，可在150～250℃长期使用。其产品性能（云南化工研究所标准）如表3-9所示。

■表3-8　聚酚醚酚醛复合材料的加工条件

产品名称	成型温度/℃	成型压力/MPa	保压时间/(min/mm厚)
层压板	180±5	7	12

■表3-9　云南化工研究所产品性能（标准）

性能指标		层压板
相对密度		1.78
吸水性/(g/cm²)	≤	0.039
马丁耐热性/℃	≥	250
冲击强度/(kJ/m²)		85

续表

性能指标	层压板
弯曲强度/MPa	430
表面电阻率/Ω	$3\times10^{13}\sim6\times10^{14}$
体积电阻率/Ω·cm	$4\times10^{13}\sim8\times10^{14}$
介电损耗角正切（10^6Hz）	$0.0064\sim0.013$
介电常数（10^6Hz）	4.5

③ 应用 聚酚醚酚醛复合材料可用作航空结构材料。

3.3.2 酯化酚醛树脂

(1) 硼改性酚醛树脂 含硼改性酚醛树脂于20世纪50年代美国首先开始研究，随后，英国、日本、德国、法国及前苏联等国家先后进行工作，国内河北大学和北京251厂于60年代后期、70年代为军工研制了硼改性酚醛树脂。

由于在酚醛树脂的分子结构中引入了无机的硼元素，所以硼酚醛树脂比一般酚醛树脂具有更为优良的耐热性、瞬时耐高温性和力学性能。目前国内有两种制造硼酚醛树脂的方法：一种以苯酚、多聚甲醛或甲醛、硼酸为主要原料，首先苯酚与硼酸反应生成硼酸苯酯，然后再与甲醛反应生成硼酚醛树脂，按甲醛用量不同，可生成热固性或热塑性硼酚醛树脂，国内常使用热固性硼酚醛树脂；另一种以双酚A、甲醛、硼酸为原料，首先双酚A与甲醛反应，用NaOH作催化剂，适当脱水后添加硼酸和硼砂进一步反应，然后真空脱水，得到热固性硼酚醛树脂。

采用硼化合物与酚类反应生成硼酸酚酯，再与固体甲醛缩合成树脂。首先硼酸或三氧化二硼与苯酚在催化剂作用下在100℃回流5～8h，再升温至180℃反应，蒸出水，生成不同反应程度的硼酸酚酯混合物。然后冷却至80℃以下，加多聚甲醛或三聚甲醛或甲醛水溶液，低于100℃反应1～4h（具有较强的放热效应），脱去水和低沸点产物，使产物凝胶时间达30～70s（160℃），最终可得到黄色固体预聚物。产品参考技术指标：外观为黄色固体或粉末，游离酚小于等于5%，凝胶时间50～100s（160℃），熔点60～80℃，硼含量大于等于2.5%。其合成反应式如下：

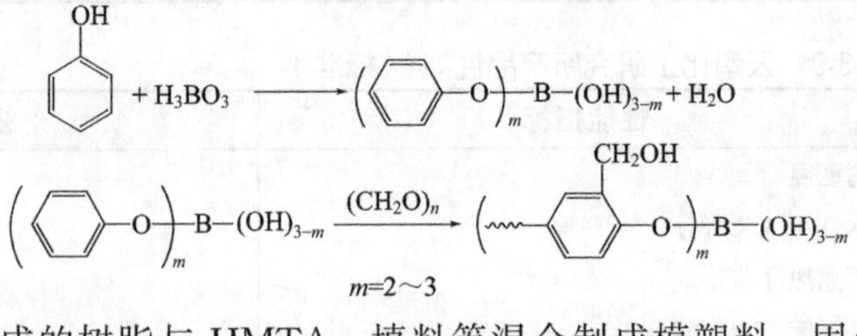

由此合成的树脂与HMTA、填料等混合制成模塑料，固化温度较高

(200℃左右)，若在模塑料中加入环氧化合物替代 HMTA，可降低固化温度到 100～200℃。硼改性酚醛树脂也具有热固性酚醛树脂的性质，固化过程也具有明显的三个阶段，可用一般酚醛树脂的成型方法制成玻璃钢。在硼改性酚醛树脂中，由于酚羟基中的强极性的氢原子被硼原子取代，所以邻位、对位的反应活性降低，固化速度比酚醛树脂慢，可以适应低压成型的要求。由于树脂分子中引进了柔性较大的—B—O—键，所以脆性有所改善，机械强度有所提高，也由于酚羟基的氢被硼原子取代，所以耐水性有所提高。固化产物中含硼的三向交联结构，使产品的耐烧蚀性和耐中子性比一般酚醛树脂好。

硼酚醛树脂比普通酚醛树脂的耐热性、瞬时耐高温性、耐烧蚀性要好。它多用于火箭、导弹和空间飞行器等空间技术领域作为优良的耐烧蚀材料，也可用于刹车件。

与氨催化的酚醛树脂和氢氧化钡催化的酚醛树脂相比，硼酚醛树脂有较高的热稳定性，其玻璃纤维复合材料的机械强度和介电性能也比一般酚醛树脂和环氧改性的酚醛树脂好。用硼酚醛树脂制得的玻璃布层压板和玻璃纤维增强塑料的性能如表 3-10 所示。

■表 3-10 玻璃纤维增强硼酚醛树脂复合材料的性能

性能指标	苯酚甲醛硼酚醛树脂	双酚 A 甲醛硼酚醛树脂
	玻璃布层压板	高硅氧玻璃纤维模压塑料
相对密度	1.8	
表观密度/(g/cm^3)		1.66～1.68
泊松比	0.192～0.196	0.25～0.26
吸水性/%	0.089	0.38～0.39
弯曲强度/MPa	502	159～191
弯曲模量/GPa	375～393	1.79～1.97
拉伸强度/MPa	367～426	68～97
压缩强度/MPa	417～579	226～248
热导率/[W/(m·K)]	0.713	0.488～0.523
表面电阻率/Ω		
常态	9.51×10^{14}	
浸水	3.26×10^9	
体积电阻率/Ω·cm		
常态	7.10×10^{15}	
浸水	3.05×10^9	
介电损耗角正切(10^6Hz)	0.00718	0.01～0.022
介电常数(10^6Hz)	5.38	5.01～5.06

用硼酸改性的对氨基苯酚甲醛树脂是具有显著耐高温烧蚀性的材料。它可在煮沸的二甲苯中加入 3mol 的对氨基苯酚和 1mol 的硼酸而制得，生成的水以共沸物蒸去。所形成的三对氨基苯的硼化物可溶于水，并显蓝色，进一步用三聚甲醛（或甲醛）在 70℃酸性催化剂下反应 3h，可得砂红色固体树脂，可用六亚甲基四胺进行固化。这种树脂在很高的温度下的质量损失极小。在 2500℃以上可得到类似硼的氮化物的结构。在固化的硼酸改性的对

氨基苯酚甲醛树脂中人们也发现硼酰氨基、硼氮的四元环化合物。

二甲苯甲醛树脂可与硼酸、苯酚反应生成硼改性酚醛树脂，一方面改善了二甲苯甲醛树脂的软化点、耐热性和耐化学腐蚀性；另一方面二甲苯结构的引入，提高了酚醛树脂的绝缘性能和耐腐蚀能力。

一般硼酚醛树脂的耐水性和防潮性比较差，但在酚醛中引入N，使B和N形成配位络合结构，硼在其中形成六元环结构，不易受水的作用，从而显著改善耐水性。

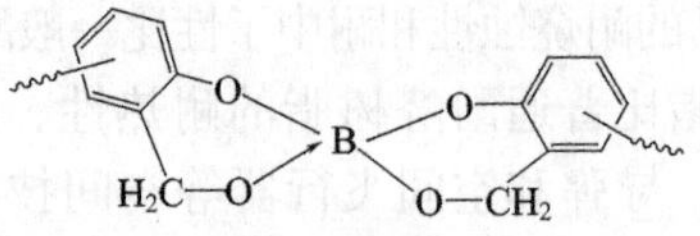

硼酚醛树脂阻燃性很好，其氧指数高达48.5%（聚氯乙烯60%，聚四氟乙烯95%）。

硼酚醛除以上制备方法外，还可采用下列方法合成：苯酚和甲醛水溶液或固体甲醛先反应生成水杨酸，然后再与硼酸反应生成硼酚醛树脂。

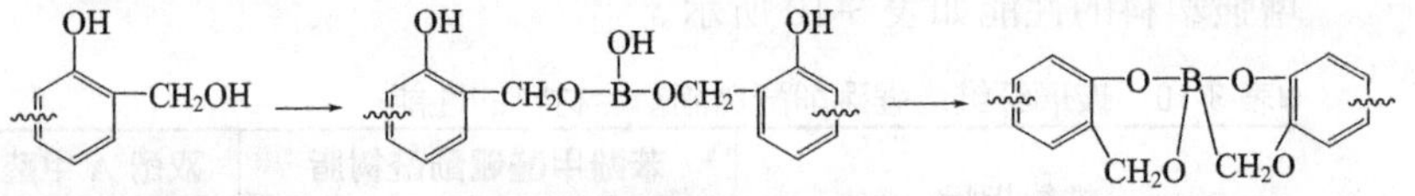

(2) 钼酚醛树脂 在普通酚醛树脂中引入钼，可提高树脂的耐热性，尤其是瞬时耐高温的性能，因此钼酚醛可作为高温耐烧蚀材料、摩擦材料、胶黏剂等。

以苯酚、甲醛、钼酸为主要原料，在催化剂作用下，生成钼酚醛树脂，具体过程如下：

① 钼酸与苯酚在催化剂作用下，发生酯化反应，生成钼酸酯，反应如下：

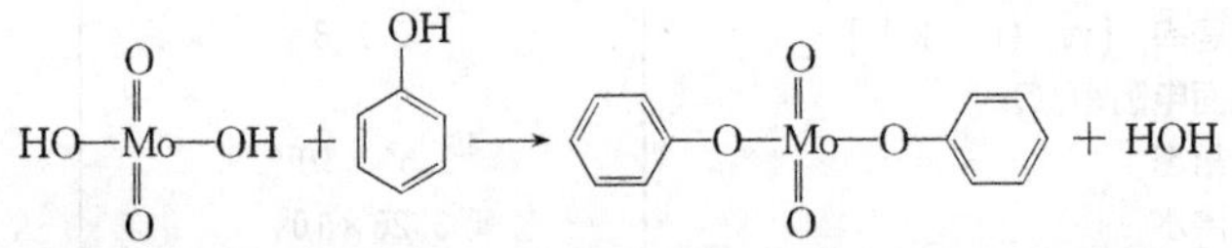

② 钼酸苯酯再与甲醛反应（加成与缩合）生成钼酚醛树脂，反应如下：

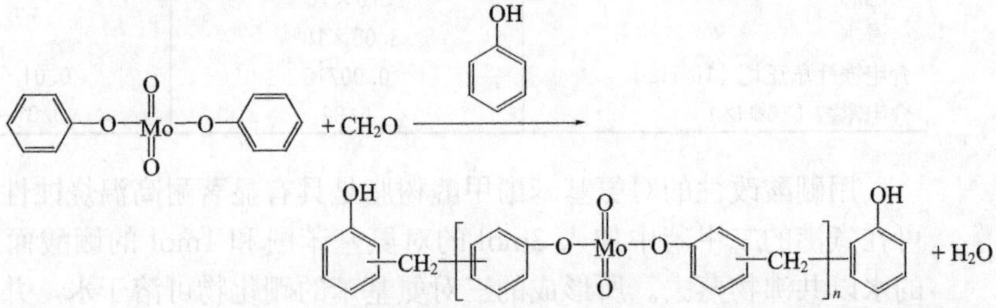

将一定量苯酚和钼酸及催化剂加入反应釜中，搅拌并加热达到60℃，保持30min，然后加入37%甲醛水溶液和适量的催化剂，继续加热搅拌，恒温反应一段时间（2h），在减压条件下除去体系中的水分，得到热塑性的深

绿色的固体钼（酸）酚醛树脂。该树脂溶于乙醇或丙酮中，呈现出鲜艳的紫色。树脂中加入一定量的六亚甲基四胺（10%），研磨过筛，形成可固化的树脂。

一般钼（酸）酚醛的钼含量在12%左右，反应活性较高，固化树脂的耐热性较好，热分解温度达522℃，比氨酚醛、钡酚醛要好，其成炭率也高，是一种新型的耐烧蚀树脂。随着树脂中钼含量的增加，树脂分解温度提高，如表3-11所示。用该树脂制得的玻璃纤维增强塑料，不仅具有耐烧蚀、耐冲刷性能，而且机械强度高、加工工艺性能好，可用于制作火箭、导弹等耐烧蚀、热防护材料等。

■表3-11　不同钼含量的钼酚醛树脂的热性能

钼含量/%	固化温度/℃	分解温度/℃	700℃热失重/%
6.0	145	460	46.2
8.0	150	475	41.1
10.0	150	560	41.9

3.3.3　金属改性酚醛树脂

酚醛树脂与金属卤化物（三氯化钼、四氯化钛、氯氧化锆、六氯化钨）、金属的醇化物（三甲基氧化铝、四甲基氧化钛）或金属有机化合物（乙酰丙酮化物）反应可获得耐热和抗火焰的树脂。这些含金属的酚醛树脂在高温下，它们的分解速率比通常的树脂慢得多。人们认为金属化合物与树脂中的碳原子形成金属碳化物。这些树脂颜色深，可能含有20%的离子键合的金属。例如，把苯酚和四甲基氧化钛在80℃下加热1h，可获得红色的钛改性树脂，并放出甲醇，再与多聚甲醛反应可得重金属改性酚醛树脂。也可用四氯化钛与熔融酚反应，放出氯化氢，形成深红色的四苯基钛酸酯（熔点130℃），然后再与三聚甲醛反应生成固体树脂（M_w500，溶于DMF），可用10% HMTA固化。

在酚醛树脂中引入钨元素，可以改善酚醛树脂的性能，尤其是耐烧蚀性能有较大的改善。钨酚醛树脂是固体，与六亚甲基四胺（含量≥14%）一起粉碎并混匀后可固化，最低固化温度为133℃。

酚醛树脂还可与Ca、Mg、Zn、Cd的氧化物反应，其反应产物用于胶黏剂中。

3.3.4　有机硅改性酚醛树脂

有机硅树脂具有优良的耐热性和耐潮性，但它的黏结性较差、机械强度较低，且不耐有机溶剂或酸、碱介质的侵蚀。若使用有机硅单体例如$CH_3Si(OR)_3$、$(CH_3)_2Si(OR)_2$、$C_6H_5Si(OR)_3$和$(C_6H_5)_3Si(OR)_2$等与酚醛树脂中的酚羟基或羟甲基发生反应，放出小分子产物 ROH，从而制得具有耐热性和耐水性的酚醛树脂，如用 Si(OR)$_4$ 改性的酚醛树脂制成的玻璃纤维复合材料在 200℃下仍有良好的热稳定性。

酚醛树脂与有机硅单体的反应示意如下：

$$\text{R—}\underset{\text{OH}}{\underset{|}{\bigcirc}} + \underset{\text{Si—OH}}{\overset{\text{Si—X}}{\underset{|}{\text{Si—OR}'}}} \longrightarrow \underset{\text{R}}{\underset{|}{\text{Si—O—}\bigcirc}} + \begin{array}{l} \text{HX} \\ + \text{R}'\text{OH} \\ \text{H}_2\text{O} \end{array}$$

应用不同的有机硅单体或其混合单体与酚醛树脂反应改性，可得不同性能的改性酚醛树脂，具有广泛的选择范围。

有机硅耐热性比一般有机树脂高得多，因有机硅中 Si—O 键能（372 kJ/mol）比 C—C 键能（242 kJ/mol）高得多，尤其在高温及低温下具有优异的性能（−60～250℃）。用含有烷氧基有机硅化合物与含羟基化合物反应可生成交联结构：

$$\underset{\text{CH}_2\text{OH}}{\underset{|}{\bigcirc\text{—OH}}} + \text{RSi(OR}')_3 \longrightarrow \text{R—Si结构} \longrightarrow \text{交联}$$

有机硅酚醛树脂的固化温度低、室温强度高，同时具有高的耐热性、耐水性及韧性。

工业上通常先制成有机硅单体和酚醛树脂的混合物，然后在浸渍、烘干及压制成型过程中发生固化交联反应。如用正硅酸乙酯改性的酚醛树脂玻璃钢，就是以 100 份氨催化酚醛树脂、32 份正硅酸乙酯用无水乙醇稀释到 55%～60%固体含量为胶液，在 80～95℃的立式浸胶机上浸渍，经烘干，热压制成航空工业用的高温玻璃布板。此外，用苯基硅单体或芳基硅烷改性的酚醛树脂，可以浸渍玻璃布、玻璃纤维，也可浸渍石棉或碳纤维织物，所制成的酚醛树脂复合材料可在 200～260℃下工作相当长时间，既可作为航空结构材料、热和电绝缘材料，又可作为火箭和导弹的消融材料。

表 3-12 列出了有机硅酚醛树脂为黏结剂、聚乙烯醇缩丁醛为增韧剂、SC-13G 玻璃布为增强材料的层压板的性能。该增强塑料受成型压力影响较大，一般成型压力要高于 0.3MPa，通常以 4.9MPa 为宜。该材料可作为瞬时耐高温材料用于航空航天等领域。

采用苯酚与甲醛反应生成酚醛树脂后，再与有机硅树脂、糠酮树脂进行嵌段共聚，可制得糠酮有机硅改性酚醛树脂，糠酮有机硅改性酚醛树脂突出的优点是优良的耐高温性、耐腐蚀性和耐碱性。可用作耐腐蚀内衬、耐腐蚀玻璃钢等，其玻璃钢的性能如表 3-13 所示。此外，硅改性和超细 Al$_2$O$_3$ 增

■ 表3-12　有机硅改性酚醛树脂玻璃布层压板的性能

性　　能	数值
相对密度	1.8
泊松比	0.15
弯曲强度/MPa	
RT	340
200℃/200h	118
300℃/5h	196
拉伸强度/MPa	
RT	324
100℃	275
200℃	217
250℃	153
拉伸模量/GPa	1.86
压缩强度/MPa	190
层间剪切强度/MPa	6.96
冲击强度/(J/m²)	137
介电常数(10×10^9Hz)	
RT	4.02
200℃/200h	4.10
96%~98%相对湿度/24h	4.18
介电损耗角正切(10×10^9Hz)	
RT	0.018
200℃/200h	0.020
96%~98%相对湿度/24h	0.021
线膨胀系数/$\times10^{-6}K^{-1}$	
20~100℃	5.25
100~150℃	4.29
200~250℃	3.62

注：含胶量为28%~33%，成型压力4.9MPa。表中数据由航空部621所提供。

■ 表3-13　糠酮有机硅改性酚醛树脂玻璃钢的性能

性　　能	数值
弯曲强度/MPa	303
冲击强度/(kJ/m²)	209
拉伸强度/MPa	108
马丁耐热性/℃	>290
热分解温度/℃	425~758
烧蚀速度/(mm/s)	0.12~0.29

韧，也可以改进酚醛树脂的脆性和提高耐热性及摩擦系数稳定性。

3.3.5　磷改性酚醛树脂

磷改性的酚醛清漆可由酚醛清漆用磷酸加以酯化或用氧氯化磷反应而获得，与双功能的氧氯化磷的反应（20~60℃在二噁烷中进行）为：

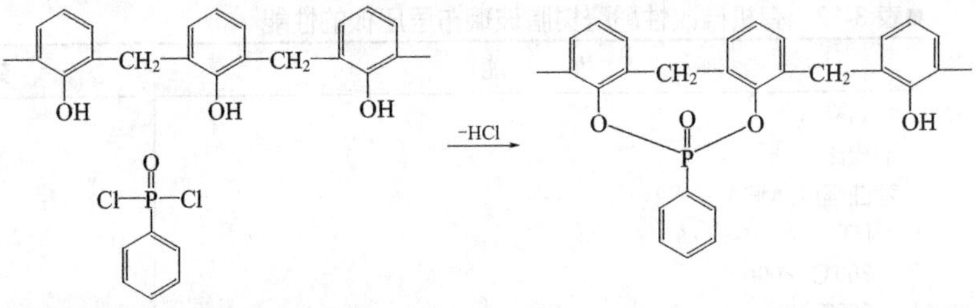

虽然用磷改性的树脂在氧化介质中显示出优异的耐热性和突出的抗火焰性，但在市场上还未大量供应。

此外，利用磷酸酯衍生物也可制得磷改性酚醛树脂。以磷酸衍生物使无规或高邻位可溶可熔酚醛树脂（Novolak）在分子间或分子内酯化可制得磷改性酚醛树脂，也可利用可溶性酚醛树脂（Resol）进行磷酸酯化反应，可制得一种醇溶性、柔韧的改性树脂，且阻燃性优异，热稳定性也好。引入磷酸酯衍生物的树脂的极限氧指数（LOI）为42%，优于可溶性酚醛树脂（LOI）35%。具体合成如下：苯酚与甲醛按1:(1.1~1.3)（物质的量比）投料，缓慢搅拌并升温，加入一定量的碱催化剂，使pH值在8.5~9.0之间，回流50min，测羟值和浑浊度，符合一定要求后终止反应，备用。在得到的可溶性酚醛树脂中，加入一定量的磷酸或磷酸衍生物，用酸性催化剂调节pH值为4.5~5.0。升温，在90℃下反应30~40min，再减压脱水、冷却，用蒸馏水洗涤改性树脂，洗至中性，真空除去水，即得到磷改性酚醛树脂。

3.3.6 氮改性酚醛树脂

3.3.6.1 聚酰胺改性酚醛树脂

(1) 改性方法 聚酰胺改性酚醛树脂是以羟甲基聚酰胺改性的酚醛树脂。在制备方法上，有化学法和物理法两种，其原理都是利用羟甲基聚酰胺的羟甲基与酚醛树脂中酚环上的羟甲基或活泼氢，在合成树脂过程中或在树脂固化过程中形成化学键而达到改性目的的。

① 化学法 以羟甲基聚酰胺-66或聚酰胺-6（加入量为苯酚质量的1.5%~3%）、苯酚、甲醛为主要原料，在碱性或酸性催化剂存在下进行反应，制得热固性或热塑性聚酰胺改性酚醛树脂。在玻璃钢工业中，主要使用热固性聚酰胺改性酚醛树脂。

② 物理法 将羟甲基聚酰胺（加入量为酚醛树脂质量的5%~15%）、A阶酚醛树脂及适量溶剂进行物理混合，制成聚酰胺改性酚醛树脂胶液。

经聚酰胺改性的酚醛树脂不仅保持了酚醛树脂的优点，而且提高了酚醛树脂的冲击韧性和黏结性，改善了树脂的流动性。用该树脂制得的玻璃纤维增强塑料力学性能高、冲击强度优良、成型工艺性好，其性能见表3-14。该增强塑料可用于制备力学性能高、耐热、耐磨的制品。

■表 3-14　聚酰胺改性酚醛树脂玻璃纤维增强塑料性能

性能	化学法				物理法
	氨水催化		氨水＋MgO 催化		MgO 催化
	PA 量 1.5%	PA 量 3.0%	PA 量 1.5%	PA 量 3.0%	
弯曲强度/MPa	249	322	193	210	>150
弯曲模量/GPa	17.4	17.0	18.0	27.6	
压缩强度/MPa	223	217	182	185	
压缩模量/GPa	21.8	23.3	27.4	24.2	
拉伸强度/MPa	144	138	105	128	>80
冲击强度/(kJ/m^2)	170	157	68	87	>50
介电常数(10^{6}Hz)	6.06	6.17	6.24	6.06	
介电损耗角正切(10^{6}Hz)	0.0207	0.0245	0.0228	0.0261	

注：羟甲基聚酰胺-6 的百分数是基于酚醛树脂的量。

(2) 产品、性能及应用

① 尼龙改性酚醛树脂（别名聚酰胺改性酚醛树脂，nylon modified phenolic resin）

a. 制备　由羟甲基尼龙-66 或尼龙-6、苯酚、甲醛为主要原料，用碱或酸作催化剂，经缩聚、脱水制得热固性或热塑性酚醛树脂。

b. 性能　该类树脂除保持了一般酚醛树脂的优点外，羟甲基尼龙改善了树脂的流动性，提高了酚醛塑料的冲击强度和弯曲强度。表 3-15 列出了尼龙改性酚醛树脂的性能。

■表 3-15　尼龙改性酚醛树脂的性能

性能	天津树脂厂 203(热塑性)	北京 251 厂 (热固性)	性能	天津树脂厂 203(热塑性)	北京 251 厂 (热固性)
外观	淡奶黄色至微黄色固体		游离酚含量/%	≤4	6~10
软化点(环球法)/℃	≥95		固体含量/%		>98
			凝胶时间(150℃)/s		70~100
黏度/Pa·s		0.06~0.10			

c. 应用　热固性尼龙改性酚醛树脂适于制作快速成型玻璃纤维增强塑料，制品强度高、耐热、耐磨。热塑性尼龙改性酚醛树脂可作上光剂，涂刷在印刷品、纸制品、皮革等表面，其韧性、附着力、耐磨性和光滑度均优于天然树脂，还可作胶黏剂使用。

② 尼龙改性酚醛模塑粉（别名聚酰胺改性酚醛模塑粉，phenolic molding compounds modified by nylon）

a. 制备　尼龙改性酚醛模塑粉是把热塑性酚醛树脂和尼龙混合，并按配比加入填料、固化剂、润滑剂和着色剂等，经混合、辊压、粉碎、过筛，即得尼龙改性酚醛模塑粉。其工艺流程如下：

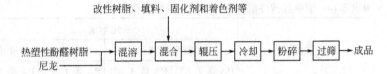

模塑粉可用热压法和传递模塑法加工成型，其条件列于表 3-16。

b. 性能　模塑粉为黑色、本色粉粒状固体物，塑制的制品电绝缘性能和介电强度优异，防湿、防霉、耐水及尺寸稳定性较好，耐弱酸、碱，不溶于水，溶于部分有机溶剂，遇强碱可侵蚀。FX-505 冲击强度高。其外观和耐沸水性和酚醛模塑粉相同。表 3-17 和表 3-18 列出了模塑粉的性能。

■表 3-16　模塑粉的加工条件

牌号	预热温度/℃	预热时间/min	模具温度/℃	成型压力/MPa	保压时间/(min/mm 厚)
PF2E4-2304	120～160	5～30	160～180	≥30	2.0～2.5
FX-505	80～120	3～8	160±5	45±5	1.0～2.0

■表 3-17　PF2E4-2304 酚醛模塑粉的性能（符合 GB 1404—86 国家标准）

性　能		PF2E4-2304	性　能		PF2E4-2304
相对密度	≤	1.9	弯曲强度/MPa	≥	90
收缩率/%		0.40～0.70	表面电阻率/Ω	≥	1×10^{14}
马丁耐热性/℃	≥	125	体积电阻率/Ω·cm	≥	1×10^{14}
吸水性/(mg/cm²)	≤	0.20	介电强度/(kV/mm)	≥	16
流动性（拉西格）/mm		100～200	介电损耗角正切(10^6Hz)	≤	0.012
冲击强度/(kJ/m²)	≥	6.0	介电常数(10^6Hz)		5.0

■表 3-18　FX-505 酚醛模塑粉的性能（符合原五机部标准 WJ 584—78）

性　能		FX-505	性　能		FX-505
密度		1.78～1.88	挥发分含量/%		3.0～6.5
收缩率/%	≤	0.15	冲击强度/(kJ/m²)		50
马丁耐热性/℃	≥	150	弯曲强度/MPa	≥	150
吸水性/(mg/cm²)	≤	40	拉伸强度/MPa		80

c. 应用　尼龙改性酚醛模塑粉用于湿度大、频率高、电压高条件下工作的机电、仪表、电信、无线电的绝缘结构件和零件。

③ 玻璃纤维增强尼龙改性酚醛模塑料（glass fiber reinforced phenolic molding material modified by nylon）

a. 制备　以热固性尼龙改性的苯酚甲醛树脂为黏结剂，以玻璃纤维为增强材料，经浸渍、烘干而制成的模塑料。

b. 性能　该模塑料具有高的机械强度、耐热性能、介电性能和耐化学性能。北京 251 厂生产的羟甲基尼龙改性热固性酚醛树脂玻璃纤维模压塑料性能（企业标准）列于表 3-19。

■表3-19 羟甲基尼龙改性热固性酚醛树脂玻璃纤维模压塑料性能

性　能	指标	性　能	指标
拉伸强度/MPa	130～140	介电损耗角正切（1MHz）	2.27×10^{-2}
弯曲强度/MPa	240～320	介电常数（1MHz）	6.06
压缩强度/MPa	210～220	热导率/[W/(m·K)]	0.53～0.63
冲击强度/（kJ/m²）	150～170		

c. 应用　玻璃纤维增强尼龙改性酚醛模塑料适用于制造机械强度要求高，耐热、耐磨的产品和制件。

3.3.6.2 胺改性酚醛树脂

(1) 改性原理　通过向酚醛树脂中引入芳香胺类如三聚氰胺、苯胺等结构，可以改善树脂的性能，尤其是耐热性能，三聚氰胺/苯胺是弱碱性物质，氮原子的孤电子对与苯环发生共轭效应，使氮上氢原子活化，易与甲醛发生羟甲基化反应，生成各种羟甲基三聚氰胺或羟甲基苯胺，然后羟甲基化合物与苯酚、甲醛进行缩合和缩聚，形成改性树脂。苯胺改性酚醛树脂是通过在酚醛树脂上引入苯胺基团，生成的酚醛树脂的分子结构：

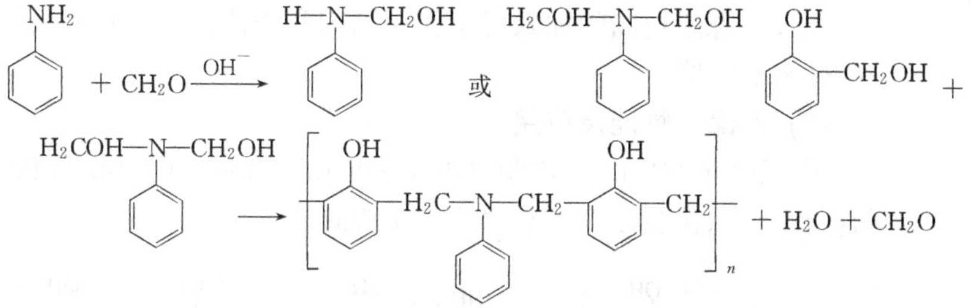

在强酸性介质中，苯胺与甲醛形成的氨基苯甲醇可缩合成线型聚合物：
$NH_2-C_6H_4-CH_2OH \longrightarrow NH_2-C_6H_4-CH_2-(-NH-C_6H_4-CH_2-)_n-NH-C_6H_4-CH_2OH$
该聚合物可进一步交联。

在中性或弱酸性环境中，可得到含—N=CH—基团的树脂，可溶、耐高温，但性脆。苯胺改性树脂广泛用于电气层压和模压材料。

将三聚氰胺引入酚醛树脂结构中，可形成具有以下结构的酚醛树脂：

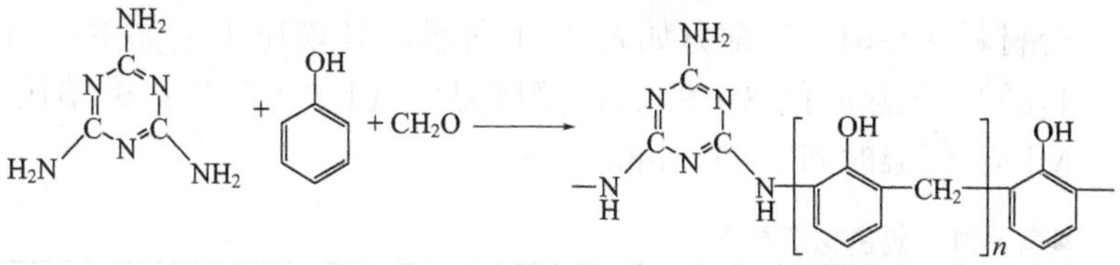

将苯酚和甲醛按配比加入反应釜中［配比：苯酚＋三聚氰胺：甲醛＝1：(0.8～0.9)（物质的量比）或苯酚：三聚氰胺或苯胺＝100：(20～40)（质量比）］，加入催化剂搅拌均匀，加入三聚氰胺或苯胺溶液，加热至沸腾后，回流反应数小时，然后中和、水洗，最后真空脱水干燥，冷却放料，得三聚氰胺改性固体酚醛树脂。

用苯胺改性酚醛树脂制成的摩擦材料具有摩擦系数稳定、耐热、磨损率小、抗冲击性好、硬度适宜等特点。苯胺改性酚醛树脂在330℃失重小（表3-20），到900℃仍有65%残留率。最稳定的结构是对氨基苯酚与甲醛的缩聚物，工艺性能良好。

■表3-20 改性酚醛树脂的热分解温度（10℃/min，空气）

酚醛树脂的品种	热分解温度/℃
三聚氰胺	438
苯胺	410
腰果油	420
纯酚醛	380

以胺类化合物、酚类化合物和甲醛为原料可制得一类含苯并噁嗪环状结构的中间体。在树脂的固化过程中进行开环聚合，不释放出低分子物，改变了酚醛树脂的传统工艺路线，成型工艺简单，其固化过程几乎无体积收缩，其固化产品的综合性能与树脂的工艺性能均得到改善，以此为基体树脂的复合材料的孔隙率可大大降低，具体参见第5章。

此外，脲醛树脂的加入可用作黏结剂和浇铸树脂。双氰胺、磺胺也可用于改性酚醛树脂。

(2) 产品、性能及应用

① 双氰胺改性酚醛树脂（dicyandiamide modified phenolic resin）及其复合材料　双氰胺改性酚醛树脂的结构式为：

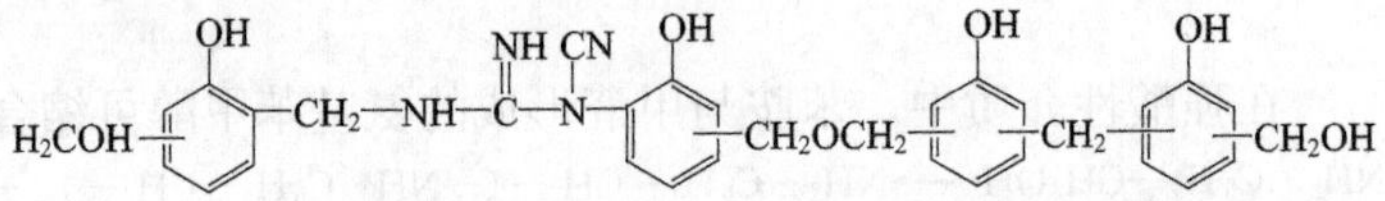

a. 制备　将甲醛、双氰胺、苯酚先在碱性催化剂存在下进行缩聚反应，然后在酸性介质中脱水缩聚，用黏度法控制反应终点，当达到终点时立即加入乙醇溶解稀释，得到双氰胺酚醛树脂溶液。

由双氰胺酚醛树脂黏结剂、羟甲基尼龙增韧剂、高强度玻璃纤维制成复合材料（X-511），配方如表3-21所示。其模压工艺如下：预热温度110～115℃；预热时间3～8min；模压温度（170±5）℃；模塑压力（45±0.5）MPa；保温时间1～1.5min/mm。

■表3-21 复合材料配方

原料	规格	配比/质量份	原料	规格	配比/质量份
双氰胺酚醛树脂	100%	36	乙醇	95%工业品	适量
羟甲基尼龙	固体含量18%～22%	4	甲醇	95%工业品	适量
油酸	化学纯	0.4	高强度玻璃纤维S-71	定长、80支、KH550处理	60

b. 性能　由于双氰胺接在酚醛树脂的主链上,所以提高了树脂的极性,使树脂的黏结性和韧性有所改善;又由于树脂中有甲基醚键,故树脂的低温性好。该树脂贮存稳定性好,用它所制得的 X-511 复合材料是我国目前玻璃纤维增强酚醛塑料中力学性能优异的品种之一,且成型工艺性好。双氰胺酚醛树脂性能(兵器部五三研究所企业标准):游离酚<10%,游离甲醛<1%,黏度 20~30s(48~52℃,涂-4 杯),固体含量>95%(未加乙醇),其复合材料的性能列于表 3-22。

■表 3-22　X-511 复合材料的性能

性能	测试标准 GB	指标	实测值
马丁耐热性/℃	1035—70	≥250	≥250
相对密度	1033—70	1.8~1.9	1.8~1.9
吸水性/%	1034—70	<0.2	0.03~0.06
收缩率/%	WJ433—65	<0.15	0.03~0.07
拉伸强度/MPa	1040—70	≥150	180~200
弯曲强度/MPa	1042—70	≥300	400~550
压缩强度/MPa	440—65	≥180	180
冲击强度/(kJ/m^2)	1043—70	≥160	230~300
表面电阻率/Ω	1044—70	≥10^{12}	>10^{12}
体积电阻率/Ω·cm	1044—70	≥10^{12}	>10^{12}
介电强度/(kV/mm)	1048—70	≥13	>13
外观	预浸料为淡黄色混乱状纤维塑料,不允许有杂质、白丝		
贮存期	夏季 3 个月,其他季节 6 个月		

c. 应用　双氰胺酚醛树脂可用于制造玻璃纤维模压塑料、层压塑料。模压塑料适于制作各种薄壁、耐冲击和机械强度要求高的制品,如常规兵器的结构件及其他高强度结构件。

② 三聚氰胺改性酚醛模塑粉(molding compounds of a phenolic resin modified by melamine)

a. 制备　三聚氰胺、甲醛在二价金属离子氢氧化物的存在下,加热进行加成反应,生成物再与苯酚、甲醛进行缩聚,形成酚嗪型热固性树脂,干燥制成固体,加入各种有机填料或无机填料、润滑剂、着色剂等,捏合,经双辊热炼成片,冷却粉碎而成模塑粉,或加入玻璃纤维及各种添加剂,经蓬松、烘干而成。其工艺流程如下:

该模塑料适用于传递法加工成型,也可注射成型,加工前物料须进行预热,一般于 110~120℃鼓风烘箱中干燥 4~8min,模压成型时压力为 24.5~34.3MPa,模具温度 155~165℃,模压时间视制品厚度而定,每毫米厚需 4~10min。成型工艺条件应根据制品尺寸、结构及质量要求而适当调节。

b. 性能　该模塑粉为灰、蓝、橘红等颜色的粉状或粒状产品，具有较高的耐泄漏痕迹性，及良好的电气、力学、耐热、耐磨、耐电弧、难燃等性能，经水煮1h后，无裂纹和翘曲，相对密度≤1.5，马丁耐热性≥120℃，缺口冲击强度≥1.47kJ/m²，介电强度≤10MV/m，耐泄漏痕迹性≤600V，耐燃性符合UL94 V-0级（3.2mm厚）。部分三聚氰胺改性酚醛模塑粉的性能（企业标准）如表3-23所示。

c. 应用　三聚氰胺改性酚醛模塑粉适用于制造耐电弧制品和矿井防爆电气零件，如防爆开关、点火器等电气零件，特别是A5-3适合于要求耐电弧性较高的制品及有色彩要求的电气制品，如插头、插座等，该类模塑粉制品还可用于各种交通设施的装备上。

■表3-23　三聚氰胺改性酚醛模塑粉性能（指标）

性　能		长春化工二厂 企业标准 6403	天津树脂厂 企业标准 A5-3	常熟塑料厂 企业标准 730-5
外观		无裂纹、膨胀，具有光亮平整、色泽均一的表面，允许有少量的深浅色斑和填料露出		
相对密度	≤	1.85	1.60～1.80	1.80
比容/(mL/g)	≤	2.0	2.0	2.0
收缩率/%		0.40～0.80	0.40～0.80	0.40～0.80
吸水性/(mg/cm²)	≤	0.10	0.10	0.80
马丁耐热性/℃	≥	140	140	140
流动性（拉西格）/mm		80～180	100～180	120～200
冲击强度/(kJ/m²)	≥	4.5	4.5	4.5
弯曲强度/MPa	≥	60	60	70
表面电阻率/Ω	≥	1×10^{12}	1×10^{12}	1×10^{12}
体积电阻率/Ω·cm	≥	1×10^{12}	1×10^{12}	1×10^{12}
介电强度/(kV/mm)	≥	12	12	12
耐电弧性/s	≥	100	600	600

3.3.7 硫改性酚醛树脂

在130～230℃、碱性催化剂存在下硫和酚比较容易发生反应，产生具有H_2S味的液体或固体树脂，其软化点与酚组分和配比有关。最简单的化合物是二羟基二苯基多硫化合物，它可与甲醛进一步反应，也可与热固性酚醛树脂立即发生交联：

也可用苯酚与甲醛反应，然后与硫和碱金属氢氧化物反应来制得类似的含硫酚醛树脂。含硫酚醛树脂具有高塑性和高水溶性。用硫改性酚醛目前还没有获得实用，但含硫低分子化合物可用作抗氧剂。此外，用二羟基二苯砜与甲醛反应，可得到耐热酚醛树脂。

3.3.8 呋喃改性酚醛树脂

酚醛树脂可作浇铸用，即作仿砂树脂，但是酚醛树脂的质量对砂型及砂芯、铸件的内在质量及表面的质量影响很大。酚醛树脂用作仿砂树脂存在以下缺点：①制备的砂芯及砂型高温强度低，砂芯表面耐铁水冲击性差；②易出现飞翘及粘砂缺陷；③发气量偏高，铸件中有氮针孔。为此，开发高性能的能够满足树脂砂铸造工艺要求的新型酚醛树脂是造型材料研究人员的重要工作，其中开发的树脂之一是呋喃改性的酚醛树脂（phenolic resin modified by furan compounds）。

3.3.8.1 呋喃改性酚醛树脂合成原理及工艺

首先苯酚与过量的甲醛反应生成一羟甲基苯酚或二羟甲基苯酚，然后再与糠醇或糠醛发生缩聚反应：

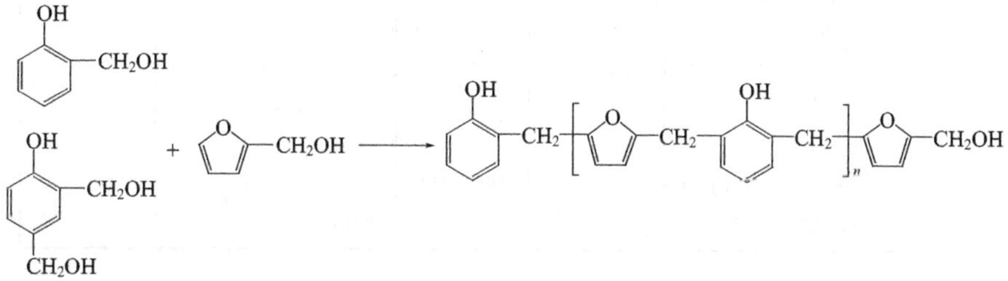

将苯酚与甲醛按物质的量比 1:(1.2~1.3) 的比例投入反应釜中，加入适量的碱性催化剂进行酚醛反应，温度为 95~98℃。当达到一定的黏度（≤0.3Pa·s）时，加入一定量的糠醇，继续在高温 95~105℃下进行缩聚反应，反应一定的时间（1~2h），进行真空脱水，脱水后冷却出料，得到红棕色透明的液体。树脂使用时用对甲苯磺酸或苯磺酸作为固化促进（催化）剂，并加入一定量的偶联剂 KH550（占树脂的 0.2%），固化速度加快。呋喃改性酚醛树脂克服了酚醛树脂黏度大、游离酚和醛高等缺点，易于与砂粒混合，并均匀地包覆在砂粒表面，从而砂型强度高、耐热性能好。由于游离组分少，不含氮，故铸造中产生的刺激性气体也比较少，对环境污染少，也不易使铸件产生气孔等。

3.3.8.2 呋喃改性酚醛树脂模塑料制备、性能及应用

a. 制备　苯酚和糠醛以氢氧化钠为催化剂，在 135~140℃回流缩聚，真空脱水至树脂滴落温度达 100~105℃左右出料，经冷却、粗碎、磁选、细碎而得粉状树脂。苯酚糠醛粉状树脂按一定配比和热塑性苯酚甲醛树脂、填料、固化剂、润滑剂、着色剂等混合，辊压、粗碎、细碎、过筛后即得苯

酚糠醛模塑粉。其工艺流程如下：

以 PF2A1-128 为例，其原料消耗苯酚 249kg/t、醛（包括甲醛、糠醛）116kg/t。

b. 性能　模塑料为黑色粉粒状产品，在热压下可塑制成各种形状的产品，成为不溶不熔结构。耐弱酸、弱碱，遇强酸发生分解，遇强碱发生侵蚀。不溶于水，但可溶于丙酮、乙醇等有机溶剂中。PF2A1-128 符合 GB 1404—78 标准，PF2A2-138 符合沪 Q/HG 13-169—79 标准，其指标列于表 3-24。一些模塑料的成型条件列于表 3-25。

■表 3-24　模塑料的性能

性　能	PF2A1-128	PF2A2-138	性　能	PF2A1-128	PF2A2-138
相对密度　≤	1.5	1.5	冲击强度 /(kJ/m^2)　≥	5.0	6.0
比容/(mL/g)　≤	2.0	2.0	弯曲强度/MPa	60	70
收缩率/%	0.5~1.0	0.5~1.0	表面电阻率/Ω		1×10^{11}
马丁耐热性/℃	100~190	120	体积电阻率 /Ω·cm　≥		1×10^{10}
吸水性 /(mg/cm^2)　≤		0.8	介电强度/(kV/mm)　≥		12
流动性（拉西格）/mm		100~180			

■表 3-25　一些模塑料的成型条件

牌号	预热温度/℃	预热时间/min	模具温度/℃	成型压力/MPa	压制时间/(min/mm 厚)
PF2A1-128①			160~175	25	0.8~1.0
PF2A2-138	100~140	6~8		25	0.6~1.0

① 可不经预热，但须进行预压放气 1~2 次。

c. 应用　PF2A1-128 用于制造瓶盖、纽扣、水壶把手、高压锅把手等日用品制件。PF2A2-138 用于制造日用电气绝缘结构件，例如开关、灯头及日用器皿把手如电熨斗把手等。

3.3.9 二甲苯改性酚醛树脂

前面已述，酚醛树脂由于耐水性较差，受潮后电性能下降，又由于交联度高，树脂比较脆。若将具有疏水结构的二甲苯引进酚醛树脂分子结构中，将提高耐水性和降低交联度，既提高了酚醛树脂在湿热带的使用寿命，又改进了机械强度，可适用于低压成型工艺，从而扩大了应用范围。我国由于铂重整催化剂工业的发展,二甲苯资源甚为丰富,在我国二甲苯甲醛改性树脂有大规模工业生产。

二甲苯改性酚醛树脂又称二甲苯甲醛树脂改性酚醛树脂或酚改性二甲苯甲醛树脂,其合成过程分为两步,先将二甲苯和甲醛在酸性催化剂下合成二甲苯甲醛树脂(一种热塑性树脂);然后再将它和苯酚、甲醛进行反应或与树脂反应制得二甲苯改性酚醛树脂,可有两种制备方法。①二甲苯甲醛树脂和苯酚在对甲苯磺酸存在下进行反应后,再与甲醛在氨催化剂存在下脱水缩聚生成二甲苯改性酚醛树脂。②二甲苯甲醛树脂和等量热塑性酚醛树脂,溶于等量的乙醇、甲苯混合溶剂中,形成树脂溶液,使用时加入0.5%~1%的对甲苯磺酸催化剂。经二甲苯树脂改性的酚醛树脂具有优良的耐潮湿、耐化学腐蚀性、电绝缘性以及较高的耐热性,可制得高频绝缘、热绝缘材料及耐腐蚀玻璃钢等。

此外,苯酚和二甲苯按一定配比与甲醛反应后,再在酸催化下与一定量的甲醛反应,可制成可溶可熔热塑性二甲苯改性酚醛树脂。该树脂经粉碎后,与六亚甲基四胺、填料、颜料、脱模剂、配合剂等混合,在塑炼机上生产模塑粉,制成的模塑料制品具有光泽好、不吸潮、电绝缘性好的优点。

3.3.9.1 二甲苯甲醛树脂的合成

工业上二甲苯甲醛树脂以工业二甲苯为原料、浓硫酸为催化剂,也用其他催化剂如磷酸、氢氟酸、无水三氯化铝等,反应时二甲苯的三个异构体的反应速率相差很大,其中间二甲苯的反应速率最大,三个异构体的反应速率比为:

$$间位:邻位:对位=11:3:2$$

间二甲苯与甲醛在硫酸催化下的反应式如下:

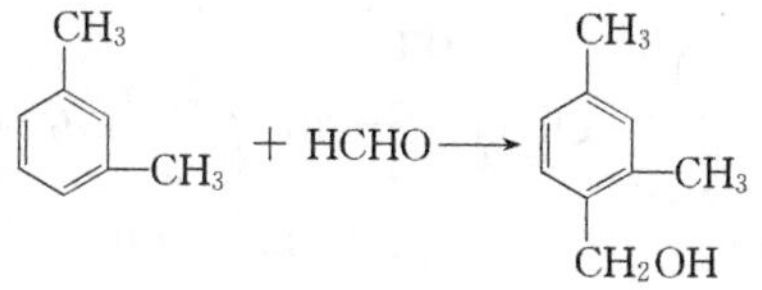

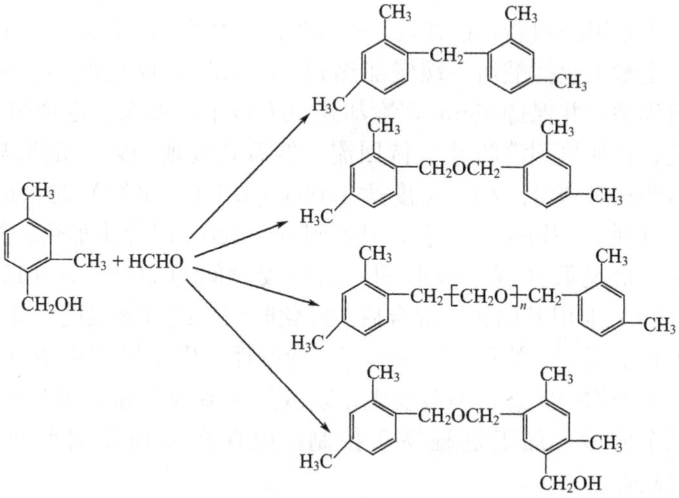

最终树脂的相对分子质量一般为 350~700，即含有 3~6 个二甲苯环的混合物。树脂可溶于丙酮、乙醚、甲苯和二甲苯中，微溶于醇类，不溶于水。

3.3.9.2 酚改性二甲苯甲醛树脂的合成反应

二甲苯甲醛树脂在形式上虽类似热塑性酚醛树脂，但加入六亚甲基四胺不能使之固化，仅能使树脂分子量进一步增加。若再将它与苯酚和甲醛反应，可制得热固性树脂，反应示意如下：

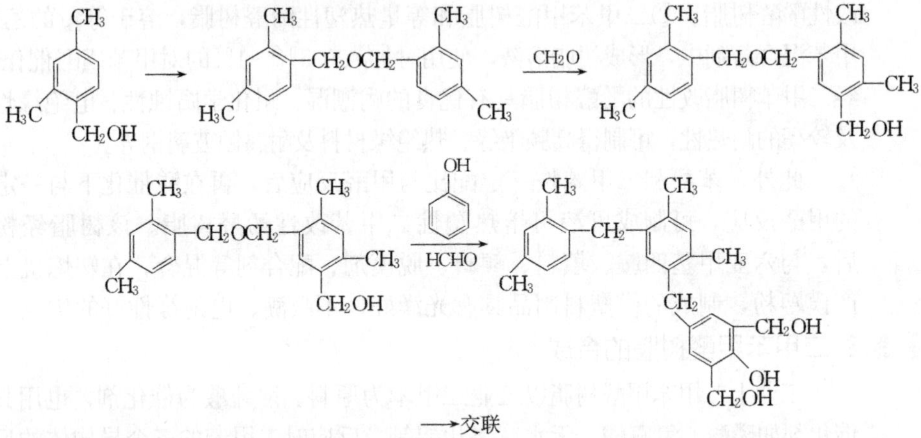

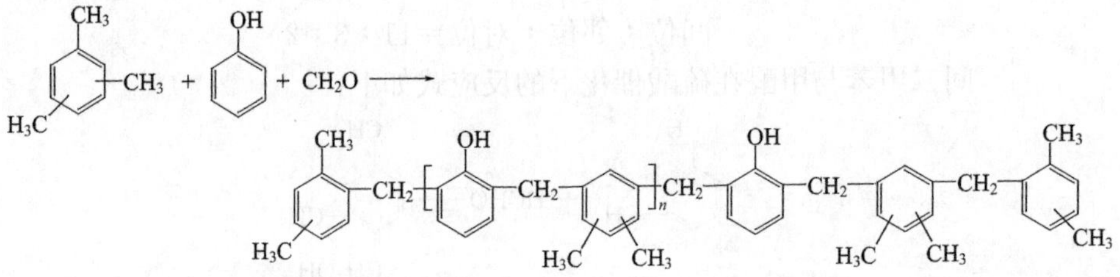

酚改性二甲苯甲醛树脂的制备：在 1000L 的反应釜中，利用真空吸入二甲苯甲醛树脂，搅拌后再吸入按配比计量的苯酚和工业用水，第一次加入一定量工业盐酸后，缓慢加热到 70~75℃，停止加热，让其缓慢升温到回流沸腾，并保持 45min，冷却到 80℃以下，加入一定量 36.45％的甲醛水溶液，再加热到沸腾并保持回流，然后缓慢地加入一定量盐酸，反应 45min 后测相对密度。相对密度达 1.095~1.100（60℃）时，进行真空脱水，缓慢升到 53.3kPa（表值），升温到 90~100℃时停止加热。根据树脂的黏度及透明情况取样测凝胶时间，当凝胶时间为 50~70s（150℃，4.5g 树脂，0.5g 六亚甲基四胺，混合后测胶化时间）或滴落温度为 95~110℃时，即可停止抽真空。放料后通风冷却。酚改性二甲苯甲醛树脂可在 3~6 个月内始终处于均一状态，不会发生结块或局部凝胶现象，也具有明显的 A、B、C 三个阶段，加工过程易于控制，但存在 B 阶段时间过长、固化速度慢等缺点。

3.3.9.3 二甲苯改性酚醛树脂的性能

已工业化生产的酚改性二甲苯甲醛树脂可应用于玻璃层压板、玻璃层压管等玻璃增强塑料中,具有优良的性能。表 3-26 列举了酚改性二甲苯甲醛树脂玻璃纤维层压板的性能,该层压板经 200℃/400h 后或 250℃/24h 后其弯曲性能无显著变化,经 $10^3 \sim 10^9 R$❶ 的射线辐射后弯曲性能也无显著变化,对一般酸、碱及有机溶剂均稳定。

■表 3-26 酚改性二甲苯甲醛树脂玻璃纤维层压板的性能

性　　能	数　　值
弯曲强度/MPa	400～500
拉伸强度/MPa	300～350
马丁耐热性/℃	>250
撕裂应力/kgf	300～450
表面电阻率(干态)/Ω	5.9×10^{14}
表面电阻率(受潮后)/Ω	5.7×10^{13}
体积电阻率(干态)/Ω·cm	6.9×10^{14}
体积电阻率(受潮后)/Ω·cm	1.2×10^{13}
介电强度(干态)/(kV/mm)	20
介电强度(受潮后)/(kV/mm)	17.3
介电损耗角正切(10^6Hz)	0.005～0.009
介电常数	4.2～4.6

注:1kgf=9.80665N。

3.3.9.4 二甲苯改性酚醛树脂的产品、性能及应用

(1) 制备　二甲苯与甲醛在酸性催化剂作用下缩聚生成二甲苯甲醛树脂,再按一定配比与苯酚反应制得改性树脂。改性树脂和填料、固化剂、润滑剂和着色剂等混合、辊压、粉碎制成二甲苯改性酚醛模塑粉,其工艺流程如下:

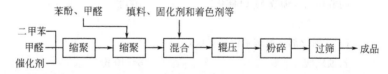

配料(PF2A4-1606J)为:苯酚:甲醛:尼龙树脂=353.6:262.8:151.5(kg/t)。模塑粉适用于注射成型,其成型条件列于表 3-27。

■表 3-27 模塑粉的成型条件

牌号	料筒温度/℃		模具温度/℃	注射压力/MPa	闭模压力/MPa	保压时间/(s/mm 厚)
	前	后				
PF2A4-1606J	85～95	40～60	180～200	80～160	100～200	30～40

---

❶ 1R=2.58×10^{-4}C/kg。

(2) 性能 模塑粉为黑色或棕色固体物，适宜于注射成型。其具有较好的耐湿热和抗霉性能，适于湿热地区使用，其制品耐弱酸，不溶于水，可溶于部分有机溶剂，遇强碱可侵蚀。PF2A4-1606J 性能符合沪 Q/HG 13-329—79 标准，如表 3-28 所示。

■表 3-28 模塑粉的性能（标准）

性能		PF2A4-1606J	性能		PF2A4-1606J
相对密度	≤	1.45	冲击强度/(kJ/m^2)	≥	6.0
比容/(mL/g)	≤	2.0	弯曲强度/MPa	≥	70
收缩率/%		0.60~1.00	表面电阻率/Ω	≥	1×10^{12}
马丁耐热性/℃	≥	125	体积电阻率/Ω·cm	≥	1×10^{11}
吸水性/(mg/cm^2)	≤	0.4	介电强度/(kV/mm)	≥	13
流动性（拉西格）/mm		200			

(3) 应用 二甲苯改性酚醛树脂主要用于制造电气、仪表上的绝缘结构件和零件等，适于湿热地区使用。该模塑粉可采用内衬聚乙烯薄膜的聚丙烯塑料编织袋包装。运输时应避免受潮、受热、受污染和包装破损。贮存时应置于通风干燥的室内，温度不超过 35℃，不得靠近火源、暖气或受阳光直射，贮存期自制造日起为 1 年，超过贮存期应重新检验，合格者方可使用。

3.3.10 二苯醚改性酚醛树脂

二苯醚改性酚醛树脂不仅提高了酚醛树脂的耐热性、耐腐蚀性、耐辐射性，还保留了酚醛树脂好的成型工艺性。该酚醛树脂可按下述配方进行机械混合而制得：

酚醛树脂（钡或 MgO 催化）　　100 份
二苯醚树脂　　140 份
K-39 固化剂（聚苯基铝硅氧烷）　　4~6 份
石油磺酸　　8~10 份
甲苯-丁醇混合溶剂　　40~50 份

二苯醚（甲醛）树脂可采用化学方法来制备，如由二苯醚和甲醛进行缩聚。先将二苯醚和甲醛在盐酸存在下反应，生成氯甲基化的二苯醚中间产物：

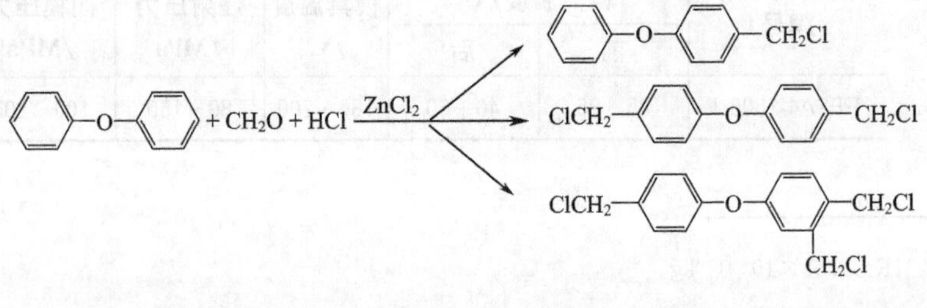

上述产物在碱催化下可与醇如甲醇反应，生成带有烷氧基的二苯醚：

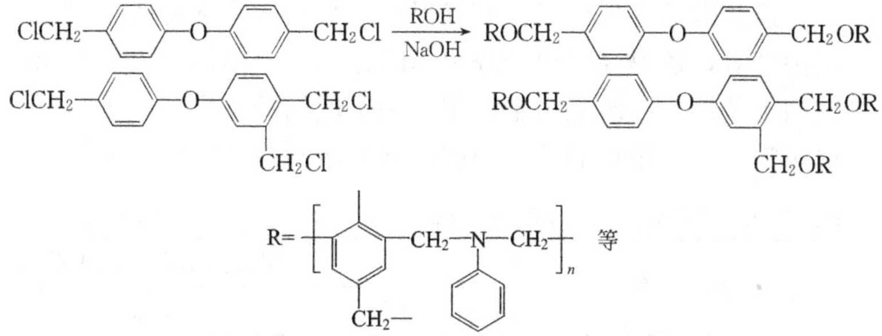

ClCH$_2$—⟨ ⟩—O—⟨ ⟩—CH$_2$Cl $\xrightarrow[\text{NaOH}]{\text{ROH}}$ ROCH$_2$—⟨ ⟩—O—⟨ ⟩—CH$_2$OR

ClCH$_2$—⟨ ⟩—O—⟨ ⟩(CH$_2$Cl)(CH$_2$Cl) ROCH$_2$—⟨ ⟩—O—⟨ ⟩(CH$_2$OR)(CH$_2$OR)

$$R = \left[\text{—Ar(CH}_3\text{)—CH}_2\text{—N(C}_6\text{H}_5\text{)—CH}_2\text{—} \right]_n \text{等}$$

这些带一官能团、二官能团或三官能团化合物的含量可由甲醛的用量和盐酸用量来调节。制成的氯甲基化混合物的氯含量可在17%～34%范围内变化，它决定后来所得的烷氧基数。最后甲氧基二苯醚在付氏催化剂作用下，放出小分子甲醇，生成具有交联结构的高聚物。

3.3.11 聚乙烯醇缩醛改性酚醛树脂

可以采用的聚乙烯醇缩醛有聚乙烯醇缩丁醛、聚乙烯醇缩甲醛、聚乙烯醇缩甲乙醛。增强塑料中用得最多的是以氧化镁或氨水为催化剂的聚乙烯醇缩丁醛改性苯酚甲醛树脂及以盐酸为催化剂的聚乙烯醇缩丁醛改性苯酚甲醛树脂等。这种改性是通过酚醛树脂中的羟甲基或酚环上的活泼氢与聚乙烯醇缩醛分子中的羟基发生化学反应形成接枝共聚物来达到改性目的。

3.3.11.1 聚乙烯醇缩醛改性酚醛树脂的制备

在酚醛树脂中，加入10%～30%（以酚醛树脂计）的聚乙烯醇缩丁醛，其主要步骤如下：①制备酚醛树脂；②制备10%～15%的聚乙烯醇缩丁醛乙醇溶液；③将①与②步产物按比例混合均匀，即为聚乙烯醇缩丁醛改性酚醛树脂胶液。再在上述胶液中，加入脱模剂（如油酸）、溶剂、固化剂等，可用于浸渍各种增强材料，制成聚乙烯醇缩丁醛改性酚醛树脂增强塑料。有时常用耐热性较好的聚乙烯醇缩甲醛或缩乙醛以代替聚乙烯醇缩丁醛，也有用缩甲醛和缩丁醛的混合缩醛。为了提高混合树脂的耐热性和耐水性，常加入一定量的正硅酸乙酯，其典型配方如下：

氨催化热固性酚醛树脂	135kg
聚乙烯醇缩丁醛（或与缩甲醛混合物）	100kg
正硅酸乙酯	30kg

用40:60的无水乙醇与甲苯的混合物作溶剂，配制成20%～25%的溶液使用。正硅酸乙酯会在浸胶烘干及热压过程中与聚乙烯醇缩醛分子中的羟基以及酚醛树脂中的羟甲基反应，最后形成树脂的交联结构，从而提高制品的耐热性。

3.3.11.2 聚乙烯醇缩醛改性树脂的性能

经改性的酚醛树脂，不仅保持原酚醛树脂优良的耐热性、电绝缘性、耐腐蚀性等，还提高了原酚醛树脂的黏结力、韧性、力学性能，并赋予良好的成型工艺性。该改性树脂常用于制备玻璃纤维增强模压塑料、层压塑料、注射用塑料等。用玻璃纤维为增强材料所制得塑料的性能见表3-29和表3-30。

■表3-29 聚乙烯醇缩丁醛改性酚醛树脂玻璃纤维模压塑料的性能[①]

性　能	聚乙烯醇缩丁醛用量		
	10%	20%	30%
弯曲强度/MPa	440	488	402
冲击强度/(kJ/m)	225	228	229
马丁耐热性/℃	177	175	170

① 树脂+聚乙烯醇缩丁醛为40份（质量份）。经偶联剂处理无碱无捻开刀丝（40~80支）60份，树脂为以盐酸为催化剂的苯酚甲醛树脂，固化剂为六亚甲基四胺，加入量为树脂的13%，聚乙烯醇缩丁醛加入量以树脂为基准。本数据由原机械电子部53研究所提供。

■表3-30 聚乙烯醇缩丁醛改性酚醛树脂注射塑料的性能[①]

性　能	聚乙烯醇缩丁醛用量		
	5%	10%	15%
弯曲强度/MPa	149	151	147
冲击强度/(kJ/mol)	20.8	29.4	25.1
马丁耐热性/℃	>240~250	>240~250	226~232

① 树脂+聚乙烯醇缩丁醛为35份（质量份）。经偶联剂处理无碱无捻连续粗纱65份，树脂为热固性酚醛树脂，聚乙烯醇缩丁醛加入量以树脂为基准。塑料长度10~15cm。本数据由原机械电子部53研究所提供。

聚乙烯醇缩醛改性酚醛树脂是工业上应用得较多的玻璃纤维增强塑料的黏结剂，它可提高酚醛树脂的黏结力，改善脆性，降低成型压力。用作改性的酚醛树脂通常为氨水催化的醇溶性热固性树脂，而聚乙烯醇缩醛则要求其分子链上含有一定量的羟基（11%~15%），目的是提高其在乙醇中的溶解性，与酚醛树脂相互混溶，增加改性后树脂与玻璃纤维的黏结性，以及在成型温度下（145~160℃）能与酚醛树脂分子中的羟甲基相互反应，生成接枝共聚物。由于聚乙烯醇缩醛的加入，使树脂混合物中酚醛树脂的浓度相应降低，减慢了树脂的固化速度，使低压成型成为可能，但制品的耐热性有所降低。

3.3.11.3 产品、性能及应用

聚乙烯醇缩丁醛改性酚醛玻璃纤维增强塑料（glass fiber reinforced phenolic moulding materials modified by polyvinyl butyral）的制备，性能及应用如下。

(1) 制备 苯酚、苯胺、甲醛在氧化镁催化剂的催化作用下回流缩聚，经真空脱水后制得苯胺改性酚醛树脂。该树脂再和聚乙烯醇缩丁醛的乙醇溶液混合，浸渍玻璃纤维，经热压后得到玻璃纤维增强模塑料，FX-501是以无碱短切玻璃纤维增强的絮状模塑料；FX-502是以无碱连续玻璃纤维增强

的带状模塑料；FX-503 是以中碱短切玻璃纤维增强的絮状模塑料。其工艺流程如下：

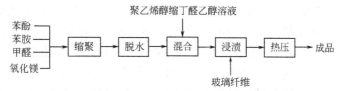

制成的模塑料用热压法成型，其成型条件列于表 3-31。

■表 3-31 模塑料的成型条件

牌号	预热温度/℃	预热时间/min	模具温度/℃	成型压力/MPa	保压时间/(min/mm 厚)
FB-701	130~150	3~8	150~160	40	1.5~2.0
FB-711	130~150	3~8	150~160	30	1.5~2.0
FX-501	80~120	3~8	160±5	45±5	1.0~2.0
FX-502	80~120	3~8	160±5	45±5	1.0~2.0
FX-503	80~120	3~8	160±5	45±5	1.0~2.0

（2）性能 具有高的机械强度、耐热性能、介电性能和耐腐蚀性能。红棕色，可配色。外观均不得夹有杂质及未浸渍之白色纤维。BXS-651 符合重庆合成化工厂企业标准；FB-701、FB-711 符合长春化工二厂企业标准；4330-1 符合哈尔滨绝缘材料厂企业标准；山东化工厂生产的 FX-501、FX-502 和 FX-503 符合原五机部标准：WJ 581—78、WJ 582—78、WJ 583—78。其性能指标列于表 3-32。

■表 3-32 部分牌号聚乙烯醇缩丁醛改性酚醛玻璃纤维增强塑料的性能

性能		BXS-651	FB-701	FB-711	FX-501	FX-502	FX-503	4403-1
相对密度		1.9	1.7~1.8	1.7~1.8	1.65~1.85	1.70~1.85	1.65~1.80	1.75~1.85
收缩率/%	≤		0.15	0.15	0.15	0.15	0.15	
吸水性/(mg/cm^2)	≤		0.10	0.10	20	20	40	
马丁耐热性/℃	≥	200	200	200	280	280	200	200
流动性（拉西格）/mm			80~200	80~200				
冲击强度/(kJ/m^2)	≥	80	25	20	45	150	30	35
弯曲强度/MPa	≥	150	100	80	130	500	90	120
压缩强度/MPa	≥	80						100
拉伸强度/MPa	≥	100			80	300	60	
布氏硬度/MPa	≥	3						
表面电阻率/Ω	≥		1×10^{12}		1×10^{12}	1×10^{12}		1×10^{12}
体积电阻率/Ω·cm	≥		1×10^{12}		1×10^{10}	1×10^{10}		1×10^{12}
介电强度/(kV/mm)	≥		13		14	14	14	13
水分/%		3~7	3~7	3~7	3.0~7.5	3.0~6.5	3.0~7.5	

(3) 应用 FX-501 适用于制造机械强度和电绝缘性能要求高的产品和制件，如手柄、退弹器、破甲弹垫板、火箭弹中的喷管、引信体、挡药板等。FX-502 适用于制造定向机械强度要求较高的制件以及耐热、防湿、防腐、绝缘性能良好的电气零件，如接插件、接线板、灯座、尾喷管、引信击针杆等。FX-505 适用于制造机械强度，特别是冲击强度要求较高的结构部件，如火箭弹、高压引信绝缘件、引信体等部件。FX-530 适用于制造较大型的薄壁零部件、结构复杂并带有金属嵌件的制品，如反坦克导弹、战斗部风帽、壳体、绝缘内套、弹壳等。FX-511 适用于制造电绝缘性能和力学性能要求较高的零部件，如压电引信绝缘体等。FB-701 用于绝缘性能和机械强度要求较高的电气和机械零件。FB-711 用于一般机械零件。4330-1 用于高强度绝缘结构件。BXS-651 可代替木材、钢材及其他金属材料，用于轻工、农机产品。

3.3.12 环氧改性酚醛树脂

3.3.12.1 环氧改性酚醛树脂的合成原理、结构与性能

酚醛树脂通常用双酚 A 型环氧树脂来改性，其用量为树脂总量的 15%～60%，常用 40% 的热固性酚醛树脂和 60% 的环氧树脂混合。该类改性树脂兼有环氧树脂优良的黏结性和酚醛树脂优良的耐热性。酚醛树脂也起了环氧树脂的固化剂的作用，两种树脂的分子链经过化学结合形成复杂的体型结构。酚醛树脂与环氧树脂主要按下列反应进行：①酚醛树脂中酚羟基与环氧基起醚化反应；②酚醛树脂中的羟甲基与环氧树脂中的羟基及环氧基起开环反应，最后交联成复杂的体型结构树脂。主要反应可表示如下：

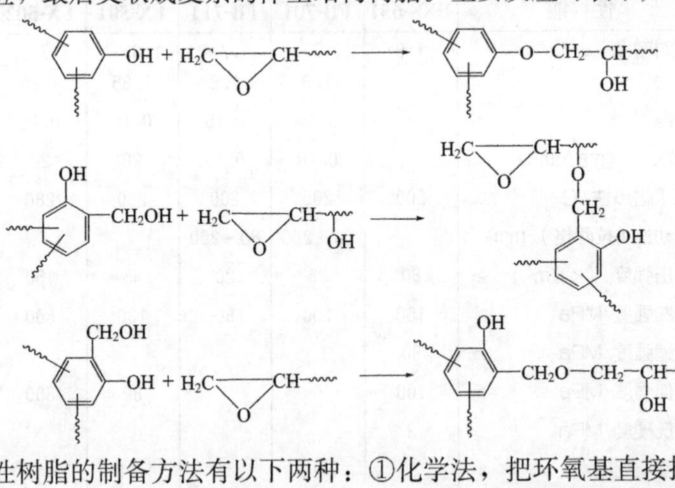

改性树脂的制备方法有以下两种：①化学法，把环氧基直接接在酚醛树脂分子结构上，形成酚醛环氧树脂或酚醛树脂与环氧树脂进行预聚，形成环氧树脂与酚醛树脂的接枝共聚物；②物理法，把两种树脂按比例溶解于溶剂中形成树脂胶液，工业上常用于增强塑料。

酚醛环氧树脂改善了原酚醛树脂的加工性能，树脂中含有环氧基，固化容易，且固化不放出水分子，也增加了与纤维尤其是玻璃纤维的浸润性。

R=H、甲基、乙基等

酚醛环氧树脂具体合成工艺：0.125mol 苯酚和 0.128mol 甲醛在稀 HCl 的催化下于 60～70℃反应 2h，减压除水，再在稀 NaOH 溶液的作用下，与 0.200mol 的环氧氯丙烷于 100℃反应 2～3h，减压蒸馏即得相对分子质量为 300～600 的液体酚醛环氧树脂。树脂热固化温度在 175℃左右，但成型压力较纯酚醛树脂低。一般层压时压力为 6MPa，模压时压力为 5～30MPa。

在环氧树脂中加入酚醛树脂，可提高环氧粉末涂料高温和酸性介质条件下的防护性能，既具有环氧树脂的附着力强、柔韧性大、抗碱性好，又具有酚醛树脂的抗溶剂性和抗酸性的优良特点，同时可适当增加交联体系的交联密度，提高耐介质渗透能力。环氧树脂室外耐候性差，胺固化剂对人的皮肤有刺激，而酚醛树脂具有光泽、硬度高、快干等特点，但颜色深、易发黄等，混合树脂可取长补短，得到较好的漆。酚醛树脂经环氧树脂改性后，其玻璃钢的拉伸强度可提高 100MPa，冲击强度可提高 3.5 倍。环氧改性酚醛树脂主要用于涂层、结构胶黏剂、浇铸及层压模压等方面。

3.3.12.2 环氧改性酚醛树脂产品、性能及应用

(1) 玻璃纤维增强环氧改性酚醛模塑料（glass-fiber reinforced phenolic molding materials modified by epoxy）

① 制备　以环氧树脂改性的酚醛树脂为黏结剂，以聚乙烯醇缩丁醛或羟甲基尼龙为增韧剂、玻璃纤维为增强材料，经浸渍、烘干而制成热固性模压塑料。该类塑料的品种与组成以及典型配方如表 3-33 和表 3-34 所示。

② 性能　该类塑料工艺性能好，制品有较高的机械强度、较好的热稳定性和尺寸稳定性。其中 SX-506 塑料比目前大量使用的 FX-501、FX-503 聚乙烯醇缩丁醛改性酚醛玻璃纤维模压塑料强度高。SX-580 比 SX-506 流动性好、冲击强度高。该类塑料的性能（国营江北机械厂企业标准）如表 3-35 所示。

■表 3-33　环氧改性酚醛玻璃纤维模压塑料的品种与组成

品种	组　　成
SX-506	环氧树脂 E-44、苯酚苯胺甲醛树脂、聚乙烯醇缩丁醛，浸渍（用 KH550 处理过的）短切高强玻璃纤维
SX-580	胶液配方同 SX-506，浸渍（用 KH550 处理的）高强定长玻璃纤维

■表 3-34 SX-506 和 SX-580 的配方

组 分	配比/质量份		组 分	配比/质量份	
	SX-506	SX-580		SX-506	SX-580
酚醛树脂	30.8	30.8	苯	1	1
E-44 环氧树脂	6.1	6.1	酞菁绿	0.15~0.20	0
聚乙烯醇缩丁醛	3.1	3.1	乙醇	25±3	25±3
油酸	1.0~1.2	1.0~1.2	玻璃纤维	60	60

■表 3-35 SX-506 和 SX-580 的性能（指标）

性 能		指标		性 能		指标	
		SX-506	SX-580			SX-506	SX-580
相对密度		1.7~1.8	1.75~1.85	压缩强度/MPa	≥	150	150
收缩率/%	≤	0.15	0.15	弯曲强度/MPa	≥	200	200
马丁耐热性/℃	≥	200	200	表面电阻率/Ω	≥	10^{13}	10^{13}
吸水性/(mg/cm²)	≤	0.10	0.10	体积电阻率/Ω·cm	≥	10^{13}	10^{13}
冲击强度/(kJ/m²)	≥	55	100	介电强度/(kV/mm)	≥	13	13
				挥发物/%		3.0~7.5	3.0~4.5

③ 应用 SX-506 适用于模压较高机械强度的军用和民用产品。SX-580 适用于模压强度较高的大型薄壁零件。

(2) 玻璃纤维增强环氧改性甲酚甲醛模塑料（glass-fiber reinforced cresol formaldehyde molding materials modified by epoxy）

① 制备 制备按以下步骤进行。

a. 甲酚、甲醛在草酸催化下反应、脱水制得甲酚甲醛树脂。

b. 将酚醛环氧树脂 60 份与甲酚甲醛树脂 40 份进行预聚，或用环氧氯丙烷与甲酚甲醛树脂加入 NaOH-乙醇溶液制备环氧改性甲酚甲醛树脂，前者得到酚醛环氧树脂和甲酚甲醛接枝共聚物（A）备用，后者制得环氧化甲酚甲醛树脂，将后者再与甲酚甲醛树脂预聚，制得环氧化甲酚甲醛树脂与甲酚甲醛树脂的接枝共聚物（B）。

c. 将上述两种接枝共聚物 A 和 B 分别与增韧剂羟甲基尼龙、催化剂苄基二甲胺、溶剂乙酸乙酯等混合在一起配制成胶液，浸渍玻璃纤维，最后制成热固性模压塑料 FHX-301、FHX-304，其配方列于表 3-36。模塑料的加工条件列于表 3-37。

■表 3-36 FHX-301 和 FHX-304 的配方

组 分	配比/质量份		组 分	配比/质量份	
	FHX-301	FHX-304		FHX-301	FHX-304
环氧甲酚甲醛接枝共聚物	38 (A)	38 (B)	乙酸乙酯	适量	适量
单硬脂酸甘油酯	1	1	乙醇	适量	适量
羟甲基尼龙	4	2	玻璃纤维（B201 处理无碱无捻纱）	62	62
苄基二甲胺	0.068	0.068			

■ 表 3-37 FHX-301 和 FHX-304 模压工艺条件

塑料	预热		模压		
	温度/℃	时间/min	模温/℃	保温时间/(min/mm 厚)	压力/MPa
FHX-301	100~120	6~10	160~170	1.5	40~60
FHX-304	100~120	6~10	175~185	1.5	40~60

② 性能　该类塑料属于高冲击型玻璃纤维模压塑料，模塑工艺性能好（其中 FHX-301 塑料还可采用传递模塑成型），制品物理机械性能优良，特别是冲击强度高。其性能（原机械电子部 53 研究所企业标准）如表 3-38 所示。

■ 表 3-38　FHX-301 和 FHX-304 的性能

性　能	测试方法	FHX-301	FHX-304
弯曲强度/MPa	GB 1042—70	501	502
拉伸强度/MPa	GB 1040—70	172	179
冲击强度/(kJ/m²)	GB 1043—70	456	520
马丁耐热性/℃	GB 1035—70	280	>150
吸水性/(g/dm²)	GB 1034—70	0.037	0.022
相对密度	GB 1033—70	1.74	1.77
布氏硬度/MPa		437	580
收缩率/%	WJ 433—65		0.03
表面电阻率/Ω	GB 1044—70	2.2×10^{14}	7.5×10^{13}
体积电阻率/Ω·cm	GB 1044—70	1.5×10^{14}	5.0×10^{14}
介电强度/(kV/mm)	GB 1048—70	13.6	13.1

注：1. 将浸渍烘干的预浸料剪成长度为 30mm，非定向模压而成。
　　2. 拉伸强度仅供参考。

③ 应用　该类塑料适用于制作几何形状复杂、冲击强度要求较高的产品及零部件，如膛弹引信零部件等。

3.3.13　天然产物改性酚醛树脂

3.3.13.1　桐油改性酚醛树脂

桐油改性酚醛树脂主要用于摩擦材料，此改性材料的表面耐温可达 400℃以上。桐油改性酚醛树脂固化反应的活化能与配比有关，高达 83.3kJ/mol，比未改性的酚醛树脂高（61.4kJ/mol）。

苯酚和桐油在催化剂的作用下，100~110℃反应 1~3h，冷却即可制得桐油苯酚加成产物。50℃下在桐油和苯酚的加成物中加入甲醛，并加氨水，在 20~30min 内升温至一定温度，反应 1~3h，达到缩合终点后，立即换水冷却，维持温度（外）>70℃，开始真空脱水，此时内温<50℃，当脱水量达到一定程度，树脂液体变成棕色透明，停止脱水，加入无水乙醇，搅拌溶解，冷却至 40℃出料，即得产品。其反应机理如下。

首先桐油在催化剂作用下生成正离子：

$$\sim\sim(CH_2)_7CH=CH-CH=CH-CH=CH-(CH_2)_3CH_3 + H^+ \longrightarrow$$

$$\sim\sim(CH_2)_7\overset{+}{C}H-CH=CH-CH=CH-CH_2-(CH_2)_3CH_3$$

然后与苯酚发生亲核取代反应：

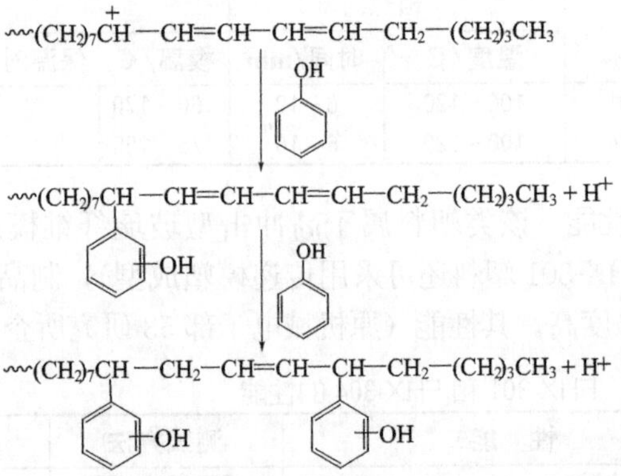

$$\sim\sim(CH_2)_7CH-CH=CH-CH=CH-CH_2-(CH_2)_3CH_3$$

$$\downarrow 苯酚$$

$$\sim\sim(CH_2)_7CH-CH=CH-CH=CH-CH_2-(CH_2)_3CH_3 + H^+$$

$$\downarrow 苯酚$$

$$\sim\sim(CH_2)_7CH-CH_2-CH=CH-CH_2-(CH_2)_3CH_3 + H^+$$

残留的一个双键由于空间位阻较大、活性低，所以不易发生反应。在一般情况下，用 6mol 苯酚和 1mol 桐油反应来合成树脂；若苯酚过量，苯酚环与甲醛反应将生成热固性树脂，其中桐油也会发生自聚反应。

3.3.13.2 松香改性酚醛树脂

早在 1913 年 L.Berend 把松香改性酚醛树脂用作涂料，近来人们对其缩合反应做了许多研究开发工作，不仅用于涂料，也用于油墨工业。

将松香、苯酚、甲醛溶液、缩合催化剂加入反应釜，在 100℃下反应 2~4h，加热升温至 230℃脱水后加入甘油，在 230~270℃下酯化，待酸值降到 20mg KOH/g 以下时，减压蒸出低沸物，得到软化点在 131℃以上的树脂，其随松香量的变化而变化，松香多，软化点低；与甲醛和苯酚比也有关系，苯酚量多，软化点高。反应如下：

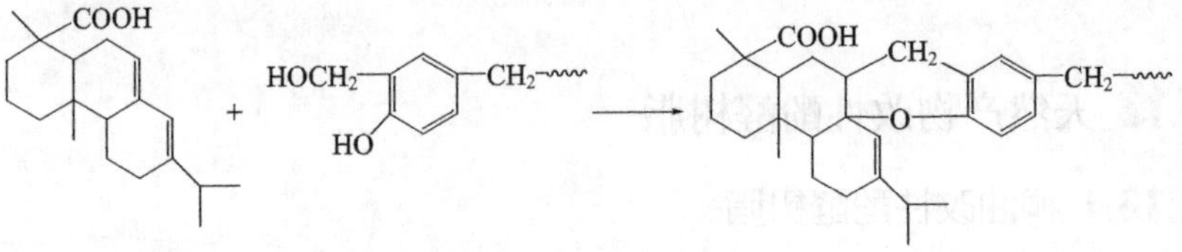

典型松香改性酚醛树脂（rosin modified phenolic resin）产品的生产、性能和应用如下：

(1) 制备 双酚 A 与甲醛在促进剂作用下 90℃反应，加松香进行加成反应，再加甘油在 270℃进行酯化反应，即制得产品。配料（按 1t 树脂计，单位 kg）如下：

松香（一级）	922	双酚 A（99.8%）	94
甲醛（37%）	164	甘油（95%）	95

(2) 性能 该树脂为红棕色透明块状固体，具有软化点低、泛黄性小等优点。上海南大化工厂 2116-1 松香改性酚醛树脂（胶印油墨专用）的性能（产品企业标准）列于表 3-39。

(3) 应用 2116-1 松香改性酚醛树脂是胶印油墨的专用树脂，也可用于涂料行业。

表3-39 松香改性酚醛树脂（胶印油墨专用）的性能

性能	指标	性能	指标
软化点（环球法）/℃	151~162	油中溶解性	透明无粒
酸值/(mg KOH/g) ≤	18	油中黏度/Pa·s	12~20
色泽（铁钴比色法）/号 ≤	12	外观	不规则红棕色
苯中溶解性	透明		透明的固体

3.3.13.3 腰果油改性酚醛树脂

腰果（壳）油主要由腰果酚（cardanol）、腰果酸、强心酚以及胶质等组成，经过脱羧处理的腰果油中腰果酚的含量可以从63%提高到90%。腰果（壳）油中腰果酸（槚如酸）易脱羧，形成槚如醇：

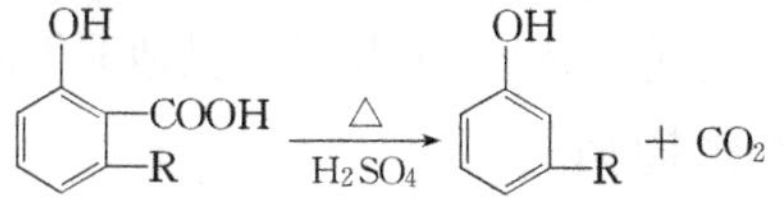

$$\text{邻-OH-C}_6\text{H}_4(\text{COOH})\text{-R} \xrightarrow[\text{H}_2\text{SO}_4]{\Delta} \text{间-OH-C}_6\text{H}_4\text{-R} + \text{CO}_2$$

R含1~3个双键的C_{15}烯烃或烷烃如$C_{15}H_{17}$。酚醛树脂分子上长链的存在，可起内增塑作用。腰果酚既有酚的性质，与甲醛、苯酚一起反应生成改性酚醛树脂，又具有不饱和的双键，可以进行加成聚合、氧化聚合（oxidation polymarization）、热聚合等。这类聚合物可以用于涂料、胶黏剂以及汽车摩擦片等。

腰果油改性酚醛树脂的合成可采用以下途径合成：①直接法，腰果酚、苯酚、甲醛和催化剂等按一定的比例投入反应釜中，进行反应至一定要求为止；②苯酚法，苯酚先与甲醛进行反应，再与腰果酚进行反应；③双酚法，苯酚与腰果酚在酸性条件下生成双酚，然后再与甲醛进行缩聚反应。以第①法和第③法效果较好（摩擦材料），其中最佳苯酚/腰果酚的比例为7。

腰果油改性酚醛树脂具有以下特点：①高温柔顺性较好；②在石油系溶剂、干性油中有溶解性，与天然橡胶或合成橡胶相容性好；③分解后残渣的摩擦性好。

3.3.13.4 萜烯改性的酚醛树脂

萜烯酚醛树脂是用单萜烯将酚醛树脂进行烷基化。经改性的油溶性增黏树脂，广泛应用于涂料、油墨及合成橡胶行业中，如用作氯丁橡胶胶黏剂的增黏剂，能产生很高的黏结强度，并具有很好的稳定性。该树脂的软化点在70~90℃之间。酚与萜烯反应如下：

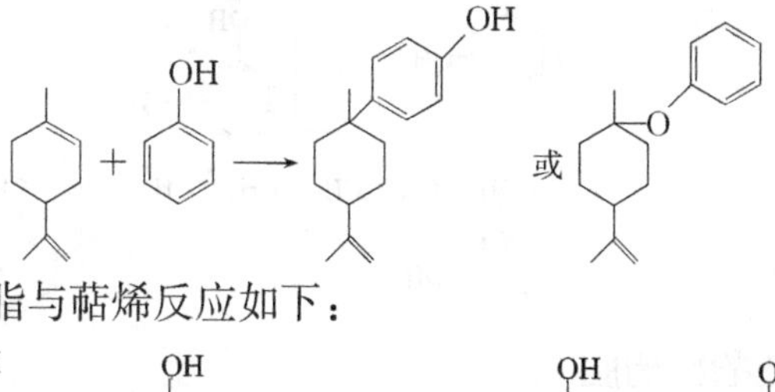

线型酚醛树脂与萜烯反应如下：

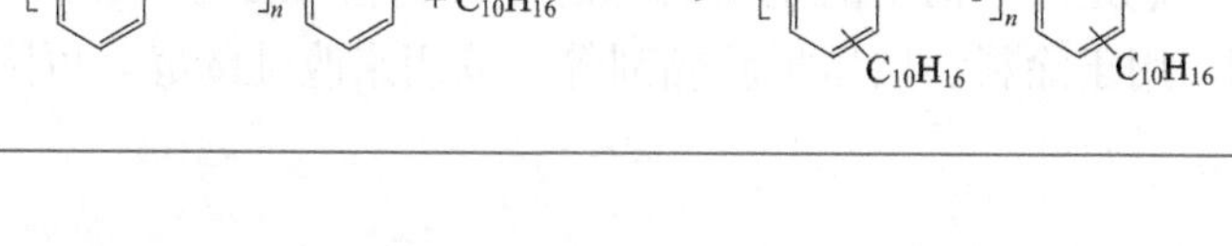

树脂合成举例：在反应器中投入188g苯酚，加热熔融并开动搅拌，当温度达100℃时，在1.5h内滴加含有浓硫酸的甲醛水溶液（37%），100℃保温反应1h，安装分水器，在沸腾状态下用1h左右时间滴加272g松节油（主要成分是萜烯），并不断蒸出水，直到温度达150℃。在150℃反应3h，再在10min内滴入一定量甲醛及100mL甲苯，在100℃反应3h，并不断蒸出水，冷却，用400mL甲苯溶解树脂，水洗3次，蒸出甲苯及低沸点组分，直到釜温达270℃，保持30min，蒸馏剩余物，即为高软化点萜烯酚醛树脂。

该树脂软化点在70~90℃之间，将上述树脂再与甲醛反应，可提高树脂的分子量，从而提高树脂的软化点。当苯酚∶甲醛∶松节油∶追加甲醛的配比为1∶0.8∶1∶0.35（物质的量比）时，用硫酸作催化剂比较好，树脂的软化点可达135℃，树脂色浅、透明，在甲苯及其他弱极性溶剂中具有很好的溶解性。

3.3.13.5 梓油改性酚醛树脂

梓油是一种干性油，我国南方有大面积种植，日本也盛产，价格是桐油的一半。梓油的主要成分为：饱和酸，如十六烷酸（软脂酸）、十八烷酸（硬脂酸）；不饱和酸，如9-十八碳烯酸（油酸）、9,12-十八碳二烯酸（亚油酸）、9,12,15-十八碳三烯酸（亚麻酸）。

树脂合成举例：在烧瓶中加入梓油、苯酚、对甲基苯磺酸，加热至苯酚熔化后，开动搅拌，升温到120~130℃反应3h，降温至70℃以下，加入三乙胺和甲醛，升温至80~90℃，恒温反应2h，降温至75~80℃，加入氨水，再反应2h，降温至60℃以下，在搅拌下加入热蒸馏水洗涤两次，再通入蒸汽进行减压蒸馏，除去游离苯酚、甲醛和水分。检测合格后，将混合溶剂（甲苯∶甲醇=1∶1）稀释成固体含量为50%的溶液备用。合成反应如下：

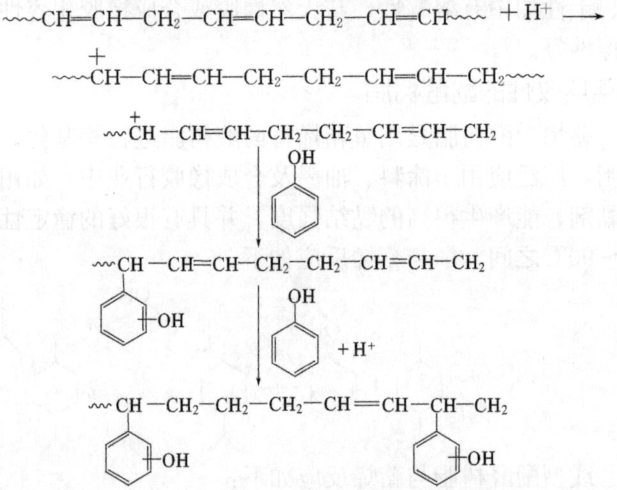

3.3.13.6 苊改性酚醛树脂

苊是煤焦油中的主要成分之一，约占1.2%~1.8%，可用其来合成树脂，用于涂料、层压板胶黏剂等。苊用来改性酚醛，可降低树脂成本，改性树脂用作镁碳砖的黏结剂。

将甲醛、催化剂加入反应釜中，反应 5h 以上，然后加入工业苊，在搅拌下升温至规定温度，苊与甲醛发生亲电取代反应，生成苊醛树脂，然后在釜中加入苯酚反应，生成苊酚醛树脂，软化点为 84~98℃。

3.3.13.7 橡椀栲胶改性酚醛树脂（或单宁改性酚醛树脂）

橡椀栲胶是天然化合物，其成分结构极为复杂，有代表性的三种结构如下。

(1) **橡椀酸二内酯** 其结构式为：

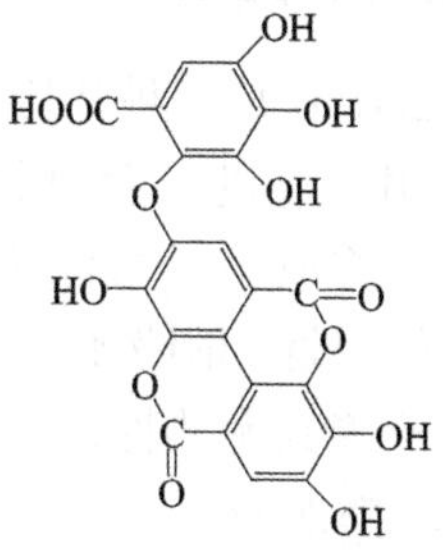

(2) **椀宁酸及其衍生物**（R＝H、CH$_3$） 其结构式为：

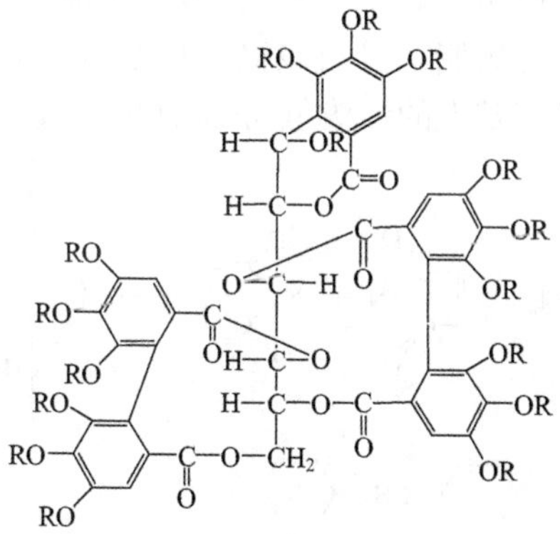

(3) **橡椀鞣花素酸及其衍生物**（R＝H、CH$_3$、—COCH$_3$） 其结构式为：

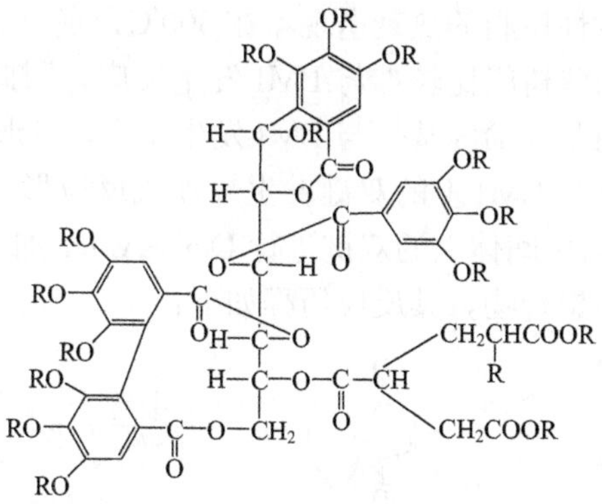

从结构上看每个橡椀单宁核上有 4~5 个官能度，在强酸催化下能与甲醛发生加成缩合反应，形成酚醛树脂。用单宁（橡椀）替代 30%（质量分数）苯酚合成酚醛树脂，在酸性条件（用 30% HCl 调至 pH=2~2.5）下反应 4h，得到的树脂类似于棕色透明的松香状树脂，能溶于醇和热水（溶于沸水，可能水解），常用作木材黏结剂。

除此之外，木质素等也可用于制作改性酚醛树脂。

3.3.14 双马来酰亚胺改性酚醛树脂

双马来酰亚胺（BMI）是一种热固性聚酰亚胺，20 世纪 80 年代后获得迅速发展，现已广泛用作先进复合材料树脂基体。BMI 树脂最突出的优点是固化过程中无低分子物放出，可低压成型，其聚合物具有优异的耐热性、电绝缘性及良好的耐辐射性和阻燃性。若在酚醛树脂的分子结构中引入马来酰亚胺环，可以大大改善其耐热性。

3.3.14.1 酚醛树脂与 BMI 共聚改性

用 BMI 树脂与酚醛树脂直接进行反应，可得到耐热性较好的双马来酰亚胺改性酚醛树脂，如 5%~20% 双马来酰亚胺与 80%~95% 酚醛树脂混合形成的改性酚醛树脂，具有较高的耐热性和机械强度。BMI 与酚醛树脂的主要反应为酚羟基上的活泼氢与 BMI 的碳-碳不饱和键发生加成反应：

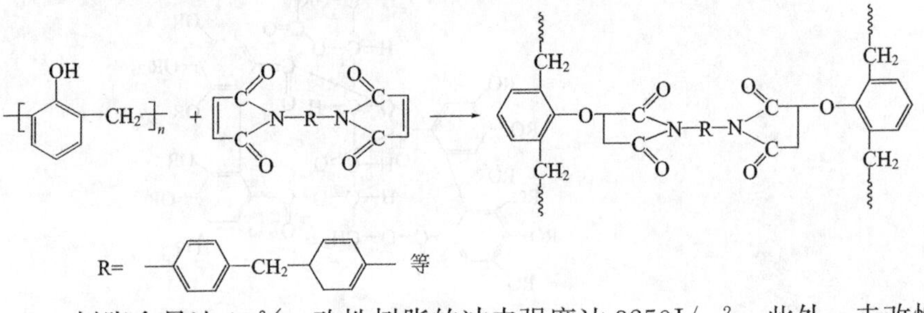

当 BMI 树脂含量达 10%，改性树脂的冲击强度达 $3250J/m^2$。此外，未改性的酚醛树脂的摩擦系数在 250℃ 以上会发生严重的热衰退现象，即摩擦系数降低，而改性树脂的热衰退现象在 300℃ 以前不出现。

一般酚醛树脂比较难与 BMI 发生反应，因此常在酚醛树脂的分子结构中引入烯丙基。烯丙基易与 BMI 发生反应，可形成高交联密度的韧性树脂。首先烯丙基与 BMI 上的双键发生烯加成反应形成中间产物，然后在较高温度下 BMI 与中间体上的双键进行 Diels-Alder 加成反应，形成含有稠环结构的交联耐热聚合物，其反应历程如下：

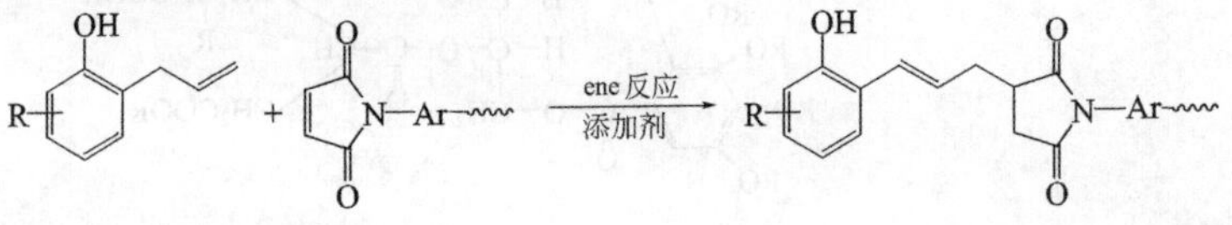

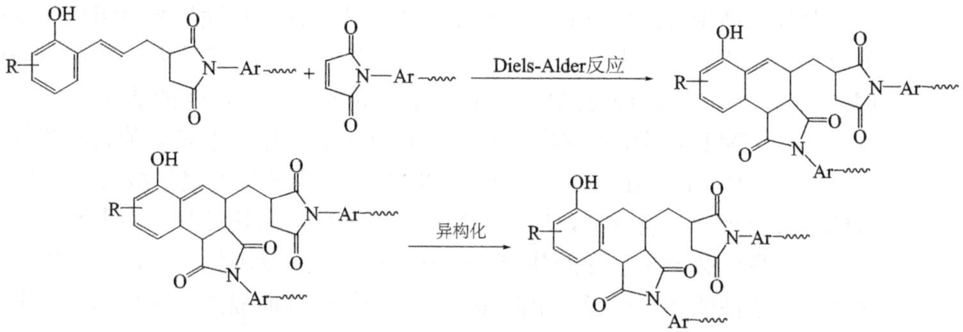

[反应式: 烯丙基酚与马来酰亚胺发生 Diels-Alder 反应，再经异构化生成产物]

近年来把烯丙基引入酚醛树脂，并用 BMI 树脂进行改性，已成为酚醛树脂改性的重要途径之一。烯丙基酚醛树脂可以是烯丙基醚类酚醛树脂，也可以是烯丙基酚类酚醛树脂，通过调节烯丙基的含量可得到不同性能的酚醛树脂，这样，可使 BMI 改性酚醛树脂的性能在较大范围内变化，以适应不同需要的用途。烯丙基酚醛树脂与 BMI 反应制得的固化物具有优异的高温力学性能及低内应力等优点。例如，Nakamura 等直接用酚醛树脂与溴丙烯反应，然后加入 BMI 共聚得到基体树脂，所制得的碳纤维复合材料具有良好的热态性能，优于环氧树脂为基体的同类复合材料。梁国正等研究了一系列烯丙基酚醛树脂（AF），其软化点低（30℃左右），与 BMI 树脂的预聚物的软化点在 60℃左右，可溶于丙酮、甲苯等溶剂，制得的纤维预浸料具有良好的黏性和操作工艺性，其固化树脂具有优异的综合力学性、耐热性和耐湿热性，热变形温度 HDT＞290℃，并具有较好的耐水性。

3.3.14.2 嫁接马来酰亚胺基团的酚醛树脂

由于马来酰亚胺具有优异的耐热性和较高的 T_g，所以在合成酚醛树脂主链上接上马来酰亚胺基团，形成含马来酰亚胺基团的线型酚醛树脂具有优良的耐热性。苯胺和甲醛在盐酸催化下反应生成线型多胺，然后多胺和顺丁烯二酸酐反应生成多马来酰亚胺树脂，它的耐热性和热稳定性很好，但树脂的溶解性差、脆性大。

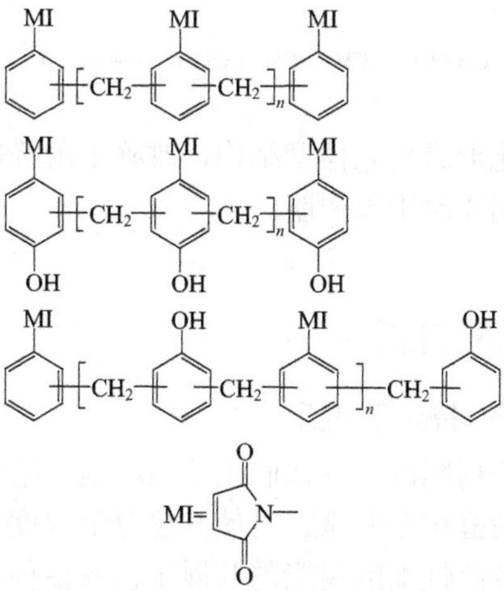

[结构式: 含 MI 基团的线型酚醛树脂结构，MI = 马来酰亚胺基]

此外，利用马来酰亚胺酚或其衍生物与醛类或热塑性酚醛树脂反应制得的改性酚醛树脂具有较好的耐热性。也利用对羟基苯基马来酰亚胺（HPMI）的聚合物或其与苯乙烯、丙烯酸酯的共聚物对热塑性酚醛树脂进行改性，再用 HMTA 固化；或将 HPMI 的羟基苯氧基化，生成 4-苯氧基苯基马来酰亚胺（PPM），在强酸作用下使 PPM 和二苯醚及多聚甲醛反应，用生成的预聚物进行压制成型，所得产物均具有良好的耐热性与抗冲击性。对羟基苯马来酰亚胺与苯乙烯的共聚物可改善 Novolak 酚醛树脂的性能，提高共聚物的力学性能和热性能，电阻率也随共聚物提高而提高。对羟基苯马来酰亚胺与丙烯酸酯的共聚物用来混合于 Novolak 酚醛树脂中，得到的混合物比酚醛树脂具有更好的耐热性和力学性能。HPMI 的结构式为：

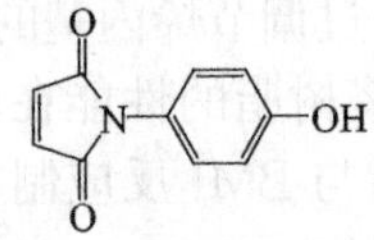

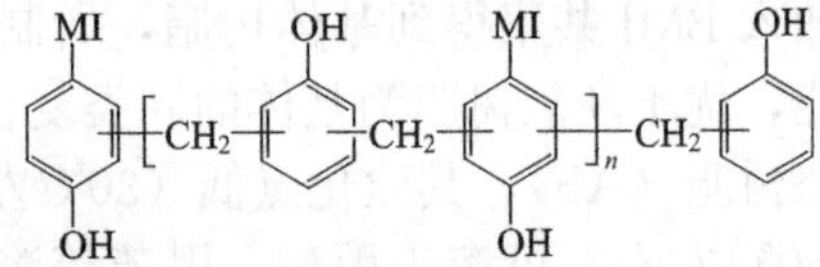

3.3.15 丙烯酸改性酚醛树脂

丙烯酸改性酚醛树脂（液态）的合成：0.125mol 苯酚和 0.28mol 甲醛用 NaOH 稀溶液调节 pH 值为 8~9，在 60~70℃下反应 2~3h，减压除水，加入 0.5mol 丙烯酸和催化剂，在 100~115℃下反应 2~3h，即得液态酚醛丙烯酸树脂。其反应式如下：

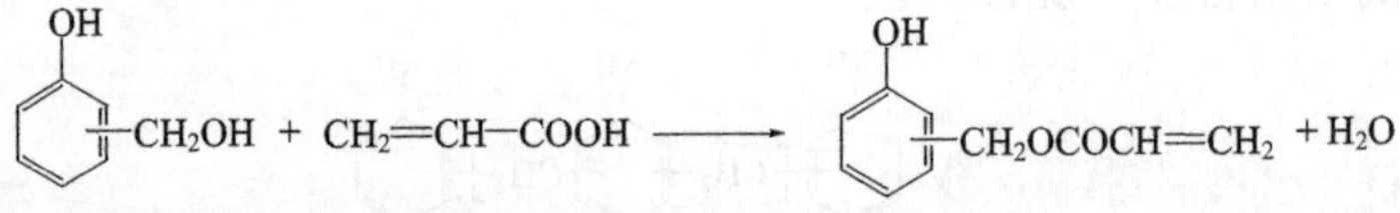

该树脂可固化形成交联体型结构，改善了酚醛树脂的脆性，耐热性比酚醛环氧树脂好，用作耐中温树脂。

3.3.16 橡胶改性酚醛树脂

3.3.16.1 丁腈橡胶改性酚醛树脂

用于酚醛树脂改性的橡胶主要品种是丁腈橡胶。丁腈橡胶与酚醛树脂相容性好；与酚醛树脂共聚，可使其热分解温度升高 50℃以上。

丁腈橡胶改性酚醛树脂的共混工艺有多种，常用的有混炼工艺、干法共混工艺、湿法共混工艺、胶乳液的湿法共混工艺和橡胶溶液与树脂溶液的共混工艺，各种工艺各有优缺点，可适合不同的体系使用。

(1) 改性原理 可使用的橡胶有丁腈橡胶、氯丁橡胶、氟橡胶，国内大多使用丁腈橡胶改性酚醛树脂。该改性树脂综合了酚醛树脂和橡胶两者的性能优点，使其既具有酚醛树脂优良的力学性能、黏结性能、耐热性能和耐腐蚀性能，又具有橡胶的韧性。改性反应如下：

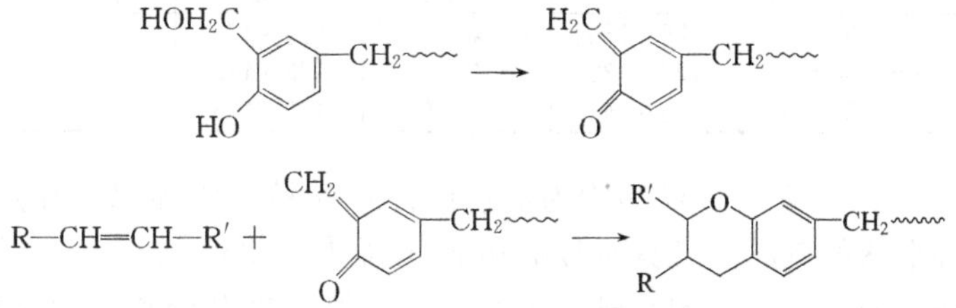

丁腈橡胶改性酚醛树脂玻璃钢的性能如表 3-40 所示。一般制备方法是先在冷辊上塑炼丁腈橡胶，按顺序加入其他配合剂进行混炼；混炼后，将其剪成碎块，尽快溶解在溶剂中形成胶液；按比例加入酚醛树脂溶液，即制得丁腈橡胶改性酚醛树脂胶液，可用于浸渍玻璃纤维。

■表 3-40 丁腈橡胶改性酚醛树脂玻璃钢的性能

性能	丁腈橡胶含量(质量分数)				
	0	4%	8%	12%	16%
冲击强度/(kJ/m)	3.70	4.46	6.95	7.88	8.85
压缩强度/MPa	89.58	79.87	71.09	59.74	36.37
布氏硬度/MPa	252.3	201.3	171.7	139.8	107.9

橡胶和酚醛树脂也可直接混合，例如 2124 酚醛与液体丁腈橡胶-40[5%～10%（8%最佳）]，按比例在（40±5）℃温度下混合反应，使其互溶，静置 1h，供纤维或增强材料浸渍用。

(2) 丁腈橡胶改性酚醛模塑粉的生产、性能和应用

① 制备 丁腈橡胶改性酚醛模塑粉是热塑性酚醛树脂和丁腈橡胶的共混物，它是先将丁腈橡胶塑炼，然后再按一定配比与热塑性酚醛树脂、填料、固化剂和着色剂等混合、辊压、粉碎和过筛而得。其工艺流程如下：

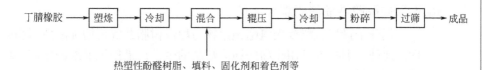

模塑料的原料配方列于表 3-41。模塑粉可用热压成型，其成型条件可参考表 3-42。

■表3-41 模塑料的原料配方

牌号	苯酚/(kg/t)	甲醛/(kg/t)	丁腈橡胶/(kg/t)
PF2A6-1503	385.9	286.8	75
PF2A6-1603	467.5	347.5	85
PF2A6-9603	406.2	302.0	

■表3-42 模塑料的成型条件

牌号	预热温度/℃	预热时间/min	模具温度/℃	成型压力/MPa	保压时间/(min/mm 厚)
PF2A6-1503	125~135	4~8	165~175	25	1.0~1.5
PF2A6-1603	125~135	4~8	165~175	25	1.0~1.5
PF2A6-9603	135~145	5~10	160~175	25	1.5~2.0

② 性能　该模塑粉为褐色或黑色粉粒状固体物，在热压下可塑制成各种形状的制品。其具有较高的冲击强度、电绝缘性能、耐油性能和耐磨性能；耐弱酸，不耐强碱，不溶于水，溶于部分溶剂。PF2A6-1503、PF2A6-9603 的性能符合 GB 1404—78 标准；PF2A6-1603 符合衡水市化工厂企业标准，其性能指标列于表 3-43。

■表3-43 三种丁腈橡胶改性模塑粉的性能（指标）

性　能		PF2A6-1503	PF2A6-1603	PF2A6-9603
相对密度	≤	1.45	1.60	1.60
比容/(mL/g)	≤	2.0	2.0	
收缩率/%		0.50~1.00	0.50~0.90	0.50~0.90
吸水性/(mg/cm^2)	≤	125	125	125
马丁耐热性/℃		0.80	0.40	0.30
流动性（拉格格）/mm		100~200	100~190	100~190
冲击强度/(kJ/m^2)	≥	8.0	8.0	8.0
弯曲强度/MPa		60	50	60
表面电阻率/Ω	≥	1×10^{12}	1×10^{12}	1×10^{12}
体积电阻率/Ω·cm	≥	1×10^{11}	1×10^{11}	1×10^{10}
介电强度/(kV/mm)	≥	12	13	13

③ 应用　该模塑粉主要用于制造在湿热条件下使用的震动频繁的电工产品绝缘构件，或有金属嵌件的复杂制件，如真空管插座、电磁开关支架等。生产厂家有上海塑料厂、衡水市化工厂、长春市化工二厂等。模塑粉可采用内衬聚乙烯薄膜的聚丙烯塑料编织袋包装。运输时应避免受潮、受热、受污和包装破损，贮存时应置于通风干燥的室内，温度不超过 35℃，不得靠近火源、暖气或受阳光直射。

3.3.16.2 聚氨酯改性酚醛树脂

低分子量聚氨酯或聚氨酯预聚物与酚醛树脂共混可增加酚醛树脂的柔韧性。此种共混技术已用于酚醛泡沫塑料的生产。借助聚氨酯的增韧、增柔作用，克服了酚醛泡沫塑料易掉渣、易粉化的缺点。

活泼的异氰酸酯基很容易与酚醛树脂分子结构上的羟甲基进行化学反应（部分化学改性），形成高分子合金，这样在脆性的酚醛树脂基体中含有了柔性的聚氨酯分散相,因而起到了增韧的效果,这种共混物在固化后形成两种聚合物共同交联的网络,使泡沫塑料更致密,有利于压缩强度、弯曲强度的提高及吸水率的降低,但容重增加。

在酚醛泡沫塑料的生产中,酚醛树脂与低分子量聚氨酯或聚氨酯预聚物的共混是在发泡各组分混合时一并进行的,改性剂加入的量一般为酚醛树脂量的3%～13%。

3.3.17 其他改性酚醛树脂

3.3.17.1 聚氯乙烯改性酚醛树脂

热塑性酚醛树脂和聚氯乙烯树脂共混的工艺流程如下:

其用料配方列于表3-44。该模塑料适宜于热压成型,其成型条件可参考表3-45。

■表3-44 模塑料的用料配方

牌号	苯酚 /(kg/t)	甲醛 /(kg/t)	聚氯乙烯 /(kg/t)	牌号	苯酚 /(kg/t)	甲醛 /(kg/t)	聚氯乙烯 /(kg/t)
PF2A5-5802	385.0	286.0	250.0	PF2S1-5802	380.9	283.4	242.3
PF2S1-4602	360.2	267.7	163.3	PF2S1-7702	340.0	255.0	205.0

■表3-45 模塑料的成型条件

牌号	预热温度 /℃	预热时间 /min	模具温度 /℃	成型压力 /MPa	保压时间 /(min/mm 厚)
PF2S1-4602	120～140	4～6	150～160	25～35	1.0～1.5
PF2S1-5802	120～140	4～6	150～160	25～35	1.0～1.5
PF2A5-5802	100～130	4～6	145～160	>25	1.0～1.5

聚氯乙烯改性酚醛树脂模塑粉为黑色或棕色粉粒状固体物,可用热压法制成各种形状的制品。其具有较好的机械强度和耐水、耐酸及介电性能,能溶于部分有机溶剂,遇强碱可侵蚀。PF2A5-5802符合GB 1404—1995酚醛模塑料国家标准;PF2S1-4602符合Q/HG 13-285—79标准,其性能列于表3-46。

■表3-46 模塑料的性能

性 能	PF2S1-4602	PF2S1-5802	性 能	PF2S1-4602	PF2S1-5802
相对密度 ≤	1.9	1.5	流动性(拉西格)/mm	80～200	100～2000.50
收缩率/%		0.40～0.80			
马丁耐热性/℃ ≥		110	吸硫酸/% ≤		5.0
吸水性/(mg/cm²) ≤	0.5	0.30	冲击强度/(kJ/m²) ≥	3.5	
			弯曲强度/MPa ≥		55

表 3-47 列出了一些聚氯乙烯改性酚醛树脂共混树脂模塑料的应用。

■表 3-47　模塑料的应用

牌号	用　　途
PF2A5-5802	用于制造在酸性条件下使用的低压电气绝缘结构件，如制造蓄电池的盖板与瓶塞，人造纤维工业器械的零件和纺织零件，有酸和水蒸气侵蚀的仪表、电气绝缘结构件，以及卫生医疗用零件等
PF2S1-4602	用于制造潜水泵的轴承和密封圈等
PF2S1-5802	具有较好的耐磨、耐酸特性，用于制造在酸性介质中使用的低摩擦结构件，如煤气表具的气门盖、气门座、油盒子及其他零部件等
PF2S1-7702	

3.3.17.2　聚砜改性酚醛树脂

聚砜作为一种耐高温、高强度的热塑性塑料，具有优良的电绝缘性能，耐热性好，机械强度高，刚性好，有良好的尺寸稳定性和自熄性等。美国联碳公司用双酚 A 型聚砜共混改性酚醛树脂，这种改性树脂制得了摩擦材料，其制品在 200～300℃ 下的摩擦系数始终稳定在 0.49～0.53，平均磨耗量比未改性的酚醛树脂降低了 24%。我国研究发现，聚砜改性酚醛树脂玻璃纤维增强复合材料具有优良的力学性能和电学性能，耐老化性能也有一定的提高。聚砜改性酚醛树脂玻璃纤维增强复合材料的性能如表 3-48 所示，其力学性能、电性能、耐热性能均大幅度提高。

■表 3-48　定向玻璃纤维增强聚砜改性酚醛树脂的性能

性　能	未改性酚醛树脂	聚砜改性酚醛树脂
冲击强度/(kJ/m^2)	200	284
弯曲强度/MPa	616	821
拉伸强度/MPa	311	477
压缩强度/MPa	144	151
表面电阻率/Ω	6.80×10^{11}	6.08×10^{12}
体积电阻率/Ω·cm	4.70×10^{11}	7.83×10^{12}
介电损耗角正切(10^{6}Hz)	0.0432	0.0279
介电常数(10^{6}Hz)	7.08	6.54
介电强度(50Hz)/(kV/mm)	13.11	16.07
马丁耐热性/℃	>280	>300

参 考 文 献

[1] 黄发荣，焦扬声. 酚醛树脂及其应用. 北京：化学工业出版社，2003.
[2] 罗益峰，杨维榕. 化工产品手册：合成树脂与塑料、纤维. 北京：化学工业出版社，1999.
[3] Ettre L S, Obemuller E Phenols. Encyclopedia of Industrial Chemical Analysis. Vol. 17. Snell F D, Ettre L S, ed. New York：Interscience，1973.
[4] 殷荣忠，山永年，毛乾聪，方燮奎. 酚醛树脂及其应用. 北京：化学工业出版社，1990.
[5] 甘朝志. 贵州化工，1998，(3)：17.
[6] 高俊刚. 塑料工业，1994，(2)：59.
[7] 蔡奋，朱虹. 工程塑料应用，1991，(4)：3.
[8] 顾澄中，林永渭，施美铃，吴叙勤. 复合材料，1991，8 (4)：37.
[9] 张多太. 热固性树脂，1996，(3)：51.
[10] 刘晓洪，荀筱辉，王远亮. 化学世界，1998，(6)：314.

[11] 华幼卿，吴一弦，张光复，李桂珍. 高分子材料科学与工程，1990，(5)：37.
[12] 石鲜明，吴瑶曼，余云照. 高分子通报，1998，(4)：57.
[13] 陆怡平，杜扬等. 非金属矿，1998，(3)：54.
[14] Daniel B F. Am Chem Soc Div Org Coating Plastic Chem, Preprint, 1967, 27 (1)：125.
[15] 林惠珊，夏远安，强敏. 耐火材料，1994，28 (1)：9.
[16] 冀克俭，张银生等. 工程塑料应用，1992，20 (4)：40.
[17] 任增茂，叶润喜. 中国胶粘剂，1994，3 (4)：31.
[18] 任增茂. 中国胶粘剂，1996，5 (1)：19.
[19] 顾宜，谢美丽等. 化工进展，1998，(2)：43.
[20] 郭学阳. 贵州化工，1996，(2)：40.
[21] 任增茂. 粘接，1994，15 (2)：11.
[22] 王建平，吴泳. 化学世界，1996，(5)：250.
[23] 汪雨明，张汉沁，晏蓉. 化学与粘合，1994，(3)：149.
[24] 周钟泉，李劲等. 中国腐蚀与防护学报，1997，17 (3)：173.
[25] 刘丰良，陈行琦等. 材料保护，1997，30 (8)：17.
[26] Sasidharan Achary P, Ramaswamy R. J Appl Polym Sci, 1998, 69：1187.
[27] 田国华，张勇，陈蜀平. 橡胶工业，1996，43 (2)：86.
[28] 王超，张斌，关长参. 中国胶粘剂，1996，6 (1)：14.
[29] 余钢. 高分子材料科学与工程，1994，(2)：87.
[30] 余钢，吕彭孙，王宇，银红. 林产化学与工业，1994，14 (4)：23；余钢. 中国胶粘剂，1995，4 (6)：1.
[31] 刘红军，高德华. 林产化学与工业，1994，14 (3)：55.
[32] 张洋，马榴强，李晓林，李玉斌. 热固性树脂，1998，(1)：9.
[33] 林中祥，鞠昭年，刘幸平. 化学与粘合，1996，(3)：131.
[34] 杨进元，李新法，王荣法等. 高分子材料科学与工程，1995，(5)：138.
[35] 王国岩，肖瑞华，王伟，窦松涛. 燃料与化工，1994，25 (5)：247.
[36] 柴多里. 粘接，1998，19 (3)：7.
[37] 柴多里. 安徽化工，1997，(4)：20.
[38] 黄发荣，焦扬声等. 高分子材料科学与工程，1994，(1)：14.
[39] 黄发荣，焦扬声. 华东理工大学学报，1994，20 (3)：346.
[40] Gu A, Liang G, Lan L. J Appl Polym Sci, 1996, 59：975.
[41] Matsumoto A, Hasegawa K, Fukuda A, Otsuki K. J Appl Polym Sci, 1992, 44：205.
[42] Matsumoto A, Hasegawa K, Fukuda A. J Appl Polym Sci, 1992, 44：1547.
[43] Matsumoto A, Hasegawa K, Fukuda A. Polym Intern, 1993, 30：65.
[44] Pkhanna Y, Kumar R, Dos S. Polym Eng Sci, 1990, 30 (18)：1171.
[45] Dos S. PCT Int Appl. WO 9103507, 1991.
[46] Dos S, et al. Polym Mater Sci Eng, 1994, 71：627.
[47] Dos S. Int SAMPE Symp Exhib, 1994, 39：2983.
[48] Grenier-Loustalot M F, et al. J Polym Sci Chem, 1996, 34：2955.
[49] 焦扬声. 功能高分子学报，1994，7 (3)：337.
[50] Ma C C M, Tseng H T, Wu H D. J Appl Polym Sci, 1998, 69：1119.
[51] Wu H D, Chu P P, Ma C C M. Polymer, 1998, 39 (3)：703.
[52] 唐路林，李乃宁，吴培熙. 高性能酚醛树脂及其应用技术. 北京：化学工业出版社，2009.
[53] 吴培熙，张留成. 聚合物共混改性. 北京：中国轻工业出版社，1996.
[54] 吴培熙，沈健. 特种性能树脂基复合材料. 北京：化学工业出版社，2003.

第4章 酚醛泡沫塑料、涂料、胶黏剂、油墨及其应用

4.1 酚醛泡沫塑料

4.1.1 泡沫塑料概述

4.1.1.1 泡沫塑料的定义

泡沫塑料是以塑料为基体,内部充满无数气泡的微孔材料,或者说是气体分散于固体塑料中形成的一种高分子材料。众所周知,通常塑料加工中往往加有各种填料,因此,塑料可看作是由聚合物和填料构成的复合材料。如果把气泡看作是特殊的填料,那么泡沫塑料就可以看成是由聚合物和气泡构成的复合材料。

4.1.1.2 泡沫塑料的特点

(1) **密度低** 泡沫塑料因材料内部充满了气泡,密度比非发泡塑料低得多,约为 $10\sim500kg/m^3$,只有非发泡材料的几十分之一到几分之一。泡沫塑料的密度除与塑料的品种有关外,主要取决于气体与固体聚合物的体积比。低密度的泡沫塑料,气/固的体积比可高达9∶1;高密度的泡沫塑料,气/固的体积比可低至1.5∶1。因此,泡沫塑料是气/固的体积比在 (1.5~9)∶1 范围内的材料。

(2) **隔热性好** 泡沫塑料内部充满了泡孔,大多不相互连通,因此不发生对流传递;辐射传递也很小,热的传递主要通过传导传递。材料的热传导能力取决于热导率,泡沫塑料泡孔内气体的热导率比塑料低得多,因此,泡沫塑料的热导率很低,热量的传导传递也很小。泡沫塑料是优良的隔热材料。

(3) **隔声效果好** 泡沫塑料可吸收声波能量,使声音难以反射传递,因此,泡沫塑料能屏蔽声波,是优良的隔声材料。

(4) **比强度高** 泡沫塑料因内部充满气孔,其绝对强度一般不如非泡沫

塑料,且发泡程度越高,材料的强度越低。比强度是材料的强度与其密度之比,由于泡沫塑料的密度比非泡沫塑料低得多,所以其比强度可以比非泡沫塑料高很多。

由于泡沫塑料具有质轻、比强度高、隔热、隔声和吸收冲击波等优点,所以广泛应用于工业、农业、交通运输、军事、建筑及日用品等工业部门。

4.1.1.3 泡沫塑料的分类

泡沫塑料的分类方法有很多种,常见的分类如下。

(1) 塑料的种类 泡沫塑料常按塑料的种类分类。塑料有热固性塑料和热塑性塑料两个大类,相应泡沫塑料也可分为热固性泡沫塑料和热塑性泡沫塑料两个大类。按热固性塑料和热塑性塑料具体品种的不同,泡沫塑料可进一步分类。如热固性泡沫塑料可进一步分为酚醛泡沫塑料、环氧泡沫塑料、聚氨酯泡沫塑料等;热塑性泡沫塑料则可细分为聚苯乙烯泡沫塑料、聚氯乙烯泡沫塑料、聚丙烯泡沫塑料、聚乙烯泡沫塑料等。

(2) 硬度 按泡沫塑料的硬度分类,可分为软质泡沫塑料、硬质泡沫塑料和半硬质泡沫塑料。软质泡沫塑料的弹性模量小于 70MPa,硬质泡沫塑料的弹性模量大于 700MPa,半硬质泡沫塑料的弹性模量介于 70~700MPa 之间。区别泡沫塑料硬度的另一方法是可将泡沫塑料压缩,使其形变达到 50%,减压后观察其残余形变。若残余形变大于 10%,为硬质泡沫塑料;残余形变为 2%~10%,为半硬质泡沫塑料;残余形变小于 2%,则为软质泡沫塑料。

(3) 密度 泡沫塑料按密度分类,可分为:低发泡沫塑料,其密度大于 $0.4g/cm^3$;中发泡沫塑料,其密度 $0.1~0.4g/cm^3$;高发泡沫塑料,其密度小于 $0.10g/cm^3$。

(4) 泡孔结构 泡沫塑料按泡孔的结构分类,可分为开孔泡沫塑料和闭孔泡沫塑料。开孔泡沫塑料是指所含有的泡孔绝大多数相互连通的泡沫塑料;闭孔泡沫塑料是指含有的泡孔绝大多数互不连通的泡沫塑料。

4.1.1.4 泡孔的结构及表征

(1) 开孔结构和闭孔结构 泡沫塑料是由气体和聚合物气固两相构成的复合材料。气体充塞在一个一个泡孔之中,聚合物则构成泡孔的壁,泡孔与泡孔交界处为泡孔的棱。因此,每个泡孔可看成是一个由泡囊、泡壁和棱构成的结构单元,无数个泡孔堆砌聚集在一起,就构成了宏观的泡沫塑料。

泡孔的形状是非常复杂的。实际的泡孔不可能是非常规整的几何体,泡孔的大小也不可能是一样的。泡孔的形状、大小和孔径分布,与泡沫的化学组成和发泡条件有关。

相邻的泡孔之间可以是相通的,即开孔的;也可能是互相隔离的,即闭孔的。如果泡沫塑料所含的泡孔绝大多数是相互连通的,即为开孔泡沫塑料;如果所含有的泡孔绝大多数互不连通,则为闭孔泡沫塑料。实际上,完全闭孔或完全开孔的泡沫塑料是很难实现的,一般只能得到闭孔或开孔结构占大多数的泡沫塑料。

与闭孔泡沫塑料比较,开孔泡沫塑料对气体和蒸气有更高的渗透性,对水和湿气有更高的吸收能力,对热或电有更低的绝缘性,并有更好的吸收和阻尼声音的能力。

在开孔泡沫结构中,气相为空气。但在闭孔泡沫中,孤立的泡孔中存在的气体,根据所用发泡剂的种类不同而异,可以是氢气、二氧化碳、氮气等。

(2) 泡孔结构的表征

① 泡孔直径 泡孔直径是指所有泡孔直径的平均值。其测试方法是在泡沫塑料截面的显微照片中,一个个地量取泡孔的直径,取平均值。

② 泡孔密度 泡孔密度定义为单位体积泡沫所含有的泡孔数,泡孔密度与平均泡孔直径和泡沫密度有关。

③ 泡孔壁厚 若泡沫塑料的泡孔为球形,则平均壁厚 δ 和平均泡孔直径 d 之间有如下关系:

$$\delta = d\left(\frac{1}{\sqrt{1-\rho/\rho_p}} - 1\right) \tag{4-1}$$

式中　ρ——泡沫的密度,g/cm³;
　　　ρ_p——塑料基体的密度,g/cm³。

由式(4-1)可知,同样密度的泡沫可能有不同的泡孔直径或不同的壁厚,可以通过改变泡孔直径或改变泡孔壁厚来控制泡沫的密度。

4.1.1.5 发泡剂

泡沫塑料是一定黏度范围的聚合物溶液或熔体通过气体发泡制备的。发泡剂是加到聚合物中通过物理或化学作用产生气体,使聚合物在加工条件下发泡形成泡孔结构的助剂。因为发泡剂是发泡材料不可缺少的重要加工助剂,所以发泡剂的开发研究在泡沫塑料领域具有重要的意义。

发泡剂按物质的形态不同,可分为固态、液态和气态三类。依据发泡剂在发泡过程中产生气体方式的不同,一般分为物理发泡剂和化学发泡剂两个大类。

(1) 物理发泡剂 物理发泡剂可以是惰性的压缩气体、易挥发的低沸点液体或易升华的固体。物理发泡剂在聚合物发泡加工前加到聚合物中,受热时发泡剂气化产生气泡,使聚合物发泡形成泡沫塑料。在发泡过程中,发泡剂只是物理形态发生了变化,化学结构并不发生改变。气态的物理发泡剂有空气、氮气、二氧化碳等,气体在压力下溶入聚合物中。升温或压力降低时,气体膨胀释出气泡,使塑料发泡。低沸点液态物理发泡剂主要是氟利昂、脂肪烃和卤代烃等。氟利昂也称氟氯烃,如三氯氟甲烷、三氯三氟乙烷等,无毒不燃,是非常优良的发泡剂,一度在发泡剂市场中占据重要的地位，但氟利昂破坏大气臭氧层的问题日益引起全世界高度重视，氟利昂的使用已受到严格限制。脂肪烃如戊烷、己烷等，是氟利昂的优选代用品，但易燃易爆，使用时必须有严格的防火措施。氯代烃如二氯乙烷等，不易燃烧，但有一定毒性。此外，水也是常用的廉价物理发泡剂。

用物理发泡剂制备泡沫塑料，发泡工艺简单，成本较低。

(2) **化学发泡剂** 化学发泡剂一般是粉末状化合物，易均匀地分散到聚合物中，受热时发生化学反应产生大量气体，使聚合物发泡。与物理发泡剂相比，用化学发泡剂生产的泡沫塑料成本相对较高，工艺较复杂，但制得的泡沫塑料性能较好。按化学结构不同，化学发泡剂又可分为无机发泡剂和有机发泡剂。

① 无机发泡剂 无机发泡剂是最早使用的化学发泡剂，主要有碳酸氢钠、碳酸铵、亚硝酸铵等。其中碳酸氢盐类发泡剂具有安全、吸热分解、成核效果好等特点，产生的气体为 CO_2。无机发泡剂产生气体的原理主要是热分解反应，如碳酸铵和碳酸氢钠的分解反应；也有的是通过金属与酸的置换反应，如锌粉加酸；或复分解反应，如碳酸氢铵加酸等。

无机发泡剂在聚合物中的分散性较差，因而其应用受到一定局限，主要用于橡胶及胶乳海绵制品。但随着微细化和表面处理技术的进步，无机发泡剂的应用领域在逐步拓宽。

② 有机发泡剂 有机发泡剂具有如下特点：a. 在聚合物中分散性好，气泡微细均匀；b. 分解温度范围窄，可以控制；c. 以释放氮气为主，气泡不易从发泡体中逸出，发泡效率较高；d. 达到一定温度时急剧分解，发气量比较稳定；e. 分解放热量过大，易导致制品内部温度大大超过外部温度，影响制品的性能；f. 多为易燃物，使用时要注意安全。

在有机发泡剂发展的半个多世纪历程中，研发的有机发泡剂多达千余种，但真正得到广泛应用的不过十几种。有机发泡剂包括以下种类。

a. 偶氮类发泡剂 偶氮类发泡剂分子结构中含有 —N=N— 键，遇热释放出氮气，其典型代表是偶氮二甲酰胺，俗称发泡剂 AC，外观为橙黄色结晶粉末，熔点约为 230℃，在空气中的分解温度高达 195～210℃，无臭、无毒、不污染、不变色、有自熄性，是常用有机发泡剂中较稳定的品种。

发泡剂 AC 用量占发泡剂之首，用途广泛，几乎涉及泡沫塑料、泡沫橡胶的所有领域。其弊病是橙黄色外观在不完全分解情况下易使制品着色，分解气体组成中有 NH_3 等，有污染和腐蚀作用。为了改善 AC 发泡剂的不足之处，国内外对 AC 发泡剂做了大量的改性和改进，对发泡剂的发气量、颗粒度、颜色、热分解温度等进行优化。

b. 亚硝基发泡剂 多为仲胺或酰胺的 N-硝基衍生物，其代表是二亚硝基五亚甲基四胺（DDT，俗称发泡剂 H）。发泡剂 H 的外观为淡黄色结晶粉末，纯品在 200～205℃分解，配合某些活化剂，发泡温度可调节在 110～130℃范围内。发泡剂 H 属于易燃物，有持续燃烧的倾向，对酸性物质极为敏感,室温下接触能发生剧烈分解,甚至着火,贮藏和运输时须特别小心。

发泡剂 H 是仅次于发泡剂 AC 的第二大有机发泡剂,具有发气量大、发泡效率高、不变色、不污染、价廉等特点。

c. 酰肼类发泡剂　酰肼类发泡剂尤以芳香族磺酰肼最为突出。其典型代表是 4,4′-氧代双苯磺酰肼(OBSH)。发泡剂 OBSH 的外观为白色微晶粉末,分解温度约为 160℃,发气量为发泡剂 H 和发泡剂 AC 的一半,释放的气体为氮气和水蒸气。

发泡剂 OBSH 的发泡特征是气孔结构细微均匀、无着色性,它的适用性极广,几乎可以在所有塑料和橡胶发泡制品中使用,故有"万能发泡剂"的美称。但价格较高,限制了它的应用。

其他化学发泡剂还有三唑类化合物、叠氮类化合物等,不再一一列举。

d. 复合发泡剂　复合发泡剂指的是以发泡剂 AC、发泡剂 H、发泡剂 OBSH 等为主体,两种或两种以上的发泡剂复配使用,或者配合不同类型的活化剂组分和其他助剂等,为满足特定应用领域的需要而配制的发泡剂,以达到价格、溶解性、放热量、分散性、分解温度、发气量等性能的均衡。

4.1.1.6 泡沫塑料形成的原理

泡沫塑料的形成,主要经历气泡成核、气泡增长和泡体稳定三个过程。

(1) 气泡成核过程　发泡的第一步是形成聚合物-气体的饱和溶液。溶解在聚合物中的气体可以压缩在聚合物中,也可以由发泡剂分解产生。当温度升高或压力下降时,气体的溶解度降低,体系处于过饱和状态,气体就有形成气泡逸出的倾向,气泡的形成过程就是成核过程。此时体系除聚合物相外,还产生了新相气相。

经典成核理论认为,气泡成核过程有三种模式:均相成核、非均相成核和混合模式。

① 均相成核　均相成核是指在单一均相体系中,溶解在体系中的气体自行聚集形成稳定的第二相的过程。均相成核有两种情况:第一种情况是不添加任何成核剂,纯粹靠溶解在体系中的气体聚集成核,这要求体系的过饱和度很大,成核比较困难;第二种情况是含有少量的成核剂,但添加量小于其在体系中的溶解度。加入的成核剂可降低成核的能垒。

② 非均相成核　非均相成核是指体系中除气体和聚合物外,还有其他游离的杂质,如添加的成核剂超过其溶解度,游离存在于体系中。气泡成核会优先在这些颗粒表面发生。当体系中气、固、液三相共存时,在三相共存的交界处有一个低能点,成核时将以这个低能点为中心发生相变。

③ 混合模式　均相成核和非均相成核并不互相排斥,可在体系中同时存在。非均相成核要克服的能垒较低,比均相成核更易发生。但在远离非均相成核点的区域内,也可有均相成核发生。也就是说,体系中可以是均相成核和非均相成核共存,这就是混合模式。

(2) 气泡增长过程　泡核形成后,溶解在聚合物中的气体因溶解度降低，持续地从聚合物熔体中向泡核扩散，结合到泡核中，使气泡增长。气体的不断向泡核扩散，使气泡周围聚合物中的气体产生浓度梯度，浓度梯度的存在进一步促使气体扩散，也就促进气泡进一步膨胀。

大小不同的气泡内压力也是不同的，气泡内气体的压力与气泡直径成反比，即气泡越小，气泡内气体压力越高。当大小不同的气泡互相接近时，就会产生气泡的相互合并。两个或多个气泡合并成一个大气泡。气泡合并后，表面更新，表面积减小，总表面能下降，体系更加稳定，因此气泡的合并是一种自然的趋势。

(3) 泡体稳定过程　随着气泡的增长，泡壁逐渐变薄。如果在气泡增长过程中，熔体逐渐冷却，或聚合物逐渐交联，聚合物熔体的黏度逐渐变大，逐渐失去流动性，硬化成固体，气体被包围在固体聚合物的壳体中。只要熔体有足够的黏度和强度，或者能适宜地交联，即使气泡内的气体浓度在继续增加，气泡的内压也在不断增大，但内压不足以使聚合物壳体变形破裂，于是在气体的膨胀过程结束后，气体被包裹在聚合物泡壳之中，最终固定成型，形成稳定的泡孔结构。

如果聚合物熔体强度不足，或者在气泡增长过程中不能适时固化，则随着气泡增长过程中泡压的增大，气体可能冲破泡壁，使气泡破裂或塌陷。为防止气泡的破裂，一方面可提高熔体的强度，使气泡壁有足够强度，不易破裂；另一方面要控制气泡的膨胀速度，使气泡的增长速度与泡壁硬化过程相匹配。如对酚醛泡沫这样的热固性树脂体系，树脂一边发泡，一边固化。如果固化速度太快，气泡尚未充分增长树脂就已硬化，发泡程度不高；固化速度太慢，气泡快速膨胀树脂尚未硬化，气体就会冲破泡壁，致使发泡失败。因此必须控制熔体的固化速度和气泡的增长速度，使两者匹配，才能使泡体稳定。加入表面活性剂，可调节气泡与聚合物熔体的界面张力，有利于泡体的稳定。

4.1.2　酚醛泡沫塑料概述

酚醛泡沫塑料是以酚醛树脂为基体，加入固化剂、发泡剂和其他助剂，在树脂固化的同时，把发泡剂产生的气体分散在其中而形成的泡沫材料。酚醛泡沫塑料的开发始于1940年，已有70年之久。酚醛泡沫塑料被誉为"保温材料之王"。近年来对泡沫塑料的热稳定性和阻燃性提出了严格要求，酚醛泡沫塑料因其耐热、难燃、自熄、耐火焰穿透、遇火无跌落等优点而受到广泛重视。

4.1.2.1　酚醛泡沫塑料的特点

(1) 使用温度范围广　酚醛泡沫塑料有优异的热稳定性，长期使用温度可达150℃，比其他常用泡沫塑料高得多，见表4-1。瞬时工作温度可达200～300℃以上。酚醛泡沫塑料的强度受温度影响不大，在-196℃低温下机械强度基本不变，在130℃下，可保持室温强度的90%。使用温度范围广，在-150～150℃之间。

■表 4-1　几种泡沫塑料的最高使用温度

项　目	酚醛	脲醛	PE	PU	PS	PVC
最高使用温度/℃	150	100	60	120	70	60

(2) 阻燃、低烟、耐火焰穿透　酚是自由基捕捉剂，能吸收聚合物燃烧时分解产生的自由基，阻止燃烧继续进行。这一特性使得酚醛泡沫塑料极难燃烧，有自熄性，氧指数为 50%；若添加阻燃剂，氧指数甚至可高达 70%。酚醛分子结构中只有碳、氢、氧三种元素，高温分解时，除产生少量 CO 外不产生任何其他有毒气体。燃烧时烟密度低，酚醛泡沫塑料的最大烟密度为 5.0%，高密度酚醛泡沫塑料只有 2.3%，而阻燃聚氨酯泡沫塑料的最大烟密度为 74%。两者相比，酚醛泡沫塑料优势明显。酚醛泡沫塑料还有优良的耐火焰穿透功能，100mm 厚的酚醛泡沫板抗火焰能力可达 1h 以上不被穿透。这是因为酚醛树脂是耐烧蚀材料，在火焰作用下表面结炭，无滴落物，无熔化、卷曲现象，表面形成一层"石墨泡沫"层，有效地保护了内层结构。

(3) 隔热性好　酚醛泡沫塑料的热导率低，与聚氨酯泡沫（PU）塑料相当，比 PS 优越，隔热保温性能比传统保温材料如矿棉、玻璃棉、轻软木、珍珠岩等高，见表 4-2。

■表 4-2　各种保温材料的热导率

保温材料	热导率/[W/(m·K)]
酚醛泡沫塑料	0.017~0.029
PU 泡沫塑料	0.017~0.029
PS 泡沫塑料	0.032~0.047
矿棉	0.034~0.037
轻软木	0.038~0.043
混凝土砌块	0.035
普通砖	0.698

(4) 耐腐蚀、抗老化性能好　酚醛泡沫塑料耐无机酸、有机酸及盐类的侵蚀，但不耐碱。有机溶剂如苯、丙酮等可使其软化，但不能溶解。耐候性好，长期暴露在阳光下无明显老化现象。因其具有良好的闭孔结构、吸水率低、防水防湿、防水蒸气渗透能力强，所以酚醛泡沫塑料的耐腐蚀、抗老化性能优良，使用寿命比其他有机绝热材料长。

(5) 尺寸稳定　酚醛泡沫塑料的线膨胀系数小，因而其制品尺寸随温度变化小，尺寸稳定。在使用温度范围内尺寸变化率小于 1%，在 100℃下放置 2 天，仅开始几小时收缩约 0.3%，以后便保持稳定。

(6) 易粉化掉渣　固化酚醛树脂是刚性结构，交联密度大，因而酚醛泡沫塑料脆性大，泡沫塑料易粉化，这是酚醛泡沫塑料最大缺点，限制了它的广泛使用。酚醛增韧是改善酚醛泡沫塑料的粉化、提高其性能的重要研究课题。

4.1.2.2　酚醛泡沫塑料的发展概况

酚醛泡沫塑料最早是在第二次世界大战初期由德国科学家贝克兰研制成

功的,以商品名"Troporit-P"推向市场,替代轻木在航空工业中用作结构材料。

酚醛泡沫塑料问世后 20 年,其发展相对比较缓慢,远不及 PS、PE、PU 等泡沫塑料。20 世纪 60 年代后,发生了数起严重的建筑物火灾事件,引起公众对建材特别是合成材料阻燃防火问题的关注,世界各先进国家制定了一系列有关材料阻燃防火的法规。酚醛泡沫塑料具有阻燃、低烟、自熄、尺寸稳定、遇火热分解不释放有害气体等独特的性能,其防火性能远优于其他各种泡沫塑料,可使火灾的危害大大降低,酚醛泡沫的优良性能得到世界各国高度的重视。

进入 20 世纪 70 年代,酚醛泡沫塑料的研究和应用受到广泛重视。国外一些企业和研究机构投入大量的人力和物力,使酚醛泡沫塑料从研究到生产都取得长足的进步,相继形成了大量的成果和专利。酚醛泡沫塑料从树脂合成、催化剂、发泡剂、匀泡剂、发泡工艺和设备等方面均获得了高速的发展。如发泡树脂采用了液态的热固性酚醛树脂(Resole),发泡剂开发了氟利昂等液态发泡剂和高效的化学发泡剂,泡沫的闭孔率提高到 90% 以上,开发了连续发泡工艺设备和现场发泡技术等,酚醛泡沫塑料进入高速发展时期。

我国的酚醛泡沫塑料研制始于 20 世纪 80 年代,因当时的原材料和条件限制,技术落后,设备简单,产品低档,也未被人们认识。进入 90 年代后,国内一些企业和大专院校纷纷投入对酚醛泡沫塑料的研究,加快了酚醛泡沫塑料进展的步伐。90 年代中期,上海尖端工程材料有限公司和上海平板玻璃厂率先在国内建立了酚醛泡沫塑料的生产线。

近十几年来,随着我国经济的高速发展,酚醛泡沫塑料遇到了历史性的发展机遇。在技术方面,不仅解决了酚醛泡沫塑料生产效率低的问题,而且在克服酚醛泡沫塑料脆性粉化品质缺陷方面也取得了成果。在发泡工艺方面,针对近年来 PU 价格大幅度上涨出现的市场空间,开发了酚醛现场发泡的技术和喷涂设备。在发泡设备制造方面,国内的一些制造企业吸取国外先进技术,已成功推出了酚醛泡沫专用浇注机、计算机控制新型切割机和酚醛连续发泡层压机。我国的酚醛泡沫塑料研究、生产水平和发泡设备的制造技术与国外先进国家的差距在不断缩短,我国酚醛泡沫塑料事业必将进一步快速发展。

4.1.3 酚醛泡沫塑料的制备

酚醛泡沫塑料是由酚醛树脂在固化剂、发泡剂存在下,同时进行发泡、固化而制备的。为改善泡孔的结构和泡沫的性能,常加入表面活性剂、填料和各种改性剂。因此,制备性能优良的酚醛泡沫塑料与原材料和发泡工艺设备密切相关。

4.1.3.1 酚醛泡沫塑料的原材料

(1) 树脂 酚醛树脂有热塑性酚醛（Novolac）树脂和热固性酚醛（Resol）树脂两大类型，都可用作制作泡沫塑料的材料。但 Resol 型树脂是酚醛泡沫塑料的主流。

Resol 树脂的制备以碱为催化剂，苯酚与甲醛的物质的量比为 1.5～2.5。催化剂可以是钡、镁、钠、钾的氧化物或氢氧化物和氨水等，国内用于制备泡沫塑料的酚醛树脂多用氢氧化钠作催化剂。Resol 树脂为棕红色黏稠液体，俗称液态树脂。苯酚与甲醛的反应分为加成反应（生成羟甲基）和缩聚反应两步。树脂中残留羟甲基的多少与树脂的活性有关，羟甲基含量高，则树脂黏度较低，活性较大；反之，羟甲基含量低，则树脂黏度增高，活性降低。由于残留的羟甲基即使在室温下也会缓慢地反应，因此 Resol 树脂在贮存中黏度会增大，一般室温下贮存期 4～8 周，最多不超过 12 周。

树脂的控制指标主要是黏度、水分和游离酚含量。

树脂的黏度是最重要的指标之一，黏度的高低影响发泡条件和泡沫质量。黏度过高，各组分不易均匀混合，流动性差，充模困难；黏度太低，固化、发泡难以同步进行，发泡剂易逃逸，并出现大气泡，不利于形成均匀微细的泡孔结构。发泡用树脂的黏度一般控制在 3～5Pa·s。

树脂中的水分含量既影响树脂的黏度，又影响泡孔的结构。水分含量过高，在发泡和熟化过程中会因水分蒸发而引起泡孔破裂，导致开孔率增高，泡沫的热导率增大；反之，水分含量过低，虽然可以使树脂黏度增高，改善泡孔结构，提高泡沫制品的隔热性能，但导致发泡工艺操作困难。研究表明，树脂的含水量宜在 6%～8% 的范围内。

游离酚有毒性，含量越低越好。一般将游离酚含量控制在 5% 以下。

液态 Resol 树脂加入发泡剂、酸催化剂、表面活性剂后剧烈搅拌，就能发泡成型。

Novalac 树脂的合成以酸作催化剂，如盐酸、硫酸、草酸等，苯酚与甲醛的物质的量比小于 1，一般在 0.8 以下。酸是羟甲基缩聚强烈的催化剂，羟甲基一旦生成，立即参加缩聚反应，不能游离存在。由于甲醛含量不足，反应进行到甲醛消耗完不再进行。加入固化剂六亚甲基四胺或补加甲醛，可继续反应固化。

Novalac 树脂加入固化剂、发泡剂一起混合，通过加热使树脂熔融，发泡剂分解起泡，同时树脂进一步缩聚固化，制成泡沫塑料。酚醛泡沫塑料问世时，采用的就是 Novalac 树脂。但原料成本高、发泡温度高、生产周期长、设备较庞大、收率低、能耗大、发泡工艺操作比较困难，因此 Novalac 树脂在酚醛泡沫塑料中现已处于次要地位。

(2) 催化剂 Resol 酚醛树脂分子结构中残留有活性羟甲基，酸是羟甲基缩聚的强催化剂，缩聚反应放出的热量可促使发泡剂急剧气化，因此可用酸作为酚醛发泡中的催化剂，其类型和数量对泡沫的质量有极其重要的影响。催化剂可用无机酸或有机酸。无机酸如盐酸、硫酸、硝酸、磷酸等，有机酸如草酸、己二酸、苯磺酸、甲苯磺酸、乙酸等，也可几种酸混合使用。使用盐酸、硫酸等强酸，固化诱导期短，发泡快，固化彻底，泡孔不易塌陷，但对金属有很强的腐蚀性。腐蚀问题是酚醛泡沫塑料的一大难题。利用甲醇、乙醇等低级醇类稀释无机酸可起缓蚀作用，也可添加抗腐蚀剂，如氧化钙、氧化铁、硅酸钙、碱金属和碱土金属的碳酸盐，以及锌、铝等。例如，日本的研究显示在 100 份树脂中加入 10 份 Na_2SO_3，以苯磺酸为催化剂，制得的酚醛泡沫塑料在 25℃、95％湿度下放置 90 天，对铁板无腐蚀，而不放 Na_2SO_3 则腐蚀严重。

近年来，国内外多使用芳香族磺酸为基础的催化剂，一方面腐蚀性比盐酸等强酸小，另一方面具有增塑作用。采用有机酸与无机酸混合催化剂的报道也很多，如由甲苯磺酸 100 份/磷酸 50 份或二甲苯磺酸 85 份/苯磺酸 15 份/磷酸 10 份组成的混酸固化体系。硼酸或硼酐与草酸混合也是有效的固化体系，制得的酚醛泡沫塑料具有腐蚀性小和阻燃性好的特点。一些金属卤化物，特别是氯化钡、氯化铁等的掺入，既有催化作用，又能提高泡沫塑料的阻燃性。

酚醛树脂的发泡过程和固化过程是同时进行的，因此催化剂（或固化剂）种类和用量的选择应使固化速度与发泡速度相匹配，能在气泡发生、膨胀到所需要的程度时完成固化。这就要求使用的固化剂或催化剂使固化速度能在很宽的范围内变化，固化反应能在较低温度下进行，固化剂或催化剂用量也应与发泡剂用量相匹配。

(3) 发泡剂　酚醛树脂中残留的水分和甲醛有发泡作用，但只能得到不规则的大孔。要制备泡孔结构优良的酚醛泡沫塑料，必须添加发泡剂。酚醛树脂发泡一般选用低沸点的液态有机发泡剂，其在树脂中容易分散，对改善泡孔结构也有利。

原来最常用的液态发泡剂是氟氯烃（氟利昂），如 F11（三氯氟甲烷）、F113（三氟三氯乙烷）等，不燃、无毒、无腐蚀、化学性质稳定，但氟氯烃破坏大气臭氧层，世界各国已限制它的使用，氟氯烃逐渐退出发泡领域。现在一般采用无氟液态发泡剂，如异戊烷、正戊烷、环己烷等，但烷烃发泡剂易燃，必须采取严格的消防措施。氯代烃如二氯甲烷、氯仿、四氯化碳等，因化学性质稳定、发气量高而受到重视，其中二氯甲烷最常用。低沸点的醚类、酮类等也可用作发泡剂。

固体发泡剂一般采用与酸反应或受热分解的化学发泡剂，如铝粉、Na_2SO_3、Na_2CO_3、$(NH_4)_2CO_3$、$NaNO_3$、$CaCO_3$ 等。气体发泡剂也可采用，如将氮气、二氧化碳等惰性气体压缩溶解在酚醛树脂中，温度升高或压力下降使气体膨胀发泡。发泡剂 AC、发泡剂 H 等化学发泡剂性能优良，也可在酚醛发泡中使用。但其分解温度较高，价格也相对较贵，使用不如液体发泡剂普遍。

(4) 表面活性剂 表面活性剂是分子结构中同时含有亲水和亲油两种基团的两性化合物,在发泡领域也称"匀泡剂"、"整泡剂"、"泡沫稳定剂"。其作用是降低树脂的表面张力,在发泡过程中提高泡孔的牢固性,使泡孔结构保持稳定,使泡孔的大小和孔径分布更为均匀,从而提高泡沫塑料的质量。表面活性剂必须对酸稳定。

酚醛树脂发泡中使用的表面活性剂主要是非离子表面活性剂,如硅氧烷类、吐温、脂肪醇聚氧乙烯醚、聚环氧乙烷山梨糖醇脂肪酸酯、含氟的烃类、乙烯氧化物与蓖麻油和烷基酚的缩聚物等。非离子表面活性剂能提高泡沫闭孔率,增加泡沫的绝热、隔声性能,适用于绝热和防火材料。阴离子表面活性剂能提高泡沫开孔率,增加泡沫的吸水性,适宜在用作花卉泥的酚醛泡沫中使用。也常采用两种或两种以上表面活性剂混合使用,如吐温加有机硅可使泡孔细小、热导率降低。

表面活性剂用量一般为酚醛树脂质量的 2%~4%。

(5) 改性剂和填充剂 为了改善酚醛泡沫的性能,降低成本,常常添加改性剂和填充剂。添加增塑剂可改善酚醛泡沫的脆性,常用的增塑剂有邻苯二甲酸二辛酯、磷酸三甲苯酯、聚乙二醇等。酚醛树脂自身有阻燃性,但长时间暴露在明火、高温环境下,会发生阴燃和灼烧,直到全部烧损。这一过程通常称为"闷烧"(即无烟燃烧)。添加阻燃剂,可进一步提高酚醛泡沫的阻燃性,防止闷烧。阻燃剂有三氧化二锑、水合氧化铝等,某些有机酰胺,如脲、硫脲、二氰基酰胺、氰尿酰胺等也可作为阻燃剂。适当添加填充剂可改善泡沫塑料的性能,如降低脆性、改善刚性等。常用的填充剂如玻璃纤维、高岭土、粉煤灰等,既可改良酚醛泡沫性能,又可降低成本。

综合以上对制备酚醛泡沫原材料的论述,给出生产酚醛泡沫塑料的参考配方,如表 4-3 所示。

■表4-3 酚醛泡沫塑料制备的参考配方

原料	特征	用量/质量份
酚醛树脂	2~4Pa·s (25℃)	100
催化剂	有机酸	10~20
表面活性剂	非离子表面活性剂	2~8
改性剂	聚乙二醇	10~20
发泡剂	低沸点氯代烃	10~20
填充剂	无机化合物	2~20

4.1.3.2 酚醛泡沫塑料的增韧改性

酚醛泡沫塑料的最大弱点是脆性大,泡沫塑料易粉化掉渣,解决的方法是增韧。酚醛泡沫塑料增韧后脆性和粉化掉渣现象可得到一定程度的改善,但往往耐热性和阻燃性有所下降。因此,提高酚醛泡沫塑料的韧性,同时不影响或少影响其耐热性和阻燃性,是酚醛泡沫塑料增韧改性研究的一大课题。

(1) **烷基酚增韧** 在酚醛树脂合成中,用部分烷基酚代替苯酚,如甲酚、二甲酚、壬基酚等,可提高树脂的韧性,特别是壬基酚,酚环上带有柔性的 9 碳长链,对提高酚醛泡沫塑料的韧性有明显效果。一般烷基酚的用量占酚量的 20% 以上。

(2) **腰果壳油改性** 腰果壳油中含有的主要成分是间位上带有 15 碳的单烯或双烯长链的酚,因此可以部分代替苯酚制备酚醛树脂。由于长支链的存在,酚醛树脂的韧性可有较大改善。但是腰果壳油是天然产物,产地不同,含有的成分也不尽相同,加上加工中脱羧可能不完善,使得腰果壳油的质量指标不易控制,导致酚醛树脂质量不稳定。但石油的涨价使苯酚价格提高,而腰果壳油相对便宜,因此腰果壳油改性酚醛泡沫塑料有一定发展前景。

(3) **聚氨酯低聚物改性** 聚氨酯是由异氰酸酯化合物和聚醚多元醇聚合而成的,其中醚键是柔性基团,—NCO 基团有很大活性,可与 Resol 酚醛树脂中的羟基、羟甲基反应,将聚氨酯化学键合到酚醛树脂的结构中,从而显著提高酚醛泡沫塑料的韧性。

(4) **聚乙二醇增韧** 聚乙二醇也称聚氧乙烯醚,主链中含有大量柔性的醚键,两端是羟基。聚乙二醇可直接作为改性剂加到酚醛树脂中,两端的羟基与酚醛树脂中的羟甲基有亲和性,有利于两者相容。若与二异氰酸酯化合物,如甲苯二异氰酸酯等与聚乙二醇的端羟基反应,使聚乙二醇的结构变为端异氰酸酯的聚氧乙烯醚,由于端—NCO 基团可与酚醛树脂中的羟甲基反应,就可将聚乙二醇化学结合到酚醛树脂的网络结构中,增韧的效果会更好。

(5) **液态丁腈橡胶改性** 丁腈橡胶与酚醛树脂有较好的相容性。在合成酚醛树脂的过程中,加入适量的液态丁腈橡胶,使橡胶相以微小的颗粒均匀地分散在酚醛树脂之中,固化后形成所谓的"海岛"结构,可使酚醛树脂增韧。如果采用端羧基的液态丁腈橡胶,因羧基有可能与酚醛的羟甲基反应,"海岛"结构中塑料相与橡胶相的界面有化学键连接,增韧效果更好,耐热性也有所改善。

4.1.3.3 酚醛泡沫塑料的生产工艺和设备

酚醛泡沫塑料的制备工艺有间隙法、连续法和喷涂法等。

(1) **间隙法** 间隙法是按配方将制备酚醛泡沫塑料的原料混合均匀后,浇注到模具中,经发泡、固化、脱模,制成泡沫塑料制品。该方法也称浇注法。

间隙法采用的树脂主要是 Resol 酚醛,也有 Novalac 树脂,其工艺流程如图 4-1 所示。按配方将固化剂以外各组分准确称量,加入搅拌式快速混料机中,充分混合后,再加入催化剂,充分混合,浇注到模具中。浇注液温度控制在 30~35℃,模腔壁温度控制在 40~45℃,浇注时间控制在 30~60s。树脂在酸作用下开始缩聚固化,反应释放的热量使发泡剂产生气体,也使水

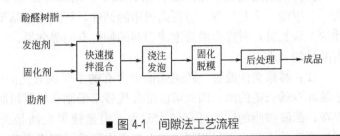

■ 图 4-1　间隙法工艺流程

蒸气蒸发，这些气体促使混合液发泡，待泡沫在模腔中固化完全后脱模，即得到硬质酚醛泡沫塑料制品。

间隙法的优点是：操作简便，设备投资少，适宜制作块状、板状等形状简单的制品。其缺点是：劳动强度大，生产效率低，原材料消耗大，制品密度不均匀，表层质量差。

间隙法也可用来生产有装饰面层的酚醛泡沫塑料夹心板，操作工艺同上，但模具结构上增加了一块浮动盖板。浇注前先将一块装饰面层放在模腔底部，另一块装饰面层覆在盖板内侧。发泡混合液定量浇注到模腔后，即盖上盖板，盖板在混合液发泡、固化过程中向上浮动，装饰面层则粘贴在泡沫表面，固化脱模后，即得到芯层为酚醛泡沫、表面为装饰面层的夹心装饰板。

(2) 连续法　连续法制备酚醛泡沫塑料是在间隙法的基础上发展起来的，该方法的特点是配料、混合、浇注及成型等操作连续进行，生产过程可计算机控制，自动化程度和生产效率高。连续法适合大规模制造酚醛泡沫板材，生产的板材质量高，原材料损耗小。

图 4-2 是"Paul Vidal"法连续制造酚醛泡沫塑料板的设备。设备由混合器、分配器、条形板式输送履带、传动鼓轮、清洗装置等部分组成。

将酚醛泡沫的原材料连续计量加入混合器中充分混合，混合液经分配器定量连续地注入两个输送带之间的空隙中，输送带之间的距离即为泡沫的厚

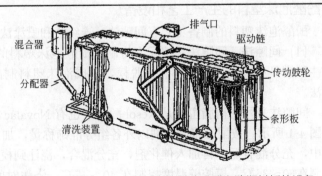

■ 图 4-2　"Paul Vidal"法连续制造酚醛泡沫塑料板的设备

度,可以调节。发泡混合液在输送带之间一边前移,一边发泡、固化,离开输送带时,即成酚醛泡沫板材,经切割成所需长度,即为成品。输送带条形板经清洗装置清洗干净后,再次进入混合液浇注位置。该设备的生产能力为2m/min,板材的最大宽度为1.2m,厚度为20~150mm,密度为32~96kg/m³。制得的板材密度均匀、平整光滑。

（3）**喷涂法** 喷涂发泡是适合于建筑物保温隔热层现场施工的一种方法,喷涂发泡采用液压式喷涂设备,该设备由两个贮罐和自动计量装置、液压操纵混合头及喷嘴等组成。施工前先将Resol树脂、表面活性剂、部分发泡剂等混合成树脂预混液,置于树脂混合液贮罐中,在另一贮罐中加入由酸催化剂和剩余部分的发泡剂预混成的催化剂预混液,经自动计量装置计量,两种混合液组分各按配方比例流经混合头混合后,在一定压力下由喷嘴喷涂到目标物上,经一定时间的发泡和固化,即成酚醛泡沫涂层。制成的酚醛泡沫具有密度低、强度高、开孔率高、阻燃隔热性好等特点。

4.1.3.4 酚醛泡沫塑料的性能

酚醛泡沫塑料的性能因配方、发泡工艺、用途而异,不能一概而论。表4-4列出了典型酚醛泡沫塑料的性能,以供参考。

■表4-4 酚醛泡沫塑料的性能

项目名称		技术指标	实测结果	测试方法
密度/（kg/m³）			70	
热导率/[W/(m·K)]		<0.033,平均测试温度15℃	0.023,平均测试温度14℃	GB 10294
燃烧性能B1级	燃烧剩余长度最小值/mm	>0	165	GB 8625
	燃烧剩余长度平均值/mm	>150	267	GB 8625
	烟气温度/℃	<200	116	GB 8625
	烟尖高度/mm	<150	10	GB 8626
	烟密度等级	<75	2	GB/T 8627
氧指数/%		—	52	GB/T 2406
热作用下尺寸稳定性[①]/%		<2.0	1.5	GB 8811
压缩强度/MPa		>0.15	0.18	GB 8813
弯曲力/N		>10	14	GB 8812
吸水率/%		<7.5	5.6	GB 8810

① 数据由上海平板玻璃厂提供,70℃放置48h后,尺寸变化率。

4.1.4 酚醛泡沫塑料的应用

酚醛泡沫塑料耐温绝热、低烟阻燃、防腐抗湿,综合性能优良,既能解决有机保温材料的防火问题,又能解决无机保温材料的皮肤刺痒问题,是理想的隔热保温材料,且原料易得,价格低廉,工艺简便,因此近年来在国内外发展很快,广泛应用于石油、化工、交通运输、建筑、冷藏等对保温隔热材料有较高要求的领域。

4.1.4.1 建筑业

酚醛泡沫塑料在建筑业领域应用前景诱人,如用于墙体保温、外墙复合板、屋顶保温层、隔热天花板、房屋吊顶、办公室隔板及隔声屏风等。利用酚醛泡沫塑料的防火、阻燃、自熄、燃烧无烟性,可制成防火板、耐火墙、防火门等。

西欧及东南亚国家在屋顶保温层和天花板上使用酚醛泡沫塑料板材,隔热效果比普通屋面材料好 2~3 倍。由于酚醛泡沫的热导率低,在外墙内保温工程中,使用 25mm 厚的酚醛泡沫板就可达到节能 50% 的要求,而使用 PS 泡沫板需 35mm 厚才能达到同样的节能要求,况且 PS 还不能防火。可见酚醛泡沫塑料是节能低碳的先进隔热材料。

酚醛泡沫在中央空调管道保冷中也得到推广应用,可用于宾馆、医院、大型体育场馆、高层建筑的中央空调和通风系统管道、风管及设备的绝热。冷风风管的设计采用泡沫两侧复合特种铝箔,在工厂内制成风管,再到现场安装,这就免去了现场安装保温层及外覆层的传统工艺,大大提高了工作效率。

以酚醛泡沫为芯层,彩钢板或铝板为面层的酚醛泡沫夹心板,不仅具有优良的隔热性能,而且保留了金属材料所特有的强度,在工业厂房、船舶、体育场馆、民用住宅、医院、活动板房与组合式冷库等建筑中,有良好的发展前景。

4.1.4.2 交通运输

酚醛泡沫塑料可用作船舶、汽车、火车、地铁、飞机等交通运输工具的绝热材料。由于酚醛泡沫塑料的防火性优良,机械强度好,吸水率低,特别适合用作舰船的隔热材料,可一定程度上减小海上火灾因救助困难造成的损失。也适合用作渔船的冷藏舱和天然气运输船的隔热材料,同时还可减轻船体的重量,增加承载能力。国内外都有将酚醛泡沫塑料用于舰艇建造的实用例子。

4.1.4.3 石油化工

酚醛泡沫塑料热导率低,防火性和耐化学药品性好,特别适宜用作石油、化工、热电厂的容器、贮罐、设备和管道的保温材料。特别是既要求保温绝热又要求高度防火的部门,如天然气液化等部门,酚醛泡沫塑料是最佳选择。采用酚醛泡沫塑料作输油管的防腐保温材料,可克服矿渣棉与玻璃棉等传统材料吸水率大、保温效果差、对潮湿低温地区不适应的缺点。用酚醛泡沫塑料作供热中心热力管网的理想保温材料,可以在较低的温度损失下输送更远的距离。

4.1.4.4 食品冷藏业

酚醛泡沫塑料从-196℃到室温温差约200℃的范围,都能保持良好的绝热效果,有优异的耐寒性,尤其适用于食品冷藏、冷库的保温和保冷。据统计,冷库火灾多数是施工和生产中引着可燃性绝热材料造成的,用酚醛泡沫塑料作保温材料,可大大降低冷库火灾的发生率。

4.1.4.5 花卉泥

利用高开孔率酚醛泡沫塑料的脆性和吸水性,酚醛泡沫塑料广泛用作花卉市场上的花卉泥。花卉泥实际上是制成本色、绿色、棕色、蓝色等颜色的酚醛泡沫塑料块。它充分吸水后,可在花卉市场上作为插花泥和培养土使用。将鲜花插入充分吸水的酚醛泡沫塑料中,可延长鲜花寿命,持续花卉的美化和欣赏效果,对长途运输鲜花的保鲜有特殊的价值。

4.1.4.6 其他

酚醛泡沫塑料有优良的隔声性能,可用作消波吸声材料。另外,酚醛泡沫塑料在冶金、军工、医药等行业均有应用。

4.2 酚醛涂料

4.2.1 概述

涂料,俗称油漆,是一种可采用不同的施工工艺涂覆在物体表面上形成连续的固态薄膜的材料,而形成的薄膜称为涂膜、漆膜或涂层。

我国使用涂料已有悠久的历史。最早使用的涂料是动植物的油脂和漆树的分泌物,故涂料在我国俗称为油漆。在距今约7000年的河姆渡原始社会遗址中,出土的文物就有用生漆涂刷过的木器,可见我国是最早使用涂料的文明古国之一。

涂料通过涂膜的形成发挥作用,其主要作用如下。

① 保护作用 在物体表面形成保护膜,避免物体表面直接受氧气、水分等侵蚀,避免或延缓金属锈蚀、木材腐朽,延长被保护物体的使用寿命。

② 装饰作用 赋予物体绚丽多彩的外观,美化环境,丰富人们的精神生活和物质生活。

③ 功能作用 赋予材料特殊的功能,如电绝缘、导电、电磁波屏蔽、防静电、杀菌防霉、防海洋生物黏附、示温、标记、吸波、发光等特殊的功能。

涂料一般由成膜物质、颜料、助剂和溶剂组成。成膜物质是涂料最主要的组分,其功能是通过物理或化学作用在物体表面形成涂膜;颜料赋予涂膜美丽的色彩；助剂品种繁多，对涂料的生产过程、贮存过程、施工过程和涂膜的性能发生特殊的作用；溶剂用来调节涂料的黏度，使涂料便于施工，但溶剂在涂料成膜过程中挥发到大气中，污染环境，因此研发以水为溶剂的水性涂料和无溶剂的粉末涂料，是涂料工业发展的重要方向。

涂料的成膜物质有天然物质、天然树脂的加工产品和合成树脂。天然物质如来源于植物的油、生漆、松香等，来源于动物的虫胶和油脂等，来源于矿物的天然沥青等；天然树脂的加工产品如纤维素和橡胶的加工产品氯化橡胶等；合成树脂如酚醛树脂、丙烯酸树脂、环氧树脂、聚氨酯等。

酚醛涂料是以酚醛树脂或改性酚醛树脂为主要成膜剂的涂料，是涂料中的一大类重要品种。酚醛树脂用于涂料工业已有悠久的历史，主要是代替天然树脂与干性油配合制漆，因此常归属于油基树脂漆的范畴。如果说传统意义的油漆是以油脂、生漆等天然物质为成膜剂，建立在现代化学工业基础上的涂料是以合成树脂为成膜剂。酚醛涂料结合了最早人工合成的酚醛树脂和松香、油脂等天然物质，是一类纯天然油漆向纯合成涂料的过渡产品。近年来虽然出现了各种性能更优良的合成树脂涂料，但由于酚醛树脂成本较低，改性品种层出不穷，所以酚醛树脂漆在涂料工业中仍占有很大的比重。

酚醛树脂漆大致可分为三类：醇溶性酚醛树脂漆、改性酚醛树脂漆和油溶性纯酚醛树脂漆。

4.2.2 醇溶性酚醛树脂漆

醇溶性酚醛树脂漆是由酚（主要是苯酚）和甲醛合成的酚醛树脂溶解在醇类溶剂中制得的，可以直接用作涂料而不必与油脂并用。由于在涂料工业中一般要求酚醛树脂有良好的油溶性，所以醇溶性酚醛树脂的用途有限，除在耐化学腐蚀涂料、胶泥等方面使用外，很少应用。

醇溶性酚醛树脂分为热塑性和热固性两大类别。

4.2.2.1 热塑性醇溶酚醛树脂

热塑性酚醛树脂（Novolac）由酚和醛以物质的量比 $1:(0.7\sim1.0)$，在酸性催化剂存在下合成，然后将酚醛树脂溶解在醇类溶剂中，即制得热塑性醇溶酚醛树脂。常用的酸性催化剂有盐酸、草酸、硫酸、磷酸等。

酸是缩聚反应强烈的催化剂，一旦酚与醛加成生成羟甲基就立即发生缩聚反应，羟甲基不能游离存在。由于配方中酚与醛的物质的量比大于1，甲醛量不足，一旦甲醛消耗完，反应也就终止，因此只能得到分子量不大的线型热塑性酚醛树脂，能溶解在醇类溶剂中。由于体系中依然存在剩余的邻对位活泼氢，只要补充甲醛或其他反应性化合物，缩聚反应可继续进行，直至固化。热塑性酚醛涂料在使用中，一般加入六亚甲基四胺作固化剂，加热使其固化成膜。

热塑性酚醛涂料配方的一个例子如下。

(1) 配方（质量分数）

	苯酚	57.31%
	甲醛（37%）	41.83%
	盐酸（30%）	0.57%
	草酸（0.29）	0.29%
	合计	100%

酚与醛的物质的量比=1:0.85。

(2) 树脂的质量指标

	外观	黄棕色透明固体
	软化点（环球法）	高于100℃
	游离酚	小于6%
	凝胶时间	130～180s

凝胶时间的测定方法：将树脂加10%六亚甲基四胺，置于150℃的电热板上，用玻璃棒迅速均匀搅动，直至树脂成胶，不能拉出丝来。记录由开始至成胶的时间，即为凝胶时间。

4.2.2.2 热固性醇溶酚醛树脂

热固性醇溶酚醛树脂（Resol）由酚和醛以物质的量比1:(1～2)，在碱性催化剂存在下合成，然后溶解在醇类溶剂中。常用的碱性催化剂有氢氧化钠、碳酸钠、氢氧化钡、氨水等。

碱是较温和的催化剂，酚与醛加成生成的羟甲基缩聚较慢，能够游离存在。由于酚与醛的物质的量比小于1，若反应持续进行到底，体系将会固化，因此必须在反应中途降温，终止反应。但体系中游离羟甲基依然存在，使用时加热或加入酸作催化剂，缩聚反应能继续进行，直至固化成膜。

热固性酚醛涂料树脂配方的一个例子如下。

(1) 配方（质量分数）

	苯酚	21.3%
	甲醛（37%）	32.4%
	氨水（25%）	1.32%
	甲酚	6.05%
	乙醇	20.23%
	丁醇	9.70%
	合计	100%

酚与醛的物质的量比=1:1.2。

(2) 质量指标

	外观	深棕色黏稠液体
	游离酚	小于10%
	不挥发分	(40±1)%
	黏度（涂4杯，25℃）	12～20s

4.2.2.3 热固性酚醛胶泥

由苯酚和甲醛在碳酸钠存在下缩合成热固性树脂，再加入填料、增塑剂和固化剂后制成酚醛胶泥，可耐温度不超过120℃的硫酸、盐酸、氨气及二氧化碳的腐蚀，用于化工防腐涂层及塑料。

酚醛胶泥制造的一个例子如下。

(1) 配方（质量分数）　　苯酚　　　　44.95%
　　　　　　　　　　　　甲醛（37%）　53.88%
　　　　　　　　　　　　碳酸钠　　　　0.45%
　　　　　　　　　　　　盐酸　　　　　0.72%
　　　　　　　　　　　　合计　　　　　100%

酚与醛的物质的量比=1∶1.4。

(2) 树脂性能指标　　　　外观　　　　棕色黏稠液体
　　　　　　　　　　　　游离酚　　　小于12%
　　　　　　　　　　　　水分　　　　小于12%

用作酚醛胶泥时配方如下（质量份）：酚醛 10 份；烘干石墨（或磁粉）10 份；改性剂（松香钙皂与桐油的熬炼物）1 份；苯磺酰氯-70%丙酮溶液 1.4 份。按上述比例混合后，4h 内用完，否则树脂将逐渐自行固化。

4.2.3 松香改性酚醛树脂漆

松香改性酚醛树脂是先用苯酚和甲醛在碱性催化剂存在下合成热固性酚醛树脂，再与松香反应，然后用甘油或季戊四醇等多元醇酯化，制成松香改性酚醛树脂。这类树脂是红棕色的透明固体，软化点比松香高 40~50℃，油溶性良好。将松香改性酚醛树脂与干性油熬炼成各种油度的漆料，再加入催干剂、溶剂、颜料等，即可制成松香改性的酚醛清漆、瓷漆、底漆等。

由于松香改性酚醛树脂漆性能较好，价格低廉，所以品种很多，在酚醛树脂漆中占有重要的地位，广泛应用于木器家具、建筑、一般机械产品以及船舶、绝缘、美术漆等方面。

4.2.3.1 松香

松香是从松树分泌出来的黏稠液体中蒸馏得到的天然树脂，是一种透明、脆性的固体，外观呈微黄至棕红色。松香分为脂松香和木松香两种。脂松香从赤松、黑松、油松等松树皮层分泌出的松脂中提炼而得，用水蒸气蒸馏提取松节油后，残留物即为脂松香。木松香是将松树砍伐后的残根劈碎后经水蒸气蒸馏分离出挥发性油，再用清油萃取得到的松香。

松香的主要成分是各种同分异构体的树脂酸，占 90% 以上，分子式为 $C_{19}H_{29}COOH$，其中最有代表性的是松香酸，在松香中含量常达 50% 以上，其熔点为 170~172℃。其他异构体有新松香酸、左旋海松酸、右旋海松酸、右旋异海松酸等。各种松香成分结构式如图 4-3 所示。

松香的成分因产地而异，且各种树脂酸异构体在一定条件下可互变。松香可直接制漆，虽能增加一些漆膜的硬度和亮度，但脆性大，易失光，漆膜易受大气、水分和碱类的作用而破坏。因此松香常须经适当加工，制成松香皂、松香酯或用其他材料改性，以提高漆膜的性能。

松香皂是松香树脂酸的金属盐，制备方法有熔融法和沉淀法两种。熔融

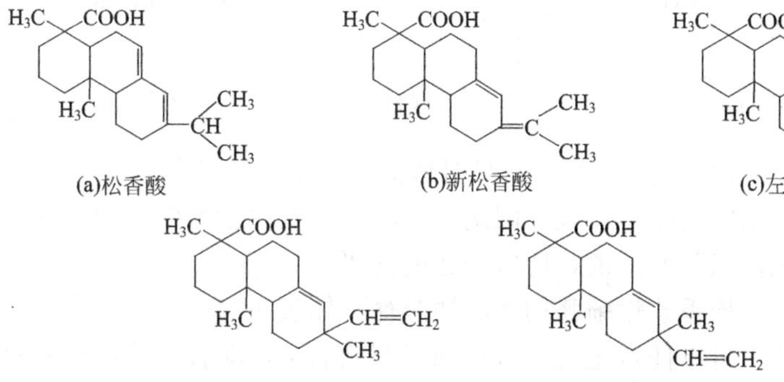

(a)松香酸　(b)新松香酸　(c)左旋海松酸

(d)右旋海松酸　(e)右旋异海松酸

■ 图 4-3　各种松香成分的结构式

法是松香中的树脂酸与金属氧化物或某些盐类在高温下反应制备的，其反应式如下：

$$2C_{19}H_{29}COOH + MeO \longrightarrow (C_{19}H_{29}COO)_2Me + H_2O$$

沉淀法则是先用熔融法制得水溶性的松香钠皂，再用相应的金属盐类沉淀置换的方法制备松香皂类。例如松香钴皂制备的反应式如下：

$$C_{19}H_{29}COOH + NaOH \longrightarrow C_{19}H_{29}COONa + H_2O$$

$$2C_{19}H_{29}COONa + (CH_3COO)_2Co \longrightarrow (C_{19}H_{29}COO)_2Co + 2CH_3COONa$$

松香皂有松香钙皂、松香铅皂、松香钴皂、松香锌皂等，除松香钙皂用作制漆树脂外，其他皂类在涂料工业中主要用作催干剂或其他用途。

松香酯是松香酸的多元醇酯，常用的多元醇有甘油和季戊四醇，多元醇松香是浅黄色透明固体，软化点 90～110℃，酸值 10～20mg KOH/g。松香酯用以制漆，其漆膜质量比松香钙皂好。

甘油松香酯，俗称脂胶，是松香与甘油之间的酯化产物；季戊四醇松香酯，是松香与季戊四醇之间的酯化产物。季戊四醇松香酯的软化点比甘油松香酯高，制成清漆后，其漆膜的干燥、硬度、耐水等性能也比甘油松香酯好。

4.2.3.2　松香改性酚醛树脂

松香改性酚醛树脂是热固性酚醛树脂与松香反应后再经多元醇酯化而制备的，油溶性良好。根据酚醛树脂中酚的品种、酚与醛的比例、酚醛与松香的比例、多元醇的品种以及酯化的程度，可以制得各种类型的松香改性酚醛树脂。

(1) 松香与酚醛树脂的反应原理　碱催化酚醛树脂分子结构中存在羟甲基，羟甲基酚在高温下脱水生成亚甲基醌，然后与松香酸进行 1,4 加成反应。其反应历程如下：

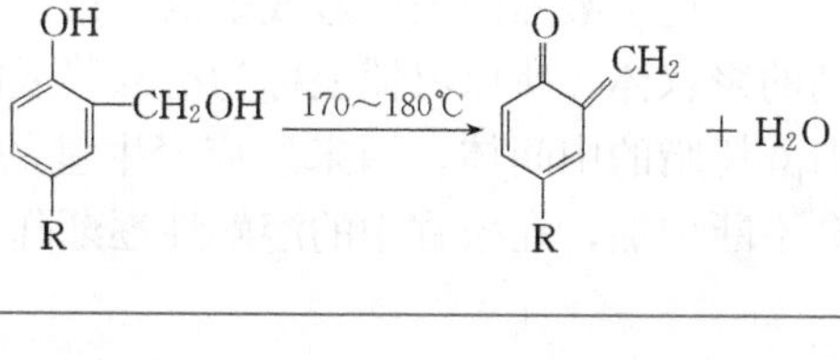

反应混合物在200℃共热时酸值基本不发生变化，表明松香酸的羧基不与羟甲基发生酯化反应。因此，可溶性酚醛树脂与松香的加成产物需用多元醇酯化，以降低酸值，适应制漆的需要。

(2) 松香改性酚醛树脂的油溶性 如表4-5所示，松香在油中有很好的溶解性，可以任意比例溶解在油漆溶剂油中，随着可溶性酚醛树脂用量的增加，松香改性酚醛树脂的油溶性降低，软化点则随之增高。当酚醛用量超过松香量25%时，所得树脂的油溶性明显降低，在油漆溶剂油中的溶解度也只能达到1:1勉强溶解。因此，酚醛树脂含量应控制在25%以下，也就是说松香酚醛加成物中要有部分游离松香存在，才能获得良好的油溶性和溶剂溶解性。

■表4-5 酚醛树脂用量与松香改性酚醛树脂的溶解性

可溶性酚醛树脂用量/%	软化点（环球法）/℃	酸 值/(mg KOH/g)	油漆溶剂油中的溶解性	亚麻聚合油中的溶解性
0	85	10	任何比例	易溶解
10	120	15~20	1:5	1:1，在200℃溶解
20	140	20	1:1	1:1，在260℃溶解
25	150	20	1:1勉强	1:1，在260℃溶解

(3) 松香改性酚醛树脂的制备 松香改性酚醛树脂的制备方法有两种：一种是两步法；另一种是一步法。

所谓两步法，第一步是在碱性催化剂的作用下合成可溶性酚醛树脂。酚与醛的物质的量比在1:(1~2)之间，催化剂一般使用氢氧化钠。苯酚由于官能度高、活性大，很难制得在松香中溶解性良好的低分子量可溶性酚醛树脂，所以一般不用苯酚，而采用混合甲酚和混合二甲酚。配方的物质的量比要根据酚的平均官能度定，酚的平均官能度低，酚与醛的物质的量比要高些，如接近1:2；酚的平均官能度高，则酚与醛的物质的量比要低些，如接近1:1。催化剂用量和反应温度也应视酚的活性而定，酚的活性高（如间甲酚），氢氧化钠要少用些，温度要低些，如催化剂用量1%~1.5%（以酚计），反应温度40~50℃；酚的活性低（如混合二甲酚），则应适当提高催化剂用量和反应温度，但氢氧化钠用量最多不超过3%，反应温度不高于70℃，以免反应过于激烈而失控造成事故。第一步制得的可溶性酚醛树脂是一种可流动的浆状体，所以习惯上称为酚醛浆或酚醛胶。酚醛浆是两步法制松香改性酚醛树脂的中间体，因未反应羟甲基的存在，即使在室温下贮存，其黏度也会不断增加，在松香中的溶解性逐渐降低，因此酚醛浆制成后应尽快用掉,常温下贮存期也只有数天。第二步是将酚醛浆与松香加成后再用多元醇酯化。工艺为先将松香加热熔化后,在 180～210℃ 加入酚醛浆,反应中酚醛浆大量脱水,很容易引起涨釜,因此加料速度要慢,以不涨釜为宜,一般酚醛浆约要 3～4h 加完。反应温度一般不低于 180℃,温度过低羟甲基脱水困难,反应不能顺利进行。酚醛浆与松香的加成反应完成后,升温,加入催化剂和多元醇,进行酯化反应。若用甘油酯化,升温至 210℃ 加入甘油;若用季戊四醇酯化,升温至 250℃ 加入季戊四醇,酯化反应温度控制在 280℃,反应到酸值在 20mg KOH/g 以下。

这种先制成酚醛浆后再加入松香的方法合成的树脂,称为两步法松香改性酚醛树脂。树脂的软化点为 110～130℃,溶解性良好,在 4 倍亚麻油或 1 倍甲苯中全溶。

所谓一步法松香改性酚醛树脂,是指没有预先制备酚醛浆的过程,而是在有松香存在下使酚类与甲醛缩合合成的树脂,酚类与甲醛缩合生成的羟甲基酚很快溶解在松香中,阻止了自身进一步缩聚。当温度升高以后,羟甲基苯酚脱水生成亚甲基醚而与松香加成,由此制得的树脂,酚与醛之间的缩合不致过度,分子量比较均匀。

一步法对原料的要求较高,如原料含杂质过多,反应中容易涨釜,制得的树脂颜色变深。因此,酚类很少使用混合甲酚或二甲酚,而使用纯度较高的苯酚或二酚基丙烷(双酚 A),酚与醛的物质的量比与两步法相同。催化剂一般不用氢氧化钠,而用六亚甲基四胺或氨水。工艺上可先将松香加热熔化,然后再加入酚、甲醛和催化剂,或者将松香、苯酚、甲醛和催化剂同时加入反应釜,升温至水沸腾,使松香在反应过程中熔化。反应实际上在水相中进行,生成的可溶性酚醛树脂立即溶解在松香中,防止它进一步缩聚。缩聚完成后,随着温度升高水分逐渐蒸出,至 180℃,羟甲基脱水生成亚甲基醚,并与松香加成。加成反应完成后,再升温加入多元醇酯化,酯化工艺与两步法相同,直至取样检验酸值和软化点合格后,降温出料。一步法松香改性酚醛树脂的质量指标为:酸值小于 20mg KOH/g,软化点高于 135℃,颜色(铁钴比色法)不深于 12,溶解度(1 倍苯)全溶。

4.2.4 丁醇醚化酚醛树脂

用丁醇醚化可溶性酚醛树脂主要是为了改善树脂在溶剂中的溶解性。醚化的机理是丁醇与酚醛树脂中的羟甲基之间互相脱去一分子水,形成丁醇醚化酚醛树脂。因此,用来醚化的酚醛树脂必须是热固性的。树脂醚化的程度可通过测定丁氧基含量来控制。

丁醇醚化酚醛树脂固化的过程是醚化后的丁氧亚甲基与未醚化的羟甲基之间的缩合反应,脱出丁醇,或与其他含羟基的树脂的缩合反应。丁醇醚化酚醛树脂可溶于芳香烃溶剂中,单独制漆,漆膜的耐水性、耐酸性较好,但较脆，需高温烘烤干燥。一般与油或其他合成树脂合用，这样制得的漆耐腐蚀性好，且漆膜柔韧。

4.2.5 油溶性纯酚醛树脂

油溶性酚醛树脂是用各种取代酚和甲醛缩聚制成的酚醛树脂。由于这种树脂不需改性就能热溶于油中，所以称为油溶性纯酚醛树脂，也称100%油溶性酚醛树脂。

油溶性纯酚醛树脂不能用苯酚制取，因苯酚的官能度高，活性大，制得的酚醛树脂油溶性差，所以油溶性纯酚醛树脂一般采用对位取代的酚，如对苯基苯酚和对叔丁基酚制备。

4.2.5.1 对叔丁基酚甲醛树脂

对叔丁基酚甲醛树脂是常用的一种油溶性纯酚醛树脂，是以对叔丁基苯酚和甲醛反应来制备的，催化剂可用氢氧化钠或氢氧化钙等碱性催化剂，也可用盐酸等酸性催化剂，反应原理如下：

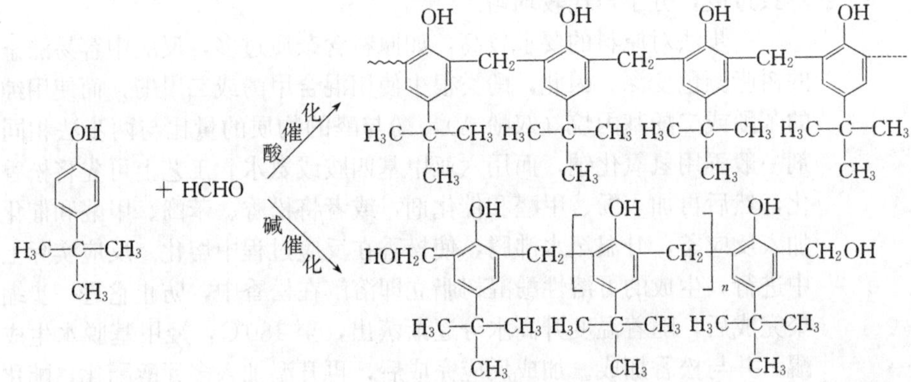

因对位取代使酚的官能度为2，因此不论是酸催化还是碱催化，理论上都生成线型树脂，两者的差别在于分子链末端，用碱催化时链末端存在羟甲基，用酸催化时不存在羟甲基。

对叔丁基酚甲醛树脂与干性油熬炼和干燥速度比对苯基酚甲醛树脂漆慢，但成本低，漆的颜色浅，保色性也较好。

4.2.5.2 对苯基酚甲醛树脂

对苯基酚甲醛树脂也是一种常用的油溶性纯酚醛树脂，以对苯基苯酚和甲醛反应来制备，可以碱催化或酸催化反应。由于苯基的对位被取代，所以不论是酸催化还是碱催化，都生成线型树脂，但碱催化树脂分子末端存在羟甲基，酸催化不存在羟甲基。

对苯基酚甲醛树脂与干性油的熬炼速度和漆的干燥速度较快，耐化学性和户外耐久性较突出。因苯环的缘故，漆膜易变黄，保色性较差，不宜制浅色漆。

4.2.6 油基酚醛涂料

酚醛树脂在涂料工业中,除醇溶性树脂可直接使用外,其他大部分只是涂料的半成品,一般与干性油配合制漆,或用来改性其他合成树脂,制造各种性能的涂料。用植物油和酚醛树脂熬制成的涂料,称为油基酚醛涂料或油基酚醛漆。

4.2.6.1 油基酚醛涂料的组成

油基酚醛涂料的基本组分是油、油溶性酚醛树脂、催干剂和溶剂。

(1) 油　在涂料工业中使用的油,主要是植物油,如桐油、亚麻仁油、梓油、豆油、蓖麻油等;也少量使用动物油,如猪油、鱼油等。植物油的主要成分是甘油三脂肪酸酯。脂肪酸的种类不同,化学结构不同,三甘油酯的性质也不同,如猪油为半固体,不能自然干燥成膜;亚麻仁油为液体,其涂层在空气中能够干燥成膜。油中脂肪酸的碳链中可存在碳碳双键,碳碳双键越多,油的不饱和度越大,越容易干燥成膜;反之,油的不饱和度过低,就不能干燥成膜。

油的不饱和度用碘值表示。碘值是指 100g 油所能吸收碘的质量(以 g 计)。碘值这一指标用来区分油类的干燥性能。油类按碘值的高低区分为干性油、半干性油和不干性油。

① 干性油　碘值在 150g I_2/100g 以上,如桐油、亚麻仁油、梓油等,这类油具有较好的干燥性能,干后涂膜不软化。干性油是涂料工业中应用最广的油。

② 半干性油　碘值为 120~150g I_2/100g,如豆油、葵花籽油等。这类油的特点是黄变性小,适宜于制造白色或浅色漆。

③ 不干性油　碘值在 110g I_2/100g 以下,如蓖麻油、椰子油等。这类油不能自行干燥,一般用来制造合成树脂及增塑剂。

在油基酚醛涂料中使用的主要是干性油,特别是我国的特产桐油。

油基酚醛树脂漆中使用的油和树脂比例不同,产品的性能也会有很大的变化。一般来说,油的比例大,耐候性好,故用于室外的涂料以含油量高为好;若树脂比例高,则漆膜硬度大,光泽强,耐化学品稳定性好,湿热返黏性小,适用于室内家具及设备等的表面涂饰。

在油基树脂中用树脂对油的质量比来表示两者的比例关系,称为"油度比"。按油度比的高低可区分为以下三种。

① 长油度　树脂:油在 1:3 以上。

② 中油度　树脂:油为 1:(2~3)。

③ 短油度　树脂:油为 1:(0.5~2)。

漆膜性能随油度的变化大致如下。

	短油度	中油度	长油度
炼漆稳定性	不易胶凝	⟵⟶	易胶凝
溶剂品种	(有时需)芳香烃	⟵⟶	脂肪烃
研磨性能	差	⟵⟶	好
贮存结皮	少	⟵⟶	多
涂刷性	差	⟵⟶	好
干燥时间	快	⟵⟶	慢
附着性	差	⟵⟶	好
光泽	好	⟵⟶	差
柔韧性	差	⟵⟶	好
硬度	高	⟵⟶	低
耐水性	好	⟵⟶	差
耐化学品稳定性	好	⟵⟶	差
耐候性	差	⟵⟶	好

(2) 油溶性酚醛树脂 油基酚醛树脂漆采用的酚醛树脂主要是松香改性酚醛树脂和油溶性纯酚醛树脂。无论热固性或热塑性都可使用。热固性酚醛树脂易溶于二甲苯、油漆溶剂油和丁醇等溶剂，热塑性酚醛树脂在脂肪烃类溶剂中溶解度有限，如制造短油度清漆需用部分芳香烃溶剂溶解。

松香改性酚醛树脂干燥快、光泽好、硬度高、耐水性好，并具有一定耐化学药品性，是漆用硬树脂的一个重要品种，缺点是易泛黄，户外耐久性较差。松香改性酚醛树脂的性能取决于可溶性酚醛树脂的含量，酚醛树脂含量越高，树脂性能越好、软化点越高，但树脂的油溶性下降。松香改性酚醛树脂与桐油的合炼性能很好，黏度上升快，熬炼温度可适当低些。

油溶性纯酚醛树脂一般均可与桐油合用，性能比较突出，除油溶性好、不易泛黄外，还有良好的耐化学药品性和抗海水侵蚀性，耐油性、绝缘性也不错，漆膜的光泽、干燥速度、柔韧性、硬度等方面也比一般的油基树脂漆好。

(3) 催干剂 催干剂是金属(铅、锰、钴等)的有机皂类，它们是油类氧化聚合反应的催化剂。在酚醛涂料中使用催干剂，可促进油膜干燥，缩短干燥时间。根据金属有机皂在催干过程中的作用，催干剂可分成两类，一类称为主催干剂，另一类称为助催干剂。

① 主催干剂 属于这一类的主要为钴催干剂、锰催干剂、铅催干剂，主催干剂的存在可大大加速脂肪酸的吸氧速度以及过氧化氢的裂解和游离基聚合的速度，缩短油膜干燥的时间。

钴催干剂的特点是表干快，如单独使用，表面很快结膜封闭，造成下层长时间不干，表面层因有下层低分子的渗入而膨胀，结果使表面隆起，形成皱纹。因此一般在使用钴催干剂时都配合使用铅催干剂，达到表里干燥一致，避免起皱。

锰催干剂在促进油膜的表面干燥方面不及钴催干剂迅速，因此有利于底层的干燥，起皱性不如钴催干剂明显。它的缺点是颜色深，不宜用于白色或浅色漆，且有黄变倾向，干后增加漆膜脆性。

铅催干剂能促进漆膜里层干燥，对表面封闭不强，因此单独使用会造成漆膜表面长时间发黏现象，但所得干膜坚韧耐久、硬度大、耐候性好，与钴催干剂、锰催干剂配合使用，效果甚好。因易与硫生成黑色硫化铅而使漆膜颜色变深，故不宜用于含硫气氛中。铅具有毒性，不宜用于罐头涂料和玩具漆。

② 助催干剂　这类催干剂单独使用不起催干作用，但是它们可提高主催干剂的催干效率，还可以起到使漆膜干燥均匀，消除起皱和使主催干剂稳定等作用。属于这一类的有锌和钙等的催干剂，它们与主催干剂配合使用，不仅可加速干燥，而且可改善漆膜的表面状态，克服起皱，清除丝纹，效果良好。锌也是一种湿润剂，可改善颜料与漆料的湿润性能，提高研磨效率，在一定程度上改善颜料在贮存中的沉淀倾向。

(4) **溶剂**　溶剂主要用来溶解漆料，调节涂料黏度，使涂料有好的施工性能。酚醛涂料中使用的主要溶剂是油漆溶剂油、二甲苯、松节油、醇类等。

溶剂的选择应注意以下几点。

① 溶解性　应能充分溶解漆料。

② 挥发性　应适中，挥发快漆膜失光，流平性变差，显得不丰满；挥发慢则不仅影响表干时间，而且干后漆膜易残留溶剂，影响漆膜的性能。

③ 安全性　溶剂对人体的刺激和危害以及对环境的污染应小。二甲苯气味大，有毒性，应尽量少用。

4.2.6.2　油基酚醛树脂的制造工艺

油基酚醛树脂的制造工艺主要是热炼法。所谓热炼法是将酚醛树脂和油一起在高温下熬炼到一定黏度，然后冷却到溶剂的沸点以下稀释。热炼工艺包括配料、热炼、稀释、净化、检验和包装六道工序。

(1) **配料**　配料是制造质量稳定产品的第一步，要求做到计量准确，不出差错。

(2) **热炼**　热炼是油基酚醛树脂制造最关键的一步。在热炼过程中，酚醛树脂和油发生一系列复杂的化学反应，如聚合、氧化分解、酯交换、皂化等。通过热炼，各组分聚合到适当的程度，赋予漆料合适的成膜性质。若聚合过度，会导致成胶；热炼不足，黏度低，漆膜的干燥会受到影响。

热炼操作的一般程序为：①按配方将树脂和油加入热炼釜中，迅速升温到规定温度；②在该温度下保持，直至物料达到一定黏度，迅速冷却到溶剂沸点以下温度；③加入溶剂稀释。

油基酚醛树脂漆热炼的特点是黏度上升很快，因此要求升温快，降温也快。同样配方的漆料，可以快速升温，在高温下保持较短的时间达到黏度的要求；也可以慢速升温，在较低的温度下熬炼较长的时间达到同样的黏度。两者比较，前者的质量要好得多。熬炼达到规定黏度后降温也要迅速，应在短时间内降到180℃以下，以免漆料胶化。因此热炼时无论设备还是操作，都要适应快速升温、快速降温的要求。

热炼操作中，物料黏度的上升受温度、油和树脂的品种、油度比等因素的影响。温度高，黏度上升快，具体温度视油和树脂的品种和比例而异，一般保持在280～290℃。桐油的活性大，若用量大，温度可降至260～265℃。油度越大越易成胶，温度也可适当降低。

(3) **稀释** 稀释是加溶剂将漆料的黏度调控到规定的指标。有两种工艺：一种是将漆料加到溶剂中；另一种是将溶剂加到冷却的漆料中。两种方法各有利弊，可根据设备条件的具体情况选用。

(4) **净化** 净化的目的是除去漆料中未熔化的树脂胶质、过度聚合的胶体颗粒和混入的机械杂质。净化一般采用板框压滤机和离心机。

(5) **检验和包装** 漆料制造后，检验产品的黏度、不挥发分、酸值、颜色等指标，各项指标全部合格，可包装出厂。

4.2.7 酚醛涂料的应用

酚醛树脂赋予涂料以硬度、光泽、快干、耐水、耐酸碱及绝缘等性能，因此广泛用于木器家具、建筑、船舶、机械、电气及防化学腐蚀等方面，但酚醛树脂在老化过程中漆膜易泛黄，因此不宜制造白色和浅色的涂料。

醇溶性酚醛树脂施工性能不良，某些性能如柔韧性、附着性等都不太好，因而用途有限。热塑性醇溶酚醛树脂涂料是一种挥发性自干漆，干燥很快。漆膜有一定的耐汽油性、耐酸性和绝缘性，但较脆，在日光下变红，耐热不超过90℃，性能不如热固性醇溶酚醛漆，应用较少，主要用于制造酚醛防腐漆、胶泥、砂轮黏结剂、电木粉等。热固性醇溶酚醛漆经烘烤干燥后形成的漆膜坚硬，有较好的耐油性、耐水性、耐热性和绝缘性，耐稀无机酸和浓有机酸，但漆膜较脆且不耐强碱，一般多用于防潮、绝缘和层压制品，如食品罐头的内壁涂料，胶泥、电气绝缘清漆，层合板、胶合板的黏结剂等。

在油溶性酚醛树脂涂料中，松香改性酚醛树脂因含有大量松香，漆膜易变黄，不适于制白色漆和浅色漆，其漆膜的柔韧性和耐候性也不如纯酚醛树脂，但由于价格低廉，品种很多，性价比较高，因而在酚醛树脂漆中占有重要的地位，广泛应用于木器家具、建筑、一般机械产品以及船舶、绝缘、美术漆等方面。

油溶性纯酚醛树脂的主要用途：一是与桐油合用制造航海用漆、罐头漆、耐化学药品漆、耐油漆、绝缘漆等，适用于室内外及水下；二是制造优良的黑色金属及铝镁合金等使用的防锈底漆，它对金属的附着性好，与面漆的结合力强，配套性好，可在潮湿热带地区使用。

纯酚醛树脂具有很好的耐水性、耐酸性、耐溶剂性和电绝缘性。与干性油热炼，特别是与桐油热炼时，所制涂料的漆膜硬而有韧性，干燥快，附着力好，耐候性稍次于醇酸树脂漆，而耐水性、耐化学腐蚀性比醇酸树脂漆好得多。因此纯酚醛树脂漆适宜于水下、室外、防腐蚀用，它在船舶、罐头、化工设备、电气绝缘使用的各种涂料中有比较显著的特点。例如，纯酚醛树脂罐头内壁漆漆膜坚韧，附着力强，能耐酸、耐碱。纯酚醛树脂漆是船壳漆、水线漆主要品种。纯酚醛底漆与金属的附着力强，耐水、耐湿热、耐化学腐蚀，可与各种面漆配套，是金属底漆的重要品种之一。纯酚醛树脂涂料的缺点是贮存容易结皮、漆膜易变黄、烘烤后颜色更深。

纯酚醛树脂除了与纯桐油制漆外，还可用10%～55%的亚麻仁油等油与桐油一起制漆，这样耐水性和耐化学品性有所降低，但较易熬炼，漆的附着力、颜料润湿性和贮存稳定性得到改进。

纯酚醛树脂漆用途广泛，品种很多，既可单独使用，制成底漆、瓷漆、清漆等品种，也可与其他树脂合用，制作各种清漆、瓷漆、底漆、绝缘漆、防锈漆和防腐蚀漆等。施工工艺可用刷涂、喷涂等方法施工，使用方便。

丁醇醚化酚醛树脂大都用在绝缘涂料和罐头涂料等方面。

酚醛树脂除单独使用外，还可与其他合成树脂拼用，例如与醇酸树脂拼用可增加醇酸树脂的耐潮性和耐碱性；与聚乙烯醇缩醛拼用可制造高强度漆包线漆，以增加漆膜硬度和耐磨性；与聚酰胺树脂拼用可以涂刷印刷品、纸制品，达到光泽好，漆膜耐磨；丁醇醚化酚醛树脂与环氧树脂拼用，可制成耐酸、耐碱、耐农药且附着力好的耐化学腐蚀涂料。

4.3 酚醛胶黏剂

4.3.1 胶黏剂概述

凡能把同种或不同种的固体材料表面黏结在一起，并能满足一定力学性能、物理性能和化学性能要求的媒介物质统称为胶黏剂，胶黏剂也称为黏合剂或黏结剂等。采用胶黏剂把固体材料连接在一起的工艺技术称为黏结或胶接技术，被接合的固体材料称为被黏物。

人类使用胶黏剂已有久远的历史。古代的先人在生产实践中就学会了使用天然胶黏剂，如淀粉、松脂、骨胶等。我国早在在秦、汉时期就有在箭羽、泥封和建筑上使用胶黏剂的文字记载。20世纪初，美国发明了第一个合成树脂——酚醛树脂，开创了从天然胶黏剂向合成胶黏剂发展的里程碑，从此胶黏剂和胶接技术进入一个快速发展的新时代，新型胶黏剂层出不穷，胶接技术在木材加工、航空航天、汽车、机床、电子、电气、医疗等部门得到广泛应用，黏结理论的研究取得很大进展，胶接技术已发展成为一门建立在近代高分子化学、有机化学、胶体化学、表面物理化学和材料力学等学科基础上发展起来的边缘学科。

胶黏剂品种繁多，应用广泛。发展至今，国内外已有的胶黏剂品种在5000种以上，且随着合成技术的发展，胶黏剂品种还在持续增加。

胶黏剂一般由若干种材料配制而成，这些材料可以分为基料和辅助材料两个大类。

4.3.1.1 基料

基料是胶黏剂的主体材料，其作用是把被黏物体结合在一起，并赋予黏结层一定的力学强度。一般来说，基料是具有流动性的液态化合物或在溶剂、热、压力作用下能流动的化合物。用作胶黏剂基料的化合物有天然高分子材料、无机化合物和合成高分子材料。天然高分子如淀粉、蛋白质、树脂、虫胶等用作基料已有数千年历史。它们使用方便，价格便宜，但性能因产地而异，质量不稳，品种少，黏结力低，用途有限。无机化合物如硅酸盐、磷酸盐、硼酸盐等，性脆，但有耐高温、不燃烧的特点，在高温胶黏剂领域，是任何有机胶黏剂无法比拟的。合成高分子材料是近代胶黏剂中最主要的基料，品种丰富，性能优良，黏结强度高，其应用已渗透到国民经济的各个领域。

4.3.1.2 辅助材料

辅助材料在胶黏剂中的作用是改善基料的性能，便于胶黏剂施工。常用的辅助材料有固化剂、增塑剂和增韧剂、稀释剂和溶剂、填料等。

(1) 固化剂 固化剂是加到热固性树脂中，使树脂发生化学反应，交联成不溶不熔的三维网络结构的化合物。胶黏剂在施工应用中，有从流动状态转变为固态的过程。这个过程可以是物理变化的过程，也可以是化学变化的过程。胶黏剂中使用的合成高分子基料，可以是热塑性树脂或者热固性树脂。热塑性树脂通过物理过程，如溶剂的挥发、熔体的凝固等由流动状态转变为固态，这一过程称为硬化。热固性树脂通过加热或加入固化剂使胶黏剂直接发生化学反应，使树脂从流动状态转变为固态，这一过程称为固化。以酚醛树脂为例，有的酚醛树脂通过加热发生化学反应而交联固化，有的酚醛树脂必须加入六亚甲基四胺等固化剂，才能发生化学反应固化。

(2) 增塑剂和增韧剂 增塑剂和增韧剂是用来改善胶层的脆性，提高其韧性的化合物。增塑剂和增韧剂能改善胶黏剂的流动性，提高胶层的冲击强度和断裂伸长率，降低其开裂程度。增塑剂与增韧剂的区别在于：增塑剂能与基料混溶，但不参加化学反应，在固化过程中有从体系中析出的倾向；增韧剂带有反应性的功能团，能参与基料的固化反应而成为体系的一部分。

(3) 稀释剂和溶剂 稀释剂和溶剂的作用是降低胶黏剂体系的黏度，使胶黏剂便于施工。若稀释剂分子中含有反应性基团，能参与基料的固化反应,则称为活性稀释剂;若分子中不含有活性基团,不参与固化反应,仅仅起到稀释降低物料黏度的作用,则称为非活性稀释剂。非活性稀释剂也称为溶剂。

(4) 填料 为改善胶黏剂的加工性、耐久性、强度、功能性或降低成本而加入的固体添加剂称为填料。填料的品种很多,有无机物、金属、金属氧化物、矿物粉末等。填料的粒径、形状、添加量等都会对胶黏剂的性能产生一定的影响。

(5) 其他 为赋予胶黏剂某些特殊性能,常在胶黏剂中加入一些其他添加剂,例如加增稠剂提高胶黏剂的黏度,加抗氧剂或防老剂以提高胶黏剂耐环境老化性能,加防霉剂防止胶层霉变,加阻燃剂使胶层不易燃烧等。

4.3.2 酚醛胶黏剂

酚醛胶黏剂是以酚醛树脂或改性酚醛树脂作为主要黏结组分的胶黏剂,也是最早发展的合成胶黏剂。酚醛胶黏剂黏结强度高、耐高温、耐水、耐油,原料丰富,价格便宜,工艺简便,改性容易,在合成胶黏剂领域,迄今仍是绝对用量最大、用途最广的品种之一。由于酚醛树脂生产的原料是酚类和醛类,残留的游离酚和游离醛,尤其是游离甲醛,对人体和环境有很大危害,使酚醛胶黏剂的使用受到了一定限制。因此,严格控制游离酚和游离醛含量,生产不含或少含游离酚和游离醛的符合环保标准要求的酚醛树脂,是酚醛胶黏剂发展的方向。

4.3.2.1 酚醛胶黏剂的分类

酚醛胶黏剂的品种有很多,又有许多改性品种,很难统一进行分类和命名。按酚醛树脂的性质分类,一般将其分成纯酚醛树脂胶黏剂和改性酚醛树脂胶黏剂两个大类,具体分类如图 4-4 所示。

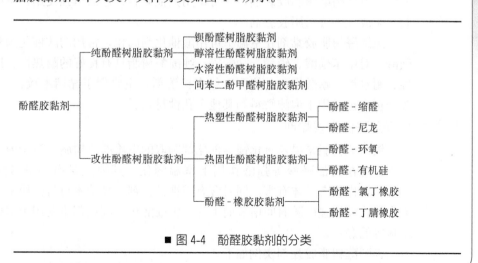

■ 图 4-4 酚醛胶黏剂的分类

4.3.2.2 酚醛胶黏剂的性能

酚醛树脂胶黏剂的主要特征：①极性大，黏结力强，对金属和非金属都有很好的黏结性能；②刚性大，耐热性高，这是因为酚醛树脂由大量苯环组成，且交联成体型网络；③耐老化性好；④耐水、耐油、耐化学介质、耐霉菌；⑤本身易改性，也能用来对其他黏结剂进行改性；⑥制造容易，价格便宜；⑦黏结强度高，用途广泛；⑧电绝缘性能优良；⑨抗蠕变，尺寸稳定性好；⑩脆性大，剥离强度低；⑪需高温高压固化，收缩率大；⑫固化时气味较大。

各类酚醛胶黏剂的性能比较如表 4-6 所示。

■表 4-6　各类酚醛胶黏剂的性能比较

胶黏剂	性　　能
酚醛树脂	黏结力大，耐热，耐水，耐酸，耐老化，电性能好，脆性大，收缩率大
酚醛-缩醛	黏结力强，强度高，韧性好，耐大气老化，耐热性差
酚醛-丁腈橡胶	强度高，韧性好，耐油，耐热，耐水，耐湿热老化性好，须高温固化
酚醛-氯丁橡胶	强度较高，初始黏结力大，耐油，耐老化，耐冲击，耐热性差
酚醛-有机硅	耐高温，耐老化，电性能好，脆性大
酚醛-环氧	耐高温，高低温循环性能好，耐溶剂，耐老化，脆性很大

4.3.3　未改性酚醛树脂胶黏剂

未改性酚醛胶黏剂也称纯酚醛树脂胶黏剂，有醇溶性和水溶性之分，品种很多，现国内通用的主要有三种：钡酚醛树脂胶黏剂、醇溶性酚醛树脂胶黏剂和水溶性酚醛树脂胶黏剂。间苯二酚甲醛胶黏剂是一种用间苯二酚替代苯酚的改性酚醛树脂胶黏剂，因可不用其他树脂改性而单独使用，所以也划归为未改性酚醛树脂胶黏剂。

纯酚醛树脂胶黏剂在室温下可用酸催化剂固化，常用的酸催化剂有石油磺酸、对甲苯磺酸、磷酸、盐酸等。纯酚醛树脂具有良好的耐热性、抗蠕变性、耐水性、耐酸性，并能耐一般有机溶剂，主要用于黏结木板、层压板、胶合板，也可用于泡沫塑料和其他多孔性材料。

4.3.3.1　钡酚醛树脂胶黏剂

钡酚醛树脂是以氢氧化钡为催化剂制取的甲阶酚醛树脂，溶于丙酮或乙醇中，可在石油磺酸等强酸作用下室温固化。其缺点是游离酚含量高达 20%，对操作者身体有害，同时含有酸性催化剂，黏结木材时会使木材纤维素水解，胶接强度随时间增长而下降。钡酚醛树脂胶黏剂主要用于木材、纤维板等的黏结。

钡酚醛树脂胶黏剂实例如下。

配方（质量份）：钡酚醛树脂　　　　　100份
　　　　　　　　丙酮或乙醇　　　　　10份
　　　　　　　　石油磺酸　　　　　　适量
　　　　　　　　固化工艺　　　　　　室温 6～16h，或 60℃、1h

此胶黏剂剪切强度高，抗水、抗菌、耐酸、耐汽油，主要用于飞机和建筑工业。

4.3.3.2 醇溶性酚醛树脂胶黏剂

醇溶性酚醛树脂胶黏剂是用氢氧化钠、氨水或有机胺为催化剂制取的甲阶酚醛树脂，溶于乙醇中，固含量为 50%～55%，黏度为 15～30mPa·s，外观为棕色透明液体，不溶于水，遇水变得浑浊，并出现分层现象。其可用酸催化剂室温固化，主要用于纸张或单板的浸渍，用来生产高级耐水胶合板、船舶板、层积塑料等。

醇溶性酚醛树脂胶黏剂实例如下。

配方（质量份）：苯酚　　　　　　　　　　100份
　　　　　　　　甲醛（37%）　　　　　　150份
　　　　　　　　氢氧化钠（40%水溶液）　5份
　　　　　　　　丙酮　　　　　　　　　　18份

制得的酚醛树脂与适量石油磺酸混合，可得到在室温固化或加热到 60℃固化的胶黏剂。其黏结工艺、性能、用途等与钡酚醛树脂胶黏剂相同，但游离酚含量在 5%以下，比钡酚醛树脂低得多，对人体危害较小，可用来替代钡酚醛树脂。

4.3.3.3 水溶性酚醛树脂胶

水溶性酚醛树脂是以氢氧化钠为催化剂制得的酚醛树脂水溶液，是最重要的未改性酚醛胶黏剂，用量大，用途广。其外观为深棕色透明黏稠液体，固含量为 45%～50%，游离酚含量低于 2.5%。由于用水代替了有机溶剂，因而其价格低廉，减少了污染，对人体危害小。使用时不加固化剂，加热即可固化，大量用来制造高级胶合板、船舶板、航空板和纤维板等。

水溶性胶黏剂实例如下。

配方（质量份）：苯酚　　　　　100份
　　　　　　　　甲醛（37%）　　120份
　　　　　　　　氢氧化钠　　　　6份
　　　　　　　　乙二醇　　　　　50份
　　　　　　　　石油磺酸　　　　5份
　　　　　　　　固化工艺　　　　135～150℃、2～2.5kPa 压力下，固化 8～10min

该胶黏剂主要用于胶合板、木质层压板、泡沫塑料与金属的黏结。

4.3.3.4 间苯二酚甲醛胶黏剂

间苯二酚甲醛树脂是以间苯二酚替代苯酚，与甲醛反应制得的酚醛树脂。由于间苯二酚的苯环上处于酚羟基邻对位的氢活性高，与甲醛反应快，制成的树脂能在较低温度，甚至常温下快速固化，因此，用间苯二酚甲醛树脂可制备常温快速固化的胶黏剂。

为调节固化速度不至于太快，降低成本，常以间苯二酚与苯酚混合使用，形成间苯二酚、苯酚、甲醛混合树脂。

间苯二酚甲醛树脂胶黏剂具有以下显著特点。①固化容易。在中性条件下就能固化，在酸性或碱性条件下固化迅速；在碱性条件下固化特别适合于木材的黏结，可避免木材受酸性介质的作用而水解破坏。②性能优良。黏结强度、耐热性、介电性能均好，无毒。③耐老化性好。能耐各种气候条件下的老化，并抗水蒸气和化学蒸气的作用。

间苯二酚甲醛树脂胶黏剂用来黏结木材，能满足各种规格的最高使用要求，因而广泛用来制造高级胶合板，以及用于建筑中各种木结构的黏结。除黏结木材外，同时在金属与木材、水泥、纤维制品及塑料、皮革、橡胶等材料的黏结上也广为应用。医学上用作补牙、镶牙材料，在仪器零件中也有广泛应用。

间苯二酚甲醛树脂胶黏剂的缺点是其脆性大，为提高其韧性和黏附性，可用聚乙烯醇缩醛树脂或其他弹性体改性。例如，用间苯二酚甲醛树脂与聚乙烯醇缩丁醛树脂混合制得的胶黏剂可黏结金属和非金属材料；用间苯二酚甲醛树脂、聚乙烯醇缩醛和三氟丙烯-偏二氟乙烯共聚制得的胶黏剂，可黏结经表面处理的氟塑料和聚乙烯塑料。

4.3.3.5 国产酚醛树脂胶黏剂牌号及性能

酚醛树脂胶黏剂的用途广泛、品种繁多，很难将其完全列出。现将国产酚醛树脂胶黏剂的主要典型牌号、性能、用途列于表4-7。

■表4-7 国产酚醛树脂胶黏剂的牌号及性能

类型	牌号	外观	固含量/%	游离酚/%	黏度/$\times 10^{-3}$Pa·s
热固性	213（钡催化）	棕红色透明液体			500~1000
	214（氨催化）		50±2		
	219（钠催化）		60±5		150~350
	2124		50±1	<14	15~30s（4号杯）
	2126		40±1	<10	12~20s（4号杯）
	2127		>80	<21	120~250s（4号杯）
热塑性	203（尼龙改性）	深奶黄至微黄色固体	<45	<2.5	
	2123	深棕色透明液体	<45	<2.5	
水溶性	216	红褐色黏性液体	35±2	<3	

4.3.4 改性酚醛树脂胶黏剂

酚醛树脂脆性大，使其在胶黏剂中的应用受到限制。为了改进酚醛树脂的脆性，提高胶层的弹性，降低内应力，克服老化龟裂现象，改善固化性能和其他物理性能，常加入热塑性树脂或橡胶弹性体等进行改性，以得到韧性好、耐热性高、强度大、性能优良的结构胶黏剂，扩大酚醛胶黏剂的应用领域。常用的改性树脂有聚乙烯醇缩醛、丁腈橡胶、丁苯橡胶、有机硅树脂和交联型丙烯酸乳胶等。

4.3.4.1 酚醛-聚乙烯醇缩醛胶黏剂

聚乙烯醇缩醛（以下简称缩醛）是一种热塑性树脂，本身对许多材料有良好的黏结力，但耐热性能差，用缩醛改性酚醛树脂，可兼有两者的优点，得到强度高、韧性好、耐低温、耐疲劳、耐化学介质、耐大气老化性能好的胶黏剂，酚醛-缩醛胶黏剂早在1941年就已问世，牌号Redux，是最通用的飞机结构胶之一，可用来胶接蜂窝结构材料，广泛用于各种民航机和运输机的制造中，此外还可用于金属-金属、金属-塑料、金属-木材等的黏结，在汽车制动片、轴瓦及印刷电路用薄铜板的胶接领域也有应用。

(1) 聚乙烯醇缩醛改性原理 聚乙烯醇是线型热塑性聚合物，一般用聚醋酸乙烯酯水解而成，由于水解不完全，所以分子结构中可同时含有羟基和酯基。聚乙烯醇若与醛类反应，则形成缩醛，因此，聚乙烯醇缩醛是分子链中含有缩醛基、羟基及酯基的热塑性聚合物。

酚醛树脂是带有羟甲基的甲阶酚醛树脂，缩醛分子结构中的羟基可与酚醛中邻对位的羟甲基醚化，形成缩醛改性的酚醛树脂胶黏剂。

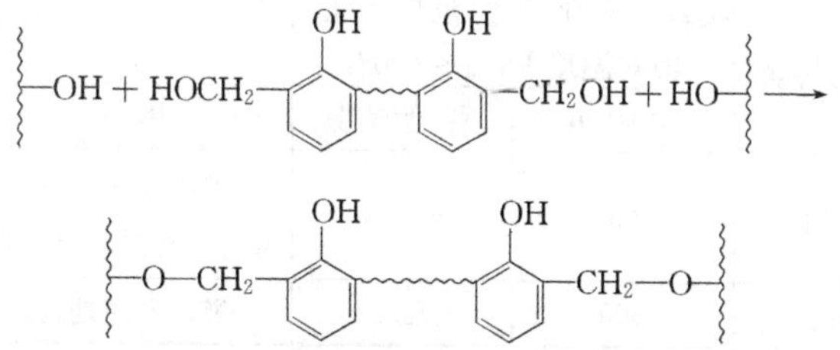

最终可生成三维网状结构的交联聚合物。

(2) 酚醛-缩醛胶黏剂的性能 热塑性的缩醛树脂改变了酚醛树脂的脆性，使得酚醛-缩醛胶黏剂具有黏结强度高、柔韧性好、耐寒、耐疲劳、耐大气老化等特性。酚醛-缩醛胶黏剂的主要性能特点如下。

① 黏结强度高 酚醛树脂和缩醛树脂互相改性后，缩醛胶黏剂的黏结强度比单一的酚醛或缩醛胶黏剂有显著的提高，如表4-8所示。酚醛-缩丁醛和酚醛-缩甲醛胶黏剂的黏结强度如表4-9和表4-10所示。

■表4-8 酚醛、缩醛和酚醛-缩醛胶黏剂剪切强度的比较

被黏材料	剪切强度/MPa		
	酚醛	聚乙烯醇缩醛	酚醛-缩醛
木材-金属	3.9	4.9	5.9
金属-金属	9.1	20.2	30.8

■表 4-9　酚醛-缩丁醛胶黏剂的黏结强度

牌号	剪切强度/MPa					
	钢	铜	铝合金	酚醛塑料	织物
JSF-2	30～35	15～20	>10	15～20	
JSF-4		15～20	>10	15～20	
JSF-6					>5

■表 4-10　酚醛-缩甲醛胶黏剂的黏结强度

牌号	剪切强度/MPa				
	铝合金	不锈钢	耐热钢	黄铜	环氧玻璃钢
201	22.7	24.1	23.2	23.5	材料破坏
202	27.0	32.0	>22.0	25.0	材料破坏
203	33.7	29.4		24.5	材料破坏

② 耐老化性能好　酚醛-缩醛胶黏剂具有优异的耐水、耐湿热老化、耐大气暴晒和耐介质等性能，用这种胶黏剂胶接的试样在高寒的欧洲北海地区进行了 9 年又 7 个月的室外老化试验，在高温高热的非洲尼日利亚进行了 4 年又 9 个月的自然老化试验，其剪切强度没有明显下降。

酚醛-缩醛胶黏剂与环氧-尼龙胶黏剂的耐大气老化性能比较如表 4-11 所示，可见前者的耐老化性能远胜于后者。

■表 4-11　酚醛-缩醛胶黏剂的耐大气老化性能

胶黏剂种类	实验室老化试验，温度 70℃，相对湿度 96%～100%		大气老化试验		
	时间/h	强度增减	地点	时间	强度增减
酚醛-缩甲醛	720	-16%	欧洲高寒地区	9 年 7 个月	5.0%
			高温高热的尼日利亚	4 年 9 个月	0
环氧-尼龙	500	-79.2%	欧洲高寒地区	4 年 11 个月	-8.5%

③ 耐疲劳性能强　酚醛-缩醛胶黏剂胶接的金属接头耐疲劳性能很好，据报道，其胶接结构的耐疲劳性能比铆接结构高 10～20 倍。

④ 耐介质性能　表 4-12 报道了国外某些酚醛-缩醛型胶膜的耐介质性能数据，可以看出，经机油、异丙醇、酸和碱的水溶液、盐水及普通水的长时间浸泡后，其强度性能无明显变化。

一般来说，酚醛树脂的耐介质性能是突出的，但缩甲醛能溶于卤代烃、二氧六环以及某些极性和非极性溶剂的混合物中，缩丁醛能溶于醇类、缩乙二醇醚及某些混合溶剂中。因此，酚醛-缩醛胶黏剂的耐介质性能介于酚醛树脂和聚乙烯醇缩醛树脂之间，但仍满足航空胶的要求。

(3) 影响酚醛聚乙烯醇胶黏剂性能的因素　酚醛-缩醛胶黏剂的性能主要与缩醛与酚醛的比例、缩醛的类型、缩醛的分子量、固化温度和压力等因素有关。

■表 4-12　几种牌号的酚醛-缩醛胶黏剂的耐介质性能

试验条件	剪切强度/MPa				
	2112①	5111①	5121①	M12B②	MP12E②
室温放 8 天	22.5	27.6	27.5	22.8	20.7
机油浸 8 天	21.0	27.0	26.7	24.3	23.0
异丙醇浸 8 天	21.0	26.1	24.0	21.5	20.0
0.13% NaOH 水溶液浸 8 天	22.3	26.6	25.0	22.0	21.3
0.1% 盐酸水溶液浸 8 天	22.1	25.5	27.0	21.5	22.1
水中浸 3 天	22.8	25.0	26.5	21.0	20.2
盐水浸 30 天	21.6	26.6	26.5	20.0	20.0

① 日本窒素公司胶膜。
② 德国 Tego 胶膜。

① 酚醛和缩醛的比例　酚醛与缩醛的用量比例对胶黏剂的胶接强度有很大影响。一般来说，缩醛用量多，室温剪切强度提高，柔韧性增强，但耐热性下降；酚醛用量增加，交联密度高，耐热性提高，但柔韧性降低，通常缩醛与酚醛的比值在 10:(1~20) 的范围内，当比值在 10:4 左右时室温剪切强度最大。

② 缩醛类型　缩醛的类型对酚醛-缩醛胶黏剂的性能有一定影响。一般来说，缩醛基中的烷基越大，体系越柔软，剥离强度越好，但其耐热性降低。例如，酚醛-缩甲醛与酚醛-缩丁醛相比，前者高温剪切强度较高，抗蠕变性能较好，但剥离强度较差。

③ 缩醛分子量影响　酚醛-缩醛胶黏剂中，缩醛的相对分子质量在几万到二十几万之间。一般来说，缩醛的分子量增大有利于提高胶黏剂的剪切强度，但使剥离强度降低。

④ 固化条件影响　酚醛-缩醛胶黏剂的固化温度至少需要 140℃，压力约需 0.7~1.4MPa，低于 140℃不能完全固化，但过高的固化温度也会降低胶接强度。缩醛树脂的掺入会延长酚醛树脂的固化时间，固化条件对胶接强度的影响如表 4-13 所示。

⑤ 温度的影响　酚醛-缩醛胶黏剂的耐低温性能良好，在 -55℃下还有 25.0MPa 以上的剪切强度，也可经受 215℃的温度而保持一定的强度，但是作为结构胶只能用到 120℃左右，高于此温度其剪切强度与剥离强度大大下降，不能满足结构胶的要求。

■表 4-13　固化条件及不同配比对酚醛-缩醛胶黏剂胶接强度的影响①

缩醛	100 份缩醛的酚醛用量	固化条件		剪切强度/MPa				剥离强度/(kg/cm)
		温度/℃	时间	22℃	83℃	121℃	149℃	22℃
缩甲醛	50	165	30min	29.2	32.2	17.5	7.0	3.2~4.0
	70	177	2h	31.5	31.5	21.7	12.6	2.3~3.2
	50	165	200h 老化	39.2	39.2	30.8	22.4	2.2~3.6
缩丁醛	50	165	30min	42.0	28.0	9.8	3.5	4.5~5.4
	100	165	20min	35.0	23.1	7.7	—	6.3~7.2

① 被黏物为硬铝-硬铝。

(4) 几种重要的酚醛-缩醛胶黏剂

① 酚醛-缩丁醛胶黏剂　这类胶黏剂的柔韧性、剥离强度和低温性能较好，但耐热性能较其他的酚醛-缩醛胶黏剂差。酚醛-缩丁醛胶黏剂广泛用于飞机制造、车辆和造船等工业部门，主要品种有 JSF-2、JSF-3、JSF-4、JSF-5、JSF-6，其配方举例如表 4-14 所示。

■表 4-14　不同牌号的酚醛-缩丁醛胶黏剂配方举例

组　分	JSF-2	JSF-3	JSF-4	JSF-5	JSF-6
酚醛树脂/%	8.2	13	1.7	2.45	16.5
聚乙烯醇缩丁醛/%	8.2	8.7	9.7	9.75	9.7
乙醇/%	83.6	78.3	88.6	87.8	82.55

注：配方中还有 3.5 份邻苯二甲酸二丁酯、17.5 份蓖麻油、0.85 份松香。

JSF-2 和 JSF-4 胶黏剂对各种材料的胶接强度如表 4-15 所示。

■表 4-15　JSF-2 和 JSF-4 胶黏剂对不同材料的胶接强度

胶黏剂牌号	被黏材料	剪切强度/MPa
JSF-2	钢-钢	30.0~35.0
JSF-2，JSF-4	铜-铜	15.0~20.0
JSF-2，JSF-4	酚醛塑料-酚醛塑料	15.0~20.0
JSF-4	金属-聚苯乙烯	4.0~5.0
JSF-4	陶瓷-聚苯乙烯	10.0~14.0
JSF-4	酚醛塑料-聚苯乙烯	4.0~5.0

② 酚醛-缩甲醛胶黏剂　这类胶黏剂的耐热性和黏结强度都优于酚醛-缩丁醛胶黏剂，且具有较好的耐湿热老化、耐水和耐化学介质等优点。其主要品种有铁锚201、铁锚202、铁锚203胶，其成分及性能如表 4-16～表 4-18 所示。

■表 4-16　酚醛-缩甲醛胶黏剂的组分与性能

牌号	组分	主要成分/质量份	固化条件	强度性能	用途	特点
铁锚201	单组分	锌酚醛树脂125，缩甲醛100，没食子酸丙酯2，溶剂适量	50~100kPa，160℃，2h	剪切强度：铝-铝 22.7MPa；不锈钢 24.1MPa；耐热钢 23.2MPa；铜 23.5MPa	-70~150℃下长期使用，适用于金属间黏结，还可浸渍玻璃布，用于压制高强度玻璃钢	强度高，耐老化，耐水、耐油，价廉
铁锚202	单组分	锌酚醛树脂100，缩甲醛125，溶剂适量	50~100kPa，160℃，2h，或120℃，3~4h	剪切强度：铝-铝 27MPa；不锈钢 30MPa；耐热钢大于 22MPa；黄铜-铜 25MPa	-70~120℃下长期使用，适用于铝、铜、钢之间的黏结，也可用于能高温固化的非金属，如层压板、胶木、玻璃、陶瓷等的黏结	

续表

牌号	组分	主要成分/质量份	固化条件	强度性能	用途	特点
铁锚203	胶膜	酚醛-缩甲醛	100kPa，160℃，2h	剪切强度：硬铝-硬铝，室温大于25MPa，70℃时大于15MPa	-70~150℃下长期使用，适用于金属与耐热非金属的黏结，也可与铁锚201、铁锚202胶配合使用	强度高，无溶剂，无毒性

■表4-17　铁锚201、铁锚202、铁锚203胶黏剂对硬铝的黏结性能

牌号	剪切强度/MPa						20℃下拉伸强度/MPa
	-70℃	20℃	60℃	100℃	150℃	200℃	
铁锚201	23.0	22.0	20.6	20.6	13.5	3.7	31.2~35.7
铁锚202	26.9	26.0	24.3	24.3	10.8	—	40.0
铁锚203	27.4	32.9	22.5	22.5	5.2	—	45.7

■表4-18　铁锚201、铁锚202、铁锚203胶黏剂的耐介质性能

牌号	剪切强度/MPa			
	乙醇30天	TC-1煤油30天	变压器油30天	水30天
铁锚201	20.0	20.7	19.5	17.3
铁锚202	>22.3	>22.0	>22.0	>22.0
铁锚203	31.9	33.5	32.5	30.7

4.3.4.2 酚醛-环氧胶黏剂

酚醛树脂耐酸性优良，耐碱性较差；环氧树脂则相反，耐碱性优良，耐酸性稍差。酚醛树脂与环氧树脂结合，可制得耐酸和耐碱性能俱佳的胶黏剂。酚醛-环氧胶黏剂体系中环氧树脂一般为分子量较高的双酚A型环氧树脂，如Epon1001、Epon1007、E604、E607等；酚醛树脂可用碱催化的热固性酚醛树脂（Resol），相对分子质量为350~450，也可用酸催化的热塑性酚醛树脂（Novalac），相对分子质量为500~560，但以热固性酚醛树脂为好。

酚醛-环氧胶黏剂的特点是综合性能优良、耐高温、耐低温、耐热老化、耐大气老化及湿热老化，此外还具有优异的耐高温蠕变性能，主要缺点是较脆。该类胶黏剂一般可在-60~260℃下长期使用。酚醛-环氧胶黏剂的典型配方和性能如表4-19所示。

4.3.4.3 酚醛-丁腈胶黏剂

(1) 酚醛-丁腈胶黏剂的性能特点　酚醛-丁腈胶黏剂由酚醛树脂和丁腈橡胶组成，兼有酚醛树脂的耐热性和丁腈橡胶的弹性，具有柔韧性好、耐温等级高、黏结力强的特点。酚醛-丁腈胶黏剂有如下优点。

■表4-19 酚醛-环氧胶黏剂的典型配方及性能

牌号	典型配方	剪切强度/MPa	
Epon-422	604 环氧 100 份 Resol 酚醛 49 份 超细纯铝粉 9 份 8-羟基喹恶酮 1.5 份	-58℃ 21℃ 159℃ 260℃ 25℃↔250℃循环100次后，250℃ 250℃热老化200h后，250℃	16.4 16.1 13.5 11.2 7.0 7.0
Aerobond 422	Novolac 酚醛 500 份 607# 环氧 100 份 六亚甲基四胺 20 份 甲乙酮 100 份	-58℃ 26℃ 232℃ 260℃ 31.6℃	9.2 10.5 9.1 8.5 7.2
FPL-891	Resol 酚醛 12.5 份 601# 环氧 2.0 份 乙酸乙酯 2.0 份	-58℃ 26℃ 150℃ 232℃ 260℃	9.2 18.2 13.6 10.5 8.9
FPL-878	Resol 酚醛 160 份 607# 环氧 20 份 1-羟基-2-萘甲酸 2 份 没食子酸丙酯 3 份 乙酸乙酯 1.5 份	-58℃ 26℃ 232℃ 260℃	16.4 17.2 9.4 7.2
Epon-422J	604# 环氧 75 份 Resol 酚醛 35 份 H_3PO_4 1 份	-58℃ 26℃ 150℃ 232℃ 260℃	13.2 16.3 14.2 9.9 7.5

① 黏结强度高 酚醛-丁腈胶黏剂有较高的黏结强度，柔韧性好，尤其具有优良的抗剥离性能，它的剥离强度和不均匀扯离强度在结构胶中是比较高的。

② 使用温度范围广 能在60~150℃长时间使用，某些品种的使用温度达到250~300℃。

③ 耐老化性能好 酚醛-丁腈胶黏剂具有良好的耐油、耐溶剂性能，耐气候、耐水、耐化学介质，并且具有良好的抗盐雾性能，是一种耐老化、耐腐蚀的结构胶。

④ 使用领域广 酚醛-丁腈胶黏剂在航空领域除了用来黏结机身的平板条和机翼的蜂窝结构外，也可用来密封油箱。在汽车工业上可用来黏结刹车片、离合器等。此外还可用于橡胶-橡胶、塑料-塑料、金属-金属（铝、钢、镁、铅、锌等）的黏结，用途广泛。

(2) 酚醛树脂与丁腈橡胶的反应 丁腈橡胶可与酚醛树脂发生一系列的化学反应，诸如：①丁腈橡胶的双键与酚醛树脂羟甲基的反应；②丁腈橡胶的氰基与酚醛树脂羟甲基的反应；③丁腈橡胶的羧基与酚醛树脂羟甲基的反应。

在酚醛树脂与丁腈橡胶的相互作用中，存在两类反应，除以上酚醛树脂与丁腈橡胶的相互反应（通常称硫化反应）外，酚醛树脂本身也发生固化反应。酚醛树脂的固化速度通常大于对橡胶的硫化速度，这两种速度相差太大时，胶黏剂的性能较差。因此应控制酚与醛的物质的量比、催化剂和缩合程度，以降低酚醛树脂的固化速度，或者提高橡胶的硫化速度，以使两种速度协调，胶黏剂体系才会有较高的强度和热稳定性。

(3) 酚醛-丁腈胶黏剂的组分

① 丁腈橡胶和酚醛树脂　丁腈橡胶是丁二烯和丙烯腈的共聚物，常以乳液聚合制得，丙烯腈含量通常为10%～40%，最高可达60%。丁腈橡胶对有机溶剂有很强的抵抗力，黏附性、耐磨性和耐老化性较好，有一定耐热性，但不耐高温。

丁腈橡胶中氰基含量对性能有重要影响。随氰基含量的增加，其耐油性和耐热氧化降解性也相应提高，胶黏剂的剪切强度上升，这是因为氰基的极性增强了分子间的作用力，提高了与酚醛树脂的亲和性，同时发生了化学反应，因而使剪切强度增高。综上所述，用来改性酚醛的丁腈橡胶，丙烯腈含量一般为25%～40%，对耐油性、耐热性有特殊要求的胶黏剂，丙烯腈含量可以更高。

酚醛-丁腈胶黏剂中的酚醛树脂主要使用热固性或热塑性的苯酚-甲醛树脂。

酚醛树脂和丁腈橡胶的配比对胶黏剂的性能有很大影响。酚醛树脂过多，会使胶黏剂缺乏韧性，不耐冲击；丁腈橡胶过多，则使胶接强度和耐热性能下降；当酚醛树脂和丁腈橡胶以1:1左右配合时，可得到力学性能和耐热性能都比较好的胶黏剂，若要求在较高温度使用，可适当地增加酚醛树脂的用量。

② 催化剂　酚醛树脂的自身固化速度往往高于其对橡胶的硫化速度，为使两种反应速度趋向一致，常加入一些硫化催化剂。某些带结晶水的金属卤化物可促进树脂对橡胶的硫化，常用金属卤化物的催化活性顺序如下：

$$SnCl_2 \cdot 2H_2O > FeCl_3 \cdot 6H_2O > ZnCl_2 \cdot 15H_2O > SrCl_2 \cdot 6H_2O$$

除金属卤化物外，一些酸性试剂如P_2O_5和对氯代苯甲酸对树脂硫化橡胶也有催化作用。

除酚醛树脂与丁腈橡胶反应的催化剂外，有时还加入橡胶硫化剂、硫化促进剂和活性剂等。常用的硫化剂有硫黄、多硫化物和有机过氧化物等，硫化促进剂有促进剂M、促进剂DM等，常用的活性剂是氧化锌。

③ 填充剂　常用的填充剂有石棉、炭黑、石墨、二氧化硅、金属粉末、金属氧化物、玻璃纤维等，填充剂对胶黏剂的物理机械性能有很大的影响，除可调节胶黏剂的热膨胀系数、提高胶黏剂的弹性模量、胶接强度、冲击强

度和耐热性能等之外,还可调节胶黏剂的黏度,减少胶黏剂固化过程中的收缩率,但填充剂用量过多会导致抗冲击性能急剧下降,故使用必须适量。

④ 热氧老化稳定剂　在高温下,胶黏剂因热氧老化裂解,胶接强度下降。热氧老化过程是自由基连锁反应,加入抗氧剂可捕捉自由基,阻止连锁反应进行。适用于酚醛-橡胶胶黏剂的抗氧剂主要是酚类,如对苯二酚、对苯二酚苄醚、苯乙烯苯酚和2,6-二叔丁基-4-甲基苯酚等。

某些金属离子,如铜离子、铁离子、钴离子、镍离子、铬离子等在加热下有促使有机聚合物氧化裂解的作用。某些试剂可与金属离子发生螯合反应而生成一种稳定的化合物,从而抑制金属对有机聚合物热氧老化的催化作用。这类试剂如8-羟基喹啉、乙酰基丙酮、邻苯二酚、水杨酸以及砷、锰、铜的氧化物,据报道,没食子酸丙酯对酚醛-橡胶体系的热强度和高温老化性能均有显著改进。

⑤ 溶剂　溶剂主要用来调节胶黏剂的黏度。配制酚醛-丁腈胶黏剂的溶剂,必须考虑到贮存稳定性、毒性、易燃性、挥发性、成本等。常用的溶剂有乙酸乙酯、乙酸丁酯和甲乙酮等,通常使用混合溶剂。

(4) 国产酚醛-丁腈胶黏剂的主要牌号和用途　综合以上各种因素,酚醛-丁腈胶黏剂的一般配方范围如表4-20所示。国产酚醛-丁腈胶黏剂的主要牌号和用途如表4-21所示。

(5) 酚醛-端羧基丁腈胶黏剂　在丁腈橡胶中引入羧基可提高橡胶的断裂强度,抗撕裂、抗烷烃溶胀作用及抗臭氧作用,其胶接性能也超过不含羧基的丁腈橡胶及其他许多橡胶。由于羧基的存在,这类橡胶可用金属氧化物来硫化,常用二价金属的氧化物或氢氧化物,如氧化镁、氧化锌等作为硫化剂,硫化产物有较高的机械强度,这主要是由于二价金属氧化物与橡胶中的羧基形成盐式结构,并参与形成交联网络。

■表4-20　酚醛-丁腈胶黏剂的配方范围

组　分	用量范围/质量份	
	胶液	胶膜
丁腈橡胶	10	100
甲阶酚醛树脂	0~200	—
线型酚醛树脂	0~200	75~100
氧化锌	5	5
硫黄	1~3	1~3
促进剂	0.5~1	0.51~1
防老剂	0~5	0~5
硬脂酸	0~1	0~1
炭黑	0~50	0~50
填料	0~100	0~100
增塑剂	—	0~10
溶剂	配成固含量20%~50%的溶液	—

■表 4-21　国产酚醛-丁腈胶黏剂的主要牌号和用途

牌号	主要组分	特性	用途
J-01	酚醛-丁腈共聚体,低分子量钡酚醛树脂,防老剂	高低温下强度好,具有较好的弹性,在200℃热老化400h后,强度变化不大,耐化学介质,介电性能良好,使用温度范围为-50~200℃	钢、硬铝等金属和大部分非金属材料的黏结,如金属蜂窝结构、汽车离合器片的黏结
J-02	酚醛-丁腈共聚体,环氧树脂固化剂	具有良好的剪切强度及持久强度,耐化学介质性能好,可在较低温度固化(80℃)	不锈钢、铝合金、赛璐珞及其他金属或非金属材料的黏结
J-03	丁腈橡胶、酚醛树脂	具有优良的弹性和较好的耐低温性能,耐热性、耐化学介质性、耐气候性均较好,使用温度为-60~150℃	金属结构胶,也可用来黏结非金属材料或制造蜂窝结构
J-04	丁腈橡胶、酚醛树脂	耐热温度较J-03高,弹性略有降低,使用温度为-50~250℃	金属、非金属材料高温部件的黏结
J-05	酚醛-丁腈型	比以上酚醛-丁腈胶具有更优异的黏结性能。耐热性、耐气候性、耐化学介质性均良好,使用温度为-70~250℃	金属结构黏结

　　酚醛-端羧基丁腈胶黏剂由于羧基存在,使得橡胶与酚醛树脂的相容性增加。羧基增强了与金属表面极性基团的相互作用,因而有利于对金属的黏结;酚醛-端羧基丁腈胶黏剂比酚醛-丁腈胶黏剂的硫化速度快,不用硫黄,仅用氧化锌等即可硫化,其性能优于无羧基的酚醛-丁腈胶黏剂。据报道,在端羧基丁腈橡胶改性的酚醛胶黏剂中,添加某些无机填料和热稳定剂后,胶黏剂可在250~300℃长期使用。

4.3.4.4　酚醛-氯丁橡胶胶黏剂

　　酚醛-氯丁橡胶胶黏剂在第二次世界大战期间已在航空工业中应用。这类胶黏剂在室温或稍高于室温固化时,性能较差,但对许多材料,如木材、橡胶、金属、玻璃、塑料、纤维织物等都有黏结力,是工业上一种很重要的非结构胶黏剂,高温固化的酚醛-氯丁橡胶胶黏剂曾是大量使用的一种金属结构胶黏剂,后因出现了性能更好的酚醛-缩醛和酚醛-丁腈胶黏剂,其重要性有所降低。

　　(1) 氯丁橡胶　氯丁橡胶是由氯代丁二烯经乳液聚合制得的,在其聚合链中,1,4-反式结构占80%以上,结构比较规整,分子链上又有极性较大的氯原子存在,结晶性大,在-35~32℃之间放置均能结晶,这些特性使氯丁橡胶在室温下即使不硫化也具有较高的内聚强度和较好的黏结性能,非常适宜用作胶黏剂使用。大部分氯丁胶黏剂可单组分使用,室温下固化,使用方便。氯丁橡胶具有阻燃、耐臭氧、耐大气老化、耐油、耐化学试剂等特性,广受用户欢迎。其主要缺点是贮存稳定性差,耐寒性不够理想,这些缺点也在不断改进中。

(2) 酚醛树脂 酚醛树脂与氯丁橡胶通常是互不相容的,唯有萜烯酚醛树脂和热固性烷基酚醛树脂可用来改性氯丁橡胶。萜烯酚醛树脂能防止胶黏剂产生触变性,但不能有效改善胶膜的高温性能,对常温胶接性能也无显著影响。热固性烷基酚醛树脂能与氧化镁形成高熔点改性物,因而大大提高了氯丁胶黏剂的耐热性,并能明显增加对金属等材料的黏附能力,其中对叔丁基酚醛树脂改性的氯丁橡胶已成为酚醛-氯丁橡胶胶黏剂中性能最好、应用最广的品种。

对叔丁基酚醛树脂的相对分子质量控制在700~1100,熔点以80~90℃为宜。分子量太大,则配制成胶黏剂的胶膜弹性小;分子量太小,则会影响胶膜的内聚强度。

酚醛树脂的用量根据具体使用要求而定,通常100份氯丁橡胶配用45~100份酚醛树脂。一般来说,用于橡胶对金属的胶接宜多用些酚醛树脂,用于橡胶对橡胶的胶接宜少用些酚醛树脂。

(3) 配方、性能及应用 酚醛-氯丁橡胶胶黏剂配方举例如表4-22所示。

酚醛-氯丁橡胶胶黏剂初黏力高、成膜性好,且胶膜柔韧,大多数可在室温或稍高温度下固化,对许多材料,如木材、橡胶、金属、玻璃、塑料、纤维织物等都有很好的黏结力。这类胶黏剂还具有良好的抗振动、剥离强度、冲击强度、抗疲劳和耐低温性能,其耐盐雾老化、耐溶剂、耐油和耐水性能也优越,甚至超过酚醛-丁腈胶黏剂。其缺点是耐热性较差,使用温度不超过80℃,其剪切强度与温度的关系见表4-23。

■表4-22 通用型酚醛-氯丁橡胶胶黏剂的几个实用配方

组分	配方/质量份			
	1	2	3	4
氯丁橡胶	100	100	100	100
防老剂	—	—	1~2	2
氧化镁	8~10	8~10	10~14	8~10
氧化锌	5~10	—	4	5
促进剂 DM	1	—	1	—
促进剂 TMTD	—	—	1	—
硫黄	—	—	0.5	—
对叔丁基酚醛树脂	100	85	100	45~100
环己胺	—	1	—	—
溶剂	乙酸乙酯和汽油(2:1)混合溶剂			甲苯或甲苯、汽油、乙酸乙酯(3:4.5:2.5)混合溶剂
适用范围	国产通用型或HФ型氯丁橡胶		国产54-1或54-2型氯丁橡胶	国产66-1型氯丁橡胶

■表 4-23　酚醛-氯丁橡胶胶黏剂在不同温度下的胶接强度

测试温度/℃	-57	室温	82~93
剪切强度/MPa	35.0~42.0	17.5~24.5	10.5~14.0

由于性能更好的酚醛-丁腈胶黏剂及改性环氧胶黏剂的发展，酚醛-氯丁橡胶作为结构胶黏剂的重要性下降，但仍是一种重要的非结构型胶黏剂。

4.3.4.5 酚醛-氟橡胶胶黏剂

氟橡胶改性酚醛胶黏剂，适用于胶接金属、氟塑料、聚乙烯塑料以及金属与氟塑料之间的胶接。这种胶黏剂用于胶接铝、钢、铜、银等金属和它们的合金时，具有较高的剪切强度。用来胶接氟塑料时，一般剪切强度只有 2~3MPa，胶接聚乙烯为 1.5~2.5MPa，若将塑料表面加以处理，其剪切强度可达 13.0~14.5MPa。酚醛-氟橡胶胶黏剂可在 80~100℃长期工作。

4.3.5 酚醛胶黏剂的应用

酚醛树脂历史悠久，改性品种多。由于其耐热性能好，黏结强度高，耐老化，性能全，能满足各种不同条件使用的要求，所以在国民经济各领域中得到广泛的应用。

4.3.5.1 在木材工业中的应用

酚醛胶黏剂的重要用途之一是木材工业，其用量仅次于脲醛胶黏剂。酚醛胶黏剂在木材工业中主要用来制造胶合板、刨花板、纤维板和装饰板等。

胶合板也称多层复合板。胶合板的制备过程是先由原木旋切成薄片或木方刨切成薄片，这样的薄片称为单板。将胶黏剂均匀涂覆在单板的表层，然后将涂胶单板按一定序列组合，并在一定温度、压力下使胶层固化，形成胶合板。胶合板按结构可分为全由单板组成的胶合夹板（如三夹板、五夹板等）和中层衬有蜂窝或木屑的夹心板。胶合板用胶黏剂主要是酚醛胶黏剂和脲醛胶黏剂。酚醛树脂是第一个开发作为胶合板用的胶黏剂，酚醛胶合板的耐水性好，变形小，力学性能比脲醛胶黏剂好得多，在建材、家具、包装、交通运输等领域有广泛应用。

酚醛刨花板以木材刨花为基材，以酚醛树脂（或其他合成树脂）为胶黏剂，配以防水、防火、防霉和防虫药剂，压制而成。其生产工艺流程如图 4-5 所示。

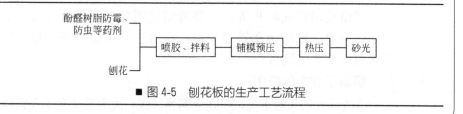

■图 4-5　刨花板的生产工艺流程

酚醛刨花板具有容重轻、吸声、隔热、成本低等优点，在各行业，尤其是家具、车辆、船舶和建材行业有广泛的市场。

酚醛纤维板一般以木材加工的下脚料、枝杈、棉秆等通过化学机械方法使木质素纤维分离打浆、热磨并热压成板材。纤维板生产工艺流程如图4-6所示。

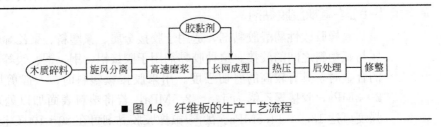

■ 图4-6 纤维板的生产工艺流程

纤维板具有成本低、工艺简单的优点，在各行各业广为应用。在纤维板的制备中，考虑到高温直接固化和施胶效果，多采用热固性水溶性或醇溶性酚醛树脂。

酚醛树脂装饰板采用各种特制的纸张浸胶，表层纸和装饰纸浸渍无色透明的三聚氰胺树脂，底层纸浸渍酚醛树脂。浸胶纸经干燥、热压制成装饰板。由于装饰板表面平滑光洁，耐热、耐磨、阻燃，在室内装饰、船舶、车辆内部装修上有广泛应用。酚醛树脂装饰板的生产工艺流程如图4-7所示。

表层纸和装饰纸 → 浸渍三聚氰胺树脂 → 干燥 ┐
　　　　　　　　　　　　　　　　　　　　　├→ 层叠组坯 → 热压 → 脱模 → 修整
底层纸 → 酚醛树脂浸渍 → 干燥 ┘

■ 图4-7 酚醛树脂装饰板的生产工艺流程

4.3.5.2 在电子电气工业中的应用

酚醛树脂具有优良的电气绝缘性能，因此在电子、电气工业中有广泛应用。酚醛胶黏剂与木粉等压制的绝缘材料号称"电木"，早期大量用作开关、插座等电气制品。酚醛胶黏剂在相对湿度50%、20℃下的体积电阻率为$10^{12} \sim 10^{13} \Omega \cdot cm$，耐电压为$0.96 \sim 15.7 MV/m$，可用作绝缘密封胶，用于绕组线圈、电容、电阻变压器和半导体元件等。绝缘性能好的酚醛胶黏剂配合其他组分，还可用来黏结启动器、普通灯泡、变压器以及印刷线路板等。酚醛密封胶固化后，具有刚性大、耐老化、耐油、耐水、耐化学介质等优点，除用于电气绝缘外，还可用作设备、容器的修补、填缝等。

4.3.5.3 在铸造工业中的应用

铸造具有悠久的历史，早在青铜器时代，人类就学会了金属铸造并不断发展，铸造工业在机械制造工业中具有重要地位。传统的铸造以硅砂为耐火材料、以水玻璃等为胶黏剂制备砂模，工艺上有劳动强度高、粉尘大、生产效率低的缺陷。1944年，德国开始将酚醛树脂用作浇铸壳模的胶黏剂，使铸造型砂实现从黏土型向化学型的过渡，因此，酚醛树脂在铸造中的应用被认为是铸造技术发展史上的一个转折点。

酚醛树脂用作铸型黏结剂具有以下优点：①铸件精度高，光洁度好；②废品率低，性能稳定；③适合于自动化批量生产；④改善劳动条件，提高生产效率。用作铸型胶黏剂的酚醛树脂，一般要求有较高的黏结强度，较低的黏度，合适的固化速度，无毒或低毒，固化中游离物质含量低，不污染环境，成本低（参见第7章）。

以热固性酚醛树脂胶黏剂与石墨粉配制成糊状物，浇注到模具中，在常压下成型，可制成石墨零件或材料。将磨料、填料与液态或粉状酚醛树脂胶黏剂混合，可制造砂轮等耐磨材料。

4.3.5.4 在航空航天工业中的应用

酚醛树脂经改性后制成的胶黏剂的强度和韧性大大提高，使用温度扩大到-55～260℃，短期耐高温达350℃，因此，常作为结构胶黏剂，用于金属材料的黏结。在航空航天领域，最早、最常用的胶黏剂是改性酚醛树脂，如酚醛-缩醛、酚醛-丁腈橡胶、酚醛-环氧等。酚醛-丁腈橡胶胶黏剂特别适合航空航天工业中蜂窝夹心材料的黏结，其次是酚醛-缩醛胶黏剂，如Y-10飞机蜂窝结构的黏结，就采用具有高强度、高韧性、耐疲劳、耐大气老化等优良性能的酚醛-丁腈橡胶胶黏剂SF-1和SF-2；宇宙飞船的隔热组件和过渡舱的制造中使用酚醛-环氧胶黏剂黏结。

4.3.5.5 在车辆、船舶工业中的应用

在造船工业中，酚醛树脂用来黏结硬质聚氯乙烯管和管件，也用酚醛胶黏剂黏结软木和钢材等。在车辆制造中，酚醛胶黏剂可用于胶合板、刹车衬里与闸瓦、电动传动带与离合器、闸瓦瓦座与圆盘衬垫等的黏结组装。华东理工大学研制的腰果壳油改性酚醛树脂用作汽车刹车片的胶黏剂，制备的刹车片具有摩擦系数稳定、磨耗小的特点。

4.3.5.6 在建筑行业中的应用

酚醛胶黏剂在建筑行业中有广泛应用。酚醛胶泥具有黏结力强、耐磨损、防水、绝缘性好等优点，在建筑工程中可用于内外墙面的块材面层黏结、制作地坪或勾缝，也可用于基础设施、贮槽的防腐。

酚醛胶黏剂在建筑行业中的另一应用是制备高强度的聚合物水泥混凝土。例如，以间苯二酚6.87份（质量份）、甲醛3.77份、水泥16.2份、砂63.65份、甲醇4.62份、水4.62份掺混，间苯二酚在混凝土硬化过程中同时与甲醛缩合，形成高强度的酚醛水泥混凝土。

4.4 酚醛油墨

4.4.1 概述

酚醛树脂在油墨工业中较早应用于胶印、铅印油墨,以后也应用于其他类型的油墨中,至今几乎在各大类油墨中均有应用。

在凸版(铅印)或平版(胶印)印刷工艺中最早使用的油墨,原未采用酚醛树脂之类的合成树脂,而主要采用由干性植物油(如亚麻仁油等)熬炼成的连接料。在用于纸张印刷时,主要依靠渗透干燥的原理来达到印刷的目的,故而往往只能适用于一些多孔质、吸油度大、渗透性大的低、中级纸。但对于那些渗透性小、纤维紧密的高级纸、特级压光纸、票证用纸、涂料用纸等材料的印刷就不适用了。由于这些纸张渗透性小,印刷中易出现糊墨、蹭脏、粘背等印刷不合格产品。随着印刷工业的发展,逐步采用了酚醛树脂、醇酸树脂等合成树脂,从此油墨的内聚力增加,容易固着于纸面,使印刷网点清晰、层次分明,特别体现在高速印刷中的油墨传递性佳、固着速度快,且光泽度也大大提高。

在近代发展很快的凹版油墨中,由于酚醛树脂,特别是经各种改性的酚醛树脂各具特色,所以在纸张凹版印刷油墨、塑料凹版印刷油墨、复合薄膜专用凹版油墨等溶剂类油墨中,均有不同程度的应用。酚醛树脂也常被用于染料型油墨中,它可与染料发生反应而增加耐光性并降低其油渗性。例如,为了克服聚乙烯、薄膜印刷用聚酰胺类油墨抗水性、耐热性差等缺点,或为了提高双向拉伸聚丙烯(BOPP)薄膜专用复合油墨的颜料润湿性、分散性等制墨性能,改善油墨的流动性、溶剂释放性,提高墨膜的硬度和滑性等,可考虑加入酚醛改性的特制树脂。在多类塑料油墨中加入某些自固化或热固化酚醛树脂,就可以显著提高油墨的耐水煮或耐高温蒸煮性能。

尽管酚醛树脂已是历史悠久的老产品,但由于其门类众多、制造简单、成本较低、性能独特等原因,故至今仍在油墨领域中广泛应用,且大有逐步扩大的趋势。形形色色的酚醛树脂在丝网印刷油墨、柔性版印刷油墨、金属、陶瓷、玻璃、软管等表面印刷用的油墨,以及誊写油墨、磁性油墨、印刷线路油墨、安全油墨、织物油墨、静电喷墨等特种油墨领域,正发挥着其特有的作用。

4.4.2 印刷油墨对其连接料的性能要求

4.4.2.1 连接料

印刷油墨中的连接料是指除色料以外的液体组分,有两种功能:其一是将油墨中颜料等固体粉状物连接起来；其二是在经各种方法研磨分散后形成一种近乎均匀的浆状或液体状的分散体系后，赋予油墨适当的流动性，使油墨从墨斗到版面，再到印刷材料表面，成膜干燥并固着，起到特定的"连接"作用，故称为连接料。

油墨的黏度、流变性、干燥性等印刷性能，主要取决于连接料。从某种程度上可以说，连接料是油墨的心脏。例如，颜料在油墨中尽管也十分重要，但同一种颜料，换了另一种类型的连接料，它就变成了另一个类型的油墨。而同一种连接料，即使换了另一类型的颜料，却并不能改变油墨的根本性能。

根据油墨类型和印刷工艺的不同，油墨的连接料有各种不同的类型、组成和结构。如植物油型连接料、溶剂型连接料、热固型连接料、光固型连接料等。而所有这些类型连接料中的主体原料，主要是高分子合成树脂。用作连接料的合成树脂主要有酚醛树脂、醇酸树脂、聚酰胺树脂、橡胶类树脂、丙烯酸类树脂、聚氨酯类树脂、乙烯类树脂、环氧树脂、各种饱和与不饱和聚酯，以及各种纤维素与纤维素衍生物树脂等。其中，酚醛树脂乃是所有油墨连接料中应用历史最悠久、使用面广量大的树脂之一。在油墨工业中，广泛采用的是以碱催化制备的 Resol 型树脂，其中有纯酚醛树脂，也有用松香等改性的酚醛树脂。

4.4.2.2 选择油墨连接料用树脂的原则

选择油墨连接料用树脂的原则如下。

① 对大部分油墨连接料用树脂，均要求其软化点高，一般在110℃以上。而对于某些塑料油墨，因塑料的特性或特殊用途，树脂的软化点不受此限制。

② 能形成坚硬而不脆或柔韧而耐磨的皮膜。

③ 能在选定的溶剂中形成高浓度、低黏度的体系。

④ 有良好的溶剂释放性，以利于干燥成膜，并可被相应的溶剂体系尽快再溶解。

⑤ 与颜料（染料）有良好的亲和性，可保证油墨的分散度，也可增强各种墨性的光泽度。

⑥ 色浅、无异味、透明、无毒。

⑦ 符合印刷对象的各种特性要求。

⑧ 不变色，不损坏版子表面，贮存中稳定，与颜料一般不发生反应性变化。

⑨ 对颜料、填料的润湿性良好，并与相拼用的其他树脂的混溶性和谐等。

4.4.2.3 油墨连接料用树脂的主要特性

(1) 树脂的溶解性 几乎所有的印刷工艺均要求油墨具有特定的流变性，连接料树脂对油墨的流变性能起决定性的作用。树脂一般都制成特定的黏稠液态；也可以使固态树脂通过溶剂或稀释剂溶解、调整到具有特定黏度的流体，故树脂的溶解性就显得很重要。

树脂的溶解性，需满足不同油墨的各种工艺性能的要求。如油墨中的树脂大多是通过"固态→溶解并稀释为液态→干燥、结膜再重新变为固态"这样的转化形式而应用的，树脂的溶解性并不是越大越好；溶解性过大，不利于溶剂或稀释剂从树脂中释放出来，从而使油墨干燥不快、不爽，以致使印刷后的产品产生蹭脏、粘背等弊病。根据高分子溶液理论，在某种溶剂中溶解性过于好的树脂，它对该种溶剂的释放性能就一定是差的。因此在油墨工业中，往往需要用多种溶剂复配成溶解性适当的体系，不但要顾及到树脂溶解的快慢，同时要顾及到油墨印刷时的干燥速度和干燥后的性能。另外，为了防止有机溶剂对环境的污染，有关印刷品，特别是食品、药品包装印刷品的卫生法规，对油墨用溶剂及稀释剂的危害性以及印刷品中溶剂的残留量都有严格的规定，因此在选择合成树脂时，必须对树脂的溶解性和溶剂体系，做认真的考虑和精心的设计。

(2) 树脂的黏度和软化点 油墨的黏度主要取决于连接料中树脂溶液的黏度。黏度的大小与树脂的分子量大小以及该树脂在某溶剂体系中的溶解性有关。树脂的分子量越大，相同浓度下溶液的黏度就越大；树脂在良溶剂中的黏度小，在溶解性差的溶剂体系中，表现出的黏度就大。因此对于印刷油墨来说，溶解黏度大的树脂，不一定其分子量就大；反之，溶解黏度小的树脂，也不一定分子量就小。溶液的温度升高则黏度会下降，溶液的浓度增大则黏度增大。

在油墨工业中，为了适应印刷工艺的需要，往往须设计配制专用的稀释剂（常需要配成"一般"、"快干"、"特快"、"慢干"、"特慢"等多种类型），但稀释剂往往并非是树脂的良溶剂，有时会在稀释过程中，特别是当稀释过量时，出现黏度反而上升的"反常"现象，这其实就是树脂在稀释剂中溶解性变差而导致黏度增大的具体体现。此外，树脂溶液常呈现非牛顿型流体的特殊性能。这也是从事油墨技术工作者必须充分注意的。

油墨连接料中树脂的软化点，也是需要严格控制的指标。软化点与树脂的分子量有着直接的关系，对于同类树脂来说，一般分子量大，软化点也高。即使在不同印刷工艺中选用同一类型的树脂，其软化点也常常会有很大差别。

对于油墨连接料中树脂的黏度和软化点的设计或选择，均要根据不同印刷工艺对油墨的性能要求来决定。例如，当特别需要油墨具有身骨时，往往就需选择高软化点的树脂；当需要增加连接料的固体含量时，则需要选择分子量小，溶解黏度低的树脂。

(3) 树脂的酸值 酸值是指中和 1g 树脂所需要的氢氧化钾的质量（以 mg 计）。酸值是树脂的固有特性之一。酸值的高低是由树脂合成的原料组成、合成工艺路线、反应条件、分子量大小等因素所决定的。在油墨工业中，对树脂的酸值有特定的要求，树脂酸值的大小对油墨的性能有较大的影响。酸值过高，会使油墨的性能不稳定，耐水性下降，与碱性颜料或其他碱性添加剂易起反应；酸值过低，则树脂对颜料的润湿不佳。树脂的酸值并非是越低越好，有时相反要控制到较高的数值（例如水性油墨）。与其他指标一样，酸值需要根据不同印刷工艺对其油墨的要求而控制在一个适当的范围内。

(4) **树脂的抗水性**　油墨的抗水性主要也是受树脂的抗水性左右的。抗水性有两重含义，即印刷过程中油墨的抗水性及油墨完全成墨膜后的抗水性。前者如胶印油墨，印刷时要求有足够的抗印刷药水的性能，否则油墨会产生乳化、糊版、传递不良等一系列弊病。后者如食品包装用的耐蒸煮印铁油墨，要经受水煮甚至高温蒸汽（≥120℃）杀菌工艺的考验。

(5) **树脂的色泽和透明度**　树脂应尽可能制成或选择无色或浅色的，以不影响彩色油墨的色相。树脂色泽除与原料的性质及纯度有关外，同合成树脂的工艺过程及设备状况等均有很大关系。为了获得无色或浅色的成品，在合成过程中应尽可能采用较低的温度，或用惰性气体隔绝氧气等办法。

树脂的透明度首先是凭视觉直观的。透明性一方面是树脂溶解好坏的参考，同时也表明树脂的反应程度。树脂中若混有水分及其他杂质，也将影响透明度。在各种高档油墨中，特别是对三原色墨而言，透明度是至关重要的性能。在彩色层次印刷中，大多数场合三原色之间是相互叠印在一起的，如透明度不高，就会造成颜色间相互遮盖，达不到理想的效果，甚至无法印刷应用。

4.4.3　酚醛树脂在各类油墨中的应用

4.4.3.1　酚醛树脂类油墨的性能特点

以酚醛树脂或改性酚醛为主要连接料的油墨称为酚醛树脂类油墨（从严格意义上来说，在某些场合只是以少量酚醛树脂与别的树脂拼用，故本节只能称为"酚醛树脂在油墨领域的应用"，而不宜称为"酚醛油墨"）。酚醛树脂应用于油墨工业已有近百年的历史。一开始主要用来代替天然树脂并与干性油配合作为油墨连接料，赋予油墨以光泽、身骨、快干、耐水、耐酸碱及绝缘等性能。酚醛树脂除了单独使用外，还可与其他合成树脂拼用，例如与醇酸树脂拼用，能增加醇酸树脂的防潮性和耐腐蚀性；与聚酰胺树脂拼用，用于印刷纸制品和塑料薄膜，可达到良好的光泽度，提高耐磨性；与聚乙烯醇缩醛拼用，可提高油墨的硬度、强度和耐水性；丁醇醚化酚醛树脂与环氧类树脂拼用，可制成耐酸、耐碱、耐农药的特种油墨，用于金属表面印刷等。

油墨工业中应用量最大的酚醛树脂主要有两大类：一类是所谓的百分之百油溶性纯酚醛树脂；另一类是以松香为主要改性剂的酚醛树脂。前者如对苯基苯酚甲醛树脂、对叔丁基酚甲醛树脂等；后者主要有苯酚甲醛松香改性酚醛树脂、二酚基丙烷甲醛松香改性酚醛树脂、对异辛酚松香改性酚醛树脂等；有些油墨也用丁醇改性酚醛树脂。

酚醛树脂也存在一些缺点，如外观颜色较深，容易泛黄，因此不太适宜用于白色和浅色油墨中。

4.4.3.2 油墨工业中常用酚醛树脂的制备

(1) 松香甘油改性酚醛树脂

① 配方如下：

特级松香	71.88%
双酚 A	6.93%
氧化镁	0.10%
乌洛托品	0.036%
37%甲醛	13.86%
甘油	7.19%

② 工艺流程如下：

原料检验→投入松香→升温熔化松香→加水降温→加双酚 A、催化剂→加甲醛→100℃保温 4h→用 5h 升温至 220℃→测软化点→加甘油→升温至 220℃保温 1h→用 2～3h 升温至 260℃保温→测黏度、酸值→抽真空→测黏度、酸值→合格后停止加热→降温出料→包装

③ 质量指标与检验方法如下：

黏度　2700～4500 mPa·s（25℃）	按 RJ 004—1996 执行
酸值　≤18mg KOH/g	按 RJ 003—1996 执行
色泽　≤12（加氏）	按 RJ 002—1996 执行
软化点　154～170℃（环球法）	按 RJ 001—1996 执行

(2) 松香季戊四醇改性酚醛树脂

① 配方如下：

特级松香	70.93%
双酚 A	6.99%
氧化镁	0.10%
乌洛托品	0.036%
37%甲醛	14.14%
季戊四醇	7.09%
甘油	0.71%

② 工艺流程如下：

原料检验→投入松香→升温熔化松香→加水降温→加双酚 A、催化剂→加甲醛→100℃保温 4h→用 5h 升温至 220℃→测软化点→加季戊四醇和甘油→用 2～3h 升温至 265℃保温→测黏度、酸值→抽真空→测黏度、酸值→合格后降温出料→包装

③ 质量指标与检验方法如下：

黏度　4300～5600mPa·s（25℃）　　　按 RJ 004—1996 执行
酸值　≤18mg KOH/g　　　　　　　　按 RJ 003—1996 执行
软化点　156～170℃（环球法）　　　　按 RJ 001—1996 执行

（3）松香桐油改性酚醛树脂

① 原料及配比如下：

特级松香	49.56%
桐油	3.83%
对叔丁基苯酚	13.97%
甲醛	27.03%
季戊四醇	4.96%
甘油	0.49%
轻质氧化镁	0.045%
乌洛托品	0.027%
促进剂	0.090%

② 合成工艺过程如下：

原料检验→松香熔化→加水降温→加入桐油、对叔丁基苯酚和催化剂→加入甲醛→100℃左右保温 4h→慢速（约 10h）升温至 220℃→加入季戊四醇和甘油→较慢速（2～3h）升温至 270℃保温→测黏度、酸值→抽真空→至各大指标合格即降温出料→包装

③ 质量指标与检验方法如下：

黏度　7800～10000mPa·s（25℃）　　按 RJ 004—1996 执行
酸值　17～21mg KOH/g　　　　　　 按 RJ 003—1996 执行
软化点　≥160℃（环球法）　　　　　 按 RJ 001—1996 执行

（4）桐油酸酚醛树脂

① 原料及配比如下：

特级松香	10.5%
桐油	16.4%
苯酚	7.8%
氧化镁	0.084%
37%甲醛	11.4%
单亚	40%
甘油	1.8%
矿油	12.5%
B.H.T 抗氧剂	0.1%

② 合成工艺过程如下：

原料检验→投入松香和桐油→熔化→投入氧化镁和苯酚→滴加甲醛→100℃左右保温 4h→用 3～3.5h 升温到 180℃→保温 1h→做油溶性试验→升温至 220℃→加入甘油→升温至 240℃→保温 3h→测黏度（树脂：矿油为 17:3）、酸值→断热加矿油、B.H.T 抗氧剂→测黏度和酸值→出料→过滤包装

③ 质量指标与检验方法如下：

黏度　20000～28000mPa·s（25℃）　　　按 IJ 001—1996 执行
酸值　≤15mg KOH/g　　　　　　　　　　按 OJ 002—1996 执行
色泽　≤12（加氏）　　　　　　　　　　　按 OJ 001—1996 执行
外观　透明无粒子　　　　　　　　　　　　目测

4.4.3.3 部分油墨用酚醛树脂特性指标

部分油墨用酚醛树脂的特性列于表 4-24。

■表 4-24　部分油墨用酚醛树脂的特性

树脂类型	树脂编号	最大酸值/(mg KOH/g)	羟值/(mg KOH/g)	熔点/℃	浊点/℃	颜色	40%亚麻油中			成胶性③
							黏度(25℃,拉雷计)/P①	屈服值/(dyn②/cm²)	矿物油容忍度	
酚醛改性树脂	1	25	30	145	150	11	90	2000	18	3
	2	25	25	155	115	11	1200	15000	25	1
	3	25	25	145	80	11	400	10000	50	1
	4	32	25	165	70	11	800	2000	100	3
	5	25	25	145	65	11	500	2000	70	1
	6	25	25	140	50	11	180	2000	>100	1
	7	30	25	150	35	11	200	2000	>100	4
	8	25	25	145	75	11	700	7500	35	1
	9	25	30	145	140	11	1000	10000	18	1
	10	25	25	140	25	11	60	2000	>100	4
	11	25	25	130	25	11	30	—	>100	4
	12	25	25	145	70	11	220	2000	75	2
高分子量酚醛改性树脂	1	25	25	130	60	13	250	7500	60	1
	2	25	25	160	<20	13.5	350	7000	>100	1
	3	25	28	160	±20	13.5	800	8000	>100	1
	4	25	30	160	±55	13.5	275(35%)	9000	>100	1
	5	25	24	185	±155	12.5	800(35%)	36000	13	1

① $1P=10^{-1}Pa·s$。
② $1dyn=10^{-5}N$。
③ 1 表示极高；2 表示较高；3 表示中等；4 表示低。

4.4.3.4 酚醛树脂在凸版印刷油墨中的应用

凸版印刷工艺已有 1000 多年的历史，即使从谷登堡（德国）发明凸版机械印刷技术算起，也已经历了 500 年以上的岁月。在这期间，凸版油墨也由以往的松黑调和水，到用油调和油墨和颜料的油性型油墨，一直发展到今天的凸版油墨。

(1) **凸版油墨的分类** 凸版油墨按凸版印刷机的型号分，可分为单张纸凸版油墨和卷筒纸凸版油墨；按版材的种类分，可分为金属凸版油墨和橡皮凸版油墨；按用途分，可分为出版油墨和新闻油墨等。

(2) **凸版油墨的配方** 对于多孔质（纤维较疏松）的用纸，如低、中级纸，油墨对纸的渗透性大，故以渗透干燥油墨较为适用。其油墨配方中含较大量挥发速度较慢的矿物油类，以提高其对纸张的渗透性。这类油墨含酚醛类树脂较少。而对于照相凸版油墨、三色版油墨等高级油墨，是以铜版纸和涂料纸为主要对象的，因要求快干且具有高光泽度，所以其油墨连接料必须使用快干亮光清漆，含有较多的酚醛树脂。

快干性光泽型油墨（三色版油墨及黑色油墨）配方举例如下。

① 原色红 其配方（质量份）如下：

4# 树脂油	53
印刷调墨油	5
胶质油	8
超细苛化钙	6
蜡胶	3
BK 宝红粉	21
270 矿油	5
钴催干剂	0.2

4# 树脂油中将近 40% 为松香桐油改性酚醛树脂，其余为 35% 矿油、7% 桐油、5% 醇酸树脂以及其他助剂等。

② 原色黄 其配方（质量份）如下：

9# 树脂油	69
胶质油	5
超细苛化钙	18
221 黄粉	9
251 黄基墨	0.5

9# 树脂油中 40% 是松香甘油改性酚醛树脂，其余为 20% 桐油、25% 矿油、15% 单亚以及其他助剂等。

③ 原色蓝 其配方（质量份）如下：

4# 树脂油	55
石油树脂	6
胶质油	3
蜡膏	3.5
超细苛化钙	10.5
稳酞蓝 BGS	15
270 矿油	7
钴催干剂	0.2

④ 黑色油墨 其配方（质量份）如下：

4# 树脂油	63
270 矿油	7
醇酸树脂	4
射光蓝浆	3
青莲基墨	1
501 华蓝粉	2
丹东炭黑	10
高色素炭黑	10
锰催干剂	0.4
钴催干剂	0.4

(3) 油墨制作工艺 采用高速分散机、搅拌机、三辊磨等设备经配料→轧墨→装听→包装等工艺过程制成各色油墨。

(4) 酚醛树脂在油墨配方中的作用 在以上配方中，树脂占了最大的比例，主要为改性酚醛树脂、醇酸树脂等，并将树脂溶于以亚麻仁油等植物性干性油为主体的调墨油中，经蒸煮熬制成树脂清漆，催干剂使用锰、钴等有机酸盐，以起到氧化聚合的催化剂作用。

对于纸盒、包装装潢和封缄、商标等印刷品，需要耐光性、耐热性、耐药品性，有的还需一定强度的耐摩擦性，因此酚醛树脂在其中起到了决定性的作用，这时选择硬度稍大的树脂做成墨丝较短的油墨比较适宜，这样的油墨可忠实地体现网点，提高图案的清晰度。如酚醛树脂较软，或与醇酸树脂的配合不当，制成的油墨墨丝长，印刷时就容易造成"塌线，堵版"等弊病。

4.4.3.5 酚醛树脂在胶印油墨中的应用

胶版印刷油墨视其印刷方式及印刷材料的性质可分为单张纸胶印油墨、卷筒纸胶印油墨和印铁胶印油墨三种。前两者都以纸张为主，故要求的特性也类似，油墨的组成、性能也近似。印铁胶印油墨的特性稍有不同，其连接料（油墨）组成也随之而异。

(1) 胶印油墨的组成 胶印油墨的组成如图 4-8 所示。

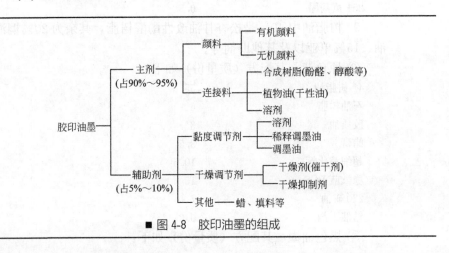

■ 图 4-8 胶印油墨的组成

酚醛树脂在胶印油墨中含量较高,其作用可以说是举足轻重。以酚醛树脂在整个配方中所占比例来衡量三种类型的胶印油墨,则印铁胶印油墨＞单张纸胶印油墨＞卷筒纸胶印油墨。三种类型色墨的配方中酚醛树脂的比例:单张纸胶印油墨为45%～55%;卷筒纸胶印油墨则为40%～45%;而印铁胶印油墨则达到60%～75%。

(2) 单张纸胶印油墨　单张纸胶印油墨有亮光油墨、快干油墨、厚纸用油墨和特种油墨等。

① 亮光油墨(高级彩色油墨)　亮光油墨用酚醛树脂的干性油成分较多,并拼用醇酸树脂等,所含溶剂成分少,因此光泽优异。同时还需考虑到因浓度、透明度、清晰度等而产生的显色性。亮光油墨的配方如表4-25所示。

② 快干油墨　为了促进连接料对印刷材料的渗透,需增加溶剂量,从而使凝固加快,以不妨碍堆积叠印。

③ 厚纸用油墨　这种油墨供厚纸使用,具有凝固快、墨膜强度高、反面蹭脏少等特点。

■表4-25　亮光油墨配方　　　　　　　　　　　　　　　　　单位:份

成分	原色红	原色黄	原色蓝	黑色油墨
4# 树脂油	60		46	
5# 树脂油①		70		43
10# 树脂油②	7			10
石油树脂	5		5	10
17000 分散剂				0.5
胶质油		5	15	
超细苛化钙		4	8	
270 矿油	2	4		3
调墨油	4	2	2	
282 调节剂	2	1.7	2	0.7
2# 助剂			4	
蜡膏				3
锰催干剂	0.6	0.5	0.5	2
钴催干剂	0.6	0.5	0.5	1.6
6B 洋红	21			
228 黄		14		
251 基墨		0.25		
稳酞蓝 BGS			18	2
酞绿基墨			0.5	
高色素炭黑				10
青莲基墨				2
射光蓝浆				7
丹东炭黑				7

① 5# 树脂油中36%为松香桐油改性酚醛树脂,其余为34%矿油、10%醇酸树脂、7%桐油、11%单亚以及其他助剂等。

② 2#、10# 树脂油即桐油酸酚醛树脂。

④ 特种油墨

a. 金、银油墨　金墨使用铜金粉（铜和锌的合金），银墨使用铝粉。这两种金属粉末无论遇酸还是遇碱均会起化学反应，故要求连接料是一种近乎中性且能够防止金属粉末氧化的特种凡立水。

金墨用调金油基本配方及制备：将酚醛树脂20%、调金油40%、透明冲淡剂40%混合物作为连接料，与1000目铜金粉按1∶1调配成金墨，该配方适用于网线版印刷。

银墨用调银油基本配方及制备：将酚醛树脂70%、亚麻仁油30%混合物作为连接料，根据要求与银粉（或银浆）按一定比例充分调匀后，再加入燥油即可。

b. 布料用油墨　由于用于各种布料（棉、合成纤维等），故要求连接料有特别强的耐洗涤剂性和耐光老化性等，可据此选择相应的酚醛类树脂及其拼用树脂以设计出合适的配方。

c. 上光清漆（上光油）　用于表面印刷层的上光涂布印刷，由于罩光油墨层一般比其他油墨层厚得多，故要求油墨具有高光泽、耐黄变性、耐摩擦性和特别强的干燥性。

(3) 卷筒纸胶印油墨　卷筒纸胶印油墨大致可分为热固油墨和快干油墨两种。

热固油墨在使用时需要经过干燥装置（烘道或烘干器），故一般在油墨中加入石油系溶剂，利用其受热挥发而快速干燥，特别是要求酚醛类树脂在特定溶剂（一般由芳香烃、烯烃、石蜡等构成）中有良好的溶解性。快干油墨不靠加热，而靠向纸张的渗透进行干燥，因此，对溶剂选择的要求不像热固油墨那么高，一般不加催干剂。由于卷筒纸印刷比单张纸印刷快得多，故所用酚醛类树脂的溶解黏度要小得多。

(4) 印铁胶印油墨　印铁胶印油墨的印刷对象主要是铁皮、铝板及表面处理钢板等，其用途大致分为食品罐、杂品罐、玩具、软管等。铁皮印刷与纸张印刷不同，一般着墨量较多。由于完全不渗透，又因使用加热干燥装置，所以采用酚醛等树脂的软化点和黏度比纸张胶印墨要高得多。印铁胶印油墨主要利用酚醛树脂遇热反应而交联固化的性质，形成牢固的皮膜，从而具备耐溶剂性和耐湿涂性等。食品罐的印刷，因需将印刷品较长时间放在高温、高压的水蒸气中杀菌消毒，之后又急骤回到常温、常压，如在印刷品上呈现水泡或褪色，就容易产生附着力降低、油墨剥离等问题，因而对油墨还须特别强调耐高温蒸煮加工性。

另外，食品罐、药品罐、玩具等在印刷完毕后，需进行弯曲、锻（冲）压、卷边接缝、敲打加衬等后加工成型过程，还常需要长时间地陈列在橱窗里，因此对树脂连接料的要求尤其苛刻。这时必须使用某些特制的酚醛树脂或拼用其他树脂，例如采用纯酚醛树脂加长油度季戊四醇醇酸树脂作为连接料等。

与纸张胶印油墨相比，印铁胶印油墨应溶剂含量少，宜选用耐热性、耐溶剂性优异的颜料。在连接料方面如上所述，要充分考虑后加工及处理等条件。印铁彩色胶印油墨的基本配方如表 4-26 所示。

■表 4-26　印铁彩色胶印油墨的基本配方　　　　　　　　　　　　　　单位：%

原材料	金红	孔雀蓝	中黄	黑墨
酚醛树脂 A（高黏度）	36	39	26	44
酚醛树脂 B（低黏度）	10	10	8	10
醇酸树脂	20	22	23	14
胶质油	4	7	8	
苛化钙	4	2	10	7
金光红	26			
酞菁蓝		18		
酞菁绿		2		
中铬黄			10.5	
联苯胺黄			13.5	
铁蓝				6
青莲				3
炭黑（中色素）				11
炭黑（高色素）				5

4.4.3.6　酚醛树脂在凹版油墨和柔性版油墨中的应用

酚醛树脂和各种改性酚醛树脂在纸张、塑料薄膜、金属箔等凹版油墨和柔性版油墨中均有不同程度的应用。

(1) 酚醛树脂在凹版纸张油墨中的应用　用于凹版纸张油墨的酚醛树脂以醇溶性为主，近期也有采用水溶性酚醛树脂系列的，该类油墨的大致配方如表 4-27 所示。

■表 4-27　凹版纸张油墨的配方　　　　　　　　　　　　　　　　　　单位：%

配方成分	新闻出版用油墨	包装用油墨
颜料	6～12	5～35
体质颜料	0～15	0～5
树脂	20～40	10～20
溶剂	40～60	45～75
辅助剂		5～10
合计	100	100

注：黏度（25℃）：35s～45s（察恩黏度杯 A）；20～30s（察恩黏度杯 BA）。

酚醛树脂在其中的比例，约占树脂总量的 5%～10%。考虑到降低黏度，提高固体含量，提高光泽度、硬度，减少粘背和蹭脏，改善转印等多种性能和降低成本，选用的酚醛树脂以松香改性酚醛树脂、醇溶纯酚醛树脂等低黏度类酚醛树脂为主。随着水性纸凹印油墨的出现，各种水溶性酚醛树脂也有应用。

(2) 酚醛树脂在凹版塑料油墨中的应用　凹版塑料油墨一般分为表印

（正印）油墨和里印（反印）油墨两大类，而根据不同的塑料基材又有不同的连接料树脂，其配方构成大致如表4-28所示。

■表4-28　凹版塑料油墨的配方　　　　　　　　　　　　　　　　　　　　单位：%

配方成分	塑料表印油墨	塑料里印油墨
颜料	8～12	8～12
树脂	25～28	10～15
溶剂	45～60	50～70
辅助剂	1～3	1～5
合计	100	100

酚醛树脂在凹版塑料油墨中的作用和用量，往往视其印刷物的用途和后加工性能而决定。在油墨配方中加入一定量的特种纯酚醛树脂或改性酚醛树脂，可使墨膜具有很好的耐水性、耐酸性、耐溶剂性和电绝缘性，还可使油墨干燥快、结膜坚硬而有韧性。

在凹版塑料油墨中，酚醛类树脂较多用作拼混树脂，约占配方中树脂量的5%～10%。如在要求耐水、耐湿、耐肥皂粉等各种化学性的聚酰胺类表印油墨中，加入10%纯酚醛树脂，可起到明显的作用。

在塑料里印（复合）油墨中，目前国内使用量最大的是BOPP薄膜专用复合油墨，主要以氯化烯烃类树脂为连接料，但有溶解黏度大（固含量低）、耐温、耐摩擦差，特别是对颜料的润湿性差的缺点，倘若加入某些改性酚醛树脂，性能有显著改善，有很好的应用前景。

(3) 酚醛树脂在柔性版油墨中的应用　柔性版油墨一般是醇溶性或水溶性的，故使用的酚醛树脂均为水溶性或醇溶性酚醛树脂。柔性版油墨配方如表4-29所示。

■表4-29　柔性版油墨配方　　　　　　　　　　　　　　　　　　　　　　单位：%

水溶性油墨		醇溶性油墨	
色料	12～40	色料	12～40
树脂	20～28	树脂	28～33
水、醇类溶剂	33～50	酯类溶剂	5～9
碱类	4～6	烃类溶剂	10～15
添加剂	3～4	醇类溶剂	30～40
		添加剂	1～5

柔性版油墨要求其油墨中的树脂具有对颜料的润湿性、分散性、黏度的稳定性、版辊转移性、快干性、耐光性、耐水性、耐摩擦性等综合性能。所以在水性柔版油墨中，多数情况下是两种以上的树脂拼用。用于水性柔版油墨的树脂有酪蛋白、虫胶、松香改性马来酸、苯乙烯改性马来酸、苯乙烯改性丙烯酸、丙烯酸、酚醛或改性酚醛类树脂等；用于醇性柔版油墨的树脂主要是改性马来酸、硝化棉、虫胶、醇溶性酚醛树脂等。在柔性版油墨配方中，酚醛树脂是作为一种沉淀剂来使用的，目的是为了提高染料的强度、耐光性、耐水性、

耐脂性，增加其在乙醇中的溶解性，降低其在水中的溶解性。

(4) 酚醛树脂在丝网版油墨中的应用　表4-30列出了平台丝网机单张纸用油墨和纸箱包装丝网印刷大红油墨配方。

■表4-30　平台丝网机单张纸用油墨和纸箱包装丝网印刷大红油墨配方　　　单位：%

平台丝网机单张纸用油墨		纸箱包装丝网印刷大红油墨	
酚醛类树脂	45	立索尔大红	3
醇酸类树脂	20	硫酸钡	39
聚乙烯蜡	1	水磨碳酸钙	30
石油溶剂	6.5	水性酚醛树脂	6
萘酸钴	0.2	聚合油	9
萘酸锰	0.5	石油溶剂	12
萘酸钙	1	萘酸钴	0.3
低碳酸铝	0.5	萘酸锰	0.5
炭黑	16.5	硼酸铅	0.2
射光蓝浆	7		
酞菁蓝	1.8		
合计	100	合计	100

(5) 酚醛树脂在其他油墨中的应用　除了以上所述各大类油墨外，酚醛树脂在其他各种油墨中几乎均有应用。例如，在复印油墨中，醇溶性纯酚醛树脂约占树脂量的15%；在电导油墨（印刷线路油墨）中，酚醛树脂约占树脂量的30%～35%；在（压）凹凸印刷油墨中，采用锌、钙、松香酚醛树脂拼用，以提高其硬度；在圆珠笔油墨中，也有用非反应型酚醛树脂作为连接料的。

4.4.4　酚醛树脂在油墨工业中的发展前景

印刷油墨是印刷工业的主要原材料之一，具有良好的发展前景。在今后较长时期内，油墨基本上仍是依赖于连接料以使色料转移并固着在承印物上。随着印刷高速化、自动化、联动加工作业化的进一步发展，以及环保和能源方面新的要求和限制，促使油墨制造技术不断发展，酚醛树脂在油墨工业中的发展中前景光明。

4.4.4.1　在油墨制造的理论方面

今后主要是对油墨流变学及表面化学等方面继续做深层次的研究，而这些方面主要取决于油墨中的连接料（树脂）。酚醛树脂既然在许多场合下仍将作为主体树脂连接料出现，所以同样涉及这些方面的理论是否与实际相吻合的课题，仍需要随着印刷工艺的发展，而进行长期的探索。

4.4.4.2　在合成树脂方面

对酚醛树脂的探索，主要集中在对各种高分子量改性酚醛树脂的研究，例如使用高分子量的烷基酚（如对叔丁基酚等）作原料，以提高树脂的分子量和溶解性。同时要研究对酚醛树脂泛黄性的改进，以改变其目前较少用于白墨及浅色油墨的局面。另外，随着环保呼声的日益高涨，必将重视对各种醇溶性酚醛树脂和水溶性酚醛树脂的研究和开发。

4.4.4.3 油墨配方设计及制造工艺方面

为了进一步提高油墨的各种综合性能，必须要同时研究酚醛树脂与其他树脂相容相拼的和谐性。例如，用酚醛树脂与醇酸树脂拼用，以提高其防潮性和耐碱性；与聚乙烯醇缩醛树脂拼用，可提高其硬度和耐磨性；与专用低分子量聚酰胺树脂拼用，可提高涂饰纸制品、印刷品的光泽和耐摩擦性；与某些特种环氧树脂拼用，可制成耐酸、耐碱、耐农药，且附着力好的防化学腐蚀油墨。同时，还要研究酚醛树脂与其他新发展的具有优良特性的各种合成树脂，诸如丙烯酸及丙烯酸酯类共聚物树脂以及各类聚酯树脂等的拼用和谐性等。

需再次强调的是，尽管近年来涌现了各种性能更好的制墨用合成树脂，但是由于酚醛树脂具有成本较低、品种繁多、性能各异、适用性强等特点，所以酚醛树脂在油墨工业中仍占有很大的比重，特别是高分子量改性酚醛树脂和水溶性酚醛树脂等的出现，必将在油墨制造领域中进一步展现其新的广阔应用前景。

参 考 文 献

[1] 何继敏. 新型聚合物发泡材料及技术. 北京：化学工业出版社，2008.
[2] 钱志屏. 泡沫塑料. 北京：中国石化出版社，1998.
[3] 黄发荣，焦扬声. 酚醛树脂及其应用. 北京：化学工业出版社，2003.
[4] 殷荣忠，山永年，毛乾聪，方燮奎. 酚醛树脂及其应用. 北京：化学工业出版社，1990.
[5] 涂料工艺编委会. 涂料工艺（上册）. 第3版. 北京：化学工业出版社，1997.
[6] 陈士杰. 涂料工艺. 第一分册. 北京：化学工业出版社，1996.
[7] 黄世强，彭慧，孙争光. 胶黏剂及其工程应用. 北京：化学工业出版社，2006.
[8] 王孟钟，黄应昌. 胶黏剂应用手册. 北京：化学工业出版社，1987.
[9] 程时远，陈正国. 胶黏剂生产与应用手册. 北京：化学工业出版社，2003.
[10] 李荣兴编著. 油墨. 北京：印刷工业出版社，1986.
[11] 油墨制造工艺编写组. 油墨制造工艺. 北京：轻工业出版社，1987.
[12] 杜维兴，杨泳编著. 包装装潢平版印刷工艺基础. 呼和浩特：内蒙古人民出版社，1997.
[13] 窦翔，程冠清主编. 塑料包装印刷. 北京：轻工业出版社，1993.
[14] 张步堂等编著. 凹版印刷基础. 上海：上海出版印刷公司，1987.
[15] 包装技术协会编. 食品包装加工便览. 1988.
[16] 金银河著. 柔性版印刷. 北京：化学工业出版社，2001.
[17] 沈晓辉编著. 实用印刷配方大全. 北京：印刷工业出版社，1994.

第 5 章 苯并噁嗪树脂及其材料与应用

5.1 引言

苯并噁嗪化合物，其命名为 3,4-二氢-3-取代基-2H-1,3-苯并噁嗪（3,4-dihydro-3-substituted-2H-1,3-benzoxazine）。它是一种由酚类化合物、甲醛和伯胺类化合物经缩合反应得到的化合物，在加热和（或）催化剂的作用下发生开环聚合，生成含氮且类似酚醛树脂的网状结构聚合物。因此，人们将这种新型树脂也称为开环聚合酚醛树脂，其合成及开环聚合的反应路线如图 5-1 所示。

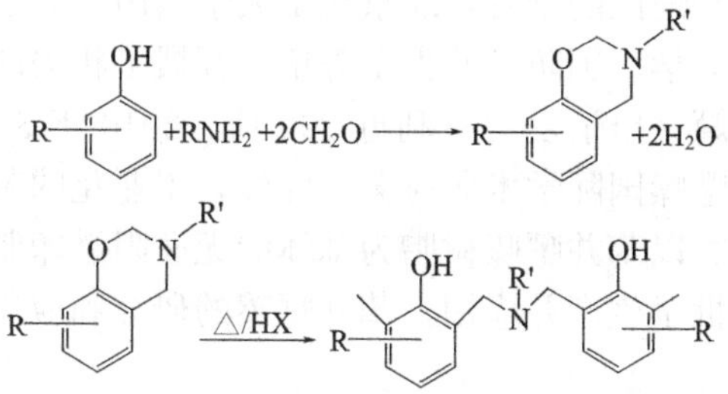

■ 图 5-1 苯并噁嗪合成和开环聚合反应路线

5.1.1 苯并噁嗪树脂的发展历史

苯并噁嗪化合物最早是在 1944 年由 Holly 和 Cope 意外发现的，当时是用邻羟基苯甲胺和甲醛进行 Mannich 反应时，分离出来的一种晶体产物，其熔点为 154～155℃，他们用元素分析的方法对其进行了结构鉴定。1949 年，Burke 等对苯并噁嗪的合成反应进行了较为系统的研究，他们采用不同结构的对位取代酚、伯胺和甲醛（或多聚甲醛）在二氧六环溶液中进行反应，合成出一系列苯并噁嗪化合物，并在此基础上对苯并噁嗪的合成进行了较系统的研究，发现反应物的配比直接影响产物的化学结构。

20世纪70年代初，Schreiber申请了苯并噁嗪中间体与脂环族环氧树脂经热固化制造电气绝缘材料的专利，并研究了苯并噁嗪在胶黏剂和玻璃纤维增强材料方面的应用。自此，人们对苯并噁嗪研究的兴趣逐步增强。

1985年，Higginbottom申请了两个关于聚苯并噁嗪涂料的专利，且对苯并噁嗪中间体合成反应的影响因素以及胺类化合物的碱性对苯并噁嗪中间体固化行为的影响进行了初步研究。Riess等研究了单官能团苯并噁嗪的固化反应，结果发现热固化产物平均相对分子质量只有1000左右，在链增长的同时，存在单体的热分解反应，因而难以得到高分子量的线型聚合物。

1990年以来，美国凯斯西方储备大学（Case Western Reserve University）Ishida教授课题组以双酚A为原料，合成出双官能团苯并噁嗪化合物，并对其固化机理、物理和力学性能、耐湿热性能、体积膨胀效应和热分解性质等进行了详细的研究，将苯并噁嗪的研究和应用推向了一个新的阶段。Ishida在苯并噁嗪的研究领域一直十分活跃，发表了大量相关的论文。

在国内，四川大学顾宜教授课题组于1993年率先在国内开展苯并噁嗪的研究和应用开发。他们采用工业原料，以甲苯为溶剂合成了苯并噁嗪树脂溶液；采用悬浮法工艺合成出粒状苯并噁嗪中间体；在苯并噁嗪树脂/玻璃纤维复合材料的制备和工业应用方面取得多项成果，包括"开环聚合酚醛树脂及纤维增强复合材料"、"粒状多苯并噁嗪中间体及其制备方法"等。

相继有日本、印度、土耳其、西班牙、泰国、韩国，以及我国台湾等几十个国家和地区的学者，北京化工大学、山东大学、华东理工大学、中北大学、湖南大学、国防科技大学等单位开展了相关的研究工作，已累积发表论文400余篇，申请发明专利近200项。2010年3月底，在美国召开了第一届聚苯并噁嗪国际学术研讨会。此外，工业化的苯并噁嗪树脂产品已进入国内外市场。以苯并噁嗪树脂为基体的无卤阻燃印制电路基板和耐高温电绝缘层压板已批量生产并应用。苯并噁嗪的研究和应用进入蓬勃发展的新时期。

5.1.2 苯并噁嗪树脂的种类、特点及其发展

5.1.2.1 苯并噁嗪树脂的种类

苯并噁嗪的主要合成原料为酚类、伯胺类和醛类化合物，其反应性官能团的当量之比为1:1:2，根据苯并噁嗪中间体结构中噁嗪环数目的不同以及是否含有反应性官能团，可以把苯并噁嗪中间体分为以下几类。

(1) 由一元酚、一元胺、甲醛合成的单环苯并噁嗪 其结构式为：

$$R^1 \underset{}{\overset{}{\bigotimes}} \underset{R^2}{\overset{O}{\underset{N}{\bigtriangledown}}}$$

单环苯并噁嗪

(2) 以二元酚、一元胺、甲醛（或以二元胺、一元酚、甲醛）为原料合成的双环苯并噁嗪中间体　其结构式为：

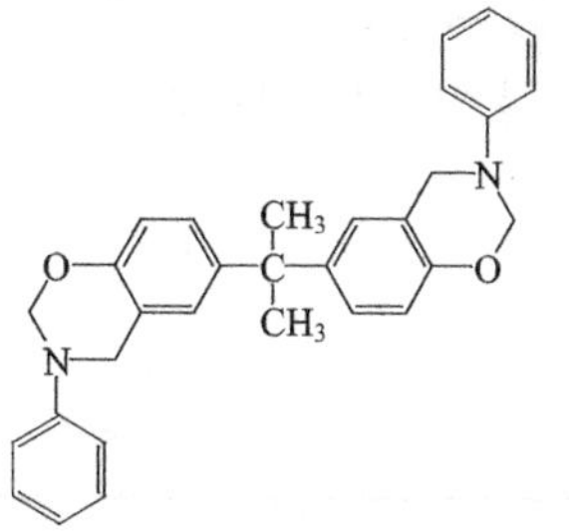

双酚 A 型苯并噁嗪 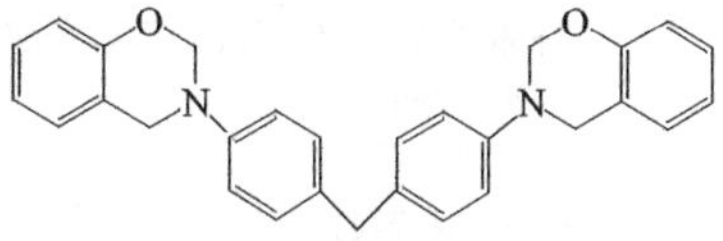　　　　　二苯甲烷二胺型苯并噁嗪

(3) 以多元酚、一元胺、甲醛（或以多元胺、一元酚、甲醛）为原料合成的多环苯并噁嗪中间体　其结构式为：

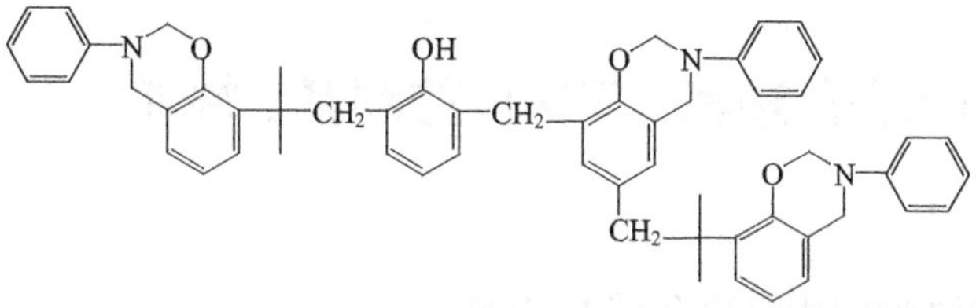

多元酚型苯并噁嗪

(4) 含有其他反应性官能团的苯并噁嗪中间体　其结构式为：

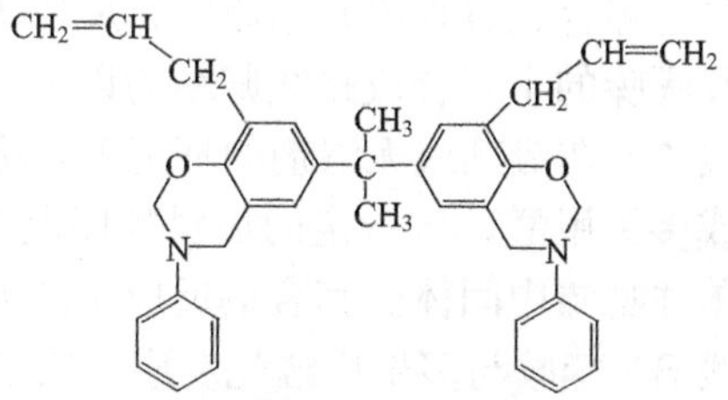

二烯丙基二苯并噁嗪

(5) 主链或侧链含有苯并噁嗪环的线型高分子量聚合物　其结构式如下：

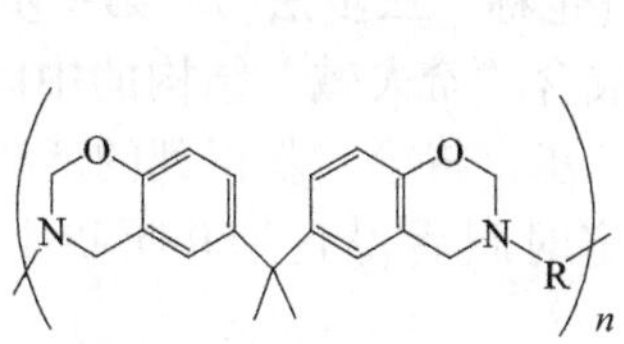

主链含苯并噁嗪环的聚合物

5.1.2.2　苯并噁嗪树脂的特点及发展

苯并噁嗪作为一类新型的热固性树脂，其原料易得，合成方法简单，且综合性能优异，开环聚合过程无小分子物释放，低固化收缩，成型加工性与环氧树脂相当，高温（180℃）下的机械强度与双马来酰亚胺接近（表 5-1）。苯并噁嗪树脂具有广阔的应用前景和研究价值，尤其适宜用作树脂基体

■表 5-1　苯并噁嗪树脂的特点

苯并噁嗪的优点	苯并噁嗪的缺点
灵活的分子设计性； 固化近似零收缩； 开环聚合，固化过程无小分子放出； 低吸水率； 高模量； 低热膨胀系数； 高热态强度； 高阻燃性	固化温度高； 力学性能（韧性）较差

制备纤维增强的复合材料，是替代传统高性能的酚醛树脂、环氧树脂、双马来酰亚胺树脂和聚酰亚胺树脂的新型材料。

5.2　苯并噁嗪树脂及其材料的制备、性能

5.2.1　苯并噁嗪树脂的合成与表征

5.2.1.1　合成路线

依据苯并噁嗪合成过程中起始原料、反应历程及噁嗪环的形成路径的不同，可将苯并噁嗪的主要合成路线归结为以下三种。

(1) **路线 A**　在溶剂或无溶剂的环境下，称取一定计量比的酚、伯胺和甲醛水溶液或多聚甲醛，按一定的加料顺序混合后，在 80～110℃下反应一定时间得到苯并噁嗪中间体。其合成反应示意如图 5-2 所示。

(2) **路线 B**　苯胺与多聚甲醛先反应生成三嗪化合物，再按一定计量比将三嗪化合物与酚和甲醛混合，在溶剂或无溶剂的环境中，在一定温度下反应一定时间后得到苯并噁嗪中间体。其合成反应示意如图 5-3 所示。

(3) **路线 C（也称"三步法"）**　第一步，在溶剂环境中，将伯胺与 2-羟基苯甲醛反应生成含"希夫碱"结构的中间体；第二步，用 NaBH$_4$ 还原第一步的产物；第三步，将第二步得到的产物与多聚甲醛以一定的计量比在一定温度下反应一定时间后得到苯并噁嗪中间体。其合成反应示意如图 5-4 所示。

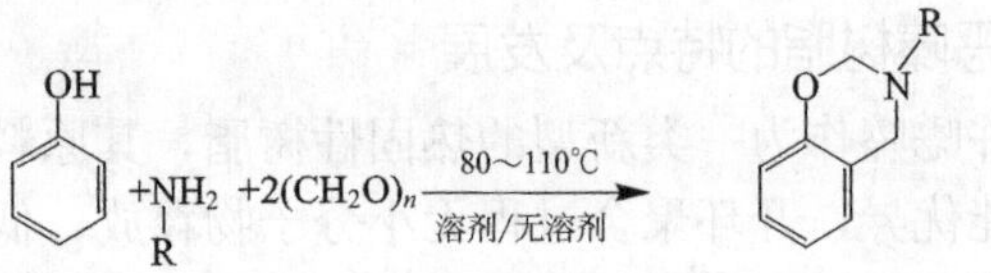

■图 5-2　苯并噁嗪单体合成路线 A 示意图

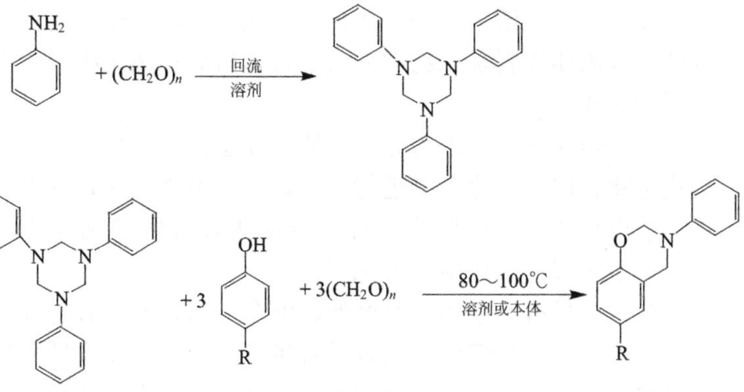

■ 图 5-3 苯并噁嗪单体合成路线 B 示意图

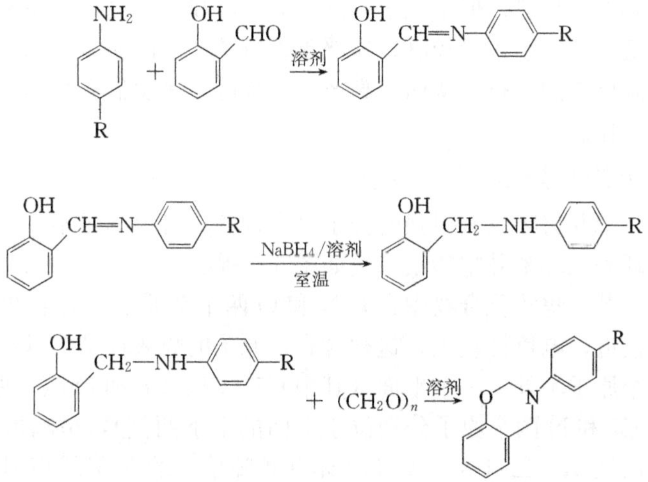

■ 图 5-4 苯并噁嗪单体合成路线 C 示意图

随着苯并噁嗪的发展，新的合成反应路线不断涌现，文献报道的包括使用正烷基锂作为催化剂合成苯并噁嗪；采用 ATRP 的方法合成了含聚苯乙烯侧链的芳族二元胺，进而合成了含聚苯乙烯侧链的双环苯并噁嗪；采用 Duff 反应合成了苯并噁嗪；以及采用 Click 反应合成了主链中含有苯并噁嗪环的线型高分子量聚合物。

5.2.1.2 合成方法

根据反应介质，可将苯并噁嗪中间体的合成方法分为三种：溶液法、无溶剂法和悬浮法。

（1）溶液法 将原料溶解于适宜溶剂中合成苯并噁嗪，常用的溶剂为二氧六环、甲苯、二甲苯、氯仿、DMF 等。与其他方法相比较，溶液法具有反应体系黏度较低、混合均匀、温度容易控制、较高的产率等优点。溶液法特别适合直接使用树脂溶液成型的场合。

(2) 无溶剂法 不加入溶剂,直接将甲醛、酚类化合物和伯胺类化合物等液体或固体物料采用物理方法混合,然后加热至物料熔融后,在适当温度下搅拌完成反应。

(3) 悬浮法 以水为分散介质,在悬浮剂的作用下,将甲醛水溶液、酚类化合物、伯胺类化合物进行反应,高速搅拌造粒,降温后洗涤、过滤、干燥,获得粒状苯并噁嗪中间体。悬浮法具有生产成本低、污染少、反应平稳、易于实现连续化生产等优点。

溶液法具有反应体系黏度低、混合均匀、温度容易控制等优点,且具有较高的产率。但是溶液法也有设备生产能力和利用率低、溶剂分离回收费用高等缺点,如今全球对环保的重视程度越来越高,这种方法的弊端显得日益严重;悬浮法以水为介质进行反应,虽然不需要使用溶剂,但是在反应过程中产生大量的污水也是需要回收处理的;无溶剂法代替溶液法和悬浮法是一个必然的趋势,但是无溶剂法反应温度相对较高,产率和产物的纯度都相对较低,低聚物含量较高,这严重影响了产品的质量。因此,如何通过合成来控制反应的进行,从而提高产率和纯度,减少低聚物的产生是一项很有意义的工作。

5.2.1.3 苯并噁嗪的结构及表征

苯并噁嗪具有很强的分子可设计性,可以满足不同应用的要求,典型的单环和双环苯并噁嗪结构式如图 5-5 所示。

苯并噁嗪化合物中含有 N 和 O 两个杂原子,它们在元素周期表中的位置接近,电负性较大,这种含有杂原子的噁嗪环结构具有较大的环张力,其六个原子不处于一个平面(其中 C5、C6、C8 和 O 四个原子在一个平面内,而 C7 和 N 两个原子分别位于平面的上下两侧),呈畸形的椅式构象,这一点已从 6,8-二氯-3-苯基-1,3-苯并噁嗪单晶的 X 射线衍射结果和分子模拟的结果得到了证实,如图 5-6 所示。

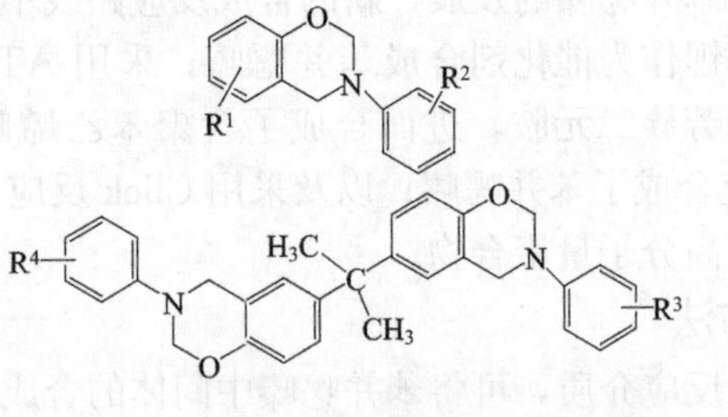

活性侧基 R^1、R^2、R^3、R^4=H、—CH_2—CH=CH_2、—CH=CH_2、—CH_2—C≡CH、
—CH_2—CH=CH—CH_2—、—C≡N、—C≡CH 等

■图 5-5 典型的单环和双环苯并噁嗪结构式

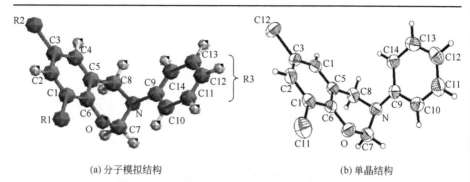

(a) 分子模拟结构　　　　　　　　(b) 单晶结构

■ 图 5-6　苯并噁嗪分子模拟和单晶的 X 射线衍射结构

苯并噁嗪单体化学结构的表征手段主要有红外光谱（FTIR）、核磁共振氢谱（^{1}H-NMR）、示差扫描量热分析（DSC）、质谱（MS）、元素分析等。以双酚 A-苯胺型苯并噁嗪为例，图 5-7、表 5-2、图 5-8 分别显示出苯并噁嗪结构中主要特征官能团的红外吸收峰位置和核磁共振氢谱中的化学位移。

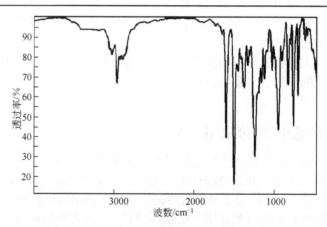

■ 图 5-7　双酚 A 型苯并噁嗪化合物的红外光谱

■表 5-2　双酚 A 型苯并噁嗪化合物的红外吸收峰归属

波数/cm^{-1}	归属
1498，1598	苯环的骨架振动
816，758	苯环上 C—H 弯曲振动
945	噁嗪环的特征振动
1031，1228	噁嗪环上醚键的对称和反对称伸缩振动
1155，1367	C—N—C 的对称和反对称伸缩振动

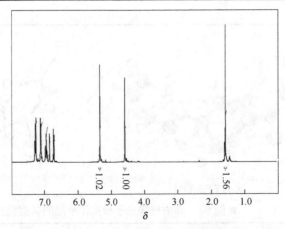

■ 图5-8 双酚A型苯并噁嗪化合物的核磁共振氢谱

在图5-7中，红外光谱中波数940cm^{-1}附近的吸收峰是噁嗪环的特征吸收峰。在图5-8中，由于苯并噁嗪环结构中含有两类亚甲基质子（—CH_2—）所处的化学环境不同，因而产生不同的化学位移，与N、O原子相连的亚甲基质子的核磁共振峰出现在$\delta=5.3$处，与N、苯环相连的亚甲基质子的核磁共振峰出现在$\delta=4.57$处。另外，$\delta=1.6$处为双酚A上异丙基上的甲基质子峰，$\delta=6.7\sim7.8$处为苯环上的质子吸收峰。利用核磁共振氢谱可以计算苯并噁嗪的成环率。

大多数苯并噁嗪化合物的溶解性较好，溶于甲苯、丙酮、二氧六环、四氢呋喃、氯仿等常用溶剂中。

5.2.2 苯并噁嗪树脂的固化反应

由于苯并噁嗪中噁嗪环呈现畸形的椅式构象，所以存在较大的环张力，正是由于这种环张力的存在，使得苯并噁嗪能够在特定的条件下发生开环聚合反应。N、O原子是路易斯碱，是潜在的阳离子开环聚合的反应点，通过计算机模拟的方法证明，噁嗪环中C—O键更容易断裂。

这里要强调的是，开环并不代表聚合。苯并噁嗪C—O键容易断裂，但是究竟断裂后在哪些位点进行聚合增长呢？研究表明，开环后形成的亚甲基正离子一般优先在酚羟基的邻位反应生成酚曼尼希桥结构或胺亚甲基桥结构。需要指出的是，虽然关于苯并噁嗪固化机理的研究报道很多，但是真正统一、明了的固化机理还没有建立。

5.2.2.1 热固化反应

苯并噁嗪在200℃以上的高温下能够发生开环聚合，其反应机理普遍认为：首先，在高温下噁嗪环Ar—O—CH_2结构中的C—O键发生异裂生成苯氧基负离子和碳正离子或亚铵正离子（共振结构），如图5-9所示。

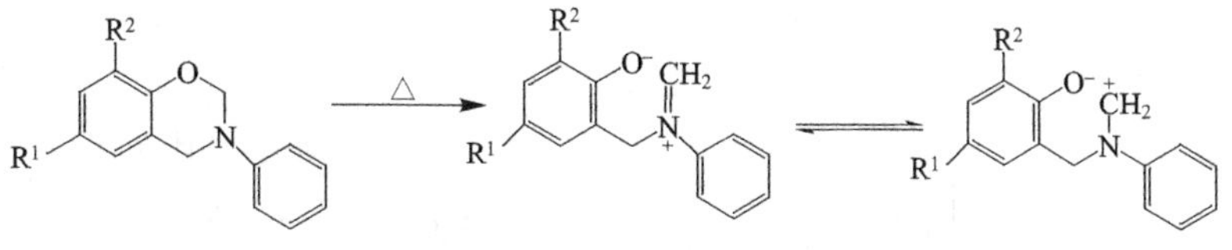

■ 图5-9 苯并噁嗪热开环形成阳离子（共振结构）

随后碳正离子再分别进攻其他苯并噁嗪分子，由于电子效应和空间位阻等多方面因素的影响，碳正离子易于进攻苯环上电荷密度较高的位置和电负性较大的氧原子，苯胺型苯并噁嗪主要可能生成酚曼尼希桥结构、胺亚甲基桥结构和含曼尼希桥的醚键结构三种结构，如图5-10所示。具体主要生成哪一种结构，与不同类型苯并噁嗪的化学结构相关。

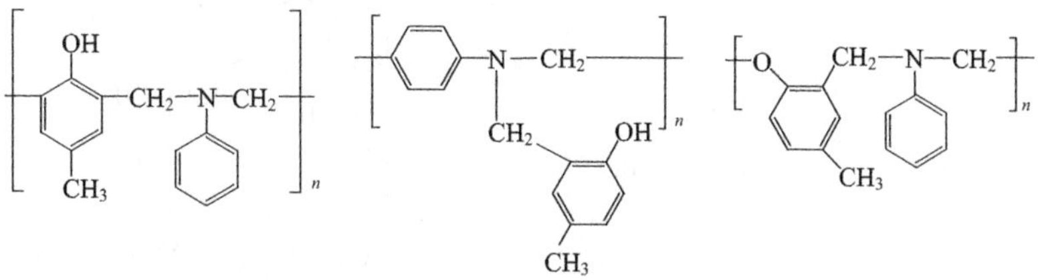

（a）酚曼尼希桥结构　　　（b）胺亚甲基桥结构　　　（c）醚键结构

■ 图5-10 苯并噁嗪开环形成的结构

在苯并噁嗪的合成过程中除了会生成苯并噁嗪单体外，还会生成含有酚羟基的二聚体或低聚物，这种残余的酚羟基会催化苯并噁嗪的热固化过程，使得没有经过高度纯化的苯并噁嗪中间体在热固化时具有自催化的特点，所生成的碳正离子可分别进攻酚羟基的邻位或对位，以及苯氨基的邻位或对位，发生亲电取代反应，形成酚曼尼希桥和胺亚甲基桥的聚苯并噁嗪交联结构，如图5-11和图5-12所示。由于碳正离子与亚胺正离子为共振结构，随着N原子上电荷密度的增加，亚胺正离子的稳定性增加，碳正离子的反应活性降低，聚合速度下降。

图5-13是双酚A-苯胺型苯并噁嗪热固化过程的DSC曲线，其起始固化温度为209℃，固化放热峰值温度为254℃，固化热焓为313J/g。一般来讲，随着苯并噁嗪中间体环化率的降低，固化放热峰值温度向低温移动，固化热焓下降。国内外关于苯并噁嗪中间体等温和程序升温固化反应动力学的分析结果表明，苯并噁嗪的热开环聚合反应为自催化反应，反应级数为2级，反应活化能约为110kJ/mol。

此外，热固化反应还受到固化温度的影响，在苯并噁嗪开环后进行链增长的反应过程中会经历一个向苯环的链转移反应，而这个反应受温度的影响

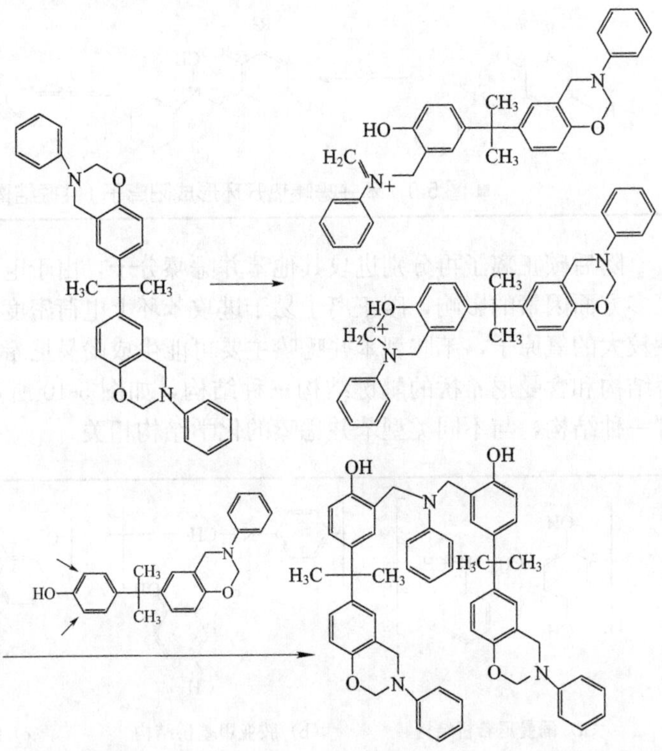

■ 图 5-11　碳正离子进攻酚羟基的邻位示意图

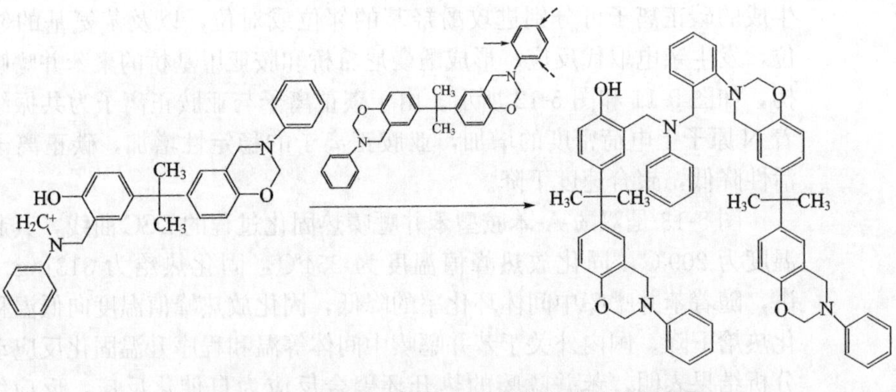

■ 图 5-12　碳正离子进攻苯胺的邻位或对位示意图

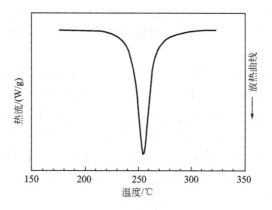

■ 图 5-13 双酚 A 型苯并噁嗪固化的 DSC 曲线

比较明显，动力学的研究表明，温度对固化反应的初期影响不大，随着反应的进行，这种影响会逐渐加强。

5.2.2.2 催化固化反应

苯并噁嗪自身热固化反应具有开环反应温度高、固化反应时间长的缺点。为了进一步拓宽其应用，满足加工成型要求，克服苯并噁嗪的这一缺点就成为长期以来研究工作的一个重要方面。其中，一种有效方法是在苯并噁嗪体系中加入催化剂以促进反应进行，降低反应温度、缩短反应时间。目前主要的催化剂有路易斯酸、有机酸、叔胺类化合物等。

强酸和弱酸对苯并噁嗪都有催化作用，而弱酸催化固化的苯并噁嗪树脂性能更加优越。酸催化苯并噁嗪开环聚合为阳离子开环聚合机理，具体的开环聚合机理如图 5-14 所示。

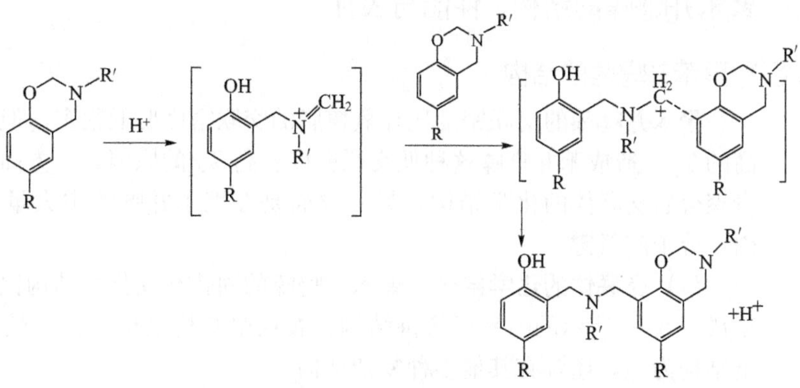

■ 图 5-14 酸催化苯并噁嗪开环聚合机理

然而，上述机理并没有考虑酸性强弱对固化过程的影响。研究表明，在有机强酸条件下（$pK_a=0.70\sim 4.43$），中间体是以亚铵离子形式存在，固化反应随着反应温度的升高而加快，但同时会有更多的副反应发生；在有机弱酸条件下，中间体是以共价键的方式存在，初期的反应速率很慢，且具有自催化特征。

顾宜、Ishida 等分别采用 $AlCl_3$ 和 PCl_5 作为催化剂，研究了路易斯酸催化苯并噁嗪的开环聚合反应机理，具体的阳离子开环聚合机理如图 5-15 所示，其聚合产物主要是含曼尼希桥的醚键结构。此外，顾宜等对有机酸和路易斯酸催化苯并噁嗪开环聚合反应的动力学进行了研究。结果表明，加入这些催化剂后，能显著降低开环聚合温度及反应活化能，反应级数为 1 级。

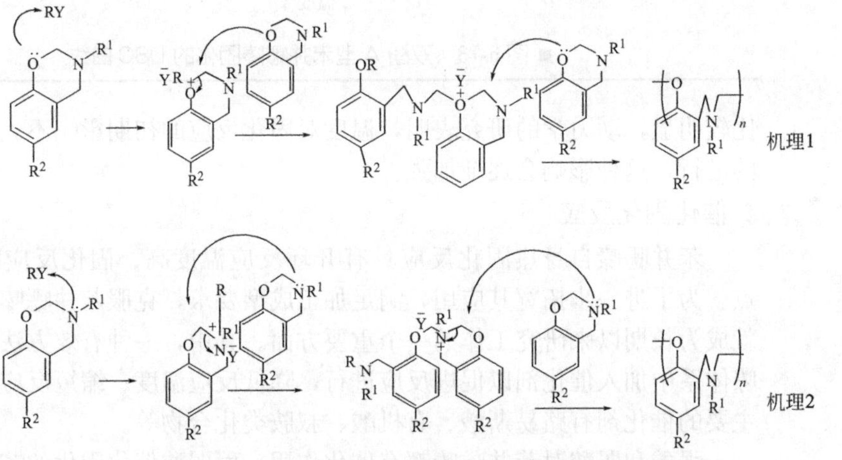

■ 图 5-15 路易斯酸催化苯并噁嗪的开环聚合机理

5.2.3 聚苯并噁嗪的结构、性能与表征

5.2.3.1 聚苯并噁嗪的结构

聚苯并噁嗪的交联密度比环氧树脂的交联密度要低很多，但是却具有较高的 T_g。造成苯并噁嗪这种低交联密度、高 T_g 的原因，一方面是由于其本身聚合后交联体的化学结构，另一方面是在聚苯并噁嗪中大量存在的分子内、分子间氢键。

(1) **交联体的化学结构**　聚苯并噁嗪的固化交联化学结构比较复杂，以生成图 5-10 所示的酚曼尼希桥结构、胺亚甲基桥结构以及含曼尼希桥的醚键结构为主，还含有其他多种复杂结构。

(2) **氢键结构**　与其他树脂相比，聚苯并噁嗪最主要的性能优势在于它的低固化收缩、高模量、低热膨胀系数、低吸水率和高的热态强度。苯并噁嗪之所以具有这些独特的性能，都是由于聚合物结构中存在较强的氢键作用，包括分子内和分子间氢键。氢键的作用，可增加分子链的刚性，减少亲水基团作用而使吸水率降低，可阻止分子链有效堆积，使其自由体积增大，宏观表现为零收缩或体积膨胀。通过对模型化合物的研究，发现苯并噁嗪二聚体中可形成分子内和分子间氢键，聚苯并噁嗪的结构中存在酚羟基与曼尼希桥上N原子形成的分子内氢键和与另一酚羟基形成的分子间氢键，结构如图5-16所示。

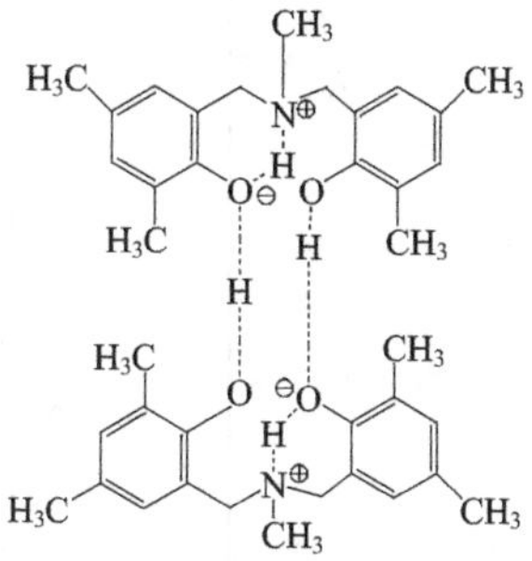

■ 图5-16 苯并噁嗪开环后形成的氢键示意图

5.2.3.2 聚苯并噁嗪树脂浇铸体的性能

聚苯并噁嗪的性能与化学结构、形态、交联密度相关。对于从事高分子材料研究和应用的人员来说，了解结构和性能的关系是极其重要的。只有在充分了解结构对性能的影响的基础上，才能制备符合特殊要求的高性能树脂基体。本小节以苯并噁嗪区别于其他热固性树脂的性能为线索，介绍了苯并噁嗪树脂特殊的性能与其特殊的结构之间的关系。以双酚A和甲胺合成的苯并噁嗪（B-m）和双酚A与苯胺合成的苯并噁嗪（B-a）为例，结构如图5-17所示，其主要性能列于表5-3。

（1）低固化收缩率 聚苯并噁嗪固化收缩率低，在复合材料领域及覆铜板行业有着很好的应用前景。表5-4是苯并噁嗪中间体树脂在不同温度下固化后的室温密度和表观收缩率。从表5-3和表5-4可以看出，固化物密度略小于中间体密度，这表明苯并噁嗪树脂固化后体积几乎不收缩，甚至还略有膨胀。

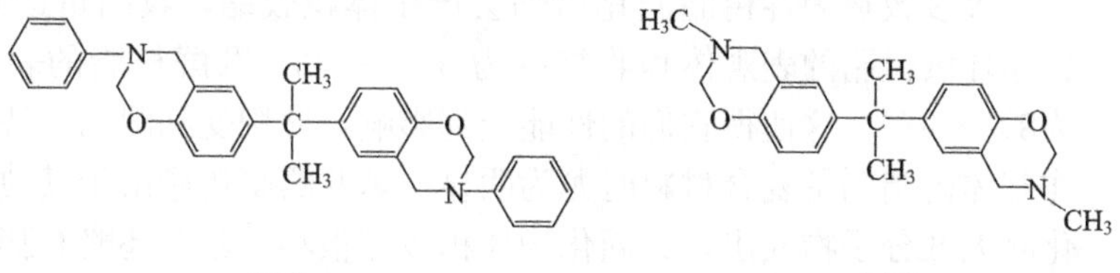

■ 图5-17 B-a和B-m苯并噁嗪单体结构式

■表 5-3　B-a 和 B-m 固化产物的性能比较

性能	B-a	B-m
密度/(g/cm³)		
单体	1.200	1.159
聚合物	1.195	1.122
表观收缩率/%	-0.4	-3.3
热膨胀系数		
α/[cm³/(cm³·℃)]	1.7×10^{-4}	2.1×10^{-4}
β/[cm³/(cm³·℃)]	58×10^{-4}	69×10^{-4}
玻璃化转变温度/℃	150	180
固化收缩率/%	2.9	—
吸水率/%		
24h	0.11	0.17
7 天	0.28	0.4
120 天	0.98	1.15
扩散系数/(cm²/s)	0.5×10^{-9}	3.6×10^{-9}
拉伸性能		
拉伸模量/GPa	5.2	4.3
拉伸强度/MPa	64	44
断裂伸长率/%	1.3	1.0
弯曲性能		
弯曲模量/GPa	4.5	3.8
弯曲强度/MPa	126	103
弯曲断裂应变/%	2.9	2.6
冲击强度（3.2mm 厚）/(J/m)	18	31
动态力学性能		
$G'_{室温}$/GPa	2.2	1.8
G'_{T_g+50}/MPa	4.5	<4.5

■表 5-4　苯并噁嗪中间体固化物的室温密度和表观收缩率

项目	中间体	固化温度					
		100℃	120℃	140℃	160℃	180℃	200℃
密度/(g/cm³)	1.180	1.171	1.175	1.168	1.170	1.165	1.159
固化物收缩率/%		-0.8	-0.4	-1.0	-0.8	-1.3	-1.8

大多数热固性树脂固化后均会产生体积收缩，收缩量达到 3%～15%。普通环氧树脂的表观体积收缩率为 3%～6%，酚醛树脂的表观体积收缩率为 8%～9%，这使得它们的性能受到影响，应用受到限制，特别是将它们用作基体树脂制备复合材料时尤为明显。苯并噁嗪树脂由于其独特的结构，固化时无低分子物放出，其固化物体积收缩很小，甚至还略有膨胀，这使苯并噁嗪树脂在作为复合材料基体树脂时，得到的制品内应力小、孔隙率低、性能优良。

事实上，苯并噁嗪化合物在恒温固化过程中是呈现体积收缩的，但双环苯并噁嗪的恒温固化收缩率低于单环苯并噁嗪。它所表现出来的宏观体积膨胀效应与分子的堆砌结构变化相关，其体积膨胀效应的大小与苯并噁嗪的分子结构、聚合反应程度和交联密度相关，固化温度越高，固化时间越长，体积膨胀效应越大。

(2) 优异的力学性能 聚苯并噁嗪的力学性能主要包括拉伸强度和模量、断裂伸长率、弯曲强度和模量、冲击强度和表面硬度等。这些性能会随着成型加工和固化条件的变化而变化。聚苯并噁嗪相比其他热固性树脂，力学性能具有明显的优势，力学性能如表 5-3 所示。其中，苯胺型聚苯并噁嗪树脂浇铸体的模量高达 5.2GPa，这在聚合物中是非常突出的，也是聚苯并噁嗪性能的显著特征之一，大多数聚苯并噁嗪的模量都在 4.5GPa 以上。分析表明，如此高的模量是聚苯并噁嗪结构中存在的大量分子内和分子间氢键作用的结果。

(3) 优良的介电性能 热固性树脂在电子工业中的应用增长很快，材料的电性能包括了介电性能和电击穿强度。聚苯并噁嗪（B-a）的介电常数为 3.6，在温度 120℃ 以下，略微与频率的变化相关。当测试频率从 428Hz 升至 1MHz 时，其介电常数的变化小于 3%；而在相同条件下，酚醛树脂的介电常数变化是 4.8～5.0，环氧树脂的介电常数变化是 3.7～4.0。因此，聚苯并噁嗪不仅比其他热固性塑料有更低的介电常数，而且对频率的变化较不敏感。另外，损耗因子随温度的变化结果表明，B-a 材料承受的电功率损耗至少与环氧树脂相似，它们的损耗因子一般都在 0.01～0.08 之间。在玻璃化转变温度（150℃）以上，伴随松弛过程的进行，聚苯并噁嗪（PB-a）的介电性能开始恶化。即使这样，聚苯并噁嗪（B-a）在低于服役温度（T_g=150℃）的温度范围内具有优良的电气性能，在这方面明显优于其他的热固性树脂。

将氟原子引入苯并噁嗪单体可以降低介电常数，当氟化苯并噁嗪（F-1）与双酚 A 型苯并噁嗪（B-a）按质量比 1∶1 混合共聚，共聚物的介电常数降低至 2.36，并且具有高的 T_g 和热稳定性，适宜作高温环境下使用的特殊电介质材料。

(4) 高阻燃性能 由于聚苯并噁嗪的化学结构中含有 N 原子和苯酚环，所以赋予聚苯并噁嗪一定的阻燃特性。按照 UL94 标准，其阻燃性一般介于 V-1～V-0 之间，如加入一定量的氢氧化铝等阻燃剂，固化物的阻燃性就能达到 V-0 级。与卤代环氧树脂进行比较，在加工性能、介电性能相同条件下，聚苯并噁嗪燃烧产生的烟雾浓度、毒性和腐蚀性都要低得多。目前，苯并噁嗪已成功用于制备无卤阻燃印制电路基板和耐高温阻燃型电绝缘层压板。

在苯并噁嗪化学结构中引入含磷组分，合成含磷苯并噁嗪中间体，经固化交联可以得到无卤阻燃性的含磷聚苯并噁嗪，阻燃等级达到 UL94 V-0

级。目前，将苯并噁嗪中间体与含磷环氧树脂共混已成为工业上制备无卤阻燃电子材料的通用方法。然而，含磷化合物在燃烧过程中可能会释放出有毒或腐蚀性气体，给环境和人体带来危害。因此，通过分子设计合成新型的本征阻燃的苯并噁嗪或添加氢氧化铝、氢氧化镁、三聚氰胺盐等无机或有机阻燃剂，实现无卤无磷阻燃，已成为一个新的主要发展方向。

(5) 高的热稳定性 热重分析是考察聚苯并噁嗪树脂热稳定性的一个主要方法。图 5-18 是双酚 A 型聚苯并噁嗪树脂在氮气气氛中的 TGA 曲线。从图 5-18 看到，在 200℃ 以下聚苯并噁嗪树脂几乎不失重，起始分解温度为 260℃，失重分别为 5%、10% 时的温度依次为 312℃、337℃，失重速率最大时的温度为 390℃，800℃ 时残留率为 30%。

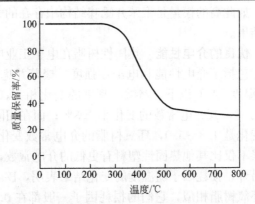

图 5-18　双酚 A 型聚苯并噁嗪树脂的 TGA 曲线（氮气）

表 5-5 列出了部分不同化学结构的聚苯并噁嗪的玻璃化转变温度、失重 5% 和失重 10% 的温度，以及 800℃ 时的残炭率。数据表明聚苯并噁嗪具有较高的 T_g 和热稳定性。人们采用 TGA-IR 技术对双酚 A/苯胺型聚苯并噁嗪热分解所产生的气体进行分析，提出了分解机制。首先，接近 300℃ 时，出现 N-甲基苯胺的逆氨甲基化过程的脱胺反应，导致酚曼尼希桥网络中的 C—N 键断裂，产生了游离的苯胺及衍生物；约 400℃ 为第二阶段，双酚 A 结构中的异丙基分解；最后，在 460℃ 附近，重量损失归结于炭化和降解，同时释放微量的酚和大量的取代苯化合物。通过研究聚苯并噁嗪的热分解和热氧分解机理，可确定其分子结构中影响热稳定性的因素。双酚 A/脂肪胺型聚苯并噁嗪在氮气气氛下热分解时放出多种酚、胺和 Schiff 碱；Schiff 碱是 Mannich 碱断裂产生的，Mannich 碱是影响聚苯并噁嗪热稳定性的关键因素之一。双酚 A/芳胺型聚苯并噁嗪中的交联结构，如酚型 Mannich 桥接、芳胺 Mannich 桥接、亚甲基桥接等对其热稳定性有较大的影响。在酚型 Mannich 桥接中存在悬挂的苯环，致使聚合物的热稳定性较差；如果控制固化产物结构从而形成芳胺 Mannich 桥或亚甲基桥等结构，将悬挂的苯

环"固定"住，可提高聚合物的热稳定性。

顾宜等对不同结构聚苯并噁嗪的耐烧蚀性能进行了较系统的研究，结果表明交联密度是影响聚苯并噁嗪树脂成炭率的一个重要因素；而通过苯胺的对位参与反应，将苯胺"固定"于交联体系中，确实能够大幅度提高聚苯并噁嗪树脂的热稳定性。

聚苯并噁嗪交联结构中的 C—N 是一个弱键，在高温下易发生断裂，对其热稳定性产生了较大的影响，尤其是以苯胺为原料，与酚类化合物合成的苯并噁嗪（如双酚 A 型苯并噁嗪），固化物交联网络中悬挂的苯胺及衍生物会随着 C—N 键断裂作为小分子而挥发，所以为了提高聚苯并噁嗪的耐热性和热稳定性，人们主要通过改变酚源或胺源的结构，引入更加稳定的化学结构或增加固化物网络的交联密度来实现。例如，合成多元胺结构的苯并噁嗪，减少 C—N 键断裂时小分子挥发物；在苯并噁嗪主体结构中引入萘环、芴环、杂环或更多的苯环等刚性组分；在苯并噁嗪结构中引入其他反应性基团，如烯丙基、乙烯基、乙炔基、醛基、氰基、马来酰亚氨基及降冰片烯基等，增大固化产物的交联度，阻止胺单元的热分解。就 T_g 和 800℃时的残炭率进行比较，双酚 A/苯胺型聚苯并噁嗪分别为 150℃和 32%，二苯甲烷二胺/苯酚型聚苯并噁嗪分别为 205℃和 54%，1,5-萘二酚/苯胺型聚苯并噁嗪分别为 313℃和 65%；而含炔基的聚苯并噁嗪分别达到了 350℃和 74%。

■表 5-5　不同结构的聚苯并噁嗪的耐热性能

单 体	T_g/℃	$T_{5\%}$/℃	$T_{10\%}$/℃	残炭率/%
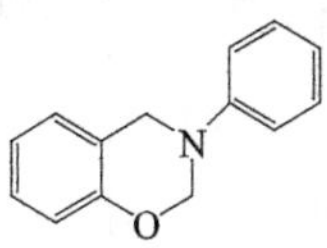 (P-a)	146	342	369	44
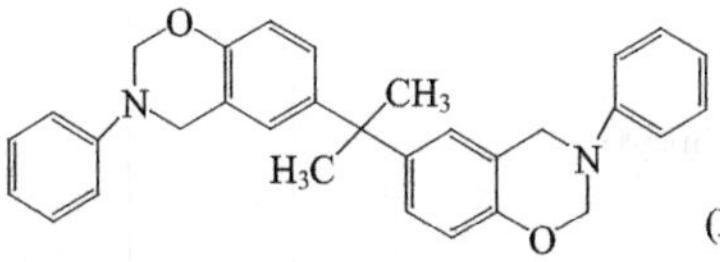 (B-a)	150①	310	327	32
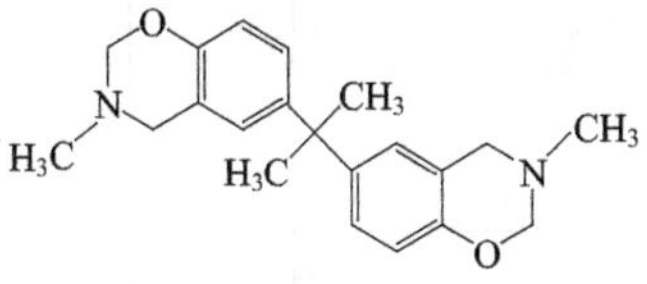 (B-m)	170② 180	—	—	—
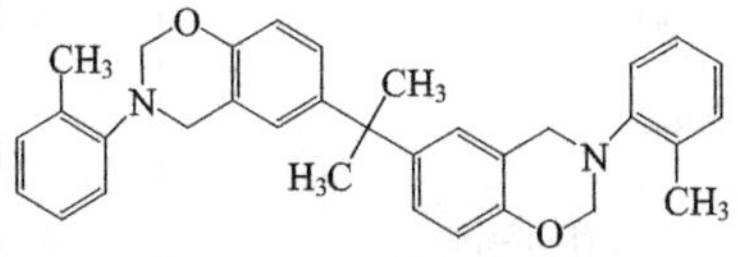 (B-ot)	114	228	—	32

续表

单 体	T_g /℃	$T_{5\%}$ /℃	$T_{10\%}$ /℃	残炭率/%
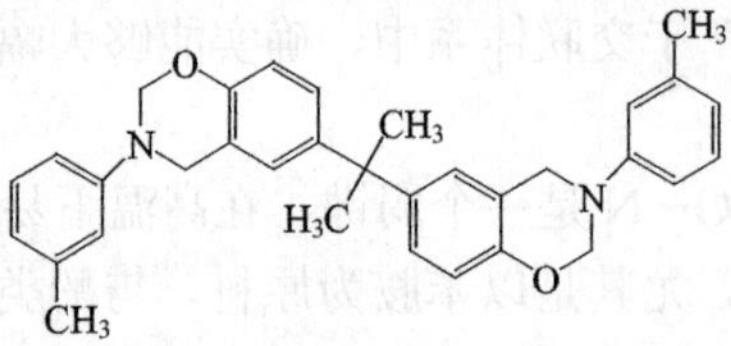 (B-mt)	209	350	—	31
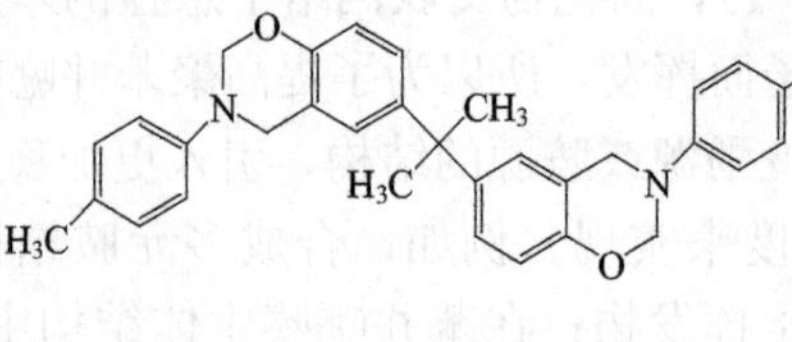 (B-pt)	158	305	—	32
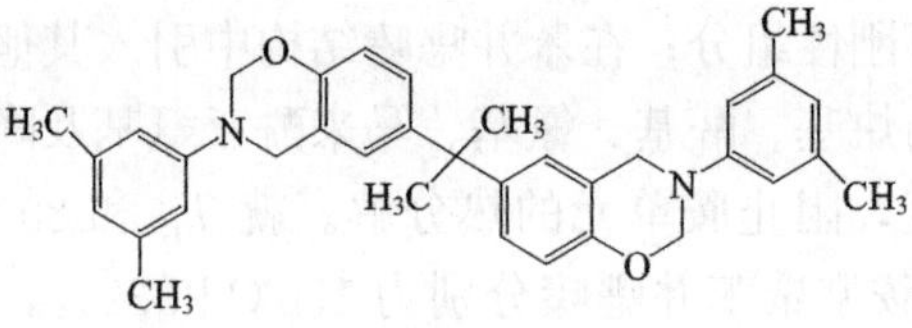 (B-35x)	238	350	—	28
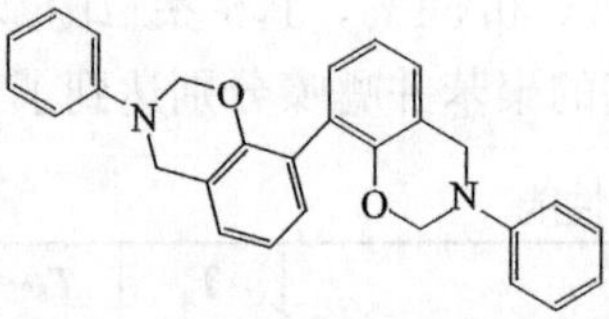 (22P-a)	200	250	260	45
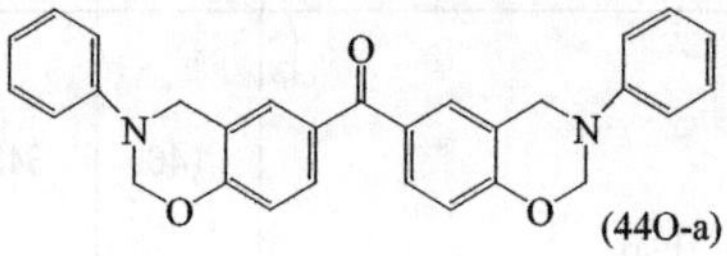 (44O-a)	340	290	370	65
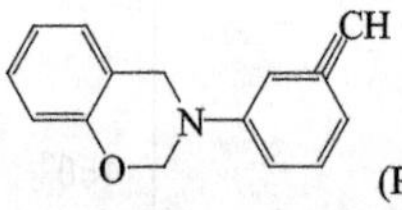 (Ph-apa)	329	491	592	81
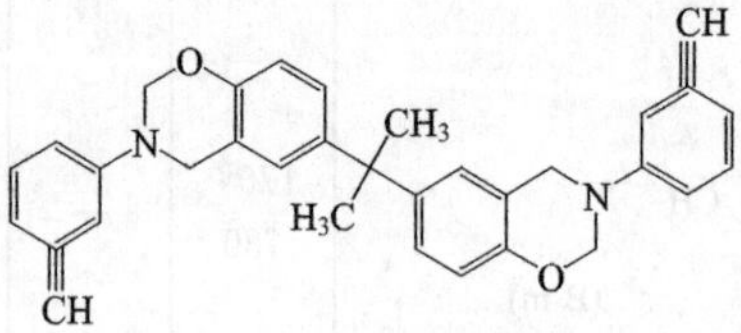 (B-apa)	350	458	524	74
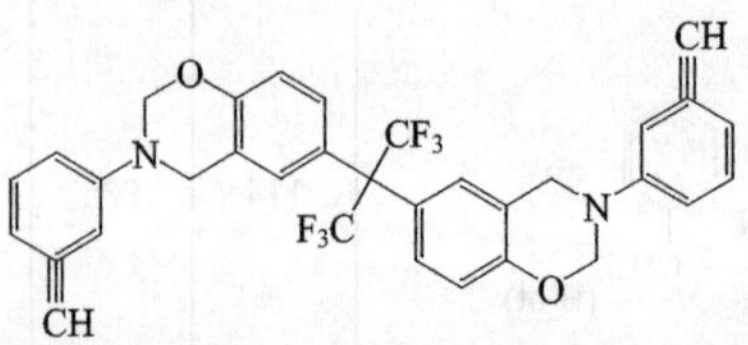 (B-af-apa)	368	494	539	71

续表

单体	T_g /℃	$T_{5\%}$ /℃	$T_{10\%}$ /℃	残炭率/%
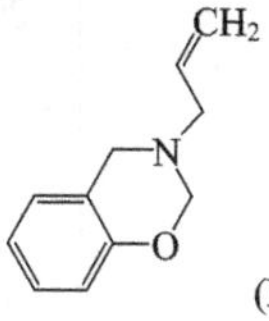 (P-ala)	285	348	374	44
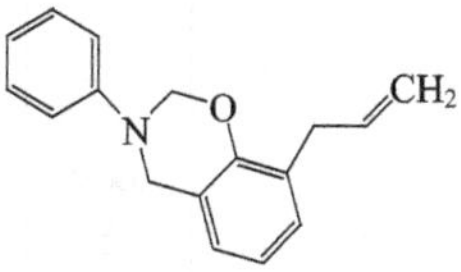 (P-alp)	107	288	356	45
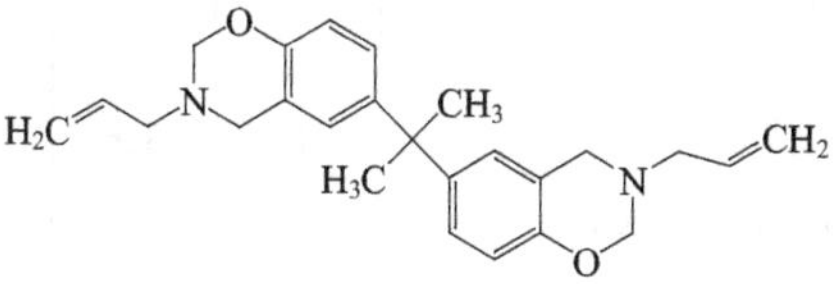 (B-ala)	298	343	367	28
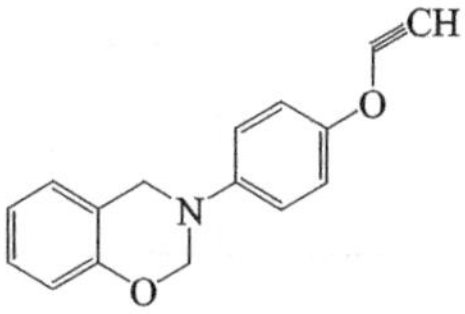 (P-appe)	249	362	400	66
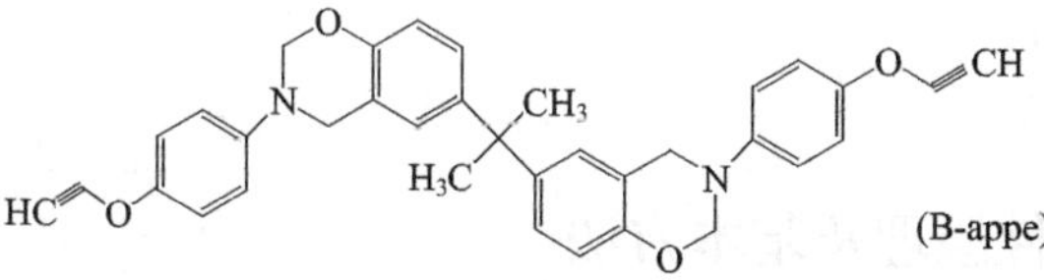 (B-appe)	295	352	388	66
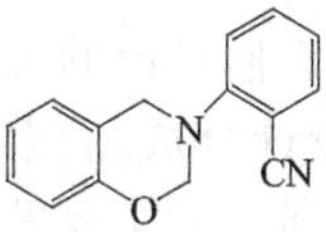 (Ⅰ)	175	332	371	60
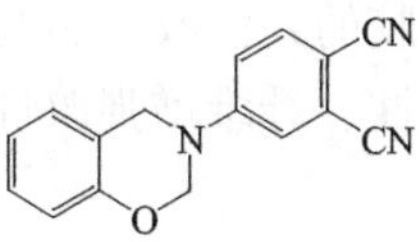 (X)	278	450	560	76
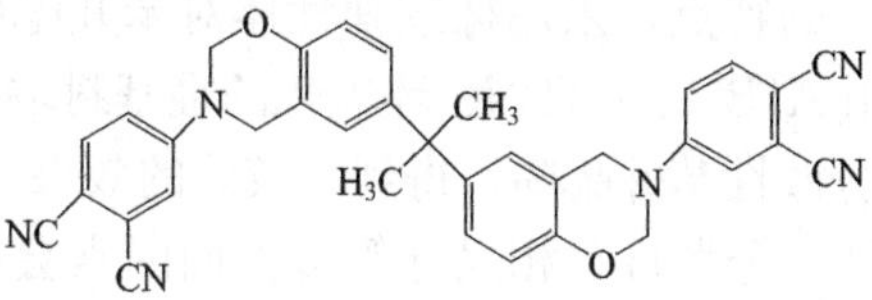 (Ⅳ)	300	423	468	68
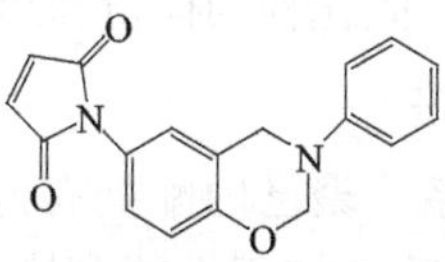 (MIB)	252	375	392	56

续表

单体	T_g /℃	$T_{5\%}$ /℃	$T_{10\%}$ /℃	残炭率/%
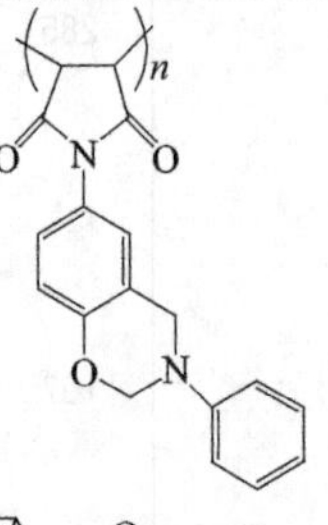 (HPM-Bal)	204	330	366	49
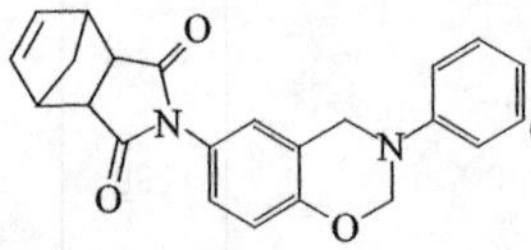 (NOB)	Above 250	365	383	58
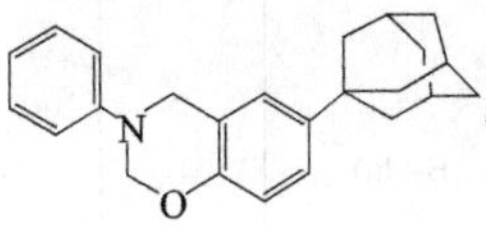 (2-苯并噁嗪)	109	335	365	24.2
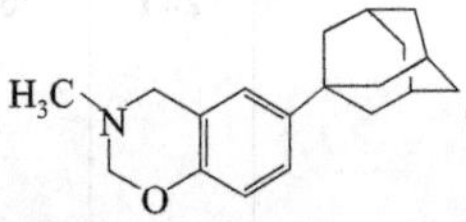 (3-苯并噁嗪)	189	399	439	30.8

① 使用无溶剂法合成。
② 在1,4-二氧六环中合成。

5.2.4 苯并噁嗪树脂的改性原理及基本方法

苯并噁嗪树脂其突出的优点引起了人们广泛的关注，同时，其缺点也限制了其进一步的发展。除了通过分子设计合成新型的苯并噁嗪单体外，共混、共聚和复合改性成为苯并噁嗪树脂研究的主要发展方向。所研究的类型涉及苯并噁嗪树脂与热塑性树脂或橡胶的共混改性、与其他热固性树脂的共混共聚改性、无机微纳米材料复合改性、纤维增强改性等多个方面。

5.2.4.1 苯并噁嗪与橡胶的共混改性

针对苯并噁嗪脆性比较大的特点，采用橡胶弹性体对苯并噁嗪增韧改性成为很多研究者的目标。采用 ATBN、CTBN、环氧化的羟基封端的聚丁二烯（HTBD）等多种液体橡胶组分改性苯并噁嗪，得到了较好的效果。结果表明，添加橡胶组分的含量、溶解性、分散性、相尺寸等多方面因素会影响共混体系最终的增韧效果。但是引入橡胶后，固化物的模量和耐热性明显下降。

5.2.4.2 苯并噁嗪与热塑性树脂的共混改性

(1) 苯并噁嗪/聚己内酯共混体系 聚己内酯拥有低的 T_g（-50℃）和较高的热稳定性，使其在改善苯并噁嗪的加工性能和增加韧性的同时提高热稳定性。研究表明，在聚苯并噁嗪/聚己内酯共混体系中，酚羟基—OH 与己内酯中羰基 C═O 之间存在氢键相互作用，使得共混体系的交联密度、橡胶态的储能模量以及弯曲强度都有所提高，且起始分解温度升高。当聚己内酯的含量为 11%～13%时，会产生微相分离；当其含量超过 15%时，可观察到宏观相分离现象。固化体系最终的相形态随聚己内酯含量的变化分别出现海岛结构、双连续相结构及相反转结构等，如图 5-19 所示。

(2) 苯并噁嗪/聚醚酰亚胺（PEI）共混体系 将聚醚酰亚胺（PEI）引入苯并噁嗪体系，发生反应诱导相分离。PEI 含量（质量分数）分别为 5%、10%、15% 和 20%时，共混体系固化物分别呈现海岛结构、双连续相结构和相反转结构，如图 5-20 所示。当 PEI 含量为 5%时，共混体系的综合性能最好，T_g、交联密度、弯曲强度、模量均高于聚苯并噁嗪本身。

■ 图 5-19 苯并噁嗪/聚己内酯的 SEM 图
(a)90∶10；(b)70∶30；(c)80∶20；(d)60∶40

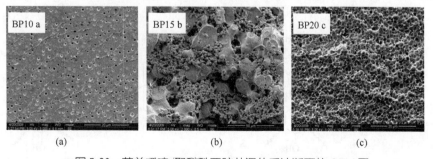

■ 图 5-20 苯并噁嗪/聚醚酰亚胺共混体系淬断面的 SEM 图

5.2.4.3 苯并噁嗪与其他热固性树脂的共混体系

将苯并噁嗪树脂与其他种类的热固性树脂共混，通过热固性树脂的自聚或/与苯并噁嗪树脂共聚，可以明显地改变苯并噁嗪树脂的固化行为，改善树脂的成型加工性，改变交联网络的化学结构和固化产物的物理机械性能。因此，苯并噁嗪与其他种类的热固性树脂共混，已成为苯并噁嗪树脂改性的主要途径，对于扩大苯并噁嗪树脂的应用领域具有重要意义。

(1) 酚醛树脂/苯并噁嗪树脂共混体系 酚醛树脂与苯并噁嗪共混体系的性能随着酚醛树脂的加入而变化，共混体系的反应活性和热稳定性都有较大的提高。热稳定性方面，随着酚醛含量的增加，共混体系的残炭率逐渐升高，残炭率与共混体系的组成之间的关系如图 5-21 所示（BA-a 是双酚 A 型苯并噁嗪树脂；BP91 表示噁嗪为 90%、酚醛为 10%；BP82 等以此类推）。

在反应性方面，酚醛树脂的加入可以使共混体系在更低的温度下发生固化交联，反应式如图 5-22 所示，DSC 曲线如图 5-23 所示。

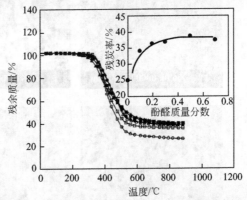

■ 图 5-21 苯并噁嗪/酚醛树脂共混物的热失重曲线
○ BA-a；□ BP91；△ BP82；● BP73；■ BP55；▲ BP37

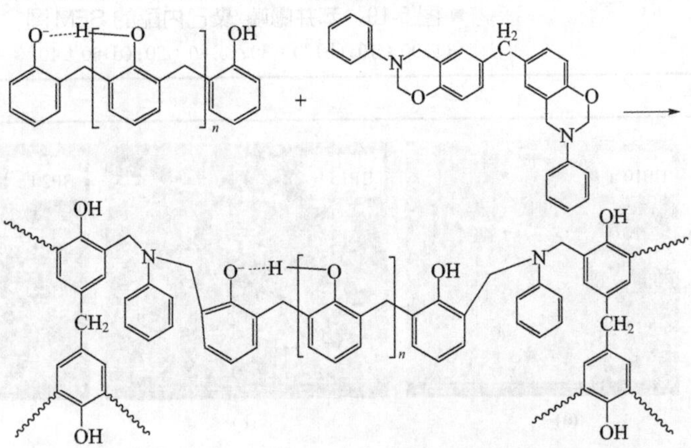

■ 图 5-22 酚醛和苯并噁嗪之间的反应

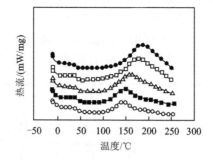

■ 图 5-23　苯并噁嗪/酚醛树脂共混体系的 DSC 曲线
● BP31；□ BP21；△ BP11；■ BP12；○ BP13

刘峰等将高硅氧玻璃布浸渍酚醛树脂/苯并噁嗪共混树脂，制备了耐烧蚀复合材料，常温和高温下的力学性能均高于酚醛树脂复合材料，其力学性能如表 5-6 所示。

■表 5-6　酚醛树脂与苯并噁嗪共混树脂复合材料的力学性能

力学性能	玻璃纤维增强酚醛复合材料		玻璃纤维增强酚醛/苯并噁嗪复合材料	
	室温	高温	室温	高温
拉伸强度/MPa	125	92.3	214	123
拉伸模量/GPa	16.5	—	24.1	—
压缩强度/MPa	76.5	95	217	132
压缩模量/GPa	7.68	—	17.1	—
弯曲强度/MPa	210	172	332	125
弯曲模量/GPa	18.8	—	24	—
层间剪切强度/MPa	31.7	17.6	28	21.6

（2）环氧树脂/苯并噁嗪共混体系　苯并噁嗪开环聚合形成的酚羟基在 Mannich 桥上叔胺的催化作用下，可与环氧基团反应，增加了新的交联点，使固化树脂交联密度显著提高，反应示意如图 5-24 所示。

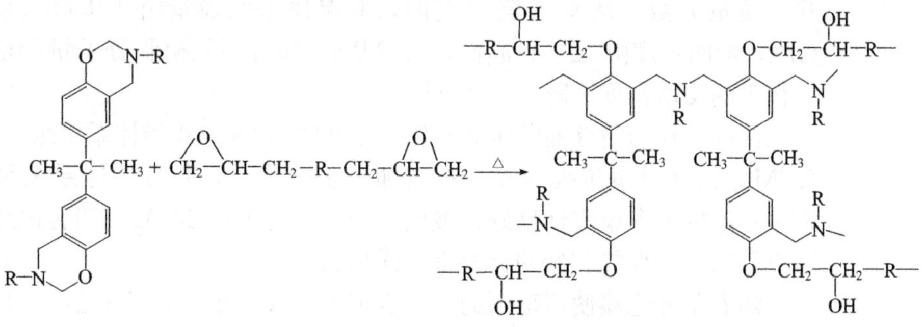

■ 图 5-24　苯并噁嗪与环氧树脂的共聚反应

苯并噁嗪/环氧树脂二元体系典型的 DSC 曲线及数据如图 5-25、表 5-7 所示。其固化放热峰中至少存在两种反应：（1）苯并噁嗪的开环固化反应；（2）苯并噁嗪与环氧基团的醚化反应。随着环氧树脂含量的增加，固化反应的初始反应温度（T_{onset}）和峰值温度（T_{peak}）均向高温移动。

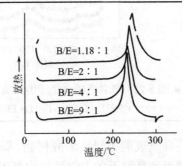

■ 图 5-25　典型的苯并噁嗪/酚醛型环氧树脂共混体系的 DSC 曲线

■ 表 5-7　苯并噁嗪/F-51 共混物的 DSC 数据

m（Ba）/m（F-51）	起始温度/℃	峰值温度/℃	固化热焓/(J/g)
10/0	215.3	231.0	354.6
9/1	220.2	235.4	390.3
6/1	222.0	237.2	345.1
4/1	224.8	240.4	341.6
3/1	227.6	242.2	350.6
2/1	229.0	244.7	336.3
1.5/1	233.5	251.1	340.4
1.18/1	233.8	251.9	349.0

在苯并噁嗪与环氧树脂共混体系中，环氧树脂含量、环氧树脂的分子量对共混体系性能的影响是很多学者普遍关注的问题。其中，随着环氧树脂含量的增多，体系的 T_g 呈现先增后减的趋势，详见图 5-26。当环氧树脂的含量（质量分数）从 0 增至 50% 时，共混体系的模量由 4.4 GPa 降至 3.4 GPa，弯曲强度由 125MPa 增至 179MPa。随着环氧树脂分子量的增加，共聚体系的交联密度下降，T_g 降低。

此外，作为高性能的树脂基体，苯并噁嗪/环氧树脂体系可用于预浸料、RTM、VRTM 等传统的复合材料加工工艺成型，并且该体系无须冷冻存贮，室温的贮存稳定性良好，玻璃化转变温度可达 200℃，拥有比纯树脂体系更好的力学性能和低的吸湿率，详见表 5-8。

随着苯并噁嗪使用范围的进一步扩大，人们开发了苯并噁嗪、环氧树脂和酚醛树脂三元共混树脂。三元体系中酚醛树脂起到催化固化的作用；而环氧树脂的引入降低了体系的黏度，提高了体系的韧性，同时增加了体系的交

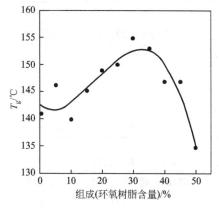

■ 图 5-26 双酚 A 型环氧树脂/苯并噁嗪共混物组成与 T_g 的关系曲线

■表 5-8 聚苯并噁嗪、聚苯并噁嗪/环氧和环氧树脂浇铸体的力学性能

性能	聚苯并噁嗪①			聚苯并噁嗪/环氧体系			环氧树脂②		
	室温	湿态,室温	150℃	室温	湿态,室温	150℃	室温	湿态,室温	150℃
拉伸强度/MPa	31	31	21	52	45	52	52	30	37
拉伸模量/MPa	5334	5016	1290	4319	4319	4513	3995	3491	2401
断裂伸长率/%	1.2	1.5	3	1.6	1.1	2.4	1.4	1	2.2
弯曲强度/MPa	132	103	44	115	84	89	142	61	77
弯曲模量/MPa	4602	4844	1538	4430	4610	3015	3712	3457	2518
压缩强度/MPa	228	—	—	232	—	—	279	—	—
压缩模量/MPa	3505	—	—	3243	—	—	1939	—	—
K_{IC}/MPa·m$^{1/2}$	0.94	—	—	0.65	—	—	0.55	—	—
G_{IC}/(J/m²)	168	—	—	83	—	—	71	—	—
T_g/℃	171			219			223		

① 未公开的结构。
② TGMDA+DDS。

联密度;苯并噁嗪赋予三元体系良好的力学性能和低的吸水率。该共混体系可应用于电子封装材料。随组成变化,三元体系在 140℃ 的凝胶化时间为 5～30min,在 180℃ 则小于 5 min。同时,三元体系树脂的弯曲强度和韧性随着环氧树脂含量的增加而提高。如表 5-9 所示,其中 BEP721 体系的弯曲强度和模量可分别达到 96MPa 和 5.3GPa。

(3) 双马来酰亚胺/苯并噁嗪共混体系 双马来酰亚胺(BMI)具有高的热氧稳定性、低的吸湿性和优良的阻燃性、优异的力学性能和高温时承受应力的能力超过环氧树脂、酚醛树脂以及高性能的热塑性树脂,但是加工性能较差和脆性较大。

在双马来酰亚胺与苯并噁嗪的共混体系中,存在两组分间的催化固化作用和共聚反应;表 5-10 中 DSC 结果表明,当共混树脂体系中 BOZ 与 BMI 的物质的量配比分别为 1∶2、1∶1 和 2∶1 时,共混树脂的固化放热峰值温度

■ 表5-9 双酚A型苯并噁嗪/环氧树脂/酚醛树脂三元共混体系的弯曲性能

组成	弯曲性能		
	弯曲强度/MPa	弯曲模量/GPa	应力-应变曲线下面积/MPa
80:10:10	76±6.0	5.9±0.21	58
70:20:10	96±10.6	5.3±0.07	117
60:30:10	91±11.7	4.7±0.15	108
50:40:10	92±9.2	4.4±0.11	121
40:50:10	92±7.5	4.1±0.13	127

■ 表5-10 BOZ/BMI体系的DSC数据

样品 n(BOZ):n(BMI)	起始温度/℃	峰值温度/℃	终止温度/℃	热焓/(J/g)
1:2	172	191	273	239
1:1	173	191	283	267
2:1	172	191	276	254
BMI	176	204	350	174
BOZ	224	231	260	266

均在190℃附近,明显低于双马来酰亚胺和苯并噁嗪两者各自固化放热峰值温度,也就是说共混树脂的固化反应向低温移动。另外,FTIR结果表明,固化产物中BMI与聚苯并噁嗪的酚羟基之间存在氢键相互作用,如图5-27所示。

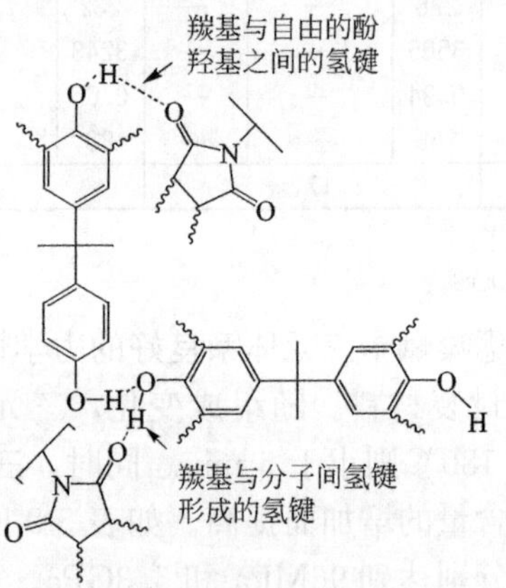

■ 图5-27 聚苯并噁嗪与双马来酰亚胺之间的氢键

BOZ/BMI共混树脂浇铸体线性收缩率为0.185%～0.193%,小于BMI的1.13%,略高于苯并噁嗪的0.173%。随着苯并噁嗪含量的增加,浇铸体和层压板的弯曲强度均上升(表5-11),吸水率呈不断降低的趋势;其电气绝缘性能较佳。同时该共混树脂体系具有较高的耐热性,T_g最高达到257℃,比聚苯并噁嗪的T_g提高了近50℃。

■表 5-11　BOZ/BMI 共混树脂浇铸体的弯曲性能

样品	BOZ	$n(BOZ):n(BMI)$			BMI
		2:1	1:1	1:2	
弯曲模量/GPa	5.4	5.1	4.7	4.7	4.9
弯曲强度/MPa	172	150	123	129	56

(4) 不同类型苯并噁嗪共聚体　将不同类型的苯并噁嗪共聚，可以综合不同结构苯并噁嗪各自的优点。这方面的研究包括易于成型加工（体系黏度低）且固化物热稳定性好的含醛基苯并噁嗪和二苯甲烷二胺型苯并噁嗪、邻苯二甲腈苯并噁嗪与邻苯腈苯并噁嗪、双酚 A 型苯并噁嗪和苯酚型苯并噁嗪体系等。

5.2.4.4　无机填料复合改性苯并噁嗪树脂

聚合物的填充改性是指在聚合物基体中添加与基体在组成和结构上不同的固体添加物，也称填料。聚合物填充改性的目的，有的是为了降低成本，有的是为了补强或改善加工性能，还有一些填料具有阻燃或抗静电等作用。利用无机填料与苯并噁嗪共混改善苯并噁嗪的性能也是目前研究比较广泛的领域。

(1) 层状硅酸盐

① 蒙脱土　Ishida 首先申请了有关苯并噁嗪/蒙脱土纳米复合材料制备与表征的世界专利。采用熔融混合及溶液插层的方法，分别得到插层或剥离型纳米复合材料。插层型纳米复合材料的蒙脱土含量为 1%～3%，剥离型的含量为 1%～4%。此外，在相应模型化合物对比试验中证明，由于苯并噁嗪开环后形成的氢键的存在，使得氮原子带有一定正电性，其与蒙脱土负电性片层之间强的结合力是成功制备聚苯并噁嗪/蒙脱土纳米复合材料的重要原因。

Takeichi 则采用长链脂肪铵阳离子对蒙脱土进行表面改性，经修饰的有机蒙脱土（OMMT）和苯并噁嗪单体分别通过熔融共混和溶液混合法制备了聚苯并噁嗪/黏土有机/无机混合纳米复合材料。结果发现，混合方法及溶剂种类的差异对有机蒙脱土片层在杂化材料中的分散状况有明显影响；OMMT 对苯并噁嗪的开环聚合具有催化作用。

余鼎声等研究了苯并噁嗪/有机蒙脱土（OMMT）等温及非等温固化的机理，其中，苯并噁嗪/OMMT 的等温固化机理遵循自催化模型，固化温度在 170～180℃之间，与纯苯并噁嗪不同；而非等温固化机理则基本遵循 Kissinger 模型和 Ozawa 模型。

此外，关于通过有机蒙脱土与环氧树脂/苯并噁嗪、聚氨酯/苯并噁嗪及双噁唑/苯并噁嗪共混体系制备的杂化材料也有报道。有机蒙脱土的引入均提高了共混体系的热力学性能与热稳定性。

② 云母　Takeichi 等采用氨基酸处理的有机云母，经原位插层聚合，

制备了不同云母含量的聚苯并噁嗪/有机云母杂化材料,发现在云母含量达到10%时仍能得到均匀透明的剥离型纳米复合薄膜。由于云母纳米片层状结构的增强效应,杂化材料储能模量较纯树脂的明显提高。通过对树脂固化行为的研究,发现有机云母有催化固化效应,树脂的起始固化温度及峰值温度均降低,杂化材料具有更宽的玻璃化转变区。同时,有机云母的引入提高了材料的热稳定性和热氧稳定性,从而赋予聚苯并噁嗪/有机云母杂化材料优良的阻燃性能。

③ 蛭石 顾宜等采用熔融插层及溶液插层法制备苯并噁嗪插层蛭石纳米复合材料,并对复合材料的固化行为进行了研究。研究发现,蛭石晶体片层对苯并噁嗪热开环聚合具有明显的阻碍作用。

(2) 多面体低聚倍半硅氧烷 多面体低聚倍半硅氧烷(POSS)是一种近年来在国际上受到广泛关注的聚合物增强材料,能显著提高聚合物的热性能及力学性能。POSS单体是一类以Si—O为骨架连接成的笼状纳米级大分子。Lee等首先合成了含有烯丙基结构的苯并噁嗪单体,然后和POSS进行加成反应(图5-28),最后固化得到高性能的聚苯并噁嗪/多面体低聚倍半硅氧烷(POSS)有机/无机纳米复合材料。

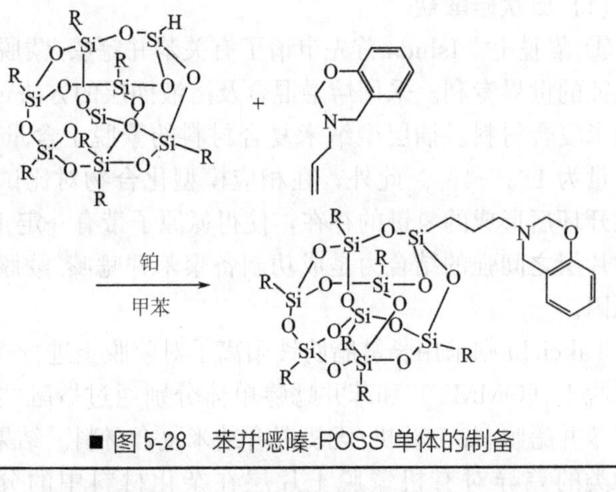

■ 图5-28 苯并噁嗪-POSS单体的制备

研究表明,引入POSS可以显著提高聚苯并噁嗪树脂的玻璃化转变温度(333℃),且热分解温度(355℃)和残炭率(52%)也明显得到了提高。这种树脂的缺点是苯并噁嗪-POSS单体同其他苯并噁嗪单体的混溶性差,而且容易聚集,加工困难。针对这种情况,Chen等通过添加一种合适的相容剂PBO来改善苯并噁嗪和POSS之间的相容性,制备了新型的聚苯并噁嗪/PBO/POSS纳米复合材料,其玻璃化转变温度为238℃。

5.2.4.5 纤维增强聚苯并噁嗪复合材料

苯并噁嗪具有固化无小分子放出、固化收缩小等突出特点,已成为一种具有广泛应用前景的新型高性能复合材料基体树脂。目前,苯并噁嗪已被成功地应用于模压成型、层压成型、缠绕成型、RTM 等多种复合材料成型工艺。以玻璃纤维或碳纤维为增强材料、苯并噁嗪为树脂基体的复合材料发展迅速。例如，以苯并噁嗪 44Oa 和 22Pa 为基体（图 5-29）、T650 碳纤维为增强体，制备的复合材料具有比固化温度更高的 T_g，表现出了好的加工性能和可与聚酰亚胺相媲美的优异的力学性能，如表 5-12、表 5-13 所示。

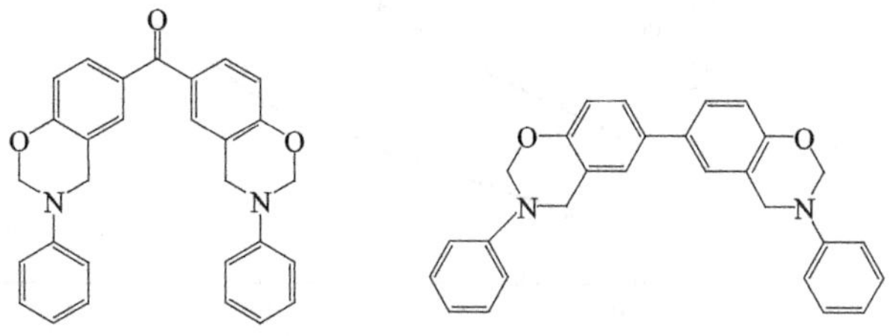

■ 图 5-29　44Oa 和 22Pa 的结构式

■ 表 5-12　聚苯并噁嗪/碳纤维复合材料和其他树脂基高性能复合材料的部分性能比较

复合材料组成	密度/(g/cm³)	纤维体积含量/%	孔隙率/%	玻璃化转变温度/℃	残炭率/%
22Pa/碳纤维	1.542~1.569	60 ± 2	0.4 ± 0.3	268	87
44Oa/碳纤维	1.541~1.583	60 ± 2	1.0 ± 1.7	350	92
双马来酰亚胺/碳纤维	—	68.3	—	250~300	50~70
聚酰亚胺/碳纤维	—	57.3 ± 1.0	1.9 ± 0.6	230~380	

■ 表 5-13　聚苯并噁嗪/碳纤维和其他复合材料的力学性能

纤维	树脂	弯曲强度/MPa	弯曲模量/GPa	压缩韧性/(kJ/m²)	层间剪切强度/MPa
T-650/42, 6K	22Pa	2300 ± 193	242 ± 8	38.3 ± 7.2	64.4 ± 4.2
T-650/42, 6K	44Oa	2320 ± 99	217 ± 1	47.8 ± 4.6	55.5 ± 7.2
T-650/35, 6K	PMR-15 (16)	1800 ± 75	120 ± 10	60 ± 10	85.0 ± 7.5
T-300	PMR-15 (32)	1650	140	—	105

纤维增强复合材料的力学性能在很大程度上受到增强体与基体树脂之间界面相互作用的影响。对纤维增强聚苯并噁嗪复合材料界面的研究表明，碳纤维表面上浆剂的存在与否及类型对碳纤维增强聚苯并噁嗪复合材料的力学性能具有明显的影响。Ishida 等为了改善碳纤维增强苯并噁嗪复合材料的韧性和界面相互作用，采用 ATBN（端氨基丁腈橡胶）作为界面过渡层对复合材料进行改性。所制得的复合材料的弯曲强度要比无橡胶过渡层制得的复合材料的弯曲强度高 1 倍；随着 ATBN 含量的增加，复合材料的弯曲强度呈先增加后减少的趋势（图 5-30）。余鼎声等研究结果表明，碳纤维表面未做上胶处理时，其表面的—OH 和—COOH 等弱酸性官能团对苯并噁嗪的固化反应具有催化作用；碳纤维表面的环氧涂层对苯并噁嗪的固化反应温

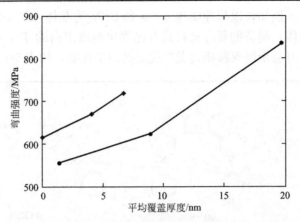

■ 图5-30　含有上浆剂和不含上浆剂碳纤维增强苯并噁嗪复合材料的弯曲强度与碳纤维表面橡胶覆盖厚度的关系
◆不含上浆剂；●含有上浆剂

度、固化速度以及表观反应活化能和反应级数等也有明显影响；其中涂覆环氧类上浆剂的碳纤维复合材料的层间剪切强度和弯曲强度最大，分别达到98MPa和2310MPa。复合材料的动态力学性能和界面微观结构的研究结果表明，涂覆环氧类上浆剂碳纤维复合材料的损耗峰高度最小，界面黏结性能较好。

顾宜等采用不同结构的苯并噁嗪、改性树脂及环氧硅烷偶联剂处理的无碱玻璃布，研制出了耐高温的玻璃布层压板。其中，采用低分子量线型酚醛树脂与苯胺和甲醛反应，合成了一种多环苯并噁嗪树脂，制备了155级耐高温电绝缘层压玻璃布板。该层压板在155℃下的弯曲强度大于500MPa，热态保留率大于80%，氧指数为42.2%，阻燃性为FV1级。另外，还采用二苯甲烷二胺、苯酚、甲醛为原料合成了一种双环苯并噁嗪树脂，制备了180级耐高温电绝缘层压玻璃布板。该层压板在180℃下的弯曲强度大于500MPa，热态保留率大于80%，氧指数为48%，阻燃性达FV0级。这两种层压板已作为电机绝缘材料和真空泵旋片及其他机械零件获得实际应用。他们还在苯并噁嗪树脂（BOZ-M）中加入固化剂和环氧树脂等进行改性，浇铸体的性能见表5-14，拉伸断裂伸长率达到了2.7%，树脂体系的韧性得到明显改善。将该改性树脂溶液分别浸渍EW-140玻璃纤维布和CCL-300碳纤维制得预浸料，再分别采用层压工艺和模压工艺制备了玻璃布层压复合材料和碳纤维单向板，力学性能数据列入表5-14。由于改性树脂体系的韧性得到提高，所以其复合材料的冲击强度达253kJ/m^{2}和剪切强度达93MPa，均明显高于采用苯并噁嗪树脂（BOZ-M）所制得的复合材料的221kJ/m^{2}和85MPa，但模量有所下降。

■表 5-14　改性苯并噁嗪树脂浇铸体及复合材料的性能

性能值	浇铸体	层压玻璃布板	碳纤维单向板
弯曲强度/MPa			
22℃	170	780	1801
180℃		630	
弯曲模量/GPa			
22℃	4.5	29	105
180℃		22	
拉伸强度/MPa			
22℃	100	460	
180℃		389	
拉伸模量/GPa			
22℃	4.4	27	
180℃		24	
压缩强度(22℃)/MPa		381	897
压缩模量(22℃)/GPa		24	130
冲击强度(简支梁)/(kJ/m^2)		253	
剪切强度(22℃)/MPa			93
拉伸断裂伸长率/%	2.72		
玻璃化转变温度/℃	210		
热膨胀系数/K^{-1}	55.6×10^{-5}		

5.2.4.6　其他

（1）聚苯并噁嗪/氧化物杂化材料　Takeichi 等采用溶胶-凝胶法，分别制备聚苯并噁嗪/二氧化硅和聚苯并噁嗪/二氧化钛杂化材料。随着氧化物含量的增加，苯并噁嗪树脂的固化起始温度和峰值温度均降低，如表 5-15 所示，在含量达到 10%～20% 时两种杂化薄膜仍保持透明状；纳米粒子分散均匀，并明显提高了材料的玻璃化转变温度及热稳定性。

■表 5-15　不同含量 TiO$_2$ 改性苯并噁嗪树脂经过 70℃ 处理 5h 后的 DSC 数据

编号	理论 TiO$_2$ 含量/%	起始温度/℃	峰值温度/℃	热焓/(cal/g)
Ba-0	0	223	249	69
Ba-5	5	149	222	59
Ba-7	7	145	219	54
Ba-10	10	146	220	51
Ba-20	20	140	220	32

注：1cal=4.1868J。

（2）聚苯并噁嗪/氮化硼复合材料　Ishida 等以氮化硼填充双酚 A-甲胺型苯并噁嗪树脂，制备得到高热导率的模塑料。在该体系中，随着氮化硼含量的增加，材料的储能模量及玻璃化转变温度均明显提高，吸水性降低。调制 DSC 研究表明，该复合材料的比热容仅与氮化硼含量有关，交联网络中氮化硼填料的尺寸、比表面积、形状等结构因素对比热容影响不大。

(3) **聚苯并噁嗪/碳化硅晶须复合材料** Rimdusit 等对比了微波辐射固化与传统的热固化方式对碳化硅晶须填充聚苯并噁嗪复合材料力学性能与耐热性的影响,并采用微波固化制备了碳化硅晶须增强苯并噁嗪/环氧树脂/酚醛三元体系复合材料。研究表明,对于苯并噁嗪树脂而言,晶须最佳填充量为 4%(质量分数),体系在 200℃下需加热固化 2h,而采用微波固化(功率 270W)仅需 20min。两种方法制备的复合材料的力学性能与耐热性无明显区别。

(4) **聚苯并噁嗪/碳酸钙复合材料** Ishida 等研究表明,在苯并噁嗪中加入碳酸钙后限制了苯并噁嗪分子链的运动,随着加入量的增大,体系剪切黏度增大,但碳酸钙的加入对苯并噁嗪的固化机理没有影响。聚苯并噁嗪/碳酸钙复合材料的拉伸强度和弯曲强度均随着填料含量的增加而逐渐降低,弹性模量则增大。复合材料的强度受填料粒径的影响,粒径较大或较小的粒子对材料强度的贡献较小,当碳酸钙填料的粒径为 5μm 时,复合材料表现出最大的强度。此外,当碳酸钙粒子经过表面处理后,复合材料损耗模量增大,而玻璃化转变活化能减小。

5.3 苯并噁嗪树脂的应用

5.3.1 苯并噁嗪的应用

苯并噁嗪由于其突出的性能,使其能够在电子电工、机车、航空航天领域等对使用条件要求较高的地方(如高强、高温、阻燃、电绝缘、耐油等)进行使用。目前,苯并噁嗪树脂已经用于电工绝缘材料、无卤阻燃印制电路基板、摩擦材料、真空泵旋片等方面;正在开发的应用领域面向航天耐烧蚀材料、航空结构材料、电子封装材料、阻燃材料等,发展潜力巨大。国内在苯并噁嗪树脂的应用开发方面取得了较好的进展。

5.3.1.1 聚苯并噁嗪树脂基复合材料的研究及其在真空泵上的应用

1994 年,四川大学顾宜等在实现工业原料合成苯并噁嗪中间体溶液的基础上,研制了高性能的聚苯并噁嗪树脂基玻璃布层压板,进行了工业规模制备,并作为直联式真空泵旋片材料在成都南光机械厂 4B、2X 等旋片式真空泵上批量应用(图 5-31 和图 5-32)。该层压板具有刚性大、尺寸稳定性好、耐高温、低吸水性、耐磨和机械加工性优良等特点,是全世界第一个聚苯并噁嗪树脂基复合材料的工业化产品。该树脂及层压板的制备技术已于 1999 年在四川东材科技集团股份公司应用,并实现工业化生产,用作真空泵旋片及其他机械零件。

■ 图 5-31　聚苯并噁嗪树脂基玻璃布层压板

■ 图 5-32　真空泵旋片

5.3.1.2　苯并噁嗪在绝缘材料上的应用

以四川大学苯并噁嗪树脂及复合材料技术为基础，自 1996 年 10 月以来，四川大学与四川东材科技集团股份公司共同承担并完成了"九五"国家重点科技攻关项目，155 级（F 级）和 180 级（H 级）两种耐高温苯并噁嗪树脂基玻璃布层压板投入工业生产。此后，四川东材科技集团股份公司开展改性研究，扩大苯并噁嗪树脂的生产，将苯并噁嗪树脂应用于绝缘涂料、电工层压板、模压制品等领域。图 5-33 分别是以苯并噁嗪为基体制作的干式变压器梳状撑条、高压开关绝缘子、绝缘零件、无卤阻燃板材。

(a) 干式变压器梳状撑条

(b) 高压开关绝缘子

(c) 绝缘零件

(d) 无卤阻燃板材

■ 图 5-33　以苯并噁嗪为原料制备的电绝缘制品

四川东材科技集团股份公司根据市场需求开发了F级、H级电工层压板、管的应用,产品通过UL认证。其中F级高强度无卤阻燃玻璃布层压板在干式变压器、真空泵、大型电机上获得了广泛的应用,2001年被ABB变压器公司指定为进口替代材料,2003年成都飞机公司将该材料作为该厂新型歼击机的结构材料,东方电机厂将此材料作为三峡机组指定材料;H级高强度无卤阻燃玻璃布层压板在耐氟电机、幅流电机、矿用隔爆式干式变压器、H级非包封式干式变压器等电机电器上获得了广泛的应用。并根据行业发展要求制定了GB/Z 21213—2007《F级无卤阻燃高强度玻璃布层压板》国家标准。其主要产品及性能如表5-16所示。

■表5-16　F级无卤阻燃高强度玻璃纤维层压板性能

项　目		典型值		
		D327 H级无卤阻燃高强度玻璃布层压板	D328 H级无卤阻燃高强度玻璃布层压板	D331 H级无卤阻燃高强度玻璃布层压板
密度/(g/cm³)		1.82	1.86	1.83
吸水性/mg		9.2	10.8	9.7
垂直层向弯曲强度/MPa	常态	567	582	570
	热态	478(155℃)	479(155℃)	430(180℃)
冲击强度(简支梁,缺口)/(kJ/m²)		71.4	74.8	89.7
垂直层向压缩强度/MPa		651	568	623
绝缘电阻/MΩ		6.5×10^6	8.1×10^6	1.1×10^7
介电常数(1MHz)		4.7	4.5	4.6
介电损耗角正切(1MHz)		0.0076	0.0092	0.019
介电强度(1mm板)/(MV/m)		26.2	28.3	25.2
平行层向击穿电压/kV		35.7	38.9	35.1
氧指数/%		47.1	59.5	
可燃性/级		FV1	FV0	FV0

此外,针对传统的酚醛改性二苯醚树脂存在的游离酚含量高、固化时放出小分子、制品空隙率较大、击穿电压低、层压制品热态机械强度保持率低等缺点,开发了苯并噁嗪二苯醚树脂,应用于电工层压板、管。制备的高强度二苯醚玻璃布层压板达到了聚酰亚胺层压板的性能水平,产品应用于株洲电力机车厂香港地铁变压器、矿用隔爆式干式变压器、H级非包封式干式变压器、风力发电设备等领域。并根据行业发展要求制定了GB/Z 21215—2007《改性二苯醚玻璃布层压板》国家标准。其产品性能如表5-17所示。

5.3.1.3　苯并噁嗪在覆铜板行业的应用

随着印制电路板向着多功能化、小型化、轻量化、环保化发展,尤其是为应对欧盟《WEEE指令》和《RoHS指令》,满足覆铜板行业无卤、无铅化的发展,对基板材料的树脂体系提出了更高的要求。苯并噁嗪树脂因其低固化收缩性、低热膨胀系数和低吸水率、较高的玻璃化转变温度（T_g）、阻燃性和优异的电气性能，受到印制电路板行业的广泛关注。以改性苯并噁嗪为基体树脂的高 T_g、无铅兼容 FR-4 覆铜板、无铅兼容无卤阻燃覆铜板、高 T_g、无卤阻燃覆铜板等产品已进入批量生产应用，其典型性能列于表 5-18 和表 5-19。生益科技、宏仁电子等大型覆铜板企业积极推动着苯并噁嗪树脂的应用。图 5-34 为使用苯并噁嗪树脂压制的覆铜板蚀刻掉铜箔后的基板。

■表 5-17 改性二苯醚玻璃布层压板

性　　能		典型值
密度/（g/cm³）		1.87
吸水性（2.0mm 板）/mg		7.2
垂直层向弯曲强度（纵向）/MPa	常态	682
	180℃±2℃	457
平行层向冲击强度（纵向，简支梁，缺口）/（kJ/m²）		57
平行层向剪切强度/MPa		39
拉伸强度/MPa		320
垂直层向电气强度（2.0mm 板，90℃±2℃油中）/（MV/m）		22.1
介电损耗角正切（1MHz）		0.0071
介电常数（1MHz）		5.2
绝缘电阻/MΩ		8.9×10^5
平行层向击穿电压（90℃±2℃油中）/kV		≥35

■表 5-18 由改性苯并噁嗪树脂制备的无卤 FR-4 基板的综合性能

序号	检验项目		处理、试验条件	单位	指标 基材厚度 ≥0.50mm	典型值
1	体积电阻率		潮湿后	MΩ·cm	≥10⁶	5.71×10^8
			E-24/125		≥10³	2.85×10^7
2	表面电阻率		潮湿后	MΩ	≥10⁴	1.20×10^7
			E-24/125		≥10³	7.83×10^6
3	击穿电压		D-48/50＋D-0.5/23	kV	≥40	45＋KV NB
4	介电常数(1MHz)		C-24/23/50	—	≤5.4	4.8
5	介电损耗角正切(1MHz)		C-24/23/50	—	≤0.035	0.008
6	耐电弧性		D-48/50＋D-0.5/23	s	≥60	182
7	剥离强度	标准轮廓铜箔	288℃、10s	N/mm	≥1.05	1.43
			125℃		≥0.70	1.35
			暴露于工艺溶液后		≥0.80	1.38
8	弯曲强度	纵向	A	N/mm²	≥415	530
		横向			≥345	450
9	燃烧性		C-48/23/50	等级	V-0	V-0
			E-24/125			V-0

续表

序号	检验项目		处理、试验条件	单位	指标 基材厚度 ≥0.50mm	典型值
10	吸水率		E-1/105 + D-24/23	%	≤0.50	0.010
11	可焊性		235℃、3s	—	浸润	浸润
12	热应力	蚀刻后	288℃、20s	—	不分层、不起泡	不分层、不起泡
		未蚀刻			不分层、不起泡	不分层、不起泡
13	蚀刻性		53℃	—	φ0.125mm 1个残留铜粒 /0.55m²	无残留铜粒
14	玻璃化转变温度(DSC)		A	℃	≥130℃	145℃
15	CTI		A	V		200
16	基材外观		A	—	按 IPC-TM- 650 2.1.5	无缺陷

注：1N/mm² = 1MPa。

■表5-19 高T_g无卤阻燃覆铜板基板的部分性能

测试项目	测试条件	配方一	配方二
加强耐热性/s	PCT 2h，浸288℃锡浴	180	100
吸水率/%	D-24/23	0.153	0.284
$\alpha_1 / \times 10^{-6} ℃^{-1}$	TMA	43.2	35.7
$\alpha_2 / \times 10^{-6} ℃^{-1}$	TMA	264	213
$T_g/℃$	TMA	165.6	168.6
T_{300}	TMA	>30in①	>30in①
$T_{g_1}/℃$	DSC	170.1	168.6
$T_{g_2}/℃$	DSC	170.8	171.1
$\Delta T_g/℃$	DSC	0.7	2.5
弯曲强度/(N/mm²)	径向	541.4	550.8
	纬向	485.3	470.3
阻燃性	UL94 V-0	通过	通过

① 1in = 0.0254m。

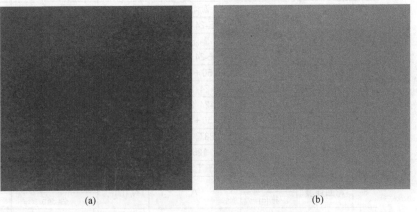

■图5-34 以苯并噁嗪为基体压制的覆铜板

5.3.1.4 苯并噁嗪在摩擦材料中的应用

苯并噁嗪优异的性能使得其在摩擦材料中得以很好地应用。自1998年以来，成都铁路局新都车辆配件修制厂使用四川大学研制的粒状苯并噁嗪中间体制造火车闸瓦（图5-35和图5-36），该闸瓦不仅物理机械性能和摩擦性能比传统酚醛树脂制造的火车闸瓦更加优异，而且成型加工性好，产品起泡和开裂现象明显减少，一次交验合格率由原使用2123酚醛树脂时的88.6%提高到98.8%，大幅度降低了损耗，其性能如表5-20所示。

图 5-35 粒状苯并噁嗪中间体

图 5-36 4-2W 火车闸瓦

表 5-20 不同胶黏剂所制 4-2W 火车合成闸瓦的性能比较

测试项目	测量值		标准
	粒状苯并噁嗪中间体	2123 酚醛树脂	
弹性模量/MPa	0.64×10^8	0.59×10^8	$\leq 1.5 \times 10^8$
布氏硬度（HB）	9.6	9.8	≤ 18
密度/(g/cm^3)	2.23	2.26	2.1~2.3
吸油率/%	0.41	0.40	≤ 1.0
压缩强度/MPa	28	25.3	≥ 25
冲击强度/(kJ/m^2)	2.83	2.54	≥ 1.5
烧失率/%	47.3	49.4	≤ 50
吸水率/%	0.22	1.0	≤ 1.5

5.3.2 苯并噁嗪树脂的工业化产品及主要性能指标

目前，亨斯曼生产的苯并噁嗪树脂在国际市场上已具备一定规模，国内尚处于小规模发展阶段。国内苯并噁嗪树脂的主要生产厂商有山东宜能高分子材料有限公司、成都科宜高分子科技有限公司和四川东材科技集团股份公司等。成都科宜公司的树脂产品牌号及技术指标如表5-21所示。山东宜能公司为国内首家苯并噁嗪树脂专业生产企业，建有苯并噁嗪树脂专业生产线，产品包括苯并噁嗪树脂、环氧改性苯并噁嗪树脂等，现有树脂牌号及技术指标如表5-22所示。表5-23列出了四川东材公司改性苯并噁嗪无卤阻燃树脂的性能。

■ 表 5-21 成都科宜公司苯并噁嗪树脂产品的主要牌号及技术指标

树脂名称	外观(25℃)	软化点/℃	挥发分含量/%	凝胶化时间(平板小刀法,180℃)/min	黏度/mPa·s
BOZ-M 型	固体状	45～55	<3%	>30	
BOZ-A 型	固态	75～80	<3%	≥15(160℃)	<400(85℃)
BOZ-MA 型	半凝固态	40～45	<3%	>13	<400(95℃)
BOZ-P 型	液态			>30(160℃)	<350(25℃)
BOZ-PF 型	固体颗粒	>80	<3%	3～5(160℃)	
BOZ-all 型	黏稠液体		<3%	>40	<500(60℃)

■ 表 5-22 山东宜能公司苯并噁嗪树脂产品的主要牌号及技术指标

牌号	形态	软化点/℃	凝胶化时间(210℃)/min	固体含量(质量分数)/%
YN9001	淡黄色透明溶液		10～14	80
YN8001	淡黄色固体	65～70	10～16	<3%(挥发分)
YN7001	黄色透明溶液		6～10	80
YN6001	淡黄色固体	>100	15～20	<2%(挥发分)
YN8002	黄色固体	80～85	6～10	<3%(挥发分)

■ 表 5-23 四川东材公司改性苯并噁嗪无卤阻燃树脂的品种及技术指标

测试项目	指标值		
	D125 高 T_g、无卤阻燃苯并噁嗪树脂	D127 无卤阻燃树脂	D128 无卤阻燃树脂
外观	红棕色透明液体	黄色透明液体	红黄色透明液体
固体含量(160℃±2℃,1h)/%	70±3	80±2	
凝胶化时间(圆孔法)/min	12±3	13±3	6±3(171℃±2℃)
游离酚含量/%	≤7	≤2	≤5
纯树脂软化点/℃	60～70	40～50	30～50

5.4 苯并噁嗪树脂及其材料的展望

近年来，随着苯并噁嗪基础研究的不断深入及应用领域不断扩展，作为一种新型酚醛树脂，聚苯并噁嗪的突出性能正越来越受到行业的关注。尽管在过去一段时期，我国在苯并噁嗪树脂的应用开发方面取得一些成绩，甚至在某些地方还处于国际领先地位，但是与国外的整体研究水平相比，国内的发展仍相对滞后和落后。因此，加强苯并噁嗪树脂合成、固化反应、结构与性能关系的基础研究，加强苯并噁嗪树脂合成及应用的工程研究，提升产品的性能和质量，不断拓宽苯并噁嗪树脂的应用领域，是今后的重要任务。由于苯并噁嗪是一类新型树脂，研究中很多问题尚无明确的结论或存在争议，加上篇幅受限，因此本书中只是简要地介绍了苯并噁嗪研究和应用的基本情况，未能进行深入的分析和讨论。

随着苯并噁嗪研究的深入和应用开发的扩展,苯并噁嗪树脂及其材料将获得快速而稳定的发展,预计它们具有广阔的发展前景。苯并噁嗪树脂将在电绝缘材料和覆铜板基材等领域进一步扩大应用规模,在航空航天、机械电子等行业用于制备耐烧蚀材料、高性能结构材料、阻燃材料、电子封装材料、摩擦材料等,获得更多新的应用。

参 考 文 献

[1] Holly F W, Cope A C. Condensation products of aldehydes and ketones with o-aminobenzyl alcohol and o-hydroxy-benzylamine. J Am Chem Soc, 1944, 66: 1875.

[2] Burke W J. 3,4-Dihydro-1,3,2H-benzoxazines, reaction of p-substituted phenols with N, N-dimethylolamines. J Am Chem Soc, 1949, 71: 609.

[3] Burke W J, Kolbezen M J, Stephens C W. Condensation of naphthols with formaldehyde and primary amines. J Am Chem Soc, 1952, 74: 3601.

[4] Schreiber H. Deutsches Patentamt 2255504. 1973-11-22.

[5] Higginbottom H. US Patent 4557979. 1985-12-10.

[6] Higginbottom H. US Patent 4501864. 1985-02-26.

[7] Riess G, Schwob M, Guth G, Roche M, Lande B. Advances in Polymer Synthesis. Culbertson B M, McGrath, editors. New York: Plenum, 1985.

[8] Ning X, Ishida H. Phenolic materials via ring-opening polymerization of benzoxazines—effect of molecular-structure or mechanical and dynamical properties. J Polym Sci B: Polym Phys, 1994, 32: 921.

[9] Ning X, Ishida H. Phenolic materials via ring-opening polymerization—synthesis and characterization of bisphenol-A based benzoxazines and their polyers. J Polym Sci A: Polym Chem, 1994, 32: 1121.

[10] 顾宜等. 开环聚合酚醛树脂研究进展. 化工进展, 1998, (2): 43-44.

[11] 顾宜. 苯并噁嗪树脂———一类新型热固性工程塑料. 热固性树脂, 2002, 17 (2): 34.

[12] Liu J P, Ishida H. Benzoxazine Monomers and Polymers//Salamone J C. Polymeric Materials Encyclopedia. Boca Raton: CRC Press Inc, 1996.

[13] Brunovska Z, Liu J P, Ishida H. 1,3,5-Triphenylhexahydro-1,3,5-triazine-active intermediate and precursor in the novel synthesis of benzoxazine monomers and oligomers. Macromol Chem Phys, 1999, 200: 1745.

[14] Lin C H, Chang S L, Hsieh C W, Lee H H. Aromatic diamine based benzoxazine and their high performance thermosets. Polymer, 2008, 49: 1220.

[15] Katritzky A R, Xu Y J, Jain Ritu. J Org Chem, 2002, 67: 8234.

[16] Baris Kiskan, Demet Colak, Ali Ekrem Muftuoglu, Ioan Cianga, Yusuf Yagci. Macromol Rapid Commun, 2005, 46: 819.

[17] Baris Kiskan, Yusuf Yagc. Polymer, 2005, 46: 11690.

[18] Baris Kiskan, Burcin Gacal, M Atilla Tasdelen, Demet Colak, Yusuf Yagci. Macromol Symp, 2006, 27: 245-246.

[19] Belostotskaya I S, Komissarova N L, Prokof'eva T I, Kurkovskaya L N, Vol'eva V B. Russian Journal of Organic Chemistry, 2005, 41 (5): 703.

[20] Chernykh A, Agag T, Ishida H. Synthesis of linear polymers containing benzoxazine moieties in the main chain with molecular design wersatility via click reaction. Polymer, 2009, 50: 382.

[21] 顾宜等. 粒状多苯并噁嗪中间体及其制备方法. 中国, ZL95111413.1.

[22] Liu X, Gu Y. Effect of molecular structure parameters on ring-opening reactions of benzoxazines. Sci in China, 2001, 44: 552.

[23] 刘福双, 凌鸿, 张华, 刘向阳, 顾宜. 双酚A型苯并噁嗪与酚醛型环氧树脂共混体系的固化

反应与热性能. 高分子材料科学与工程, 2009, 25 (10): 84.

[24] Gu Y, Pei D F, Cai X X. Thermal Polymerization Mechanism of Benzoxazine, IUPAC MACROSEOUL '96, 36th IUPAC International Symposium on Macromolecules, August 4-9, 1996, Seoul, Korea, Abstrict 6-01-33.

[25] 裴顶峰. 新型酚醛树脂中间体——苯并噁嗪的合成及开环聚合反应的研究. 重庆: 四川大学博士学位论文, 1996.

[26] 郑靖. 苯并噁嗪开环聚合反应机理的研究. 重庆: 四川大学硕士学位论文, 1997.

[27] Russell V M, Koenig J L, Low H Y, Ishida H. Study of the charavterization and curing of benzoxazines using C-13 solid state nuclear magnetic resonance. J Appl Polym Sci, 1998, 70: 1413.

[28] Russell V M, Koenig J L, Low H Y, Ishida H. Study of the charavterization and curing of a phenylbenzoxazines using N-15 solid state nuclear magnetic resonance spectroscopy. J Appl Polym Sci, 1998, 70: 1401.

[29] Ishida H, Rodriguez Y. Curing kinetics of a new benzoxazine-based phenolic resin by differential scanning calorimetry. Polymer, 1995, 16: 3151.

[30] Dunkers J, Ishida H. Reaction of benzoxazine-based phenolic resins with strong and weak carboxylic acids and phenols as catalysts. J Polym Sci A: Polym Chem, 1999, 37: 1913.

[31] 郑靖, 顾宜, 谢美丽, 蔡兴贤. 草酸引发苯并噁嗪开环聚合反应的研究. 1997年高分子学术报告会预印集, 1997: 216.

[32] 顾宜, 郑靖, 裴顶峰, 谢美丽, 蔡兴贤. 三氯化铝引发苯并噁嗪开环聚合反应的研究. 1997年高分子学术报告会预印集, 1997: 218.

[33] Wang Y X, Ishida H. Synthesis and properties of new thermoplastic polymers from substituted 3,4-dihydeo-$2H$-1,3-benzoxazines. Macromolecules, 2000, 33: 2839.

[34] Dunkers J, Zarate E A, Ishida H. Crystal structure and hydrogen-bonding characteristics of N,N-bis (3, 5-dimethyl-2-hydroxybenzyl) methylamine, a benzoxazine dimer. J Phys Chem, 1996, 100: 13514.

[35] Ishida H, Allen D J. Physcial and mechanical characterization of near-zero shrinkage polybenzoxazines. J Polym Sci Part B, 1996, 34: 1019.

[36] 淡晓宏, 曾繁纛, 穆敦发. 苯并噁嗪树脂固化收缩行为及热稳定性能研究. 工程塑料应用, 2000, 28 (3): 26.

[37] 刘欣, 顾宜. 苯并噁嗪热固化过程中体积变化的研究. 高分子学报, 2000, (5): 612.

[38] Su Yi Che, Chang Feng Chih. Synthesis and charaterization of fluorinated polybenzoxazine material with low dielectric constant. Polymer, 2003, 44: 7989.

[39] 彭朝荣, 凌鸿, 苏世国, 郭茂, 顾宜. 无铅化阻燃覆铜板基板的研制. 绝缘材料, 2006, 39 (2): 7.

[40] Espinosa M A, Galia M, Cadiz V. Novel phosphorilated flame retardant thermosets: Epoxybenzoxazine-novolac systems. Polymer, 2004, 45: 6103.

[41] Espinosa M A, Cadiz V, Galia M. Development of novel flame-retardant thermosets based on benzoxazine-phenolic resins and a glycidylphosphinate. J Polym Sci A Polym Chem, 2004, 42: 279.

[42] Hemvichian K, Ishida H. Thermal decomposition processes in aromatic amine-based polybenzoxazines investigated by TGA and GC-MS. Polymer, 2002, 43: 4391.

[43] Ghosh N N, Kiskan B, Yagci Y. Polybenzoxazin-new high performance thermosetting resins: Synthesis and properties. Prog Polym Sci, 2007, 32: 1344.

[44] Hemvichian K, Kim H D, Ishida H. Identification of volatile products and determination of thermal degradation mechanisms of polybenzoxazine model oligomers by GC-MS. Polym Degrad Stab, 2005, 87: 213.

[45] Hemvichian K, Laobuthee A, Chirachanchai S, Ishida H. Thermal decomposition processes in polybenzoxazine model dimers investigated by TGA-FTIR and GC-MS. Polym Degrad Stab,

2002, 76: 1.

[46] Low H Y, Ishida H. Structural effects of phenols on the thermal and thermo-oxidative degradation of polybenzoxazines. Polymer, 1999, 40: 4365.

[47] 纪凤龙, 顾宜, 谢美丽. 苯并噁嗪树脂耐烧蚀性能的初步研究. 宇航材料工业, 2002, 1: 25.

[48] Agag T, Taceichi T. Novel benzoxazine monomers containing p-phenyl propargyl ether: Polymerzation of monomers and properties of polybenzoxazines. Macromolecules, 2001, 34: 7257.

[49] Liu Y L, Yu J M, Chou C I. Preparation and properties of novel benzoxazine and polybenzoxazine with maleimide groups. J Polym Sci Part A: Polym Chem, 2004, 42: 5954.

[50] Low H Y, Ishida H. An investigation of the thermal and thermo-oxidative degradation of polybenzoxazines with a reactive functional group. J Polym Sci B: Polym Phys, 1999, 37: 647.

[51] Jang J, Seo D. Performance improvement of rubbe rmodified polybenzoxazine. J Appl Polym Sci, 1998, 67: 1.

[52] Lee Y H, Allen D J, Ishida H. Effect of rubber reactivity on the morphology of polybenzoxazine blends investigated by atomic force microscopy and dynamic mechanical analysis. J Appl Polym Sci, 2006, 100: 2443.

[53] Huang J M, Yang S J. Studying the miscibility and thermal behavior of polybenzoxazine and poly (ξ-coprolactone) blends using DSC, DMA, and solid state ^{13}C NMR spectroscopy. Polymer, 2005, 46: 8068.

[54] Zheng S X, Han L, Guo Q P. Thermosetting blends of polybenzoxazine and poly (e-caprolactone): phase behavior and intermolecular specific interactions. Macromal Chem Phys, 2004, 205: 1547.

[55] 赵培, 朱蓉琪, 顾宜. 苯并噁嗪/PEI 共混体系性能的初步研究. 材料工程, 2009 (增刊): S2.

[56] Rimdusit S, Kampangsaeree N, Tanthapanichakoon W, Takeichi T, Suppakarn N. Development of wood-substituted composites from highly filled polybenzoxazine—phenolic novolac alloys. Polym Eng Sci, 2007, 47: 140.

[57] 孙明宙, 顾兆梅, 张薇薇, 顾宜. 苯并噁嗪/酚醛共混树脂反应特性的研究. 宇航材料工艺, 2004, (6): 33.

[58] 刘锋, 赵西娜, 陈轶华. 酚醛改性苯并噁嗪树脂及其复合材料性能. 复合材料学报, 2008, (5): 57.

[59] Rimdusit S, Ishida H. Development of new class of electronic packaging materials based on ternary syetems of benzocazine, epoxy, and phenolic resins. Polymer, 2000, 41: 7941.

[60] Rimdusit S, Ishida H. Synergism and multiple mechanical relaxations observed in ternary systems based on benzoxazine, epoxy, and phenolic resins. J Polym Sci B: Polym Phys, 2000, 38: 1687.

[61] Ishida H, Allen D J. Mechanical charceterization of copolymers based on benzoxazine and epoxy. Polymer, 1996, 37 (20): 4487.

[62] Rao B S, Reddy K R, Pathak S K, Pasala A. Benzoxazine epoxy copolymers: Effect of molecular weight and crosslinking on thermal and viscoelastic properties. Polym Int, 2005, 54: 1371.

[63] Rao B S, Reddy K R, Pathak S K, Pasala A. Benzoxazine epoxy copolymers: Effect of molecular weight and crosslinking on thermal and viscoelastic properties. Polym Int, 2005, 54: 1371.

[64] Blyakhman Y, Tontisakis A, Senger J, Chaudhari A. Novel high performance matrix systems. 46th Int SAMPE Symp, 2001, 46: 533.

[65] Rimdusit S, Ishida H. Development of new class of electronic packaging materials based on ternary-systems of benzoxazine, epoxy, and phenolic resins. Polymer, 2000, 41 (22): 7941.

[66] Rimdusit S, Ishida H. Kinetic study of curing process and gelation of high performance thermo-

sets based on ternary systems of benzoxazine, epoxy and phenolic resins. 46th Int SAMPE Symp, 2001, 46: 1466.

[67] 郭茂,凌鸿,郑林,顾宜. 苯并噁嗪和双马来酰亚胺共混树脂性能的研究. 热固性树脂, 2008, 23 (1): 4.

[68] Santhosh Kumar K S, Reghunadhan Nair P C, Sadhana R, Ninan K N. Benzoxazine-bismaleimide blends: Curing and thermal properties. European Polymer Journal, 2007, 43: 5084.

[69] Ran Q C, Tian Q, Li C, Gu Y. Investigation of processing, thermal, and mechanical properties of a new composite matrix-benzoxazine containing aldehyde group. Polym Adv Technol, 2010, 21: 170.

[70] Brunovska Z, Ishida H. Thermal study on the copolymers of phthalonitrile and phenylnitrile-functional benzoxazines. J Appl Polym Sci, 1999, 73 (14): 2937.

[71] Ishida H. Polybenzoxazine nanocomposites of clay and method for making same. US 006323270B1.

[72] Agag T, Takeichi T. Polybenzoxazine-montmorillonite hybrid nanocomposites: Synthesis and characterization. Polymer, 2000, 41: 7083.

[73] Takeichi T, Zeidam R, Agag T. Polybenzoxazine/clay hybrid nanocomposites: influence of preparation method on the curing behavior and properties of polybenzoxazines. Polymer, 2002, 43: 45.

[74] Shi Z X, Yu D S, Wang Y Z, Xu R W. Investigation of isothermal curing behaviour during the synthesis of polyzoxazine-layered silicate nanocomposites via cyclic monomer. Eur Polym J, 2002, 38: 727.

[75] Shi Z X, Yu D S, Wang Y Z, Xu R W. Nonisothermal cure kinetics in the synthesis of polybenzoxazine-clay nanocomposites. J Appl Polym Sci, 2003, 88: 194.

[76] Agag T, Takeichi T, Synthesis. characterization and clay-reinforcement of epoxy cured with benzoxazine. High Perform Polym, 2002, 14: 115.

[77] Takeichi T, Yong G. Synthesis and characterization of poly (urethane-benzoxazine) /clay hybrid nanocomposites. J Appl Polym Sci, 2003, 90: 4075.

[78] Chen Q, Xu R W, Yu D S. Preparation of nanocomposites of thermosetting resin from benzoxazine and bisoxazoline with montmorillonite. J Appl Polym Sci, 2006, 100: 4741.

[79] Agag T, Taepaisitphongse V, Takeichi T. Reinforcement of polybenzoxazine matrix with organically modified mica. Polym Composite, 2007, 28: 680.

[80] 叶朝阳,顾宜. 苯并噁嗪树脂插层蛭石纳米复合材料的制备与表征. 四川大学学报, 2002, 34 (4): 71.

[81] 叶朝阳,顾宜. 苯并噁嗪中间体/蛭石插层纳米复合材料热固化行为研究. 高分子学报, 2004, 2: 208.

[82] Lee Y J, Kuo S W, Su Y C, et al. Synthesis and characterization of polybenzoxazine netwoeks nanocomposites containing multifunctional polyhedral oligomeric silsesquioxane (POSS). Polymer, 2006, 47: 4378.

[83] Lee Y J, Huang J M, Kuo S W, et al. Synthesis and characterizations of a vinyl-terminated benzoxazine monomer and its blending with polyhedral oligomeric silsesquioxane (POSS). Polymer, 2005, 46: 2320.

[84] Chen Q, Xu R W, Zhang J, et al. Polyhedral oligomeric silsesquioxane (POSS) nanoscale reinforcement of thermosetting resin from benzoxazine and bisoxazoline. Macromal Rapid Commun, 2005, 26: 1878.

[85] Shen S, Ishida H. Development and characterization of high-performance polybenzoxazine composites. Polymer Composites, 1996, 17 (5): 710.

[86] Ishida H, Chaisuwan T. Mechanical property improvement of carbon fiber reinforced polybenzoxazine by rubber interlayer. Polymer Composites, 2003, 24 (5): 597.

[87] 卢晓春,信春玲,杨小平,余鼎声. 碳纤维表面对苯并噁嗪树脂固化动力学的影响. 北京化

工大学学报，2005，32（4）：48.
- [88] 凌鸿，顾宜，谢美丽. F级苯并噁嗪树脂基玻璃布层压板的研制. 绝缘材料通讯，2001，(10)：20-23.
- [89] 谢美丽，顾宜. 苯并噁嗪树脂基玻璃布层压板的研究. 绝缘材料通讯，2000，(5)：21.
- [90] 王智，顾宜. 碳纤维/聚苯并噁嗪复合材料性能研究. 材料工程，2009，增刊：S3.
- [91] Agag T, Takeichi T. Synthesis and properties of silica-modified polybenzoxazine. Mater Sci Forum, 2004, 449-452: 1157-1160.
- [92] Agag T, Tsuchiya H, Takeichi T. Novel organic-inorganic hybrids prepared from polybenzoxazine and titania using sol-gel process. Polymer, 2004, 45: 7903.
- [93] Ishida H, Rimdusit S. Very high thermal conductivity obtained by boron nitride-filled polybenzoxazine. Thermochim Acta, 1998, 320: 177.
- [94] Ishida H, Rimdusit S. Heat capacity measurement of boron nitride-filled poly-benzoxazine: The composite structure-insensitive property. J Therm Anal Cal, 1999, 58: 497.
- [95] Huang M T, Ishida H. Investigation of the boron nitride/polybenzoxazine interphase. J Polym Sci: Part B, 1999, 37: 2360.
- [96] Rimdusit S, Jiraprawatthagool V, Tiptipakorn S, Covavisaruch S, Kitano T. Characterization of SiC whisker-filled polybenzoxazine cured by microwave radiation and heat. Int J Polym Anal Ch, 2006, 11: 441.
- [97] Rimdusit S, Jiraprawatthagool V, Jubsilp C, Tiptipakorn S, Kitano T. Effect of SiC whisker on benzoxazine-epoxy-phenolic ternary systems. Microwave Curing and Thermomechanical Characteristics, 2007, 105: 1968.
- [98] Suprapakorn N, Dhamrongvaraporm S, Ishida H. Effect of $CaCO_3$ on the mechanical and rheological properties of a ring-opening phenolic resin. Polybenzoxazine, 1998, 19: 126.

第 6 章 酚醛树脂复合材料加工技术

6.1 引言

与不饱和聚酯树脂相比,酚醛树脂的反应活性低,固化反应中放出缩合水、甲醛等低分子产物,使得固化必须在高温高压条件下进行。长期以来酚醛树脂只能先浸渍增强材料制作预浸料,用模压工艺成型,严重限制了其在复合材料领域的应用。近年来为了克服酚醛树脂固有的缺陷,进一步提高酚醛树脂的性能,满足高新技术发展的需求,人们对酚醛树脂进行了大量的研究工作,提高酚醛树脂的韧性、力学性能和耐热性能以及改善树脂的工艺性能等方面成为研究工作的重点。近年来人们相继开发出一系列新型酚醛树脂,如烯基或炔基酚醛树脂、氰酸酯化酚醛树脂和开环聚合型酚醛树脂等。这些新型酚醛树脂的研究和发展,极大地促进了酚醛树脂基复合材料工艺的发展,人们不仅可以进一步完善传统的酚醛树脂缠绕、层压、模压工艺,而且还可以将酚醛树脂用于手糊、喷射、拉挤、树脂传递模塑(RTM)工艺等,使酚醛树脂复合材料产品种类大大增加,应用更加广泛。下面简要介绍几种常用的成型工艺技术,详细内容可参考有关专著。其他成型技术可参阅相关的章节。

6.2 酚醛树脂的缠绕成型

6.2.1 概述

酚醛树脂可用于缠绕成型(winding technology),但一直存在一些技术问题:①树脂中含有大量稀释剂,要在缠绕过程中设置热气流的冲刷,挥发掉稀释剂及其他低分子物质;②固化反应慢,且缩合水比较多,影响产品性能。因此常采用环氧树脂与酚醛树脂混合使用或酚醛环氧树脂来满足缠绕成型的要求，这样反应中小分子产物生成量少，形成的制品致密，保持了酚醛树脂优异的耐热性能和环氧树脂良好的加工性能。酚醛树脂缠绕工艺成型方法已用于生产火箭发动机推进器蒙皮，并已逐渐取代了纯环氧树脂，不仅提高了火箭性能，而且使高能量火箭也得以使用。

纤维缠绕复合材料除具有一般复合材料制品的优点外，与其他工艺方法生产的复合材料制品相比较，还有如下特点。

① 比强度高。纤维缠绕复合材料的比强度可以超过钛合金钢。通常纤维缠绕的压力容器重量比同体积的钢质容器轻40%。复合材料轻质高强的特性，在此表现得尤为突出。

② 纤维缠绕复合材料的性能好，质量稳定可靠，便于大批量生产。缠绕工艺实现了工艺的机械化和自动化路线，许多生产线采用计算机控制，是复合材料工业中较为先进的一种生产技术。

③ 纤维缠绕复合材料所用增强材料，大多是连续纤维（合股纱），且生产效率高。因此制品成本可大大降低，有利于市场开拓。

纤维缠绕工艺也有其局限性，表现在以下几个方面。

① 纤维缠绕工艺通常只适用于圆柱、筒形、球体及某些正曲率回转体制品的制造。对负曲率回转体或非回转体制品，在设备及工艺上尚有较大困难。

② 纤维缠绕复合材料其拉伸强度高，但纤维缠绕结构具有极强的方向特性，即沿纤维方向强度很高，与纤维方向夹角越大，强度越小。这就要求在进行制品设计阶段充分考虑纤维方向性，避免这些制品的力学强度的薄弱之处。

③ 纤维缠绕复合材料的弹性模量较低，层间剪切强度也较低。这些不足，应在结构设计上加以弥补。

从缠绕成型角度看，纤维缠绕压力容器具有代表性。因此，本节将以压力容器为例，讨论缠绕复合材料性能设计及计算、纤维缠绕工艺及其影响因素等一些基本问题。

6.2.2 缠绕复合材料成型的芯模和内衬

在缠绕成型过程中，为使纤维缠绕复合材料制品满足一定的结构尺寸和成型工艺要求，通常采用一个与制品内腔尺寸一样的芯模，纤维便在芯模上缠绕布放，待制品按要求缠绕完毕，经固化后脱模，即成需要的制品。

6.2.2.1 芯模的基本要求

芯模设计必须考虑在缠绕工艺全过程中的要求，也要考虑制造方法、脱模方式及经济性诸方面的内容。其基本要求如下。

(1) 强度和刚度 芯模在使用过程中要承受各种荷载，如自重造成的弯曲、缠绕张力、固化时的热应力及脱模力等，在这些外荷载作用下，要求芯模有足够的强度和刚度，能够保证制品的结构尺寸及成型要求。

(2) 精度和尺寸 芯模的尺寸和精度就是制品内腔的尺寸和精度。芯模轴线的同心度、直线段对轴线的不平直度以及截圆面上的椭圆度、芯模的脱模斜率等，必须满足制品对芯模提出的精度和尺寸要求。

(3) 脱模 当制品成型工艺全部完成后，要求制品能方便地从芯模中取出，不能因脱模而影响制品的质量或性能。

另外，芯模材料的来源、制造工艺、价格、使用次数等应同时考虑。有时因工艺需要芯模必须加热，或在芯模内要预埋加热元件。

6.2.2.2 芯模材料和结构形式

可用于制作芯模的材料较多，制作方式及结构形式也多种多样。性能、价格及使用次数是综合考虑的要素。

(1) 钢芯模 最为常见的各种中小口径的管道芯模是用钢制作的，表面平整光滑，尺寸准确，使用次数极多。工艺过程中的张力、加热固化等均能很好地满足，作为长线产品钢芯模是较合理的。加工时间长、价格高、比较笨重、脱模有一定难度是其不足。对于中型或更大口径的管道，钢芯模中设计一套液压缩径机械，其目的是解决脱模问题。

(2) 隔板式石膏空心芯模 这种形式的芯模，中间是一根轴棒，两端装上预制石膏封头，中间隔一定距离固定一块石膏隔板，外面敷以石膏面层组合而成。此芯模结构轻、设备简单、拆除容易、价格低廉。这种结构适于大型贮罐芯模使用次数较少的情况。

其他还有玻璃钢、金属-玻璃钢、木-玻璃钢等芯模形式，在此不再一一列举。

6.2.2.3 内衬

复合材料容器在承受一定压力后，渗漏现象时有出现，以致不能达到预期效果或确保制品正常使用，因此复合材料容器常使用内衬。当内衬其自身有一定强度和刚度时，则同时起到芯模功能。

对于内衬材料，根据制品的不同技术要求，对它要有多种要求，如良好的气密性、耐腐蚀性、耐高低温性等。实践表明，铝、铜、钢、橡胶或塑料都可在各种不同使用场合的压力容器中作为内衬使用。

6.2.3 缠绕复合材料的设计

6.2.3.1 缠绕规律的设计方法与选定

在纤维缠绕过程中，纱片以某种规律即标准线进行排布，使纱片均匀布满芯模表面，在芯模表面上重复出现的缠绕规律图形即为标准线的线型，其线型可以设计，设计参数符号及含义如下。

L_c——容器内衬的筒身长度；

D——容器内衬的外径；

x_i——封头处极孔半径（对应于 X 轴坐标）；

y_i——对应于 x_i 值的 Y 轴坐标；

α——缠绕角，在筒身段标准线的纱片与筒身轴线的交角，此值表示纤维在内衬上的走向；

β——标准线在封头处的包角，此角度表示纤维自进入封头缠绕，经极孔再反向，至绕出封头时，容器（或芯模）所转过的角度；

γ——标准线在筒身段的进角，此角表示纤维自筒身一端，绕到另一端时，芯模绕自己的轴线所转过的角度；

n——研究标准线时，把容器筒体周长人为决定周长等分数 $n=2,3,4\cdots$，但从实践看，$n=4$ 为宜；

K——缠绕纱片自筒身一端开始，照标准线走到另一端时，筒身所转过的周长等分个数；

d_i——基准线至筒身和封头交界线间的距离；

L_1——筒身两端基准线间的距离；

J——完整螺旋缠绕的个数；

i——速比。

图 6-1 为 $n=4$、$K=1$ 时，螺旋缠绕标准线的展开图。这一缠绕规律意指将容器的筒身周长分成 4 等份，缠绕时，纤维自筒身一端的基准线，绕到另一端的基准线时，经过筒身 1/4 圆周长的标准线图形。

实际工作经验说明，对于某一特定容器，要想得到合适的缠绕规律，n、K 不是可以任意确定的。换言之，应该从容器的结构形状及尺寸为基点，暂定各组 n、K，相应求出上述螺旋缠绕的各参数 d_i、α、β、i 等的具体结果，再从各组参数值中分析比较，最后选定一组 n、K，确定此制品的螺旋缠绕规律。在缠绕规律的选定中，对各组参数值的选择要求基本如下。

① 基准线位置 d_i，最好应是正值。假如 d_i 为负，表示螺旋缠绕过程中，往返纱片基准线的交点在封头处，这会给纤维造成头部交叉，影响排纱稳定性，严重影响封头处的强度。

② 缠绕角 α，要求与测地线缠绕角相近。为更好地发挥纤维的强度，缠绕角 α 不宜过大（30°左右为好）。

③ 头部包角 β，希望在 165°~185° 之间，否则会造成纤维在封头处打滑（纱线位置不稳定）。

④ 为避免封头极孔处纤维的过高堆积（单切点情形）及纤维的交叉架空（多切点情形），故选择缠绕规律时，封头极孔处以两切点最合适。

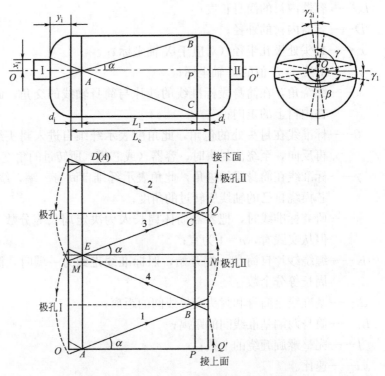

■ 图 6-1　$n=4$、$K=1$ 时螺旋缠绕标准线展开图

缠绕规律的选定如下。

① 产品结构形状及尺寸。公称 40L 的玻璃钢氧气瓶，筒身为圆柱状，两端为曲面封头。容器总长 $L=1380$mm，筒身长度 $L_c=1250$mm，筒身外径 $D=200$mm，两封头曲面中心极孔外径 $d_a=d_b=40$mm，即 $x_i=20$，根据已给封头曲线，求出 $y_i=59.8$。

② 设将容器筒体周长 4 等分，即 $n=4$，选取不同的 K，取 $K=1,2,3,4,5$，组成 $n=4$、$K=1$，$n=4$、$K=2$，…，$n=4$、$K=5$ 五个组。

③ 在上述 n、K 下，各参数 d_i、α、β、γ 及 i 按以下公式 [式(6-1)～式(6-5)] 求算，结果如表 6-1 所示。

$$d_i = \frac{L_c x_i - \frac{K}{n}\pi D y_i}{2x_i + \frac{K}{n}\pi D} \tag{6-1}$$

$$\alpha = \arctan\frac{\frac{K}{n}\pi D}{L_c - 2d_i} \tag{6-2}$$

$$\beta = 180° - \frac{K}{n}360°\frac{2d_i}{L_c - 2d_i} \tag{6-3}$$

$$\gamma = \frac{K}{n} \times \frac{L_c \times 360°}{L_c - 2d_i} \quad (6\text{-}4)$$

速比 i 定义为在单位时间内,芯模主轴的转数与吐丝嘴平移往返次数的比值,具有以下关系式:

$$i = 1 + 2\frac{K}{n} \quad (6\text{-}5)$$

■表 6-1　40L 容器在各 n、K 组下缠绕参数结果

项目	$n=4$、$K=1$	$n=4$、$K=2$	$n=4$、$K=3$	$n=4$、$K=4$	$n=4$、$K=5$
d_i	79.25	17.58	-6.20	-18.79	-26.60
$\alpha/(°)$	8.18	14.49	20.56	26.00	31.06
$\gamma/(°)$	103.07	185.21	267.35	349.49	431.63
$\beta/(°)$	166.93	174.79	182.65	190.51	198.37
i	3/2	2/1	5/2	3/1	7/2

参照缠绕规律选定对参数值的四点选择要求,上述五组数据中,$n=4$、$K=2$,$n=4$、$K=3$ 及 $n=4$、$K=4$ 三组可供选用。考虑到 $n=4$、$K=2$ 这组缠绕参数中,α 角度偏小,导致缠绕纤维对芯模贴合性欠佳,最重要的是此规律在芯模极孔处是单切点状态,极孔处纤维堆积较严重,影响头部强度发挥;$n=4$、$K=4$ 这组缠绕参数中,d_i 是负值,加上此规律在芯模极孔处也是单切点状态,因此封头处强度十分不利,再者 β 角偏离 180°较多,纤维在封头上极易打滑;由此可见,$n=4$、$K=3$ 这组缠绕参数较为理想,主要缺陷是 d_i 是负值,实际缠绕中可知,$d_i = -6.20$,基本上紧靠筒身,缺陷的影响不明显。故对例中 40L 容器的缠绕规律是选用 $n=4$、$K=3$ 的线型。

缠绕角 $\alpha = 20.56°$,此值便是容器强度设计计算的主要依据之一,速比 $i = 5/2$,提供机械设计人员作为缠绕机设计的条件,当然,纱片宽度和容器周长的相对比值,便是速比微调的计算依据。

6.2.3.2 缠绕复合材料内压容器的强度设计与计算

纤维缠绕复合材料内压容器是一种具有代表性的制品,从受力情况看,它通常有很高的使用压力;从结构角度看,这种制品属于承受内压的薄壁容器;从形状看,筒形容器的结构效率最高。

(1) 纤维缠绕内压容器筒体的强度设计

① 单螺旋纤维缠绕内压容器的强度设计　所谓单螺旋纤维缠绕,就是指假定在容器上始终以单一缠绕角 α 缠绕而成的特例。图 6-2 示出单螺旋纤维缠绕内压容器的纤维排布 [图 6-2(a)]、经向应力分析示意 [图 6-2(b)] 及纬向应力分析示意 [图 6-2(c)]。

图 6-2 中的符号说明如下。

f——每束纤维的平均强力,N/束;

N——缠绕时所用的纤维束数,束/条;

m_L——纵向缠绕纤维排布密度,条/cm;

J——螺旋缠绕，布满容器表面层的数量，层；
α——缠绕角，(°)。

筒形容器筒身的经向和纬向应力可表示为：

$$\sigma_L = \frac{P_B R}{2t} \qquad \sigma_T = \frac{P_B R}{t}$$

引入单位内力 T_L、T_t 概念：

$$T_L = \sigma_L t = \frac{1}{2} P_B R$$
$$T_t = \sigma_t t = P_B R \tag{6-6}$$

式中 R——容器的内半径，cm；
P_B——容器的设计破坏压力，MPa；
t——容器壁厚，cm。

这些单位内力应由纤维提供的强力来承担。从图 6-2(b) 和图 6-2(c) 可知，纤维在经向和纬向能提供的单位内力为：

$$T'_L = fN(m_L \cos\alpha)(2J)\cos\alpha$$
$$T'_t = fN(m_L \sin\alpha)(2J)\sin\alpha$$

即

$$T'_L = 2fNm_L J\cos^2\alpha$$
$$T'_t = 2fNm_L J\sin^2\alpha \tag{6-7}$$

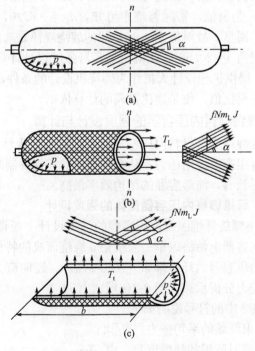

■ 图 6-2　内压容器应力分析

前面分析已指出，筒形容器在内压力作用下，纬向内力与经向内力之比必须满足 $\sigma_t/\sigma_L=2$，才能达到等强度要求。于是：

$$\frac{T'_t}{T'_L}=\frac{2fNm_L J\sin^2\alpha}{2fNm_L J\cos^2\alpha}=2 \qquad (6\text{-}8)$$

$$\tan^2\alpha=2 \qquad \alpha=54°44'$$

上述结果示出，若采用单螺旋形式缠绕内压容器时，只有当缠绕角 α 为 $54°44'$ 时，容器才能达到经向与纬向是等强度结构。

可由式(6-6)和式(6-7)求得强度计算公式：

$$\frac{1}{2}P_B R=2fNm_L J\cos^2\alpha \qquad (6\text{-}9)$$

在螺旋缠绕中，纤维纵向排布密度 m_L 与布满容器整个一层的纤维数量 M 有如下关系：

$$m_L=\frac{M}{4\pi R\cos\alpha} \qquad (6\text{-}10)$$

式(6-9)与式(6-10)联合，得到含 M 的单螺旋纤维缠绕内压容器强度计算式：

$$J=\frac{\pi R^2 P_B}{fNM\cos\alpha} \qquad (6\text{-}11)$$

式中，$\alpha=54°44'$。对于内压容器来讲，运用单螺旋缠绕的情况是不多见的，但此法在玻璃钢管道的缠绕过程中，采用 $\alpha=54°44'$ 的单螺旋缠绕是常用的方法。

② 双向纤维缠绕内压容器筒体的强度计算　通常，对一个已定结构形状和尺寸的筒形容器，采用 $\alpha=54°44'$ 的单螺旋缠绕，在机械设备及工艺上困难极大。一般都是用小缠绕角纵向缠绕和环向缠绕相结合的双向纤维缠绕方式进行。

在双向纤维缠绕中，纵向纤维全部承担容器的经向强度和部分纬向强度。纬向强度的不足部分，由环向缠绕纤维来补足。对此情形，容器在经向和纬向能承担的单位内力示于图6-3。

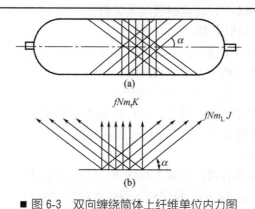

■ 图6-3　双向缠绕筒体上纤维单位内力图

与上面分析情况相似，T_L、T_t 结果为：
$$T_L = 2fNm_L J\cos^2\alpha$$
$$T_t = 2fNm_L J\sin^2\alpha + fNm_t K \quad (6\text{-}12)$$

式中 m_t——环向缠绕时，纱片排布密度，条/cm；

K——环向缠绕的数量，层。

同理，由式(6-6)和式(6-12)的关系可得：
$$\frac{1}{2}P_B R = 2fNm_L J\cos^2\alpha$$
$$P_B R = 2fNm_L J\sin^2\alpha + fNm_t K$$

可得到筒形容器纤维缠绕成型时的强度设计式：
$$J = \frac{\pi R^2 P_B}{fNM\cos\alpha} \text{（层）}$$
$$K = \frac{P_B R(2-\tan^2\alpha)}{2fNm_t} \text{（层）} \quad (6\text{-}13)$$

纵向缠绕布满容器表面层的层数 J 及环向缠绕的层数 K，与容器的大小和承受内压有关，也与缠绕角 α 直接有关。

(2) 缠绕复合材料内压容器封头的强度问题　前面讨论的筒形容器，在其两端是带有曲面形的封头，筒体部分的强度分析及计算方法完成之后，容器封头的强度问题也应关注。

对筒形容器其纤维缠绕都是采用由纵向螺旋缠绕和环向平面缠绕相结合的双向缠绕方法进行，由于环向缠绕只能在筒体部分进行，也就是说，封头强度只能由纵向螺旋缠绕的纤维强度来提供，理论研究及实际应用告诉人们，如果封头曲线采用等张力封头曲线时，筒身缠绕中的纵向螺旋缠绕纤维，在连续缠绕过程中，由筒身进入封头曲面到极孔处，返回封头，再进入筒体，这一连续过程纤维能保证在封头上同时满足经向、纬向的强度，且与筒体达到等强度结构。

6.2.3.3　纤维缠绕内压容器设计实例

以下以40L玻璃钢氧气瓶为例。

(1) 设计条件

① 设计要求

a. 使用压力 $P=12.5\text{MPa}$。

b. 破坏压力 $P_B=60.0\text{MPa}$。

c. 容器长度、尺寸：40L玻璃钢氧气瓶，筒身为圆柱状，两端为曲面封头，容器结构、形状及尺寸如同前述。

② 原材料

a. 增强材料：中碱无捻纱40支/20股合为一根纱，共有8根并为一束，容重 $\gamma=2.54\text{g/cm}^3$ 浸胶液，每束纱的设计强力 $f=260\text{N}/$束。

b. 黏结剂：E-42环氧树脂：616酚醛树脂＝7:3（质量比）。

③ 工艺参数

a. 树脂质量含量 $W=18\%\sim24\%$。

b. 树脂固化度 $\geqslant 85\%$。

c. 缠绕时纱片由 6 束合股纱集合成纱片,即 $N=6$ 束/条。

d. 纵向缠满芯模一次时,内含两层纤维,每层中纱片总条数 $M=200$ 条/层。

e. 环向缠绕时,纱片排布密度 $m_t=2.27$ 条/cm。

(2) 强度设计 在前面缠绕规律已确定为 $n=4$、$K=3$ 的线型,为了减轻纤维在极孔附近的堆积和架空,采取扩极孔缠绕措施,此产品在第 3、4 个纵向缠绕时,封头处缠绕极孔扩大,第 1、2、5 个不变,故缠绕角 $\alpha_{1,2,5}=20°34'$,$\alpha_3=21°29'$,$\alpha_4=22°2'$,缠绕角平均为 $21°5'$。

计算环向和纵向层数如下。

纵向螺旋缠绕,布满容器表面层的层数,由式(6-11)得:

$$J=\frac{1}{\eta}\times\frac{\pi R^2 P_B}{fNM\cos\alpha}$$

η 是考虑到纤维在封头上的强度发挥系数,取 $\eta=0.75$,则:

$$J=\frac{1}{0.75}\times\frac{\pi(0.10)^2\times 60\times 10^6}{260\times 6\times 400\times \cos 21°5'}=4.32\text{(层)}$$

取 $J=5$ 个纵向循环,则:

环向层数 $K=\dfrac{R(2-\tan^2\alpha)P_B}{2fNm_t}$

$$=\frac{0.10\times(2-\tan^2 21°5')\times 60\times 10^6}{2\times 260\times 2.27\times 10^2}=15.7\text{(层)}$$

因此取 $K=16$ 层。

6.2.4 纤维缠绕复合材料成型工艺

纤维缠绕成型工艺的基本工艺流程是:首先,内衬或芯模制造、胶液配制、纤维烘干;其次,纤维在初张力牵引下,经过浸胶、挤胶后,施加一定张力,运用机电设备控制,按照一定规律,缠绕到模芯上;然后经加热或常温,使浸渍的树脂固化;最后脱模、修整并检验,制成一定形状、符合技术要求的制品。

选择合理的缠绕工艺参数是充分发挥原材料性能,制造高质量缠绕制品的重要环节。影响缠绕制品性能的主要工艺参数有纤维的烘干、纤维浸胶、胶纱烘干、缠绕张力、纱片缠绕位置、缠绕速度、固化制度及环境条件等。制品的要求不同,上述各参数都会做相应调整和变更,它们相互影响。以下就这些主要工艺参数加以讨论。

(1) 纤维的烘干 在纤维的生产、运输及贮存过程中,常会受潮吸湿。因此纤维尤其是玻璃纤维在使用前应经过烘干处理工序,在湿度大的地区和季节尤为必要。同时，在缠绕过程中，加工操作区域也要进行防湿技术处理。

(2) 纤维浸胶 树脂对纤维的浸透程度以及含胶量的高低、分布均匀性，对复合材料制品性能影响很大。缠绕过程中纤维在树脂胶槽中的实际浸渍时间较短，纤维与树脂间浸润性又欠佳，加上一束纤维常由数千根单丝集束而成，因此必须重视树脂对纤维的浸透性能。适当控制缠绕速度、增加胶槽长度、降低树脂黏度，有利于纤维浸渍树脂。小股多根纤维分道进入胶槽，也会有较好的效果。

纤维缠绕复合材料中含胶量的高低及均匀性对制品性能的影响很大。一是直接影响制品重量和厚度的控制。二是含胶量过高，制品的强度明显下降；含胶量过低，制品空隙率增加，使其气密性、耐老化性、电性能变差，同时也影响纤维强度的充分发挥。缠绕复合材料的含胶量一般为17%～35%（质量分数）。

纤维含胶量是在纤维浸胶过程中控制的，而制品的含胶量还与缠绕张力的大小有关。

在浸胶过程中，纤维表面处理剂、纤维品种规格、胶液的黏度和浓度、缠绕张力、缠绕速度、刮胶机构、胶槽工作方式及环境条件等均影响纤维的含胶量，其中尤其以胶液黏度、缠绕张力及刮胶机构最重要。

(3) 胶纱烘干 为了保证纤维对树脂浸透，要求树脂必须有较低的黏度，加热或加入稀释剂可以有效降低树脂黏度，但这些措施都会带来一定的副作用。提高温度会缩短树脂胶液的使用期，难以保证缠绕制品的顺利进行；加入溶剂，必须设法在胶纱绕到制品芯模以前烘干去除，否则会在制品中形成气泡，严重影响制品性能。

胶纱烘干的基本要求是：在此工序中要确保树脂中掺入的溶剂能基本除净。同时要防止在此温度条件下，影响制品的树脂固化及性能。

(4) 缠绕张力 缠绕张力是缠绕工艺的重要参数。张力的大小、各束纤维间张力的均匀性以及各缠绕层间的纤维张力，对制品质量的影响极大。

在缠绕过程中，适宜的张力可使每根绕上去的纤维处于同样的张紧状态。在内压力作用下，纤维同时受力，大大提高制品强度的发挥。缠绕张力能使树脂产生预应力，从而可提高树脂抵抗开裂的能力。缠绕张力不仅使各缠绕层层间更为紧密，同时也可控制制品达到最佳树脂含量值的要求。

缠绕张力过小则达不到上述目的，但张力过大也带来弊端，如纤维在缠绕过程中经过各导轮时的损伤、折断加剧，降低纤维强度，同时造成由制品内部树脂含量偏低而引起的不良后果。实验结果表明，各束纤维间张力的均匀性要比张力大小更加明显影响制品的强度和性能。

缠绕张力的施加方法可有多种形式，施加张力的区域也各有不同。在生产中常有弹簧压紧式、牛皮施张力包紧式及电磁粉末离合器式施加张力，且以后者较为令人满意。施加张力的区域，常在进入芯模缠绕前一区更为多见，而在纤维纱团上，施加一个较小的初张力是有益的。

(5) 纱片缠绕位置 纱片缠绕位置的正确和可靠，是缠绕规律选择的正确性以及缠绕机精度和芯模制造精度的函数。纱片缠绕路线偏离理论位置越大，产生的问题就越严重。纱片缠绕位置最不稳定区是在纤维自筒体进入封头区以及封头返回筒身区。

即使是理论上合理的缠绕规律，在制品缠绕过程中若发生明显的纱片位置滑移时，也必须从各个方面研究改进，否则制品是难以达到设计技术要求的。

(6) 缠绕速度 缠绕速度通常是指纱线绕在芯模上的速度。显而易见，从生产效率看，提高缠绕速度是有益的。但缠绕速度受到纤维浸胶过程的限制，过快的速度使浸胶时间缩短，纤维浸胶不透。在连续缠绕过程中，由于速度过快，树脂胶液会在导轮或胶槽中溅洒飞出。从容器缠绕规律分析可知，纤维缠绕是一个往复的工作过程，过快的缠绕速度，从筒身进入封头并返回时，纱片很难稳定地覆于内芯上，且机械设备的急停冲击严重。缠绕速度通常在 20～80m/min 之间。

(7) 固化制度 复合材料的固化有常温固化和加热固化两种方式，它由树脂及其固化剂系统而定。在加热固化过程中，包括升温速度及保温时间等固化制度是保证制品充分固化的重要条件，直接影响复合材料制品的物理性能和力学性能。

树脂随着聚合（固化）过程的进行，分子量增大，分子运动困难，位阻效应增加，活化能较高，因此需要加热到较高温度才能继续反应。加热固化可提高化学反应速率，缩短固化时间，提高生产效率。同时，加热固化可使固化反应较为完全，对提高制品的强度和性能有利。

升温宜平稳，升温速度不应太快。太快，则化学反应激烈，低分子物、溶剂等急剧逸出而形成大量的气泡。另外，升温过快，由于复合材料的热导率小，而导致内外层温差大，各部位的固化程度不一致，收缩不均衡，这些内应力造成制品变形或开裂。尺寸较大、形状复杂的制品尤其应注意。通常的升温速度为 0.5～1.0℃/min。

保温时间是指在固化过程中，在一定温度下的恒温时间，保温时间通常与制品的厚度成正比，即制品越厚，保温时间则越长。固化制度确定的主要依据是树脂的固化反应放热曲线，但对各种树脂配方及不同制品性能要求而言，固化制度必须相应调整。

通常，固化程度超过 85% 以上就认为已固化完全，如果提高复合材料的固化程度，可使制品的耐化学腐蚀性、热变形温度、电性能有所提高，但制品变脆，甚至造成开裂，冲击强度和弯曲强度会稍有下降。针对制品的具体情况，只有通过实验来确定合理的固化制度，才能得到高质量的制品。

(8) 环境条件 在缠绕工艺中，环境条件常被忽略，但这些条件的变化确实在一定程度上影响工艺参数及制品性能。温度的高低不仅影响树脂黏度的变化和纤维浸渍性能，而且也使树脂固化有所改变。环境湿度太大时，纤维表面的吸附水等直接导致制品性能的下降。环境不洁、生产场地中有较多粉尘时，对电气绝缘制品的性能影响尤为严重。因此在缠绕高性能制品及绝缘制品时，要求恒温、恒湿、无尘的车间环境是十分必要的。

6.2.5 影响缠绕复合材料性能的主要因素

纤维缠绕复合材料制品具有典型的各向异性性能，其技术特性与各向同性的金属材料相比较有本质上的差异。因此在设计和生产纤维缠绕各种制品时，不能沿用金属材料的传统方法，而应根据缠绕复合材料的特点来正确处理。复合材料的性能不能停留在材料性能上，而应重点研究制品的性能。而制品性能的好坏，除了与原材料的性能直接相关外，还与制品的结构设计、成型工艺关系极大。换言之，一方面，必须研究有极佳性能的材料；另一方面，为了使这种材料在纤维缠绕制品上充分发挥，就必须同时研究制品的结构设计和工艺过程。因此，结构与材料和工艺与设计的一致性就成为纤维缠绕工艺的重要特征。

影响纤维缠绕复合材料制品的因素有很多，特别应注意如下三个方面。

6.2.5.1 原材料

复合材料主要由基体材料（合成树脂）和增强材料（玻璃纤维、碳纤维及其制品等）组成。两种主要组成材料的性能直接关联到复合材料的基本性能。材料的力学性能主要取决于纤维增强材料的含量及排列方向的综合效果，工艺性、耐化学腐蚀性、电性能及热性能则与所用树脂系统的影响关系极大。值得注意的是，纤维与树脂间的界面性能的影响也是极其重要的。

缠绕制品对纤维选用原则：纤维应具有较高的强度和弹性模量；对树脂有较好的亲和性，如纤维表面应含有与相应使用树脂匹配的表面偶联剂。

缠绕工艺对树脂（黏结剂）的选用原则：树脂应对纤维有良好的黏结力和浸润性，具有较高的机械强度和弹性模量、较高的断裂伸长率及良好的工艺性能，如适宜的黏度及适用期、不太高的固化温度、良好的耐热性和耐老化性、毒性和刺激性小、来源广泛、价格便宜等。此外，根据使用要求合理选择树脂。制品若用于化工防腐蚀领域，那么树脂必须选用耐腐蚀树脂，如双酚A型不饱和聚酯树脂、乙烯基酯不饱和聚酯树脂等；若在电气绝缘领域中应用时，树脂绝大多数选用环氧树脂；若在食品、医药等领域应用时，树脂则选用无毒树脂；若在航空航天领域制造耐烧蚀、耐高温的复合材料时，可选用环氧树脂、酚醛树脂、聚酰亚胺树脂等。

6.2.5.2 制品设计

由于纤维增强复合材料的各向异性特点和纤维缠绕显著的强度方向性，因此纤维缠绕制品的性能优劣，除了原材料性能之外，也与制品设计密切相关。制品设计是一个比较复杂、综合性很强的技术课题。如何根据纤维缠绕工艺的特点，正确设计复合材料制品，保证产品使用技术要求，充分将制品技术要求与工艺结合，从而提出合理的纤维排列方向与组合，在满足使用技术要求的前提下，工艺上既能实施，纤维用量又最合理。

6.2.5.3 工艺过程的影响

当原材料已选定，制品设计已完成后，确定合理的工艺过程及工艺参数，其实质是将已选定的原材料和制品设计要求通过工艺技术，合理地制造出合格制品的过程。

通过控制树脂含量、缠绕张力、树脂的固化等参数，可实现缠绕制备高性能产品。

6.2.6 纤维缠绕复合材料制品的应用

由于纤维缠绕复合材料的优点十分突出，性能良好，所以在工业、民用及军工产品中获得广泛的应用。现在国内外缠绕工业的状况分为两大阵地：工业民用领域和宇航军工领域。

工业民用领域发展速度极快，其趋势是采用一般的原材料——中碱合股纱、不饱和聚酯树脂，也可采用酚醛树脂，提高缠绕设备的生产效率，降低成本，扩大应用范围。管道、贮罐、压力容器是主要品种，电气绝缘管已在我国异军突起，现场缠绕技术消除了从前对大型纤维缠绕罐的尺寸限制，夹砂管的应用则使大口径玻璃钢管刚性不足的欠缺得到比较合理的解决。

宇航军工工业的特点是生产高性能、精确缠绕结构的制品，碳纤维-环氧树脂体系、碳纤维-酚醛树脂体系较为常用。碳纤维、碳化硅等高模量高强度增强材料和新型耐热高性能聚合物材料的采用，与高精度的数控缠绕设备配合，将有力地促进纤维缠绕制品在航空航天方面的应用。火箭发动机壳体是最典型的制品，其他如火箭、导弹、鱼雷发射管等。

(1) **复合材料压力容器** 纤维缠绕玻璃钢压力容器在我国于20世纪60年代初期投入使用，如飞机上的灭火瓶、氧气瓶、操作用高压气源瓶等。压力容器应用很广泛，如火箭、卫星、飞机、鱼雷、深潜舰艇以及医疗等方面都有应用。近期在采用石油或天然气作为能源的各种车辆上，玻璃钢压力容器应是极为理想的制品。目前也采用碳纤维制造压力容器。

(2) **复合材料管道** 纤维缠绕玻璃钢管道是纤维复合材料应用最广泛的制品。耐高压，以及优良的耐腐蚀性等优点，使其在化工防腐蚀领域深受欢迎。并且其使用耐久，安装维护方便，在市场中很具竞争力。采用食品级无毒树脂作为基材时，管道在自来水供水、医药、农药、净水各领域大有作为。市政工程和环保工程中采用大口径管道时，纤维缠绕夹砂管已有广泛应用。美国已将研制成功的高效阻燃型缠绕环氧-酚醛复合材料压力管道和有机硅改性酚醛复合材料管道大量应用于海上石油钻井平台的石油输送；工业废气的输送、大型建筑物的通风和取暖工程也大量采用缠绕酚醛复合材料

(3) **电气绝缘管** 这是我国近几年来开发应用的制品,具有优良的电绝缘性、低介电损耗性、轻质高强特性,远比传统的陶瓷绝缘材料为优。各种电压等级的互感器玻璃钢绝缘筒、开关中各种规格的管件,已在迅速扩大应用。

6.3 酚醛树脂的拉挤成型工艺

6.3.1 引言

近年来,连续拉挤成型工艺(pultrilsion technology)在复合材料行业内应用保持着高速发展,其制品的力学特性(特别是在拉挤方向上)优异,价格也较便宜,是公认的耐腐蚀结构材料和轻质结构材料,用途广泛。由于传统的酚醛树脂本体黏度高、反应活性低、挥发分大,所以不能应用于高速连续生产的拉挤成型工艺。但通过对其组成、分子结构重新设计,已试制出满足拉挤新工艺要求的酚醛树脂。如 BP 化学公司和 Plenco 公司使用间苯二酚催化技术,既加快了固化速度,又不增加酚醛树脂的黏度和脱水量,取得较好的效果。

拉挤成型工艺的完善为酚醛树脂又开辟了更广阔的市场,尤其是耐火板材的生产。目前拉挤产品已大量应用于建筑、航空航天器、舰船以及矿山。如日本用拉挤成型工艺生产了各种截面形状的产品,尺寸从直径 12mm 的圆棒到宽 600mm 的输送槽。

6.3.2 酚醛树脂的拉挤成型工艺

从理论上讲,拉挤成型工艺比较简单。所用增强材料的种类较为广泛,可以使用纤维状的,也可以使用编织物或毡状的,其组分可以是玻璃纤维,也可以是芳纶纤维、碳纤维或其他纤维材料。拉挤成型的基本流程:增强材料通常采用连续的喂入方法,例如采用无捻粗纱纱团,从纱架上连续喂入纤维;在纱架与成型模之间,设有一个胶槽,其中放置有预先配制好的树脂,纤维浸渍树脂后经导向装置进行排布;在导向装置上,设有一个圆孔或狭缝,用来除去纤维上粘有的过多树脂;树脂经干燥通道后,进入与复合材料制品尺寸相同的热成型模,复合材料在模具中固化成型;然后进入一个拉引机构,切割成材。热成型模的温度分布是经过精心设计的,以确保拉挤料离开模具后部端口时,树脂已完成固化。在拉引机构和切割机的前方,设有一个空气冷却段,以冷却温度较高的拉挤制品。图 6-4 展示了复合材料拉挤工艺流程。

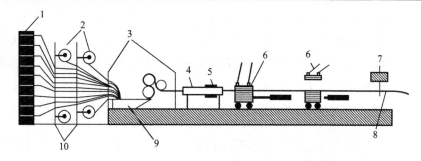

■ 图6-4 复合材料拉挤工艺流程

1—纱架；2—布架；3—材料导向器；4—模具；5—加热器；6—牵引机；
7—切割机；8—成品；9—树脂槽；10—集束架

对拉挤工艺的工序排布，目前已出现一种新的形式，即把经过配制混合的树脂，在成型模的前端位置上，在压力的作用下注射入模。这种新的拉挤工艺形式，不但省去了树脂浸胶槽，而且增强材料入模前保持为干燥状态。这种工艺方法也称"注射拉挤工艺（IP）"。这种注射拉挤工艺方法有以下两个优点：一是树脂组分配料较为准确，可利用计量泵连续计量，以避免手工混合带来的误差；二是树脂浸渍槽由开放形式变成了全封闭形式，大大降低了树脂溅散的可能性，从而改善了拉挤工艺的工作环境。

6.3.3 酚醛树脂拉挤成型工艺的主要影响因素

6.3.3.1 酚醛树脂

酚醛树脂作为拉挤复合材料基体树脂，在耐热性、耐磨耗性、耐燃烧性、电性能以及成本方面独具优势。但是，其缺点是固化速度慢、成型周期长，且固化时有副产物——水生成。水在高温下迅速蒸发而在制品中留下气泡、空穴，从而影响了酚醛拉挤制品的力学性能。为此，需要在酚醛树脂改性、拉挤成型工艺方面进行大量的工作。

英国采用醇类作为酚醛树脂的改性剂，有机酸作为固化剂，可在较低的温度和压力下迅速固化而获得性能优良的酚醛树脂塑料制品。醇的用量为树脂质量的12%～35%。

美国用于拉挤成型的酚醛树脂是一种低黏度、低挥发分含量的液态树脂。树脂黏度控制在0.8～3.0Pa·s，所得拉挤制品具有气泡少等优点。但该种树脂反应程度低，因此拉挤成型前需将增强纤维进行预热，以提高固化速度。

日本用于拉挤成型的酚醛树脂则是吸取了英国、美国之长处，并加以发展，即在树脂改性上，也采用了醇作为改性剂，但树脂反应程度高，黏度大。另外，在拉挤设备上也有所改进。日本某一拉挤用酚醛树脂胶液配方如表6-2所示。用对甲基苯磺酸作为固化催化剂，也可用苯酚磺酸、磷酸等，其用量为树脂的2%~10%（质量分数），最好4%~8%（质量分数）；用聚丙烯醇类作为改性剂，也可用其他多阶醇类，其用量占树脂质量的15%以下较为理想；偶联剂A-1100的作用是改善树脂和纤维的浸润状态；滑石粉和二氧化硅作为填料，既可降低成本又可改善拉挤制品的力学性能，其用量为树脂质量的5%~10%。

■表6-2 拉挤用酚醛树脂胶液配方

组分	规格	用量/g
甲阶酚醛树脂	固体含量60%（游离酚含量不大于10%）	1300
对甲基苯磺酸	试剂级	65
聚丙烯醇	平均相对分子质量200~300	65
偶联剂A-1100	硅烷偶联剂	3
滑石粉	相对密度2.71	130
二氧化硅	相对密度2.1	

6.3.3.2 成型温度

拉挤模具采用特殊的三阶段加热，其最佳温度是140~160℃、170~190℃和150~180℃。与不饱和聚酯和环氧树脂拉挤成型不同的是酚醛拉挤成型的金属模具温度较高，尤其是模具末端温度通常比其他树脂温度高出1~20℃。这种特殊的三段式加热有利于提高生产效率。此外，对于酚醛拉挤制品，必须在合适的温度下进行一段时间的后固化热处理，这样可显著改善制品的性能。

6.3.3.3 拉挤速度

酚醛树脂制品的力学性能与拉挤速度有很大的关系，拉挤速度快，制品的固化不完全，使其性能不高，如表6-3所示。一般来说，酚醛树脂的拉挤速度要比不饱和聚酯树脂的拉挤速度慢一些，因此，酚醛拉挤成型模的长度要比其他树脂如聚酯、乙烯基酯、环氧等树脂系统等的成型模长。然而，一些改性的酚醛树脂可以达到较高的拉挤速度，如1~3m/min。

■表6-3 酚醛树脂拉挤制品的弯曲强度与模具温度、拉挤速度的关系

单位：MPa

模具温度/℃	弯曲强度/MPa					
	10cm/min	30cm/min	50cm/min	70cm/min	90cm/min	110cm/min
150—210—190	696.4	675.4	303.4			
160—190—170	644.7	586.0	504.0	440.6	339.2	200.0
160—180—170	639.2	550.2	502.0	427.5	339.2	158.6
150—160—140	268.9	202.7	158.6	110.3	82.7	79.3

6.3.4 酚醛树脂拉挤成型工艺的挑战

在聚酯树脂拉挤成型工艺中，由于采用了活性稀释剂苯乙烯，它本身可

起到交联剂的作用,因而在拉挤成型模内不会产生挥发性的物质。但酚醛树脂是一种缩聚树脂,在树脂链增长或交联过程中,将会产生出水分子等。由于拉挤成型模腔温度经常在100℃以上,因而酚醛树脂固化过程中产生的水分子等如何排出,是酚醛树脂拉挤工艺首先遇到的一个需要解决的技术关键问题。其次是酸催化酚醛树脂拉挤模具的耐腐蚀问题,在生产实践中,往往只需经过几小时以后,镀铬表面层就会遭到酸性的腐蚀,从工具钢的表面剥落下来。即使是使用内脱模剂后,铬层与工具钢模具仍然会剥离下来,仅仅是剥离的时间延长一些而已。再有是高温固化酚醛树脂的固化及高黏度问题,有人曾将高温固化酚醛树脂用于拉挤工艺,通常高温固化酚醛树脂的黏度较高,约为4.0~6.0Pa·s。若为改善制品表面质量,需加入填料,黏度还会增大,这将会对拉挤工艺带来不利的影响。针对这些问题,人们对酚醛树脂做适当的热处理,以提高反应程度,使之在拉挤成型时既可提高固化速度,又可大大减少固化过程中释放的水,因而在拉挤的速度范围内就能驱赶出水分而不致在制品内部留下气泡或空穴。同时,人们研究特殊的非酸固化技术(如丹麦的纤维管道 A/S 公司的专利技术)和新型酚醛树脂(如加聚型树脂),已解决了拉挤成型工艺的一些问题。

6.3.5 酚醛树脂拉挤复合材料的性能

酚醛拉挤复合材料制品的各项性能可达到或超过不饱和聚酯树脂拉挤制品的性能。以下列出不同酚醛拉挤复合材料的性能。

6.3.5.1 酸催化酚醛拉挤复合材料制品的力学性能

在采用无捻粗纱作为增强材料时,酚醛拉挤玻璃钢的弯曲强度为675MPa,弯曲模量为20GPa;若采用多向增强材料,则其弯曲强度为259MPa,弯曲模量为 9.57GPa;拉伸强度为 329MPa,拉伸模量为 18.75GPa;断裂伸长率约为1.84%。

6.3.5.2 高温固化酚醛拉挤复合材料制品的力学性能

酚醛拉挤复合材料制品的玻璃纤维含量约为 76%~77%,比不饱和聚酯拉挤制品高出约 3%,其压缩强度为 641MPa,远高于不饱和聚酯拉挤制品的 517MPa;层间剪切强度为 39MPa,略低于聚酯拉挤制品的 41.4MPa;短臂剪切强度为 45.5MPa。

酚醛拉挤复合材料的力学性能也取决于(玻璃)纤维增强材料与树脂的匹配情况,匹配好,则制备的酚醛复合材料的性能优异。但必须注意的是,一种纤维不一定能同时适用于多种酚醛树脂体系,如有些适用于高温型酚醛树脂的纤维偶联剂,却能被酸催化剂破坏而丧失其作用效果。

酚醛拉挤复合材料制品另一个显著的性能是具有非常高的热变形温度,通常在250~300℃的温度范围内。这一突出的优异性能使酚醛拉挤制品在格栅楼板方面开拓了广阔的应用前景。酚醛拉挤成型工艺虽然已经付诸实践，但掺入各种不同的催化剂、不同的阻燃剂以及采用不同的化学改性方法等因素均会导致拉挤条件乃至复合材料制品的性能发生变化。

6.3.6 酚醛树脂拉挤工艺的研究和发展

目前研究开发拉挤工艺用酚醛树脂主要有两种途径：一是改善单组分酚醛树脂的综合性能，如在固化时间、黏度和脱水量等方面，以使其尽量适应快速拉挤工艺的需要；二是改变酚醛树脂的化学组分，提高苯酚与甲醛的比例，以加快其交联速度，并研究酚醛树脂的黏度和脱水量等相关性能。经过实践证明，对于酚醛树脂来讲，若需加快它的固化速度，其黏度和脱水量必然也相应有所提高，这是拉挤成型工艺所不希望的。为此，人们通过改变酚醛的化学组分结构来达到目的，其中较为成功的一个例子就是使用间苯二酚，既加快了所制备树脂的固化速度，又不增加酚醛树脂的黏度和脱水量。

此外，对于拉挤工艺用酚醛树脂，人们还正在寻找一种可在模腔内加速其树脂固化过程，但对模具钢材不会产生腐蚀作用的催化剂，最理想的是在室温下有很低活性，而在拉挤模的高温条件下有很高的反应催化活性，使酚醛树脂快速固化，目前未有成功实例，研究开发工作仍在进行中。

6.4 树脂传递模塑 RTM 成型工艺

6.4.1 引言

RTM（resin transfer molding）是近年来发展迅速的适宜多品种、中批量、高质量先进复合材料制品生产的成型工艺，它是一种接近最终形状部件的生产方法。RTM 技术最早出现于 20 世纪 40 年代中期，最初是为成型飞机雷达罩而发展起来的。RTM 工艺虽然成本较低，但技术要求高，特别是对原材料和模具的要求较高；当时对气泡难以排尽、纤维浸润性差、树脂流动出现死角等问题未能找到好的解决办法，因此当时未能大规模推广。进入 80 年代，各国对生产环境的要求日益严格，挥发分浓度要求提高，如苯乙烯的限量浓度在 100×10^{-6} 以下，再加上 RTM 技术的诸多优点，RTM 成型技术的研究、应用和推广开始活跃。80 年代末，RTM 成为重要成型技术之一。日本将 RTM 和拉挤两工艺推荐为最有发展前途的工艺，美国 NASA 将 RTM 技术列入了其先进复合材料计划（ACT 计划），并组织开展了大量的研究工作，同时民用复合材料界在生产成本、生产周期和环保新要求的压力下也开始注意 RTM 的研究和应用，近几年，RTM 技术已经在航空航天、汽车工业和军事工业中获得较广泛的应用。预计 RTM 成型技术将成为 21

世纪复合材料成型主要技术之一。

6.4.2 RTM 成型原理

RTM 成型工艺的基本原理是：将玻璃纤维或其他增强材料铺放在特定尺寸的可闭模的模腔内，或将预成型体或织物体放入模腔内，用压力（或辅助真空）将树脂胶液注入模腔浸透增强材料，然后固化、脱模即得成型制品。RTM 成型工艺是从湿法铺层和注塑工艺演变而来的新的复合材料成型工艺，通常使用增强材料的形式有纤维布（穿刺）、短切纤维毡、连续纤维毡、三维织物或特制的复合毡等，增强材料的种类有玻璃纤维、芳纶纤维、碳纤维等。RTM 成型的原理如图 6-5 所示。图 6-6 为 RTM 成型的工艺过程。图 6-7 是制备机翼的 RTM 成型模具。

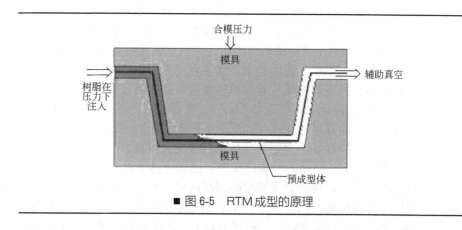

■ 图 6-5　RTM 成型的原理

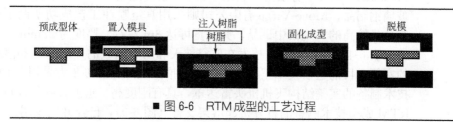

■ 图 6-6　RTM 成型的工艺过程

6.4.3 RTM 成型技术应用及制品性能

RTM 成型工艺技术通常要求树脂在注射温度下的黏度约为 250～500mPa·s，不能高于 1.0Pa·s，以使纤维能很快地被浸透，也避免铺层或织物结构被破坏。树脂在固化过程中应没有或尽量少地产生小分子，以减少制品缺陷，提高性能。传统的酚醛树脂由于通过缩合固化，固化过程中有小分子水放出，容易造成制品缺陷，所以不太适合 RTM 工艺成型。国内用

图 6-7　制备机翼的 RTM 成型模具

RTM 成型工艺制造酚醛树脂复合材料是近几年的事，目前在高技术领域已开展了比较多的酚醛树脂和其他高性能树脂的 RTM 成型工艺研究，且已开发出多种专用的 RTM 成型用酚醛树脂，用 RTM 生产多种产品，取得了较好的效果。RTM 成型技术已逐渐成为航空航天先进复合材料重要的成型工艺技术之一。如三江集团的佘平江等利用 RTM 成型工艺方法，使用改性酚醛树脂与高强玻璃纤维三维编织体复合，制得的复合材料的纤维体积含量为 55%，其拉伸强度达 744MPa，拉伸模量为 40.6GPa，断裂应变率为 2.07%；弯曲强度达 456.4MPa，弯曲模量为 31.8GPa，其力学性能接近于钢；其耐烧蚀性能大大好于模压和缠绕复合材料。

酚醛 RTM 制品的种类比较多，诸如导弹鼻锥、天线罩、油井管活塞及汽车用部件等，可充分发挥酚醛制品的尺寸稳定、抗蠕变、阻燃以及高温力学性能好等优势。国外 WES 塑料公司利用 RTM 工艺制作了多种军工产品；Flexadux Plasties 有限公司利用 RTM 工艺开发生产了几种铁路站台用酚醛玻璃钢制品；Move-Virge 有限公司则采用真空喷注工艺成功研制了玻璃纤维含量较高的大规格中试品，其长宽可达 3m 左右，厚度为 22mm。

表 6-4 给出了 RTM 技术在航空航天和工业领域的一些应用和潜在应用的实例，目前这项技术正向更多的领域推广应用，图 6-8 为采用 RTM 成型技术制备的实壁结构飞机机头雷达罩，具有刚度高、透波性好等优点。采用 RTM 成型技术制备的直升机起落架支臂（图 6-9），已经开始试用。

表 6-4　RTM 技术的应用

应用领域	应用实例
航空航天和武器领域	口盖和舱门、控制舵面、除冰通路组件、传动轴、电器盒、引擎罩梁、风扇叶片、鳍和翼、油箱、直升机传动轴、工字梁、红外自导炸弹弹舱、发射管、军用装置盒、导弹弹体、制造 C/C 复合材料的前工序、推进器、雷达罩、转子叶片、空间站支撑组件、曲面装甲板、军用生活品的自动发售机、推进反向器组件、鱼雷壳和水下武器原形件制造等
汽车行业	车身板和壳、保险杠、货运面包车车顶、离合器和齿轮箱壳体、底盘横梁构件、前底盘和后底盘部分、减震弹簧、小型卡车车厢、矿车整体底盘、车体构架等

续表

应用领域	应用实例
建筑行业	各种杆和柱、商用建筑的门和框架、现场增强柱、配电间和门、维修孔口盖、门面装饰、指示牌等
电子和电气行业	商用机器外壳、通信和转发设备外壳、计算机工作站机房、抛物面天线、雷达罩
工业和商业领域	冷却塔风扇叶片、压缩机盖、耐腐蚀设备、传动轴静电过滤器、地板、飞轮及其组件、齿轮箱、检查口、混合器叶片、保护头盔、RTM 设备箱、太阳能反射器、工具杆、口阀等
船舶领域	船体、舱盖及其组件、甲板、码头电缆接线室、紧急逃生设备和舱室、螺旋桨潜艇桅杆和驾驶台
体育用品	娱乐车辆、自行车架和把、高尔夫球杆和车、滑雪板、划艇、公共场所设施、帆船船体、滑板、冲浪板、游泳池
交通运输	大口盖、配料车盖、轻轨车门、车厢和底盘构件、挂车、卡车厢组件（保险杠、挡板、门、地板等）、整流板等

■ 图 6-8 RTM 成型技术制备的实壁结构飞机机头雷达罩

■ 图 6-9 RTM 成型技术制备的直升机起落架支臂

6.5 酚醛树脂预浸料成型

各种增强材料如玻璃纤维、玻璃布、碳纤维、纸张等预浸酚醛树脂可用于制造酚醛复合材料。下面对酚醛预浸料（坯）的制造、性能、应用以及将来的发展做一简略介绍。

6.5.1 酚醛树脂预浸料（坯）的制备及原料

所谓酚醛树脂预浸料（坯）是一种用酚醛树脂浸渍增强材料后，再经过适当的干燥所制得的材料，因此它主要由酚醛树脂和增强材料组成，树脂含量在 35%～55% 之间，树脂常处在 B 阶段，要在较高温度下进行固化。由于这些预浸料（坯）或多或少地具有黏性，所以产品常是以中间隔着 PE 薄膜的卷状物或捆状物提供。

所用酚醛树脂类型：①A 阶热固性酚醛树脂（Resol 型），它们在固化时放出水；②线型酚醛树脂（Novolak 型），固化时加入乌洛托品，固化时放出氨；③用橡胶等弹性体如丁腈橡胶、氯丁橡胶、氯化橡胶改性的酚醛树脂，以提高酚醛树脂的冲击韧性；④为提高酚醛树脂的机械强度、黏结性能、耐热性、尺寸稳定性、成型工艺性等而针对性地采用某些改性剂如聚酰胺、聚乙烯醇缩醛、环氧树脂、双氰胺、马来酰亚胺、三聚氰胺、有机硅化合物等进行改性的改性酚醛树脂。为使含有一定树脂量的料坯具有一定的流动性和表面黏性，应对酚醛树脂的化学结构和它们的预缩聚程度加以控制。

增强材料：①玻璃纤维及其织物；②聚芳酰胺纤维及其织物；③碳纤维及其织物；④混杂型纤维及其织物；⑤带子（单向性或多向性）织物。纤维或织物的单位面积质量控制在 100～400g/m^2。

6.5.2 酚醛树脂预浸料（坯）的加工工艺和固化条件

6.5.2.1 加工工艺

（1）**压机中固化成型**　将酚醛树脂预浸料（坯）用手以层状的方式搁置在模具中，然后通过在压机中加热、加压可成型各种模制品。为除去大部分反应小分子如水，压机必须进行排气。

（2）**热压罐中固化成型**　将放有料坯的模具在热压罐中进行固化成型。热压罐成型技术是航空航天部门热固性树脂基复合材料加工常采用的方法。目前已开发了几类复合材料结构的热压罐成型技术，并在飞机尾翼、机身、机翼主结构上得到应用，制造工艺方法也在不断完善与发展。

一般热固性树脂基复合材料零件的热压罐成型过程如下：将预浸料裁剪后按铺层顺序在模具上铺叠成零件构型，形成坯料预型件；在预型件上铺放隔离材料、吸胶材料、压力垫、透气材料后，用真空袋将其密封在真空系统内；在热压罐内按固化程序将预型件固化，加工成所需零件或构件。其典型的热压罐固化装置及固化程序如图 6-10 和图 6-11 所示。

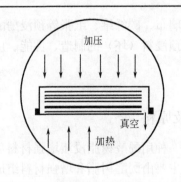

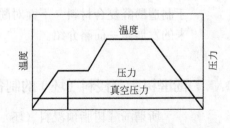

■ 图 6-10　典型的热压罐装料示意图　　■ 图 6-11　典型的固化程序

在此成型工艺中，热压罐是提供热源及压力源的设备，真空袋密封是实现真空抽提及施加压力的必需条件。热固性树脂在温度曲线控制下，经历黏流态、橡胶态、玻璃态以及玻璃态内的固相反应，实现固化；在树脂凝胶化之前，通过向热压罐冲压，实现坯料预型件压实作用；预浸料（坯料）预型件是容纳了裹入的空气、溶剂挥发物、多余树脂及树脂中低分子挥发物或副产物的多孔介质，施加真空的目的就是在树脂凝胶化之前将其吸出或结合压力作用将其排出，以使纤维与树脂复合及叠层间密实，形成连续介质，完成材料成型；由于预浸料预型件在凝胶过程中具有可塑性，因此，在压力将其压实的同时，也通过模具将其塑成模具的构型，完成零件成型。因此，温度、压力及其真空度构成了复合材料固化工艺的三要素。模具是保证零部件塑型的条件。依据热固性树脂固化反应特性及反应热历程确定固化程序，以及实施监控和结构固化系统的建立，成为复合材料热压罐成型的主要研究内容。

6.5.2.2 固化条件

酚醛树脂预浸料（坯）最好在125～155℃的温度范围内固化。由于反应与温度有关，所以在较低的温度下，固化时间较长；在较高的温度下，由于反应水的蒸汽压力增加，所以环境压力必须增加。此外，对于较厚的层状物，放热反应会使层压板或成型件的强度降低，应采取措施加以解决。

6.5.3 酚醛树脂预浸料成型的应用

酚醛树脂预浸料（坯）尤其适用于制作具有良好阻燃性的高刚度和高强度薄壁模塑制品。典型的应用是飞机客舱、飞机装货房的夹心板、火箭上用的模塑制品、用来支撑结构元件的夹有酚醛泡沫的夹心板、地下运输工具（车辆）的各种内部构件、汽车中用的热屏障、建筑用绝热板、墙板等。一般来说，低黏性的预浸料（坯）优先被选用来制作水平层叠的平板，而黏性较高的预浸料（坯）适宜制作拱状部件的层状结构。酚醛树脂预浸料（坯）也能作黏结膜使用。下面举几个酚醛树脂预浸料（坯）的应用实例。

① 日本 Honshu 纸公司（日本第五大的纸制造公司）和 Kanebo 公司（主要的纤维公司）联合开发了一种酚醛树脂-玻璃纤维预浸料（坯），通过加热、加压，它们可以模制成任何形状的制品。通过在一个溶液中分散 0.0001～0.020mm 的酚醛树脂颗粒和长度为 0.013mm 的玻璃纤维，并用一种纸张将它们制成预浸料（坯），酚醛树脂的含量可控制在 15%～60% 的范围内。所用酚醛树脂由 Kanebo 公司开发，其相对分子质量为 10000，远高于现有的酚醛树脂（100～500）。此新料（坯）板在进行缩聚加工时所放出的甲醛气味较通常的酚醛料（坯）板要小，因此可改善工作条件。该预浸料（坯）可用作建筑用绝热板或蜂窝夹心材料绝热板。这两家公司还通过玻璃纤维、酚醛树脂和纸浆的结合，商品化几种类型的预浸料（坯）板，还试图

在不久的将来用碳纤维、聚芳酰胺纤维和陶瓷纤维来代替玻璃纤维制造新的预浸料（坯）板产品。

② 法国 Fibres du Hainaut 公司已推出一种酚醛树脂浸渍玻璃纤维的预浸料（坯），在料坯表面还涂上一层 0.203～0.254mm 厚的阻燃聚酯树脂。该料坯的商品名为 Fibraphena，主要用作阻燃的建筑材料。该产品除阻燃性外还具有高的耐腐蚀性和耐氧化性，质轻，耐温范围为－50～100℃。其应用有墙板、隔板、屋顶板、绝热板等。

6.5.4 酚醛树脂预浸料（坯）成型的未来发展

由于用酚醛树脂预浸料（坯）制造的模塑制品具有阻燃性好、质轻和强度高等优点，目前在航空工业上已得到广泛应用，随着人们对材料提出阻燃性、轻量化等要求，酚醛树脂预浸料（坯）的应用面已开始由航空扩展到汽车中用的耐热、阻燃零部件，以及建筑用墙板、绝热板等，其应用面将越来越广。

在预浸料（坯）的制造中，使用较廉价的原材料及简化制造工艺以减少成本，这也是今后的努力方向。例如，采用新的经过缝合的带状物和织物复合物如毡等作增强体（也能减少成型工作的困难）；使用具有较高反应活性的新树脂体系等。

商品化增强材料如聚芳酰胺纤维织物、碳纤维织物、陶瓷纤维织物、各种混杂纤维织物、各种带状物等的酚醛预浸料（坯）也是今后酚醛预浸料（坯）发展的内容。每一种增强材料都会有它独特的性能，因而具有不同的用途。例如，用玻璃纤维制作的酚醛预浸料（坯）可在飞机上用作行李架；用聚芳酰胺纤维制作的复合材料可用作加热管的包层。此外，对纤维表面进行偶联处理，使纤维能更好地与酚醛树脂结合，以提高其性能。总之，从树脂、增强材料、工艺等方面着手，不断改进酚醛树脂预浸料（坯）、制造工艺、性能等，甚至降低成本成为酚醛树脂预浸料（坯）复合工艺重要工作。

6.6 酚醛树脂 SMC/BMC 模压成型工艺

酚醛 SMC/BMC 模压成型工艺是酚醛复合材料重要的也是有发展前景的成型方式，非常适合规模化的高效生产。其工艺设备与工艺过程与不饱和聚酯树脂的相同。采用新型的酚醛树脂，对聚酯 SMC/BMC 的工艺参数（模压温度、压力、时间）做适当调整，就可以用现成的 SMC 模压机械生产酚醛 SMC 产品，工艺操作容易，可以自由变更片材厚度，且容易成型肋、凸起部位及预埋金属嵌件等。TBA 复合材料公司具有酚醛 SMC/BMC 基材和模压成型的生产能力，设备配套较为完善，可生产各种玻璃钢制品，如发动机耐热罩部件、建筑防火栓以及其他防火材料、耐热和绝热制品,并得到广泛的应用。酚醛 BMC 制品通常含有 25% 的短切纤维,团料增稠时间为 4～5h;对于较小部件(如汽车用保护罩),可一次成型数个产品,成型周期为 2.5min;制品色泽多为黑色,外表面较平整,孔隙率较低。英国音响设计服务公司采用 TBA 复合材料公司的酚醛模塑料,即一种非酸性固化的材料 Powell 30 压制成一种新型阻燃喇叭盒,解决了有线广播纸质报警喇叭筒长期存在的火灾时报警喇叭的塑料外壳会受热变形,甚至熔化的问题;该阻燃喇叭盖子主顶盖质量 450g、深 10cm、厚 3mm、外径 18cm,接线盖质量 71g,支撑环质量 300g。英国曼彻斯特机场安装的该酚醛模压阻燃喇叭盒,使用效果良好。

酚醛 SMC 压力成型方法的技术关键在于酚醛片状模塑料的增稠、贮存以及固化反应程度,具体操作中将黏度低的树脂糊经加热、辊压浸润纤维,得到的片材在加热或在增稠剂作用下迅速熟化至手触干燥状态。SMC 的模压成型过程是首先将合乎要求的片状模塑料剪裁成所需的形状,揭去两面的保护薄膜,按一定的要求叠合,然后放置在模具的适当位置上,按规定的工艺参数加温加压成型。在制品模压工艺中,对制品质量的影响因素有很多,其中模压的温度、时间和压力对产品质量有很大的影响。为了制作出高质量的制品,需确定合适的工艺条件。这些条件包括:使用合适的压机和模具、片状模塑料的质量、加料方法、成型温度、压力制度和保温时间等。成型温度的高低对其他工艺参数和最终的制品质量有一定的影响。一般来说,在一定范围内提高成型温度,可缩短制品的成型周期,提高制品的性能;反之,温度过低就会大大延长成型周期。在快速压制工艺中,过高的成型温度会使模压料的流动性下降,如不加快压机的闭合速度、加大成型压力,就会降低制品的表面质量,甚至造成废品;而成型温度过低,制品的固化不完全,表面光泽就会下降。由此可见,制品成型温度的正确选择是十分重要的。压力制度包括成型加压时机、压力的大小、放气充模等。成型压力的作用主要是:克服料流的内摩擦及物料与模腔之间的外摩擦,使物料充满模腔;克服物料挥发物(溶剂、水分及固化副产物等)的抵抗力,并压紧制品。为使复合材料制品固化完全并消除内应力,一般要在成型压力和成型温度下保温一段时间。保温时间的长短取决于模压料的品种、成型温度的高低及制品的结构尺寸和性能。

预浸模压材料使用期在 30～60 天之间,模压温度为 150～180℃,成型压力为 140MPa,合模 5min,中间需放气并排出低分子物质,即制得性能优异的酚醛 SMC、BMC 产品。在美国和日本,酚醛 SMC、BMC 已用在汽车的外部装饰件、管道阀等方面,每年呈 8% 的增长趋势。国内酚醛 BMC(玻璃纤维增强)也用于制造耐腐蚀泵、管道、球阀、接头、三(四)通、视镜等产品,这些产品可广泛用在石油、化工、制药、冶金、机械、环境保护等国民经济各领域。酚醛 SMC 和 BMC 产品具有阻燃等独特的性能,表 6-5 列出了 SMC 的性能,仅供参考。

■表 6-5　酚醛 SMC 的一些性能

项　　目	数　　值
相对密度（D-792）	1.69
洛氏硬度（D-785）	90
布氏硬度（D-2853）/MPa	44
悬臂梁冲击强度（D-256）/（kJ/m²）	27
落镖冲击强度（D-695）/（kJ/m）	259
压缩强度（D-695）/MPa	172.4
层间剪切强度（D-2344）/MPa	16.3
热变形温度（1.82MPa, D-648）/℃	>300
吸水率（D-570）/%	1
比热容/[kJ/(kg·K)]	0.25
热膨胀系数（E-162）/℃$^{-1}$	1.9×10^{-6}
热导率/[W/(m·K)]	0.429
阻燃特性	
辐射板试验（E-162）	6
Steiner 隧道试验（E-84）	
燃烧速度	19
烟指数	12
61cm 长隧道试验（D-3806）	14
UL94 燃烧试验（0.02°）	V-0
氧指数（D-2863）/%	62
烟雾指标	
D_{max}	21
$D(16)$/min	7
$D(90s)$	0

传统酚醛树脂与新型酚醛树脂复合材料工艺对比见表 6-6。

■表 6-6　传统酚醛树脂与新型酚醛树脂复合材料工艺对比

工艺参数及特点	传统酚醛复合材料压制	新型酚醛复合材料手糊	酚醛复合材料拉挤	酚醛 SMC/BMC	酚醛复合材料 RTM
成型压力/MPa	5.5～280		13～27	3.5～10	9.8～11.7
成型温度/℃	160～180	60	130～205	135～180	150～180
成型时间/min	1440	60	0.3～1.0	4～10	1～4
制件纤维含量/%	25～60	25～35	60～75	25～40	20～40
产品	电气用中小型零件	船身、建筑用平板、大型制品	各种截面的型材、棒管等	中小型带嵌件零件	汽车、电气用中小型零件

6.7　其他酚醛树脂复合材料成型技术

（1）**手糊成型工艺**　手糊成型是最常用的树脂复合材料成型工艺，但酚醛树脂手糊成型是近年来发展的，通常采用黏度约为 0.6～0.7Pa·s 的液态甲阶酚醛树脂，用低黏度液态酸性固化剂固化，其用量约为树脂质量的

5%~8%，配制好的树脂适用期约为10~30min，较不饱和聚酯树脂的适用期短。手糊成型时，需较为熟练的手糊技术，在树脂处于较佳流动时完成成型过程，对于尺寸较大制品的成型，配胶需遵循少量多次的原则。成型后，一般需在适当的温度下进行后固化，市场上的酚醛树脂的固化温度多在60℃左右。目前市场上尚无酚醛复合材料专用玻璃纤维及其制品，主要原因是无专用的浸润剂。通常采用中碱玻璃纤维及其制品较为适宜，无碱玻璃纤维固化性能不佳。国外典型的手糊成型酚醛复合材料制品如下：①Strachan和Fox复合材料有限公司制造的英吉利海峡隧道列车前、后驾驶室是迄今最大的手糊酚醛复合材料制品，每件制品质量约为240kg；②Amac有限公司建造的圣·玛丽医院楼间防火通道，长约35m，其墙壁和顶部均为手糊酚醛复合材料，夹层结构为酚醛泡沫材料；③Beardand Corneit有限公司制造的列车用酚醛复合材料卫生间均用手糊成型制造，其表面光滑、易清扫、保洁性好，且坚固耐用、阻燃性良好；④比利时Schweepswerf Beliard Polyship公司采用手糊成型酚醛复合材料制造多种旅游潜艇用部件、新型列车车厢内部装饰件等。

(2) **喷射成型技术** 喷射工艺是减少手糊层合作用工时数的手段之一。以往用于喷射成型的树脂多为不饱和聚酯树脂，但制品存在严重的燃烧发烟和毒雾问题，不能满足阻燃防火要求。因此人们开始改性酚醛树脂，并使之用于喷射成型，已获得良好的效果。选择中黏度酚醛树脂（0.80~1.0Pa·s），配以快速固化剂，视制件尺寸大小不同，改变固化剂品种及固化温度，可以在20min后就脱模。具体工艺过程：把粗纱切断，同时将短切纤维与树脂、催化剂一起喷射到模具成型面上，与聚酯用的喷射设备类似。但酚醛喷射机应满足：①催化剂泵容量大（约10%体积），且所有催化剂接触的部件或设备应防腐蚀；②喷射机应有加热装置，保证树脂的环境温度。目前大量的喷射级酚醛树脂用于制造汽车隔热板如美洲虎车上的隔板和机车车辆的车顶；Dallas飞机场传送带顶棚就是由喷射成型酚醛面板与酚醛泡沫的夹心结构材料制造的。

参 考 文 献

[1] 黄发荣，焦扬声主编. 酚醛树脂及其应用. 北京：化学工业出版社，2003.
[2] 黄发荣等编. 不饱和聚酯树脂. 北京：化学工业出版社，2001.
[3] 黄家康，岳红军，董永祺. 复合材料成型技术. 北京：化学工业出版社，1999.
[4] 亢雅君，饶军. 玻璃钢/复合材料，1996，(2)：43.
[5] 胡平，刘锦霞，张鸿雁，孙超明. 酚醛树脂及其复合材料成型工艺的研究进展. 热固性树脂，2006，21 (1)：36-41.
[6] 薛桂玲，高红梅. 玻璃钢/复合材料，2001，(3)：27-28.
[7] 焦斌，赵彤. 玻璃钢学会第十四届全国玻璃钢/复合材料学术年会论文集. 2001.

第7章 酚醛树脂复合材料的制备与应用

7.1 酚醛模塑料

7.1.1 概述

酚醛树脂,因其具有较高的机械强度、好的耐热性、难燃、低毒、低发烟,可与其他聚合物共混实现多样化,因而用作模塑料、铸造树脂、摩擦材料、黏结剂、涂料、泡沫塑料、半导体封装材料、光刻胶等,并广泛应用于国防军工及工业、农业、建筑、交通等部门。

据统计,2008 年日本共生产酚醛树脂 28.74 万吨,比 2007 年度的 29.51 万吨减少了 2.6%。2008 年度美国共消费酚醛树脂 100 万吨,其中用于木材黏结剂 55 万吨,纤维黏结剂 17.5 万吨,模塑料 6 万吨,层压板 6 万吨,涂料 2.5 万吨,铸造树脂 4.5 万吨,磨料 1.5 万吨,摩擦材料 2 万吨,其他 5 万吨。欧洲共消费酚醛树脂 100 万吨,其中用于木材黏结剂 27 万吨,纤维黏结剂 19 万吨,模塑料 12 万吨,层压板 10 万吨,涂料 7 万吨,铸造树脂 10 万吨,磨料 3 万吨,摩擦材料 4 万吨,其他 8 万吨。

酚醛树脂用量较大的产品是酚醛模塑料,其作为最早开发的酚醛产品,如今已赋予新的内容,不仅用于制造电气绝缘器件,而且用于制造汽车、飞机用部件或制品等。著名酚醛模塑料生产厂家见表 7-1。

酚醛模塑料是目前中国消费酚醛树脂最大的领域。中国酚醛行业协会会员单位中专业生产酚醛模塑料的厂家有 32 家,其中产能在年产 2 万吨以上的企业有福建沙县宏盛化工有限公司、上海欧亚合成材料有限公司、江苏东南塑料有限公司、中国台湾长春化工(漳州)有限公司、浙江嘉民塑胶有限公司、江苏溧阳市力强化工有限公司、昆山森华化工有限公司、浙江长雄塑料有限公司、浙江南方塑料有限公司等。其产品主要应用于中低电压电气绝缘产品,并且每年有大量出口。据海关统计,2008 年共出口酚醛模塑料

■表 7-1 著名酚醛模塑料生产厂家

国家或地区	生产厂家	经美国 UL 公司认证牌号(2003 年)
美国	DUREZ CORP.(杜蕾兹公司)	25156、110、30959、32528 等 77 个
美国	PLASTICS ENGINEERING CO.(塑料工程公司)	06314、02440、07100、06990 等 83 个
美国	RESINOID ENGINEERING CORP.(雷辛诺特工程公司)	1310、2020、7005、7201 等 27 个
美国	CYTEC ENGINEERED MATERIALS(雪太克工程材料公司)	FM21288、FM4038、FM9001 等 25 个
比利时	VYNCOLIT NV.(芬可莱特公司)	2723W、X684、G920 等 14 个
德国	BAKELITE AG.(贝克莱特公司)	90781、PF31、PF85 等 29 个
德国	RASCHIG GMBH(拉西格公司)	PF4011、PF31、MP183 等 10 个
日本	SUMITOMO BAKELITE CO.,LTD(住友电木株式会社)	PM6432、PM8220J、PM9820 等 125 个
日本	MATSUSHITA ELECTRIC WORKS LTD(松下电工株式会社)	CY4010、CY9610、CN6449 等 55 个
日本	HTACHI CHEMICAL CO.,LTD(日立化成株式会社)	CPJ2010、CPJ1950、CPJ6820 等 55 个
中国台湾	CHANG CHUN PLASTICS CO.,LTD(中国台湾长春塑胶公司)	T375J、T385J、T378J 等 21 个

■表 7-2 行业协会成员酚醛模塑料销量

年 份	酚醛模塑料销量/t	增长率/%
2002 年	174700	
2005 年	251565	44
2006 年	259211	3.0
2007 年	267536	3.2
2008 年	275621	3.0
2009 年	282587	2.53

注：行业协会外生产厂家以及外资企业每年约生产 6 万吨的酚醛模塑料不包括在内。

6.3545 万吨；上海欧亚合成材料有限公司出口居首位，为 7466t，占 11.75%。2009 年度全国酚醛模塑料生产耗用苯酚 12.94 万吨，占整个酚醛树脂全年耗用苯酚总量 64.7 万吨的 20%。行业协会成员酚醛模塑料销量见表 7-2。

2008 年中国酚醛模塑料消费量为 36 万吨，其中国内生产 32 万吨左右（消耗苯酚 12.4 万吨左右），30% 为注塑料，需进口酚醛模塑料 4 万吨左右，主要是高性能（高机械强度、电气性能优良等各种规格）注射型材料，从中国台湾长春塑胶公司、美国 Plenco 公司、比利时 Vyncolit 公司、德国 Bakelite 公司、德国 Raschig 公司、日本住友、日本松下等公司进口。模塑料行业今后将以 6% 的速度增长，企业只有不断加深技术开发，大力开拓汽车、工程机械、各类高档电器等高强度高耐热品种，占有更大的市场空间，才能从生产酚醛模塑料的大国向全球强国迈进。

7.1.2 酚醛模塑料的制造

7.1.2.1 酚醛模塑料的组成

酚醛模塑料通常由酚醛树脂、填料、固化剂、固化促进剂、脱模剂、增塑剂、增韧剂、着色剂等组成。

(1) 酚醛树脂 在酚醛模塑料的生产中,酚醛树脂作为黏结剂与填料起着黏结作用。树脂的性质也在一定程度上决定了模塑料的性能,树脂的质量也直接影响模塑料的工艺操作、模塑料的质量和压制品的性能,因此树脂的质量是制品性能好坏的关键。

酚醛树脂主要有两种类型:线型酚醛树脂和可熔性酚醛树脂。制造酚醛模塑料用的线型酚醛树脂,绝大多数是在固态下应用的。可熔性酚醛树脂可采用固态或液态树脂来制造模塑料。以线型酚醛树脂为例,其主要技术指标如下:

① 软化点 一般控制在 85~95℃为宜。
② 聚合速度 即凝胶时间一般要求 40~60s(150℃)。
③ 黏度 指标为 16.0~18.0mPa·s。
④ 游离酚含量 游离酚含量≤6%。
⑤ 水分含量 水分含量≤1%。

由于指标的范围幅度比较大,因此在使用中还应根据检验后的实际数据考虑使用,为确保质量,在工厂中还应制定相应的内控指标。

德国 Bakelite 公司用于生产酚醛模塑料的酚醛树脂指标见表 7-3。

■表 7-3 Bakelite 公司用于生产酚醛模塑料的酚醛树脂指标

性能	测试标准	Novolak	Resole
熔点/℃	ISO 3146	75~85	55~65
流动度/mm	ISO 8619	55~75	50~90
黏度(175℃)/mPa·s	ISO 9371	250~350	—
游离酚/%	ISO 9371	0.5~0.9	3~4
B-时间/min	ISO 8987	1.5±0.5	2.5±0.5
水分/%	ISO 760	≤1	≤2

注:1. Novolak 测 B-时间的试样中加有 10%六亚甲基四胺作固化剂。
2. B-时间为凝胶时间。

树脂在模塑料中的含量通常为 35%~55%,随着树脂含量的增加,模塑料的性能和用途有明显变化,不同类型的改性酚醛树脂也会直接影响模塑料的性能。

(2) 填料 填料在酚醛模塑料中起着骨架的作用,填料的性质影响产品的机械强度、耐热性、电性能、吸水性等。同时填料又能使模塑料的成本降低。

填料在模塑料中的含量为 30%~60%,填料的选择和用量主要根据对产品的物性要求，通过试验而定。填料的种类繁多，可分为有机填料和无机填料两大类。

① 有机填料　最主要是木粉（其他是竹粉、棉纤维等），木粉一般占全部组成的 20%～40%，加入木粉可以克服酚醛树脂的脆性，提高机械强度和改善流动性，同时又降低了成本。

木粉对模塑料质量有很大影响，主要有以下方面。

a. 外观　色泽不均匀，如暗灰黄色，就会影响模塑料的颜色，从而影响制品的美观。

b. 水分含量　要求小于 8%。由于木粉的吸水性很高，在运输和贮存中都要采取防潮措施。

c. 细度　要求 80 目全通，100 目筛余物小于 0.5%。

d. 比容　要求 4～8cm^3/g，木粉比容大，则生产出来的胶木粉比容也大，这样就会影响包装计量和加工模制品时的加料容积。

e. 灰分　要求小于 2%。

f. 磁析物　要求小于 30mg/kg。磁析物的多少，会影响生产设备和模具，还会影响模塑料的电绝缘性能。

② 无机填料

a. 碳酸钙（俗称双飞粉或三飞粉）　碳酸钙是天然白石经机械粉研，再经过三次吸风分离而成的白色粉状物质。含量≥95%，筛余物（筛孔 0.020mm）≤2%，水分≤2%。

b. 滑石粉　滑石粉主要组成为含水硅酸镁（$3MgO \cdot 4SiO_2 \cdot H_2O$），由滑石粉碎，筛选而得。磨细的滑石粉细度要求筛余物（筛孔 0.025mm）≤2.0%，水分≤0.5%，烧失量≤8.0%。

c. 云母粉　云母粉由天然云母加工时所得的废料经机械磨细而得。云母粉以白云母为佳，金云母次之，它的外观为银白色粉末，细度应筛余物（筛孔 0.075mm）全通，水分含量≤1%，含砂量≤1.0%。

d. 石英粉　石英粉由石英石精选、破碎、碾磨、水漂、烘干而得。其主要成分为二氧化硅，含有少量的氧化铝和氧化铁杂质。石英粉的外观为白色粉末，细度应通过 120 目，水分含量≤6%，盐酸可溶物≤2%。

e. 氢氧化铝　由铝土矿经过一系列过程制得粗氢氧化铝，再经精制而得。外观为白色细微结晶粉末，颜色均一，筛余物（筛孔 0.045mm）＜2%（一级）。

f. 高岭土　流动性好是它的主要特点，与碳酸钙相比，它能提供更致密的制品，具有较低的吸水率、较高的冲击强度和较低的使纤维离析的能力。

g. 玻璃纤维　玻璃纤维具有高强度、低伸缩、耐腐蚀、电绝缘、不燃烧等许多优异性能。无碱无捻纱主要适用于玻璃钢制品及工程塑料中的增强材料，如 DMC、SMC 酚醛树脂增强材料，无碱无捻纱可按用途加工成卷筒长纱和不同规格长度的短切纱。

其他还有阻燃型填料，粉状三氧化二锑、氯化石蜡等，碳纤维、炭黑导电性填料等。

③ 固化剂　线型酚醛树脂加入六亚甲基四胺后可使树脂固化，这是因为六亚甲基四胺在与树脂热熔的过程中分解出亚甲基起交联作用，同时放出的氨又能作为促进树脂固化的催化剂，其反应式可以用下式说明：

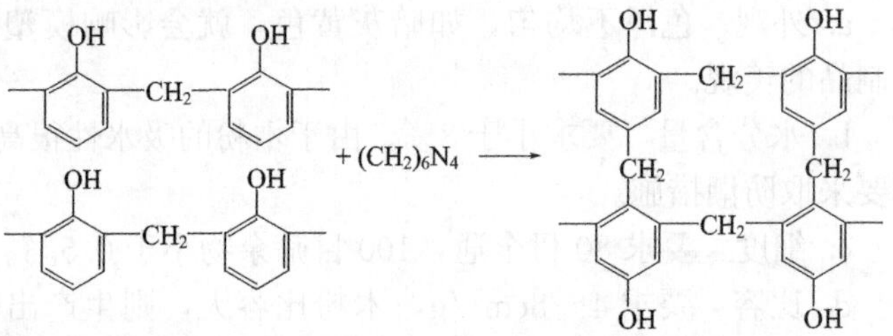

六亚甲基四胺的细度要求达到 120 目，残留物不大于 0.4%。粉碎的目的是为了很好地与树脂混合并均匀地起反应。六亚甲基四胺的加入量，通常为热塑性酚醛树脂的 10%～15%。由于固化剂加入量不足，会使固化速度及制件的耐热性下降。如果过量，则不仅不能提高固化速度，反而使耐水性及电性能降低，并可使制件发生肿胀现象。

④ 固化促进剂

a. 氧化镁（重质）　氧化镁是白色粉末，它是由碱与可溶性镁盐或二氧化碳与氢氧化镁所得的碳酸镁经高温煅烧后制得的。对氧化镁的质量要求为：氧化镁含量不小于 85%，细度筛余物（筛孔 0.075mm）全通，盐酸不溶物含量≤2%。它的加入量一般为树脂量的 2%～3%。

b. 氢氧化钙　它是由生石灰用水硝化而成的，氧化钙的含量＞60%，细度筛余物（筛孔 0.150mm）全通，水分含量≤5%。

⑤ 润滑剂　在模塑料制造中加入润滑剂主要是消除模塑料在压片与压制时对模具的黏附性，此外也可以增进模塑料的可塑性和流动性。在注塑料中加入润滑剂能稍稍提高树脂的热稳定性，这是因为由于润滑剂的存在减轻了料筒中的摩擦性。

a. 硬脂酸　硬脂酸是固体有机酸（实际上是 $C_{17}H_{35}COOH$ 与软脂酸 $C_{15}H_{31}COOH$ 的混合物），它是硬化油等分解蒸馏处理后的产物。外观为微黄色颗粒或片状料，稍有脂肪味，无毒，不溶于水，凝固点≥54℃，在干法生产模塑料中应碾碎后加入。

b. 硬脂酸锌　硬脂酸锌由工业硬脂酸经皂化后与锌盐进行复分解反应经洗涤而成。其分子式为 $(C_{17}H_{35}COO)_2Zn$。外观为白色粉末，不溶于水和乙醇，熔点为 (120±3)℃，细度筛余物（筛孔 0.075mm）≤1%。

⑥ 着色剂

a. 油黑　苯胺黑又名尼格罗辛。由硝基苯、苯胺及盐酸在三氧化铁的存在下经高温缩合而制得。不溶于水，溶于油酸、甲酸、乙酸及苯中。其分

子式为 $(C_6H_5NH_2 \cdot C_6H_5NO_2)_x$。油黑外观为黑色均匀粉末，透光强度为标准品的 $(100\pm3)\%$，水分 $<3\%$，细度筛余物（筛孔 0.150mm）$\leqslant 0.1\%$。

b. 氧化铁红　氧化铁红以亚铁盐经氧化和二价铁盐经高温煅烧而制得，在模塑料中起着色作用，其分子式为 Fe_2O_3。Fe_2O_3 外观为深红色均匀粉末，105℃挥发物 $\leqslant 1\%$，色光与标准色板比相似，细度筛余物（筛孔 0.063mm）$\leqslant 0.3\%$。

⑦ 增塑剂　模塑料生产中加入增塑剂是为了改善树脂的可塑性及流动性，这是在注塑性模塑料的生产中常用的方法。通常使用水、糠醛等外增塑剂和二甲苯、苯乙烯等内增塑剂，其用量为 $1\%\sim 3\%$，但是无论增塑剂还是润滑剂的大量加入都会影响树脂的固化速度。

⑧ 增韧剂　为了提高电木制品的韧性，在组成中可以掺入某些韧性聚合物，例如尼龙或丁腈橡胶等作为增韧剂。掺用方式是先将酚醛树脂与增韧剂进行混炼（共混），在造粒后与其他组分配合生产电木粉。

7.1.2.2　酚醛模塑料制造工艺

生产酚醛模塑料有干法和湿法两种。干法是以线型酚醛树脂为基材、粉状物质为填料、六亚甲基四胺为固化剂，在干态下进行生产，也称二步法。湿法是以可溶性液态树脂为基材、纤维状物质为填料，在液态下进行生产，也称一步法。从生产规模来看，工业生产中最常用的是干法生产。现将两种生产方法介绍如下。

(1) 干法生产　干法生产工艺流程如图 7-1 所示。

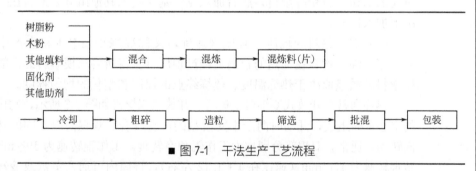

■ 图 7-1　干法生产工艺流程

各种原材料在进行混合前，还应有必要的备料工序，包括原材料检验。细度不合格的需要再粉碎、过筛；各种原材料按批用量进行计量等。

表 7-4 列出了国内酚醛模塑粉的几组经典配方，表 7-5 为国外两组酚醛模塑料实用配方，可供参考。

干法生产酚醛模塑粉有下述两种方法，即辊压法和螺杆挤压法。

① 辊压法

a. 间歇辊压法

(a) 原料混合　按配方备齐各组分，并按一定顺序将料加到螺带式混合机中，将物料混合均匀。混合时间每次应不小于 60min，投料顺序应先投入

■表 7-4　国内酚醛模塑粉的几组经典配方（质量分数）　　　　　　　　　单位：%

组分名称	配方 1	配方 2	配方 3	配方 4
酚醛树脂	42.8	47.4	34	51.6
木粉	43.6	41.8	—	40.8
云母	—	—	59.5	—
六亚甲基四胺	6.5	2.0	2.5	1.0
氧化铁红	4.4	—	—	4.4
回收电木粉	—	3.9	—	—
苯胺黑	1.1	1.2	—	—
石灰或氧化镁	0.9	2.5	2.5	—
润滑剂	0.7	1.2	1.5	1.4
氨水	—	—	—	至甲醛无为止

注：配方 1 为热塑性树脂类，模塑粉适用于制造一般工业品及日用品；配方 2～4 为热固性树脂类，模塑粉适用于制造电绝缘制品。

■表 7-5　国外两组酚醛模塑料实用配方（质量分数）　　　　　　　　　单位：%

组分名称	13 型（电绝缘型）	31 型（通用型）
热塑性酚醛树脂+HMTA	34	47
促进剂	2	2
脱模剂	2	2
木粉	—	30
无机填料	20	17
云母	40	—
颜料	2	2

量大的木粉、石粉等填料，然后加六亚甲基四胺和其他组分，最后在搅拌情况下加入树脂。

(b) 混合物料的辊压　辊压（热炼，又称混炼）是电木粉生产中的主要工序，混合物料在加热的辊筒上经过辊压可获得所要求模塑料的性能，其模塑料的质量取决于热炼温度、热炼终点的控制和塑化的均匀程度。

热炼通常在开放式双辊机上进行。开放式双辊机如图 7-2 所示，它由钢质的空心辊筒组成，开动时两个不同齿数的齿轮咬合，双辊筒以不同的转速反向转动。通常，双辊筒分别称为工作辊和空转辊，工作辊转速为 19r/min，空转辊转速为 17r/min（速比在 1∶1.12 左右），辊筒内可通入蒸汽或冷却水来调节辊筒温度，低温辊筒温度应比树脂软化温度略高，一般为 85～110℃，高温辊筒则为 100～150℃。双辊机的主要技术参数如表 7-6 所示。

进行辊压操作时应先按工艺要求调节好辊距、温度，将双辊机开动，随后定量加入混合料到辊筒之间，开始辊压，混合料中的树脂受辊筒温度的影响而熔化，并浸渍其他组分，因树脂熔化而形成的黏性物料将均匀地黏附在一个辊筒的表面上，这个辊筒称为"工作辊"，而另一个辊筒相应地称为"空转辊"。工作辊的温度较低，但转速较快，应定时将黏附在辊筒上的物料切下来，然后再送入辊筒之间，这样就能达到均匀混合的目的。

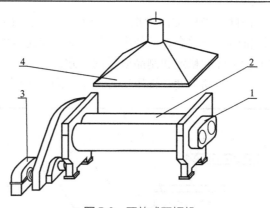

■ 图 7-2 开放式双辊机

1—传动机构；2—辊筒；3—齿轮箱；4—排风罩

■表 7-6 不同型号的双辊（炼塑）机（辊压机）主要技术参数（四川亚西机器厂生产）

项目	SK-250	SK-360	SK-450B	SK-550	SK-660C
前后辊筒工作直径/mm	250	360	450	550	660
辊筒工作长度/mm	620	900	1200	1500	2130
前辊筒线速度/(m/min)	14.8	16.8	23	28.07	30
前后辊筒速比	1:1.1	1:1.27	1:1.27	1:1.3	1:1.26
最大辊距/mm	8	10	10	15	15
一次加料量/kg	10~15	15~20	25~35	35~50	80~100
主电机型号	Y200L-8	Y225M-6	Y280M-6	Y3155-6	Y355M-8
功率/KW	15	30	55	75	132
转速/(r/min)	730	980	980	980	740
减速器	NGW 行星减速机	NGW 行星减速机	NGW 行星减速机	NGW 行星减速机	NGW 行星减速机
速比	35	49.7	46.9	45.37	38
外形尺寸（长×宽×高）/mm	3750×1270×1620	4050×1770×1700	5560×1900×1750	6200×2300×1780	7590×2630×2060
质量/kg	3100	6700	10800	20500	31500

(c) 粉碎和造粒　热炼后的物料在传送带上冷却成为硬而脆性的薄片，经粗碎后进入螺旋输送机，再用造粒机进行造粒和筛选，然后由叶片鼓风机直接把物料送入贮斗中。目前，酚醛塑料生产在国内大部分都采用双辊开炼机热辊炼塑成片，冷却后粉碎，但粉碎一直是成品率好坏最后一道的关键生产工序，长期被视为公关课题。为了使热固性塑料适用于自动压制、注射、传递成塑，对酚醛塑料的粉粒形状和粒径分布提出了新的要求，即要求粉粒粒度在 40~60 目之间，80 目以上的细粉越少越好。经过多年不懈的努力，上海欧亚合成材料有限公司发明了"酚醛模塑料磨辊粉碎工艺"技术，申请并获得了国家发明专利权（专利号 ZL 95 11734.3）。该专利技术提供一种工艺简单、设备成本低、生产产品粒度好的相向速差辊压粉碎酚醛塑料的工艺

方法。

(d) 併批　併批又称拼批，它是将多批生产出来的电木粉送入一个大型混合设备中进行混合，以使出厂的产品质量更为均一，也更便于电木制品成型时工艺条件的稳定和制品质量的一致。

为了减轻劳动强度，辊压法各设备之间可按图 7-3 所示进行配置。

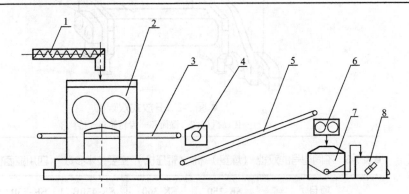

■ 图 7-3　辊压法设备配置示意图

1—螺旋输送机；2—辊压机；3—传送带；4—热切机；5—冷却输送带；
6—粗碎机；7—造粒机；8—筛分机

b. 连续操作辊压法　此法可大大减轻间歇辊压法中输送物料的繁重劳动，提高劳动生产率，提高质量和产量，所有设备均可布置在垂直方向上，减少厂房占地面积。

以日本松下电工株式会社酚醛模塑料生产线为例介绍连续辊压法的流程。树脂自树脂车间真空送入贮斗，木粉等其他添加原料以气力输送或吊车送入贮斗。配料用确定的磁性卡片投入控制屏后，贮斗下的计量器开始操作计量，并送入高速混合器中混合，再进入预混合机，混合后进入混合贮斗，用连续混合输送器（添加补液）不断送入大型双辊机（ϕ750mm，长为2250mm）热炼（按工艺将空转辊调整温度为 150～160℃，操作辊温度为90～100℃，操作辊的转速为 19r/min），功率为 370kW，大型双辊机为 4 把直立板式犁刀（可移动），根据流动性要求用切刀切下料片，由输送带送入冷风冷却带，冷却后进入轧碎机，轧碎后用螺旋输送器送入细碎机细碎，负压吸入贮斗，进入振动筛分挡过筛，100 目下细粉回入集尘器进入预混器回用，粗片回入细碎机再细碎，符合要求的细粒料进入批混机批混，然后进入自动计量包装，堆装入库。月产量 750t 以上，操作人员每班 4 人。

大双辊机的连续生产线经物料气力输送、粉尘治理、自动计量配套实现连续生产，可自动化控制，且机械磨损较小，其生产效率较高，因此，在国内得到广泛应用。如上海欧亚合成材料有限公司、福建沙县宏盛化工有限公司等生产运行良好，其连续生产规模可达 700t/月以上，操作人员每班 5 人，已接近国际先进水平。

② 螺旋挤压法　此法是现代化的连续制造法。图 7-4 为双阶式热固性塑料螺杆挤出机流程。

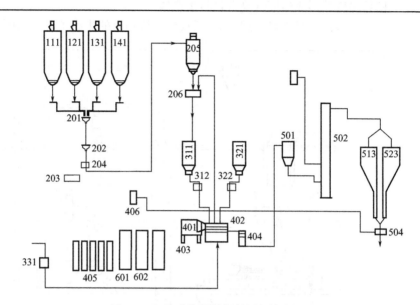

■ 图 7-4　双阶式热固性塑料螺杆挤出机流程

酚醛树脂与六亚甲基四胺分别经粉碎后，与木粉、碳酸钙等原料负压吸送到代号 111、121、131、141 四个贮斗，贮斗的底部连接出料螺杆。微机按照工艺配方进行自动计量和配料到料斗 201，计量后物料投入连接贮斗 202 中，经旋转阀 204 定量出料，以回转式鼓风机 203 风送到中间贮斗 205，再投入到带式混合机 206 中，并从此混合机入口加入少量添加料，进行充分混合。

物料经充分混合（约 8min）后出料，通过金属分离器分离去金属杂质，下料到贮斗 311 中，经过皮带秤 312 计量后进入 DKG20-25 挤塑机 401 中，塑化后，再进入螺旋造粒机 404 挤出造粒。粒状产品经鼓风机输送到螺旋振动输送机 502 中冷却，最后进入两个成品贮斗 513、523 中，采用袋式自动秤 504 计量包装。

所有贮存、输送、计量和称量设备的控制与监视，都是通过中心控制系统 601、602 控制柜进行的，其中有一套微机进行程序控制。

DKG20-25 挤塑机是瑞士布斯公司（Buss）制造的大型热固性塑料挤塑造粒机。布斯混炼机是一种独特的混炼挤出机，最大的特点是其特别的工作原理。螺杆在旋转的同时，每旋转一周，还朝前朝后各往复运动一次。往复运动的混炼螺杆上的混炼螺片与每一个固定在机筒筒体内的混炼销钉相互运动，在极短的加工长度内，达到出色的混炼效果。

布斯热固性塑料挤出造粒机 MSK100 的产量为 200～400kg/h，MSK140 的产量为 400～1000kg/h，MSK200 的产量为 800～2000kg/h。

中国江苏江阴新达塑料机械公司已开发了上述原理的 SJW 型往复式螺杆挤出机并形成热固性复合材料生产线。

酚醛模塑料也可采用 ZSK 型双螺杆挤塑机的生产工艺，如图 7-5 所示。

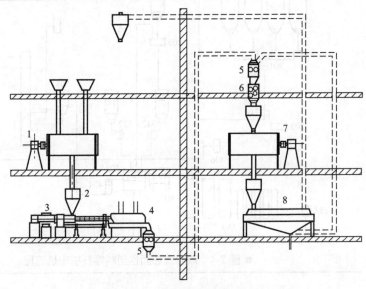

■ 图 7-5　ZSK 型挤塑机流程
1—混合机；2—振动漏斗；3—ZSK 型挤塑机；4—冷却设备；
5—轧辊；6—粉碎机；7—混合机；8—筛分机

ZSK 型挤塑机由德国科培隆（Coperion）公司（原德国 W.P 公司）生产制造。双螺杆生产酚醛模塑料，具有生产效率高（ZSK90 型，每小时能生产 1000kg）、自动化、密闭、质量稳定的优点，但设备投资较高，螺杆易磨损，需一定的维修费用。国内江苏常熟东南塑料有限公司使用该双螺杆挤塑机的生产线运行良好。

在中国兰州兰泰机械有限公司已成批制造 SPJ 分式双螺杆挤塑机（热固性树脂专用），并已具有在万吨级生产装置上连续多年运行的应用业绩，表 7-7 为 SPJ 系列剖分式双螺杆挤塑机技术参数。

■表 7-7　SPJ 系列剖分式双螺杆挤塑机技术参数

项目	SPJ-38	SPJ-48	SPJ-58	SPJ-68	SPJ-78	SPJ-92	SPJ-132	SPJ-168
螺杆直径/mm	38	49.2	57	68	77.9	90	132	168
螺杆长径比	15～20	15～20	15～20	15～20	15～20	15～20	15～20	15～20
螺杆转速/(r/min)	30～300	30～300	30～300	30～300	30～300	30～300	30～300	30～300
主电机功率/kW	15	30	45	55	90	160	200	315
生产能力/(kg/h)	15～60	30～120	60～180	100～300	250～650	500～900	1000～2000	2000～3600

另外,根据生产酚醛模塑料的品种与特性,也可采用涡轮混合工艺:树脂在高速混合设备中浸渍填料和增强剂,固体树脂由于摩擦生热而熔融,将其他组分浸渍并形成粒状产品。因此该方法也称"熔融流动工艺",如图7-6所示。

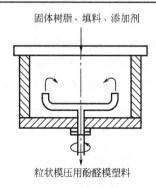

■ 图7-6 高速混炼机生产工艺

(2) **酚醛模塑料湿法生产工艺** 用湿法制造模塑料是将热固性酚醛树脂溶液与各种配料如填料、颜料等相混合,其配方如表7-8所示。湿的混合物在Z型混合机中混合后即送入真空烘箱中烘干,去除溶剂研细即为模塑料,烘干的时间与温度可控制成品的流动性。

■表7-8 热固性酚醛树脂模塑料的配料 (按质量计)

配料	用量	配料	用量
热固性酚醛树脂	40~50份	消石灰	5~0份
木粉	50~40份	颜料	1.5~0份
无机填料	0~10份	油酸	少量
六亚甲基四胺	0~2份		

① 溶液法 按配比工艺制成的酚醛树脂溶液,其溶剂可为乙醇与各种芳香族溶剂的混合物。制造模塑料时,先将树脂溶液注入Z型混合机中,再加入油酸、六亚甲基四胺及颜料,经搅拌20min后,再加入木粉。木粉分4次加入,每加1次,搅拌5min。待全部加入后,继续搅拌1h,在此期间,混合物温度不应超过45℃,混合结束后即进行真空干燥,并不时翻动。干燥的温度为80~85℃,真空度为(7.73~7.9)×10^{4}Pa(580~600mmHg),最后将混合物干燥,即得成品。

② 水乳液法 将酚醛树脂水乳液、油酸或硬脂酸及六亚甲基四胺水溶液装入Z型混合机中,搅拌10min,再加铁红粉与木粉(可分4次加入,每次加入,搅拌5min),最后在40~45℃下搅拌若干时间,便将混合物送入真空干燥器中,进行干燥,烘干时应时时翻动,并控制温度为70~80℃,真空度为(8.64~9)×10^{4}Pa(650~680mmHg),干燥时间根据成品要求而定,如需流动性大,则可缩短时间;如要求电绝缘性能高,则应加长时间。

7.1.3 酚醛模塑料的性能

7.1.3.1 流动性

流动性是模塑料加工的一项重要的工艺性指标，模塑料的流动性意味着在加工条件下充满模腔的能力。随着热固性塑料成型加工技术的不断发展，流动性试验方法和设备也在不断更新和改善。常用的流动性测试方法有下列几种。

(1) 杯式试验法　可采用 DIN 53465 标准中杯式测量法，如图 7-7 所示。

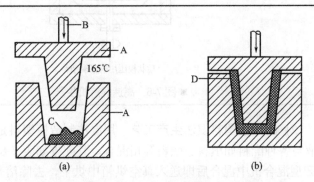

■ 图 7-7　杯式测量

A—165℃模具；B—压力；C—模塑料；D—模压杯

(2) 圆盘流动性测试法　圆盘流动性测试如图 7-8 所示。圆盘测试法是

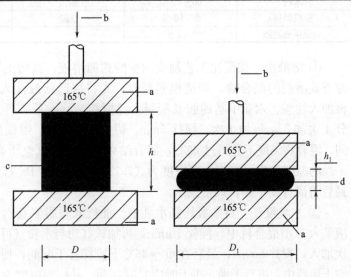

■ 图 7-8　圆盘流动性测试

a—平板加热到 165℃；b—加压；c—测试前模塑料，直径 D，高 h；d—测试后模塑料，直径 D_1，高 h_1

使用两个加热板，一定量的模塑料在模具中被压成一个圆盘，模具压力及温度是固定的。模塑料的流动/固化参数是由成型后圆盘四个特定点的厚度来决定的，圆盘流动性数值是将这四个点厚度（以 mm 为单位）的加和再乘以 10。

（3）圆孔流动性测试法（OFT 法） 圆孔流动性测试是依据 ISO 7808 所规范的压缩模具所做的，包含一个圆柱桶状的母模以及一副特制镂孔机状的公模。在加压合模的过程中依据成型材料固化速度不同，会有一部分材料被挤压出来。这些被挤压出来的材料占原来总喂料量的质量百分比就是圆孔流动性值。在此试验中模具压力、温度以及喂料量都有一定规范，通常所使用的模压为 4MPa、7MPa、12MPa 或 19MPa，如图 7-9 所示。

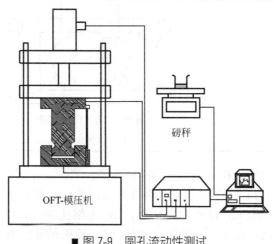

■ 图 7-9　圆孔流动性测试

（4）拉西格流动性测试法 在固定压力、温度及压制时间下，测定物料进入模腔行程长度的方法称为拉西格法。

它将由两个半片模所组成的钢圆锥体，装于高 250mm 的钢夹圈中，在半片钢圆锥体中，具有横断面积逐渐减少的棱柱体流胶槽，将冷压的模塑料试样（7.5g）装到流胶槽的圆柱体部分（直径 30mm），并将模具预热到 160℃，在 300kgf/cm²❶ 压力下加压 3min，拆开模具后，测量棱柱体细杆的长度，以 mm 表示，作为流动性的指标，拉西格法有一定的局限性，且模具制造比较困难。

（5）布拉班德（Brabender）塑性仪测定法 布拉班德法是用一对回转翼（roller）以加热室内的试料在强力混炼时发生的扭力（torgue）变化来测定流动固化特性的一种方法，用它可测定注塑料熔融时的转矩和流变行为，以得到热稳定数据。在捏炼试验中，成型材料被放入一台根据 DIN 53764 所规范的小型加热捏炼试验机中（图 7-10）。将由驱动电机轴承所测

---

❶ 1kgf/cm² = 98.0665kPa。

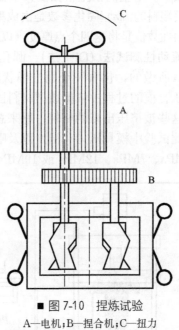

■ 图 7-10 捏炼试验
A—电机；B—捏合机；C—扭力

得的扭力值与相对应的试验时间作图。

图 7-11 中的 B 点表示物料开始熔化，C 点为全部熔化，此后，固化开始，黏度增大，D 点为固化点，BC 为熔化曲线，CD 为固化曲线，$C'D'$ 为固化时间，在 110℃ 或 140℃ 恒温时，转矩最低值所保持的时间（大致相当于 $A'B'$），此阶段物料流动状态最佳，表示在注射机机筒中可安全滞留，从最低值的大小及安全滞留时间的长短，可判定物料的注射成型可能性。在 170℃ 恒温时，$A'B'$ 的长度是模拟注塑料在模腔内的固化时间，通过转矩试验，可以观察物料塑化流动和交替固化这两个同时存在又相互制约的对应因素，可比较深刻地反映出物料的特性，因此，塑化转矩试验对于酚醛注塑料的研制是一种非常有用的手段。

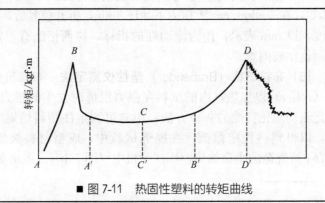

■ 图 7-11 热固性塑料的转矩曲线

7.1.3.2 力学性能

(1) 温度对机械强度的影响 把各种酚醛模塑料放在200℃环境中，经过1000h后的拉伸强度和弯曲强度变化如图7-12和图7-13所示。从图中可看出，用玻璃纤维增强的制件受温度影响极小，尺寸稳定，适用于制备长期受力的零件。

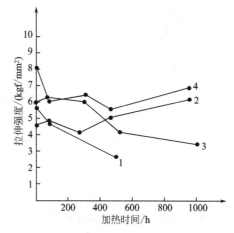

■ 图7-12 酚醛模塑料加热后拉伸强度的变化（200℃，$1kgf/mm^2 = 9.80665MPa$）
1—棉布+无机填料（相对密度1.61）；2—无机填料（相对密度1.86）；
3—无机填料（相对密度1.85）；4—适量玻璃纤维填料（相对密度1.76）

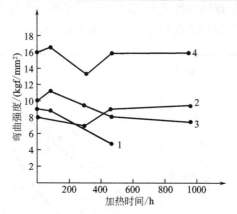

■ 图7-13 酚醛模塑料加热后弯曲强度的变化（200℃，$1kgf/mm^2 = 9.80665MPa$）
1—棉布+无机填料（相对密度1.61）；2—无机填料（相对密度1.86）；
3—无机填料（相对密度1.85）；4—适量玻璃纤维填料（相对密度1.76）

(2) 湿度对机械强度的影响 由于酚醛树脂羟基对水的亲和力较强，所以湿气吸附在树脂表面，此外填料也是容易吸湿的。制件吸湿后体积膨胀，产生内应力，会引起翘曲变形。图7-14表明了木粉填料的酚醛制件由吸湿引起弯曲强度和弯曲弹性模量的变化，一般吸湿 3%，弯曲强度要降低 25% 左右。

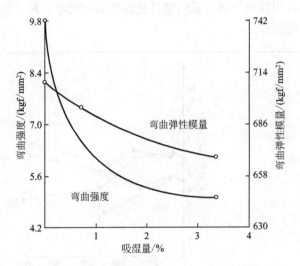

■ 图 7-14　酚醛模塑料吸湿后的弯曲强度和弯曲弹性
模量的变化（$1\text{kgf/mm}^2 = 9.80665\text{MPa}$）

7.1.3.3　电气特性

(1) 温度对电性能的影响　酚醛模塑料的介电特性、绝缘电阻、介电强度随温度变化的情况如图 7-15～图 7-17 所示。

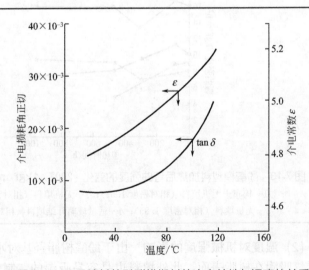

■ 图 7-15　云母填料的酚醛模塑料的介电特性与温度的关系

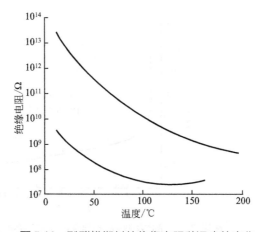

■ 图 7-16　酚醛模塑料的绝缘电阻随温度的变化

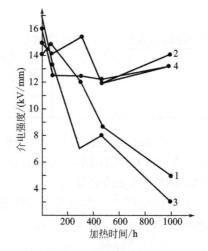

■ 图 7-17　酚醛模塑料介电强度的变化（200℃环境中）
1—棉布＋无机填料（相对密度 1.61）；2—无机填料（相对密度 1.86）；
3—无机填料（相对密度 1.85）；4—适量玻璃纤维填料（相对密度 1.76）

(2) 湿度对电性能的影响　酚醛模塑料的吸湿量同填料的种类有直接关系。把各种填料的酚醛模塑料浸渍在 24℃ 的水中。木粉填料酚醛模塑料吸湿后的体积电阻变化如图 7-18 所示，即 2 天内模塑料的电阻下降 5 个数量级。

此外，酚醛模塑料中的含水率同样会影响制件的电性能。当含水率为 2%～3% 时，变化不太大；如果达到 5% 以上时，则电性能迅速下降。

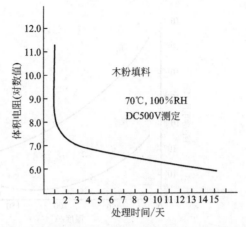

■ 图 7-18 酚醛模塑料制品在高湿度下的体积电阻变化

7.1.3.4 物理特性

(1) 成型收缩率 表 7-9 是使用不同填料的酚醛模塑料压塑成型时的收缩率。

■表 7-9 不同填料的酚醛模塑料压塑成型时的收缩率

填料种类	收缩率/%	填料种类	收缩率/%
玻璃纤维	0.05~0.2	木粉+石棉	0.5~0.6
石棉+云母	0.2~0.4	木粉、纸屑、布屑	0.6~0.8
石棉	0.3~0.5	合成纤维	1~1.4

应当引起重视的是，在传递成型和注射成型中，当熔融料充填型腔时，因浇口的形状、位置以及制件的形状不同而会发生复杂的填料定向，出现各向异性，有时收缩率可达 2 倍之差。

图 7-19 是酚醛模塑料中含水率对成型收缩和后收缩的影响。使用含水率高的模塑料作为高温下使用的零件时，有可能发生尺寸变化和龟裂等现象。

(2) 线膨胀系数 图 7-20 是酚醛模塑料相对密度与线膨胀系数的关系。随着塑料内玻璃纤维等无机填料含量的增加，线膨胀系数降低；而含有合成纤维填料的塑料，则线膨胀系数较大。

(3) 耐热性 酚醛树脂的耐热性比环氧树脂、不饱和聚酯树脂好，而次于有机硅树脂。从实用角度来看，各种填料酚醛模塑料的使用温度分别是：无机填料 160℃；有机填料 140℃；玻璃纤维填料的最高使用温度是 160~180℃。

(4) 耐腐蚀性 不含填料的酚醛树脂几乎不受无机酸侵蚀，不溶于大部分碳氢化合物和氯化物，也不溶于酮类和醇类，也不耐浓硫酸、硝酸、高温铬酸等腐蚀。

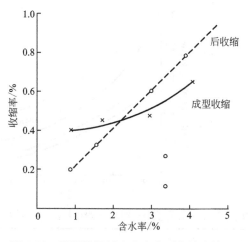

■ 图 7-19　酚醛模塑料中含水率对收缩率的影响

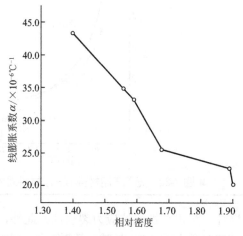

■ 图 7-20　酚醛模塑料相对密度与线膨胀系数的关系

(5) 成型加工性　酚醛模塑料具有良好的电绝缘性、力学性能和耐热性，且价格低廉，具备了作为工业材料的必备条件。

随着注射成型机、模具和模塑料技术的进步，大幅度提高了生产效率和自动化程度。到 20 世纪 70 年代初，又研究成功了酚醛模塑料无流道成型技术，可基本上解决注射成型中流道材料损耗的问题，同时也提高了经济效益。

图 7-21 和图 7-22 分别表明了无流道用材料的黏度特性及与一般材料固化时间的比较。

(6) 酚醛模塑料的性能　酚醛模塑料（根据特定的填料、增强剂和各种混合搭配）的潜在性能包括较高的强度、刚度和硬度、低漏电起痕性、好的

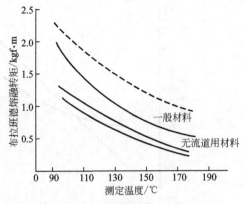

■ 图 7-21　无流道用材料与一般材料的黏度特性（1kgf＝9.80665N）

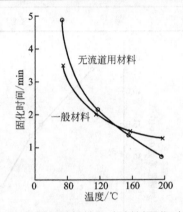

■ 图 7-22　无流道用材料与一般材料固化时间的比较

韧性、阻燃性、耐炽热性、抗应力裂纹性。此外，酚醛模塑料有较好的性价比。酚醛模塑料能耐弱酸、弱碱、乙醇、酯、酮、醚、氯代烃、苯、矿物油、动植物油脂等化学物质，但不耐强酸、强碱或沸水。

与金属比较而言，酚醛模塑料在结构设计的自由度上具有优势，如便于造型设计；由于功能性零件能具有集成性，从而减少了制造成本；比起浇铸铝来，生产塑料制品时使用的模具具有更长的寿命，因此也可大大降低成本；同时由于密度减小而造成重量减少也可以降低成本，尤其是在汽车制造业中，重量减少反过来又可以降低燃油/能源成本；尺寸公差也更精确，不需要进一步的机加工。

热固性塑料尤其是酚醛模塑料，与热塑性塑料相比，其优势有：①在受热和加压条件下的尺寸稳定性；②可靠的耐化学品性；③高表面硬度、表面不易损伤；④高绝缘性能；⑤无卤阻燃性；⑥不同壁厚不会出现凹痕。

热固性模塑料具有很大的交联密度，因此具有很高的压缩强度、很低的断裂伸长率,显示出脆性。如果通过加入改性剂等手段增加韧性,则酚醛模塑料将会损失耐热性或低温流动性等。图 7-23 显示了酚醛模塑料与热塑性塑料的断裂伸长曲线。

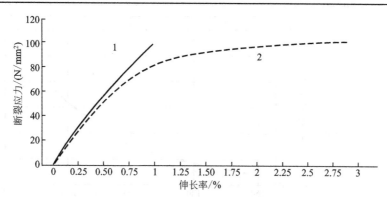

■ 图 7-23　酚醛模塑料与热塑性塑料的断裂伸长曲线（$1N/mm^2 = 1MPa$）
1—酚醛模塑料；2—热塑性模塑料

　　酚醛模塑料与其他热固性模塑料和热塑性塑料相比,最主要的不同点在于热性能。图 7-24 显示了不同材料的剪切模量曲线,可见将含有 30% 玻璃纤维的酚醛模塑料（PF GF30）与玻璃纤维增强的聚碳酸酯（PC GF30）和聚对苯二甲酸乙二酯（PET GF20）进行比较,尽管都是玻璃纤维增强,两种热塑性塑料在一个特征温度即玻璃化转变温度仍出现了软化,剪切模量也随之急剧降低。相反,热固性酚醛模塑料在整个测量温度范围内,其剪切模量几乎保持不变,说明酚醛模塑料玻璃化转变温度可达到很高数值。

　　热处理可以增加玻璃化转变温度。玻璃纤维增强酚醛模塑料 PF6507 预

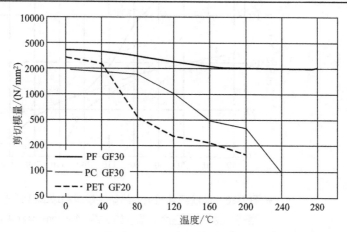

■ 图 7-24　剪切模量与温度对照（$1N/mm^2 = 1MPa$）
PC—聚碳酸酯；PET—聚对苯二甲酸乙二酯；GF—玻璃纤维

热处理以后，玻璃化转变温度的范围在 200～350℃之间，比大多数热塑性塑料高出许多。图 7-25 显示了酚醛模塑料 PF6507 的玻璃化转变温度与预热处理最高温度的相关性（热处理：6h/150℃和 2h/各种温度）。

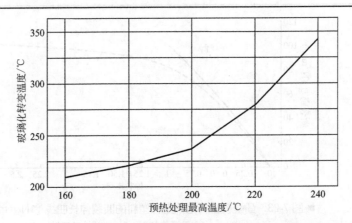

■ 图 7-25 玻璃纤维增强酚醛模塑料 PF6507 的玻璃化转变温度与预处理最高温度的关系

图 7-26 显示了玻璃纤维增强的热塑性塑料（PPS GF40 和 PA6 GF35）和玻璃纤维增强的酚醛模塑料 PF6540（经热处理与未经热处理）拉伸强度与温度的关系，可见增强热塑性塑料的强度随温度升高急剧下降，而增强酚醛塑料下降幅度小得多。

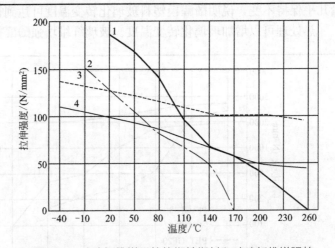

■ 图 7-26 玻璃纤维增强的热塑性塑料和玻璃纤维增强的酚醛模塑料拉伸强度与温度的关系（$1N/mm^2 =1MPa$）

1—PPS GF40 聚苯硫醚；2—PA6 GF35 尼龙 6；3—PF6540 玻璃纤维酚醛模塑料（热处理后）；4—PF6540 玻璃纤维酚醛模塑料（未经热处理）

最近几年，在热固性模塑料的发展中，人们对热稳定性的要求越来越高。然而，"高耐热性"这个词仅仅只能通过不同热应力的综合考虑才能得以精确描述。IEC 60216 标准中的"温度指数"（TI）常常作为长期耐热性指标，用来描述模塑料在经历 20000h/180℃ 或者 100000h/150℃ 的处理后，其制件强度仍能保持 50%。TI 仅仅能在有限的程度上用于热塑性塑料和热固性塑料的比较，因为 TI 不能提供指定温度下材料剩余强度的信息，如表 7-10 所示。例如，高性能热塑性塑料，如 PPS，其温度指数为 220℃，但在 200℃ 下的剩余强度几乎不到 5%，而玻璃纤维增强的酚醛模塑料（PF GF25）在 200℃ 下仍有 52% 的剩余强度（相对于原始强度水平）。

■表 7-10　模塑料的剩余强度水平

模塑料	TI/℃ UL	剩余强度/% 100℃	150℃	200℃
PA66	130	51.3	39.7	7.2
PEPT	140	38.1	21.1	—
PPS	220	48.3	34.9	4.7
PF31 (WD30 MD20-WD40 MD10)	—	83.7	51.2	50.1
PF6507，PF6537（GF30 MD20-GF40 MD10）	160	71.9	57.8	52

注：热塑性塑料 PA66、PEPT 和 PPS；酚醛模塑料 PF31 和 PF6507、PF6537。

对这种比较进行扩展，表 7-11 比较了以有机填料和无机填料填充的酚醛、不饱和聚酯、环氧、三聚氰胺/酚醛模塑料的基本性能。由于这种性能模式，使酚醛模塑料能在一个相对广泛的范围中应用，尤其是它们能够采用多种改性方法（有机和无机）。它们的性价比是非常突出的，循环使用性也相对较好。酚醛模塑料的缺点在于，当暴露光照射下时容易发黄，只能在一定程度上着色（不能着亮色），而三聚氰胺、三聚氰胺/酚醛、不饱和聚酯模塑料则没有这种缺陷。另外，三聚氰胺（MF）和不饱和聚酯模塑料有非常好的耐漏电起痕性。

■表 7-11　有机填料和无机填料填充的不同模塑料的基本性能

性能	PF(有机)	PF(无机)	MF/MP(有机)	UP(有机)	UP(无机)	EP(无机)
强度	中等	极好	中等~好	中等	好	好~极好
弹性模量	中等	中等~高	高	中等	高	高
表面电阻	好	极好	极好	中等	好	极高
蠕变破裂强度	好	极好	好	中等	极小	极小
热膨胀	小	极小	小	小	极小	极小
最高温度时的保留强度	高	极高	高	中等	极高	极高
阻燃性	中等	极高	高	中等	极高	中等
电绝缘性	好	好	极好	极好	极好	极好
耐漏电起痕性	中等	中等	极高	极高	极高	中等~极好
介电强度	好	极好	好	中等	中等	极好
着色性	柔光	柔光	全色	全色	全色	柔色

注：树脂基体：PF 表示酚醛树脂；MF/MP 表示三聚氰胺/酚醛；UP 表示不饱和聚酯树脂；EP 表示环氧。

7.1.4 酚醛模塑料的品种与发展

7.1.4.1 国内酚醛模塑料品种介绍

酚醛模塑料通用类品种符合 GB 1404—1995 酚醛塑料技术标准,包括通用(A)、耐热(C)、无氨(R)等(表7-12)。自2009年9月1日起,经国家标准委员会批准将执行 GB/T 1401.1 新标准(详见本章 7.1.6 酚醛模塑料的质量检验及标准)。

■表7-12 酚醛模塑料技术指标[①]

指标名称		指标 通用(A)						
		PF2A1	PF2A2	PF2A3	PF2A4	PF2A5	PF2A6	PF1A2
体积系数	≤	3.0	3.0	3.0	3.0	3.0	3.0	3.0
对试样测试的性能								
密度/(g/cm³)	≤	1.45	1.45	1.45	1.45	1.60	1.45	1.45
弯曲强度/MPa	≥	70	70	70	70	70	60	60
冲击强度[②]								
缺口/(kJ/cm²)	≥	1.5	1.5	1.5	1.5	1.5	1.8	1.3
无缺口/(kJ/cm²)	≥	6.0	6.0	6.0	6.0	6.0	8.0	6.0
热变形温度/℃	≥	140	140	120	140	140	140	120
燃烧性能(炽热棒法)[③]		—	—	—	—	—	—	—
绝缘电阻/Ω	≥	—	10^8	10^{10}	10^9	10^9	10^8	10^{10}
介电强度(90℃)/(MV/m)	≥	—	3.5	3.5	3.5	3.5	—	3.5
介电损耗角正切(1MHz)	≤	—	0.1	0.08	0.1	—	—	0.8
漏电起痕指数/V	≥	—	—	—	—	—	—	—
游离氨/%	≤	—	—	—	—	—	—	0.02
收缩率/%		供需双方商定						
吸水性/mg	≤	60	50	50	40	40	50	50
吸酸率/%	≤	—	—	—	0.5	—	—	—

指标名称		指标 耐热度/℃		电气(R)			
		PF2C3	PF2C4	PF2E2	PF2E3	PF2E4	PF2E5
体积系数	≤	4.0	3.0	3.0	4.0	3.0	3.0
对试样测试的性能							
密度/(g/cm³)	≤	2.0	2.0	1.85	1.95	1.90	1.90
弯曲强度/MPa	≥	60	50	45	50	80	70
冲击强度[②]							
缺口/(kJ/cm²)	≥	2.0	1.0	1.0	1.3	1.5	1.5
无缺口/(kJ/cm²)	≥	3.5	3.5	2.0	3.0	5.0	6.0
热变形温度/℃	≥	155	150	140	140	120	140
燃烧性能(炽热棒法)[③]		—	—	—	—	—	—
绝缘电阻/Ω	≥	10^8	10^8	10^{12}	10^{12}	10^{12}	10^{12}
介电强度(90℃)/(MV/m)	≥	2.0	2.0	5.8	5.8	7.0	5.8
介电损耗角正切(1MHz)	≤	—	—	0.020	0.020	0.020	0.020
漏电起痕指数/V	≥	175	—	175	175	175	175
游离氨/%	≤	—	—	—	—	—	—
收缩率/%		供需双方商定					
吸水性/mg	≤	40	30	15	15	10	15
吸酸率/%	≤	—	—	—	—	—	—

① 流动性指标和试验方法由供需双方商定。
② 冲击强度可以在缺口冲击强度和无缺口冲击强度中任选一种,仲裁时以缺口冲击强度为准。
③ 燃烧性能是指 3min 后使炽热棒离开试样,在 30s 内试样上不应有可见的火焰。

选用不同类别和型号的酚醛模塑粉可以得到不同品种和用途的模塑料，有耐磨酚醛模塑料、特种酚醛模塑料、苯酚糠醛模塑料、快速固化酚醛模塑料、苯胺改性酚醛模塑料、聚氯乙烯改性酚醛模塑料、丁腈橡胶改性酚醛模塑料、尼龙改性酚醛模塑料、二甲苯树脂改性酚醛模塑料、三聚氰胺改性酚醛模塑料、苯乙烯改性酚醛注射模塑料、聚酚醚模塑粉等（可参见第3章）。

7.1.4.2 国外酚醛模塑料的品种与性能

（1）日本住友电木公司的酚醛模塑料产品牌号及特性 其产品牌号及特性见表7-13。

■表7-13 日本住友电木公司的酚醛模塑料产品牌号及特性

用途	牌号	UL94	无氨	注射	传递	压制	特征
汽车机械部件	PM-9640	V-0(1.6)		√	√	√	高强度
	PM-9610			√	√	√	高尺寸稳定性、高耐热性
	PM-9615			√	√	√	耐湿性
	PM-9630K	V-0(0.38)	√	√	√	√	高强度、高耐热性
	PM-9685L		√	√	√	√	高冲击性
	PM=5610			√	√	√	耐磨耗性
	PM-9501	V-0(1.6)		√	√	√	高强度
烟灰缸	PM8180			√	√	√	速硬化性
	PM-55			√	√	√	大容量成型品
整流子	PM-6440	V-0(1.6)				√	高强度
	PM-6431	V-0(3.0)				√	低收缩、压入性良好
	PM-6432				√	√	低收缩、压入性良好、高尺寸稳定性
	PM-6830	V-0(4.2)				√	高冲击性、高耐热性
	PM-6930H			√	√	√	压入性良好、高耐热性
电机电器	PM-8200	HB(0.71)		√	√	√	通用材料
	PM-8380	V-0(0.50)		√	√	√	耐漏电起痕性
	PM-2488	HB相当(0.8)		√	√	√	耐磨耗性、切削加工性
	PM-8740	HB相当(0.8)		√	√	√	速硬化性
	PM-8140	HB相当(0.8)		√	√	√	高强度
	PM-8375	V-0(0.49)		√	√	√	高耐热性
电子部件	PM-9820	V-0(0.43)	√	√	√	√	通用无氨
	PM-9850	V-0(0.50)	√	√	√	√	高韧性
	PM-9630K	V-0(0.38)	√	√	√	√	高强度、高耐热性
	PM-9245	V-0(0.75)	√	√	√	√	高耐漏电起痕性
	PM-9830	V-0(0.69)	√	√	√	√	高强度
	PM-9750	V-0(0.43)	√	√	√	√	高尺寸稳定性
	AM-113	V-0(0.40)	√	√	√	√	高耐漏电起痕性
	AM-100	HB(0.69)	√	√	√	√	高耐漏电起痕性
	TM-4120	V-0(0.75)	√	√	√	√	高耐漏电起痕性、耐电弧性
	TM-EP230	V-0(0.75)	√	√	√	√	高强度
	MMC-200	V-0(0.38)	√	√	√	√	高耐漏电起痕性
	EM-60	V-0(1.0)	√	√	√	√	高耐电压性、高耐电弧性

(2) 德国 Bakelite 公司酚醛模塑料的部分产品与性能　表 7-14 列出了德国 Bakelite 模塑料的产品与性能。

■表 7-14　德国 Bakelite 模塑料的产品与性能

物　性	测试标准编号 ISO/IEC ASTM/UL	PF13	PF31	PF1107	PF2736
密度（23℃）/（g/cm³）	1183	1.85	1.42	2	1.56
视密度（成型材料）/（g/cm³）	60	0.65	0.63	0.97	0.93
成型收缩（射出成型，纵向）/%	2577	—	0.8	0.16	0.6
后收缩（射出成型，168h/110℃）/%	2577	—	0.5	0.08	0.5
成型收缩（压缩成型，纵向）/%	2577	-0.01	0.4	0	0.3
后收缩（压缩成型，168h/110℃）/%	2577	0.02	0.4	0.03	0.4
引张强度（5mm/min）/MPa	527-1/2	—	50	—	50
引张弹性率（1mm/min）/MPa	527-1/2	—	7500	—	10000
压缩强度（试片平板受测）/MPa	604	135	250	—	225
弯曲强度（2mm/min）/MPa	178	85	95	100	95
弯曲弹性率/MPa	178	25000	7500	17000	9500
Charpy 冲击强度（23℃）/（kJ/m²）	179-1/2eU	3	7	6	7
Charpy 缺口冲击强度（23℃）/（kJ/m²）	179-1/2eA	2	1.5	2	1.4
圆球压痕硬度试验（H961/30）/MPa	2039/P1	425	325	450	350
荷重热变形温度 HDT-C(8.00MPa)/℃	75-2	160	125	170	130
最高使用温度（<50h）/℃	60216-P1	200	180	280	200
最高使用温度（<20000h）/℃	60216-P1	150	140	160	150
表面电阻率/Ω	60093	1×10^{11}	1×10^{10}	1×10^{11}	1×10^{10}
体积电阻率/Ω·cm	60093	1×10^{12}	1×10^{11}	1×10^{12}	1×10^{11}
逸散常数（100Hz）	60250	0.04	0.31	0.05	0.3
介电常数（100Hz）	60250	5	10	6	13
介电强度（试片厚度1mm）/（kV/mm）	60243-P1	30	25	30	25
耐漏电起痕指数（测试液 A）（PTI）	60112	175	125	—	175
耐电弧/s	ASTM D-495	—	—	—	130~135
难燃性（UL94）	UL94	94V-1/0.75mm (NC)　94V-0/3.0mm (NC)	94V-1/1.5mm (ALL)　94V-0/3.0mm (ALL)	—	94V-0/0.46mm (BK,Suffix H)　94V-0/0.81mm (NC,GN,BK)　94V-0/1.5mm (ALL)
吸水性（24h/23℃）/mg	62	10	65	5	50
其他		P,UL,Typ	UL,Typ	D,HT	5,D,UL

7.1.4.3　短纤维增强酚醛模塑料

(1) 概况　短纤维增强复合材料（模塑料）比粉粒体增强的模塑料具有更高的力学性能，尤其是冲击强度更为突出，用于制造承受动应力很大的工业零部件和结构件，所用短纤维以短玻璃纤维（短切纤维）为主。

① 组成与配方　由于此类增强材料与粉状酚醛树脂难以混合均匀，所以树脂常用液态的热固性酚醛树脂（Resol）以湿法工艺进行混配。常用的酚醛树脂液为酚醛树脂乳液或酚醛树脂乙醇溶液。济南圣泉化工有限公司生产销售用于浸渍玻璃纤维的酚醛树脂列于表7-15。玻璃纤维酚醛模塑料的典型配方分别列于表7-16。

■表7-15　用于浸渍玻璃纤维的酚醛树脂

型号	外观	固含量/%	黏度(25℃)/mPa·s	游离酚/%	水分/%	备注
PF8201	棕红色液体	75～82	3700～4300	11～14	≤6	可用于浸渍其他纤维及碎屑
PF8202	棕红色液体	73～80	2000～3000	≤10	≤5	
PF8203	棕红色液体	75～80	8000～11500	≤10	≤3	

■表7-16　玻璃纤维酚醛模塑料的典型配方

组分	树脂类别	助剂	溶剂	纤维	备注
配方1	G16	KH-550，加入量为纯树脂质量的1%	乙醇，加入量应使树脂浓度为(50±3)%	树脂:纤维=40:60	KH-550直接加入树脂中（迁移法）
配方2	镁酚醛	油溶墨，加入量为纯树脂质量的4%～5%	乙醇，加入量应使树脂液的相对密度在1.0范围内	树脂:纤维=(40～45):(60～55)	先将油溶墨溶于乙醇中，再加入树脂

② 生产工艺　短切玻璃纤维增强酚醛树脂复合材料的生产工艺（预混法）流程如图7-27所示。

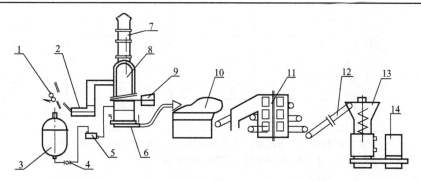

■ 图7-27　短切玻璃纤维增强酚醛模塑料生产工艺（预混法）流程
1—切丝机；2—蓬松机；3—胶液配制釜；4—齿轮输送泵；5—自动计量槽；6—捏合机；7—除尘引风机；8—风动分离器；9—移动式风罩；10—撕松机；11—履带式烘干炉；12—皮带输送机；13—螺旋式装料机；14—装料筒

树脂胶液经胶液配制釜3配制并搅拌均匀后，由齿轮输送泵4送入自动计量槽5内，计量后再送入捏合机6。与此同时，把风动分离器移动式风罩9移至捏合机上方，使捏合机与风动分离器8连通，开动风动分离器上的除尘引风机7、蓬松机2及切丝机1。这样计量过的玻璃纤维在切丝机上切断后，由蓬松机逐渐送入捏合机。约2～3min后，开动捏合机，将玻璃纤维和树脂胶液捏合。达到规定捏合时间后，倾斜捏合机出料。经撕松机 10 将料撕松后，由人工均匀地将料摊放在输送带上，送入履带式烘干炉 11 烘干。烘干后，再将模塑料由皮带运输机 12 送入料斗，由螺旋式装料机 13 包装入袋。这种生产模塑料的连续封闭生产线效率高，模塑料质量稳定，而且降低了工人的劳动强度，也改善了劳动条件，并减少了环境污染。

(2) **品种** 有玻璃纤维聚乙烯醇缩丁醛改性酚醛模塑料、玻璃纤维增强尼龙改性酚醛模塑料、玻璃纤维增强环氧改性酚醛模塑料、玻璃纤维增强环氧改性甲酚甲醛模塑料、玻璃纤维增强酚醛注射料、玻璃纤维增强酚醛耐震模塑料等。

7.1.4.4 长纤维增强酚醛模塑料

热固性树脂预浸复合材料通常是把玻璃纤维布或碳布浸渍树脂，并在不同纤维铺层方向编织。由于更长的纤维长度，这些固化后的预浸料的机械强度，特别是冲击强度，远远高于短切玻璃纤维增强的酚醛模塑料。如需要更高的力学性能，长纤维热固性模塑料的纤维长度也可以达到 12~50mm。当用这种方法增强的时候，这些长玻璃纤维增强材料具有优于热塑性工程材料的抗冲击性。某些长纤维增强热固性模塑料的典型性能如表 7-17 所示。

■表 7-17 长纤维增强热固性模塑料的典型性能

性能	长纤维增强材料						短纤维玻璃纤维
	玻璃纤维		碳纤维		芳纶		
	PF	EP	PF	EP	PF	EP	PF
纤维长度/mm	12	8	12	12	3		—
相对密度	1.90	1.86	1.51	1.43	1.38		1.78
模具收缩率/%	0.09	0.09	−0.01	0.02	0.34		0.24
拉伸强度/MPa	115	119	151	145	185		140
拉伸模量/GPa	30	24	49	46	14		22
弯曲强度/MPa	283	223	340	363	268		230
弯曲模量/GPa	25	17	31	32	10		20
简支梁冲击强度/(kJ/m²)	55	52	60	50	37		3

注：成型方法为压缩成型（长纤维增强材料）和注射成型（短纤维填充材料）；测试方法基于 ISO 标准。PF 表示酚醛树脂，EP 表示环氧树脂。

7.1.4.5 碳纤维增强酚醛模塑料

碳纤维增强酚醛模塑料代表着模塑料进步的里程碑，它突破了旧有的框架，建立了新一代的材料。为了满足在恶劣环境中的应用，通过研究提供一种易成型、性价比高、重量轻的材料，并达到了力学性能和摩擦性能之间的平衡。

碳纤维增强复合模塑料由于碳纤维和酚醛树脂本身的性能具有很多优点：①由于碳纤维增强的低密度；②高温下的高力学性能；③优异的摩擦性能；④优异的耐热性和耐化学性；⑤尺寸稳定性。表 7-18 列出了碳纤维增强酚醛模塑料的性能。

■表7-18 碳纤维增强酚醛模塑料的性能

项 目	测试条件	测试方法	单位	玻璃纤维 GF 55%	碳纤维 CF 30%	聚醚醚酮 CF 30%
相对密度		ISO 1183	—	1.78	1.35	1.4
吸水率		ISO 62	%	0.05	0.07	0.06
洛氏硬度	M标尺	ASTM D-785	—	127	120	107
负载热变形温度	1.8MPa	ISO 75-2	℃	235	260	315
线性热膨胀系数	平行 垂直	—	$10^{-6}℃^{-1}$	17 47	6 55	15 (T_g<143℃)
弯曲强度	一次成型 后烘烤	ISO 178	MPa	230 235	270 280	298
弯曲模量	一次成型 后烘烤	ISO 178	GPa	17.6 17.9	21.0 21.2	19
拉伸强度	一次成型 后烘烤	ISO 527-1,2	MPa	125 110	110 120	220
拉伸模量	一次成型 后烘烤	ISO 527-1,2	GPa	18.6 18.8	23.0 21.2	22.3
断裂伸长率	一次成型 后烘烤	ISO 527-1,2	%	0.82 0.68	0.50 0.53	1.8
压缩强度	一次成型 后烘烤	ISO 604	MPa	320 400	275 280	153～240 —
简支梁冲击强度（缺口）	一次成型	ISO 179-1	kJ/m²	2.8	3.1	7.8

注：后烘烤条件为180℃/4h。

与一些高性能聚合物（如聚醚酰亚胺、聚醚醚酮）复合材料相比，碳纤维增强酚醛塑料可以做到成本下降而性能相近，如表7-18所示。事实上，测试结果显示碳纤维增强酚醛塑料的性能不仅可以跟昂贵的聚醚醚酮/CF材料相比较，在很多情况下还优于它们。碳纤维增强酚醛塑料通过使用轻质碳纤维，不仅表现了低密度，而且具有很高的刚度与密度比。最佳的碳纤维浸渍赋予了材料在高温下很高的热力学性能和耐化学品性能（图7-28），还

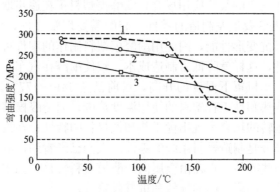

■图7-28 弯曲强度的温度依赖性

1—碳纤维（30%）增强酚醛模塑料；2—碳纤维（55%）增强酚醛模塑料；
3—碳纤维（30%）增强聚醚醚酮模塑料

具有杰出的摩擦性能，它提供了非常高水平的耐磨损性以及在高温下很低的摩擦系数。这使该材料可以适用于与运动部件相关的应用中，特别是在运动部件润滑不良的状况下更具有价值。如真空泵和流体泵的转子和叶轮、各种类型的轴承，以及刹车和引擎系统的密封件。由于碳纤维增强酚醛塑料在超过 150℃ 的温度下连续使用时可以持续保持表面性能和力学性能，所以其潜在应用将可以扩展到恶劣环境下的汽车和工业应用中。

7.1.4.6 国内外纤维增强酚醛复合材料的发展与应用

(1) 国外　目前，酚醛模塑料的开发，仍围绕着增强、阻燃、低烟及成型适用性方面展开。在汽车制造及安全性要求严格的航空航天和建筑领域继续与其他材料，特别是热塑性工程塑料相抗衡。据报道，这些被称为工程酚醛塑料的高性能材料在美国已占酚醛塑料市场的 15%。

最近日本住友-Durez 有限公司公布了一项计划，准备开发生产酚醛树脂预浸料，目标是用于航天飞机的复合材料。

酚醛模塑料最活跃的应用领域一直是制作汽车发动机罩下零件。目前，新开发的抗冲击性、耐高温性、耐替代燃料的腐蚀性及尺寸公差等方面的酚醛模塑料，所取得的实质性的进展已引起了汽车设计者的关注。例如，运用特殊的配方技术使酚醛模塑料在提高抗冲击性方面取得了很大进展。各大公司正在推出多种高抗冲击新品种。Occidental Chemical 已开发了两种玻璃纤维增强模塑料 Durez 32633 和 Durez 31988。Durez 32633 的压缩强度为 275.8MPa，弯曲强度为 206.9MPa，拉伸强度为 137.9MPa，被认为可能是市场上最具韧性的粒状酚醛模塑料。Resinoid 商品化了一个耐高温模塑料 1460，这是一种长玻璃纤维增强品种，冲击强度达 $1762J/m^2$，这种材料主要用于模压成型，但也可用于传递模塑和注射成型，主要用于制作机罩零件。Plaslok Corp 为进入美国汽车机罩市场提供了 Plaslok 307，把耐热性和抗冲击性结合起来，用它制造的制动加力器阀体质量仅为原来铸铝的一半。

在汽车的某些应用场合，酚醛模塑料正在逐步取代热塑性塑料。一些原来用 PPS 及尼龙制造的零件，装配需要埋塑嵌件，而酚醛模塑料具有优良的高温抗变形性能，因此用酚醛模塑料制作的零件可直接用螺栓装配而无须内嵌件，这样就降低了制造成本。致使酚醛在汽车上应用增长的另一原因是由于汽车机罩下温度的升高，目前已达 149~177℃。这已超过了通用树脂和某些热塑性工程塑料的使用温度范围，而酚醛模塑料能在高温、高负荷下长期运转的场合表现出优于热塑性材料的特性；在汽车制造中另一个正在增长的部分是制造燃料系统的零件。人们已经看到，应用于燃料系统苛刻环境下的一些零件，正在由金属向酚醛模塑料转移。如用酚醛模塑料制造化油器体的节气门段、燃油导轨和进气歧管等。

(2) 国内　西北工业大学是国内较早研发玻璃纤维酚醛模塑料的高校，其中涉及混杂纤维增强热固性注塑料的研究，他们研制了有机纤维 C 与玻璃纤维掺混的短切（8~10cm）混杂纤维增强的酚醛热固性注塑料。结果表明，玻璃纤维中仅加入5%有机纤维更能阻碍裂纹的扩展，它可满足汽车电极绝缘制件的要求。该校还开展了三元尼龙改性酚醛的研究，试验表明，采用三元尼龙共聚改性酚醛树脂的体系，其分散相和连续相有良好的相容性，可大幅度提高其玻璃纤维增强塑料的力学性能。

五三研究所与山东工业大学研制的耐烧蚀复合材料，用新型的耐烧蚀、高碳化率酚醛树脂，以玻璃纤维增强，其复合材料可用于固体火箭发动机部件上。

浙江大学材料学院以热固性液体PF树脂和热塑性固体PF树脂相结合，并添加高填充量的短切玻璃纤维，采用复配的固化体系，应用界面改性技术，试制了高热稳定性酚醛注塑料，其热稳定性可提高到300℃（2h），并具有优良的尺寸稳定性。

北京航空材料研究院制备了耐高温结构用硼酚醛树脂（PF），其初始分解温度为220℃，在800℃时残炭率为65.5%。硼PF的复合材料在250℃力学性能保持率约为70%。

合肥工业大学等用萘酚部分替代苯酚合成了高残炭热固性PF。树脂分子链中不稳定的醚键含量低于普通PF，产品的分解温度为460℃，残炭率可达61.3%。

华东理工大学采用环氧树脂（EP）作固化剂，2,4,6-三（二甲氨基甲基）-苯酚（DMP30）作固化促进剂改善PF的固化性能，以氢氧化铝和有机磷阻燃剂协同改性其阻燃性能，将其涂覆于GF布上，压制成无卤阻燃PF/EP/GF布复合材料。当氢氧化铝质量分数为14%、DMP30质量分数为1%、有机磷阻燃剂质量分数为4.8%时，无卤阻燃PF/EP/GF布复合材料的固化性能、阻燃性能均达到较佳状态。

江苏常熟东南塑料有限公司开发的NR9400系列新型酚醛树脂制成的玻璃钢制品（不添加任何阻燃剂）和聚酯玻璃钢制品比较，具有如下优点：优异的阻燃性能，制品不易着火或支持燃烧（氧指数>80%）；极低的发烟率，提高了材料的总体安全性（D_m<10）；低毒雾，减少了对生命的威胁；耐高温性好，长期使用温度可达180℃（HDT>200℃），拓宽了玻璃钢的应用领域；耐酸、耐溶剂性能好。

上海欧亚合成材料有限公司研究成功了一种低氯离子含量酚醛玻璃纤维增强模塑料的制备方法。近年来还开发了高强度抗冲击的酚醛模塑料EA-5504J、汽车刹车活塞用酚醛模塑料EA-5548、耐热阻燃级酚醛模塑料EA-5557J、耐高温烧烤酚醛模塑料EA-5559J、换向器用酚醛模塑料EA-5801J等产品。

7.1.5 酚醛模塑料的注射成型加工工艺

粉粒状酚醛模塑料的制品可通过压塑模塑、传递模塑和注射成型等方法加以生产。压塑模塑（模压成型）具有设备制造费用低、模具结构简单、填料方向性小的优点，应用较普遍；传递模塑用于有金属嵌件的电木制品；注射成型生产效率高，劳动强度低，很有发展前途，但对模塑料质量要求更严格，且设备投资较大，在我国应用尚在发展之中。1970 年以来细流道、冷流道（温流道）、无流道注射成型技术不断实用化，提高了酚醛模塑料的经济性，应用范围也在扩大。现着重介绍酚醛模塑料的注射成型工艺。

7.1.5.1 注射成型工艺

(1) 酚醛模塑料注射成型工序 热固性塑料注射成型工艺在 1936 年由美国首创，但直到 1963 年才实现工业化应用。比起热固性塑料的压塑成型工艺，因为有着设备紧凑、生产效率高、自动化程度高、劳动强度低等优点，各国均竞相研发，尤其以日本发展最快，在 20 世纪 90 年代就有 85% 以上的热固性塑料制品是以注射成型法制得的。

酚醛模塑料注射成型用注塑机结构及注塑工艺如图 7-29 所示，投入料筒的注塑料在料筒内螺杆旋转下向料筒前端推移，在推移过程中受到外加热及螺杆摩擦热而不断升温，此时注塑料即行软化、熔融，其结构不变，仅达到预塑化目的。

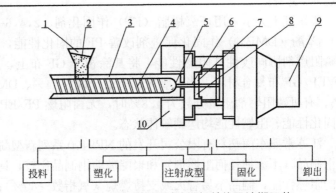

■ 图 7-29　酚醛模塑料注塑机结构及注塑工艺
1—料斗；2—注塑料；3—加热料筒；4—螺杆；5—喷嘴；6—集流腔主浇口；
7—集流腔主流道；8—集流腔辅助流道；9—动模侧；10—定模侧

在实际塑化生产过程中，摩擦热往往超过料筒注塑料所需的塑化热，为此，外加热往往只用于注射料筒预热，而在塑化生产过程中，外加热不仅停止使用，外界还需对料筒壁降温，吸收多余的摩擦热。

此后是注塑计量，螺杆不断把已塑化的熔融料向喷嘴推移，同时在熔融料反作用力影响下，螺杆向后退缩，当熔融料向喷嘴推移，集聚到一次注射量时，此时螺杆后退缩到限位开关，螺杆停止旋转，推移到料筒前端的熔融料暂停前进，等待注射。螺杆后退位置决定一次注射量，而注射量调节要正确，对制品质量有直接影响。料量少则会出现凹陷、疏松、缺料、造成废品；料量太多则会产生严重的飞边，甚至损害模具。

再后是注塑及保压。预塑完成后,螺杆旋转前进,产生强大的螺旋压力,使熔融料从料筒喷嘴射出,经模具集流腔(图 7-29 中的 6、7、8),包括模具的主浇口、主流道、分流道、分浇口和辅助流道,注入模具型腔,直到料筒内预塑化的料全部充满型腔为止。

熔融的预塑料在强大的注射压力下高速流经到截面很小的喷嘴、集流腔。部分压力通过摩擦而转化为热能,使流经喷嘴、集流腔的熔融注塑料从 80~100℃瞬时提高到 130℃左右,达到临界固化状态,也是流动性最佳状态转化点,此时注塑料的物理过程与化学反应同时进行,此时的注射压力是在 118~235MPa(1200~2400kgf/cm^2)范围内,注塑速度一般为 3~4.5s。

为防止型腔中未及时固化的熔融料瞬间倒流出型腔,即从集流腔倒流入料筒,注射压力必须保持到型腔注塑料完全固化。注射后继续保持压力的工序称为保压工序。

进入模具内的注塑料,应及时完成交联固化反应。固化所需时间受注塑料固化速度、制品壁厚、结构复杂程度等的影响,几种酚醛注塑料的注射成型工艺条件列于表 7-19 中。

■表 7-19 酚醛注塑料注射成型工艺条件

型号	料筒温度/℃		模具温度 /℃	注射压力 /MPa	合模压力 /MPa	热压时间 /(s/mm)
	前	后				
PF2H161-Z	80~95	40~80	180±10	78.4~157	98~196	20~30
PF2H1606-Z	80~95	40~60	190±10	78.4~157	98~196	30~40
PF2D151-Z	80~95	40~60	180±10	78.4~157	98~196	20~30
PF2T151-Z	75~85	40~60	180±10	78.4~157	98~196	10~15

图 7-30 为机筒温度分布状态图。图中所示,采用分段控制机筒温度,

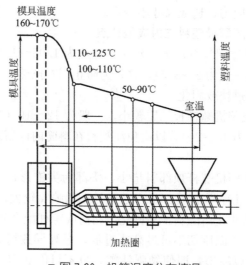

■ 图 7-30 机筒温度分布情况

加料口处为常温，喷嘴处温度最高（约100℃），温度按照如图中折线所示由机筒后部沿机筒轴向逐渐上升。在注射成型过程中，物料由加料口进入螺杆后，要保证其逐步受热均化，特别需要注意的是，机筒的后部温度不能过高，否则进入机筒中的物料受到过多的热量而提前发生固化反应，固化的物料包住后半段螺杆，造成料斗无法继续对机筒喂料。固化的物料还会结块，阻碍螺杆的旋转。此外，从加工的安全性考虑，在保证物料顺利预塑的前提下，使机筒的温度稍微偏低一些为好，以防止物料提早发生固化反应。

图7-31为以木粉为填料的酚醛注塑料成型时的模具温度与固化时间的关系。一般来说，在保证制品使用性能和外观质量的前提下，应尽量提高模具的温度，以便缩短成型周期，提高生产效率。

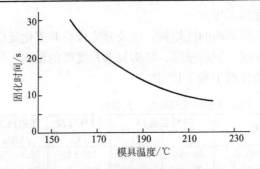

■ 图7-31　模具温度与固化时间的关系

如果模具温度太低，物料不能充分发生固化反应，成型出的制品表面质量较低，力学性能和电性能也较差，不能满足使用要求，脱模时还会造成制品变形开裂。但是模具温度也不能太高，否则制品可能发生焦烧，并残留有较大的内应力，造成尺寸不稳定。

(2) 酚醛模塑料注射成型特点

① 注塑机螺杆压缩比较小，一般为1.05～1.15（热塑性塑料注塑机螺杆压缩比一般为2～3.5），这是为防止因摩擦热太大而引起注塑料在料筒内黏度升高过快或固化。

② 注塑机螺杆长径比较小，一般为12～16（热塑性塑料注塑机螺杆长径比一般为15～20），以避免注塑料在料筒内停留时间过长而导致流动性下降或固化。

③ 注塑机螺杆顶部料垫小，头部为尖锥形，不至于固化而堵塞；喷嘴要敞开，孔径不小于3mm（热塑性塑料喷嘴较大，且需加热）。

④ 为防止熔融料积滞固化，料筒或螺杆配合间隙要小。

⑤ 料筒温度切不可过高或过低，过高导致树脂交联固化；过低流动性太差，难以注塑，即使勉强注塑，也不可能获得合格制品。为便于温度控制，多采用水和油加热而不用电加热。

⑥ 流道要尽量少而短，注塑余量要少，一方面避免堵塞，另一方面减少物料损耗。

⑦ 模具温度要高于160℃，以保证酚醛模塑料在模具内充分固化，但也不宜过高，温度过高将使物料不能充满模腔，锁模力也要较热塑性塑料的锁模力大。

⑧ 要切实保证料筒及模具内气体的及时排除，保证制品的性能及外观达到指标要求。

⑨ 注塑用模塑料要比压缩成型料具有更好的流动性、更快的交联固化速度、更严格的低分子物含量控制、更好的脱模性。

⑩ 制品的收缩率为 1.0%～1.2%，大于压缩成型 0.6%～1% 的收缩率，这是由于填料在浇口处流动取向所造成的。

7.1.5.2 热固性注射工艺的发展

由于热固性塑料一旦成型就不能用于二次加工，为此，近些年人们一直在研发改进型的注射成型，如无流道注射成型、热固性塑料无流道注压成型（注射-压缩相结合的一种成型方式），20 世纪 70 年代国外开始研制应用无流道废料的热固性塑料注射工艺，现在这项技术已经日益成熟。无流道成型实际上并非没有流道，而是首次注射时，热固性塑料充满模具的流道系统，而后保持流道中的物料处于流动状态，以便用于下一次注射充模，故而称为无流道注射成型。这一成型工艺按照成型方式和模具结构的特点又可以分成如下三类：延伸式喷嘴注射成型、绝热流道成型和热流道系统成型。这方面内容限于篇幅，可参阅有关文献。下面介绍关于热固性塑料的注压成型的发展。

热固性塑料注射压缩成型又称二次合模注射成型，简称注压成型。它是将熔体注射进稍微开启的模具型腔内，注射完毕，熔体固化前，通过外力进行二次合模，对物料进行压缩，使物料进一步密实，从而改善制品性能的一种注塑方法，是注塑和压缩模塑的组合成型技术。热固性塑料注压成型工艺流程如下：

初次闭模—注入熔融料—第二次闭模—压缩、固化—开模—顶出塑件

7.1.6 酚醛模塑料的质量检验及标准

酚醛模塑料原执行 GB 1404—1995 国家标准。中国国家标准化管理委员会近期发布了新的粉状酚醛模塑料国家标准（GB/T 1404.1，GB/T 1404.2，GB 1404.3—2008），并于 2009 年 9 月 1 日实施。现将酚醛模塑料的质量检验介绍如下。

7.1.6.1 粉状酚醛模塑料的命名方法（GB/T 1404-1:2008/ISO 14526-1:1999）

① 本部分确定的命名方法基于下列标准模式，如表 7-20～表 7-23 所示。

■表 7-20　粉状酚醛模塑料命名方法的标准模式

说明部分	命名					
		特性组				
	国家标准号	单项组				
		字符组1	字符组2	字符组3	字符组4	字符组5

■表 7-21　字符组 1 中用的字符代号和数字代号

填料/增强材料种类 (符合 GB/T 1844.2—2008)		填料/增强材料形状 (符合 GB/T 1844.2—2008)		含量 $\omega/\%$	
		B	球；珠；小球状	05	$\omega<7.5$
C	碳	C	碎片；切片	10	$7.5\leqslant\omega<12.5$
D	氢氧化铝	D	细粒；粉末	15	$12.5\leqslant\omega<17.5$
E	高岭土			20	$17.5\leqslant\omega<22.5$
		F	纤维	25	$22.5\leqslant\omega<27.5$
G	玻璃	G	磨碎	30	$27.5\leqslant\omega<32.5$
K	碳酸钙			35	$32.5\leqslant\omega<37.5$
L1	纤维素			40	$37.5\leqslant\omega<42.5$
L2	棉			45	$42.5\leqslant\omega<47.5$
M	矿物			50	$47.5\leqslant\omega<52.5$
P	云母			55	$52.5\leqslant\omega<57.5$
Q	硅土			60	$57.5\leqslant\omega<62.5$
R	回收材料			65	$62.5\leqslant\omega<67.5$
S	有机合成	S	鳞片；薄片	70	$67.5\leqslant\omega<72.5$
T	滑石			75	$72.5\leqslant\omega<77.5$
W	木材			80	$77.5\leqslant\omega<82.5$
X	不指定	X	不指定	85	$82.5\leqslant\omega<87.5$
Z	其他	Z	其他	90	$87.5\leqslant\omega<92.5$
				95	$92.5\leqslant\omega<97.5$

注：混合填料和其他形式以其相应的代码用"+"相连接，并用圆括号括起来表示。示例：20%玻璃纤维（CF）和20%矿物（MD）混合填料，就以（GF20+MD20）表示。

■表 7-22　字符组 2 中有关加工方法的字符代号

字符	含义	字符	含义
G	通用	T	传递模塑
M	注塑	X	不规定
Q	压塑	Z	其他

■表 7-23　字符组 3 中使用的字符代号

字符	含义	字符	含义
A	无氨	R	包含回收材料
E	电性能	T	耐热
FR	阻燃	X	不规定
M	力学性能	Z	其他
N	食品（食品接触）		

② 按规定的命名方法，给出命名通式如下。

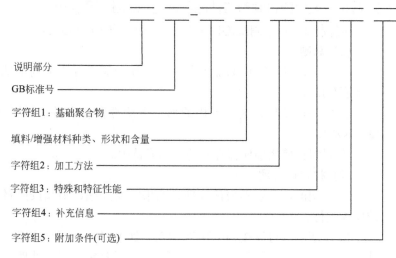

说明部分
GB标准号
字符组1：基础聚合物
填料/增强材料种类、形状和含量
字符组2：加工方法
字符组3：特殊和特征性能
字符组4：补充信息
字符组5：附加条件（可选）

示例如下。

① 示例1

PMC GB/T 1404.1-PF（WD30＋MD20），Q，X，ISO 800 PF2A1

PF	酚醛树脂
WD30	木粉：27.5%～32.5%
MD20	矿物（粉）：17.5%～22.5%
Q	加工方法：压塑
X	不使用字符组3
ISO 800	（已废止）对应该标准中的PF2A1类

简略的命名标识为：PF（WD30＋MD20）

② 示例2

PMC GB/T 1404.1-PF（WD20＋GB20），M，R

PF	酚醛树脂
WD20	木粉：17.5%～22.5%
GB20	玻璃球：17.5%～22.5%
M	加工方法：注塑
R	包含回收材料

简略的命名标识为：PF（WD20＋GB20）

③ 示例3

PMC GB/T 1404.1-PF MF40，X，FR

PF	酚醛树脂
MF40	矿物纤维：37.5%～42.5%
X	不指定加工方法
FR	耐燃烧

7.1 酚醛模塑料

简略的命名标识为：PF MF40

7.1.6.2 粉状酚醛模塑料制备与性能测试的规范性引用文件

试样制备与性能测试(GB/T 1402.2—2008/ISO 14526-2：1999)内容如下。

(1) 总则

① 必须保证以同样的加工条件和同样的加工方法来制备试样（不管是注塑还是压塑）。

② 每一种试验方法所采用的加工方法都在表中做了说明（M＝注塑，Q＝压塑）。

③ 材料在使用前应保存在防潮的容器内。

(2) 材料预处理

① 注塑前，一般不须预处理。如果需要处理，则须按照材料生产厂家的建议进行。

② 压塑前，可以按照 GB/T 5471—2008 中 5.2（预成型）、6.2（干燥处理）、6.3（高频预热）或 6.4（预塑化）的规定进行预处理。

(3) 注塑试样应依照 ISO 10724-1：1998 或 ISO 10724-2：1999 的规定，采用表 7-24 的条件。在每一种具体情况下，须拟定出明确的条件值（而不是范围）：熔体温度 T_M、模具温度 T_C 和固化时间 t_{CR}。

■表 7-24　试样注塑条件

PMC 型号	熔体温度(T_M)范围/℃	模具温度(T_C)范围/℃	平均注射速度(v)范围/(mm/s)	固化时间(t_{CR})范围/s
PF-PMC 注塑	110～120	165～175	50～150	见正文

(4) 压塑试样应按照 GB/T 5471—2008 的规定，采用表 7-25 的条件。

■表 7-25　试样压塑条件

PMC 型号	模具温度(T_C)范围/℃	模具压力(P_M)范围/MPa	固化时间(t_{CR})范围/(s/mm)
细填料压塑 PF-PMC	165～175	25～40	20～60
粗填料压塑 PF-PMC	165～175	40～60	

压塑条件可以在给定的范围内选择，在每一种具体情况下，须拟定明确的条件值（而不是范围）：模具温度 T_C、模具压力 P_M、固化时间 t_{CR}。

性能测定所需的试样应依照 ISO 2818：1994 从压塑的板材中机械加工而成，或者使用依照 GB/T 5471—2008 压塑的 ISO 3167：1993A 型多用途试样。

(5) 试样状态调节。除非另有规定，在测试表中所列性能前，试样应按下述方法进行状态调节。

① 方法 1：试样按照 GB/T 2918—1998 的规定，在温度 (23±2)℃ 和相对湿度 (50±5)% 环境中至少保持 16h。

本方法为常规试验方法，适用于未规定采用方法 2 的所有情况。

② 方法 2：试样在室温的蒸馏水中放置 24h，然后按照 GB/T 2918—1998 的规定，在温度（23±2）℃和相对湿度（50±5）%环境中至少保持 2h。

(6) 性能测定，见附录Ⅲ。

7.1.6.3 粉状酚醛模塑料的选择及选定模塑料的要求（GB 1404.3—2008）

(1) **性能值**　见附录Ⅲ。

(2) **填料类型和含量**　粉状酚醛模塑料，其填料/增强材料的种类、形状和含量应符合模塑料命名的要求（见 GB/T 1404.1—2008 4.2）。

(3) **试验方法**

① 取样方法　按 GB/T 2547—2008 的规定。

a. 样本的抽取采用系统抽样法。

b. 样品进行混合试验。

② 试样制备　试样的制备按 GB/T 1404.2—2008 中的规定。

③ 试样状态调节　试样状态调节按 GB/T 1404.2—2008 中的规定。

④ 试验方法　试验方法及试验条件按 GB/T 1404.2—2008 中的规定。

其中：体积电阻率和表面电阻率按 GB/T 1404.2—2008 中规定的方法进行测定。

试样：≥60mm×≥60mm×1mm 或≥60mm×≥60mm×2mm；电极：圆形三电极系统；施加电压：500V，1min 读数。

其中可燃性按 GB/T 2407—2008 的规定进行测定。

⑤ 检验规则

a. 粉状酚醛模塑料按同一原料、相同配方、相同工艺生产的，经一次混合的产品为一批。

b. 生产厂应对每批粉状酚醛模塑料进行出厂检验。出厂检验项目，见附录Ⅲ。如经供需双方协商同意，可增加或减少出厂检验项目。

c. 本部分附录Ⅲ所示的全部性能要求为形式检验项目，每月至少进行一次。当原材料、配方、工艺改变时或合同约定等，也必须进行形式检验。

d. 经检验若有任何一项指标不符合要求，应从双倍数量的包装件中重新取样，并以双倍的试样对该项指标进行重复检验。重复检验的结果若仍不符合要求，则该批产品应做不合格处理。

e. 使用单位若需要验收所收到的粉状酚醛模塑料的质量，应按照本部分的要求进行。生产厂根据使用单位的要求，可提供产品检验报告。

⑥ 标志、包装、运输和贮存

a. 标志　粉状酚醛模塑料产品包装件上应标明：产品名称及型号、产品标准编号、批号及生产日期、生产厂名称及商标、净含量。另外，还应标明"防潮"、"防热"等标识，并附有质量合格证。

b. 包装　粉状酚醛模塑料应包装在衬有塑料袋的编织丝袋、纸袋或其他包装袋中，净含量为 25kg 或其他。

c. 运输　粉状酚醛模塑料为非危险品。在运输时应避免受潮、受热、

d. 贮存　粉状酚醛模塑料应贮存在通风、干燥的库房内，室温不宜超过35℃，不应靠近火源、暖气或受阳光直射。粉状酚醛模塑料从生产日期起，贮存期为12个月。

7.1.7 酚醛模塑料的应用

模塑粉可采用模压、模塑和注射成型等方法制成各种塑料制品。选用不同类型和型号的酚醛模塑粉可以得到不同品种和用途的模塑料。目前采用酚醛模塑料制造的制件正应用于所有的商业领域。国产酚醛模塑料的类别、型号和用途见表7-26。除这些传统应用外，几个所受关注的应用分述如下。

■表7-26　国产酚醛模塑料的类别、型号和用途

类别	原型号	色别	用途
通用（A）	PF2A1-131 PF2A1-132 PF2A1-133 PF2A1-136 PF2A1-141	黑、夹花 黑 棕 黑 浓茶、夹花	通用。成型性良好，用于制造日常生活及文教用品，如瓶盖、手柄、纽扣、算盘珠等。PF2A1-131、PF2A1-141可用于各种工艺美术品及轻工业日用器皿等，如搪瓷烧锅手柄
	PF2A2-131 PF2A2-133 PF2A2-141 PF2A2-151 PF2A2-151J PF2A2-161 PF2A2-165	黑、棕、深棕、红、绿 黑、棕、深棕 黑、棕、深棕、红、绿 黑、深棕 黑、棕 黑、棕 黑、棕	通用。成型性好，改进了电性能。用于制造低压电气绝缘结构件，如灯头、接插件、电气开关等，也可用于日常生活用品。红、绿料色泽鲜艳，适于制造指示开关、按钮等。PF2A2-151J和PF2A2-161J适于注射成型，但161J用于低压电气绝缘结构件，如底座、顶盖、壳体、脱口臂、贮能杆等；151J为快速固化注塑料
	PF2A3-165	黑、棕	通用。成型性好，介电性能高于PF2A2，用于制造介电性能要求较高的电信、仪表和交通的电气绝缘结构件
	PF2A4-161 PF2A4-161J	黑、棕、红、绿 黑	通用。类似于PF2A2，但改进了吸水性，用于制造湿热地区使用的低压电气绝缘结构件，如仪表外壳、大小空气开关、接触开关等
耐热（C）	PF2C3-431 PF2C3-631 PF2C3-731	黑、棕 棕 黑	耐热类。用于制造耐水耐热的电气绝缘结构件和零件，以及热电仪制件。如431制造电视机的行线型LSR-3、行振荡骨架、检波器骨架等，731用于制造热继电器等
	PF2C4-631 PF2C4-831	黑 黑	耐热类。631是难燃酚醛模塑料，用于机床电气绝缘结构件及无线电行业。831无石棉，用于制造耐热性较高的低压电气绝缘结构件、无线电元器件，如电位器、各型电器开关等
电气（E）	PF2E2		低介电损耗，用于制造无线电绝缘零件
	PF2E3		低介电损耗，冲击强度高于PF2E2，用于制造无线电绝缘零件
	PF2E4		低介电损耗，冲击强度高于PF2E3，用于制造无线电绝缘零件
	PF2E5		低介电损耗，冲击强度高于PF2E3，用于制造无线电绝缘零件

7.1.7.1 酚醛模塑料（PMC）在电机中的应用

酚醛模塑料在电气工业领域的一个重要应用还包括整流子换向器，用酚醛模塑料制作的整流子显示出较高的热性能和电性能。整流子是电机中的高性能零配件，目前正广泛使用于许多领域，如家用器具和汽车领域等。电机的可靠性和有效性与整流子有很大关系。整流子也应用于一些其他设备，如家用电器中的洗衣机、挡风玻璃擦的启动器、ABS（汽车制动系统）的油泵。整流子（图 7-32）主体中包括一个绝缘体，这个绝缘体由许多铜片组成，在整个运转过程中，所有铜片紧固在整流子中，但互相之间并无接触。

■ 图 7-32 酚醛模塑料应用于整流子

制作整流子主体的模塑料（主要是酚醛模塑料）要求具有如下特点：①良好的电绝缘性；②较高的机械强度；③高耐热性。在某些情况下，加入了热稳定改性剂的酚醛树脂（尤其是更容易加工的 Novolak 型树脂）是主要的树脂类型。用氨基树脂改性的酚醛可提高铜片的黏结性，即模塑料与铜片表面表现出良好的黏结性。合适的加工工艺使金属与树脂的黏结性比模塑料本身的黏结强度更大。

上海松下电工材料有限公司针对换向器开发了 MACOM 酚醛树脂成型材料，如表 7-27 所示，能够满足客户的各种要求。

■表 7-27　换向器用酚醛树脂材料 MACOM

牌号	特　点	用　途	
		汽车	电机
CN4404	成型加工性良好（适用于小型换向器）	各种小型电装（镜子、自动门锁、电动天线等）	家电、办公自动化设备
CN6449	耐热信赖性良好	启动器、雨刷等	电动工具、吸尘器
CN6556	耐热信赖性良好（旋转破坏强度）	启动器、雨刷等	电动工具、吸尘器
CN6575	耐热信赖性良好（尺寸稳定性）	启动器、雨刷等	电动工具、吸尘器
CN6641	成型加工性良好（适用于中型换向器）	启动器、各种小型电装（鼓风机、车椅靠背调节器、电动窗门、电动天窗等）	家电
CN6957	耐溶剂性良好	燃料泵电机等	家电、办公自动化设备

7.1.7.2 PMC 在电热绝缘方面的应用

酚醛模塑料具有良好的电绝缘性，且酚醛模塑料具有强度高、耐热、阻燃等优良性能，至今已大量应用在线圈骨架（Bobbin）等热绝缘件中，如图 7-33 所示。

在厨房中的器皿，如各种加热用的壶或平底锅的把手和手柄也大量使用酚醛模塑料制作（图 7-34）。用在电炉上的手柄要求材料具有良好的尺寸稳定性，而且不会变形，当温度达到 280℃仍具有耐热性，同时，材料不能与洗碗机/洗碗盘的洗涤剂发生化学反应，即具有良好的耐化学性，同时还要求颜色均一性和良好的表面质量。用酚醛模塑料只能做出偏暗的颜色。更亮的颜色需要用三聚氰胺树脂或三聚氰胺/酚醛模塑料，还可提高耐漏电起痕性，另一方面是为了减少后收缩性，因为三聚氰胺模塑料的后收缩性普遍比酚醛模塑料要大得多。

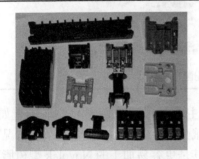
■ 图 7-33 酚醛模塑料应用于电气工程中（绕线骨架）

■ 图 7-34 酚醛模塑料应用于厨房器皿

上海欧亚合成材料有限公司自主开发的三聚氰胺改性酚醛注塑料 EA-7501J，是新的复合树脂、填料和固化体系，解决了材料在模具中的快速固化和连续加料技术，已获得应用，实现产业化。

7.1.7.3 PMC 在汽车轻量化中的应用

目前，一辆普通轿车中 PMC 的使用量占其塑料总量的 2%～4%，PMC 主要应用于汽车结构件方面，取代了金属部件，在汽车发动机和底盘轻量化上取得了巨大的成功。表 7-28 列出了不同 PMC 制成的汽车部件。

■表 7-28 不同 PMC 制成的汽车部件

系 统	制 品
发动机附件	发动机体、进气歧管、滑轮、化油器隔热材料、水泵叶轮、齿轮、空调压缩机皮带轮
驱动制动系统	刹车盘、真空活塞、刹车活塞、刹车片
电气零件	转换器开关、点火器盖
其他附件	烟灰缸、换向器

7.1.7.4 PMC 在汽车刹车系统和摩擦材料上的应用

PMC 在汽车刹车系统上的应用始于 20 世纪 70 年代。1975 年美国 Durez 公司首先开发用于汽车刹车活塞的 PMC。1998 年比利时 Vyncolit 公司开发了注射成型的汽车刹车活塞用 PMC，用于 OPEL、BENZ 等公司的 ABS 刹车系统。2004 年上海欧亚合成材料有限公司成功地开发了汽车刹车活塞用 PMC，填补了国内空白。经 20 多年刹车设计师和刹车系统专家的确定，PMC 活塞和钢质活塞一样安全可靠。

用于汽车行业的摩擦材料，如制动蹄衬片和离合器衬片等，是实现汽车制动的关键部件。这类摩擦材料主要由纤维增强树脂材料组成，需要有稳定的摩擦系数、低磨损率、优异的耐热性能、高温力学性能等。但 PMC 中的基体树脂酚醛树脂由于制品模量过高、硬度大，需要对其改性。如何开发耐热、韧性好且具有适宜成型工艺的新型改性酚醛树脂一直是研究的热点。改性方法主要是橡胶物理改性，以提高其韧性、抗冲击性能和摩擦性能。图 7-35 为汽车刹车活塞和汽车零件。

■ 图 7-35 酚醛模塑料应用于汽车刹车活塞和汽车零件

7.1.7.5 PMC 在发动机及其附件中的应用

美国 Polimotor Research and Roger 公司推出的 2.3L 排量的 4 缸发动机 Polimotor234，其机体是采用玻璃纤维/改性酚醛树脂复合材料通过 RTM 熔芯成型工艺制备的，总质量仅 29kg。与金属发动机相比，PMC 机体具有大幅度减重、工作噪声降低等优点；而发动机的功率特性无明显变化。德国 BMW 公司研制的 8 缸 7 系列发动机的进气歧管结构复杂，管壁很薄，采用了 PMC 注射模塑成型，主要是由于 PMC 在高温（>100℃）下仍能保持很高的弹性模量和尺寸稳定性，整个进气歧管体系的质量仅 5kg。美国 Fiberite 公司为 Kohler 公司小型发动机配套的系列 PMC 分别用作发动机上通气管、油泵盖、左偏心轮、右偏心轮和滤油器接头五种部件（原为金属件），具有低成本、低噪声、高耐热、高韧性的性能，可承受通气管耐温高达

205℃的要求。

近年来，为保护环境，汽车行业逐渐将努力集聚在零部件的轻量化上。其中一个实例就是汽车用钢质皮带轮的树脂化日益盛行，尤其是汽车发动机周边等部位使用的皮带轮，如动力转向泵和水泵皮带轮。在各种皮带轮中，空调压缩机用皮带轮的使用环境最为恶劣。玻璃纤维增强酚醛树脂的综合性能更优异，更适合制造树脂皮带轮。由于黏附水或粉后，皮带轮会出现打滑的现象，引起与皮带轮接触部位的 V 形槽发生局部热降解，因此，要求 PMC 的热分解温度超过 300℃。PMC 与金属之间的线膨胀系数的差异应该越小越好，这就需要调节 PMC 中无机填充物的含量，使其达到最佳化。德国 Bakelite 公司采用压注成型的 PMC 水泵 V 形皮带轮，被 BENZ、BMW 和 Daimler Chrysler 等公司广泛应用，其质量减小可达 70%，完全可以替代钢质皮带轮。

7.1.7.6 PMC 在汽车其他部位的应用

在汽车领域，热固性酚醛模塑料的另一典型应用是在点火系统上，如火花塞、火花塞帽、转子和帽、点火圈壳。德国牌号 31.5 酚醛模塑料用于这一领域的产品中。酚醛模塑料也用于生产点火装置、烟灰缸和绝缘法兰（图 7-36）。

■ 图 7-36　酚醛模塑料在汽车工业上的应用
（点火装置、烟灰缸、绝缘法兰等）

另外，传动装置的驱动和松紧调节元件也一直是用酚醛模塑料制作的，包括用于如冷却泵、发电机/交流发电机、空调等辅助设备的松紧调节滑轮、型材或者锯齿状滑轮，以及用于齿轮传动控制的凸轮轴。

热绝缘材料是酚醛模塑料用于汽车领域的应用之一。绝缘法兰也是这种应用在发动机隔间中的典型例子，这些零件暴露于极大的热应力环境中，同时由于连在一起而产生相当大的压应力。直接安装在引擎区的零件，如冷却泵、温度调节器罩或进气管等对材料的要求非常严格，而用无机填料填充的酚醛模塑料能很好地满足这些要求。

7.2 酚醛层压材料

7.2.1 酚醛层压板的制备及性能

酚醛层压板的制备工艺流程如图 7-37 所示。

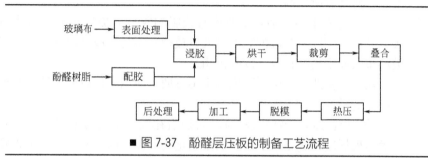

■ 图 7-37　酚醛层压板的制备工艺流程

7.2.1.1 酚醛胶布的制备及性能

酚醛胶布是用经热处理或表面化学处理的玻璃纤维布，通过酚醛树脂浸渍、烘干等一系列的工艺过程制得的，这一工艺流程通常称为浸胶。酚醛胶布是酚醛层压板、酚醛层压管和酚醛层压棒的原材料，它与制品的质量关系密切。

制备酚醛胶布的主要原料是整卷的玻璃布以及酚醛树脂溶液；主要设备是浸胶机；整个工艺过程是连续进行的。玻璃布（首先通过热处理炉，在 350～450℃高温的作用下除去浸润剂）以一定的速度均匀地向前移动，然后通过贮放有酚醛树脂溶液的浸胶槽，浸渍一定的树脂溶液，再通过烘干炉，以除去大部分溶剂等挥发物，并使树脂发生一定程度的聚合反应，最后裁剪成胶布块。酚醛胶布的质量指标主要有三项：树脂含量、不溶性树脂含量和挥发物含量。

（1）**玻璃布的浸胶**　为了确保浸胶的含量，合理地选择和控制影响浸胶质量的主要因素是至关重要的，影响浸胶质量的主要因素是胶液的浓度、黏度和浸胶时间。此外，还应注意浸渍过程中的张力、挤胶辊、刮胶辊等的密切配合。

① 胶液的浓度　胶液的浓度是指树脂溶液中酚醛树脂的含量。胶液的浓度大小直接影响树脂溶液对玻璃布的渗透能力和纤维表面附着的树脂量，即影响胶布含胶量是否均匀一致。

在实践中，由于测定胶液的浓度比较麻烦，通常利用胶液的浓度和相对密度之间的函数关系，通过测定胶液相对密度来控制胶液的浓度。常用的酚醛树脂胶液一般控制其相对密度在 1.00～1.10 范围内。但要注意胶液的浓度与相对密度的关系还受温度的影响，因此在实际生产中，需要根据环境条件来确定所采用的胶液的相对密度。

为了保证玻璃布上胶均匀，需调节胶槽内胶液的相对密度（溶液）。若直接加入溶剂稀释会出现上胶严重不均匀，甚至出现白布现象。在正常生产时，为了保持胶槽内基本恒定的胶液量，必须每隔 20～30min 往胶槽内添加胶液。往胶槽内添加的胶液相对密度一般要比胶槽内胶液的相对密度低 0.01～0.02。这是因为玻璃布不断地带动树脂，促使溶剂挥发，胶槽内胶液的相对密度有所增高。

② 胶液的黏度　胶液的黏度直接影响胶液对玻璃布的浸透能力和它们表面胶层的厚度。胶液的黏度过大，玻璃布不易被胶液浸透；黏度过小，则玻璃布表面不易挂住胶（酚醛树脂）。

在生产实践中，由于黏度测定不方便，所以采用胶液的浓度和温度来控制胶液的黏度。

③ 浸渍时间　玻璃布浸渍时间是指在胶液中通过的时间。浸渍时间的长短是根据玻璃布是否已经浸透来确定的。浸渍时间长，虽然可以确保这些材料充分浸透，但却限制了设备的生产能力。浸渍时间短，则玻璃布不能被充分浸透，上胶量达不到要求，或使胶液大部分仅仅浮在玻璃布表面，影响胶布质量。但最深度的浸渍通常是在压制过程中完成的。

④ 张力控制和刮胶辊的使用　在生产实践中，要得到质量符合要求的胶布，除了应严格控制好上述三个工艺参数外，还必须在机械设备上加以密切配合。其中主要的是玻璃布在运行过程中的张力控制和在设备上设置适当的刮胶或挤胶装置，以保证预期的上胶量和均匀性。

玻璃布在运行过程中的张力应根据这些材料的规格和特性来决定，不宜过大，也不应使玻璃布在运行过程中产生纵向伸长（横向收缩）和变形。同时要使这些材料在运行过程中各部分张力基本保持一致，不致出现一边松、一边紧或中间紧、两边松等情况，以使这些材料平整地进入胶槽。如果张力不一，一方面会造成浸胶时上胶量不均匀，另一方面这些材料在浸胶液进入烘箱时会导致布的倾斜或横向弯曲过大，因树脂的流动而会使这些材料的一边胶量过多或两边胶量过少，中间树脂积聚。

⑤ 稀释剂的选择　选择适宜的稀释剂即溶剂对玻璃布的浸透与上胶量的多少也是相当重要的，一般要求稀释剂能满足：能迅速充分溶解酚醛树脂；在常温下挥发速度较慢，且沸点低，达到沸点后挥发速度快；无毒或低毒；价廉。如果一种溶剂不能同时满足上述要求时，可采用混合溶剂。

(2) 胶布的烘干　玻璃布浸胶后，为了除去胶液中含有的溶剂、水分及挥发物等挥发性物质，并使树脂进一步聚合，将少量树脂由 A 阶段转变为 B 阶段，应将已浸胶的胶布烘干。在烘干过程中主要控制烘干温度和烘干时间两个参数。烘干温度过高或烘干时间过长，会使不溶性树脂含量迅速增加,严重影响胶布的质量,无法压制出合格的层压板;反之,如烘干温度过低或烘干时间过短,则会使树脂初步固化不良及胶布的挥发分含量过高,给压制工艺带来麻烦。因此,合理地选择烘干温度和烘干时间是保证胶布质量以及压制工艺顺利进行的关键。

表 7-29 和表 7-30 是烘干温度和烘干时间对玻璃胶布挥发分和不溶性树脂含量的影响,试验所用的原材料为 616 酚醛树脂和 0.2mm 无碱平纹玻璃布,含胶量为 (29±3)%。

■表 7-29 烘干温度对玻璃胶布挥发分和不溶性树脂含量的影响

温度/℃	挥发分/%	不溶性树脂含量/%
100	5.11	—
105	4.23	—
110	3.85	—
115	3.47	0.54
120	3.41	1.16
125	1.70	26.0
130	1.25	55.6
135	1.32	59.3
140	1.04	76.7
145	0.85	90.4

从表 7-29 可以看出,温度对挥发分变化的影响是较显著的,特别是在 125℃以下更为明显。当温度低于 120℃时,温度对不溶性树脂含量影响不明显;而当温度超过 120℃以后,则不溶性树脂含量迅速增大。

由表 7-29 和表 7-30 所列的试验数据可以看出,烘干温度和烘干时间是胶布烘干工艺过程的两个主要工艺参数,对胶布的挥发分含量和不溶性树脂含量两个质量指标起着决定性的作用。

为了保证胶布的质量,一般采用烘干温度缓和一些为好,即温度宜偏低一些,烘干时间宁可长一些,这样生产控制也比较方便。

■表 7-30 烘干温度和烘干时间对玻璃胶布挥发分和不溶性树脂含量的影响[1]

项 目		烘干时间				
		0	7min	10min	15min	20min
110℃	挥发分/%	3.26	3.16	3.02	2.38	2.13
	不溶性树脂含量/%	—	—	—	22.3	37.7
115℃	挥发分/%	3.12	2.55	2.12	2.17	1.64
	不溶性树脂含量/%	2.50	5.85	30.2	56.8	49.3
120℃	挥发分/%	2.50	1.66	1.72	1.60	0.95
	不溶性树脂含量/%	12.5	42.0	57.5	62.0	78.0

① 表列试验在卧式浸胶机中进行。

经过烘干的胶布要经质量检查,合格的胶布再经外观检查后,即可根据制品和成型工艺的要求进行裁剪。

外观质量要求一般有:①表面不能沾有油类,局部污染必须裁除;②对于有破裂、表面皱褶较多等严重的机械损伤和异常现象的胶布,应剔除不用;③对于有严重浮胶和含胶量严重不均匀的胶布,只允许用于质量要求不高的制品;④严防掺入粉尘、水分、溶剂等杂质。

(3) 胶布的质量检验 胶布的质量检验项目有:挥发分的测定;不溶性树脂含量的测定;含胶量(即树脂含量)的测定;流动量的测定。

① 挥发分的测定 在经过烘干的胶布上,取两边及中间不同部位的试样三块,其尺寸为 80mm×80mm,称重为 g_1(精确至 0.001g),放入(180±2)℃烘箱内烘 5min,取出后称重为 g_2,挥发分含量 V 按下式计算:

$$V=(g_1-g_2)/g_1 \times 100\% \tag{7-1}$$

② 不溶性树脂含量的测定 取样方法相同于挥发分的测定,称重为 g_1,然后放入盛有丙酮溶剂的容器内溶解三次,依次为 3min、3min、4min,取出后送入(180±2)℃烘箱内烘 5min,冷却后称重为 g_3,然后再送入 500~600℃的马弗炉内灼烧 5~10min,冷却至室温称重为 g_4。不溶性树脂含量 C 按下式计算:

$$C=(g_3-g_4)/[g_1(1-V)-g_4] \times 100\% \tag{7-2}$$

③ 含胶量的测定 利用测定挥发分和不溶性树脂含量的数据,按下式计算含胶量 R:

$$R=[g_1(1-V)-g_4]/[g_1(1-V)] \times 100\% \tag{7-3}$$

上述测定方法虽然比较准确,但测定时间长,不能适合实际生产的需要,因此,在生产控制上,常常采用简单的底布比较法来测定含胶量。该法是利用比较同样尺寸的胶布、试样和被测胶布、试样的质量来计算其含胶量。

$$R=(g_2-g_5)/g_2 \times 100\% \tag{7-4}$$

式中,g_2 是与胶布同样大小的试样质量,而不溶性树脂含量则可按下式计算:

$$C=(g_3-g_4)/Rg_2 \times 100\% \tag{7-5}$$

④ 流动量的测定 该法是剪取 70mm×70mm 尺寸的 12 层胶布,放到 160℃的电热板上,立即加以一定的压力(压力大小与生产工艺相同),得到四周附有流胶的薄板,然后测定此板四周流胶长度的平均值,即为流动量,用此数值来表示胶布的流动性。

胶布的流动量与胶布的含胶量、不溶性树脂含量和挥发分含量三者间有着一定的依赖关系。挥发分含量越高,含胶量越大,流动量也就越大。不溶性树脂含量越高,则相反。

⑤ 胶布的贮存 胶布在贮存过程中,不溶性树脂含量会随着时间增长而增加,特别是在环境温度较高时,这种不溶性树脂含量的增加更为明显。当贮存时间过长时,由于不溶性树脂含量变得过大而致使胶布发硬、发脆,甚至不能使用,所以一般来讲,胶布不宜久放。

实践表明,当环境温度达到 26~31℃时,钡酚醛胶布在 4~5 天内其不溶性树脂含量就急剧上升，如果在环境温度低于20℃的条件下贮存，一般酚醛胶布可存放1个月左右。

环境湿度对胶布的贮存也有影响，湿度过高，则胶布容易吸湿而发黏，有渗胶现象，严重的甚至无法卷缠和使用。

(4) 胶布制备用的主要设备 制备胶布的主要设备是浸胶机。浸胶机一般分为立式和卧式两种，如图 7-38 和图 7-39 所示，是由热处理炉、浸胶槽、烘干箱和牵引辊四个部分组成。

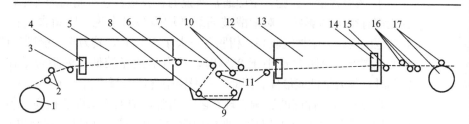

■ 图 7-38 卧式浸胶机示意图

1—玻璃布卷；2—双导辊张力装置；3,6,7,11,15,16—导向辊；
4—热处理炉抽风口；5—热处理炉；8—浸胶机；9—浸胶槽内导向辊；
10—刮胶辊；12,14—烘干箱抽风口；13—烘干箱；17—牵引辊

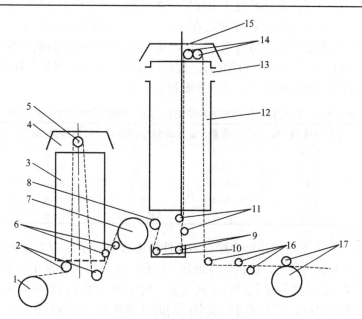

■ 图 7-39 立式浸胶机示意图

1—玻璃布卷；2,5,7,8,14,16—导向辊；3—热处理炉；4—热处理炉抽风罩；
6—双导辊张力装置；9—浸胶槽内导向辊；10—浸胶槽；11—刮胶辊；
12—烘干箱；13—烘干箱抽风口；15—烘干箱自然抽风罩；17—牵引辊

7.2.1.2 酚醛层压板成型工艺及性能

层压成型工艺实际上就是将一定量的经过叠合的酚醛胶布置于两块钢板之间，在热压机两电热板间加热、加压使胶布固化，然后冷却、脱模即得层压板制品。

(1) 胶布质量指标的选定 胶布质量指标有树脂含量、挥发分和不溶性树脂含量三项。这三项指标对于制品质量有很大影响，而指标的选定则要根据树脂性能、工艺要求和制品性能来考虑。

① 树脂含量　树脂含量即通常所说的含胶量。它对制品的力学性能和电性能都有很大的影响。对酚醛玻璃纤维增强塑料来说，树脂含量在25%～46%范围内，力学性能较高；树脂含量大于35%时，其力学性能则略微降低，但变化缓慢；树脂含量小于25%时，其力学性能较低；树脂含量在(29±3)%时，其力学性能最佳。因此，一般树脂含量大都控制在(29±3)%。

含胶量对电性能的影响表现在随树脂含量增加绝缘性能提高，但当层压板的树脂含量大于60%以后，即使树脂含量再增加，电性能提高也不显著。

此外，树脂含量对层压板的吸水性和密度也有明显的影响，层压板的吸水率和密度一般随树脂含量的增加而减小。

② 挥发分　胶布中含有的挥发分，不论是残留在层压板中还是在热压过程中形成细微孔道而排出，对于层压板的性能都有不同程度的影响。层压板的力学性能随着胶布中挥发分含量的增加而趋于下降。对于酚醛玻璃纤维胶布，当其中挥发分含量在1.5%～3.3%范围内时，强度下降尚不明显，但当挥发分含量超过3.3%时，其玻璃纤维增强塑料的强度趋向下降，见表7-31，＜5%是可以接受的。过高的挥发分含量对制品电性能也有不良影响，其中对介电损耗角正切的影响特别明显。

■表7-31　挥发分含量对616酚醛玻璃纤维增强塑料力学性能的影响

挥发分含量/%	树脂含量/%	增强塑料外观	弯曲强度/MPa	层间剪切强度/MPa
1.58	32.3	粗糙	279.8	26.5
3.31	32.6	一般	269.8	24.6
4.41	32.2	光滑	184.0	17.2
5.25	32.5	光滑	171.4	17.3
7.76	30.5	光滑，缺胶	152.0	16.0

③ 不溶性树脂含量　不溶性树脂含量表示胶布上的树脂在烘干过程中预缩聚的程度，这也相应地在一定程度上反映了胶布在热压过程中的软化温度、流动性等工艺特性。用含有一定量的不溶性树脂的胶布压制的玻璃纤维增强塑料，与全可溶性胶布压制的玻璃纤维增强塑料相比，其力学性能通常要提高1/4～1/2。例如，酚醛玻璃纤维增强塑料，当不溶性树脂含量小于20%，其力学性能偏低，且不稳定；而当不溶性树脂含量上升到20%～70%时，则力学性能不但较高而且稳定；当不溶性树脂含量超过70%时，胶布仍表现出良好的黏结性能，见表7-32。

■表 7-32　不溶性树脂含量对 616 酚醛玻璃纤维增强塑料力学性能的影响

不溶性树脂含量/%	剪切强度/MPa	弯曲强度/MPa
0	17.3	179.0
1.39	31.7	151.2
2.8	17.2	184.0
10.3	20.9	194.0
15.3	27.3	195.6
15~20	26.4	195.0
23.3	29.9	194.0
24.1	33.1	218.0
32.0	25.4	193.0
42.3	30.2	200.0
46.8	28.2	199.8
60.7	33.1	213.2
63.9	32.8	193.6
65.9	28.3	195.6
74.6	31.6	188.8
80.3	29.1	193.8
80.3~83.6	30.1	301.8
82~100	29.3	217.0

④ 胶布质量指标的选定　根据所用树脂的性能及制品的性能要求，经过一定的实验来选定胶布的质量指标。

对 616 酚醛玻璃纤维胶布，其质量指标大致为：a. 树脂含量 $(29\pm3)\%$；b. 挥发分含量 $<5\%$；c. 不溶性树脂含量 $(45\pm25)\%$。

(2) 层压工艺过程　层压工艺过程大致包括以下几个过程：叠料；进模；热压；冷却脱模；加工；热处理。

① 叠料　叠料包括备料和装料两个操作过程。

a. 备料　所谓备料就是装料前准备料的过程。即根据层压板制品的要求将胶布按张数和质量准备装料。按张数计算，一般可采取下列公式估算：

玻璃纤维增强塑料板材厚度＝0.794×胶布厚度×胶布张数

式中，0.794 为压缩系数。在按张数计算时，玻璃纤维增强塑料的厚度常常会受到胶布质量变化的影响，因此，对于厚板，一般采用张数与质量相结合，并以质量为主的方法备料，以保证制品厚度的公差。按质量备料，一般采用下列计算公式：

$$G = Lbhd(1+\alpha) \tag{7-6}$$

式中，G 为所需胶布的质量，g；L 为制品的长度，cm；b 为制品的宽度，cm；h 为制品的厚度，cm；d 为制品的密度，g/cm³；α 为流胶量，%。

在每块板料备料完成后，在其上下两面都应放 2~4 张表面胶布，表面胶布与里胶布的区别在于，表面胶布的树脂中含有脱模剂硬脂酸锌，且其含胶量和流动量均比里胶布为大，其目的是使制品表面的树脂含量较多，以有利于防潮和表面美观。

b. 装料　装料是将备好的每一块料按一定的顺序叠合的过程。装料的顺序包括：铁板→衬纸（约50～100张）→单面钢板→板料→双面钢板→板料→双面钢板→板料→⋯→单面钢板→衬纸→铁板，形成一组合，垫放衬纸的目的是使制品能均匀受压、受热。

② 进模　将装好的板料组合逐个地送入多层压机的热板间，并使板料在热板间的位置适中，缓慢升温、加压。

③ 热压　在热压工艺中，温度、压力和时间是三个最重要的工艺参数。胶布在热压工艺过程中，玻璃纤维布除了被压缩外，没有其他变化，而胶布中的树脂发生了变化。因此，压制温度制度和压力大小的确定，首先要从树脂的特殊性来考虑。此外，还应适当地考虑压制品的厚薄、大小、性能要求以及设备条件等其他一些因素。

④ 酚醛层压板的性能　表7-33为616酚醛层压板的性能（供参考）。

■表7-33　616酚醛层压板的性能

性　能		数　值
拉伸强度/MPa	0°	299/273～323
	45°	166/152～180
	90°	163/155～168
拉伸弹性模量/MPa	0°	2.52×10^4
	45°	0.712×10^4
	90°	1.64×10^4
压缩强度/MPa		164/144～183
压缩弹性模量/MPa		
弯曲强度/MPa	0°	377/341～424
	45°	255/240～268
	90°	281/262～306
弯曲弹性模量/MPa	0°	1.91×10^4
	45°	0.952×10^4
	90°	1.85×10^4
层间剪切强度/MPa		28.9/25.8～31.7
介电常数	常温（10^6Hz）	5.0
	常温放置后（10^6Hz）	5.4
	100℃烘干后（50Hz）	6.0
	常温放置后（50Hz）	6.1
介电损耗角正切	100℃烘干后（10^6Hz）	0.0142
	常温放置后（10^6Hz）	0.0166
	100℃烘干后（50Hz）	0.0602
	常温放置后（50Hz）	0.0816
体积电阻率/Ω·cm	100℃烘干后	2.4×10^{13}
	常温放置后	1.7×10^{12}
表面电阻率/Ω	100℃烘干后	3.8×10^{13}
	常温放置后	5.7×10^{12}
介电强度/(kV/mm)	空气	11.2
	变压器油	18.1

7.2.2 酚醛层压管、棒的制造及性能

酚醛层压管是采用卷管成型工艺制造的。图 7-40 为卷管工艺示意图。胶布通过张力辊和导向辊后，在已加热的前支承辊上受热而变软发黏，然后再卷到已包好底布的管芯上，当卷至规定的厚度时，割断胶布，将卷有胶布的管子连同管芯一同从卷管机上取下，送入烘箱进行固化。然后，用脱管机将其从管芯上脱下，即为酚醛层压管。层压棒也可用类同的方式卷制。

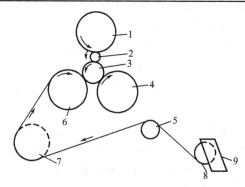

■ 图 7-40　卷管工艺示意图
1—大压辊；2—小压辊；3—管芯；4—后支承辊；5—张力辊；
6—前支承辊；7—导向辊；8—胶布卷；9—加压板

7.2.2.1 卷管工艺要求

卷管所用胶布的质量指标与层压板所用胶布是有明显差别的，即卷管用胶布的不溶性树脂含量要低一些，而含胶量则要求高一些。因为在卷管工艺中，压力（包括胶布张力）比层压工艺的压力要小得多，且只有在卷制过程中的短时间内有压力的作用，管卷好后直至加热固化、脱管的过程中就不再受压。若胶布的不溶性树脂含量高，而含胶量低，则其流动性就差，在低压下，层间不易黏结。在实际生产中，胶布的不溶性树脂含量一般控制在 1% 以下，只要胶布不互相粘在一起就行了，一般含胶量要在 38% 左右。

卷管工艺一般都采用平纹布或人字纹布。因为斜纹布容易变形，故不宜用来卷管。卷管成型工艺中常用的玻璃胶布质量指标见表 7-34。

■表 7-34　卷管成型工艺中常用的玻璃胶布质量指标

玻璃布规格	黏结剂	胶布指标		备注
		含胶量/%	不溶性树脂含量/%	
0.1mm 或 0.2mm 平纹布	616 酚醛	35~43	<5	要求胶布不互相粘在一起为宜
0.1mm 平纹布	环氧酚醛（6:4）	35~43	<3	
0.2mm 高硅氧布	616 酚醛	33~41	<5	
0.15mm 单向布	环氧酚醛（6:4）	38~44	<3	

7.2.2.2 卷管工艺的主要技术环节和工艺参数

(1) 前支承辊的温度 前支承辊（热辊）的表面温度是卷管工艺中的一个重要参数，温度控制范围是：在卷酚醛管时控制在 80～90℃，卷环氧酚醛管（6:4）时控制在 60～100℃。在胶布的不溶性树脂含量较高时，应当相应地提高卷管温度。卷管温度是否适合，主要根据胶布预热的情况来判断。胶布在卷入时必须充分发软，但又不要有明显的流胶现象。

(2) 压力和张力的控制 由于圆形制品不能采用径向加压的办法，只能靠张力的作用来获得一定的层间压力。在一般情况下，张力略大一些有利于将管卷紧和清除层间气泡。

压辊的作用一方面是将胶布压紧，使管卷得比较紧密；另一方面是将管芯压紧，由于摩擦力的作用，使管芯继续转动，达到卷管的目的。压辊的重量是一定的，但管芯所受压力可以通过调节两个支承辊间的距离来加以调节。

(3) 固化制度 固化制度是根据所用黏结剂的类型和管子的壁厚来决定的。对于壁厚小于 6mm 的酚醛管和环氧酚醛管的固化制度为：入炉时的炉温为 80～100℃，在 2h 内均匀升温到 (170±4)℃，在 (170±4)℃下保温 40min 取出，自然降温。

(4) 厚度控制 卷管时厚度的控制可采用两种方法。

① 卡板法 当卡板能插入管芯两端末卷胶布处和压辊之间间隙时，就割断胶布。当卷 0.1mm 厚的胶布时，卡板厚度应比规定的壁厚小 0.3～0.5mm；当卷 0.2mm 厚的胶布时，卡板厚度应比壁厚小 0.4～0.6mm。

② 标尺法 即在压辊的滑道上做出标记，随着压辊的上升就可以知道管壁的厚度。

(5) 底布 在卷管过程中，为了使胶布能黏着到管芯上并使管卷紧，应先在管芯上包上底布。底布的长度为管周长的 2 倍左右，底布应选比较平整的胶布，且不溶性树脂含量要略高一些，以避免底布很快黏着到一处使底布卷不紧。

(6) 管芯温度 管芯温度以 30～40℃为宜，温度太低，使黏绕不好产生分层现象；温度太高，则底布会发黏，在卷管时易产生皱褶。

7.2.2.3 卷制酚醛层压管的基本性能

卷制环氧酚醛层压管的力学性能和电性能见表 7-35。

7.2.3 酚醛层压材料的应用

酚醛层压材料制品通常包括层压板、层压管、层压棒及覆铜层压板。这些层压制品具有强度大、电绝缘性优越、质轻（较金属），可进行切割、车、

■ 表 7-35　卷制环氧酚醛层压管的力学性能和电性能

性　能	0.1mm 平纹布，内径 37mm，壁厚 2.5～3.5mm
相对密度	1.6～1.76
弯曲强度/MPa	140～200
弯曲弹性模量/MPa	$(1.1～1.4) \times 10^4$
轴向压缩强度/MPa	100～150
拉伸强度/MPa	300～350
体积电阻率（干态）/Ω·cm	1.3×10^{16}
体积电阻率（湿态）/Ω·cm	2.9×10^{14}
表面电阻率（干态）/Ω	2.0×10^{14}
表面电阻率（湿态）/Ω	2.3×10^{12}
树脂含量/%	31～35

铣、冲等机加工的优点，成为电工绝缘材料中关键的一大类产品，大多用于电气及电子工业，制成绝缘板、绝缘管、电子仪器底板等，也适用于机械性能要求较高的电机、电气设备中作绝缘结构零部件，还在变压器中使用。在酚醛层压板表面覆以铜箔制成的覆铜板，是制作印刷线路板的基础材料，这种印刷线路板具有导体和绝缘体的双重特性，广泛用于电子仪器、计算机等。图 7-41(a)、（b）、（c）分别为酚醛卷管、卷棒及层压板制成的各种部件。

(a)卷管制品

(b)卷棒制品

(c)层压制品

■ 图 7-41　酚醛卷管、卷棒及层压制品

7.3 酚醛树脂木材复合材料

7.3.1 概述

酚醛树脂因具有黏结强度高、耐水、耐热、耐磨及化学稳定性好等优点，广泛应用于木材工业中。在美国、日本和一些欧洲国家，木材工业中酚醛树脂胶黏剂的用量是脲醛树脂胶黏剂的 2 倍以上。在我国，酚醛树脂胶黏剂的用量较少，木材工业使用的胶黏剂 80% 以上是脲醛树脂，主要原因在

于脲醛树脂的价格较低，而且脲醛树脂固化速度快，因此在室内外用人造板生产中广泛应用。值得一提的是，如今以多层结构胶合板为基材，表面覆贴国际流行的珍贵木材（如水曲柳、柞木）镶拼薄片，经胶压复合而成的多层实木复合地板，在美国、日本、韩国、新加坡等国家得到广泛应用，已占市场的主导地位；在国内也获得广泛应用，随着人们生活水平的提高，装潢行业将大量使用复合地板等层压材料。实木复合地板对贴面胶合强度要求高，尤其在日本、韩国及亚洲东部沿海空气湿度大的地区，一般脲醛树脂胶黏剂难以达到耐水、耐候性要求，用酚醛树脂胶黏剂贴面能够提高产品的胶合强度和耐水、耐候性，因此酚醛树脂在生产耐水、耐候木制品中具有脲醛树脂胶黏剂无可比拟的优势，将成为最有希望最终取代脲醛树脂胶黏剂的候选者之一。然而，酚醛树脂胶黏剂也存在着色深、固化后的胶层硬脆、易龟裂、成本比脲醛树脂胶黏剂高、毒性较大等缺点，特别是酚醛树脂胶黏剂固化温度高、固化速度慢（一般要在130～150℃下热压才能得到好的胶合强度），造成生产效率低，能量和设备消耗大，限制了酚醛树脂胶黏剂更广泛的应用。

酚醛树脂木材复合材料主要有酚醛树脂多层复合板、酚醛树脂刨花板、酚醛树脂装饰板等，下面以酚醛树脂多层复合板和刨花板为例介绍木材复合材料的制备。

7.3.2 酚醛树脂多层复合板

酚醛树脂多层复合板也称胶合板，是由原木旋切成薄片或木方刨切成薄片，以酚醛树脂为胶黏剂经加热加压胶合而成的复合板材。酚醛胶合板具备耐水性好、变形小、幅面大、使用方便等特点，在建材、家具、包装、交通运输等领域有着非常广泛的应用。

7.3.2.1 胶合板用酚醛树脂胶黏剂

(1) **胶合板用胶黏剂的要求**　胶合板用胶黏剂，一般应满足以下这些要求：①适当的黏度和良好的流动性，对木材表面有好的润湿性；②固化后能形成坚固的胶层，黏合强度大；③使用方便，例如常温固化，适用期长，固化时间短，施加的压力低等；④耐久性好，耐水性、耐老化性、耐热性好；⑤具有一定的韧性；⑥对木材没有侵蚀性；⑦原料来源丰富，价格低廉。

(2) **胶合板用酚醛树脂胶黏剂的制备**　酚醛树脂作为胶合板用的胶黏剂已有近90年的历史，其显著的优点是耐水性、力学性能较脲醛树脂等胶黏剂好很多，尤其适用于耐水类胶合板、航空板及装饰面板胶黏剂的要求。以下介绍几种胶合板用酚醛树脂的制备。

① 水溶性酚醛树脂制法（A）　该水溶性酚醛树脂适用于通用型厚胶合板、塑化胶合板的制备。

a. 树脂质量指标如下：

外观	红褐色透明黏稠液体	固体含量/%	43～48
游离酚/%	≤2.5		
黏度（25℃）/mPa·s	120～400	游离甲醛/%	0.5～1.0

b. 原料配方（克分子比）如下：

苯酚∶甲醛∶氢氧化钠∶水＝1.00∶1.47∶0.24∶3.36

c. 合成工艺：将熔融苯酚加入反应釜，搅拌并加入水和催化剂氢氧化钠，缓缓加入甲醛（约占总量40%）加热至85～90℃反应30～50min，再升温至100℃，在沸腾条件下保持30min，逐步冷却至80～85℃，加入余量甲醛（约占总量40%），在此温度下，继续缩合40～60min，并测定其黏度，达到指标(150～300mPa·s)时，冷却至25～30℃出料。

d. 贮存期（20℃）：2～3个月。

② 水溶性酚醛树脂制法（B） 该水溶性酚醛树脂适用于耐水性胶合板的制备。

a. 树脂质量指标如下：

外观	褐色透明黏稠液体	固体含量/%	45～50
黏度（25℃）/mPa·s	100～200	游离酚/%	≤2.5

b. 原料配方如下：

苯酚∶甲醛∶氢氧化钠∶水＝1.00∶1.50∶0.25∶0.75

c. 合成工艺：先向反应釜中投入计量苯酚和催化剂氢氧化钠，升温至42～45℃，保持25min后，加入总投入量80%的甲醛并在该温度（≤50℃）反应30min，升温至87℃（升温速度0.5℃/min），再以更慢速度逐步升温至95℃，搅拌20min左右冷却至80～82℃加入余量甲醛，反应10～15min，再升温至92～96℃反应20～60min，黏度符合标准即放料。

d. 贮存期：1个月（20℃）。

③ 醇溶性酚醛树脂的制法 醇溶性酚醛树脂胶黏剂是苯酚与甲醛在氨水存在下进行缩聚反应，经减压脱水，树脂溶于乙醇中的棕色透明黏稠液体，可用乙醇继续稀释，但遇水易浑浊并出现分层现象。主要用于纸张及单板的浸渍，以生产船舶板和高级耐水胶合板。

a. 树脂的质量指标如下：

外观	棕色透明黏稠液体	聚合速率/s	40～70
黏度（20℃）/mPa·s	15～30	游离酚/%	≤14
固体含量/%	≥50	水分含量/%	≤7

b. 原料配方如下：

苯酚∶甲醛＝1∶1.2（克分子比） 苯酚∶氨水（25%）＝100∶6.8（质量比）

乙醇适量

c. 合成工艺：将已熔化的苯酚加入反应釜。开动搅拌器，再加入甲醛，温度保持在40～45℃，搅拌10～15min，加入氨水；反应液在20min内升温至65℃，在65℃下反应20min；在60min内升温至95℃，注意防止暴沸，仔细观察釜内反应的变化，约经20min出现浑浊点，发现浑浊后在（95±1）℃维持25min；停止加热，进行减压脱水，内温不高于65℃，反应液透明后内温不超过75℃；反应液透明后20min取样测聚合速率不大于70s时，停止脱水；加入乙醇（约等于苯酚的质量）内温保持在65～75℃，待树脂全部溶解后，冷却至50℃以下即可放料，制得胶黏剂。

d. 贮存方法和时间：装入密闭的铁筒中，贮存场所严禁烟火。26℃下可保存2～4个月。

④ 特种胶合板用酚醛树脂的制法　特种胶合板对层间黏合强度、制品防水性能有较高要求，常以Resol酚醛浸渍专用硫酸盐纸表层，内芯则为通用单板。制品材质均匀，胶合性能好，容重轻，比强度较高，且能耐水、耐候，是一种有着广泛应用的室外胶合板。特种胶合板用酚醛树脂的制法如下。

a. 树脂质量指标如下：

外观	红棕色透明黏稠液体	固体含量/%	50～60
游离酚含量/%	≤11		

b. 原料配方如下：

苯酚：甲醛：氨=1:1.38:1

c. 合成工艺：将原料准确称量投入反应釜，在45℃下保温10min后加入催化剂，充分搅拌，逐步升温至50℃稍保温后升温至85℃（1℃/min），最终升至95℃，出现浑浊点后继续反应30min，开始减压脱水，并取样测聚合速率，达到指标后加入乙醇，并冷却至40℃放料。

d. 贮存期（20℃）：3个月。

e. 特种胶合板用酚醛树脂的成型工艺条件如下：

热压温度	140～150℃
压力	25～30kgf/cm^2
时间	12min

⑤ 常温固化酚醛树脂的制法　常温固化酚醛树脂常用于胶合板及木材的胶黏剂，因此在胶合板及木材加工中具有广泛的用途。这类胶黏剂是苯酚与甲醛在氢氧化钡的存在下进行缩聚反应，经过减压脱水而形成的能在室温下固化的树脂。成品为红棕色透明黏稠液体，溶于乙醇，加入过量的水会变浑浊。

a. 树脂的质量指标如下：

外观　　　　　红棕色透明黏稠液体

| 固体含量/% | 70 | 水分含量/% | ≤20 |
| 游离酚含量/% | ≤20 | 黏度（20℃）/mPa·s | 90 |

b. 原料配方如下：

苯酚：甲醛＝1.00：1.25（克分子比）

苯酚：含结晶水的氢氧化钡 $[Ba(OH)_2·8H_2O]$＝100：2（质量比）

c. 合成工艺：将已熔化的苯酚加入反应釜，升温至42℃以上；将催化剂溶于水中，然后加入反应釜，在30min内使反应液升温至65～70℃，保温10～20min，至氢氧化钡全部溶解；加入甲醛，在20～30min内升温至85℃左右，停止搅拌，由于放热反应而沸腾，温度达到97～100℃，沸腾10min后再搅拌；保持沸腾1h左右，然后测定浑浊温度，当浑浊温度达到40～45℃时，立即向夹套通水冷却，内温降至70℃以下时，开始减压脱水（浑浊温度的测试方法为：在烧杯中放入100mL水，将水温调至40℃，取少量树脂加入水中，如果呈浑浊状，40℃即浑浊温度；如果呈透明状，需要继续反应）；取样测定黏度，当达到40～90mPa·s时停止脱水，迅速冷却至35℃以下放料。

d. 贮存方法和时间：贮存在密封铁筒中，20℃以下可放3～5个月。

7.3.2.2 胶合板的生产工艺

胶合板的生产工艺包括单板涂胶、组坯、预压、热压、锯边、分等工序，胶合板制备工艺流程如图7-42所示。

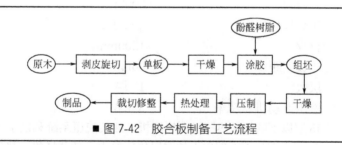

■ 图7-42 胶合板制备工艺流程

其中单板涂胶和热压是胶合板生产中的核心工序。以下就核心工序展开一些讨论。

(1) 单板涂胶 单板涂胶即将胶黏剂均匀涂覆于单板表层，涂胶的方法大致可分为如下两种。

① 辊筒涂胶法 液体状胶合剂如水溶性的酚醛、脲醛、三聚氰胺树脂，用辊筒式涂胶机将胶料涂布于芯板表层，然后进行压合。

② 淋胶法 从胶槽缝隙中流出液体胶膜，单板穿过液膜达单面上胶，调节胶槽缝隙，可以控制涂胶量。液体酚醛树脂常可采用淋胶法上胶。

工业上应用较为普遍的是辊筒涂胶法，常用的两辊涂胶机和四辊涂胶机各具特点。

① 两辊涂胶机 设备装有双辊，在辊筒下有胶槽，贮存胶液，胶液通过下辊传递给上辊，单板穿过两辊筒间，两面上胶。涂胶量的大小靠调节两

辊筒间隙。对普通胶合板,合成树脂涂胶量为 200~400g/m² (双面)。

② 四辊涂胶机　与两辊涂胶机不同,四辊涂胶机在上下涂胶辊筒的前后,各有一个挤胶辊筒,胶料由上方管子流下,存于两个涂胶辊筒与挤胶辊筒之间,挤胶辊筒起控制上胶量和上下面涂胶量的作用,也称上方供胶式涂胶机。四辊涂胶机克服了两辊涂胶机涂胶量较大和上下面涂胶量不一致的缺陷。

四辊涂胶机的技术性能如下。

涂胶辊直径	235mm
工作面全长	2700mm
挤胶辊直径	210mm
工作面全长	2700mm
电动机功率	2.2kW
外形尺寸	2700mm×900mm×1425mm

(2) 热压　将涂胶单层板按一定序列组合,并在一定温度、压力下使胶层固化,形成胶合板制品。在胶合板生产中,压制采用多层热压机。热压时要求热压板表面平整、传热均匀,并能在经常处于较高的温度(140~150℃)及强制冷却的交错情况下不变形。

2000t 热压机的主要技术参数如下。

外形尺寸	5255mm×2480mm×5904mm
总压力	2000t
压板单位压力	80kgf/cm²
行程	1200mm
压板间距	80mm
层数	15 层
液压电动机总功率	33kW

15 层以下的简易热压机由热压机、油泵液压系统和供手工装卸板的升降台所组成;而层数在 25 层以上的多层热压机由自动装卸机、热压机、蓄压器和进板、卸板轨道等部分组成。表 7-36、表 7-37 列出了胶合板的压制工艺要求。

■表 7-36　一些专用型胶合板制品对压机性能的不同要求

胶合板品种	幅面尺寸 /mm	单位压力 /MPa	压机总吨数/t	热压板格数	热压间隔/mm	热压板闭合速度/s	备注
普通胶合板	1400×2600	20	800	15,30	50,60	3.5~7	具有无垫板自动装卸机
车厢胶合板	1150×2250						
航空胶合板	1650×2580	25	1000	10	50	不超过18	
塑料贴面板	1400×2600	70	2500	15	50	3.5~7	具有垫板自动装卸机和垫板回送轨道
木材层积塑料板	1150×1150	150	2000	10	100	不超过18	
船舶胶合板	1360×3650	160	3000	10	100	不超过18	

■表 7-37　各种胶合板压制时所需的压力

产品类别	压制时的单位压力/MPa	坯板压缩率/%
普通胶合板	1~1.8	8~12
航空胶合板	2~2.5	20
船舶胶合板	3.5~4.0	30~35

压制时先将铺装好的坯板平整地送上装板机,再由装板机一起送进压机的热压板中间,上下对齐,热压板迅速闭合后继续加压,同时通入蒸汽开始升温,当热压温度达到140℃时,开始按每毫米坯板70s计算热压时间。在达到热压时间前5min时,即可关闭进汽阀门,并将蒸汽从热压板中排出,经过5min后,通入冷水,在压板保持压力下进行冷却,当压板温度降至50℃以下即可卸压,完成压制过程。

模压成型胶合板的热压工艺条件如下。

每格压合张数/张	2	3
单位压力/(kgf/cm²)	10	11
热压温度/℃	130~140	130~140
热压时间/min	12	18

压机热压的异形胶合板也可采用所需形状的模具作为热压板,可采用电或蒸汽加热。影响热压工艺的因素主要有以下几个方面。

① 温度与时间　热压选取的温度,主要满足胶料固化工艺要求并挥发胶层中水分所需热量,为缩短热压周期,提高生产效率,一般都高于胶层固化温度。

热压时间是指胶层在压力和温度作用下充分固化并黏结成整块板材所需的时间。

由于坯板在热压过程中温度自外层向中心有逐步扩散的过程,坯板越厚,每格压合张数越多,其所需时间也越长,同时内层水分的排除也需时间,因此,热压时间需根据不同板材、设备进行调整,如表 7-38 所示。

■表 7-38　胶合板厚度与热压时间的关系

胶合板厚度/mm	层数/层	每层压板张数/张	坯板厚度/mm	热压时间
3	3	2	7.5	
3.5	3	2	8.0	
4	3	2	9.0	
5	3	2	12.2	
6	5	2	13.5	
9	5	1	10.1	热压温度135~140℃,每毫米坯板70s
12	7	1	13.3	
16	7	1	18.4	
19	9	1	21.6	
25	11	1	28.0	
28	11	1	31.0	
30	11	1	34.0	

② 单板含水量　含水量一般要求为 4.5%～9.0%。试验表明，含水量过低（也称干板，如含水量 3%～4%）压制胶合板强度下降，而过高则将导致压制过程中出现鼓泡。

③ 用胶量　用胶量主要与酚醛树脂性能（如黏度）、胶合板制品用途、单板厚度有关。对厚度为 2mm 的单板，用胶量一般为 120～130g/m^2；厚度大于 2mm 时，用胶量为 140～150g/m^2。

7.3.3 酚醛树脂刨花板

酚醛树脂刨花板是以木材刨花为基材，采用酚醛（或其他合成树脂）黏合、热压而成的木材复合材料。由于其制品容重轻、吸声、隔热，并具有成本低等优点。在各行业，尤其是家具、车辆、船舶和建材行业有广泛的市场。

7.3.3.1 刨花板用酚醛树脂

刨花板对酚醛树脂的性能要求如下。

固体含量/%	50～70	加固化剂后适用期/h	>2
黏度（20℃）/mPa·s	700～1000	固化速度（100℃）/s	30～40
游离酚/%	≤10	贮存期（20℃）/月	2～6
游离甲醛/%	≤1		

为了改善刨花板的性能，可加入 1% 左右的固体石蜡作为防水剂。它与树脂不相容，在成型时，有一定的外润滑作用，且对制品表面有增光作用。但若过量会影响树脂与刨花的黏结性，导致刨花板强度不足。为防止霉菌和昆虫腐蚀而损坏刨花板，常添加防腐剂，工业上较多采用的有氟硅酸钠与胆矾。

7.3.3.2 酚醛树脂刨花板的生产工艺

刨花板生产工艺流程参见第 4 章图 4-3。

(1) 树脂的制备　刨花板生产对树脂的要求是必须保证胶液能均匀喷涂在木材碎料表层，同时要有合适的固化条件。因此，树脂要具有较低的黏度或将树脂预热到 30～50℃。典型的酚醛树脂胶黏剂配方如表 7-39 所示。

用胶量直接影响刨花板质量，用胶量与采用木材渗透性、制品的性能要求都有关。参考涂胶量：刨花板表层 11.5%～14.5%（质量分数），芯层

■表 7-39　刨花板用酚醛胶黏剂配比

组分名称	含量(质量分数)/%
酚醛树脂（Resol 型）	76
填料	9.2
氢氧化钠（15%）	1.53
表面活性剂	少量
水	至 100

注：酚醛胶黏剂黏度（涂 4# 杯）14～25s；固含量 40%～45%。

8.0%～11.0%，刨花板采用单层或多层液压机压制。

(2) 喷胶、拌料　在刨花板生产过程中，要将胶黏剂、助剂等均匀地分散到刨花上。由于刨花板的表面积太大，所以需采取有效的措施，才能使胶黏剂、助剂等均匀地分散到刨花上。一般采用的方法是使刨花在机械的强制翻腾状态下，同时将胶黏剂、助剂以压缩空气喷成雾状，均匀分布在刨花上。

(3) 压制　热压制度主要的影响因素有制品厚度、密度、刨花板类型、胶黏剂类型和固含量。对一般刨花板在不同温度下的压制时间见表7-40。

■表7-40　刨花板不同温度下的压制时间　　　　　　　　　　　　　　　单位：min/mm

温度/℃	树脂凝胶时间(100℃)		
	75～100s	50～75s	25～45s
140	0.70～0.60	0.60～0.51	0.51～0.44
150	0.60～0.51	0.51～0.44	0.44～0.38
160	0.51～0.44	0.44～0.38	0.38～0.33
170	0.44～0.38	0.38～0.33	0.33～0.29

① 温度　采用蒸汽加热方式，垫板温度为155～165℃。

② 压力　2.0～2.5MPa，根据板材要求及温度而定，生产家具、建筑用板压力一般为1.5～2.0MPa。当材质密度高及压制温度提高时，需采用较高压力。

③ 时间　受木材含水率、树脂性能及压制温度的影响。压制时间随刨花板制品的厚度调整，且热压温度的适当提高也有利于压制时间的缩短和生产效率的提高。热压时间一般为5～15min。热压温度一般略高于树脂固化温度。

7.3.3.3　酚醛树脂刨花板的性能

酚醛树脂刨花板的性能见表7-41。在酚醛树脂刨花板性能中，主要质量指标为耐候性，以吸水性能表征。试验表明，周围介质（环境条件）明显影响其性能。例如，当空气相对湿度为25%时，刨花板试样的质量增加值为-1.5%（质量分数）；相对湿度为45%时，质量增加值为0.3%，基本平衡；而在饱和蒸汽环境（100%，20℃）试样30天增重高达21%。因此，吸水率常以45%～50%相对湿度为设定湿度（24h，室温）进行测定。

酚醛树脂装饰板也是一种木材或纸质复合材料，有多种纤维增强形式，

■表7-41　酚醛树脂刨花板的性能

性　能	数　值
静弯曲强度/MPa	≥42
含水率（质量分数）/%	5～8
吸水率（质量分数）/%	30
膨胀率（质量分数）/%	20(24h,20%)
密度/(g/cm^3)	0.85～1.05
胶合强度（干态）/MPa	0.98～1.08

如木纤维、纸/木纤维等。纸常作表面层,且可用三聚氰胺树脂浸渍,用酚醛作为黏结剂制备的复合材料具有表面平滑光洁、耐热、耐磨、阻燃,在室内装饰、船舶、车辆内部装修上有着广泛的应用。其制备过程主要为浸渍树脂和层压,具体工艺及影响因素与层压类同,此处不一一详述,有兴趣者可进一步参考有关专著。

参 考 文 献

[1] 黄发荣等. 酚醛树脂及其应用. 北京:化学工业出版社,2003.
[2] 殷荣忠. 酚醛树脂及其应用. 北京:化学工业出版社,1994.
[3] 唐路林,李乃宁,吴培熙. 高性能酚醛树脂及其应用. 北京:化学工业出版社,2008.
[4] 柳海兰,张南哲. 延边大学学报:自然科学版,2006,32(2):118.
[5] 中国标准出版社. 塑料标准大全:合成树脂. 北京:中国标准出版社,1999.
[6] Gardzella A, Pilato L A, Knop A. Phenolic Resins. New York:Springer-Verlag Berlin Heidelberg, 2000.
[7] Pilato L. Phenolic Resins: A Century of Progress. New York:Springer-Verlag Berlin Heidelberg, 2010.
[8] 张玉龙. 塑料品种与性能手册. 北京:化学工业出版社,2007.
[9] 董忠良. 化工产品手册. 第5版. 北京:化学工业出版社,2008.
[10] 杨卫民,丁玉梅,谢鹏程. 注射成型新技术. 北京:化学工业出版社,2008.
[11] 朱永茂,殷荣忠,刘勇. 塑料工业,2010,38(3):22.
[12] 薛斌,张兴林. 热固性树脂,2007,22(4):47.
[13] 中华人民共和国国家质量监督检验检疫总局,中国国家标准化管理委员会. 国家标准 GB/T 1404.1—2008,1404.2—2008,1404.3—2008. 北京:中国标准出版社,2008.
[14] 刘启志,王东川. 塑料工业,2005,33(7):1.
[15] 殷宜初. 百科全书. 北京:化学工业出版社,2004.
[16] 齐暑华等. 塑料工业.1999,27(6):19.
[17] 赵小玲等. 塑料工业.2002,31(6):38.
[18] 魏化震等. 工程塑料应用,2000,28(5):4.
[19] 范宏等. 中国塑料,2004,18(7):61.
[20] 崔谥等. 玻璃钢/复合材料,2009,(3):68.
[21] 刘毅佳等. 热固性树脂,2009,(3):21.
[22] 李忠等. 高分子材料科学与工程,2009,(1):8.
[23] 杨燕琴等. 工程塑料应用,2009,37(1):23.
[24] 陈妹帆. 化工新型材料,2009,37(6):104.
[25] 刘涛等. 化工新型材料,2009,37(8):106.
[26] 铃木和夫. フエノール. 化学经济,2009,(3)(临时增刊):69.
[27] 高野菊雄. プラスチッワ産業の最新動向. プラスチッワス,2009,60(1):111.
[28] Nemoto T. Synthesis and properties of new novolacs based on heteroatom-bridged phenol derivatives. Journal of Applied Polymer Science, 2009, 113:2719.
[29] Ku H S. Flexural properties of sawdust reinforced phenolic composites: Pilot study. Journal of Applied Polymer Science, 2009, 114:1927.
[30] Tate J S. Nanomodified phenolic/E-glass composites. SAMPE 2009 ISSE, CA:Covina, 2009.
[31] Ikeda N. Cured structural analysis of phenolic resins by solid-state NMR. ネットワークポリマー, 2009, 30(2):82.

第8章　特种功能酚醛树脂复合材料的制备与应用

8.1 酚醛树脂摩擦材料

8.1.1 摩擦材料的主要性能和成分

摩擦材料是一种应用在动力机械上,依靠摩擦作用来制动和传动功能的部件材料,主要用来制作汽车的制动刹车片、离合器片等产品。在汽车制动中,这些衬片通过与对偶件的摩擦作用将动能转化为热能、声能等形式,达到使汽车静止的目的,离合器则用于传动。摩擦材料要求具有良好的摩擦系数和耐磨损性能,并具有一定的耐热性和机械强度,能满足车辆和各种机械装置的传动和制动的性能要求。它们同时被广泛应用在航空、航天、电力、海洋运输、工程机械设备以及自行车、洗衣机等生活用品方面。

8.1.1.1 摩擦材料的主要性能

(1) **良好的耐磨性**　摩擦材料在工作过程中通过与接触表面产生的剪切力而产生磨损,因此耐磨性是其使用寿命的反映,也是衡量摩擦材料耐用性的主要技术经济指标。摩擦材料的耐磨性指标,有多种表示方法。在我国GB 5763—1998"汽车制动器衬片"国家标准中,规定的磨损指标是:测定材料样品在定速式摩擦试验机上100~350℃温度范围的每挡温度(50℃为一挡)时的磨损率。磨损率是指样品与对偶件表面进行相对滑动过程中做单位摩擦功时的体积磨损量,可由测定其摩擦力的滑动距离及样品因磨损的厚度减少而计算出。通过选用合适的填料和耐热性好的黏结剂,能有效地减少材料的磨损,延长其使用寿命。

(2) **优良的机械强度**　摩擦材料制品在装配使用之前,需要进行钻孔、铆装、装配等机械加工,才能制成刹车片总成或离合器总成。在摩擦工作过程中,摩擦材料除了要承受很高温度外,还要承受较大的压力与剪切力。因此要求摩擦材料必须具有足够的机械强度,以保证在加工或使用过程中不出现破损与碎裂。如对刹车片,要求有一定的抗冲强度、铆接应力、抗压强度等,对于黏结型刹车片,如盘式片,还要具有足够的常温黏结强度与高温黏结强度,以保证刹车片与钢支架黏结牢固,可经受盘式刹车片制动过程中高剪切力,而不产生相互脱离,造成制动失效的严重后果。对于离合器片,则要求具有足够的抗冲强度、静弯曲强度、最大应变值以及旋转破坏强度,保障离合器片在运输、铆接加工过程中不会损坏,也是为了保障离合器片在高速旋转的工作条件下不发生破裂。

(3) 低的制动噪声 制动噪声关系到车辆行驶时的舒适性,且对周围环境特别是对城市环境造成污染。通过降低摩擦制品的硬度,减少硬质填料用量,避免工作表面形成炭化层,使用减震垫或涂膜以降低振动频率,均有利于减少与克服噪声。

8.1.1.2 摩擦材料的主要成分

摩擦材料一般由黏结材料、增强材料(主要是各种纤维)和摩擦性能调节材料三部分组成,其基本组分如表8-1所示。为了提高摩擦材料的综合性能,人们对这三部分材料的选择做了大量的研究。

■表8-1 摩擦材料的基本组分

材料种类	质量分数/%	材料种类	质量分数/%
纤维	30~50	有机摩擦粉末	0~10
黏结材料			
酚醛树脂	10~15	金属粉或碎末	5~25
橡胶	2~10		
无机填料			
重晶石	10~20	其他	
氧化钙/氧化镁	0~5	石墨	1~5
瓷粉/板岩粉	0~10	硫化锑	0~5
氧化铝	0~2	二硫化钼	0~5

(1) 黏结材料 摩擦材料所用的有机黏结剂主要是合成树脂和合成橡胶,它们在制造工艺过程中首先于一定温度下先呈现软化而后进入黏流态,在一定的压力下产生流动并均匀分布在材料中形成材料的基体,最后通过树脂的固化和橡胶的硫化作用,把纤维和填料黏结在一起,形成质地致密的有相当强度及能满足摩擦材料使用性能要求的摩擦片制品。

对于摩擦材料而言,树脂和橡胶的耐热性是非常重要的性能指标。因为车辆和机械在进行制动和传动工作时,摩擦片处于200~400℃的高温工况条件下。在此温度范围内,纤维和填料的主要部分为无机类型,不会发生热分解;而对于树脂和橡胶来说,已进入热分解温度区域。摩擦材料的各项性能指标此时都会发生不利的变化(摩擦系数、磨损、机械强度等),特别是摩擦材料在检测和使用过程中发生的三热(热衰退、热膨胀、热龟裂)现象,其根源都是由于树脂和橡胶的热分解所致,因此选择树脂与橡胶对摩擦材料的性能具有非常重要的意义。作为摩擦材料常用的黏结材料有许多种，但是应用时间最早、使用量最大的仍属酚醛树脂。它能在摩擦材料使用的条件（200～350℃）下长期使用，且还具有良好的加工工艺性能，既可被加工成200目左右的细粉，又可溶于一些低成本的溶剂如乙醇、丙酮等溶剂，因而既适用于摩擦材料生产的干法加工工艺，也适用于湿法加工工艺。

(2) **增强材料** 纤维增强材料构成摩擦材料的基材，摩擦材料对其使用的纤维组分要求是：增强效果好，耐热性好，具有一定的摩擦系数，硬度不很高，易于加工，还需防止产生制动噪声和损伤制动盘或鼓等。由于摩擦材料制品在工作中长期处于高温工况下，一般有机纤维无法承受这种高温条件，故摩擦材料中多数是应用无机纤维，它们包括天然矿物纤维类，如海泡石、硅灰石等；人造无机纤维，如玻璃纤维、陶瓷纤维。一些耐高温的有机纤维如芳纶纤维也会被选用，甚至有时使用金属纤维。此外，选用的纤维不但要有较好的增强效果，还要有被市场接受的成本价格。

(3) **摩擦性能调节材料** 根据摩擦材料性能调节剂在摩擦材料中的作用，可将其分为增摩填料与减摩填料两类。摩擦材料本身属于摩阻材料，为能执行制动和传动功能要求具有较高的摩擦系数，因此增摩填料是摩擦性能调节剂的主要部分，不同填料的增摩作用是不同的。由于摩擦材料中的树脂在220～250℃时，会放出低分子物并开始发生热分解，摩擦系数开始出现热衰退。在人们使用的增摩填料中，有的填料在较低的摩擦工作温度区间，即室温至250℃区域内，能提高制品的摩擦系数，如长石粉、铁粉等；有的填料在250℃以上至400℃能具有较好的摩擦系数，则将其称为高温摩擦性能调节剂，如氧化铝和锆英石。增摩填料的莫氏硬度通常为3～9，莫氏硬度高于5.5以上的填料属于硬质填料，硬度高的增摩效果显著，但高硬度填料用量过多以及填料的粒径过粗，就会造成磨损过大，制动噪声也会变大。

减摩填料一般为低硬度物质，特别是莫氏硬度低于2的矿物，如石墨、二硫化钼、滑石、云母等。其中工业上常用的是石墨、二硫化钼。它们既能降低摩擦系数，又能减少对偶材料的磨损，提高摩擦材料的使用寿命。

有一类矿物填料，既具有一定的摩擦系数，价格又非常低，这类填料有陶土、萤石、石灰粉、硅藻土、碳酸钙、方解石等。它们在组分中的加入量可为5%～15%，可以有效地降低摩擦片的成本。另外一些填料配合剂如炭黑、氧化铁等可以作为着色剂使用，它们不仅具有着色作用，同时也有一定的摩擦系数。

还有一种有机填料即橡胶粉，主要通过各种回收废橡胶制品如轮胎经粉碎后制成的轮胎粉。使用这种有机摩擦粉的摩擦材料制品的摩擦系数比较稳定，耐磨性较好，对制品的硬度及弹性模量也有所改善。但在摩擦材料组分中的用量要适宜，避免造成对摩擦材料耐热性的负面影响。

8.1.2 摩擦材料的主要制造工艺

摩擦材料的制造工艺，主要包括模塑料的制备、预成型、热压成型、热处理和机械加工（磨削、钻孔）工艺步骤。

8.1.2.1 摩擦材料模塑料生产工艺和性能

摩擦材料模塑料的制备传统上分为干法生产工艺和湿法生产工艺两大类，主要是根据模塑料制备工序中所使用的黏结剂是干态形式还是湿态形式来划分。将按一定配比混合均匀后的模塑料加至模具中模压成型。模压时的温度、压力和保温时间主要和所用的黏结材料有关。以酚醛树脂为主的模塑料，固化时间在150℃时需60~150s，流动距离为15~55mm。因此摩擦材料的固化时间和温度也在此范围内。

(1) 干法模塑料生产工艺 干法模塑料生产工艺是国内外应用最广泛的摩擦材料原料生产工艺，主要包括直接混合法工艺和热辊炼法工艺，其工艺特点是：制得的模塑料为纤维粉状料；模塑料在热压成型操作中投料方便，模塑料在模腔中易分布均匀，流动性较好，可以采用预成型工艺制成冷坯后再进行热压成型；在混料过程中，纤维组分的伸展性好，制品强度高；工艺较简单，制品成本低。

① 直接混合法工艺 直接混合法为模塑料制备方法中最简单方便的一种工艺方法。在此工艺中，树脂为热塑性酚醛树脂或其改性树脂的粉状物，俗称树脂粉，细度140~200目。将树脂粉、橡胶粉、填料和纤维投入到混料机中，进行充分搅拌，达到均匀混合后，将物料放出，得到粉状混合物料。

② 热辊炼法工艺 热辊炼法主要用于丁苯橡胶和酚醛树脂的共混改性，丁苯橡胶的产品主要为块状橡胶和乳胶，而无粉状橡胶，因而不能采用适用于粉状树脂和粉状橡胶的直接混合法。在热辊炼法中，树脂为块状和粉状热塑性酚醛树脂，橡胶为块状丁苯橡胶，两者在炼胶机上通过热辊炼操作实现共混改性。通常热辊的前辊温度为110℃，后辊温度为105℃，前后辊速比为1:1.15。开机后，将塑炼胶投放到两辊筒间，使其包覆在辊筒表面上，再投入橡胶配合剂、树脂固化剂和填料进行混合。为了促使物料混合均匀，应反复将辊炼料切割下，再投入辊筒。在辊炼中，固化剂如六亚甲基四胺和树脂发生进一步缩聚反应并放出氨气，当固化速度达到35~45s（150℃）时，树脂已转变到B阶段状态，辊炼结束，将胶料迅速用割刀切割下来后冷却，冷却后的辊炼胶片在粉碎机中粉碎成100~200目的模塑料胶料。

(2) 湿法模塑料生产工艺 目前短纤维型模塑料的生产工艺主要以干法生产工艺为主，包括刹车片、刹车带和离合器片基本上都采用干法生产工艺进行制造。湿法生产工艺则用于对机械强度要求较高的，用连续纤维为基材的摩擦材料制品，主要有缠绕型、编织型离合器面片、制动带、层压型和编织型石油钻机闸瓦及一些工程机械摩擦片。

湿法连续纤维模塑料生产工艺是将连续纤维的线、布或编织物型坯按照制品要求，分别在配制好的酚醛树脂-乙醇溶液和橡胶-汽油溶液中浸渍。其中在酚醛树脂溶液中的浸渍温度为50～70℃，浸渍后树脂含量应为40%～60%，干燥后用于热压使用。如果需要再浸渍橡胶溶液，则必须将浸渍树脂的连续纤维经过干燥后再进行浸渍，纤维在橡胶溶液中的浸渍温度以40～60℃为宜，含量根据需要确定，浸渍完成后经过干燥可进行制型或热压使用。

(3) 模塑料的工艺性能 通过干法和湿法生产工艺所制备的模塑料，主要通过预成型工艺和热压成型工艺制备摩擦制品。模塑料的工艺性能对产品的质量造成直接的影响，这些性能主要包括固化时间、挥发分含量、流动性、细度及均匀度等。

固化时间是指模塑料中的酚醛树脂在一定温度下转变为不熔不溶状态所需的时间（s），通常模塑料在热压模中的时间为40～60s（150℃），高于70～80s被认为偏慢，生产效率偏低；低于25～30s，如果模塑料在模腔中未完成均匀分布，同样影响产品的质量。流动性是指模塑料在一定的温度和压力条件下充满模腔的能力。模塑料的流动性主要与所含树脂和挥发组分的含量有关，酚醛树脂正常的流动性指标应为25～80mm（125℃），在干法生产工艺中树脂流动性的合适指标为24～40mm。显然树脂流动性大，其模塑料的流动性相应也大。模塑料中的挥发分（主要指水分）含量增加时，其流动性也增大；反之，其流动性降低。在湿法生产工艺中，挥发分含量低于3%时，湿法短纤维型模塑料的流动性变差，会造成在热压成型操作时发生困难，导致压制品表面发白、毛糙、结构疏松、表面孔眼、边缘缺损、机械强度变差，甚至不能成型。颗粒均匀度对于短纤维模塑料、块粒应小而均匀，这样加热干燥时表里干湿度较一致，模腔铺料易均匀，压制品外观和密实度比较均匀。

8.1.2.2 摩擦材料制品的预成型加工工艺

模塑料在热压成型之前，先将其在常温或低温下于一定压力条件压制成紧密而不易碎裂的型坯，型坯的形状及其热压制品相同（轮廓尺寸较小）。它不改变模塑料的物化性质，这道工序称为预成型工序。将一些较大厚度（一般厚度≥7mm）的刹车片、缠绕型离合器片等制成预成型坯件，放置于料盘中，按需要送往热压工序备用。预成型可以减少干法模塑料的粉尘扩散，减少热压成型的操作时间，提高生产效率。

8.1.2.3 摩擦材料制品的成型和固化

在摩擦材料制品的生产过程中，通常采用的成型方法是将模塑料在压力和加热条件下进行成型和固化，获得具有特定形状、质量、硬度和机械强度的摩擦片制品，也有极少数产品是在常压和较低温度下成型。就热压成型工艺而言，有些工艺是加热、加压在同一设备中同时进行，有些工艺是加热和加压在不同设备中分开进行。一些新的生产效率更高、生产环境更优越的成型工艺正在发展中。

(1) 热压成型固化工艺

① 热压成型固化　热压成型固化又称压制工序或热模压工序,是将模塑料放入已加热到一定温度的模具中,经过合模加压,使其在压模中成型并固化,由此获得各种压制品,如刹车片、离合器片及各种模压摩擦片。长期以来,热压成型工艺一直是国内外使用最广泛的成型固化工艺。

酚醛树脂摩擦材料的热压成型设备主要由压机和模具组成。热压成型压机可分为单层热压机、双层热压机与多层热压机。按压力大小区分为60~600t压机以及更大吨位的压机。热压模具的种类较多,根据所生产的摩擦片类型区分有盘式片热压模具、鼓式片热压模具以及离合器面片模具等。

它的成型工艺主要由成型压制温度、成型压制压力和压制保持时间三个工艺要素组成。酚醛树脂模塑料的压制温度为150~160℃,在这个温度范围内,模塑料中的酚醛树脂的活性官能团互相作用,或在六亚甲基四胺等固化剂的作用下,经历黏流态、胶凝态后,进一步缩聚成不溶不熔的固态交联聚合物。在这个过程中,当模塑料中的酚醛树脂处于黏流态和胶凝态时,树脂可以在一定的压力作用下在模腔中进行流动,因此控制树脂的固化速度,在固化之前使它均匀填满模腔,使树脂和填充料之间均匀混合,有利于提高制品的各项性能。从时间上而言,考虑生产效率,使酚醛树脂模塑料有足够时间达到均匀填满模腔并固化,时间控制在30~60s,它同时与温度和压力都有关系,热塑性酚醛树脂固化时间与温度的关系见表8-2。压制压力的通常范围为20~30MPa,压制压力过小,如果模塑料的流动性较差时,会造成制品密实性差、质地疏松、厚薄不均匀、边角缺损等;压制压力过大并不能提高制品性能,反而会增加能耗,造成溢料增多,甚至造成模具及压机损坏。整个热压成型固化工艺过程包括以下步骤:在模腔中喷涂脱模剂、摩擦材料制品上金属件的安放、加入模塑料或预成型冷坯、闭模加压、排(放)气、保压固化、脱模,最后是压模的清理和制品的外观整修。

② 热压成型操作中次废品产生的原因及解决措施　在热压成型的工序操作中,当操作不当时,会造成制品不符合质量要求,导致废品产生,造成生产的浪费和损失。产生质量事故的原因多种多样,包括原材料质量、压制温度、压力、时间、压机和模具的不正常等。因此必须严格遵守工艺技术规范,并对生产中的不正常现象分析其原因。常见的不正常现象和质量弊病,其产生原因及解决措施如表8-3所示。

■表8-2　热塑性酚醛树脂固化时间与温度的关系

温度/℃	固化时间/s	温度/℃	固化时间/s
130	132	160	42
140	82	170	31
150	50		

■表 8-3 热压成型中常见不正常现象产生原因及解决措施

不正常现象	产生原因	解决措施
压制品局部区域疏松、缺边、缺角	压缩料流动性差	适当增加压力
	投料量不够	检查投料量并补足
	铺料不均匀	注意铺料均匀
起泡、膨胀、裂纹	模塑料挥发物含量过高	合理进行干燥处理,使其达标
	排气操作不当	调整放气时间,增加热压放气次数
	模具间隙过小,排气困难	适当调大模具间隙
	压制温度和压力不当	调整压制温度,适当增加压力
	固化剂用量和均匀性不当	调整固化剂用量并保证均匀混合
压制品过黑、过黄	压制温度过高	降低压制温度
压制品太软	压制温度不够	提高压制温度
	树脂中固化剂含量偏低,压制时间不够	提高固化剂含量,增加压制时间
制品表面有波纹,尺寸超宽	模塑料挥发物含量过高	降低挥发物含量
	压制温度过低	提高压制温度
压制品边角破损	模塑料流动性过大或模具间隙过大,形成溢流边过多过厚,出模后制品边缘破损;因粘模出片困难,硬性出模取片,造成破损	模塑料流动性应合适,对模具进行维修,保证间隙配合符合要求;出模制品清边时注意,应在热时修边
制品翘曲变形	压制时间不够,挥发物含量过大,脱模方法不当,模温过低	除采取相应措施外,已脱模的制品可由专用夹具冷却或采用其他定型措施
制品厚薄不均匀或过薄、过厚	投料量不准,过多或过少	掌握正确投料量
	辅料不均匀	辅料均匀
	压机或压模水平度未调好	用水平仪调好模具水平度
	模具间隙太大,跑料过多	调整模具间隙
粘模、出片困难	模具模腔未电镀或镀层破损,光洁度差	及时修模
	未擦脱模剂	按要求使用脱模剂
	模具间隙较大,跑料严重	整修模具
	模塑料过潮	将模塑料干燥,以达到要求
制品表面有树脂集聚及小孔眼	配方中树脂含量太多	适当调整树脂含量
	模塑料混合不均匀	控制树脂含量并均匀混合
盘式片片子与金属件黏结力差	黏结剂选择不当	选择合适的黏结剂
	黏结剂涂层过厚或过薄	适当涂刷黏结剂
	金属件表面处理不干净	金属件表面处理干净,增加光洁度
压制后的金属件与片子之间有裂纹或脱落	上压板与下模之间温差过大	调整模温达到均匀一致

(2) 冷压成型工艺 冷压成型工艺包括辊压法成型固化工艺和冷压一次成型工艺。辊压法成型固化工艺是摩擦材料成型固化的一种工艺路线,我国于 20 世纪 90 年代从国外引进该项技术。它与热模压固化成型工艺的主要区别是模塑料在辊压机上被辊压成型,然后在固化炉中经热处理而固化,即成型和固化在不同的设备上进行。辊压法在我国主要用于制造轿车

和轻、微型载重汽车的黏结型鼓式制动蹄片即刹车片。它的工艺流程主要包括配料、混料、干燥、辊压、裁切、卷绕、第一次固化、长度裁切、涂胶、黏结、第二次固化、磨加工、印标。辊压法工艺中各种原料组分的配比见表8-4。

■表8-4 辊压法工艺中模塑料组分的配比

配比组分材料名称	用量/%	配比组分材料名称	用量/%
腰果壳油改性酚醛树脂（液态）	15~20	矿物纤维及纤维素纤维	16~24
丁腈橡胶粉	1~5	增摩填料	16~20
钢纤维	7~12	其他填料	30~34

与辊压法成型固化工艺采用模塑料的成型和加热固化操作在不同设备上分开进行的还有我国于20世纪90年代研制开发用于盘式摩擦片生产的冷压一次成型工艺，该工艺的特点是在室温下将钢支架和模塑料在模腔中一次成型，然后再在固化炉中进行固化及后处理，制成摩擦片产品。

采用冷压加工工艺，在原料及加工工艺上与热压成型固化工艺的主要区别有以下三点。

① 高压成型是冷压加工工艺的关键要点　在热压工艺中，树脂在热压温度下呈现流动状态，使模塑料在20~30MPa的压力下即可被压制达到产品所需的密度要求。但在冷压工艺中，压制在室温下进行，树脂不具有流动性，故要求施以更高的单位压力，才能使压制的型坯达到产品密度要求。

② 对型坯进行加热固化处理时，需采用夹片操作　因为型坯中含有少量的挥发物，树脂在固化过程中，也会产生水分和氨气，有可能导致片子出现起泡、裂纹等质量问题。为此需要用夹具对片子施加一定压力，使片子表面能抵御其内部气体压力，不因其气体逸出而使表面破裂受损。在实际操作中，所需的夹片压力较低，通常要求比模塑料在固化热处理温度下生成的蒸汽压力稍高即可。

③ 采用流动性小、固化时间短的热固性酚醛树脂　传统的热压固化工艺中所采用的酚醛树脂在压制过程中经历了软化、流动、布满模腔和固化成型的历程。在冷压法工艺中，因为不采用模具，为防止型坯在夹具中承受低压力条件下进行固化热处理过程中发生的变形，采用了在热处理温度下流动性小、固化时间短的热固性树脂，获得了较好的效果。

8.1.2.4 冷压成型工艺的优点

冷压一次成型工艺与热压成型固化工艺相比具有以下特点。

① 生产效率高，以单腔模具计算，压制一片型坯只需20s，单班产量明显提高。

② 节能降耗，室温下高压成型，模具不需要加热，极大地节省能耗。

③ 降低模具成本，冷压用模具的结构和材质比热压模具简单、便宜，大大降低了模具的制造成本。

④ 更换模具方便，节省换模时间。

⑤ 热压工艺生产中压制工序产生的废品已报废，不能再利用。而冷压工艺中压制工序产生的型坯次品尚未固化，可以经破碎后再回到混料工序加工成模塑料，减少了原料损耗。在热压工艺生产中，热压工序和热处理工序均有有害气体逸出；在冷压工艺生产中，有害气体只在热处理烘箱中产生，治理方便。

⑥ 相比热压固化成型工艺产品，冷压制品密度低，半金属型盘式片的密度仅为 2.1~2.2g/cm³，制品空隙度大，制动噪声低。

8.1.2.5 摩擦材料制品的后加工处理

摩擦材料经过压制以后的产品性能，尤其是摩擦性能的稳定性、产品的规格尺寸，尚不能达到产品质量及规格尺寸要求。有些制品还要进行钻孔等加工，这就需要对摩擦材料压制品进行后加工处理。后加工处理主要包括热处理、磨削加工、钻孔及印标等。

(1) 热处理 经过热压后的摩擦材料制品，在相当于或稍高于热压温度下经过若干小时的常压热处理。热处理的目的是使摩擦材料成分中的黏结剂能彻底固化，从而使制品摩擦性能，尤其是热摩擦性能稳定；消除热压后摩擦材料制品中的热应力，防止制品出现翘曲变形；对人为的热压时间不够加以补足，提高压机的生产效率；减少热压制品的热膨胀。热处理在烘箱中进行，热处理的重要条件是升温速度和最高处理温度的控制，一般升温速度在每分钟 2℃ 左右，在 100℃ 以上时每 3~5min 升高 2℃。热处理的最高温度主要由模塑料中树脂的热固化温度所决定，可以通过 DSC 等表征手段获得。普通酚醛树脂的最高处理温度控制在 150~160℃，保温 2~4h 后，如果能够让制品缓慢冷却，对制品减少内应力、防止翘曲变形更加有利。热处理设备目前在国内已有多家企业生产，型号规格有所不同，主要有 JF980A 型和 XL702 型热处理烘箱。

(2) 磨削加工 热压的摩擦材料制品，其几何形状由热压模具的形状所决定。但是沿施压方向，即制品的厚度方向尺寸，不能准确依据模具所决定，因此准确的制品厚度只能通过机械加工才能达到要求。机械加工主要是依靠模具（砂轮、金刚石砂轮、硬质合金砂轮等）磨削来实现，磨削加工按照摩擦材料的基本形状要求，通过摩擦材料专用的磨床来完成。这些磨床有离合器面片单面磨床、离合器面片双面磨床、制动片外弧磨床、制动片内弧磨床、组合内弧磨床、盘式片平面磨床等各类磨削加工机械。

(3) 钻孔 摩擦材料与其支撑件的连接方法一般有两种：一种为粘接；另一种为铆接。对于铆接的工艺，一般都涉及钻孔工序。摩擦材料最典型的孔型为阶梯孔，阶梯孔在加工中为一次成型。大小孔的直径由钻头保证，大孔的钻孔深度由设备保证，小孔的钻孔深度由钻头确定。

(4) 印标 摩擦材料制品，经质量检验符合标准后，一般要求在制品表面的适当位置打印标志，包括产品牌号、商标、质量级别等。印标的方法主要有喷涂、丝网印刷、喷墨打印等方法。当生产批量较大时,一般采用专用印标设备,这些设备有 XL9012 型喷码机、XL901 型印标机等。

8.1.3 摩擦材料中使用的酚醛树脂

在摩擦材料中,黏结材料对摩擦材料的性能优劣影响较大,一般选用酚醛树脂作为黏结材料。国内过去一直使用以橡胶改性线型酚醛和甲阶酚醛(2123、2124)为主的树脂,主要原因是酚醛树脂具有良好的耐热性和力学性能,价格便宜,工艺及生产设备简单等优点,但酚醛树脂作为黏结材料也存在模量过高、硬度大、耐高温性能差等缺点。为此,提高酚醛树脂的综合性能是制造性能优异的汽车摩擦材料的关键。目前,在摩擦材料领域对酚醛树脂的改性研究和开发主要集中在提高酚醛树脂的黏结力、耐热性及增加韧性。下面介绍几种常用于制备摩擦材料的改性酚醛树脂。

8.1.3.1 腰果壳油改性酚醛树脂

纯酚醛树脂中苯酚与甲醛的结构使其制品模量高、硬度大,采用丁腈橡胶改性可以使其韧性、抗冲击性等有所提高,但耐热性有所下降。20 世纪 40 年代,国外报道了腰果壳油(CNSL)合成树脂的研究。CNSL 是一种经济的天然酚,经过酸处理除去其含有的蛋白质、树胶质、矿物质后,主要含有一元酚(占 90%)和二元酚,一元酚的结构式为:

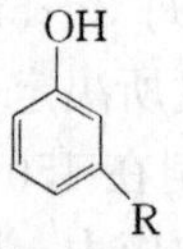

$R = C_{15} \sim C_{31}$

这种酚中含有柔性长链,其与醛合成的酚醛树脂的柔韧性大大提高,同时具有油溶性好、耐碱蚀等优点。20 世纪 50~60 年代,国外开始批量生产此种树脂,其合成方法主要有三种:第一种是酸聚合法,就是 CNSL 酸聚合后再与聚甲醛缩合得树脂;第二种是直接法,将 CNSL、苯酚和甲醛按一定比例配比在催化剂作用下缩聚反应制得酚醛树脂;第三种是双酚法,将苯酚和 CNSL 在催化剂作用下首先制成双酚:

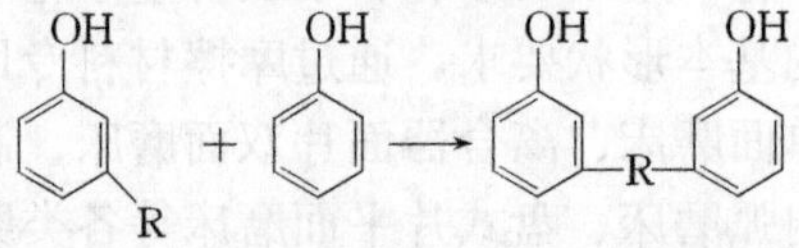

再与醛类化合物缩合制成酚醛树脂。这种方法与直接法相比,树脂韧性及抗冲击性有较大幅度的提高。经过增韧改性的酚醛树脂,可以使摩擦材料制品硬度降低、柔韧性增加。在制动过程中,通过摩擦发热使刹车片产生塑性变形,增加了摩擦的接触面,有效提高了摩擦系数,并能适当降低噪声。以上述方法制备的酚醛树脂目前在国内市场上可以购买,国内有多家企业生产 CNSL 改性的酚醛树脂。

8.1.3.2 硼酸改性酚醛树脂

汽车在反复制动中，刹车片表面温度可达 400℃以上，一般酚醛树脂生产的刹车片会产生摩擦系数迅速下降的现象，即"热衰退现象"。其主要原因是酚醛树脂不能经受如此高温，发生降解并气化。随着汽车行业向高温、安全方面发展，研究较高耐热性能的酚醛树脂也是一大热点。目前，集中的热点在硼酸改性酚醛树脂（FB），它是以酚类、硼化合物、醛类在一定的催化条件下反应生成的。由于分子结构中引入了高键能的硼氧键，使其具备了制作摩擦材料所需要的一系列优异性能。例如，热失重分析测试表明，FB 树脂在 900℃残重仍达 64%，在 536℃之前失重速率较为缓慢。此外，具有高温分解时低毒气、低发烟、低热值等现象，能有效地阻止摩擦材料的热衰退现象。

FB 树脂的合成方法主要有两种：一种是利用硼酸与苯酚反应生成硼酸酚酯，再与多聚甲醛反应生成 FB 树脂（参见第 3 章）；另一种是酚类与甲醛水溶液反应生成水杨醇后再与硼酸反应，合成硼改性酚醛树脂。目前，FB 树脂国内有蚌埠耐高温树脂厂等厂家生产。

8.1.3.3 双马来酰亚胺改性酚醛树脂

双马来酰亚胺（BMI）树脂具有固化过程中无低分子物析出、耐热性、阻燃性优异等特点，在酚醛树脂中引入马来酰亚胺环，可有效提高其耐热性。BMI 改性酚醛树脂可采用多种方法，一般是将 BMI 与酚醛树脂直接反应，其反应原理是酚羟基上的活泼氢可与 BMI 的碳-碳不饱和双键进行氢离子移位加成聚合（参见第 3 章）。

由于酚醛树脂一般难以和 BMI 反应，因此在酚醛树脂的分子结构中引入烯丙基。烯丙基是 BMI 的优良共聚基团，可与马来酰亚胺环进行共聚反应形成高交联密度的韧性树脂。这种树脂的固化物具有高温力学性能优异及内应力低等特点，能较好地适应摩擦材料的需要。

提高酚醛树脂的耐热性可以有效地防止"热衰退现象"。但树脂还需要较好的力学性能、较高的摩擦系数，这就需要在提高树脂耐热性时不能一味地考虑引入芳杂环等改性酚醛树脂。摩擦材料的组成中还有增强材料以及摩擦性能调节材料等，同时树脂的黏结性能好坏也是应该考虑的一个因素，摩擦材料的制作过程需要较完整的材料选择工艺和加工过程的考虑。

8.1.4 酚醛树脂摩擦材料的发展

摩擦材料中的增强材料过去是使用石棉，且一般都在 60% 以上，随着制动要求的不断提高，特别是针对制动安全和稳定性的突出要求，迫使制动系统由传统的鼓式改为更小、更轻、更省油的盘式制动结构。由于石棉纤维在 400℃左右将失去结晶水，石棉脱水后不仅失去增强效果，而且导致摩擦性能不稳定、损伤对偶及出现制动噪声，特别是石棉被确认对人体健康存在危害以后,各国都迅速开展了新型无石棉摩擦片的研制工作。目前,除了用玻璃纤维替代石棉纤维制作摩擦材料,在下面章节中介绍的用碳纤维等替代石棉纤维制作碳/碳复合材料用于摩擦材料以外,无纤维摩擦材料和半金属摩擦材料都在开发及生产。摩擦性能调节材料所用的一些有机、无机和金属粉末随超细技术的进一步发展,使这些粉体在摩擦材料中与黏结材料更好地混合和相容,使产品的耐热性和尺寸稳定性都有较大的提高。下面分别举例说明。

8.1.4.1 无纤维摩擦材料

以马来酰亚胺改性线型酚醛树脂(G型)得到的改性酚醛树脂(WR-10),与摩擦性能调节材料按表8-5所示的无纤维摩擦材料配方混合均匀,在25t平板压机中180℃模压15min,试样经180℃/3h热处理,冷却后其摩擦系数与国家标准(GB 5783—86)中所示的性能比较见表8-6。结果表明,以改性酚醛树脂作为基材、粉末丁苯橡胶作为增韧剂组成的无纤维摩擦材料所测的各项性能达到了国家标准。

■表8-5 无纤维摩擦材料配方 单位:份

配方	G_{10}	21
G酚醛树脂	100	
WR-10树脂		100
碳酸钙	500	500
陶土	150	150
硫酸钡	150	150
粉末丁苯橡胶	100	100

■表8-6 无纤维摩擦材料摩擦系数比较

编号	摩擦系数 μ				
	100℃	150℃	200℃	250℃	300℃
国标	0.3~0.6	0.3~0.6	0.25~0.6	0.25~0.6	0.25~0.6
21	0.35	0.37	0.42	0.41	0.40
G_{10}	0.33	0.38	0.42	0.42	0.34

8.1.4.2 半金属摩擦材料

美国Bendix公司将超细钢纤维作为增强材料,与黏结树脂、填料一起制成了半金属摩擦材料(因金属含量约占总质量的50%而得名),它具有下列一些优点。

① 在400℃以下,摩擦系数非常稳定,提高了制动的安全可靠性。
② 耐磨性好,延长了使用寿命,减少了更换和维护次数。
③ 制动噪声低,减少了对环境的噪声污染。
④ 不使用石棉,消除了石棉粉尘的致癌危害。

以改性酚醛树脂16%(质量分数,以下同)、钢纤维26%(平均直径50μm,平均长度3mm)、金属粉20%和其他助剂38%为原料配方,用高速混合机混合,于180℃左右、30MPa压力下热压成型后,热处理(100~180℃)约8h,冷却后测得其摩擦系数如表8-7所示。

表 8-7 半金属摩擦材料的摩擦系数

名称	摩擦系数 μ					
	100℃	150℃	200℃	250℃	300℃	350℃
国标		0.3~0.6	0.25~0.6	0.25~0.6	0.25~0.6	
半金属摩擦材料	0.507	0.488	0.483	0.507	0.518	0.496

8.2 酚醛树脂覆膜砂

8.2.1 概述

铸造具有悠久的历史，从人类开始使用青铜器和铁制工器具起，金属铸造就随之产生并不断发展。金属铸造需要模型，最佳造型材料是覆膜砂，覆膜砂就是在砂粒表面包覆一层树脂的产物。酚醛树脂用于覆膜砂已经有多年的历史，目前酚醛树脂覆膜砂是最好的，也是用量最多的铸造用造型材料。

酚醛树脂覆膜砂具有如下优点：具有与各种有机材料和无机材料良好的相容性、浸润性和高的黏结强度，在砂的表面易于包覆；具有优良的耐高温性能，在 250℃ 以前，结构基本是稳定的；残炭率高，在温度高至 1000℃ 条件下，仍有约 50% 的残炭率，并能保持较高的结构强度；热解时低烟低毒。

8.2.2 覆膜砂用酚醛树脂

8.2.2.1 覆膜砂用酚醛树脂的要求

覆膜砂用酚醛树脂，一般应符合如下要求：①树脂应具有较低的黏度和较高的黏结强度；②合适的固化速度，能较好地满足浇铸模制备工艺要求；③树脂低毒或无毒，固化中游离物质含量低，不污染环境，同时发气率低；④制备容易，成本较低。

我国覆膜砂用的酚醛树脂可以分为五类：普通型通用类；快聚速型壳芯专用类；高强度型专用类；耐热型铸钢专用类；易溃散型铝合金专用类。

适用于覆膜砂用的液体和固体酚醛树脂的典型品种列于表 8-8 和表 8-9（济南圣泉-海沃斯公司产品）。

表 8-8 适用于铸造用的液体酚醛树脂的典型品种

型号	外观	黏度/mPa·s	固含量/%	特点/应用领域
UK-338	棕黄色液体	175~350	70~75	低氮/覆膜砂
UK-348	淡黄色液体	1700~2300	63-67	热塑性树脂的甲醇溶液
PF-1758	棕红色液体	250~500	58~62	低氮/覆膜砂

一种砂芯往往对应一种覆膜砂，因此覆膜砂可以有很多种，选择恰当的树脂非常关键。

■表 8-9　适用于铸造用的固体酚醛树脂的典型品种

型号	外观	游离酚含量/%	聚合速度(150℃)/s	软化点/℃	应用
PF-1102	黄色，片状或粒状	≤3.5	35～43	85～95	一般性能/型或芯
PF-1102B		≤3.5	35～43	95～105	一般性能/型或芯
PF-1350		≤3.5	28～34	85～93	快聚速/型或芯
PF-1351		≤3.5	29～35	85～93	快聚速/型或芯
PF-1352		≤3.5	28～34	90～100	快聚速/型或芯
PF-1353		≤3.5	22～30	90～100	锆砂/型或芯
PF-1350H		3.5～6.0	25～35	85～95	快聚速/易覆膜
PF-1901		≤2.0	50～70	85～96	高强度/芯
PF-1902		≤1.5	45～65	95～102	高强度/芯
PF-1903		≤2.0	75～100	80～90	铸铝/芯
PF-1904		≤1.8	58～70	80～90	铸铝/芯
PF-1829		≤3.0	35～65	≥88	铸钢/型或芯
PF-1800		≤3.5	28～34	86～93	铸钢/型或芯
PF-1500		≤4.0	65～100	90～100	中空芯

8.2.2.2　酚醛树脂覆膜砂的制备

酚醛树脂覆膜砂的制备工艺可以有两种，即湿法成型工艺和干法成型工艺。

(1) 湿法成型工艺　湿法成型工艺如图 8-1 所示。

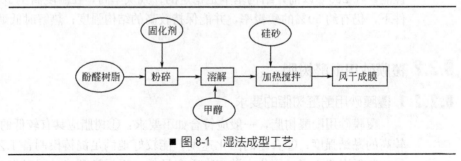

■图 8-1　湿法成型工艺

(2) 干法成型工艺　干法成型工艺如图 8-2 所示。其制备工艺列于表 8-10。

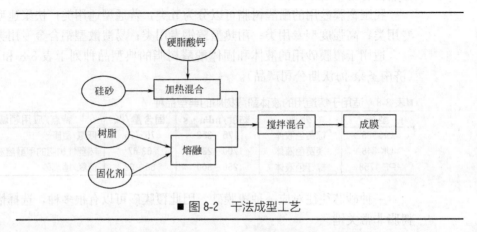

■图 8-2　干法成型工艺

覆膜砂的基本配方如表8-11所示，表8-12列出了酚醛铸型树脂覆膜砂在制备过程中产生的问题及其解决办法。

■表8-10 干法覆膜砂混制工艺

工艺次序	工艺内容	技术要求
1	原砂加热砂温/℃	120~150
2	加树脂混碾时间/s	45~50
3	砂温降至105~110℃加乌洛托品混碾时间/s	10~20
4	加硬脂酸钙混碾时间/s	45~50
5	砂温降至80℃以下卸砂/s	10
6	筛分	

注：每碾混砂量150kg或200kg。

■表8-11 覆膜砂的基本配方

成分	质量分数/%	说明
原砂	100	擦洗砂
酚醛树脂	1.0~3.0	占原砂质量
乌洛托品	12~16	占树脂质量
硬脂酸钙	5~10	占树脂质量

■表8-12 酚醛铸型树脂覆膜砂在制备过程中产生的问题及其解决办法

现象	特征	原因分析	处理
强度低	A. 强度偏低；B. 覆膜砂呈黄褐色	A. 原料配比失调，树脂和固化剂量少或固化剂未完全溶化；B. 混砂操作不当，温度偏高时间短或加固化剂时温度过高	按配比调整组分，固化剂必须充分溶解后加入，控制温度适当延长混砂时间
熔点高	结壳薄，芯重量轻	A. 加固化剂时砂温偏高；B. 固化剂水溶液浓度偏低；C. 树脂凝胶时间短	检查原料酚醛树脂及固化剂质量
熔点低	壳芯过厚，有脱壳倾向，砂流动差，贮存时结块	A. 树脂流动性差；B. 凝胶时间短；C. 硬脂酸钙失效	检查原材料质量
产生大量气体	发气率高，有大量气泡	树脂游离酚、游离醛等量偏高	

8.2.2.3 酚醛树脂覆膜砂的性能及试验方法

根据我国机械行业标准JB/T 8583—1997，覆膜砂要求的性能分为必测性能和其他性能两部分。必测性能有常温抗弯强度、热态抗弯强度、灼烧减量、熔点和粒度五项；其他性能有常温抗拉强度、热态抗拉强度、发气量和流动性；还有抗脱壳、热膨胀、热变形、溃散性、固化速度、耐高温持续时间等性能，机械行业未形成标准。

(1) 常温抗弯强度 酚醛树脂覆膜砂的抗弯强度是指试样在外力作用下破坏所需的最大弯曲应力，以MPa来表示。测试的主要仪器有SWY型液压万能强度试验机或SMT型型砂多功能测试仪。

酚醛树脂覆膜砂常温抗弯强度试样的尺寸为22.36mm×11.18mm×

70mm。先将试样模具及上、下加热板加热至（232±5）℃，然后移开上加热板，迅速将覆膜砂由砂斗倒入模腔中，刮板刀口垂直于模具（与模具长度方向平行），从试样的中间分两次向两边刮去模具上多余的砂子，然后压上加热板，开始计时，保温 2min，取出试样，放于干燥处自然冷却到室温并在 1h 内进行测量。试样常温抗弯强度的测定按 GB 2684—81 进行。

(2) 热态抗弯强度 酚醛树脂覆膜砂的热态抗弯强度是指覆膜砂的型（芯）试样受热硬化后，在热态时测得的抗弯强度，以 MPa 来表示。用其模拟壳型（芯）从壳型（芯）机上顶出时的热强度。其测试仪器、试样尺寸与常温抗弯强度测试一样。

(3) 灼烧减量 酚醛树脂的灼烧减量表示其中可燃和可挥发物质的总量。主要测试仪器为高温箱式电阻炉和天平（感量 0.001g）。

首先将瓷舟经 1000℃ 焙烧 30min 后置于干燥器中冷却到室温备用，在已焙烧过的瓷舟中称 2g（准确到 0.001g）待测的覆膜砂试样，然后一起放入已经加热到 1000~1050℃ 的高温箱式电阻炉中灼烧 30min，取出瓷舟放置到干燥器中，冷却到室温后再次称量，将失重值乘以 50，即为该试样的灼烧减量。

(4) 熔点 酚醛树脂覆膜砂在热的作用下，使涂覆在砂粒外表面的酚醛树脂开始软化熔结，将砂粒黏结在一起的温度称为覆膜砂的"熔点"，用 ℃ 表示。

酚醛树脂覆膜砂熔点可用覆膜砂熔点测试仪（SKR 型，中国铸造材料总公司制造，图 8-3）测定，该测试仪的主要技术参数为：温度测量范围 −30~300℃；功率 0.3kW。

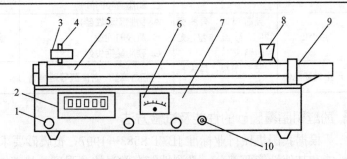

■图 8-3 覆膜砂熔点测试仪结构

1—数显温度表开关；2—数字温度表；3—配重砣；4—测温传感器；
5—导热金属梁；6—电压表；7—机座；8—铺砂器；9—电热芯；10—工作开关

接通覆膜砂熔点测试仪电源，使测试仪工作体金属表面上的温度沿长度方向形成 60~180℃ 递增的温度梯度，分成不同温度的区间，每一区间的测试温度应保持恒定；试验时通过特制的漏斗（铺砂器）在金属板面上均匀地撒布一层宽约 20mm、厚 1.5mm 的条形覆膜砂带，加热 60s 后，开动空气吹扫器,将未结壳的覆膜砂吹走。覆膜砂在温度梯度板上结壳最低端的温度即为覆膜砂熔点。每个试样测定 3 次,取其算术平均值作为测试结果。

(5) 粒度 以原砂的粒度反映原砂的颗粒大小和分布状态。主要测试仪器有 SSZ 振摆式筛砂机(图 8-4)、天平(感量 0.01g)、SBS 铸造用试验筛。

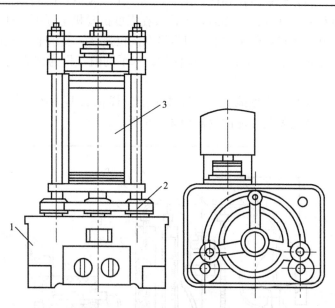

图 8-4 振摆式筛砂机结构
1—电动机及齿轮箱;2—振筛架;3—试验筛

除特殊注明者外,测定粒度的试样应选取测定过含泥量的烘干试样。试验时,首先将振摆式筛砂机的定时器旋钮旋至筛分所需要的时间位置,此时将试样放在全套的铸造用标准筛最上面的筛子(6 目)上,再将装有试样的全套筛子紧固在筛砂机上,进行筛分。筛分时间为 12~15min。当筛砂机自动停车时,松动紧固手柄,取下标准筛,依次将每一个筛子以及底盘上所遗留的砂子,分别倒在光滑的纸上,并用软毛刷仔细地从筛网的反面刷下夹在筛孔中的砂粒,称量每个筛子上的砂粒质量。最后计算出每个筛子上砂粒占试样总质量的百分率。

(6) 常温抗拉强度 酚醛树脂覆膜砂的常温抗拉强度是指其硬化并冷却到室温时,"8"字形抗拉强度试样在外力作用下破坏所需最大的拉应力,用 MPa 来表示。主要的测试仪器有 SWY 型液压万能强度试验机、ZS-6 型制样装置、专用砂斗-刮板装置。

抗拉试样一般采用厚 11.18mm 的薄型"8"字形抗拉强度试样。试验时,先将对开式专用试样盒和上、下硬化块加热至(232±5)℃并保温,然后移开上硬化块用专用的砂斗-刮板装置，迅速将覆膜砂填入制样装置内，并刮去多余的覆膜砂，立即压上硬化块，使之硬化 2min，取出试样，放于干燥处自然冷却到室温并在 1h 内进行测量。测定时将抗拉夹具置于万能强度试验仪上，然后将试样放入夹具中，并使夹具中四个滚柱的平面紧贴住试样的腰部转动手轮，逐渐加载，直至试样断裂，其抗拉强度值可直接从压力表读数，读数乘以 2，即得到常温抗拉强度。

(7) **热态抗拉强度**　主要仪器、工装及试样的制备方法均与常温抗拉强度相同。在取出试样后，迅速放在强度试验机上逐渐加载，试样断裂后，记下其最大负载值乘以 2，即为热态抗拉强度，要求取出试样到测定完成时间不超过 15s，一般取 6 个试样的算术平均值，作为被测定试样的热态抗拉强度值。

(8) **发气性能**　发气性能是指试样在高温下产生气体的量和发气的速度。测定发气性能的仪器如图 8-5 所示。

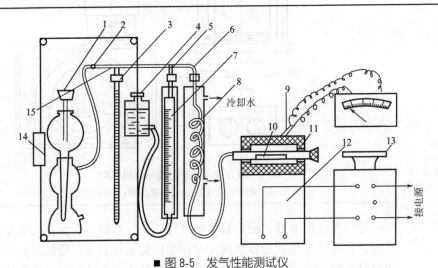

■ 图 8-5　发气性能测试仪

1—气体发生器；2,5,15—三通阀；3—量管；4—平衡瓶；6—梳形管；7—气体计量管；
8—蛇形冷却管；9—热电偶；10—瓷皿(试样皿)；11—管形炉；
12—加热炉；13—自耦变压器；14—平衡重

试验时将管式碳硅棒炉升至 1000℃，称取已混好的树脂砂试样 1~2g，准确至 0.01g，装入预先干燥过的瓷舟中，然后将玻璃管中的水柱调整到零位并关闭三通阀。将装有试样的瓷舟迅速推入瓷管中部，立即用橡皮塞紧塞瓷管，打开三通阀同时启动秒表，并分别在 5s、10s、15s、20s、30s、40s、50s、60s、90s、120s、150s、180s 内读出玻璃量管内水柱下降的体积（直至恒量为止），即为该试样的发气量，以 mL/g 表示。作出不同时间与发气量的曲线，即可得出该试样的发气速度。

表 8-13 列出了各类覆膜砂的技术指标。

■表8-13　各类覆膜砂的技术指标

产品名称	常温抗拉强度/MPa	热态抗拉强度/MPa	常温抗弯强度/MPa	发气量/(mL/g)	用途
普通	2.0~3.5	1.2~2.4	4.0~6.0	11~13	一般要求的铸铁件、有色金属
高强度低发气覆膜砂	3.5~4.5	2.5~3.0	6.0~7.5	10~14	高性能要求的铸铁件
耐高温低发气覆膜砂	3.8~5.0	2.7~3.5	6.0~8.0	12~15	对高温性能特殊要求的铸铁件、铸钢件
易溃散覆膜砂	3.0~4.0	2.3~3.0	5.5~6.5	10~12	有色金属（合金）
耐高温覆膜砂	2.8~3.8	1.5~2.5	5.0~6.5	10~12	较复杂铸件的壳形
高强度易溃散低发气覆膜砂	3.8~4.8	2.6~3.6	6.0~8.0	12~14	复杂的有色金属
离心铸造高强度低发气覆膜砂	4.0~5.0	2.8~3.5	6.5~8.0	13~15	替代涂料用于离心铸管件生产

8.2.3　覆膜砂用酚醛树脂的发展

酚醛树脂作为覆膜砂用树脂，具有成本低、耐热性高等优点。但是酚醛树脂脆性大，黏度也相对较大，混砂时，树脂较难均匀地涂在砂粒表面，影响其砂粒的结构效果。此外，较高含量的游离酚和游离醛在造型过程中易逸出，污染操作环境。因此，人们开展了酚醛树脂的改性工作，如采用酚醛树脂与脲醛树脂、呋喃树脂共混，或直接在合成反应中改性，发挥各自的优点，有效改善其工艺性，使其应用领域更加广泛。

（1）呋喃改性酚醛树脂　呋喃改性酚醛树脂黏度小（可达0.03Pa·s），混砂性能好，且型砂强度高，可适用于大型铸件制造。呋喃改性酚醛树脂型砂与酚醛树脂的力学性能比较见表8-14。

■表8-14　呋喃改性酚醛树脂型砂的力学性能

树脂名称	拉伸强度/MPa		
	1h	2h	24h
酚醛树脂	0.40	0.80	1.55
呋喃改性酚醛树脂	0.66	0.90	1.80

（2）低游离酚酚醛树脂　通用型覆膜砂酚醛树脂的游离酚含量一般在10%左右，游离甲醛含量为1%~1.5%（质量分数）。因此，在铸造时易形成大量有毒有害气体，并容易在铸件中产生气孔、针眼等缺陷，影响产品质量，同时污染环境，对人员造成伤害。低游离酚酚醛树脂的合成可采用两步法生产，第一步在NaOH催化下使苯酚、甲醛发生加成反应，然后用甲基苯磺酸调节pH值至4.5~5.0，继续加入甲醛，进行缩聚，再脱水至固含量为70%、黏度为350Pa·s（30℃）时出料即得覆膜砂用酚醛树脂。

8.3 酚醛树脂耐火材料

8.3.1 引言

耐火材料是耐火度高于1000℃的无机非金属材料。大部分耐火材料是以天然矿石粉料或/和粒料加黏合剂（也称黏结剂、结合剂）后形成，耐火材料黏合剂的种类较多，其中有机合成树脂是一类性能优良、应用广泛的黏合剂。酚醛树脂是极性很强的有机合成树脂，与无机组分具有较好的亲和性，对无机组分具有良好的浸润性，因此人们早就利用酚醛树脂制造模塑粉、覆膜砂、耐火材料、复合材料等，酚醛树脂是制备和生产耐火材料的优良黏合剂。

耐火材料作为高温窑、高温炉、焚烧炉等热工设备的结构材料以及高温容器和部件保温隔热材料，在冶金、化工、动力、机械制造等工业部门得到广泛应用，其中冶金工业上使用耐火材料的比例最高，每吨产品消耗耐火材料量约18~25 kg，是耐火材料使用总量的70%。

耐火材料有多种多样，其分类方法也有多种，按化学组成和矿物组成可分为硅质材料、硅酸铝质材料、镁质材料、碳质材料、白云石质材料、锆质材料、铬质材料和特殊材料，与材料中的SiO_2、Al_2O_3、CaO、MgO等含量有关。若耐火材料中SiO_2含量高于93%，则被认为是酸性耐火材料，具有耐酸不耐碱的特点；若化学组成中以MgO、CaO等为主要成分，则该材料被称为碱性耐火材料，具有耐碱不耐酸的特点；高铝质材料为中偏酸耐火材料；碳质耐火材料属于中性耐火材料；铬质耐火材料为中偏碱耐火材料。耐火材料按外观可分为定型耐火材料和不定型耐火材料，如图8-6所示。根据耐火度不同，耐火材料又有阻火级（1000~1580℃）、普通级（1580~1770℃）、高级（1770~2000℃）、特级（2000℃以上）之分；也有依据耐火材料制造过程的温度，分为低于150℃、150~800℃和高于800℃成型的耐火材料。

耐火材料的主要性能有耐火度、荷重变形温度、高温体积稳定性、抗热震性、抗渣性以及耐磨性等，此外，在某些使用场合，耐火材料还需有透气性、导热性、导电性和硬度等性能要求。

8.3.2 耐火材料的主要成分及其作用

8.3.2.1 耐火材料的化学组成

耐火材料的化学组成主要是无机天然矿石粉料或粒料，主要组分大多为

(a) 定型耐火材料　　　　(b) 不定型耐火材料

■ 图 8-6　不同类型的耐火材料

各种无机氧化物，如 SiO_2、Al_2O_3、Fe_2O_3、CaO、MgO、TiO_2 等，也可以是元素或非氧化物的化合物，它们在耐火材料中占绝对高的比例，它们的性质和数量决定着耐火材料的性质。就含碳耐火材料及碳化硅耐火材料而言，碳和碳化硅也属主要成分。

除了主要组分以外，还有少量的杂质成分（副成分），它们在耐火材料中起调节作用。杂质成分一方面是天然矿石原料中伴随主要成分而存在的夹杂组分，另一方面是因制造耐火材料的工艺过程需要而特别加入的物质。某些杂质能与主要成分发生作用而使其耐火材料性能变化（如熔点降低），即所谓熔剂杂质，熔剂作用往往使体系的共熔液相生成温度降低。杂质熔剂作用越强，单位熔剂生成的液相量越多，随温度升高液相量增长速度也越快，其黏度越小，润湿性也越好。研究表明，各种氧化物杂质对 SiO_2 的熔剂作用强弱有如下顺序：

$CaO < FeO < MnO < ZnO < BaO、MgO < CaO < TiO_2 < Na_2O < K_2O < Al_2O_3 < Li_2O$

加入杂质成分可降低材料的烧结温度，促进烧结。

8.3.2.2　耐火材料的矿物组成

耐火材料的矿物组成是影响耐火材料性质的另一个重要因素。耐火材料是以矿物为主的集成体，其性能自然受其矿物组成及微观结构的影响。耐火材料的矿物组成取决于它的化学组成和工艺条件。化学组成相同的材料，因烧结工艺条件的不同，所形成材料的矿物种类、数量、晶粒大小和结合情况就有所不同，因而导致材料性能的差别。例如，SiO_2 含量相同的硅质材料，在不同工艺条件下可能形成两类矿物，即鳞石英和方石英，它们在结构和性质上有很大区别，故材料呈现出显著不同的性能。此外，若材料的矿物组成一样，但其矿物的晶粒尺度、形状和相态分布不一样时，那么材料的性能也会有差别。

耐火材料的化学组成和矿物组成在耐火材料烧结及在高温使用过程中都会发生变化，研究并掌握以及利用这些变化，对于确定耐火材料的配方、烧结等工艺条件和材料性能的设计都是相当重要的。

8.3.2.3 耐火材料的添加成分

耐火材料中常加入某些添加成分（也称添加剂），有的是为了改进其工艺性能，有的是为了提高某些使用性能。添加成分在材料的烧结过程中，有的被烧掉或发生显著变化，有的则包含在材料的化学组成中。

(1) 黏合剂 在耐火材料组成中，黏合剂是不可缺少的物质，依靠黏合剂可使定型耐火材料在成型过程或烧结过程黏合矿物，依靠黏合剂可使不定型耐火材料形成需要的形态（浆状或膏状等）。无机黏合剂有磷酸钠、盐卤（$MgCl_2$）、矾土水泥等，主要用作非炭耐火材料和不定型耐火材料；有机黏合剂包括糖浆、聚乙烯醇、酚醛树脂、呋喃树脂、沥青等，既可用作定型耐火材料，又可用作不定型耐火材料；其中糖浆、聚乙烯醇等大多数仅用作黏合剂，不作定碳用料；而酚醛树脂、呋喃树脂、沥青等用作含碳耐火材料。有的黏合剂本身又是耐火材料的主要成分如黏土，有的黏合剂如硅溶胶、焦油沥青、合成树脂等则是完全按目的添加，酚醛树脂是合成树脂中较好的黏合剂。

(2) 抗氧剂 在镁碳砖使用过程中，其中的碳易受到氧化铁等作用而被氧化，从而形成脱碳层，使镁碳材料结构疏松，强度下降。因此，在制造含碳耐火材料时，常需加入抗氧剂。抗氧剂的加入降低了碳的氧化速率，且可生成相应的金属氧化物、碳化物、氮化物等新物相，从而堵塞了气孔，阻止了氧的渗透，故可进一步抑制、延缓碳的氧化。常用的抗氧剂有 Al 粉、Si 粉、Al 和 Si 粉、Mg 粉、Mg-Al 合金、SiC 等，玻璃微珠、锆英砂也用于提高镁碳材料的抗氧化性。

(3) 矿化剂 矿化剂的作用是在硅砖生产中加速石英在烧结时转化为低密度的变体（鳞石英和方石英）而不显著降低其耐火度，同时防止烧结时砖坯因发生过度膨胀而松散、干裂。广泛采用氧化钙、氧化铁作为生产硅砖时的矿化剂。然而，生产专用于焦炉的硅砖时，应以 MnO 替代氧化铁使用。矿化剂的作用机理是复杂多样的，但矿化剂一般在烧结或成型过程中参与固相反应。

(4) 硬化速度调节剂 硬化速度调节剂有促凝剂、缓凝剂、迟效促凝剂等。促凝剂的作用是促进不定型耐火材料的凝结和固化，其选用随黏合剂的种类而有所区别；缓凝剂与促凝剂的作用相反，其使用目的是延缓不定型耐火材料的凝结和硬化，其选用和作用机理也随所用黏合剂的不同而不同；加水混合并经过一定时间后才对黏合剂发生促凝作用的物质称为迟效促凝剂，用其可控制耐火材料的凝结和固化速度。

(5) 流变性能调节剂 在不定型耐火材料制备过程中，常加入调节流变性能的添加剂，包括增塑剂、胶凝剂（絮凝剂）、解胶剂（反絮凝剂）。增塑剂加入能增大耐火材料的可塑性，常加在可塑和捣打的耐火材料中，常用的有塑性黏土、膨润土、氧化物超微粉、大豆粉、甲基纤维素等。胶凝剂是能使胶体或悬浮液中的胶粒（或微粒）发生凝聚的物质，主要是一些无机电解质如酸。解胶剂的作用与胶凝剂相反，它们能使凝聚胶粒转化为溶胶或均匀分散的微粒。对酚醛树脂黏合剂来说，固化剂相当于胶凝剂。

(6) **防缩剂（膨胀剂）** 防缩剂是通过高温热解或高温化学反应或高温下晶型转变，使每摩尔物质的体积增大的一类物质，起到防缩的作用。防缩剂又称体积稳定剂，其作用是防止不定型耐火材料成型后在烘烤和使用中发生收缩，加入量一般为材料总量的百分之几。

此外，按照耐火材料生产或性能的需要，还常加入一些其他添加剂，包括发泡剂、消泡剂、导热剂等。加入石墨或炭黑可以提高耐火材料的抗热震性以及抗渣性。若另加入金属添加剂则可减少碳含量，特别是可减少有机黏合剂碳的氧化敏感性。

8.3.3 耐火材料的制备过程

8.3.3.1 不定型耐火材料及其制备

不定型耐火材料属于无规定的形状和状态的材料，是用合理级配的粉状料和粒状料与黏合剂共同混合组成的混合料，通常按使用要求而分别制成浆状、泥膏状或松散状，故又称散状耐火材料，往往不经成型和烧结而直接使用，主要用于构筑无接缝的整体构筑物、耐火砖砌成设备内衬的填缝及修补、高温炉出口堵塞用的泥料、塞孔材料（炮泥）、炉衬材料等。

不定型耐火材料大多由施工工艺而定，它们因施工工艺的不同而在组成、物料特性（流动性、可塑性等）、应用领域等方面有所不同。表 8-15 列出了几种按施工工艺分类的不定型耐火材料及其主要特征和施工方法。不定型耐火材料在大多数场合因施工成型所加外力较小，因而在烧结前后其气孔率均较高，机械强度较定型材料低，耐侵蚀性不高，但抗热震性较好。

■表 8-15　几种不定型耐火材料的主要特征

种　类	定义和主要特征
浇注料	由粉粒状耐火物料与适当黏合剂和水等配成的具有较高流动性的耐火材料。多以浇注或/和振实方式施工
耐火泥	由细粉状耐火物料和黏合剂组成的不定型耐火材料。有普通耐火泥、气硬性耐火泥、水硬性耐火泥和热硬性耐火泥之分。加适当液体制成的膏状和浆状混合料，常称为耐火泥膏和耐火泥浆。用于涂抹施工
可塑料	由粉粒状耐火物料与黏土等黏合剂和增塑剂配成，呈泥膏状，在较长时间内具有较高可塑性。施工时可轻捣或压实，经加热获得强度
喷射料	以喷射方式施工的不定型耐火材料。因主要用于涂层和修补其他炉衬，故可称为喷涂料和喷补料
捣打料	由粉粒状耐火物料和黏合剂组成的松散状耐火材料。以强力捣打方式施工

不定型耐火材料的制备工艺涉及原料选择、粉碎与筛分、配料、混合等工序,如图8-7所示。不定型耐火材料只要将原材料选定,并按要求制备符合要求颗粒度的粒料,再经计量、混合,混合均匀后即可得到耐火材料,经检测即可包装。从定型耐火材料角度来看,不定型耐火材料仅是一种半成品。不定型耐火材料的制备过程简便,设备投资少,生产效率及成品率均高,能耗也低。

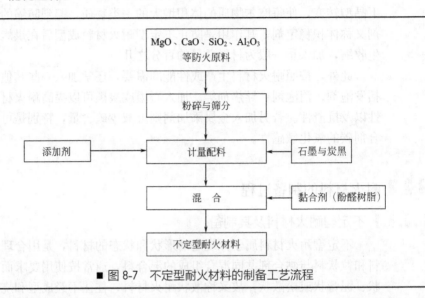

■ 图8-7 不定型耐火材料的制备工艺流程

混合是耐火材料制备工艺中比较关键的一种操作。混合是使两种以上物料均匀化并促进物料颗粒接触和塑化的操作过程。混合在专用的混合(炼)机中进行,物料混合过程中有一定程度的挤压、捏合、排气作用。酚醛树脂黏合剂的混合工艺按操作温度可分为冷混法和热混法两种。冷混法是在常温(20~30℃)下混合,可选用常用的酚醛树脂,既可用热固性酚醛树脂,也可用热塑性酚醛树脂。冷混法显然比较节能。热混法是在较高温度(60~90℃)下进行混合,是强化黏合剂对粉料和/或粒料的浸润,混合温度主要由所用树脂的软化点决定,通常混合结束后出料前的料温比黏合剂的软化点高1倍左右时,树脂对矿物原料粉料和/或粒料的浸润效果较好,且可增加坯料塑性。热混法由于其操作温度较高,树脂易交联固化,所以宜选用热塑性酚醛树脂。耐火材料的混合也可用分步混合法,即首先用大部分树脂黏合剂与粗粉粒料混合,然后再用剩余黏合剂与细粒料混合,最后两者一起混合。

在混合过程中将配料和酚醛树脂加入,要使其达到均一性就必须控制好混合温度、混合时间和选用好合适的混合器或设备。要制得性能优良的耐火材料还需考虑黏合剂的浸润性、溶剂等挥发物的释放等因素。例如,酚醛树脂对石墨的润湿性不好,就要采取措施使树脂的浸润性提高,如改变使用溶剂等。又如，黏合剂中挥发物的释放也影响耐火材料的性能，如多孔性等。

在混合过程中应特别注意黏合剂的混合工艺性能。例如，生产镁碳砖的原料为 MgO 含量为 98% 的烧结镁砂、MgO 含量为 91% 的电熔镁砂和固定碳含量为 94%～95%、灰分在 5% 左右的天然鳞片状石墨，黏合剂为热固性酚醛树脂（液体）和热塑性酚醛树脂（粉体）复合黏合剂。混合的加料顺序为：镁砂骨料＋黏合剂＋石墨＋细粉和添加剂。为使黏合剂在用量尽可能少的情况下能完全包覆镁砂颗粒表面形成薄而均匀、完整的液膜（液膜厚，易产生层裂，经炭化后气孔也大），就要求黏合剂黏度较低。但在加入石墨时又希望带有液膜的镁砂颗粒尽可能多地黏附上石墨，避免石墨自身聚集，这又需要黏合剂黏度较高，形成的液膜有足够的强度和黏合力。

酚醛树脂黏度首先取决于其分子量大小，同等分子量的酚醛树脂液体黏度还受到固含量、游离酚含量、水分含量等的影响。温度是最重要的混合工艺参数之一，环境和混合过程中温度的变化都导致酚醛树脂黏度的改变，从而影响混合。有时树脂在夏季具有混合所需的恰当黏度，在冬季却不能被均匀地分散包覆镁砂颗粒表面，且因液膜厚，成型易产生层裂，炭化后气孔大。又如混合过程因加热或因机械能转化为热能导致物料的温升，一方面可降低树脂黏度，另一方面又会因溶剂、水分等低分子物的挥发，尤其是树脂固化反应使树脂黏度上升。

为了更好地稳定酚醛树脂液体的黏度，除了严格控制所选树脂的技术指标外，还可采取某些措施来实现。例如，用较高沸点的乙二醇溶剂替代乙醇，减弱了因溶剂挥发而造成树脂黏度上升，其结果是混合稳定性、混合料成型性均好，层裂现象及气孔率下降，溶剂用量也有所下降。又如用液体热固性酚醛树脂与固体粉末热塑性酚醛树脂配合使用，可控制树脂的黏度。在镁碳砖的生产中，总会有一部分镁砂和石墨未能被液体树脂充分浸润和包覆，而呈浮游状态，从而影响结合强度。若在加入石墨之后再补加一定数量的热塑性酚醛树脂粉末，它并不增加此前加入的液体酚醛树脂包覆膜的厚度，而存在于浮游的镁砂和石墨细粉中，弥补了液体树脂浸润和包覆不足的缺点。此法较好地提高了镁碳砖的碳结合量及结合强度。

8.3.3.2 定型耐火材料及其制备

定型耐火材料多种多样，有耐火砖、异形制品等，使用范围广，其用量比不定型耐火材料多。定型耐火材料及制品的生产工艺包括原料选择、粉碎与筛分、计量配料、混合、困料、成型、烧结（又称烧成，其中包括固化和炭化）等工序，如图 8-8 所示。前几道工序与不定型耐火材料制备工序一样，这里不再赘述。以下就定型耐火材料困料、成型和烧结等后几道工序加以叙述。

困料是耐火材料生产中比较特殊的一种操作工序，其操作就是将混合好的料在成型之前在一定温度下存放一定时间，使其具有更好的成型性等。例如，在生产镁质砖时，当原料中 CaO 含量大于 2.5% 时，就必须进行困料，

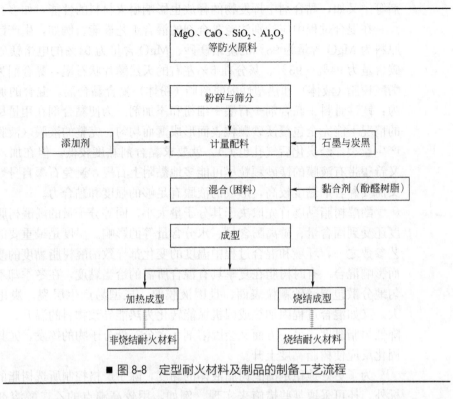

■ 图 8-8　定型耐火材料及制品的制备工艺流程

以促进 MgO 和游离 CaO 水化，使混合料具有更好的成型性，并有效防止烧结材料网状裂纹的产生。

　　成型是定型耐火材料的重要工艺步骤。耐火材料的成型方法有很多，常用的成型方法有机压成型、挤压成型、注浆成型、振动成型、等静压成型、熔铸成型、捣打成型等。成型方法的选择主要依据混合料性质、坯体形状、尺寸及工艺要求来确定。机压成型是常用的方法，该法使用压砖机和钢模具将混合料压成坯体。如经混合所得的混合料，可采用压机、压模等装置在 $80\sim200N/mm^2$❶ 压力下压制成型。以镁碳砖为例，压制采用先轻后重多次加压的方法，先轻压 4～6 次，再重压 8 次，砖坯密度可控制在 $2.9g/cm^3$ 左右。挤压成型用于管状坯体的成型。注浆成型一般用于中空壁薄的坯体成型。振动成型一般用于成型大的异形制品。等静压成型是在混合料各个方向上施加等同压力的成型方法，所用模具为橡胶或塑料制的柔性模具，采用油、水或甘油等液体介质进行压力传递，等静压成型主要用于成型形状复杂的大件及细长形的制品。熔铸成型是将配合料经高温熔化后直接浇铸成制品的方法，熔铸成型制品具有晶粒大、结构致密、强度高、耐侵蚀性好等特点。成型方法和成型工艺条件往往影响耐火材料的性能，当用酚醛树脂作为

---

❶ $1N/mm^2=1MPa$。

黏合剂时，要选择适当的树脂黏度、混合温度、成型设备、成型方法及工艺条件，使耐火材料的气孔率得到控制，提高耐火材料的耐侵蚀性等。

加热或烧结加有酚醛树脂的耐火材料是耐火材料制备的最后一道工序。成型后的材料坯体在 200～1000℃ 温度范围内烧结（涉及固化及炭化）后即得耐火材料及制品。一般前期温度较低，主要为树脂固化阶段，保持 20～24h，而后期温度较高，主要是树脂炭化阶段。在加热过程中酚醛树脂固化并伴随着树脂中低沸点溶剂的释放。高沸点溶剂的使用要考虑在烧结前后尽量使其除去。如酚醛树脂黏合剂常使用的乙二醇溶剂在较低温度下（如果加热温度低于 200℃）往往会保留，若继续加热（烧结）升高温度，残留的乙二醇会逸出，耐火材料常会出现气孔和裂纹。因此，烧结耐火材料的热处理过程一般在减压隧道式窑炉中进行。烧结温度可在 900～2000℃ 范围内，最终温度取决于耐火材料的类型。用酚醛树脂作为黏合剂时，当烧结温度从约 400℃ 到 600℃，耐火材料的力学强度会因酚醛树脂的裂解而迅速降低。此外，随酚醛树脂的裂解反应的发生，多种芳香化合物产生并逸出，因此烧结时要注意通风排气。

8.3.4 耐火材料的性能及其影响因素

8.3.4.1 耐火度

耐火材料在无荷重时抵抗高温作用而不熔化的性质称为耐火度。耐火度与物质的熔点意义是有差异的。耐火材料是由各种矿物组成的多相固体混合物，不是单相的纯物质，无确定的熔点，因而其熔融是在一定的温度区间内完成的。其测试方法如表 8-16 所示，其测试状态变化如图 8-9 所示。

影响耐火材料耐火度的主要因素，首先是化学成分，其次是矿物组成，再次是各种杂质或添加剂；这些组分的种类和含量均影响耐火材料的耐火度。鉴于耐火材料在使用中不仅经受高温，而且还会伴有荷重和外界的多种作用，因此，耐火度不能视为该材料使用的温度上限，耐火材料的实际可用温度常要低于所测的耐火度。

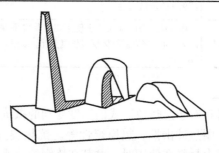

■ 图 8-9　三角锥耐火材料在测试过程中及测试终点的变化

8.3.4.2 荷重变形温度

在荷重条件下测定耐火材料对高温的抵抗能力比耐火度更与实际使用情况相近，荷重变形温度可对材料耐热变形性做出更客观的评估。耐火材料荷重变形温度由变形曲线来确定，其测试方法如表8-16所示。进行高温荷重变形试验，并绘制材料的变形与温度的关系曲线，可确定耐火材料荷重变形温度。耐火材料荷重变形温度的影响因素主要有化学组成和矿物组成、添加成分，烧结温度也有明显影响，一般提升烧结温度，可降低材料的气孔率，因而提高了变形温度。由于实际使用条件下耐火材料所承受的荷重低于实验时的200kPa，所以材料实际开始变形温度可能会比实验测定值高。此外，由于耐火材料在应用时还可能承受除压应力之外的其他应力，因此在判断材料抵抗高温荷重变形能力时也要加以考虑。

■表8-16 耐火材料的性能测试

性能	测试方法	测试标准
耐火度	将试样制成截头三角锥，在一定升温速度下加热致使软化变形弯倒，当其顶点弯至与底盘相接触时，该温度即为试样的耐火度	GB/T 7322—1997
荷重变形温度	试样为圆柱形，将试样放于高温炉内，在200kPa静压下，连续均匀升温，测定试样高度压缩0.3mm、2mm和20mm时的温度，并以压缩0.3mm时的温度作为被测材料的荷重软化开始温度（荷重软化点），而以压缩20mm时的温度作为荷重软化终止温度	YB/T 370—1995
抗热震性	将标准耐火砖的一端加热至一定温度并保温一定时间之后取出，在流动冷水中骤冷，如此反复进行冷热处理，直至损失砖总重的一半为止，将此急热急冷的操作作为该耐火砖的抗热震稳定性标度	YB/T 376.1—1995（水急冷）；YB/T 376.2—1995（空气冷却法）
抗渣性	测定应在氧气气氛中进行，用试样砖组成断面呈多边形的试验镶板并构成回转圆桶炉的内衬，加热到试验温度，并按规定的时间承受选定炉渣的侵蚀与冲刷作用，测量试验前后试样砖厚度的变化，以熔渣侵蚀量（mm或%）表示抗渣性	GB 8931—88
高温体积稳定性	重烧法：将试样在高于使用温度条件下保温2～3h，然后测其体积或长度变化，以百分率表示	GB 5988—86

8.3.4.3 抗热震性

耐火材料对于急热急冷式的温度变动的抵抗力称为抗热震性，也称抗热震稳定性、耐热冲击性、热稳定性等。抗热震性是耐火材料的一项重要指标，因为耐火材料在使用时，尤其在炼钢炉、盛钢桶等设备中经常处于不同的温度下，而这种温度变化往往是急剧的。在这种情况下，耐火材料因反复冷热变化而发生膨胀收缩，易产生裂纹，以致损坏。热膨胀率大、热导率和弹性小、强度低的耐火材料，其抗热震性差。

测定抗热震性的方法有多种，主要基于加热温度、冷却方式和试样受热部位等试验条件的不同，常根据使用要求而选择。我国抗热震性的标准试验法参见表8-16。

8.3.4.4 抗渣性

耐火材料在高温下抵抗熔渣侵蚀作用的能力称为抗渣性。熔渣虽然主要是指冶金炉内的熔渣，但是通常还包括可能与耐火材料接触并使之遭受侵蚀的各种固、液、气态物质。熔渣侵蚀是耐火材料在使用过程中常见的一种损坏形式，损坏率高达50%左右。

耐火材料的抗渣性主要与其化学组成和矿物组成有关，也受组织结构（如气孔率）、熔渣的性质和应用环境的影响。因此，为提高某一特定耐火材料的抗渣性，首先要保证原材料的纯度，其次应在工艺上保证材料获得较为致密而均匀的组织结构。

测定耐火材料抗渣性的方法有静态法和动态法两类；前者有熔锥法、坩埚法、浸渍法；后者有转动浸渍法、撒渣法、滴渣法、回转渣蚀法。我国常采用回转渣蚀法确定耐火材料的抗渣性，测定方法列于表8-16。回转渣蚀法试验装置如图8-10所示。

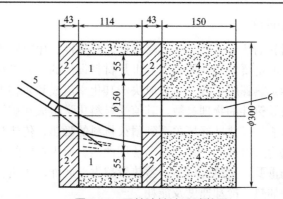

■ 图8-10 回转渣蚀法试验装置

1—试样；2—高铝砖；3—捣打料；4—浇注料；5—氧-炔焰；6—熔渣

8.3.4.5 高温体积稳定性

耐火材料在高温下使用时，其体积变化的性能称为高温体积稳定性（抵抗收缩和膨胀）。在烧结过程中，耐火材料的物理化学变化若未达到烧结温度下的平衡状态，在使用中受到高温作用时，就仍将继续发生物理化学变化，以致体积发生膨胀或收缩。测定耐火材料高温体积稳定性方法是重烧，方法如表8-16所示。重烧体积变化可用体积百分率或线（长度）变化百分率表示，即重烧体积变化和重烧线变化值：

$$L_c(\%)=(L_1-L_0)\times 100/L_0$$
$$V_c(\%)=(V_1-V_0)\times 100/V_0$$

式中 L_c——试样重烧线变化率；

V_c——试样重烧体积变化率；

L_1，L_0——重烧前后试样的长度，mm；

V_1，V_0——重烧前后试样的体积，cm³。

8.3.4.6 气孔率

耐火材料中气孔的体积与材料体积的百分比称为气孔率。气孔率分为显气孔率（即开口气孔率）、闭口气孔率和真气孔率。耐火材料的气孔率通常是指显气孔率。气孔率的大小将大大影响耐火材料的性能，含适当气孔的耐火材料往往具有较好的抗热震稳定性，但气孔率高的耐火材料虽然具有高的透气性和吸水率，但是其力学强度和导热性差。

8.3.4.7 力学性能

耐火材料在使用中常受到压应力、拉应力、弯应力和剪应力的作用，因此耐火材料必须有足够的常温及高温下的耐压强度、拉伸强度、弯曲强度和剪切强度。耐火砖要能抵抗坚硬的高速运动的大块固体物件以及粉尘灰渣的磨损作用，因此耐磨性也是耐火材料必备的性能。耐火材料的耐磨性不仅取决于其化学组成和矿物组成，而且由其组织结构（如气孔率）和材料颗粒结合的牢固性决定。

8.3.4.8 热学性能

材料的热学性能包括热膨胀性、导热性、比热容等。热膨胀性不仅是耐火材料的重要使用性能，而且也是材料设计的重要参数。耐火材料热膨胀性的指标是热膨胀系数，主要取决于其化学组成和矿物组成。热导率是表征耐火材料导热性的物理参数，其值受材料化学组成和矿物组成、组织结构等多方面影响。导热性好坏关系到耐火材料的吸热、传热和散热的速度，因而间接影响耐火材料的一系列高温使用性能。耐火材料的比热容对于蓄热用耐火砖特别重要，比热容越高，蓄热量越大。此外，比热容大小也影响各种砖砌炉体的加热、冷却速度及能耗。

8.3.4.9 耐真空性

耐火材料长期在高温减压环境中使用时，其挥发性就可能增大到不容忽视的程度，这种挥发减量最终导致耐火材料的破坏，并丧失其使用价值。因此，耐真空性是耐火材料在高温减压环境（如真空熔炼炉或钢水脱气处理设备）中使用的一项重要特性。关于耐火材料在高温真空下的挥发现象，目前尚不十分清楚。据研究认为，在真空下加热耐火材料可引起其质量、密度、气孔率、强度以及化学组成和矿物组成等多方面变化。

8.3.4.10 电绝缘性

除碳质及石墨之外，耐火材料在常温下均为电绝缘体，但随温度升高，导电性提高,电绝缘性下降,当达到熔融态时,导电能力大大提高。用于电炉尤其是高频感应炉的耐火材料,对电绝缘性的要求最为关注。影响耐火材料电绝缘性的因素有材料的化学组成和矿物组成、添加剂及杂质种类以及数量、气孔率。

此外,耐火材料的其他性能如高温抗氧化性、高温蠕变性等也是值得关注的性能,在此不做介绍,可参考有关专著。

8.3.5 酚醛树脂黏合剂

合成有机树脂作为耐火材料的有机黏合剂已获得广泛应用,其典型代表是酚醛树脂。近年来,不定型耐火材料的生产量占整个耐火材料的比例不断上升,加之酚醛树脂技术的发展,酚醛树脂类黏合剂在耐火材料中的应用更加广泛和重要。据报道,德国在所用的1.4万吨有机类黏合剂中酚醛树脂占0.5万~0.6万吨。

酚醛树脂在耐火材料生产中主要起到两个作用:在前期,作为成型的黏合剂在混合(混炼)过程中将各种原料相互黏结在一起并使之能保持一定形状,为后期烧结提供某种定型的坯体;在后期,经高温(300~1000℃)处理或烧结,依靠酚醛树脂的炭化作用而保持材料形状并赋予耐火材料性能。酚醛树脂黏合剂有热塑性和热固性之分,它们分别适用于不同的耐火材料和不同的加工方法。

作为耐火材料黏合剂,酚醛树脂有其显著的优势。

(1) 良好的黏结性和工艺性 酚醛树脂是较强极性的高分子化合物,它与许多物质的表面都很容易浸润、胶黏,其黏合强度和湿态强度高。酚醛树脂黏合剂耐火材料经固化后具有高的强度和尺寸稳定性。酚醛树脂黏合剂具有良好的工艺性,体现在:①可以粉状、液状、水溶液形式使用,可满足多种使用要求;②液态酚醛树脂的流动性和浸渍性好;③树脂的固化速度可控制。

(2) 显著的高温结合强度 酚醛树脂黏合剂常温下的结合强度稍高于热塑性树脂和沥青黏合剂,但受热后迅速固化交联,强度快速上升,到500℃时,其高温结合强度远远超过一般热塑性树脂和沥青,如图8-11所示。酚醛树脂这种固化快、强度高的特性对于多种耐火材料尤其是不定型耐火材料非常重要,是其他黏合剂所不及的。

(3) 高产炭率 酚醛树脂、焦油沥青等有机类黏合剂在耐火材料中的作用可分为两个阶段。在耐火材料烧结之前,其作用是将无机粒料或粉料黏合在一起;在耐火材料烧结之后,其作用是以炭形式结合于无机组分中,提高耐火材料的碳含量。正因为如此,酚醛树脂和焦油沥青黏合剂被称为碳素黏合剂,它们的产炭率水平在50%左右。表8-17为几种有机树脂的产炭率,可见酚醛树脂、焦油沥青和呋喃树脂是高产炭率的黏合剂,而同样是热固性

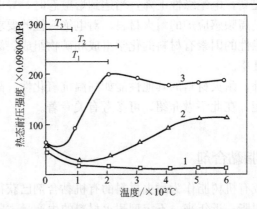

■ 图8-11 有机黏合剂的高温强度曲线(氮气气氛)
1——一般热塑性树脂；2—焦油沥青；3—酚醛树脂；T_1、T_2、T_3—可塑性温度范围

■ 表8-17 几种有机树脂产炭率

树脂	产炭率/%	树脂	产炭率/%
焦油沥青	52.5	蜜胺树脂	10.2
酚醛树脂	52.1	环氧树脂	10.1
呋喃树脂	49.1	脲醛树脂	8.2
聚丙烯腈	44.3	天然橡胶	0.6
聚丁二烯橡胶	12.1	聚酯树脂	0.3
醋酸纤维素	11.7		

注：热处理到950℃。

树脂的环氧树脂和蜜胺树脂的产炭率就低得多。酚醛树脂黏合剂可以是 Resol 树脂，也可以是 Novolak 树脂，后者须加六亚甲基四胺（HMTA）固化。要达到较高的强度和产炭率，HMTA 用量应控制在 6%～10%，高 HMTA 含量的黏合剂的产炭率有所下降。树脂分子量的大小也影响产炭率，一般分子量高，有利于提高产炭率。

关于酚醛树脂炭化机理及炭化影响因素比较复杂。酚醛树脂炭化将在 400℃以上发生，其基本机理如图 8-12 所示。在一般情况下，酚醛树脂炭化产生的炭为玻璃碳而不是石墨碳。

(4) 良好的环境友好性 当用酚醛树脂作耐火材料黏合剂时，其挥发成分主要是在固化和烧结过程中产生的。在固化过程中，热固性 Resol 树脂的主要挥发物是苯酚、甲醛、溶剂和水，热塑性酚醛树脂的主要挥发物是氨气或胺（HMTA 分解）、溶剂和苯酚。因此胺、苯酚、甲醛是酚醛树脂黏合剂的主要环境污染物。表 8-18 列出了酚醛树脂在固化过程中的主要挥发组分，对于这些挥发组分，可采用以下手段减少其释放：①使用低含量酚和甲醛的酚醛树脂；②减少 HMTA 使用量；③使用热固性酚醛树脂固化热塑性酚醛树脂。在烧结过程中，酚醛树脂反应或分解将产生一些低分子有机物质，如酚醛树脂耐火材料在 350℃以下，主要是水的释放；在 400℃以上，释放的气体主要是烃如甲烷和芳香化合物如苯酚。在炭化时，产生一氧化碳、二氧化碳和氢。相比之下，焦油沥青黏合剂的热分解产物较多，且大多数是毒性较强的化合物。表 8-19 列出了酚醛树脂和焦油沥青黏合剂热分解产物情况，可见酚醛树脂的热分解物不仅品种少而且浓度低，未发现分解产生沥青分解产生的致癌物苯并芘，具有环境友好性，有利于环境保护。

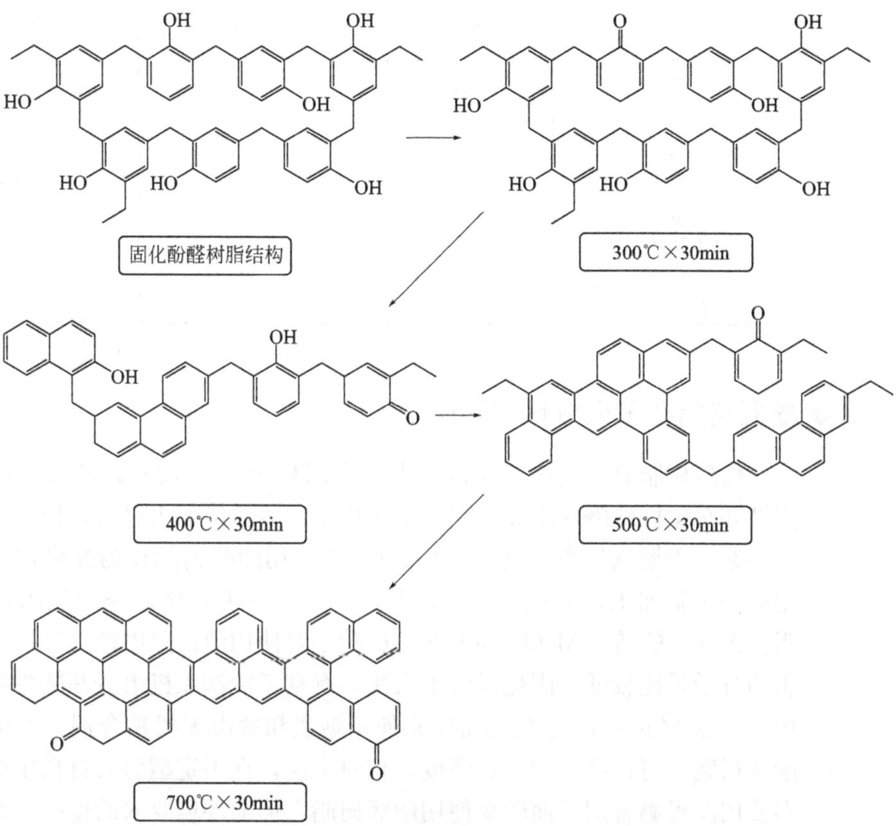

■ 图 8-12　酚醛树脂的炭化机理

■表 8-18　酚醛树脂固化产生的主要挥发物

酚醛树脂类型	主要挥发物
Resol 树脂（溶剂）	水、甲醛、苯酚、溶剂（常常是用乙二醇）
Novolak 树脂（溶剂，HMTA）	水、苯酚、氨或胺、溶剂

■表 8-19　酚醛树脂和焦油沥青的高温分解产物

分解挥发产物	酚醛树脂/%	Novolak 酚醛树脂/%	焦油沥青/%
氢气		50.1	
水		23.4	
CO		5.5	
CO_2		1.6	
CH_4		10.0	
二甲苯酚		1.8	
苯		0.2	

续表

分解挥发产物	酚醛树脂/%	Novolak 酚醛树脂/%	焦油沥青/%
甲苯	—	0.3	0.19
二甲苯	0.03		0.43
酚类物质	7.40	7.1	0.56
萘	1.27		0.71
芴	0.04		0.32
菲	0.03		0.87
蒽	0.02		0.23
荧蒽	0.10		1.37
芘	—		0.83
苯并芘	—		0.77
苊	—		0.40
苯基蒽	—		1.02
苯并吖啶	—		0.77
苯基荧蒽	—		1.45

8.3.6 酚醛树脂在耐火材料中的应用

酚醛树脂黏合剂在耐火材料中的应用如表 8-20 所示。酚醛树脂包括热固性和热塑性酚醛树脂黏合剂，主要用于制备含碳耐火材料，该类耐火材料大多数用于钢铁生产行业。如 MgO-C 砖常用酚醛树脂作为黏合剂，且以线型酚醛树脂加 HMTA 的黏合剂为主，较少使用固化太快的热固性酚醛树脂。Al_2O_3-C 砖、Al_2O_3-SiO_2-SiC-C 砖主要使用液体热固性酚醛树脂，其树脂的分子量比较低，固化反应不太快，有利于浸润无机组分并减少黏合剂的用量。在 MgO-Cr_2O_3 砖制备中常使用糖浆和盐卤无机黏合剂，若结合使用酚醛树脂，可提高砖的结合强度。相对来说，在不定型耐火材料生产中，较多使用沥青黏合剂，而较少使用酚醛树脂，但随环境要求的提高，酚醛树脂在不定型耐火材料的使用量将大幅度提高。

■表 8-20 酚醛树脂黏合剂在耐火材料中的应用

分类		Novolak 树脂		Resol 树脂	
		粉末树脂	液体树脂	粉末树脂	液体树脂
烧结砖	浸没口 (immersion nozzle)	√	√	√	√
	钢包壳体 (ladle shroud)				√
	MgO-Cr_2O_3 砖				√
非烧结砖	MgO-C 砖①		√		
	Al_2O_3-C 砖				√
	Al_2O_3-SiO_2-SiC-C 砖				√
不定型耐火材料	塞孔混合料 (taphole mix)		√		
	塑性耐火材料		√		
	喷射 (gunning) 耐火材料	√		√	

① 加 HMTA 固化。
注：√表示该树脂可用。

8.3.6.1 酚醛树脂黏合剂在定型耐火材料中的应用

用于定型耐火材料制备和生产的酚醛树脂黏合剂有热固性和热塑性酚醛树脂黏合剂，其品种比较多，可适用于不同加工方法，以及不同耐火材料的制备与生产。表 8-21 列出了国内外用于定型耐火材料制备与生产的典型酚醛树脂黏合剂的性能。

■表 8-21 国内外典型定型耐火材料用酚醛树脂黏合剂的性能

厂家	牌号/编号	外观/特征	黏度(25℃)/mPa·s	固含量/%	游离酚/%	水分/%	其他	应用
中国圣泉-海沃斯公司	PF-5311	棕红/黄色液体/热固性	3700~4300	75~82	11.0~14.0（pH 值 6.5~7.0）	4.5~6.0	残炭率 44.5%~48.0%	镁碳砖/铝碳砖
	PF-4012	白/黄色粉体[细度（140目）≥95%]/热塑性	20~40mm（流动度）	100	2.0~4.0	≤2.0	聚合速度(150℃) 45~85s	镁碳砖/铝碳砖
德国 Bakelite 公司	B	液体/热固性	600±100 (20℃)	79.0±2.5	9.0±1.0	3.0		镁碳砖（冷混）
	D	溶液/热塑性（加 HMTA 10%~14%）	2000±150 (20℃)	70±2	≤0.5	≤2.0		镁碳砖，矾土砖，红柱石（冷混）

(1) 镁碳砖 镁碳砖具有良好的抗高温性和热传导性，广泛用于转炉内衬、电炉、HP 电炉、UHP 电炉。普通镁碳砖的化学成分及性能列于表 8-22。高档的镁碳砖还需加其他添加剂，如加入金属粉末 Al、Be 及 Si、SiC、炭黑等，这些耐火材料对树脂黏合剂的 pH 值及浸润性有特殊要求。

高强镁碳砖的通用配方如下：

耐火骨料　　60%~70%
混合粉料　　20%~30%
黏合剂　　　3%~5%
固化剂　　　0.2%~0.4%
添加剂　　　2%~5%（普通型一般不加）

黏合剂最低用量（热塑性酚醛树脂）为 3.1%，困料 12h，可保存 1 个月。

黏合剂最低用量（热固性酚醛树脂）为 3.5%，困料 4h，可保存 2 天。

高强镁碳砖中，镁的来源是含量大于 96% 的电熔镁砂或高纯镁砂，碳的来源是固定碳大于等于 93% 的鳞片石墨。酚醛树脂可选用济南圣泉-海沃斯公司生产的 PF5311、PF5320、PF5321、PF5416、PF5426 等型号。高强镁碳砖的化学成分及性能列于表 8-23。

■表8-22　普通镁碳砖的化学成分及性能

化学成分及性能	I	II	III	IV	V
主要化学组成					
MgO/%	78	75	81	76	75
C/%	11.0	14.0	14.5	18	19
高温抗折强度（1400℃）/MPa		6.1	7.0	6.9	6.8
常压耐压强度/MPa	34	25	27	39	32
显气孔率/%	6.0	6.0	7.0	4.7	4.0
密度/(g/cm³)	2.82	2.81	2.78	2.90	2.84

■表8-23　高强镁碳砖的化学成分及性能

化学成分及性能	I	II	III	IV	V
主要化学组成					
MgO/%	78	75	79	73	75
C/%	13	16	16	18	19
高温抗折强度（1400℃）/MPa	14.0	13.2	13.4	13.5	16.4
常压耐压强度/MPa	40	41	45	41	42
显气孔率/%	4.5	4.0	3.6	2.5	3.3
密度/(g/cm³)	2.82	2.74	2.81	2.90	2.83

(2) 铝碳砖和铝镁碳砖

① 铝碳砖　铝碳砖是用含氧化铝的物质和含碳 C 物质，加入 SiC 和 Si，用酚醛树脂或其他有机黏合剂混合、烧结而得的一类耐火砖，主要用于高炉内衬。其化学成分及性能见表8-24。

铝碳砖的参考配方如下：

粗骨料	40%~60%
细骨料	5%~20%
鳞片石墨	8%~15%
SiC	4%~10%
耐火粉料	15%~25%
酚醛树脂	4%~6%

■表8-24　铝碳砖的化学成分及性能

化学成分及性能	I	II	III	IV	V
主要化学组成					
Al₂O₃/%	55	50	68	64	67
SiC/%	7	4	5	8	8
C/%	15	12	10	12	11
荷重变形温度/℃	1650	1640	1650	>1650	>1650
焙烧耐压强度/MPa	45	35	40	40	50
焙烧抗折强度/MPa	15	10	13	15	>15
抗碱耐压强度/MPa	25	22	30	50	53
透气度/μm	358		421	0（致密）	0（致密）
显气孔率/%	9.6	12	13.8	6.3	3.5
密度/(g/cm³)	2.64	2.60	2.70	2.80	2.79

② 铝镁碳砖　铝镁碳砖是用高铝土熟料、刚玉、镁铝尖晶石、镁砂、石墨、酚醛树脂混合，低温热处理而得。主要用于钢包内衬砖、大中型钢包，特别是连铸炉外精炼用的钢包。黏合剂必须使用高性能酚醛树脂。铝镁碳砖的化学成分及性能如表8-25所示。

其组分参考配方如下：

耐火骨料	58%～68%
高铝粉	15%～30%
镁铝尖晶石	6%～12%
镁砂	6%～12%
碳素材料	3%～12%
酚醛树脂	5%～7%

■表8-25　铝镁碳砖的化学成分及性能

化学成分及性能	Ⅰ	Ⅱ	Ⅲ
主要化学组成			
Al_2O_3/%	70	68	60
MgO/%	12	11	11
C/%	6	3	3
荷重变形温度/℃	1320	1300	1250
耐火度/℃	1770	1770	1775
常温耐压强度/MPa	42～52	40～44	35～40
显气孔率/%	16～19	19～21	35～40
密度/(g/cm³)	2.58	2.52～2.59	2.38～2.44

8.3.6.2　酚醛树脂黏合剂在不定型耐火材料中的应用

不定型耐火材料在使用前不经高温烧结，原料颗粒之间只靠黏合剂的粘接作用使其成为聚集体，并使所形成的构筑物或制品具有一定的强度。颗粒料在不定型耐火材料中基本保持其原有特性，而由黏合剂将其粘接成构筑物或制品后，性能在很大程度上取决于黏合剂。因此，黏合剂是不定型耐火材料中的重要组分。

酚醛树脂黏合剂具有不定型耐火材料理想的黏合和固化特性，在不定型耐火材料中将有不可取代的地位。由于不定型耐火材料占整个耐火材料总量的比例逐年上升，尤其在发达国家比例已达到50%左右，所以耐火材料酚醛树脂黏合剂的需求量在逐步增长。可用的酚醛树脂黏合剂的特性如表8-26所示。

用酚醛树脂作为不定型耐火材料黏合剂时，可以在酚醛树脂中加入专用的增塑剂以及石蜡、油脂等，除可以防止树脂过早交联固化之外，还可改善不定型耐火材料的塑性。

以酚醛树脂作为黏合剂的不定型耐火材料的混合过程通常是在常温下冷混合，这样制备的不定型耐火材料有较长的贮存期。

■表8-26　国内外典型的不定型耐火材料用酚醛树脂黏合剂

厂家	牌号/编号	外观/特征	密度（20℃）/(g/cm³)	固含量/%	黏度（25℃）/mPa·s	聚合速度（150℃）/s	应用
中国圣泉-海沃斯公司	UK-1200	棕红色液体	1.18~1.20	55~65	180~300	≥900	炮泥
	UK-411	棕红色液体	1.19~1.21	57~62	48~68s(B4)	—	炮泥
德国Ba-kelite公司	R	液体/热固性	21%±3%（游离酚）	80.5±1.5	2600±200（20℃）	—	塞孔
	T	溶液/热塑性	≤0.5%（游离酚）	83±3	7500±500（20℃）	—	塞孔

8.3.7 酚醛树脂耐火材料的发展

当今耐火材料将向低成本和环境友好两大方向发展，成本低廉有利于竞争取胜，环境友好有利于被人们所接受，如耐火材料对环境危险性和释放的减少可改进生产和使用工作环境，并减少对大气环境的影响，这是人们所希望的。就酚醛树脂耐火材料来说，提高产炭率、提高黏合强度、减少气孔率、减少对环境污染、使用改性偶联剂等将成为酚醛耐火材料将来发展的主要内容。

8.4 酚醛树脂烧蚀材料

8.4.1 材料的耐烧蚀性

在空气中高速飞行的飞行器所产生的动能会转变成冲击波，加热空气，产生大量的热能，致使飞行器外壳温度急剧升高，如航天飞机返回大气层时其外侧温度高达1200℃以上，并且要在这种高温下持续约30多分钟。在这种温度下，航天飞机的外壳材料不但要能够经受住高温烧蚀，而且必须具有隔热效应，以保证内部的仪器不因过热温度而影响正常工作以及人的生命安全。

这种外壳材料是一类具有耐烧蚀、隔热和具有结构承力功能的复合材料——结构防热材料。它要求具备尽量小的热导率，在高温下的高比强度、高比模量、高的玻璃化转变温度或熔点，以及好的抗氧化性能。由于这类材料要经受较大的温度变化，因此要求抗热震性能好（主要是膨胀系数小）。如图8-13所示为结构防热材料的基本组成，其表层即为耐烧蚀材料。通常耐烧蚀材料主要有纤维/树脂、纤维或晶须/陶瓷、碳/碳、碳粉/陶瓷等复合材料。

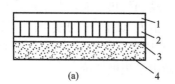 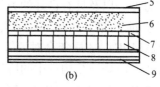

■ 图 8-13　结构防热材料

1—耐烧蚀材料；2—蜂窝材料；3—黏结材料；4—隔热材料；5—高辐射涂层；
6—泡沫陶瓷；7—金属蜂窝；8—纤维隔热材料；9—金属结构层

作为耐烧蚀材料，其重要指标是热导率，只有热导率低的材料才适合作为耐烧蚀材料或隔热材料。对于金属、有机材料和无机材料而言，在热能的作用下，其内部都存在温度梯度，且热从邻近高温的区域逐渐流向低温区，这一现象称为热传导现象。在物理学上以这种现象建立了傅里叶热传导定律：

$$q = -\lambda \mathrm{grad} T$$

式中　q——单位时间通过单位面积的热量；

$\mathrm{grad} T$——温度梯度；

λ——单位温度下的热流量，表征材料的导热能力，称为热导率。

式中，负号代表热量传递方向是从温度较高处传至温度较低处，与温度梯度的方向相反。对于不同的材料，其热导率差异较大。表 8-27、表 8-28 分别列入了不同材料的热导率，分析比较可以看出，酚醛、环氧和聚酯都是比较典型的低导热材料，理论上均可作为放热材料或隔热材料。

■表 8-27　几种材料的热导率

材料	温度/℃	$\lambda/[W/(m \cdot ℃)]$	材料	温度/℃	$\lambda/[W/(m \cdot ℃)]$
铝	0	202.4	石棉	0	0.151
铜	0	387.6	耐火砖	204	1.004
金	20	292.4	粉状软木	37	0.042
纯铁	0	62.3	耐热玻璃		1.177
铸铁	20	51.9	冰	0	2.215
银	0	418.7	松木	29	0.159
低碳钢	0	45.0	干石英砂		0.260
钨	0	159.2	软橡胶		0.173

■表 8-28　典型热固性树脂在 35℃下的热导率

材料	密度/(g/cm³)	$\lambda/[W/(m \cdot K)]$
酚醛	1.36	0.27
	1.25	0.29
环氧	1.22	0.20
	1.18	0.29
聚酯	1.22	0.26
	1.21	0.18

8.4.2　酚醛树脂的耐烧蚀性

酚醛树脂与环氧树脂、不饱和聚酯相比，是一类具有较低热导率、耐烧蚀性能的树脂。酚醛树脂虽然是传统的热固性树脂，由于原料易得，合成工艺方便，以及具有良好的力学强度和耐热性能，尤其是具有突出的耐瞬时高温烧蚀性能，2008年在美国洛杉矶召开的美国尖端材料技术协会（SAMPE）64届年会对酚醛树脂基复合材料在宇航工业（空间飞行器、导弹等）耐烧蚀结构件中的应用做出了积极评价。

8.4.2.1 有机树脂的炭化和碳氧化

热固性树脂作为黏结剂与其他组分所形成的材料在惰性气体中经过烧蚀，树脂主链上由H、O等元素构成的基团被蒸发，形成以C原子为主的结构体，这种现象称为树脂的炭化。如果形成的这种结构体或者碳框架完整并具有一定的强度，则这种材料的耐烧蚀性能较好。

热固性树脂如果是在空气中烧蚀，则极易发生碳被氧化成CO、CO_2而挥发的现象，其反应过程如下：

$$C+O_2 \longrightarrow 2CO$$
$$C+O_2 \longrightarrow CO_2$$
$$2CO+O_2 \longrightarrow 2CO_2$$
$$C+CO_2 \longrightarrow CO$$

这种氧化对材料的结构强度破坏较大，在材料表面形成脱碳区，如图8-14所示，由图可见，在模型的右边部分已被氧化成为脱碳区，在脱碳区内，碳已被氧化，所形成的孔隙和原材料中的气孔构成许多扩散通道，氧气通过扩散通道逐渐到达界面，发生氧化反应。这种氧化反应一方面受到温度的影响，温度越高，氧化反应越快；另一方面，这种氧化反应受到碳骨架分子结构的影响，对一些极性不很强的碳结构分子，如苯环，氧化反应难以进行，因此脱碳区就浅，表明这类材料在高温下抗氧化能力较强。

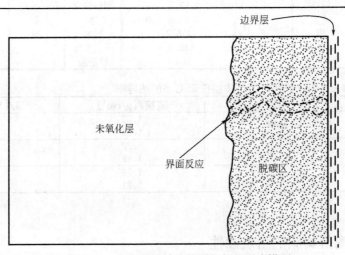

■ 图8-14 含碳骨架结构的树脂氧化反应模型

8.4.2.2 酚醛树脂的炭化

酚醛树脂的理论炭化率可以通过计算式得到。例如对于甲阶可溶性酚醛树脂而言，结构式为 $\left[\begin{array}{c}\text{OH}\\ \end{array}\hspace{-1em}\text{C}_6\text{H}_3\text{—CH}_2\right]_n$，理论炭化率为：

$$C\% = \frac{7\times 12}{7\times 12 + 1\times 6 + 16} \times 100\%$$

如果考虑到亚甲基 CH_2 会在炭化中被气化，则 $C\%=68\%$，但由于实际使用的酚醛树脂含有未反应的酚、甲醛，含有较不稳定的羟甲基酚和一些水分子等，所以实际的炭化率会受到一定的影响，一般为 $60\%\sim 65\%$。

由于合成中甲醛与苯酚（F/P）物质的量比、催化剂的种类和用量、反应时间和温度等不同，所以得到的酚醛树脂的性质和炭化率是变化的。以 F/P 物质的量比为 $0.7\sim 1.5$ 合成的酚醛树脂，由反应式计算出理论炭化率与实验得到的数据进行比较发现，当 F/P 物质的量比为 $1.1\sim 1.3$ 时，合成树脂的炭化率高，若进一步提高 F/P 物质的量比，则炭化率呈缓慢降低的趋势，如图 8-15 所示。

若将 F/P 物质的量比等于 1.3 和 2.5 合成的树脂，在氮气中加热，比较它们的失重率，结果是 F/P 物质的量比大的树脂的失重率低，如图 8-16 所示，对于这个结果，可以解释为当 F/P 物质的量比高时，结构中 CH_2 基团多，在炭化时 CH_2 基团自由弯曲易转变为石墨结构的可能性较大。

酚醛树脂是典型的热固化树脂，在固态进行炭化，炭化产物通常是各向同性的玻璃状碳，经高温处理后也难以石墨化。这就使酚醛树脂的耐烧蚀性受到了一定的限制，为此，通过使用如 3,5-二甲酚替代苯酚等方法合成改性的酚醛树脂，使其在加热下成为易石墨化的碳来提高其耐高温性能。

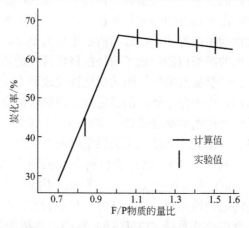

■ 图 8-15　F/P 物质的量比和炭化率的关系

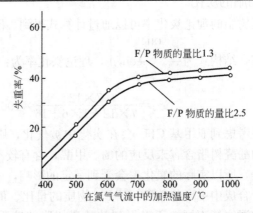

■ 图 8-16　F/P 物质的量比不同的酚醛树脂的加热失重

8.4.2.3　酚醛树脂的热稳定性

酚醛树脂一般使用温度在 200℃ 以下，是一种中等耐热等级的有机树脂。酚醛树脂在较高温度下会分解产生气体，其过程可简单概括如下：第一阶段，到 300℃ 为止，气体状态组分占 1%～2%，放出 H_2O、酚和甲醛等；第二阶段，300～600℃，在此期间大部分气体状态组分如 H_2O、CO、CO_2、CH_4、酚、甲酚和二甲酚类排完；第三阶段，600℃ 以上，产生 H_2、CO_2、CH_4、苯、甲酚类和二甲酚类等气体，在这个阶段发生收缩，密度增加。

8.4.3　耐烧蚀改性酚醛材料的合成和应用

苯酚和甲醛合成的酚醛树脂具有较高的成炭率，生产成本较低，工艺性良好，因此在普通的、短暂的烧蚀环境中有很好的应用，至今仍用作树脂基耐烧蚀材料的主要基体树脂，是目前应用较为广泛的耐烧蚀材料。但是传统的酚醛树脂由于具有中等的热氧稳定性、内在的脆性、通过缩聚固化会有低分子挥发物的生成等缺点，难以满足更高的要求，因此酚醛树脂的改性和合成新型结构的酚醛树脂就成了耐烧蚀材料研究的热点。

第一类显著提高酚醛树脂的耐烧蚀性改性方法主要通过在分子链中引入芳杂环结构，由于分子结构的稳定性，将显著提高材料的热稳定性，因此也就提高了酚醛树脂的耐烧蚀性。主要引入芳杂环的醛（如 α-萘醛、苯甲醛、对苯二醛、水杨醛）和结构更为稳定的酚类化合物（如烷基酚、双酚 A、对苯基苯酚、间苯二酚）。以这类材料合成的酚醛树脂的 T_g 为 175～230℃，在氮气中 400℃ 下失重率仅 10%。苯酚、甲醛与 2,7-二羟基萘的共聚物可以用作火箭的耐烧蚀材料。以 α-萘醛等与芳香醛在酸催化及惰性气体保护下得到一类缩合多核芳香烃（COPNA）树脂，该树脂具备很好的流动性，而交联后的树脂具有很高的耐热性，在氮气中的热降解起始温度在 500℃ 左右。

第二类在耐烧蚀酚醛树脂改性研究中相继出现含金属锆、钨、钼等元素的酚醛、杂元素改进酚醛（如含硅、硼）、高纯度酚醛树脂、开环聚合酚醛树脂体系等。国内有报道在芳基酚、烷基酚改性酚醛树脂中，加入千分之几的一类无机含氧化合物如含钨及稀土元素，得到的酚醛树脂在氮气中，900℃下残炭率可达69.87%。此外，近年来国内还有文献报道在酚醛树脂中加入25%～30%纳米炭粉，得到的含纳米炭粉酚醛树脂成炭率高，树脂热解缓慢，有利于形成较好的炭层结构，其抗氧化性能明显优于不含炭粉的酚醛树脂体系。

第三类耐烧蚀酚醛树脂改性研究是针对酚醛树脂缩聚固化会产生低分子挥发物的缺点，近年来已研制出一些新型结构的高残炭酚醛树脂，通过含有的热稳定官能团如氰基的环化、马来酰亚胺和炔基等的加成聚合、噁嗪的开环聚合等，消除原酚醛树脂固化交联产生的低分子挥发物的缺陷，这些非传统的酚醛树脂固化原理是通过官能团如氰基、马来酰亚胺、乙炔、苯基乙炔、炔丙基醚、苯并噁嗪等聚合来实现的。下面分别举例说明。

8.4.3.1 苯基苯酚改性酚醛树脂

在分子结构中引入苯基苯酚，得到的酚醛树脂具有较高的成炭率，氮气下高达70.8%，热分解温度达449℃。苯基苯酚改性酚醛树脂的复合材料性能与钡酚醛材料相差不大，但氧乙炔线烧蚀率平均值达9μm/s，质量烧蚀率达23mg/s，明显低于相应的钡酚醛材料（23μm/s，26mg/s）。

8.4.3.2 有机硅改性酚醛树脂

有机硅高聚物分子主链上的硅氧键的键能为372kJ/mol，而碳-碳键的键能只有242kJ/mol，因此有机硅高聚物比一般有机高聚物对热、氧都稳定得多。尽管有机硅在室温下的力学性能一般，但它在高温和低温下都表现出优良的物理稳定性，温度在-60～250℃多次交变而不影响其性能。含有烷氧基的有机硅化合物，容易与含羟基的有机化合物反应，形成含硅氧键结构的立体网络，如下所示：

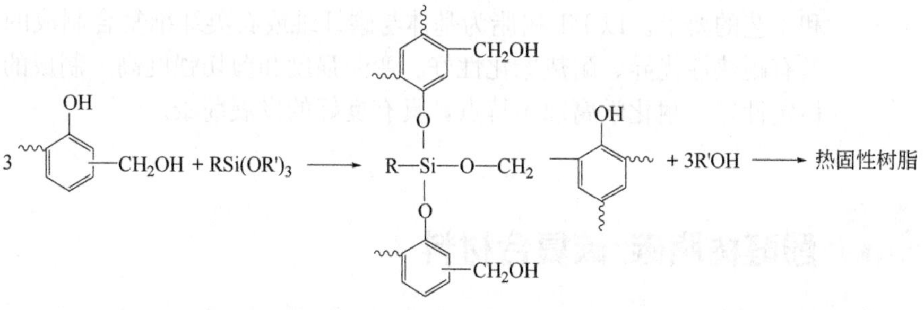

$$3 \underset{OH}{\bigcirc}-CH_2OH + RSi(OR')_3 \longrightarrow R-Si(O-CH_2-\underset{OH}{\bigcirc})_3 + 3R'OH \longrightarrow 热固性树脂$$

有机硅改性酚醛树脂后，其固化温度要比纯有机硅树脂低，同时室温强度提高。若使用有机硅单体或可溶性的有机硅树脂等与酚醛树脂中苄羟基或酚羟基共缩聚反应，可改进酚醛树脂的耐热性、耐水性及韧性。如有机硅改性S-157酚醛树脂的分解温度从S-157的460℃提高到约500℃，复合材料的弯曲强度也从 476MPa 提高到 554MPa，质量烧蚀率从 0.301g/s 降低到 0.278g/s。此外，由烯丙基化的酚醛树脂与有机硅化合物反应，也可得到性能优异的有机硅改性酚醛树脂。

8.4.3.3 酚三嗪树脂

酚三嗪树脂（PT 树脂）的耐热性明显比酚醛树脂高，是一个比较理想的复合材料树脂基体。它具有环氧树脂的加工工艺性能、双马来酰亚胺的高温性能和酚醛树脂的阻燃性能，其典型的反应式如下所示：

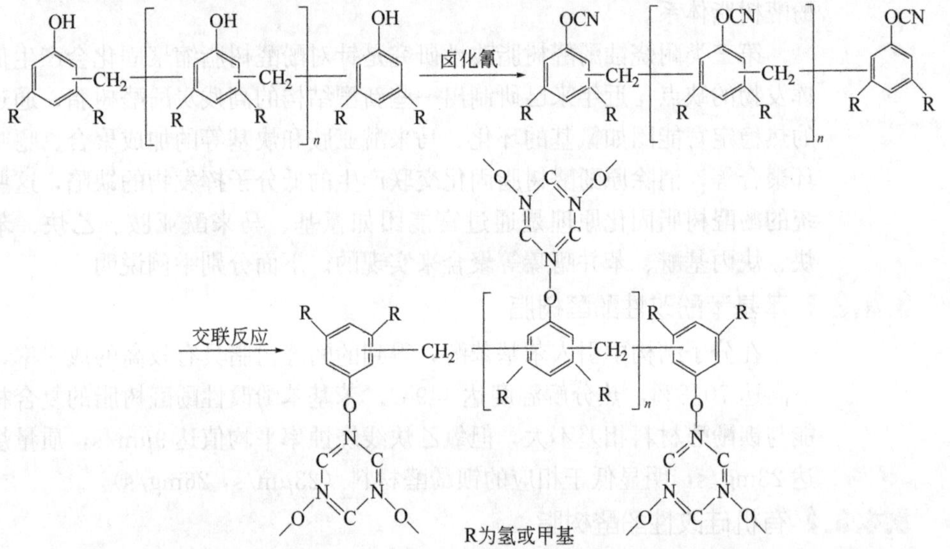

PT 树脂作为自固化体系，表现为固化过程无挥发性小分子产生、收缩率低。与采用 HMTA 固化的热塑性酚醛树脂相比，该体系的固化速度要快得多。由于氰酸酯环化形成了具有三嗪环的网状结构，所以 PT 树脂具有突出的热氧化稳定性，成炭率高（在氮气下 700℃残炭率高达 74%），并有良好的力学性能，T_g>300℃，极限伸长率为 2.5%，其使用温度可达 316℃。PT 树脂物理形态从黏性液体到低熔点固体，适应复合材料现有的加工设备和工艺的要求。以 PT 树脂为基体与碳纤维或石英纤维复合制成的复合材料具有耐热性优异、耐热老化性好、弯曲强度和剪切强度高、制成的产品尺寸稳定性好、耐化学腐蚀等特点，具有良好的发展前景。

8.5 酚醛树脂碳/碳复合材料

8.5.1 碳/碳复合材料简介

碳/碳复合材料由碳纤维和碳素基体组成。碳纤维作为增强材料，碳素基体一般是本体碳和酚醛树脂,包括各种改性耐高温、耐烧蚀酚醛树脂基体等。在碳/碳复合材料中由于碳纤维和碳素基体都具有出色的热物理性能和阻尼性能。因此它具有良好的力学性能、耐热性、耐腐蚀性、摩擦减震特性及热、电传导特性等优点,同时还具有质轻、比强度高、比弹性模量高等特点。在一些航空、航天领域作为耐烧蚀材料,在高速运输工具中作为制动材料都有重要的应用。

8.5.2 碳/碳复合材料的制备工艺

碳/碳复合材料的制备工艺流程如图 8-17 所示,其制品的性能与碳纤维和基体、碳纤维的预成型体、炭化和致密化以及抗氧化涂层等有关。

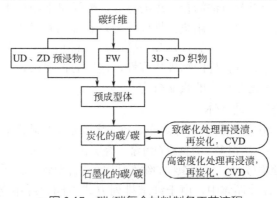

■ 图 8-17 碳/碳复合材料制备工艺流程

8.5.2.1 碳纤维和基体

由于碳/碳复合材料的一个重要用途是用作耐烧蚀材料,而钠等碱金属是碳的氧化催化剂,因此其含量是越低越好。在 20 世纪 70 年代,制造碳/碳复合材料一般采用钠含量在 100×10^{-6} 以下的黏胶基碳纤维。到了 80 年代中后期,高强度高模量的聚丙烯腈基(PAN)碳纤维/石墨纤维的碱金属含量也已降低到 100×10^{-6} 以下,如联合碳化物公司的 Thornel 50,Hercules 公司的 PAN 碳纤维/石墨纤维,有高应变低模量(A-S)、高拉伸强度(HT-S)和高模量(HM-S)(S 表示纤维经表面处理)纤维。另外,日本 Toray 公司的 M-40 也是高模量的 PAN 碳纤维/石墨纤维,这些纤维被广泛用于制造碳/碳复合材料。

用高模量中强度或高强度中模量碳纤维制造碳/碳复合材料时,不仅强度和模量的利用率高,而且具有优异的热性能,例如,选用 HM(Ⅰ型)、MP(中间相)或 MJ 系列碳纤维时,由于这种碳纤维中结晶态碳的比例增加,沿纤维轴的取向也增加,因此具有较好的择优取向,抗氧化性能不仅优于通用的乱层石墨结构碳纤维,而且热膨胀系数小,可减小浸渍与炭化过程中产生的收缩以及减少因收缩而产生的裂纹，使整体的综合性能得到提高。

碳纤维的表面处理对碳/碳复合材料的性能有着显著影响。因为浸渍了树脂的碳纤维在炭化过程中由于两相断裂应变不同而在收缩过程中纤维受到剪切应力或被剪切断裂，同时，基体收缩产生的裂纹在通过黏结界面时，纤维产生应力集中，严重时导致纤维断裂，这些不利因素使碳纤维的增强作用得不到充分发挥，导致碳/碳复合材料的强度下降。未经表面处理的碳纤维，两相界面黏结薄弱，基体的收缩使两相界面脱黏，纤维不会损伤。当基体中裂纹传播到两相界面时，薄弱界面层可缓冲裂纹传播速度或改变裂纹传播方向，也可能在界面剥离时吸收掉集中的应力，从而使碳纤维免受损伤而充分发挥其增强作用，使碳/碳复合材料的强度得到提高。

浸渍用的基体树脂应精心选择，它应具有残炭量高、有黏性、流变性好以及与碳纤维有物理相容性等特点。常用的浸渍剂有呋喃、酚醛和糠酮等热固性树脂以及石油沥青、煤沥青等。酚醛树脂经炭化后残炭量高，转化为难石墨化的玻璃碳，耐烧蚀性能优异。石油沥青 A-240（密度为 $1.228g/cm^3$，软化点为 116℃，在 177℃的黏度为 $0.395Pa·s$）等的石墨化程度高，与碳纤维一样具有良好的物理相容性，这里的物理相容性主要是指热膨胀系数和固化或炭化过程中的收缩行为。

8.5.2.2 预成型（坯）体

在制造碳/碳复合材料之前，首先将增强纤维制成各种类型、形状的坯体。坯体的制造方法很多，有预浸料缠绕、叠层和各种二维、三维及多维编织，其中主要以多维编织为主，而编织物的织态结构和性能对碳/碳复合材料有显著影响。

在各种坯体中，由于纤维排列方式不同，纤维含量也不同。图 8-18 是几种排列方式，单向 1D（UD）虽然纤维含量高，但具有显著的各向异性和层间易剥离；3D 排列中纤维含量比较少，但各向异性和层间剥离得到改善；如果采用 4D、5D、6D、7D、9D、11D、13D 和 nD，则随着 n 的增加，各向异性得到改进。表 8-29 列出了各向编织的特性。多向编织是常用的坯体编织方法，细编和超细编则可制得优质碳/碳复合材料。

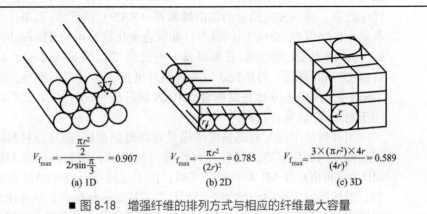

(a) 1D　　$V_{f_{max}} = \dfrac{\dfrac{\pi r^2}{2}}{2r\sin\dfrac{\pi}{3}} = 0.907$

(b) 2D　　$V_{f_{max}} = \dfrac{\pi r^2}{(2r)^2} = 0.785$

(c) 3D　　$V_{f_{max}} = \dfrac{3\times(\pi r^2)\times 4r}{(4r)^3} = 0.589$

■ 图 8-18　增强纤维的排列方式与相应的纤维最大容量

■ 表 8-29　碳纤维的编织法及其特性

项目	3D	4D	6D
网目结构	直交网目	倾斜交网目	倾斜交网目
纤维束交错角	2×90	3×70.5	1×90,3×60
纤维最大含量/%	59	68	49.5
气孔形态	闭孔	开孔	开孔
各向同性程度	弱	良	优
刚性程度	弱	良	优
层间剥离	容易	无	无
最小面内纤维含量/%	19.7	34	24.7
结构示意图			

8.5.2.3 致密化

多向编织物或者炭毡等坯体都是碳纤维的骨架基材，需用基体炭（树脂炭或沉积炭）把它们定位、填孔和连接成整体，使其保持一定的形状和成为能够承受外力的整体，转化为碳/碳复合材料。为实现上述目的，就需进行致密化处理。致密化工序主要包括浸渍树脂、化学气相沉积（CVD）、化学气相渗透（CVI）、炭化和石墨化等。致密化工序往往需要反复进行多次，以提高密度和弯曲强度等性能，随着致密化循环次数的增加，体积密度和弯曲强度同步增加，致密化循环次数根据要求的密度而定，一般为4～6次。

密度不仅与致密化循环次数有关，而且也与浸渍液的黏度、浸渍压力和坯体中碳纤维的含量密切相关，浸渍树脂或沥青的黏度随着温度的升高而显著下降，有利于浸渍填孔。如果浸渍液黏度较高，则需要加压。因此，浸渍液的黏度、浸渍温度和浸渍压力是重要的浸渍参数。

CVD技术的原理是让碳素气体扩散进多孔的基底材料中，同时排除气体副产物。以达到填孔和致密化的目的。以甲烷为例，热解沉炭反应如下：

$$CH_4(g) \xrightarrow[2600Pa]{800 \sim 1200℃} C(s) + 2H_2(g)$$

沉积炭的质量和结构取决于基底材料的密度和表面积，取决于沉积时的温度、压力、气流速度等条件。迄今已发展了多种在基底材料中渗碳的CVD技术，但较常用的是等温技术和温度梯度技术。

(1) 等温技术　在该技术中，用石墨制造的感应加热垫来加热基底材料。烃类气体与基底材料接触时发生分解并形成沉积炭或石墨。但在这种技术中，沉积炭在基底外表面形成硬的结皮。为了达到最大的致密化程度，必须把这层硬皮用机械加工法去除，使孔重新开放。一般渗透过程需要约200h。

(2) 温度梯度技术　采用该技术需要的渗碳时间较短。把一个起隔热作用的反应物和副产物通道的绝热套置于石墨芯（起加热垫作用）和感应线圈之间，由于多孔基底的密度低，不能进行感应加热，所以一开始芯子与线圈之间的耦合是很不好的。基底的内侧直接与芯子接触，处于较高的温度。基底的外表面与流过其表面的冷气流接触。沉积作用首先始于与芯子接触的内侧，然后随着基底的致密部分逐渐变为可感应加热区，沉积逐渐由内向外，充满整个基底材料。

另外，近年来还发展了一种称为"多次浸渍技术"的新技术。其原理是炭化复合材料的致密化过程通过真空-压力浸胶后将浸胶材料再炭化来实现的。先将多孔复合材料在400Pa下抽气后，在1～200Pa压力下使浸渍胶液渗透。然后在惰性气体保护下于600～2500℃进行炭化。这种致密化过程可根据材料的性能要求反复多次进行。

8.5.2.4 抗氧化处理

碳纤维在空气中开始氧化失重是在360℃左右，石墨纤维在420℃左右，碳/碳复合材料则在450℃左右，碳/碳复合材料用于耐烧蚀材料或刹车制动材料等高温环境使用的材料时，还需进行抗氧化处理。在碳/碳复合材料外表面均匀涂覆较薄的抗氧化物质，如将碳/碳复合材料置于10% Al_2O_3-60% SiC-30% Si 混合粉末中，加热到1620℃，其表面层转化为抗氧化的 SiC 薄层。

8.5.3 碳/碳复合材料的性能

碳/碳复合材料在高温环境下具有高比强度和比模量、耐高温、耐烧蚀、耐热冲击和化学稳定性等一系列优异的性能。

8.5.3.1 力学性能

碳/碳复合材料的力学性能取决于纤维的种类、取向状况、含量、基体材料制造条件等。不同碳/碳复合材料的性能差异很大，由表8-30和表8-31所列数据可知，3D（布）碳/碳复合材料的ILSS值高，负荷作用下的应力-应变曲线不同于1D和2D（图8-19），呈现出假塑性断裂形变和良好的韧性。由表8-31所列数据可知，以炭毡为坯体的碳/碳复合材料，虽然强度和模量低，但断裂应变大，韧性良好，这是因为在这种碳/碳复合材料中短碳纤维随机分布所致。一般来说，碳/碳复合材料的弯曲强度介于150～1400MPa之间，弹性模量介于50～200GPa之间。

■表8-30 各种碳/碳复合材料的力学性能

材料种类	纤维含量(V_f)/%	弯曲强度/MPa	弹性模量/GPa	ILSS/MPa
1D（UD）	55	1200～1400	150～200	20～40
2D布（8缎纹）	35	300	60	20～40
3D布	50	250～300	50～150	50～80
3D毡	35	170	15～30	20～30

■表8-31 不同炭化方式的碳/碳复合材料的力学性能

材料种类	断裂强度/MPa	模量/GPa	断裂应变/%
3D CF/酚醛	190	90	0.2
3D 碳/碳	164	99	0.16
FW-CVD 碳/碳	72	40	0.24
毡-CVD 碳/碳	18	9	0.53

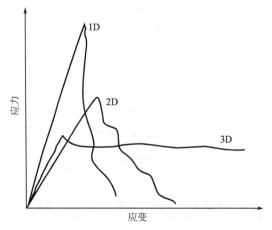

■ 图 8-19　碳/碳复合材料的应力-应变曲线

8.5.3.2 热性能

由于石墨纤维能经受 2400℃ 以上的高温，所以碳/碳复合材料具有很高的耐热性，如图 8-20 和图 8-21 所示，由图表明，在常温下，碳/碳复合材料的一些性能不如其他复合材料，但在高温下，当其他耐热材料的力学性能随温度的上升而逐渐降低时，碳/碳复合材料在 2000℃ 以下的比强度基本上不随温度的升高而变化。各种耐热材料的特性如表 8-32 所示。碳/碳复合材料具有的这一优异性能，使它在火箭发动机的喷嘴部分、飞行器头部的隔热罩等需要耐热高强材料的场合发挥了很好的作用。

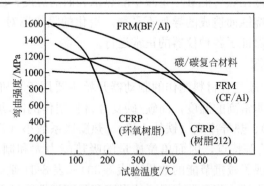

■ 图 8-20　碳/碳复合材料与其他复合材料的弯曲强度与温度的关系

8.5.4　碳/碳复合材料的应用

8.5.4.1　导弹的隔热罩

洲际导弹的隔热罩可以保护弹头免受导弹重返大气层时产生的高温和苛

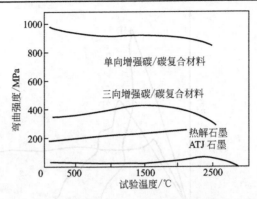

■ 图 8-21　碳/碳复合材料的弯曲强度随温度变化曲线

■表 8-32　各种耐热结构材料的特性

材料种类	最高温度/℃	强度/MPa	模量/GPa	密度/(g/cm³)
铝合金	177	320	70	2.77
钛合金	400	620	80	4.33
T800/PMR-15	300	420	49	1.6
SF/Al	300	600	120	2.7
碳/碳	1500	264	128	1.44

刻的气候条件的影响。隔热罩一般由酚醛基体和碳纤维组成，导弹重返大气层时，在几千度高温下，酚醛基体热解，形成碳/碳复合材料，后者经得起热和磨耗造成的烧蚀。碳纤维增强能阻止隔热罩的开裂，同时其纵面的高热导率和低比热容能够尽量减小隔热罩表面的温度梯度，从而避免因隔热罩的不均匀烧蚀而造成的导弹不平衡。炭化的隔热罩对有效载荷舱起绝热作用，很好地保证了各种仪器的正常运行。

8.5.4.2　制动器

碳/碳复合材料制作的制动器开始主要用于飞机制动，因为飞机制动器要经受非常高的温度，而碳/碳复合材料制作的制动器，具有比热容高（铁的 2 倍）、热导率大（铁的 4 倍）、热膨胀系数小（铁的 1/2）和密度小（铁的 1/4）等特点，因而单位质量的吸热能力大和制动刹车平稳（图 8-22），并且实现了减重节能的效果（表 8-33）。表 8-34 是碳/碳制动器与钢制动器的性能比较，前者在高温下的强度和耐磨损性能显著优于后者，这进一步说明碳/碳复合材料适合制造高性能的飞机制动器。表 8-35 是碳/碳制动器与钢制动器在使用方面的比较，这进一步说明装有碳/碳制动器的飞机不仅因减重可节省燃油，而且可以增加有效载荷和延长使用寿命。近年来，随着碳纤维成本的不断降低及高速公路的发展、汽车速度的不断提高，这种制动器已经开始在一些高级汽车的制动器上得到了较好的应用。

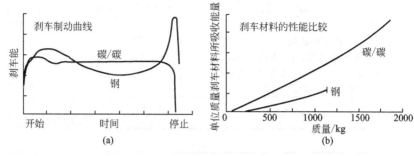

■ 图 8-22 几种刹车材料的性能比较

■表 8-33 碳/碳刹车块（片）质量与节能的关系

飞机种类	减重/kg	节省燃油/[m³/(机·年)]
747	650	160
767	400	80
757	300	70
A300	410	100
A310	400	65

■表 8-34 碳/碳制动器与钢制动器的性能比较

性能	碳/碳制动器	钢制动器
材料密度/(g/cm³)	1.8	7.8
室温拉伸强度/MPa	70~240	600
1000℃拉伸强度/MPa	80~380	14
热导率/[W/(m·K)]	63/200	79
室温比热容/[J/(g·K)]	0.75	0.5
1000℃比热容/[J/(g·K)]	1.05	0.5
热膨胀系数（室温~500℃）/×10⁻⁶℃⁻¹	2	8
每次飞行磨损/mm	0.0015	0.05
使用温度/℃	3000	900

8.5.4.3 航空航天飞机材料

宇航飞机的头锥等部分在穿越大气层时其表面要经受上千度的高温，要使其表面经受高温且有效阻止热量传递及轻质高强，碳/碳复合材料是一种理想的材料。现在的航天飞机靠运载火箭垂直发射，正在研究的航空航天飞机（aero-space plane，ASP）为水平起飞和着陆，在大气层内使用空气吸入式发动机，在大气层外则使用火箭发动机。未来的航空航天飞机如图 8-23 所示，所用材料的热性能要比现在航天飞机上的材料高得多，将大量采用先进的碳/碳复合材料。

■表 8-35 碳/碳制动器与钢制动器在使用方面的比较

项　　目	碳/碳制动器	钢制动器
飞机最大起飞质量/kg	—	10500
飞机正常着陆质量/kg	7600	6600
采用碳/碳制动器后节省的质量/kg	92	—
采用碳/碳制动器后飞机增加的有效载荷/kg	592	—
估计使用寿命（以着陆次数计）	1000	150～200
操作成本	碳/碳制动器的寿命为钢制动器的 5 倍，成本也是钢的 5 倍，因此总的操作成本没有增加	

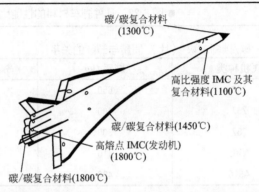

■图 8-23 未来航天飞机所用耐热材料及其部位

参 考 文 献

[1] 黄发荣，焦扬声. 酚醛树脂及其应用. 北京：化学工业出版社，2003.
[2] 唐路林，李乃宁，吴培熙. 高性能酚醛树脂及其应用技术. 北京：化学工业出版社，2009.
[3] Pilato Louis. Phenolic Resins：a Century of Progress. New York：Springer-Verlag Berlin Heidelberg，2010.
[4] 王维邦. 耐火材料工艺学. 北京：冶金工业出版社，2003.
[5] 王孟钟，黄应昌. 胶黏剂应用手册. 第 2 版. 北京：化学工业出版社，1993.
[6] 李子东. 实用粘接手册. 上海：上海科学技术文献出版社，1987.
[7] 李宝库等. 胶黏剂应用技术. 北京：中国商业出版社，1989.
[8] 中华人民共和国国家标准（GB 2684—1981）. 铸造用覆膜砂.
[9] 高惠民. 矿物复合摩擦材料. 北京：化学工业出版社，2007.
[10] 张扬等. 工程塑料应用，2007，(4)：75.
[11] 齐风杰等. 纤维复合材料，2008，(3)：50.
[12] 朱永茂等. 热固性树脂，2009，(2)：47.
[13] 余大刚. 工程塑料应用，2009，(5)：82.
[14] 李金龙. 弹箭与制导学报，2008，(6)：152.
[15] 李卫方，石松，余瑞莲，姚承照，冯志海. 宇航材料工艺，2004，(2)：8.
[16] 张衍，刘育建，王井岗. 宇航材料工艺，2005，(2)：1.

第 9 章　酚醛树脂材料的发展与展望

9.1 概述

　　酚醛树脂的发展经历了近百年历史，尽管在激烈的市场竞争中，酚醛树脂面临着各种工程塑料、塑料合金等的挑战，但酚醛树脂以其独特的优势仍在各行各业获得广泛应用。酚醛树脂以其较高的机械强度、耐热、难燃、低毒、低发烟、价廉，且可与许多聚合物有很好的相容性，可实现高性能化，仍在航空航天、汽车、电子、机械、交通运输等领域起着不可替代的作用。从近10年的有关酚醛树脂报道文献数量来看，在酚醛泡沫材料、电子绝缘材料或导电材料、摩擦材料等方面的文献数目有所增长；从大量文献内容来看，科研人员在酚醛树脂的脆性、力学性能、热性能、环境友好性、功能性等方面开展了较多的工作。对酚醛树脂合成的改进、纯度的提高，使酚醛树脂在半导体封装材料、印制电路基板材料、电极材料、吸附材料和光敏材料上发挥作用；对酚醛泡沫材料生产技术的不断创新，使酚醛泡沫材料应用于民用建筑、采矿等新领域；对酚醛树脂的增黏、增强、增韧，使酚醛树脂在橡胶工业、塑料工业、复合材料工业中的应用更加壮大；对酚醛树脂的功能开发，使酚醛树脂在高技术中的应用更加突出；对环境友好型酚醛树脂的研究开发，使酚醛树脂带来一些新的发展。

　　世界酚醛树脂行业仍致力于开发新产品，包括具有新型结构的酚醛树脂、高速固化酚醛树脂等，开拓酚醛树脂新的加工技术及新的应用领域。

　　(1) 酚醛树脂技术　　酚醛树脂性脆，不耐冲击，但可改进。酚醛树脂改性可采用与环氧树脂或异氰酸酯共聚、热固性酚醛树脂和热塑性酚醛树脂共聚、热塑性聚合物与热固性酚醛树脂共混等方法来实现；通过封闭酚醛树脂的官能度可减少固化时水的释放，或通过引进各种反应性基团进行交联，避免酚醛树脂缩合产生的水，可提高酚醛树脂的性能，苯并噁嗪树脂就是典型例子；通常酚醛树脂的相对分子质量在1000以内，然而通过在有机溶剂中进行扩链反应，在乙酸存在下可合成相对分子质量达3000以上的线型酚醛树脂，高分子量的树脂性能将有大的变化；使用酸固化体系可快速固化酚醛树脂，如采用芳香羧酸形成的树脂体系具有优良的成型加工性能和电气性能、力学性能，成型周期短，接近热塑性塑料，制品的热态刚性高、翘曲变形小，广泛应用于复合材料成型工艺，尤其触变型酚醛树脂与聚酯胶衣树脂相似，能大幅度提高制件的表面质量，很好地解决酚醛制件表面的针孔问题。采用二元酸的潜伏性催化剂，可实现低温（60～71℃）固化，且树脂体系黏度低，可用于挤出成型和缠绕成型。此外，高固化反应速率的高邻位酚醛树脂（合成可用多聚甲醛）的合成也成为合成技术发展的一方面。

酚醛树脂连续化生产及其全自动程序控制是酚醛树脂发展的重要内容。

酚醛泡沫材料生产技术的进展将使酚醛泡沫塑料在建筑行业作为理想的隔热和防火结构材料而得到更为广泛的应用。

(2) 酚醛树脂复合材料 酚醛树脂的复合材料以往以模压和层压为主，目前许多新开发的酚醛树脂可用于多种复合材料的成型，包括 RTM、RIM、拉挤、喷射和手糊成型等。未来酚醛树脂在复合材料领域应用将与环氧树脂等高性能树脂相竞争，如酚醛 SMC 可用于飞机内部构件，也可用于计算机，如 Fiberite 公司 Enduron 4685 树脂用于 IBM 计算机（Think Pad）的基础和盖子，英国 ACG（Advanced Composites Group Ltd.）公司利用酚醛预浸料来制备装甲车内衬材料。

酚醛树脂仍大量用作木材黏合剂、模塑料。此外，对酚醛树脂的生产与改性、树脂功能开发、树脂的绿色化、树脂复合材料加工方法等方面也成为酚醛树脂发展的一些重要方面。以下就一些酚醛树脂最新发展展开讨论。

9.2 新型加聚型酚醛树脂

酚醛树脂作为高性能热固性树脂已获得广泛应用，但是酚醛树脂的固化过程中有缩聚水或氨等小分子物质产物释放，在成型时往往需加压，况且形成的酚醛树脂材料性脆、有孔隙、性能不高，因此阻碍了酚醛树脂材料的高性能化发展。近年来人们做了不少努力，开发了一系列加聚型具有酚醛树脂结构的高性能树脂，它们除第 5 章介绍的苯并噁嗪树脂之外，还包括含不饱和烯基、炔基的酚醛树脂、含氰酸酯基的酚醛树脂等，以下就这些新型树脂进行简单介绍。

9.2.1 烯丙基酚醛树脂

用酚醛树脂与氯丙烯反应可生成烯丙基醚酚醛树脂，该树脂在高温

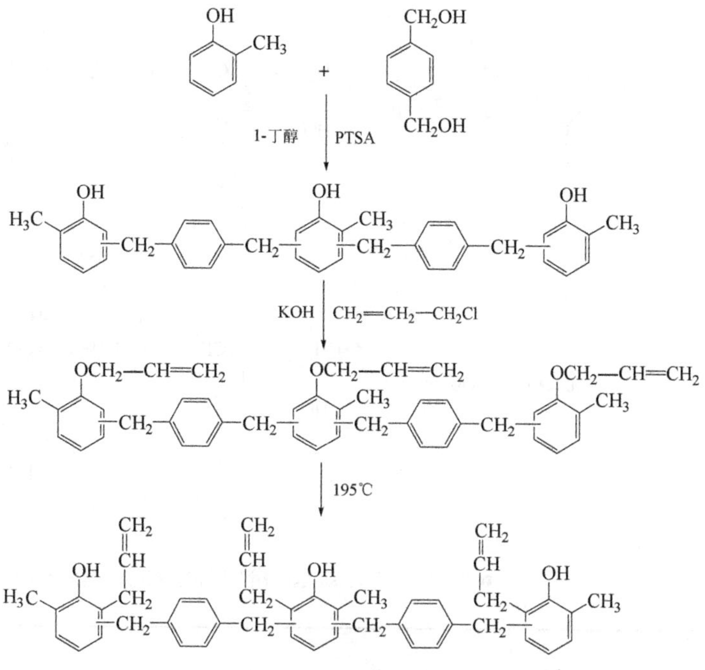

■ 图 9-1 烯丙基醚酚醛树脂和烯丙基酚醛树脂的合成

（200℃左右）下可发生 Claisen 重排反应，进而生成烯丙基酚醛树脂，其反应示意如图 9-1 所示。

烯丙基醚酚醛树脂和烯丙基酚醛树脂一般不直接使用，往往与其他树脂配合使用，如用于双马来酰亚胺树脂、环氧树脂等共聚改性。由于酚醛树脂的酚羟基氢被烯丙基取代，所以这些酚醛树脂的黏度比较低，作为活性稀释树脂，可用于降低树脂黏度。

9.2.2 炔基酚醛树脂

通过苯酚、3-苯乙炔基苯酚和甲醛等在酸催化剂的条件下反应可制得带苯乙炔官能团的酚醛树脂，如图 9-2 所示。该树脂在 250~275℃ 的温度范围内可发生固化反应，且固化反应比较快。Hergenrother 和 Wood 等研究表明，树脂的酚羟基与炔基发生了加成反应；研究也表明，随着 3-苯乙炔基苯酚含量的提高，固化树脂的热分解温度和 700℃ 残炭率都大大提高，如图 9-3 所示，说明交联聚合物的热稳定性获得很大改善。

Reghunadhan Nair 等采用 3-氨基苯乙炔的偶氮化反应制备了炔基酚醛树脂，图 9-4 显示了该树脂的分子结构，他们用元素分析测定树脂的氮含量，以确定取代反应的反应程度。GPC 测试结果表明，随着偶氮化反应程

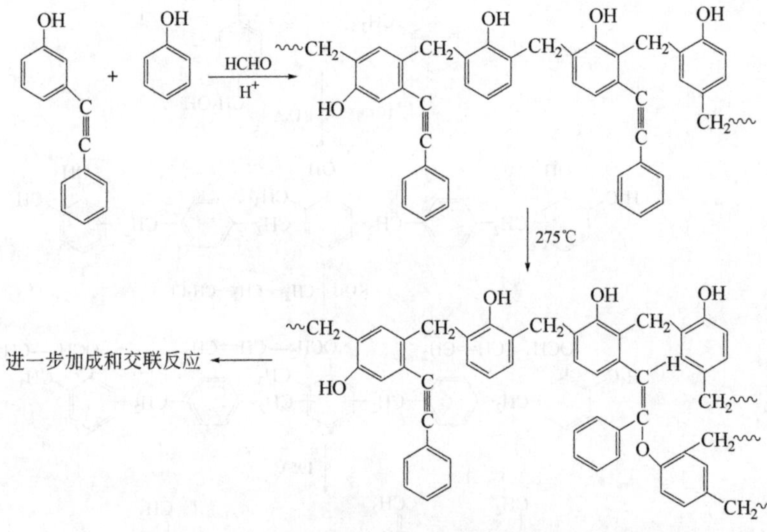

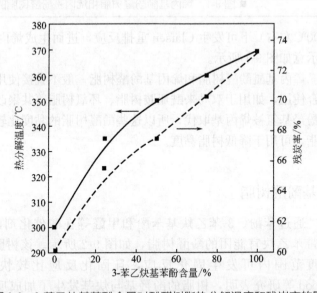

■ 图 9-2　苯乙炔基酚醛树脂的合成和固化反应

■ 图 9-3　3-苯乙炔基苯酚含量对酚醛树脂热分解温度和残炭率的影响

度的提高，树脂的表观分子量下降、黏度减小。研究表明，炔在热作用下发生了三聚反应、Glaser 和 Strauss 偶合反应。固化树脂的 TGA 研究表明，树脂热分解温度 T_{d5} 从 Resol 树脂的 360℃ 提高到 480℃，残炭率从 Resol 树脂的 60% 提高到 72%，热稳定性显著提高。

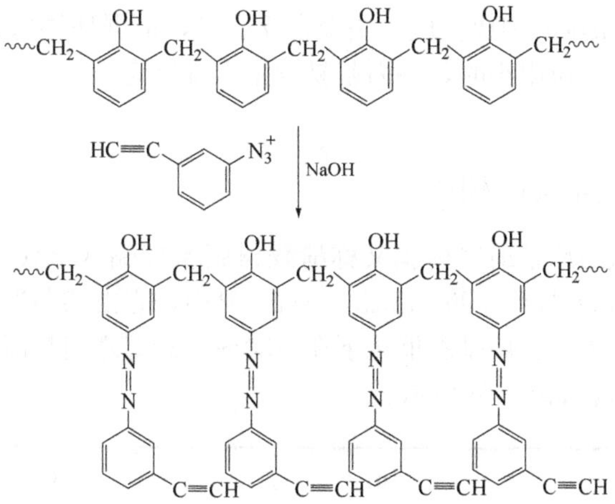

■ 图 9-4 偶氮化反应制备炔基酚醛树脂

酚醛树脂与溴丙炔在碱性条件下可发生 Williamson 反应,可制得炔丙基醚酚醛树脂,反应示意如图 9-5 所示。炔丙基的引入使酚醛树脂的热分解温度获得大幅度的提高,但随炔丙基化的程度提高,热稳定性提高不明显,表 9-1 列出了 Reghunadhan 等对 Resol 酚醛树脂和炔丙基醚酚醛树脂的研究结果。

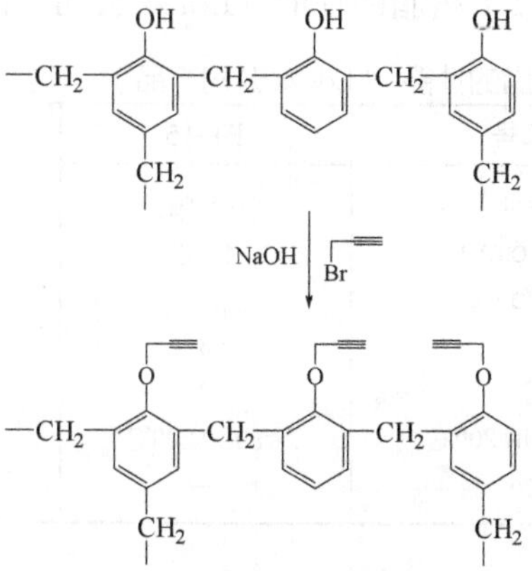

■ 图 9-5 炔丙基醚酚醛树脂的合成

■表 9-1 炔丙基醚酚醛树脂 (PN) 固化物的热失重分析结果 (N_2, 10/min)

树脂	炔丙基化程度/%	初始热分解温度/℃	成炭率(600℃)/%
Resol 树脂	0	320	68.0
PN-18	18	390	74.3
PN-45	45	385	72.6
PN-82	82	405	68.1

炔丙基醚酚醛树脂的固化反应比较复杂，有 Claison 重排反应、色烯环（chromene）加成反应、炔聚合反应等，依据环境条件和树脂特征，各反应有竞争，位阻小时，炔丙基易发生重排反应。

9.2.3 氰酸酯基酚醛树脂

氰酸酯基酚醛树脂又称酚醛树脂氰酸酯（novolak cyanate ester）或酚三嗪树脂（phenolic-triazine resin，PT），它由热塑性酚醛树脂 Novolak 在适当溶剂中在三烷基胺催化下在 $-30\sim-20℃$ 之间与卤化氰反应来制备，合成反应示意如图 9-6 所示。

■ 图 9-6 氰酸酯基酚醛树脂的合成

合成的 PT 树脂一般具有较低的分子量，相对分子质量在 400 左右的树脂为液态，相对分子质量在 400~900 范围内时，树脂呈固态，软化点为 50~60℃。PT 树脂的熔体黏度较低，且可溶解于低沸点溶剂中，低温下凝胶时间长，因此，树脂具有优异的加工性能，可适应 RTM 等成型工艺，表 9-2 列出了 PT 树脂的性能（Lonza 公司产品）。

■表 9-2　PT 树脂的性能 （Lonza 公司产品）

树脂牌号	PT-15	PT-30	PT-60
表观特征	黏性液体	黏性液体	准固体
密度/（g/cm³）	1.25	1.25	1.28
黏度/mPa·s			
93℃	3	200	25000
121℃	2	80	1500
凝胶时间/min 200℃	>30s (200℃)	>20~30	20
催化	—	<5(177℃)	<5(177℃)

PT 树脂可在 170~200℃ 固化，其固化反应主要是氰基的环三聚反应，如图 9-7 所示。将 PT 树脂在 120℃ 加热 16h，再以 3℃/min 的速度升温到 260℃，并保持 3h，可得到 T_g 为 380℃ 的固化产物。树脂的固化温度越高，其固化物的 T_g 越高。PT 树脂经 300℃ 以上固化，其玻璃化转变温度可高达 399℃，其使用温度可在 300℃ 以上。PT 树脂的固化可直接在热作用下进行，也可加催化剂来实现，树脂固化过程中无挥发性小分子产生，其收缩率低。固化 PT 树脂的性能如表 9-3 所示。

■表 9-3 固化 PT 树脂的性能

性能	PT 树脂	酚醛树脂(HMTA 固化)
T_g/℃	可高于 400	121
T_d/℃	410~450	350
残炭率(1100℃)/%	66~68	55
CTE(40~315℃)/℃$^{-1}$	2.8×10^{-5}	6.5×10^{-5}
D_k(1MHz)	3.1	
损耗因子 $\tan\delta$(1MHz)	0.007	
吸水率/%	0.5~2.3	>3
拉伸强度/MPa	41.4	
拉伸模量/GPa	4.07	
伸长率/%	2	0.3
弯曲强度/MPa	110	47.6
弯曲模量/GPa	4.7	2.52
压缩强度/MPa	317	102
洛氏硬度(M 标尺)	125	93

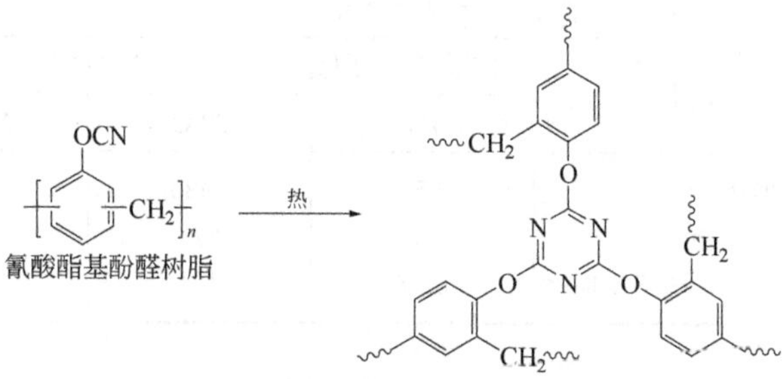

■图 9-7 氰酸酯基酚醛树脂的固化反应示意图

从表 9-3 中可以看出，PT 树脂具有优良的耐热性、突出的热和热氧化稳定性。普通酚醛树脂在 200℃以上就开始分解，而 PT 树脂要到 420~450℃才开始分解。在氮气中，普通酚醛树脂的残炭率约为 60%，而 PT 树脂 700℃的残炭率可达 74%，1000℃的残炭率为 68%~70%，树脂残炭率高，可望用作耐烧蚀材料。从树脂的力学性能来看，树脂具有良好的力学性能，可以用作先进复合材料树脂基体。PT 树脂吸水率低，介电常数和介电损耗小，是性能优良的透波材料或电绝缘材料。PT 树脂还具有优异的阻燃特性，如图 9-8 所示，其有限氧指数(LOI)高达 45%，比双马来酰亚胺树脂、酚醛树脂还高。

PT 树脂与纤维复合形成的复合材料具有优良的力学性能，尤其高温性能突出，如在 288℃碳纤维增强的复合材料弯曲强度保留率可高达 83%，模量保留率达 95%。表 9-4 列出了典型 PT 树脂复合材料的性能。

PT 树脂可用于制作航空航天复合材料结构、透平发动机制动机构、耐烧蚀喷嘴、天线罩和高速信号印制电路板、气压瓶等，具有广阔的应用前景。

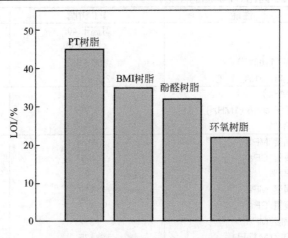

■ 图 9-8　各种热固性树脂的有限氧指数值

■ 表 9-4　典型 PT 树脂复合材料的性能

项目	E-玻璃布层压板	单向碳纤维增强复合材料		
	RT	24℃	260℃	316℃
弯曲强度/MPa	558	1480	986	882
弯曲模量/GPa	34.8	175	170	160
短梁剪切强度 SBSS/MPa	53.8	184	55.8	50.3

9.3　酚醛树脂纳米复合材料

酚醛树脂（PF）原料来源丰富、价格低廉、合成工艺简单，其制品具有良好的力学性能、耐热性、电绝缘性、尺寸稳定性、成型加工性、阻燃性等优点，因而获得广泛应用。但是酚醛树脂分子链中苯环之间仅由亚甲基相连，刚性和空间位阻较大，使酚醛树脂呈现脆性；且结构中的酚羟基和亚甲基容易发生反应，耐热性和高温抗氧化性也受到一定影响。随着高新科技工业的发展，人们对摩擦材料、耐烧蚀材料、耐热材料、阻燃材料等高性能酚醛树脂材料提出了更高的要求，酚醛树脂材料高性能化成为其研究的重要内容。

纳米粒子由于尺寸小、比表面积大、表面非配对原子多，因而对聚合物的物化性质产生特殊作用，与聚合物结合能力强，将纳米粒子加入酚醛树脂中，由于酚醛树脂与无机纳米粒子之间的界面面积非常大，作用强且存在化学结合，可消除酚醛树脂基体与无机物之间热膨胀系数不匹配的问题，充分发挥无机材料优异的力学性能及耐热性能，克服了常规刚性粒子不能同时增强增韧的缺点，纳米粒子可同时提高材料的韧性、强度、耐热等性能。

9.3.1 碳纳米管/酚醛树脂复合材料

碳纳米管具有优异的耐热性能、力学强度和导热性能。研究表明，随着碳纳米管含量的增加，树脂复合材料体系的拉伸强度提高，且网络状多壁碳纳米管比单一分散的多壁碳纳米管具有更长的长度和更好的分散性，因此体现出更优异的改性效果。经过1%多壁碳纳米管改性的硼酚醛树脂，与未改性树脂相比，其分解温度和800℃下残留率分别提高了36.7℃和6.2%。用碳纳米管改性酚醛树脂制成的碳纤维增强复合材料，在高温时可将树脂基体产生的热量通过碳纳米管传导给增强纤维，从而降低树脂基体的温度，因此耐热性有了明显提高。但是碳纳米管在酚醛树脂基体中的分散方式对最终纳米复合材料的力学性能有很大影响。通过干法（球磨共混）和湿法（溶剂共混）两种分散方式制备多壁碳纳米管增强酚醛树脂复合材料，相对于纯酚醛树脂，湿法分散得到的改性酚醛树脂（5%碳纳米管）其力学性能并没有明显提高，而干法分散后的改性酚醛树脂力学强度提高了158%，这是因为干法分散中机械剪切力的作用更加有利于碳纳米管束的分散，使树脂和碳纳米管之间具有更强的结合力。

9.3.2 纳米碳纤维/酚醛树脂复合材料

纳米碳纤维是化学气相生长碳纤维的一种形式，是通过裂解气相碳氢化合物制备的非连续石墨纤维，直径约100nm，长度是几十至几百微米。纳米碳纤维与碳纳米管的微观结构具有明显差别。单壁和多壁碳纳米管的石墨层与内管的轴平行，而纳米碳纤维的石墨层与内管的轴成一定角度。

Patton等研究了气相生长纳米碳纤维/酚醛树脂复合材料的耐烧蚀性能、力学性能和热性能。结果发现，含有30%~45%（质量分数）纳米碳纤维的酚醛树脂纳米复合材料的耐烧蚀性能非常优异，烧蚀质量损失和应力变化均比美国国家航空航天局（NASA）目前大量使用的耐烧蚀材料MX-4926小；与连续长纤维增强的 MX-4926 相比，纳米碳纤维/酚醛树脂复合材料的热导率很低，因此在垂直方向上更能有效地限制热量从表面传递至复合材料中。纳米碳纤维/酚醛树脂复合材料热防护效果较好，可以作为固体火箭发动机喷嘴的耐烧蚀材料。

与纯酚醛树脂相比，纳米碳纤维/酚醛树脂复合材料的弯曲储能模量在玻璃化转变温度以上有很大程度提升，同时随着纳米碳纤维含量的增加，复合材料的玻璃化转变温度也相应提高，其中由表面氧化后的纳米碳纤维制备的改性酚醛树脂材料的提升效果尤为明显。如含4%（质量分数）纳米碳纤维的复合材料的玻璃化转变温度较纯酚醛树脂提高了85℃左右。

9.3.3 蒙脱土/酚醛树脂复合材料

通常利用插层的方法制备蒙脱土/酚醛树脂纳米复合材料,其主要过程是将单体或者酚醛树脂分散插入蒙脱土片层之间,然后引发聚合或固化反应,从而将蒙脱土片层结构剥离成纳米单元,通过这种插层/剥离作用实现树脂与蒙脱土在纳米尺度上的复合。

相对于未改性的酚醛树脂,层状硅酸盐/酚醛树脂纳米复合材料的断裂强度提高了87%。使用原位聚合法制备蒙脱土/酚醛树脂复合材料时,当蒙脱土的添加量为0.5%(质量分数)时,断裂韧性就能提高66%。使用十八胺和一系列烷基氯化铵改性蒙脱土,然后再原位聚合制备改性蒙脱土/酚醛树脂纳米复合材料,得到的纳米复合材料的热稳定性均比纯酚醛树脂高,其中由苄基二甲基苯基氯化铵改性蒙脱土制备的酚醛树脂纳米复合材料的10%失重分解温度T_{d10}提高了89℃,800℃下残留率提高了7.6%。

Choi 等采用熔融插层法制备出一系列有机改性蒙脱土/酚醛树脂纳米复合材料。研究发现,固化前蒙脱土的层间距为1.83~1.86nm,固化后可达3.39~3.80nm,改性树脂的力学性能和耐热性能都得到了不同程度的提高。当蒙脱土添加量为3%(质量分数)时,最高拉伸强度和韧性分别比纯酚醛树脂提高了32%和73%。

9.3.4 笼形倍半硅氧烷(POSS)/酚醛树脂复合材料

笼形倍半硅氧烷(POSS)是一种有机-无机杂化纳米材料,无机框架为Si—O—Si 六面体结构,而每个 Si 原子上可带多种反应性或非反应性的有机取代基团。这种特殊的结构使得 POSS 与聚合物具有较好的相容性,因此POSS 作为纳米材料改性酚醛树脂,能有效地提高树脂的耐高温性能、阻燃性能以及力学性能。

将带有 Si—OH、Si—Cl 等反应官能团 POSS 与酚醛树脂复合,其官能团可与酚醛树脂分子链中的羟基或羟甲基反应,得到的 POSS/酚醛树脂纳米复合材料与原树脂相比具有更高的热稳定性。用八(4-乙酰氧基苯基)POSS 和八(苯氨基)POSS 共混酚醛树脂制备酚醛树脂纳米复合材料,两种 POSS 结构中的乙酰氧基、氨基与酚醛树脂主链上的酚羟基形成氢键,不仅有利于增强 POSS 和酚醛树脂基体的相容性,而且也能有效提高 POSS 改性酚醛树脂的热稳定性。

POSS/酚醛树脂复合材料还可以通过含苯酚基的 POSS 与苯酚和甲醛共聚来制备。八苯酚基 POSS 参与苯酚和甲醛共聚反应合成 POSS/酚醛树脂纳米复合材料,2%的 POSS 含量就能将纯酚醛树脂的热分解温度和800℃下残留率分别提高59℃和13.5%。当 POSS 含量增加至10%时,热分解温度提高了 123℃，但是残留率略有下降。

9.3.5 纳米二氧化硅/酚醛树脂复合材料

Chiang 等通过溶胶-凝胶法制备了 SiO_2/酚醛树脂纳米复合材料，同时使用偶联剂（3-缩水甘油醚氧丙基三甲氧基硅烷）来改进无机相和有机相的界面性能。研究表明，纳米 SiO_2 的加入能有效提高树脂体系的热稳定性，其中 5% 失重的分解温度（T_{d5}）从纯酚醛树脂的 281℃ 提高至 350℃，且改性树脂体系的拉伸强度比纯酚醛树脂提高 6%～30%，其极限氧指数达到 37%。如果在合成过程中以异氰酸丙基三乙氧基硅烷作为偶联剂，用四乙氧基硅烷的溶胶-凝胶法原位合成 SiO_2/酚醛树脂纳米复合材料，当四乙氧基硅烷的含量从 20%（质量分数）提高至 80% 时，T_{d5} 从 290℃ 提高至 312℃，800℃ 下残留率提高了 20% 左右。

除此之外，用纳米氧化铝、纳米铜颗粒、纳米碳化钛、纳米弹性体粒子等改性酚醛树脂，均可以在一定程度上提高酚醛树脂的力学性能和耐热性能等。然而，要走向工业化应用，如何将纳米粒子有效地分散到酚醛树脂体系中，是大规模工业化生产中必须解决的问题。

9.4 酚醛碳材料

酚醛树脂热解残炭率较高，它是一种常用的制备碳材料树脂。近年来，酚醛树脂在制备碳材料方面的研究较多，它不仅可用来制备碳/碳（C/C）复合材料，而且可制备酚醛碳泡沫、酚醛基活性碳纤维、酚醛玻璃碳等，下面就酚醛碳材料的研究做简单介绍。

9.4.1 碳/碳（C/C）复合材料

如前章所述，碳/碳（C/C）复合材料即碳纤维增强碳基体复合材料，具有一系列优异的性能，如热膨胀系数低、密度小、摩擦性能好、热冲击性能优良，同时具备优异的高温性能和高强度、高模量。这些突出的性能使得 C/C 复合材料既可以作为功能材料，又可以用作高温结构材料，广泛应用于火箭发动机喷管及其喉衬、再入式飞行器、航天飞机的端头帽和机翼前缘的热防护系统、洲际导弹的端头和鼻锥、飞机刹车盘等。

酚醛树脂交联后固化程度高，分解残炭率较高（50%～65%），是树脂热解炭化法制备 C/C 复合材料中使用较多的一种前驱体材料，约占总量的 65%。但酚醛树脂浸渍时需施加高温高压，且需要反复多次浸渍和成炭，使得 C/C 复合材料的成本较高。近年来一些改性树脂研究值得关注。刘锦霞等利用酚醛型氰酸酯树脂作为前驱体，制备了 C/C 复合材料。研究发现，该树脂固化物在 850℃时的残炭率超过 65%，是一种比酚醛树脂性能更好的前驱体材料，其熔融黏度很低，在 100℃熔融黏度仅为 460mPa·s，并且固化时无小分子挥发物放出，可以采用低成本制造技术 RTM 工艺浸渍增密制备 C/C 复合材料，从而降低 C/C 复合材料的制造成本。

9.4.2 酚醛碳泡沫

碳泡沫（也称碳气凝胶）是一种以碳原子为骨架，碳原子之间相互连接形成多孔网络结构的轻质固体碳材料，其连续的三维网络结构可在纳米尺度。它是一种新型的气凝胶，孔隙率高达 80%~98%，典型的孔隙尺寸小于 50nm，网络胶体颗粒直径为 3~20nm，比表面积高达 600~1100m^2/g。依据前驱体和制备工艺的不同，这种新型的多孔功能材料既能制成低热导率[0.3W/(m·K)]的热绝缘材料，又能制成高热导率[150W/(m·K)]的导热材料。此外，这种新型的功能材料还具有高开孔率、高比表面积、耐高温、耐腐蚀、低密度、优良的吸附性、较低的热膨胀系数以及良好的抗压性等一系列独特的结构和优异的物理性质。因此，碳泡沫在热控材料、电极材料、催化、环保等领域中均有着十分广阔的应用前景。

1964 年，Walter Ford 首次通过高温热解热固性树脂的方法制备了具有网状结构的玻璃质的碳泡沫（reticulated vitreous carbon foams，RVCF），这种碳泡沫因其良好的绝缘性、吸附性以及热稳定性可作为高温绝缘体，在航空工业中有着广泛的应用。

高残炭率酚醛树脂是碳泡沫的前驱体之一。以酚醛树脂制造碳泡沫材料的途径有以下几种。

9.4.2.1 微球炭化法

将酚醛树脂粉炭化制成碳微球，与黏结剂混合，分散在特定溶剂中，除去溶剂及多余黏结剂，在惰性气氛如氮气、氩气保护下炭化、石墨化，可以制备性能优异的碳泡沫。所制碳泡沫由三部分构成：中空的球体、黏结剂和空隙。

通过调控发泡剂与树脂的比例，可以控制最终产品的微观结构。Hui 等研究发现，三聚氰胺与酚醛（M/P）的物质的量比对聚合物构架的交联密度、聚合产物的亲水性等都会产生一定的影响，从而进一步影响聚合物碳泡沫的微观结构。改变 M/P，可以使纳米颗粒尺寸在 10~22nm 范围内，聚合产物及碳泡沫的孔隙密度分别在 1.4~2.9cm^3/g 和 0.8~2.5cm^3/g 范围内进行调控。

碳泡沫耐烧蚀性能好，热导率低，高温热稳定性能优异，常作为航天器表面的隔热层，用来抵御航天器在返回地面时与大气层剧烈摩擦产生的巨大热量，保护航天器内部构件的正常工作。Bruneton 等将制备的空心微球用酚醛树脂粘接后炭化，得到了具有三相结构（空心微球、树脂、孔隙）的碳泡沫，其表观密度为 0.3g/cm³。这种碳泡沫在经过 2300℃ 热处理后依然具有较好的力学性能，其压缩强度达到 5.9MPa，该种碳泡沫在 1000℃ 时的热导率为 1.5W/(m·K)，因而可广泛用于高速航空航天器的热防护系统。

9.4.2.2 直接炭化法

直接炭化法分为两步，第一步是按常规工艺先制成酚醛泡沫塑料，第二步再进行炭化及石墨化。碳泡沫的结构与性能主要取决于酚醛泡沫塑料的结构与性能。研究表明，改性剂的选择、发泡工艺的设计是制备高性能酚醛泡沫塑料的技术关键，国内外很多研究学者都在从事这方面的研究（具体可参见第 4 章）。

日本 Asahi 化工公司的研究者用 CO_2 代替氟氯烃作为生产酚醛泡沫材料的发泡剂，效果良好。他们用酚醛共聚树脂（含有羟甲基脲）与发泡剂 CO_2 及催化剂混合物制得的酚醛泡沫材料，其密闭气孔含量为 96.0%，气孔直径为 190μm，热导率（JIS A 1412）为 0.0231kcal/(m·h·K)❶，CO_2 含量为 5.2%，脆度（JIS A 9511）为 11%。

雷世文等以热塑性酚醛树脂为原料，通过液相低压发泡工艺制备得到具有纳米孔径的酚醛树脂基泡沫碳前驱体。研究发现，制备的酚醛树脂基泡沫碳前驱体由于具有均匀分布的纳米孔径结构，而使前驱体的隔热性得到改善和提高。前驱体的热导率随体积密度的增大存在一个最佳密度点，此时热导率取得极小值。200℃ 以前，前驱体的热导率随测试温度的升高先增后减，200℃ 以后热导率变化甚少。

9.4.2.3 模板法

以多孔可溶性无机物制成模板，然后用甲阶酚醛树脂液浸渍并固化，随后炭化，最后用化学方法除去模板后获得酚醛碳泡沫。由于酚醛树脂进入模板的内孔需要较大的压力，相比之下，进入外孔容易，因外孔是相互连通的，故此法所形成的泡沫体为孔壁连接的泡沫体，其强度和导热性能均较高。用此法可制得密度为 0.03~0.10g/cm³、孔径 < 20μm 的碳泡沫材料。

近年来，聚苯并噁嗪作为一种新型的酚醛树脂，也具有高的交联密度，越来越多地被用作酚醛碳泡沫的前驱体，引起很多研究者的关注。Thubsuang 等通过溶胶-凝胶的方法制备聚苯并噁嗪，炭化后得到碳泡沫，并发现有机前驱体和碳泡沫的微观结构都可以通过改变合成过程中的各种参数（如反应物的类型、浓度、温度及催化剂等）来进行控制。Sukanan 等通过聚苯并噁嗪炭化制得碳泡沫，并用其制成了气体传感器。

9.4.3 酚醛基活性碳纤维

活性碳纤维是新一代多孔吸附材料，它是粉状、粒状等活性传统吸附材

---

❶ 1kcal/(m·h·K)=1.163W/(m·K)。

料的更新换代产品。与活性炭相比具有以下特点：①比表面积约比活性炭大两个数量级，吸附位多，吸附容量大；②孔径小且径向开孔使其吸附及脱吸的行程短，吸脱速度快（约为活性炭的10~100倍）；③体积密度小，漏损少，处理速度快，可实现设备小型化、高效化；④强度高，粉尘少，不会造成二次污染。因此活性碳纤维是一种高效且适应范围广的新型吸附材料。

活性碳纤维（ACF）按其原料来源，可以分为黏胶基、聚丙烯腈基、沥青基以及酚醛基四大类型。相比较前三类ACF，酚醛基ACF不仅拉伸强度、断裂伸长率大，而且对苯、碘和亚甲基蓝的综合吸附能力更优。

酚醛树脂属于难石墨化碳，用它很难制造高性能碳纤维，但适宜制造活性碳纤维（ACF）。酚醛基ACF有许多优点：由C、H、O组成，纯度高；强度较高，粉尘与毛丝少；残炭量高，收率高；吸脱速度快，处理量大；透气性好，集尘效果好；柔软，手感好；易深加工，可制得多种产品。

早在1966年，美国金刚砂（Carborundum）公司就开始研制酚醛基ACF，1970年产量已达到20 t/a左右，产品商标为"凯诺尔"（Kynol）。之后，日本与美国合作继续开发酚醛基ACF，其中日本可乐丽化学工业公司产量已达到50 t/a左右，产品商标为"科拉克迪夫"（クラウテイブ）。此外，日本的群荣化学工业株式会社在研究开发领域很活跃，有许多专利报道。我国最早研制酚醛基ACF的单位是上海纺织科学研究院，采用苯酚与甲醛在酸性催化剂（草酸）作用下缩聚为线型酚醛树脂，再与甲醛、盐酸作用交联为不溶不熔的酚醛纤维。目前中国科学院山西煤化学研究所也正在研制高性能酚醛基ACF。国内仍处于研发阶段，还没有商品进入市场。

典型酚醛基ACF制备工艺如下：不溶不熔的Resol树脂或线型热塑性酚醛树脂，经熔纺成纤和交联固化后得到、无取向的酚醛纤维，再经一系列后处理就可得到酚醛碳纤维或酚醛基ACF。例如，用氧含量为15%的线型酚醛纤维经280℃的空气中氧化30min，使其氧含量提高到24%；预氧丝再在氮气保护下进行炭化（300~800℃），得到碳纤维；最后在900℃的水蒸气活化制得ACF。经800℃炭化制得ACF，炭收率高，比表面积也大大高于同一炭化温度下其他原料所制碳纤维；经900℃水蒸气活化后，比表面积高达2000m^2/g左右。

除了用水蒸气以外，酚醛基ACF也可以在酚醛基碳纤维的基础上用二氧化碳等活化制得。Arons等用二氧化碳对酚醛纤维进行活化处理，最大可以达到2800m^2/g的比表面积。Kosuke等采用在碱性条件下对酚醛纤维活化，而相同条件下采用氩气的微波等离子体加热，仅仅用10min就达到很好的活化效果。此外，利用酚醛树脂与其他易降解聚合物共混纺丝也可以得到酚醛基ACF，这种方法不含金属催化剂。Oya采用酚醛树脂/聚苯乙烯树脂（80/20）共混纺丝，后经交联、高温炭化而得到550~682nm孔径的孔状酚醛基ACF。Economy等研究了经过氨水处理过的酚醛基ACF结构的变化，发现对氯化氢、二氧化硫的吸附能力明显提高。

酚醛基活性碳纤维主要是作为高效吸附剂应用于多个领域。

9.4.3.1 制造超级电容器

酚醛基活性碳纤维的比表面积，最高的已接近人们追求的超高比表面积 $3000m^2/g$ 的水平。这种大比表面积、大孔径和高孔容的酚醛基活性碳纤维，除了脱除气体、处理液体外，还可用来制造超级电容器，即双电层电容器（electric double layer capacitor，EDLC）。EDLC 的电容与所用活性碳纤维的比表面积成正比。

发展天然气汽车，其关键技术是提高贮气容器的单位贮气量，这就必须有高吸附容量的新型吸附剂。高密度活性碳纤维成型品的填充密度一般可达 $0.20\sim0.86g/cm^3$（随着制造工艺及成型形态而有所差异），比普通（密度）活性碳纤维制品（纸、布、毡等）的密度要高 2~10 倍，可达到高吸附容量的要求。

9.4.3.2 用于药物的载体

随着生物工程、制药工程等的发展，开发高吸附性的药物载体成为关键技术之一。用活性碳纤维中的中孔活性碳纤维类可以较好地满足这一需求。中孔活性碳纤维及其制品比通常活性碳纤维的孔径大，它可以吸脱大分子物质。吸附剂的孔径越大，被吸附物质的分子量也越大。根据被吸附物质的分子量大小选择不同类型孔径的中孔活性碳纤维制品就可以实现较好的吸脱效果。酚醛类中孔活性碳纤维的制法，如采用所谓的掺混纺丝法，是将酚醛树脂与易热解的热塑性聚合物按一定比例掺混，共同纺丝得混合纤维，再经预氧化、炭化和活化，热塑性聚合物全部逸出，即得酚醛中孔活性碳纤维。例如，将含有一定量抗菌剂（银化合物）的聚乙烯醇缩丁醛与线型酚醛树脂掺混纺丝，所制得的中孔活性碳纤维就具有抗菌、灭菌的效果。

酚醛基 ACF 及其制品具有超大比表面积、孔径尺寸可调控、强度高和柔软等一系列优点，除用于治理环境外，超级电容器等新能源领域中的应用日趋拓宽，其织物还可用来制造耐热、防化防毒、无尘等特种服装。

9.4.4 酚醛玻璃碳

玻璃碳（glassy carbon）又称聚合碳（polymeric carbon），它是由高纯度的交联结构的酚醛树脂（或呋喃树脂）经特殊高温热解制得的。

酚醛树脂基玻璃碳的制备机理为：随着炭化温度的升高，酚醛树脂在分子间脱水而逐渐固化后，继续经历醚化、芳构化、脱氢以及结构重排等过程，从而转变为玻璃碳。对玻璃碳微观结构分析后，认为酚醛树脂基玻璃碳是一种典型的非石墨化碳材料，随着制备温度升高，六元环碳网层面增加，同时碳网层逐渐长大，表现为酚醛树脂基玻璃碳中所含的微晶石墨片层逐渐变得规整、有序，但整体上看其有序度仍有限，只是一种短程有序结构；在电子结构上玻璃碳是以 sp^2 为主的 sp^3 和 sp^2 杂化态碳原子的混合物，同时随着玻璃碳制备温度的升高,会导致 sp^3 杂化态碳原子的减少;微观结构模型可能为类富勒烯结构,即六元环碳网中存在部分五元环和七元环,存在的鞍状结构解释了玻璃碳结构稳定,而表现出化学惰性、高抗氧化性和耐高温性等性能的原因。

近年来,由于玻璃碳的不透气性以及化学惰性、高抗氧化性、耐摩擦性、耐高温性和良好的生物相容性等性能,使得玻璃碳作为不可取代的材料用在环境恶劣的条件下,如用作实验室化学器皿、坩埚和在腐蚀性气体中使用;用作高温高速气体的喷管和输送熔融金属的导管;此外,还能用作电化学电极材料、电容器电极材料和锂离子电池炭负极材料、医学移植材料和 X 射线折射镜材料等。下面以酚醛玻璃碳用作锂离子电池炭负极材料为例,做具体论述。

由酚醛树脂经热裂解制备的玻璃碳电极材料经嵌锂后,可达 C_2Li 状态,理论容量可达石墨电极材料(嵌锂后为 C_6Li 状态,理论容量为 372 mA·h/g)的 3 倍。然而由于酚醛玻璃碳电极材料在首次充放电时,不可逆容量损失较大,且大电流放电迟缓,从而影响了其进一步的应用开发。因而对酚醛树脂热解炭材料进行改性,提高其可逆容量,成为目前人们研究的重点之一。

研究发现,在一些热解炭材料中掺杂一定比例的 P 元素可以提高材料的可逆容量和循环性能,如尹鸽平等将热塑性酚醛树脂溶入有机溶剂中,掺杂不同比例的磷酸,热解炭材料的有序化程度增加,降低了热解产物的不可逆容量损失;李宝华等在热塑性酚醛树脂的甲醇溶剂中掺杂不同比例的 P_2O_5,研究了在低掺杂量下热解炭材料的结构和充放电性能,认为掺磷后裂解产物的层间距减小,石墨化程度减弱。王存国等通过研究不同 P_2O_5 酸化程度下酚醛树脂的裂解产物结构进一步了解到:当 P_2O_5 用量<5%时,所制备的热裂解产物呈无定形结构;当 P_2O_5 用量在 10%~20% 范围内时,所制备的热裂解材料呈片状晶体结构;当 P_2O_5 掺杂量为 40% 时,所制备的热裂解材料呈纳米球状结构,电导率可达 6~7 S/cm。周德凤等研究发现,热解温度 600℃时化学法制备的掺杂 20%磷酸的酚醛树脂热解炭材料表现出良好的充放电性能,首次充放电比容量分别为 1200mA·h/g 和 628 mA·h/g,循环 10 次时可逆比容量为 420 mA·h/g,比同样条件下未掺 P 酚醛树脂热解炭材料的可逆比容量提高 13%。

由于玻璃碳的诸多优点和性能,除了上述单独作为高性能材料使用外,还可以与其他材料相结合,制成新型复合材料,如由玻璃碳与无定形炭组成的复合碳材料——木质陶瓷,就可用作功能材料,如温度-湿度传感材料、电磁屏蔽材料、电子封装材料、高温过滤器材料、催化剂载体及吸声和隔热材料,用作结构材料,如高速列车刹车材料、轮胎防滑链以及医学植入构件等。

开发新型玻璃碳基复合材料也将成为玻璃碳研究领域的一个重要方向。

如将木材或其他木质材料（如农林废弃物烟秆等）和酚醛树脂复合、处理，可获得一种新型玻璃碳基复合材料——木质陶瓷，该材料一方面可有效利用玻璃碳的结构和性能；另一方面可利用木材或烟秆等农林废弃物生产木质陶瓷，具有显著的社会经济效益，同时生成的无定形炭又赋予了玻璃碳基复合材料新的性质和功能，如多孔结构和高比表面积。

9.5 环境友好型酚醛树脂

在酚醛树脂（PF）中，由苯酚和甲醛缩聚反应制取的 PF 最为重要，其应用范围也最为广泛。但是，由于原料、工艺条件等限制，导致 PF 的环保性欠佳。尽管人们通过多种途径来攻克这一难题，但从现有的研究报道来看，采用降低酚醛比、改进工艺以及添加甲醛捕捉剂等方法虽可以降低 PF 中的游离甲醛含量，但其改性效果不够理想。

常用的酚醛树脂主要是醇溶性酚醛树脂，虽然其生产工艺技术比较成熟，但是由于其使用有机溶剂，故生产成本较高，对环境也不利，还存在易燃、易爆等危险性。而使用水溶性酚醛树脂，就避免了上述问题。因此，水溶性酚醛树脂的开发研究和推广应用，符合当今经济、环保的发展要求，具有良好的社会价值。

利用生物质资源（有效成分主要为单宁、植物油、木质素、纤维素以及糖类等）合成或改性 PF 是实现酚醛树脂环保性的重要手段，也是现阶段的研究热点。

9.5.1 水溶性酚醛树脂

用水替代有机溶剂（乙醇等），可以消除或减少有机溶剂的污染，降低生产成本。因此，水溶性酚醛树脂在胶黏剂（用于制备玻璃布、棉布、纸基层压板、纤维板、胶木板和刨花板等）、玻璃纤维黏结剂以及各种涂料等产品中得到广泛应用。近年来国内外研究者都在积极研制和开发水溶性酚醛树脂，并采用多种检测手段对其反应机理和动力学历程进行了深入研究。

针对传统酚醛树脂的缺点（如游离醛含量高、污染环境等），人们开发了一种低毒性、环保型水溶性甲阶酚醛树脂。罗娟等通过优化方案、改进试验条件等手段，制备出新型水溶性酚醛树脂胶黏剂。该产品黏度适中、游离酚含量低，且生产效率明显提高。吴道新等通过选择合适的苯酚与甲醛比例、控制适当的反应温度以及加入 PVA 改性剂等手段，生产出一种综合性能较好的、低毒性的水溶性酚醛树脂胶黏剂。该产品游离醛含量低、黏结性能好。

用水溶性酚醛树脂与聚丙烯酰胺交联的凝胶体系，已成功应用于油田的深部调剖作业。

用线型苯酚酚醛树脂作为丙烯酸酯乳液胶黏剂的固化剂,由此制得的聚酰亚胺挠性覆铜板具有较好的综合性能。但是,由于苯酚酚醛树脂本身颜色深以及游离酚的存在,使覆铜板在加热固化过程中易变色,从而影响了覆铜板的使用性能;而使用水溶性双酚A型酚醛树脂固化剂,则能克服上述缺点,更好地满足挠性覆铜板的生产要求和使用要求。庄永兵等以双酚A、甲醛水溶液为原料,在碱性催化剂作用下,合成出一种新型水溶性双酚A型酚醛树脂。该产品固含量高、水溶性好且贮存期较长,将其作为丙烯酸酯乳液胶黏剂的固化剂,由此制得的聚酰亚胺挠性覆铜板具有制备工艺简单、操作方便和综合性能较好等优点,克服了传统固化剂的不足之处。

李金辉等在硼酸改性酚醛树脂中,引入了豆油和顺丁烯二酸酐加成产物,获得了各项性能指标均较好的水溶性酚醛树脂涂料。

韩星周等采用自制的RAFT链转移剂,先与酚醛环氧树脂进行加成反应,然后通过控制丙烯酸的用量,再对加成后的树脂进行改性,由此制备出的酚醛树脂不仅能溶于水,而且还能溶于乙醇、丙酮等有机溶剂。经210℃热处理10min后,树脂由水溶性变成不溶于水。该树脂有望在水显影热敏树脂体系中得到应用。

保护环境、节能减排是我国当前经济社会发展的一项重要任务,是建立健康有序的生态机制和实现经济、社会及自然环境的可持续发展的重要途径。水溶性酚醛树脂是以水为溶剂,以保护人体健康和降低环境污染为目标而发展起来的,对酚醛树脂工业生产的可持续发展具有重要意义。

9.5.2 生物质资源改性酚醛树脂

生物质改性酚醛树脂在前面已提及或论述过。如前所述,生物质中含有大量的酚或醛结构单元,因此,利用生物质资源合成或改性酚醛树脂,为从本质上解决酚醛树脂的环保问题提供了新的思路和方法,且已成为新型酚醛树脂的研究热点之一。

(1) 单宁 单宁是由植物体内产生的一种复杂天然多酚物质。由于其与酚的化学结构相类似,故具有部分或全部取代常用酚类物质制备酚醛树脂的基本条件和巨大潜力。由于单宁取代了60%苯酚,故改性酚醛树脂胶黏剂中游离酚含量低于0.3%、游离醛含量低于0.2%,即明显低于普通酚醛树脂胶黏剂中的游离酚(醛)含量,是一种新型环保胶黏剂。

(2) 植物油

① 桐油 桐油是我国天然的林副产品,也是可再生资源,并且价格低廉。桐油是多种脂肪酸的混合物,其中桐油酸三甘油酯(即十八碳共轭三烯-9,11,13-酸甘油酯)的质量分数为80%~85%。桐油酸三甘油酯的三个

共轭双键活性很强,在酸催化作用下,很容易与苯酚的邻位、对位氢发生阳离子烷基化反应;然后该改性苯酚与甲醛反应可生成桐油改性酚醛树脂,从而在酚醛树脂分子链上引入了柔性烷基链,克服了酚醛树脂脆性大、韧性差和耐热性不足等缺陷,扩大了其应用领域。

② 腰果(壳)油 腰果壳油是腰果加工过程中的副产物,从腰果壳中萃取得到。其主要成分是腰果酚,具有一定的反应活性,可以和苯酚一样参与酚醛树脂的合成反应。由于其间位上长烷基链的柔韧性,故能够克服纯酚醛树脂的脆性。已用于摩擦酚醛树脂复合材料。

③ 亚麻油 亚麻油的主要成分是亚麻酸和亚麻酸的甘油酯,可作为酚醛树脂的改性剂。

(3) 木质素 木质素是一种可再生的有机资源,其主要成分是苯丙烷三维高分子网状结构,且含有羟基、羧基和羰基等官能团,可发生烷基化、酯化和酰化等反应。因此,木质素既可以作为酚与醛发生反应,又可以作为醛与苯酚发生反应,如此就有可能减少甚至完全代替甲醛和苯酚,从根本上解决甲醛残留和释放等问题。木质素的反应活性欠佳,阻碍了苯酚与甲醛的聚合,因此,近年来许多研究都是先将木质素改性后再用于酚醛树脂的合成体系中,利用木质素分子中含有的酚羟基、醛基以及通过改性来替代酚醛树脂的合成原料——苯酚或甲醛,既能改善酚醛树脂的性能,降低苯酚(或甲醛)的使用量以及减少制品中游离甲醛的释放量(保护环境),又能达到废物再利用的目的。但是,为了促进环保型木质素基酚醛树脂的开发与应用,其相关性能与合成方法还有待于进一步研究。

(4) 糖类

① 淀粉 淀粉完全水解后生成 D-葡萄糖,其具有醛的特性,且还存在大量的羟基,故淀粉在酸性条件下可以和苯酚进行缩聚反应,生成的苯酚淀粉树脂与传统的酚醛树脂相比,耐热性更优,成本低,生物降解性好,且在该树脂的生产和使用过程中不存在甲醛的污染问题,因此,该树脂还具有良好的环境效益。利用廉价的天然高分子淀粉开发高性能的酚醛树脂,一直是科研工作者的目标之一。目前的发展趋势是既要充分利用淀粉的大分子特性,避免过度降解,又要能够在淀粉分子链中引入足够的、均匀分布的化学键,使其与氢键的弱化学作用力能够有效配合。

② 葡萄糖 葡萄糖分子中含有多元醇羟基结构,其中的活性羟基可同时参与苯酚和甲醛的反应,从而代替了甲阶酚醛树脂中的部分活性点,并能引入较大的取代基团,使酚醛树脂间的缩聚反应明显减少,故树脂的贮存稳定性提高,增塑效应明显改善,且游离酚(醛)含量明显降低。

生物质资源在制备高性能环保型酚醛树脂方面显示出较大的优越性,可以预见其具有广阔的发展前景。但由于生物质资源种类和成分的多样性,分离提取、液化、热解以及合成机理的复杂性,导致目前的研究多处在试验阶段,距离人们的要求尚有差距。因此,如何更加充分地提取、分离生物质中的有效成分，提高生物质的利用效率，甚至直接利用生物质制备酚醛树脂材料，是今后科研与发展的艰巨任务。

9.6 酚醛树脂及其材料的绿色化

9.6.1 酚醛树脂的物理循环利用

固化的酚醛树脂经粉碎可以加入酚醛树脂中，加入量在5%～20%之间，不会大大影响树脂的性能，一些实验结果如表9-5所示。最明显的是冲击强度下降较多（非缺口冲击强度），下降量达35%，而缺口冲击强度反而上升（这可能因为改善了裂纹的扩展）；拉伸性能有所降低，尤其对粗填料比较明显。弯曲性能在所列范围内影响不太大，既不受粒子大小的影响，也不受填料量的影响。热变形温度、介电强度、吸水性等不受影响。在加工上，由于加入填料而变得困难，因产生较高的剪切黏度，需要较高的模压力。回收的酚醛树脂粒料也可用在酚醛树脂的复合材料中，粉碎粒子的大小影响增强酚醛树脂产品的性能，酚醛粒子小有利于改善性能。表9-6列出了玻璃纤维增强酚醛树脂（40%玻璃纤维）的性能，在其中加入10%再生酚醛，其性能变化不大。

■表9-5 酚醛粉末填料对树脂性能的影响

试样	弯曲强度/MPa	拉伸强度/MPa	缺口冲击强度/(J/m²)	非缺口冲击强度/(J/m²)	热变形温度/℃
原始酚醛	85.8	46.7	752	3154	115
酚醛+5%粗填料	74.0	23.1	904	1955	110
酚醛+5%中等大小填料	81.2	40.6	1135	2039	107
酚醛+5%细填料	79.1	37.0	967	2376	109
酚醛+10%中等填料	80.5		736	2039	107
酚醛+15%中等大小填料	78.8		820	2018	111
酚醛+20%中等大小填料	77.0		749	1998	109

■表9-6 纤维增强酚醛材料的性能

性能	增强酚醛材料	加10%再生料
拉伸强度/MPa		
RT	94.5	94.4
150℃	63.9	57.1
弯曲强度/MPa		
RT	218.6	200.3
150℃	131.0	121.8

酚醛树脂粉碎粒料既可用在酚醛树脂中，又可用在产品性能要求不高的场合，也可用在沥青中。除此之外，酚醛树脂用于回收能量，酚醛树脂产品的燃烧值是较高的，如表9-7所示。酚醛树脂燃烧会放出CO、NO_x、粒子等，不会放出SO_2、HCl等。

■表9-7　酚醛树脂材料的燃烧特性

增强体	填料	质量比(树脂：纤维：填料)	燃烧值/(kJ/kg)
玻璃纤维	无	1：2：0	19300
无	硅酸钙	1：0：1	13600
无	木粉	1：0：1	22500

在酚醛塑料回收利用方面，美国Rogers和Plaslok公司建立了回收系统。具体利用思路是：Rogers将废酚醛塑料磨细，作为填料掺混到新的酚醛树脂中，回收料用量在10%以下，对性能几乎没有影响。日本也将酚醛塑料粉碎，用作同种材料的填料。在通用酚醛模塑料中，添加回收料，用量达30%，由此生产的模塑料和新料模塑料的性能相比，弯曲强度、冲击强度、吸水性、耐热性均有改善，若回收粒料粒度小于200目（约70μm），可提高拉伸强度和缺口冲击强度。

9.6.2　酚醛树脂的化学循环利用

热固性酚醛塑料是不溶不熔的高分子材料，可以通过裂解加以利用。较早的研究工作是酚醛树脂的利用，酚醛树脂通过化学裂解过程可回收苯酚。酚醛树脂在440～500℃进行加氢分解时，液化率为30%，液体产物中有40%～50%苯酚。用活性炭负载白金作催化剂时，液化率可达80%以上。这是由于酚醛树脂中的—OH或醚键氧、—CH_2OH等基团被吸附在白金催化剂的活性表面上，极大地促进了加氢作用的发生，在交联的亚甲基部位首先发生加氢分解，最先生成酚类，酚类除了苯酚之外，还有高含量甲酚、二甲酚等；其次进行二次热分解和加氢分解，可生成碳氢化合物、环己醇类、气体烃和水。

酚醛树脂模塑料用实验室规模流化床反应器裂解（六亚甲基四胺交联，含45%木粉填料），在722℃进行，产物有24.3%（质量分数）气体、15.8%有机液体、9.2%水、42.2%炭黑和9.5%灰。有机产物包括脂肪族烃5.24%、芳香族化合物2.44%、苯酚8.25%和少量其他化合物；气体是58.4%CO_2及其他可燃气体。

酚醛树脂热解后可产生活性炭。酚醛树脂在600℃高温下裂解30min，即炭化成炭化物，用盐酸溶液将炭化物中的灰分溶解掉，增大炭化物的比表面积，然后在850℃高温下，用水蒸气活化，可得到吸附力强的活性炭，产率达12%，比表面积达1900m^2/g，其对十二烷基苯磺酸钠的吸附能力高于通用活性炭3～4倍。

9.6.3 清洁生产工艺

(1) 微波加热　与传统加热方法相比，利用微波加热可急剧提高分子运动的速率，大大加快反应速率，缩短反应时间，提高单体转化率。因此，利用微波加热合成酚醛树脂不仅可以节约能源、提高生产效率，而且能降低合成过程中酚及醛的挥发量，减少对环境的污染。

(2) 传统生产工艺的改良　采用甲醛的滴加方式使酚醛反应平稳，苯酚始终处于过量的状态，降低了上层清液中游离酚及甲醛的含量；再通过回收和利用酚醛树脂上层清液中的游离单体，在反应温度不变时，延长反应时间，生产的产品可达到改变工艺前所生产的产品质量。从而降低了酚醛树脂生产过程中游离甲醛和苯酚的含量。

酚醛树脂具有辉煌而悠久的历史，其广泛应用对人类有重要的贡献。从用途上来看，从原来模塑料、层压板为主的电气绝缘材料发展到耐烧蚀材料、建筑材料等，尽管各种高性能热塑性塑料曾冲击了酚醛塑料的应用，但是近几年来，人们重新认识到酚醛树脂的耐烧蚀、阻燃、低发烟、高温特性显著等优点，正在不断地开拓其新品种和新应用，可以预见酚醛树脂发展前景良好，尤其在我国仍有很大的发展潜力。

参 考 文 献

[1]　黄发荣，焦扬声. 酚醛树脂及其应用. 北京：化学工业出版社，2003.
[2]　殷荣忠. 酚醛树脂及其应用. 北京：化学工业出版社，1994.
[3]　Reghunadhan Nair C P. Prog Polym Sci，2004，29：401.
[4]　胡平等. 热固性树脂，2006，21 (1)：36.
[5]　[英] 艾伦·哈珀，董雨达等. 树脂传递模塑技术. 哈尔滨：哈尔滨工业大学出版社，2003.
[6]　佘平江等. 航天制造技术，2002，8 (4)：18.
[7]　汪明等. 宇航材料工艺，2003，33 (4)：43.
[8]　丁学文等. 功能高分子学报，2001，14 (1)：105.
[9]　Dailey T，et al. SPI Symposium. 1993.
[10]　Frank J. International SAMPE Technical Conference，1999，31 (10)：26.
[11]　John G. International SAMPE Symposium，1999，44 (5)：23.
[12]　王铁夫等. 复合材料/复合材料，1998，(3)：35.
[13]　吴舜英. 泡沫塑料成型. 北京：化学工业出版社，1992.
[14]　唐路林等. 热固性树脂，2007，22 (3)：30.
[15]　蒋德堂等. 河南科学，2002，20 (2)：140.
[16]　梁明莉等. 北京化工大学学报，2002，29 (1)：47.
[17]　吴培熙. 聚合物共混改性. 北京：中国轻工业出版社，1996.
[18]　肖翠微等. 热固性树脂，2003，18 (5)：1.
[19]　李莹等. 工程塑料应用，2000，28 (4)：14.
[20]　梁命莉等. 北京化工大学学报，2002，29 (1)：47.
[21]　刘浩. 绝缘材料通讯，2000，(2)：12.

[22] 梅启林等. 武汉理工大学学报, 2002, 24 (6): 22.
[23] 孙维钧等. 中国, CN 1102602C. 2003.
[24] 王军晓等. 现代塑料加工应用, 2004, 16 (5): 54.
[25] Yip M, Wu H. Key Engineering Materials, 2007, 334-335: 769.
[26] Yeh M, Tai N, Liu J. Carbon, 2006, 44: 1.
[27] Lin Liu, et al. Polymer Degradation and Stability, 2009, 94: 1972.
[28] Kim Y A, Kamio S, Tajiri T, Hayashi T, Song S M, Endo M, Terrones M, Dresselhaus M S. Applied Physics Letters, 2009, 90: 093125/1-093125/3.
[29] Mathur R B, Singh B P, Dhami T L, et al. Polymer Composites, 2010, 31: 321.
[30] Patton R D, Pittman Jr C U, et al. Composites: Part A, 2002, 33: 243.
[31] Yoonessi M, Toghiani H, et al. Carbon, 2008, 46: 577.
[32] 黄发荣, 周燕等. 先进树脂基复合材料. 北京: 化学工业出版社, 2008.
[33] Pappas J, Patel K, Nauman E B. Journal of Applied Polymer Science, 2005, 95: 1169.
[34] Tasan C C, Kaynak C. Polymer Composites, 2009, 30: 343.
[35] Jiang W, Chen S, Chen Y. Journal of Applied Polymer Science, 2006, 102: 5336.
[36] Choi M H, Chung I J. Journal of Applied Polymer Science, 2003, 90: 2316.
[37] Pittman Jr C U, Li G Z, Cho Ho Souk. Journal of Inorganic and Organometallic Polymers and Materials, 2006, 16: 43.
[38] Zhang Y, Lee S, et al. Polymer, 2006, 47: 2984.
[39] Kuo S, Lin H, et al. Journal of Polymer Science, Part B: Polymer Physics, 2006, 44: 673.
[40] Zhang Y, Lee S H, et al. Journal of Inorganic and Organometallic Polymers and Materials, 2007, 17: 159.
[41] Lin H, Kuo S, et al. Macromolecular Rapid Communications, 2006, 27: 537.
[42] Chiang C, et al. Journal of Polymer Science, Part A: Polymer Chemistry, 2003, 41: 905-913.
[43] Chiang C, Ma C M. Polymer Degradation and Stability, 2004, 83: 207.
[44] He L, Yu L, et al. Materials Science Forum, 2006, 532-533: 329.
[45] Rangari V K, Hassan T A, et al. International Journal of Nanoscience, 2008, 7: 235.
[46] Lin R, Fang L, et al. Polymer International, 2006, 55: 1249.
[47] Ma H, Wei G, et al. Polymer, 2005, 46: 10568.
[48] 孙建涛, 崔红, 李瑞珍. 炭素, 2009, 1: 18-21.
[49] 雷毅, 王俊山. 宇航材料工艺, 2000, 34 (5): 6-9.
[50] 刘锦霞, 陈淳, 孙超明. 功能材料, 2007, 38 (增刊): 3614-3616.
[51] Wang Xinying, Zhong Jiming, Wang Yimin, et al. J Carbon, 2006, 44 (8): 1560-1564.
[52] 唐路林, 邓钢, 李乃宁, 吴培熙. 热固性树脂, 2008, 23 (4): 40-45.
[53] Donghui Long, Xiaojun Liu, Wenming Qiao, Rui Zhang, Liang Zhan, Licheng Ling. Journal of Non-Crystalline Solids, 2009, 335: 1252-1258.
[54] Bruneton E, Tallaron C, Gras-Naulin N, et al. Carbon, 2002, 40 (11): 1919.
[55] Yuichi A, Susumu S. Phenol Resin Foam P. Japan, JP 2001114922. 2001.
[56] Thubsuang Uthen, Chaisuwan Thanyalak Wongkasemjit Sujitra. American Chemical Society. Washington, D. C, 2010, 380: 21-25.
[57] Sukanan Darunee, Sangchutanakit Yonravee, Chaisuwan Thanyalak Wongkasemjit, American Chemical Society. Washington, D. C, 2010, 273: 21-25.
[58] 贺福, 杨永岗. 酚醛基活性碳纤维. 高科技纤维与应用, 2003, 28 (5): 19-25.
[59] Kosuke K, Katsuya K, Kaoru O, et al. Tanso, 2006, (221): 14-18.
[60] Ozaki J, Endo N, Ohizumi W, et al. Carbon, 1997, 35 (7): 1031-1033.

[61] Oya A, Kasahara N, Horigome R. J Mater Sci Lett, 2001, 20 (5): 409-411.
[62] Mangun C L, Benak K L, Economy J, et al. Carbon, 2001, 39 (12): 1809-1820
[63] 雷世文, 郭全贵, 史景利, 宋进仁, 刘朗. 宇航材料工艺, 2009, 5: 32-35.
[64] Yin G P, Zhaou D R, Xia B J, et al. J Battery Bimonthly, 2000, 30 (4): 147.
[65] Li B H, Li K X, Lu K X, et al. J Electrochemistry, 2002, 8 (4): 1415.
[66] 王存国, 袁涛, 赵强, 张萍, 王荣顺. 功能材料, 2008, 39 (10): 1685-1688.
[67] 涂建华, 张利波, 彭金辉, 张世敏, 普靖中, 夏洪应, 马祥元. 炭素技术, 2005, 24 (6): 24-27.
[68] 周德凤, 李晓路, 李连贵, 王荣顺. 分子科学学报, 2005, 21 (5): 24-28.
[69] 董建娜等. 中国胶粘剂, 2009, 18 (10): 37.
[70] 杨光. 北京航空航天大学学报, 2003, 29 (5): 459.
[71] 范东斌等. 林产工业, 2008, 35 (5): 14.
[72] 吴道新等. 应用化工, 2004, 33 (1): 30-31.
[73] 黎钢等. 中国胶粘剂, 2003, 12 (1): 18.
[74] 张建辉等. 林产工业, 2005, 32 (4): 26.
[75] 王慧云等. 石油大学学报: 自然科学版, 2005, 29 (2): 112.
[76] 刘为清等. 西安石油大学学报: 自然科学版, 2006, 21 (6): 61.
[77] 孙丰文, 张齐生, 孙达旺. 林业科技开发, 2006, 20 (6): 50-52.
[78] 黎钢等. 河北工业大学学报, 2002, 31 (4): 37.
[79] Sekimoto A. US 6197425. 2001-03-06.
[80] 庄永兵等. 粘接, 2007, 28 (1): 31.
[81] Teng H. Carbon, 2001, 39 (13): 1981.
[82] Teng H. Carbon, 2000, 38 (6): 817.
[83] 张琳等. 电子元件与材料, 2005, 24 (11): 35.
[84] 戴春岭等. 化工学报, 2008, 59 (4): 1058.
[85] 李金辉等. 电镀与精饰, 2005, 27 (1): 35.
[86] 韩星周等. 影像技术, 2007, (5): 16.
[87] 董建娜等. 中国胶粘剂, 2009, 18 (10): 37.
[88] Kim S. Construction and Building Materials, 2008, 22 (10): 2141.
[89] 胡思海等. 中国胶粘剂, 2009, 18 (10): 42.
[90] Bjiwe J, Nighi, Majumdar N, et al. Wear, 2005, 259 (7-12): 1068-1078.
[91] Munoz J C, Ku H, Cardona F, et al. Journal of Materials Processing Technology, 2008, 202 (1): 486.
[92] Ahmad S, Ashraf S M, Kumar G S, et al. Studies on epoxy—butylated melamine formaldehyde-based anticorrosive coatings from a sustainable resourceJ. Progress in Organic Coatings, 2006, 56 (2-3): 207.
[93] Alonso M V, Oliet M, Garcia J, et al. Gelation and isoconversional kinetic analysis of lignin-phenol—formaldehyde resol resins cure. Chemical Engineering Journal, 2006, 122 (3): 159.
[94] Cavdara A D, Kalaycioglu H, Hiziroglu S. Some of the properties of oriented strandboard manufactured using kraft lignin phenolic resin. Journal of Materials Processing Technology, 2008, 202 (1): 559.
[95] 陈盛明, 张新民. 酚醛树脂的绿色化研究. 塑料工业, 2005, 9: 8-10.
[96] 黄发荣. 高分子材料的循环利用. 北京: 化学工业出版社, 2000.

附 录

附录一 酚醛树脂材料的主要原材料

1. 酚类化合物

(1) 苯酚 (phenol)

苯酚的化学式为 C_6H_5OH，相对分子质量为94.11，凝固点为40.9℃，沸点为182.2℃，闪点为79℃，着火点为605℃，相对密度 d_4^{25} 为1.055，爆炸极限为2%~10%（体积分数）。

苯酚又称石炭酸。纯苯酚为无色针状晶体，具有特殊的气味，在空气中受光的作用逐渐变为浅红色，有少量氨、铜、铁存在时则会加速变色过程，因此苯酚与含铁、含铜的容器或反应器接触，往往变色。苯酚易于潮解，苯酚含有水分时，则其熔点急剧下降，一般每增加0.1%的水，将降低0.4℃左右。苯酚易溶于极性有机溶剂，能溶于乙醇、乙醚、氯仿、丙三醇、冰醋酸、脂肪油、松节油、甲醛水溶液及碱的水溶液，但不溶于脂肪烃溶剂。

(2) 工业酚 (industrial phenol)

工业酚是从煤焦油中精馏得到，为苯酚和甲酚的混合物，其中苯酚70%、甲酚30%（甲酚有邻位、对位和间位异构体）。其为红棕色油状物，有毒性，腐蚀力强。稍溶于水，能溶于醇和醚。工业酚应符合附表1的要求。

■附表1 工业酚的质量指标

指　　标	数值	备注
馏程[大气压力101324.7Pa（1atm），体积分数]/%		
180℃前	≤10	
180~190℃	≥60	使用时测含水量
200℃后残留物	≤5	
酚-甲酚含量（按无水计）/%	≥98	
苯酚含量/%	≥65	

(3) 甲酚 (cresol)

甲酚的化学式为 $CH_3C_6H_4OH$，相对分子质量为108.1，间位含量不小于 40%，结构有邻位、间位和对位，其异构体的一些性能如附表 2 所示。甲酚外观为无色或棕褐色的透明液体，工业用甲酚是在 185～205℃时蒸馏煤焦油所得的混合甲酚，有邻甲酚、间甲酚和对甲酚，其比例为 35%～40%、40%、25%。混甲酚中的三个组分的沸点不同，邻位易蒸馏分离，但对位、间位不能蒸馏分离出来，因其沸点接近，不易分离。但通过制成相应的磺酸化合物可将其分离，分离复杂昂贵，无商业价值。生产苯酚树脂时，也采用这种混合物，用邻甲酚和对甲酚与甲醛作用只能生成线型树脂，间甲酚有三个反应点，可与甲醛缩聚生成热固性树脂，所以作为制造热固性酚醛树脂的混甲酚，其间甲酚的含量应高（大于 40%），间位含量越高，反应越快，凝胶时间短，反应也越完全，缩聚程度高，游离酚含量少。甲酚在水中的溶解度要低于苯酚，其毒性和腐蚀性与苯酚相似。甲酚蒸气对呼吸道、眼睛的黏膜特别有害，在使用时必须有防护措施。

■附表 2　甲酚异构体的一些物理性能

性能指标	邻甲酚	间甲酚	对甲酚
相对密度（20℃/4℃）	1.047	1.034	1.034
熔点/℃	30	11～12	35.5
沸点/℃	191～192	202.0	202.3
闪点/℃	81～83	86	187°F①
折射率（20℃）	1.553	1.5398	1.5395
溶解性	均溶于醇、醚、氯仿，微溶于水，溶于氢氧化钠水溶液		

① $t/℃ = \frac{5}{9}(t/°F - 32)$。

(4) 二甲酚（xylenol）

二甲酚为无色或棕褐色的透明液体，主要用于制造油溶性树脂，用量较少，化学式为 $(CH_3)_2C_6H_3OH$，相对分子质量为 122.16，沸点为 211～225℃，有六种异构体。结构不同，其反应活性不一样，形成的聚合物的结构也不一样，其中 3,5-二甲酚有三个反应点，能与醛反应生成交联型树脂；2,3-二甲酚、2,5-二甲酚、3,4-二甲酚有两个反应点，与甲醛反应只能生成线型热塑性树脂；2,4-二甲酚、2,6-二甲酚仅有一个反应点，与甲醛反应不能形成树脂。二甲酚是从煤焦油分离苯酚和甲酚后剩下的高沸点馏分，呈油状液体，其腐蚀性及毒性与苯酚相似，接触时应注意安全，防止灼伤皮肤。其性能如附表 3 所示。二甲酚也可通过化学合成来制备，如用苯酚与甲醇反应可制备二甲酚。

■附表 3　二甲酚的物理性质

性质	2,3-二甲酚	2,4-二甲酚	2,5-二甲酚	2,6-二甲酚	3,4-二甲酚	3,5-二甲酚
熔点/℃	75.0	26.0	74.5	49.0	65.0	63.2
沸点/℃	218.0	211.5	211.5	212.0	225.0	220.2

(5) 间苯二酚（resorcinol）

间苯二酚为无色或白色针状结晶，味甜，相对分子质量为 110，纯间苯二酚熔点为 109～111℃，沸点为 280℃，相对密度（15℃）为 1.2717，与甲醛反应活性高。在空气中迅速变色（红色），与光或/和铁接触变成浅红色，易溶于水、醇、醚、甘油，微溶于氯仿，部分溶于苯。用间苯二酚（resorcinol）制造的树脂可室温固化，可用于生产船龙骨和横梁，树脂的黏结力强，可用作黏结剂。

(6) 烷基或芳烷基苯酚（alkyl, aryl phenol）

烷基苯酚主要用在特殊的场合。烷基的存在给予酚特殊的优点，例如对叔丁基苯酚用在压敏带上作增黏剂；对叔辛基苯酚用于汽车和货车的轮胎；壬基苯酚广泛应用于非离子表面活性剂多聚乙二醇和它的缩聚物中，在醇酸树脂出现之前，也用于作表面涂层树脂。对位取代酚醛树脂也被广泛用于改性松香等。

一些烷基或芳烷基苯酚的物理性质如附表 4 所示。这些酚可广泛应用于油溶性树脂，并以对位取代酚使用最多。

■附表 4　一些烷基或芳烷基苯酚的物理性质

取代苯酚	相对分子质量	熔点/℃	沸点/℃
对叔丁基苯酚	150.2	98～99	237
对叔辛基苯酚	206.3	85	290
对叔戊基苯酚		93	255
对仲丁基苯酚		60～62	240～242
对环己基苯酚		132～133	
对壬基苯酚		220.2	295
对苄基苯酚		84	193～195 (18mmHg)

(7) 双酚 A（bisphenol A）

双酚 A 为白色结晶，微具有酚气味及苦味，相对分子质量为 228.3，相对密度为 1.195（25℃/25℃），熔点为 153℃，沸点为 220℃（4 mmHg），闪点为 175°F❶。能溶于醇、乙酸、醚、丙酮和碱性溶液，微溶于四氯化碳，不溶于水。在室温下微溶于苯、甲苯、二甲苯，但在加温下，溶解度急剧提高，工业上利用此特性来提纯双酚 A。

2. 醛类

(1) 甲醛（formaldehyde）

甲醛的化学形式如附表 5 所示。

甲醛的化学式为 HCHO，其相对分子质量为 30.03，室温下是无色气体，−19℃液化，−118℃凝固（结晶）。低温或常温易聚合，＞100℃不聚合，气体在 400℃以上再分解。实验室甲醛可通过分解聚甲醛来获得甲醛气体。甲醛易溶于水、醇等，不溶于丙酮、氯仿和苯。甲醛是制造酚醛树脂的基本原料，市场上一般以水溶液形式出现，它为无色或乳白色的液体，甲醇含量一般≤12%。通常使用的是浓度为 37%（质量分数）的甲醛水溶液，也称福尔马林液。甲醛溶液有腐蚀性，遇铜、铁、镍、锌等易变色，因此甲

---

❶ $t/℃=\dfrac{5}{9}(t/℉-32)$。

■附表5　用于制备酚醛树脂的各种甲醛原料

类型	化学分子式	树脂制备 优点	缺点
气体甲醛	CH_2O		不稳定
福尔马林 36%	$HO(CH_2O)_nH$, $n≈2$	易操作，中等反应性，RT下稳定	水含量高
50%	$HO(CH_2O)_nH$, $n≈3$	可提高生产能力	升温贮存，易形成甲酸
多聚甲醛	$HO(CH_2O)_nH$, $n≈20～100$	可提高生产能力，无水	高反应活性（要注意危险），可固体操作
三聚甲醛	$(CH_2O)_3$	无水	需催化剂，成本高
六亚甲基四胺	$(CH_2)_6N_4$	自动催化	结合进胺

醛溶液的贮运应装在铝或不锈钢、玻璃、搪瓷或陶瓷等容器内，也可用耐酸砖和水泥涂沥青槽来贮存。甲醛溶液是具有特殊刺激性的液体，能刺激眼睛和呼吸道黏膜。空气中有 0.00125mg/L 甲醛时，就能刺激视觉器官，甲醛蒸气在空气中的最大允许浓度为 0.005mg/L，与皮肤接触会引起皮炎。甲醛放置时间过长或在气温较低时，会逐渐形成乳白色或微黄色沉淀的聚甲醛，因此，在冬季应注意温度不低于 5℃，否则易析出聚甲醛。此外，甲醛的聚合与甲醇含量多少有关，甲醇可作为稳定剂，阻止聚合发生。甲醛浓度小于 30% 时，在室温下可不加甲醇，当浓度为 37%，温度要保持在 37℃ 左右，以避免沉淀出聚合物，温度低应加大甲醇量。甲醛溶液中一般甲醇含量应小于 7%～12%，若甲醇含量过高又会影响甲醛和酚类的缩聚能力。商业甲醛溶液的相对密度为 1.098，闪点为 60～80℃，甲醛含量 37.1%〔质量分数，40.8%（体积分数）〕，甲醇含量 7.5%，甲酸含量 0.04%。甲醇与甲醛水合物（甲二醇）可生成甲基醚，从而阻止了聚合体分子链的增长：

$$HOCH_2OH + CH_3OH \rightleftharpoons HOCH_2OCH_3$$

一般用于制树脂的甲醛中的甲酸含量应小于 0.05%（质量分数），pH 值应在 2.8～4.0 之间。

(2) 多聚甲醛（paraformaldehyde）

多聚甲醛在化学上是聚氧亚甲基二醇 $HO[CH_2O]_nOH$，$n=10～100$，可以是不同细度的白色粉末，甲醛含量 90%～97%，自由水含量 0.2%～4%，相对密度为 1.2～1.3，熔点为 120～170℃，闪点为 160°F（闭环），有甲醛气味。多聚甲醛在空气中会慢慢解聚，受热解聚大大加快，它慢慢地溶于冷水，较快地溶于热水，同时发生水解和解聚。稀酸和碱将加快在水中的溶解速度。多聚甲醛不溶于丙酮、醇和醚，能溶于碱金属碳酸盐。多聚甲醛可以通过甲醛溶液的真空蒸馏和浓缩来制备，商业多聚甲醛的甲醛含量不应少于 95%。多聚甲醛一般不用于树脂的生产（因价格高），但用在特殊场合，如生产高固体含量树脂或低水含量树脂。多聚甲醛还可用作交联剂如作 Novolac 树脂、间苯二酚树脂的交联剂。

(3) 三聚甲醛（三氧六环，trioxane）

三聚甲醛为白色结晶，有氯仿气味，熔点为 62～64℃，沸点为 115℃。易溶于水、醇、醚、丙酮、氯仿、二硫化碳、芳香烃或其他有机溶剂，微溶于石油醚和戊烷，与水能形成共沸物（沸点 91.4℃，70%）。三氧六环对热非常稳定，但少量强酸能引起三聚甲醛解聚，生成甲醛，其转化程度随酸的浓度而变化，其水溶液也能被强酸逐渐解聚，但与碱无反应。多聚甲醛或甲醛溶液（60%～65%）在 2%的硫酸作用下进行加热可制得三聚甲醛。它可用作酚醛树脂的固化剂，也用于缩醛树脂的原材料。

(4) 乙醛（acetaldehyde）

乙醛的相对分子质量为 44.05，一般为 40%的水溶液，无色液体，有窒息性气味，能与水、醇、乙醚、氯仿等混合，易燃易挥发，易氧化成乙酸，在室温下放置一段时间，会产生聚合现象，使液体发生浑浊、沉淀而变质，在空气中允许浓度为 200μL/L，爆炸极限为 40%～57%。乙醛可由乙醇氧化制得。

(5) 三聚乙醛（paraacetaldehyde）

三聚乙醛是无色透明液体，有强烈的芳香气味，有不适之味，能与乙醇、乙醚、氯仿和油类混合，能溶于水。相对密度为 0.9940（20℃/20℃），熔点为 12℃，沸点为 124.3℃，折射率（20℃）为 1.4049，闪点为 96℉。与稀盐酸共同加热或加入几滴硫酸即分解成乙醛。当有棕色或有乙酸气味时，不宜再用。

(6) 糠醛（furfural）

糠醛为无色且具有特殊气味的液体，在空气中逐渐变成深褐色。糠醛可由玉米芯、棉籽壳、稻壳、甘蔗渣等农副产品经酸溶液处理，使其中多缩戊糖在酸性介质中加热脱水而成。糠醛除含醛基外，尚有双键存在，故反应能力很大。苯酚与糠醛缩合的树脂，具有较高的耐热性。糠醛还可作为酚醛塑料粉中的增塑剂。其结构式为 CH=C(CHO)—O—CH=CH，熔点为 −36.5℃，沸点为 162℃，相对密度 d_4^{20} 为 1.159。

3. 固化剂

(1) 苯胺（aniline）

苯胺又名阿尼林，其化学式为 $C_6H_5NH_2$，相对分子质量为 93.21。

苯胺为油状液体，是一种极毒品，初期为无色，露置在空气和日光下，能迅速变为棕色，它由硝基苯经铁粉还原而制得。苯胺甲醛树脂具有良好的高频绝缘性和耐水性，又可作为酚醛树脂的改性剂。

生产酚醛树脂要求苯胺是浅黄色到浅棕红色油状透明液体；苯胺含量≥98%，水分含量≤1.0%。

(2) 六亚甲基四胺（hexamethylenetetramine，HMTA）

六亚甲基四胺又名乌洛托品，化学式为 $(CH_2)_6N_4$，相对分子质量为 140.9，相对密度为 1.39。它是无色结晶，在空气中加热可升华（263℃），并伴有少量的分解，不熔化；在封闭管中 280℃以上分解。其易溶于水、乙醇、氯仿，溶解度随温度变化，微溶于醚、芳香烃。通常其纯度为99%，含有少量甲醛和氨。它的水溶液呈微碱性，5%~40%溶液的pH值为8.0~8.5。它用作酚醛树脂的交联剂或固化剂，能像甲醛一样与酚反应，并放出氨气。它接触皮肤会引起皮炎。

(3) 三聚氰胺（melamine）

三聚氰胺又名三聚氰酰胺、蜜胺，化学式为$C_3H_6N_6$，相对分子质量为126.1，相对密度（25℃）为1.573，熔点<250℃。其为白色柱状结晶，微溶于水，极微溶于热醇，不溶于醚、四氯化碳和苯。三聚氰胺可用于合成树脂。

附录二 国内外主要酚醛树脂生产厂家及其相关产品

（因篇幅有限，故具体产品及应用信息不一一列出，读者需要时请参见其网站介绍）

1. 国外酚醛树脂生产厂家及其相关产品

■国外生产酚醛树脂的各大公司及其相关产品

	公 司	商品名	公司网址
美国	Borden Inc.	Durite	http://www.bordenchem.com; http://www.hexionchem.com/products
	Dyno-polymers Co.		
	Georgia-pacific Ltd.		www.gp.com; www.gp.com/chemical/indres.html
	Nest Resin Ltd.		
	Occidental Chemical Ltd.	Occupy	
	Plastics Engineering Co.	Plenco	
日本	大日本油墨株式会社		www.dic.co.jp; www.dic.co.jp/en/products/phenol/index.html
	住友Durez	Superbakasite	
	松下电工	Durez	
	日立化成	National	www.hitachi-chem.co.jp; www.hitachi-chem.co.jp/english/products/mrc/001.html
	三新化学工业株式会社	Stanrdlite	
英国	B.P. Plastics Ltd.	Cellobond	
	ICI Ltd.	Bedesol	
	UCC Ltd.	Bakelite	
德国	Dynamit Nobel AG	Irolitan	
	Bakelande AG	Bakelite	
	Hoechst AG	Hostaset	
	BASF AG		
法国	CdF Chimie	Novsophen	
荷兰	Coroden N.Y. Co.	Coropa	
挪威	Norsk Spaeng Stofind A.S.	Dynoform	

2. 国内酚醛树脂生产厂家及其相关产品

■国内生产酚醛树脂的主要公司及其相关产品

编号	公司名称	主要产品	备注
1	山东圣泉化工股份有限公司	电木粉、酚醛模塑料、摩擦材料用树脂、摩擦粉、耐火材料树脂、磨具磨料用树脂、铸造覆膜砂树脂、保温\隔热\隔声\绝缘材料、工业层压和浸渍用树脂、玻璃钢用树脂、环氧树脂中间体用酚醛树脂	摘自公司网站
2	上海欧亚合成材料有限公司	酚醛模塑料产品（通用类、耐热类、耐冲击类、电气/电子类、特种类）	摘自公司网站
3	浙江南方塑胶制造有限公司	酚醛树脂、酚醛模塑料	摘自公司网站
4	重庆大方合成化工有限公司	钻井液用磺甲基酚醛树脂、酚醛树脂、酚醛模塑料、注塑料	摘自公司网站
5	常熟东南塑料有限公司	FRP 新一代酚醛树脂、摩阻材料用酚醛树脂、磨料磨具用酚醛树脂、纺织纤维毡用酚醛树脂、酚醛模塑料（通用类、耐热类、增强类、特种类）	摘自公司网站
6	广州精细化学工业公司	酚醛树脂：DF-99、10# 树脂、G 型脂、齿轮脂、耐酸脂、R-1 树脂、镁酚醛树脂、水乳型酚醛树脂、S 系列水溶性树脂	摘自公司网站
7	杭州萧山达利化工有限公司	酚醛树脂：2183、2123、2183、6810、2127 改性腰果油树脂	摘自公司网站
8	河北龙港工贸有限公司	耐火材料系列酚醛树脂；刹车片、离合器片、摩阻材料专用酚醛树脂；磨具磨料系列酚醛树脂；铸造覆膜砂专用酚醛树脂；酚醛模塑料专用酚醛树脂；树脂毛毡、汽车内饰专用酚醛树脂；岩棉、玻璃棉专用酚醛树脂；防腐工程专用酚醛树脂	摘自公司网站
9	河南邦得化工有限公司	耐火材料专用酚醛树脂、摩擦材料专用酚醛树脂、磨具专用酚醛树脂	摘自公司网站
10	江门市昆益树脂材料科技有限公司	磨具磨料用酚醛树脂、摩擦材料用酚醛树脂、壳模铸造用酚醛树脂、电木成型用酚醛树脂、耐火断热用酚醛树脂、发泡用酚醛树脂、CCL 含浸用酚醛树脂、FRP 复合材用酚醛树脂、纤维含浸定型用酚醛树脂、弹波用酚醛树脂、高纯度（电子级）酚醛树脂	摘自公司网站
11	山东莱芜润达化工有限公司	耐火材料用酚醛树脂、摩擦材料用酚醛树脂、铸造材料用酚醛树脂、磨具磨料用酚醛树脂、轮胎工业用橡胶增黏树脂、轮胎工业用橡胶补强树脂、涂覆磨具用酚醛树脂、浸纸专用酚醛树脂、纺织助剂用酚醛树脂、电碳专用酚醛树脂、电子材料用酚醛树脂、油田固砂用酚醛树脂	摘自公司网站
12	上海双树塑料厂	酚醛树脂、酚醛模塑料（通用类、耐热类、电气类、特种类）	摘自公司网站
13	上海新华树脂厂	酚醛树脂（2402、2407、2408、201、202、2120、2126、284）	摘自公司网站

续表

编号	公司名称	主要产品	备注
14	山东潜力化工有限公司	酚醛树脂（QF-111、TQF-118、QF-108、QF-101、FQE-7618等多种）	摘自公司网站
15	福建沙县宏盛塑料有限公司	酚醛模塑料（模压型、注射型）	摘自公司网站
16	浙江嘉民塑胶有限公司	酚醛树脂、酚醛模塑料（日用类、电气类、绝缘类、阻燃及耐热类、特种类）	摘自公司网站
17	江苏力强化工有限公司	酚醛模塑料（一般类、注塑粉等系列）	摘自公司网站
18	昆山申华树脂有限公司	酚醛模塑料（通用类、耐热类、特种类）	摘自公司网站
19	浙江长雄塑料有限公司	酚醛模塑料（PF2A2-131、PF2A1-131、PF2A2-141等）	摘自公司网站
20	中国台湾长春企业集团	成型材料用酚醛树脂、壳模铸造用酚醛树脂、砂轮用酚醛树脂、液体酚醛树脂、酚醛模塑料（无氨类、强度用及特殊用、耐热类、电气用、一般用）	摘自公司网站

附录三　酚醛树脂及其材料测试标准和酚醛模塑料试验与性能

1. 酚醛树脂及其材料相关的测试标准

酚醛树脂及其制品非常多，其测试的有关标准也很多，包括合成树脂、增强材料及其复合材料等。本附录列出酚醛树脂及其制品的国内外标准，其中包括：

① ISO——国际标准组织（International Standards Organization）；

② GB——中华人民共和国国家标准，GJB——国家军用标准，JC——部颁标准，HG——中华人民共和国化工行业标准，QJ——中华人民共和国航天行业标准，SY——中华人民共和国石油天然气行业标准，YB——中华人民共和国冶金行业标准；

③ ASTM——美国测试与材料协会（American Society for Testing and Materials）；

④ BS——英国标准协会（British Standards Institution）；

⑤ DIN——联邦德国标准（Deutsche Normenausschuss）；

⑥ EN——欧洲标准（European Standard）；

⑦ JIS——日本工业标准（Japanese Industrial Standards）；

⑧ ANSI——美国国家标准学会（American National Standards Institute）。

(1) 酚醛树脂的测试标准

① 国际标准

序号	标准名称	标准号
1	酚醛树脂、氨基树脂和缩合树脂游离甲醛含量的测定	ISO 11402—2004
2	塑料 酚醛树脂用气体色谱法测定残余酚的含量	ISO 8974—2002
3	塑料 非泡沫塑料的密度测定方法 第1部分：浸渍法、液体比重瓶法和滴定法	ISO 1183-1—2004
4	塑料 非泡沫塑料的密度测定方法 第2部分：密度梯度管法	ISO 1183-2—2004
5	塑料 非泡沫塑料的密度测定方法 第3部分：气体比重瓶法	ISO 1183-3—1999
6	塑料 酚醛树脂 使用自动装置对规定条件下酚醛树脂凝胶时间的测定	ISO 9396—1997
7	用巴科尔压痕器测定硬质塑料压印硬度的标准试验方法	ASTM D 2583—1995
8	塑料和硬质胶 用硬度计测定针入硬度［肖氏（SHORE）硬度］	ISO 868—2003
9	塑料和电绝缘材料洛氏硬度的标准试验方法	ASTM D 785—2003
10	塑料 硬度测定 第1部分：压球法	ISO 2039-1—2001
11	塑料 液体或乳液或分散型树脂 第1部分：布鲁克菲尔得（BROOKFIELD）试验法测定表观黏度	JIS K 7117-1—1999
12	涂料的试验方法 液体涂料试验（化学试验除外）测定高剪切速率下涂料黏度 锥形和板式黏度计	BS 3900-A7.1—2000
13	黏度测定 Hoeppler 滚球式黏度计法	DIN 53015—2001
14	玻璃毛细管运动黏度计操作说明书和标准规范	ASTM D 446—2004
15	透明和不透明液体运动黏度（和动黏度的计算）的标准试验方法	ASTM D 445—2004
16	使用 Stabinger 黏度计测定液体的动态黏度和密度的标准试验方法（和运动黏度的计算）	ASTM D 7042—2004
17	福特黏度杯测定黏度的标准试验方法	ASTM D 1200—1994
18	液体黏度测定方法	BS 188—1976
19	塑料耐化学试剂性能的标准试验方法	ASTM D 543—1995
20	液体设备用的玻璃纤维增强结构用热固性树脂耐化学腐蚀性测定的标准实施规范	ASTM C 581—2003
21	塑料 吸水性的测定	ISO 62—1999
22	塑料 吸水率的标准试验方法	ASTM D 570—1998
23	用微力拉伸塑料测量塑料的拉伸特性的标准试验方法	ASTM D 1708a—2002
24	用玻璃硅膨胀计测定塑料在 −30℃ 和 30℃ 之间的线性热膨胀的标准试验方法	ASTM D 696—2003
25	体积膨胀试验方法	ASTM D 864—52
26	塑料在水平位置时燃烧速率和/或燃烧蔓延程度及燃烧时间的标准试验方法	ASTM D 635—2003
27	电绝缘用硬质薄板及板材的标准试验方法	ASTM D 229—2001
28	塑料类似蜡烛燃烧时所需最低氧气浓度测量的标准试验方法（氧指数）	ASTM D 2863—2000
29	建筑材料表面燃烧特性的标准试验方法	ASTM E 84—2005
30	利用辐射热能源对材料表面易燃性的标准试验方法	ASTM E 162a—2002
31	设备零件用塑料材料的易燃性试验	ANSI/UL 94—2003
32	建筑材料和构件的燃烧试验 外部屋顶着火试验方法和分类	BS 476-3—2004
33	建筑材料和构件燃烧试验 第7部分：测定制品火焰表面蔓延分类的试验方法	BS 476-7—1997
34	塑料燃烧或分解所产生的烟雾密度的标准试验方法	ASTM D 2843—1999
35	固体电绝缘材料的耐高压低电流干电弧性能的测试方法	ASTM D 495—1999
36	固体电绝缘材料(恒定电介质)的交流损耗特性和介电常数的标准试验方法	ASTM D 150—1998

续表

序号	标准名称	标准号
37	在直流电压作用下固体电绝缘材料的介电击穿电压及介电强度的标准试验方法	ASTM D 3755—1997
38	固体电绝缘材料在商用电源频率下的介电击穿电压和介电强度的标准试验方法	ASTM D 149a—1997
39	用冲击波测定电气固体绝缘材料的电介质击穿电压和介电强度的试验方法(10.02)	ANSI/ASTM D 3426—1995
40	绝缘材料的直流电阻或电导率的标准试验方法	ASTM D 257—1999
41	固体电绝缘材料的体积电阻率与表面电阻率试验方法	BS 6233—1982
42	塑料设计数据表示方法推荐标准 第2部分:电气特性 第4节:表面电阻率	BS 4618-2.4—1975
43	电气绝缘材料试验方法 固体电气绝缘材料的体积电阻率和表面电阻率	DIN IEC 60093—1993
44	绝缘材料的试验方法 固体电绝缘材料的体积电阻率和表面电阻率的试验方法	NF C26-215—1982
45	透明液体颜色的标准试验方法(加德纳色标)	ASTM D 1544—2004
46	澄清液色度的标准试验方法(铂钴标度)	ASTM D 1209—2005

② 国内标准

序号	标准名称	标准号
1	酚醛树脂 pH 值的测定	HG/T 2501—1993
2	气相色谱法测定酚醛树脂中残留苯酚含量	HG/T 2621—1994
3	酚醛树脂中游离甲醛含量的测定	HG/T 2622—1994
4	210 松香改性酚醛树脂	HG/T 2705—1995
5	液体酚醛树脂水混溶性的测定	HG/T 2710—1995
6	液体酚醛树脂非挥发物的常规测定	HG/T 2711—1995
7	液态和溶液状酚醛树脂黏度的测定	HG/T 2712—1995
8	酚醛树脂在玻璃板上流动距离的测定	HG/T 2753—1996
9	酚醛树脂中六亚甲基四胺含量的测定	HG/T 2755—1996
10	用自动测定仪测定酚醛树脂给定温度下的凝胶时间	HG/T 2756—1996
11	酚醛树脂在乙阶转变试板上反应活性的测定	HG/T 2757—1996
12	酚醛树脂萃取液电导率的测定	HG/T 2905—1997
13	气相色谱法测定酚醛树脂中残留苯酚含量	HG/T 2621—1994
14	酚醛树脂聚合速度试验方法	HG 5-1338—1980
15	高黏度酚醛树脂黏度试验方法	HG 5-1339—1980
16	低黏度酚醛树脂黏度试验方法	HG 5-1340—1980
17	酚醛树脂中水分含量测定方法	HG 5-1341—1980
18	酚醛树脂中游离苯酚含量测定方法	HG 5-1342—1980
19	烧蚀材料用酚醛树脂测试方法 固体含量测试	GJB 1059.1—90
20	烧蚀材料用酚醛树脂测试方法 黏度测试	GJB 1059.2—90
21	烧蚀材料用酚醛树脂测试方法 游离苯酚测试	GJB 1059.3—90
22	烧蚀材料用酚醛树脂测试方法 凝胶时间测试	GJB 1059.4—90
23	烧蚀材料用酚醛树脂测试方法 碱金属、碱土金属测试	GJB 1059.5—90
24	烧蚀材料用酚醛树脂规范	GJB 1331—91
25	高纯酚醛树脂规范	GJB 2369—95
26	酚醛树脂的红外指数测定方法	QJ 1606—1989
27	钻井液用磺甲酚醛树脂	SY/T 5094—1995
28	耐火材料用酚醛树脂	YB/T 4131—2005

(2) 增强材料的测试标准

① 国际标准

序号	标准名称	标准号
1	原色玻璃织物标准规范	ASTM D 579—2004
2	玻璃纤维丝标准规范	ASTM D 578—2005
3	坯布机织玻璃纤维带的标准规范	ASTM D 580—2004
4	塑料增强用机织玻璃纤维织物 第2部分:退浆织物规范	BS 3396-2—1987

② 国内标准

序号	标准名称	标准号
1	无碱玻璃纤维纱	JC/T 169—1994
2	无碱玻璃纤维布	JC/T 170—2002
3	无碱玻璃纤维无捻粗纱	JC/T 277—1994
4	无碱玻璃纤维无捻粗纱布	JC/T 281—1994
5	无碱玻璃纤维带	JC/T 174—2005
6	无碱玻璃纤维套管	JC 175—1973
7	玻璃纤维制品试验方法	JC 176—1980
8	高强玻璃纤维纱（S玻璃纤维纱）	GJB 83—86
9	连续玻璃纤维纱	GB/T 18371—2001
10	石英玻璃纤维纱规范	GJB 2467—95
11	无碱玻璃纤维纱	JC/T 169—1994
12	中碱玻璃纤维纱	JC/T 575—1994
13	高硅氧连续玻璃纤维纱	JC/T 1089—2008
14	连续玻璃纤维纱	GB/T 18371—2008
15	玻璃纤维无捻粗纱布	GB/T 18370—2001
16	玻璃纤维无捻粗纱	GB/T 18369—2001
17	中碱玻璃纤维无捻粗纱	JC/T 278—1994
18	无碱玻璃纤维无捻粗纱	JC/T 277—1994
19	无碱玻璃纤维无捻粗纱布	JC/T 281—1994
20	耐碱玻璃纤维无捻粗纱	JC/T 572—2002
21	无碱玻璃纤维带外观规定	JC 285—1980
22	夹层结构平拉强度试验方法	GB/T 1452—2005
23	夹层结构或芯子平压性能试验方法	GB/T 1453—2005
24	夹层结构侧压性能试验方法	GB/T 1454—2005
25	夹层结构或芯子剪切性能试验方法	GB/T 1455—2005
26	夹层结构弯曲性能试验方法	GB/T 1456—2005
27	夹层结构滚筒剥离强度试验方法	GB/T 1457—2005
28	夹层结构或芯子密度试验方法	GB/T 1464—2005
29	玻璃纤维布不平度试验方法	JC/T 339—1983
30	增强制品试验方法 第3部分：单位面积质量的测定	GB/T 9914.3—2001
31	增强材料 机织物试验方法 第1部分：玻璃纤维厚度的测定	GB/T 7689.1—2001
32	增强材料 机织物试验方法 第2部分：经、纬密度的测定	GB/T 7689.2—2001
33	增强材料 机织物试验方法 第3部分：宽度和长度的测定	GB/T 7689.3—2001
34	增强材料 机织物试验方法 第4部分：弯曲硬挺度的测定	GB/T 7689.4—2001

续表

序号	标准名称	标准号
35	增强材料 机织物试验方法 第5部分：玻璃纤维拉伸断裂强力和断裂伸长的测定	GB/T 7689.5—2001
36	增强材料 纱线试验方法 第1部分：线密度的测定	GB/T 7690.1—2001
37	增强材料 纱线试验方法 第2部分：捻度的测定	GB/T 7690.2—2001
38	增强材料 纱线试验方法 第3部分：玻璃纤维断裂强力和断裂伸长的测定	GB/T 7690.3—2001
39	增强材料 纱线试验方法 第4部分：硬挺度的测定	GB/T 7690.4—2001
40	增强材料 纱线试验方法 第5部分：玻璃纤维纤维直径的测定	GB/T 7690.5—2001
41	增强材料 纱线试验方法 第6部分：捻度平衡指数的测定	GB/T 7690.6—2001
42	玻璃纤维毡试验方法 第1部分：苯乙烯溶解度的测定	GB/T 6006.1—2001
43	玻璃纤维毡试验方法 第2部分：拉伸断裂强力的测定	GB/T 6006.2—2001
44	玻璃纤维毡试验方法 第3部分：厚度的测定	GB/T 6006.3—2001

(3) 酚醛树脂复合材料的测试标准

① 国际标准

序号	标准名称	标准号
1	耐腐蚀设备用接触模压的增强热塑性层压材料标准规范	ASTM C 582—2002
2	电绝缘用层压圆棒的标准试验方法	ASTM D 349—1999
3	电绝缘用刚性管的标准试验方法	ASTM D 348—2000
4	用分离盘法进行环状或管状和增强塑料表观拉伸强度的试验方法	ANSI/ASTM D 2290—2004
5	聚合母体混合材料抗拉特性的标准试验方法	ASTM D 3039/D 3039M—2000
6	塑料试验方法 第10部分：玻璃纤维增强塑料 试验方法1003：拉伸性能测定	BS 2782-10 Method 1003—1977
7	塑料试验方法 第3部分：机械性能 试验方法341A：增强塑料表观层间剪切强度测定	BS 2782-3 Method 341A—1977
8	纺织玻璃纤维增强塑料、预浸料、模塑料和层压塑料 纺织玻璃纤维和矿物质填料含量的测定 煅烧法	ISO 1172—1996
9	增强热固性塑料模制部件中可视缺陷分类的标准操作规程	ASTM D 2562—1994
10	玻璃纤维增强塑料层压零件中可见缺陷分类的标准操作规程	ASTM D 2563—1994
11	纤维缠绕"纤维玻璃"（玻璃纤维增强热固性树脂管）标准规范	ASTM D 2996—2001
12	绕组线玻璃纤维（玻璃纤维增强热固性树脂）管件和配件规范（08.04）	ANSI/ASTM D 2996—2001
13	增强的塑料容器及桶的设计和结构规范	BS 4994—1987
14	印制电路板用覆箔板	BS 4584
15	塑料 酚醛模塑制品 游离氨和铵化合物的测定 比色法	ISO 120:1977
16	塑料 热固性模塑料 收缩率的测定	ISO 2577:1984
17	塑料 机加工试样的制备	ISO 2818:1994
18	塑料 多用途试样	ISO 3167:1993
19	塑料 氨基模塑料 挥发物的测定	ISO 3671:1976
20	塑料 用氧指数法测定燃烧性能 第2部分：室温试验	ISO 4589-2:1996
21	塑料 三聚氰胺甲醛模塑料 可萃取甲醛的测定	ISO 4614:1977

续表

序号	标准名称	标准号
22	塑料 硬质塑料穿孔冲击性能的测定 第2部分：仪器冲击试验	ISO 6603-2:2000
23	塑料 热固性模塑料 传递流动性的测定	ISO 7808:1992
24	塑料 拉伸冲击强度的测定	ISO 8256:1990
25	塑料 粉状热固性模塑料（PMCs）注塑试样 第1部分：总则和多用途试样制备	ISO 10724-1:1998
26	塑料 粉状热固性模塑料（PMCs）注塑试样 第2部分：小方板	ISO 10724-2:1999
27	塑料 热机分析 第2部分：线性热膨胀系数和玻璃化转变温度的测定	ISO 11359-2:1999
28	测定固体绝缘材料电阻的试验方法	IEC 60167:1964
29	变压器和开关装置用的未使用过的矿物绝缘油规范	IEC 60296:1982

② 国内标准

序号	标准名称	标准号
1	玻璃纤维增强塑料透光率试验方法	JC/T 782—1987
2	纤维增强塑料密度和相对密度试验方法	GB/T 1463—2005
3	增强塑料巴科尔硬度试验方法	GB/T 3854—2005
4	玻璃纤维增强塑料耐水性试验方法	GB/T 2575—1989
5	纤维增强塑料吸水性试验方法	GB/T 1462—2005
6	玻璃纤维增强塑料湿热试验方法	GB/T 2574—1989
7	纤维增强塑料性能试验方法总则	GB/T 1446—2005
8	纤维增强塑料拉伸性能试验方法	GB/T 1447—2005
9	纤维缠绕增强塑料环形试样拉伸试验方法	GB/T 1458—1988
10	纤维缠绕增强塑料环形试样制作方法	GB/T 2578—1989
11	定向纤维增强塑料拉伸性能试验方法	GB/T 3354—1999
12	单向纤维增强塑料弯曲性能试验方法	GB/T 3356—1999
13	纤维增强塑料弯曲性能试验方法	GB/T 1449—2005
14	纤维缠绕增强塑料环形试样拉伸试验方法	GB/T 1458—1988
15	纤维缠绕增强塑料环形试样剪切试验方法	GB/T 1461—1988
16	纤维增强塑料压缩性能试验方法	GB/T 1448—2005
17	单向纤维增强塑料平板压缩性能试验方法	GB/T 3856—2005
18	单向纤维增强塑料层间剪切强度试验方法	JC/T 773—1982
19	纤维增强塑料层间剪切强度试验方法	GB/T 1450.1—2005
20	纤维增强塑料纵横剪切试验方法	GB/T 3355—2005
21	纤维增强塑料冲压式剪切度试验方法	GB/T 1450.2—2005
22	纤维增强塑料简支梁式冲击韧性试验方法	GB/T 1451—2005
23	纤维增强塑料平均线膨胀系数试验方法	GB/T 2572—2005
24	纤维增强塑料导热系数试验方法	GB/T 3139—2005
25	纤维增强塑料平均比热容试验方法	GB/T 3140—2005
26	纤维增强塑料术语	GB/T 3961—1993
27	玻璃纤维增强塑料大气暴露试验方法	GB/T 2573—1989
28	纤维增强塑料树脂不可溶分含量试验方法	GB/T 2576—2005
29	地面用玻璃纤维增强塑料压力容器	JC 717—1990

续表

序号	标准名称	标准号
30	碳纤维增强塑料树脂含量试验方法	GB/T 3855—2005
31	绝缘材料电气强度试验方法 第1部分:工频下试验	GB/T 1408.1—2006
32	绝缘材料电气强度试验方法 第2部分:对应用直流电压试验的附加要求	GB/T 1408.2—2006
33	绝缘材料电气强度试验方法 第3部分:1.2/50μs脉冲试验补充要求	GB/T 1408.3—2007
34	测量电气绝缘材料在工频、音频、高频(包括米波波长在内)下电容率和介质损耗因数的推荐方法	GB/T 1409—2006
35	固体绝缘材料体积电阻率和表面电阻率试验方法	GB/T 1410—2006
36	干固体绝缘材料 耐高电压、小电流电弧放电的试验	GB/T 1411—2002
37	玻璃钢空隙含量试验方法	JC/T 287—1981
38	玻璃钢蜂窝芯子吸水性试验方法	JC/T 289—1981
39	玻璃纤维增强塑料耐水性加速试验方法	GB/T 10703—1989
40	碳纤维增强塑料树脂含量试验方法	GB/T 3855—2005
41	玻璃纤维增强塑料层合板层间拉伸强度试验方法	GB/T 4944—2005
42	纤维增强塑料薄层板压缩性能试验方法	GB/T 5258—1995
43	预浸料凝胶时间试验方法	JC/T 774—2004
44	预浸料树脂流动度试验方法	JC/T 775—2004
45	纤维增强热固性塑料管轴向拉伸性能试验方法	GB/T 5349—2005
46	纤维增强热固性塑料管轴向压缩性能试验方法	GB/T 5350—2005
47	纤维增强热固性塑料管短时水压失效压力试验方法	GB/T 5351—2005
48	纤维增强热固性塑料管平行板外载性能试验方法	GB/T 5352—2005
49	纤维增强塑料燃烧性能试验方法 炽热棒法	GB/T 6011—2005
50	预浸料挥发物含量试验方法	JC/T 776—2004
51	预浸纱带拉伸强度试验方法	JC/T 777—2004
52	纤维缠绕压力容器制备和内压试验方法	GB/T 6058—2005
53	预浸料树脂含量试验方法	JC/T 780—2004
54	纤维增强塑料层合板螺栓连接挤压强度试验方法	GB/T 7559—2005
55	酚醛模塑料试样制备和性能测定	GB/T 1402.2—2008	ISO 14526-2:1999
56	塑料 非泡沫塑料密度的测定 第1部分:浸渍法、液体比重瓶和滴定法	GB/T 1033.1—2008	ISO 1183-1:2004,IDT
57	塑料 吸水性的测定	GB/T 1034—2008	ISO 62:2008,IDT
58	塑料 拉伸性能的测定	GB/T 1040—2006	ISO 527:1993,IDT
59	塑料 简支梁冲击性能的测定	GB/T 1043.1—2008	ISO 179-1:2000,IDT
60	塑料 粉状酚醛模塑料	GB/T 1404—2008	ISO 14526:1999,IDT
61	绝缘材料电气强度试验方法	GB/T 1408—2006	IEC 60243:1998,IDT
62	测量电气绝缘材料在工频、音频、高频(包括米波波长在内)下介电常数和介质损耗因数的推荐方法	GB/T 1409—2006	IEC 60250:1969,MOD
63	固体绝缘材料体积电阻率和表面电阻率试验方法	GB/T 1410—2006	IEC 60093:1980,IDT
64	塑料 负荷变形温度的测定	GB/T 1634—2004	ISO 75:2003,IDT
65	塑料 硬度测定 第1部分:球压痕法	GB/T 3398.1—2008	ISO 2039-1:2001,IDT
66	固体绝缘材料在潮湿条件下相比电痕化指数和耐电痕化指数的测定方法	GB/T 4207—2003	IEC 60112:1979,IDT
67	电工电子产品着火危险试验	GB/T 5169—2008	IEC 60695:2003,IDT

续表

序号	标准名称	标准号
68	塑料 热固性塑料试样的压塑	GB/T 5471—2008	ISO 295:2004,IDT
69	塑料 模塑材料体积系数试验方法	GB/T 8324—2008	ISO 171:1980,IDT
70	塑料弯曲性能试验方法	GB/T 9341—2000	ISO 178:1993,IDT
71	固体非金属材料暴露在火焰源时的燃烧性试验方法清单	GB/T 11020—2005	IEC 60707:1999,IDT
72	塑料 蠕变性能的测定 第1部分：拉伸蠕变	GB/T 11546.1—2008	ISO 899-1:2003,IDT
73	塑料 可比单点数据的获得和表示 第1部分：模塑材料	GB/T 19467.1—2004	ISO 10350-1:1998,IDT

2. 酚醛模塑料试验与性能

（1）酚醛模塑料性能与试验条件

编号	1	2	3	4	5	6	7
	性能	符号	标准	试样规格/mm	加工方法①	单位	试验条件及补充说明
1	流动和工艺性能						
1.1	模塑收缩率	S_{Mo}	ISO 2577:1984	120×120×2 GB/T 5471—2008 E2型	Q	%	2个互相垂直方向的平均值
1.2		S_{Mp}	见脚注②	60×60×2 ISO 10724-2:1999 D2型	M		与熔融流动方向平行
1.3		S_{Mn}					与熔融流动方向垂直
2	力学性能						
2.1	拉伸模量	E_t	GB/T 1040.1—2006	ISO 3167:1993 A型或从 GB/T 5471—2008 E型制得	Q/M	MPa	试验速度 1mm/min
2.2	拉伸强度	σ_B	GB/T 1040.2—2006				试验速度 5mm/min
2.3	拉伸应变	ε_B				%	
2.4	拉伸蠕变	E_{tc}	GB/T 11546.1—2008			MPa	1h时 / 应变≤0.5%
2.5		$E_{tc}\times 10^3$					1000h时
2.6	弯曲模量	E_f	GB/T 9341—2000	80×10×4	Q/M	MPa	试验速度 2mm/min
2.7	弯曲强度	σ_{fM}					
2.8	简支梁冲击强度	α_{cU}	GB/T 1043.1—2008	80×10×4			侧向冲击
2.9	简支梁缺口冲击强度	α_{cA}		80×10×4 机加工V-缺口 $r=0.25$	Q/M	kJ/m²	
2.10	拉伸冲击强度	α_{tI}	ISO 8256:1990	80×10×4 机加工双V-缺口 $r=1$			记录简支梁缺口冲击试验未能被破坏的情况

续表

编号	1	2	3	4	5	6	7
	性能	符号	标准	试样规格/mm	加工方法[①]	单位	试验条件及补充说明
2	力学性能						
2.11	穿孔冲击性能峰值力	F_M	ISO 6603-2:2000	60×60×2 从 ISO 295 制备的 E2 型制得或为 ISO 10724-2:1999 的 D2 型	Q/M	N	最大力	冲锤速度 4.4m/s；冲锤直径 20mm，润滑冲锤。夹紧试样防止其外侧部位发生任何平面外的移动
2.12	峰值能量	W_P				J	最大力减少 50% 后的穿刺能量
3	热性能						
3.1	负载热变形温度	$T_f 1.8$	GB/T 1634.2—2004	80×10×4	Q/M	℃	1.8 最大表面应力	对平放试样加载
3.2		$T_f 8.0$					8.0	
3.3		α_O		60×10×2 从 GB/T 5471—2008 E2 型 120×120×2 制得	Q	—	记录温度范围 23~55℃ 的正割值
3.4	线膨胀系数	α_p	ISO 11359-2:1999	60×10×4 从 ISO 3167:1993 A 型制得	℃$^{-1}$	平行于熔融流体方向	
3.5		α_p		60×10×2 从 ISO 10724-2:1999 D2 型 60×60×2 制得	M	平行于熔融流体方向	
3.6		α_n				垂直于熔融流体方向	
3.7	燃烧性	$B_{50/3.0}$	GB/T 5169.16—2008	125×13×3	Q	—	记录其中一个级别：V-0; V-1; HB40; 或 HB75(V-2 不适用于热固性塑料)
3.8		$B_{50/x}$		不同厚度x的附加样品			
3.9		$B_{500/3.0}$	GB/T 5169.17—2008	≥150×≥150×3	Q	—	记录其中一个级别：5VA; 5VB 或 N
3.10		$B_{500/x}$		不同厚度x的附加样品			
3.11	氧指数	$O/23$	ISO 4589-2:1996	80×10×4	Q/M	%	用程序 A：顶部点火
4	电性能						
4.1	相对介电常数	$\varepsilon_r 100$	GB/T 1409—2006	≥60×≥60×1 或 ≥60×≥60×2	Q/M	100Hz	对电极边缘效应进行补偿 1min 数值
4.2		$\varepsilon_r 1M$			Q/M	1MHz	
4.3	介质损耗因数	$\tan\delta 100$			Q/M	100Hz	—
4.4		$\tan\delta 1M$				1MHz	
4.5	体积电阻率	ρ_e	GB/T 1410—2006	≥60×≥60×1 或 ≥60×≥60×2	Q/M	Ω·cm	1min 数值
4.6	表面电阻率	σ_e				Ω	电压 500V	使用接触电极长 50 mm，宽 1~2mm，间隔 5mm	1min 数值

续表

编号	1 性能	2 符号	3 标准	4 试样规格/mm	5 加工方法①	6 单位	7 试验条件及补充说明
4	电性能						
4.7	电气强度	E_S1	GB/T 1408.1—2006	≥60×≥60×1	Q/M	KV/mm	用直径 20mm 的球形电极浸入与 IEC 60296 一致的变压器油中；电压升压速度 2kV/s
4.8		E_S2		≥60×≥60×2			
4.9	耐电痕化指数	PTI	GB/T 4207—2003	≥15×≥15×4 从 GB/T 5471—2008 E4 型的 120×120×4 或 ISO 3167:1993 A 型制得	Q/M	—	使用 A 溶液
5	其他性能						
5.1	吸水性	W_W124	GB/T 1034—2008	60×60×1 从 GB/T 5471—2008 E1 型 120×120×1 或 ISO 10724-2:1999 D1 型 60×60×1 制得	Q/M	mg	浸入 23℃水中 24h
5.2		W_W24				%	
5.3	密度	ρ_m	GB/T 1033.1—2008	≥10×≥10×4 从 GB/T 5471—2008 E4 型 120×120×4 或 ISO 3167:1993 A 型的中心部分制得	Q/M	g/cm³	

① Q=压塑成型；M=注射成型。
② 准备制定为国家标准。

■附加性能与试验条件

编号	1 性能	2 符号	3 标准	4 试样规格/mm	5 加工方法①	6 单位	7 试验条件及补充说明
1	流动和工艺性能						
1.1	表观密度	ρ_u	GB/T 1636—2008	模塑料	—	g/cm³	—
1.2	体积系数	γ	GB/T 8324—2008		—	g/cm³	体积系数$\gamma=\rho_m/\rho_u$(ρ_m见表3的5.3)
1.3	传递流动性	F_{tr}	ISO 7808:1992			%	—
2	力学性能						
2.1	球压痕硬度	$H_{961/30}$	GB/T 3398.1—2008	≥20×≥20×4	Q/M	MPa	压痕负荷 961N，压痕时间 30s
3	燃烧性						
3.1	可燃性（炽热棒）	BH	GB/T 11020—2005	(125±5)×10×4 从 ISO 3167:1993A 型或 GB/T 5471—2008 E4 型≥120×≥120×4 制得	Q/M	—	BH 法

续表

编号	1	2	3	4	5	6	7
	性能	符号	标准	试样规格/mm	加工方法[①]	单位	试验条件及补充说明
4	电性能						
4.1	绝缘电阻	R_{25d}	IEC 60167:1964	≥50×75×4	Q	Ω	电压500V 1min 数值 干法,方法1
4.2		R_{25W}					干法,方法2
5	其他性能						
5.1	游离氨	m_{EAM}	ISO 120:1977	≥120×≥120×4 GB/T 5471—2008 E4型	Q	%	将一个有代表性的模塑样品磨碎成粉状
				ISO 3167:1993 A型	M		
5.2	挥发物	m_V	ISO 3671:1976				无
5.3	可萃取甲醛 用水	$m_{E/WF}$					
5.4	用乙酸	$m_{E/AAF}$	ISO 4614:1977				无
5.5	用乙醇	$m_{E/ALF}$					

① Q=压塑成型； M=注射成型。

(2) 粉状酚醛模塑料的性能要求

■含有 (WD+MD) 或 (LF+MD) 填料的粉状酚醛模塑料的性能要求

编号	性能	单位	加工方法[①]	最大或最小	1	2	3	4
					型号：模塑料 GB/T 1404.1—2008-PF…			
					(WD30+MD20)~(WD40+MD10)	(WD30+MD20),X,E~(WD40+MD10),X,E	(WD30+MD20),X,A~(WD40+MD10),X,A	(LF20+MD25)~(LF30+MD15)
1	流动和工艺性能							
1.1	供需双方商定							
2	力学性能							
2.1	拉伸断裂应力 σ_B	MPa	Q	≥	40	40	40	40
			M	≥	50	50	50	50
2.2	弯曲强度 σ_{fM}	MPa	Q	≥	70	70	70	70
			M	≥	80	80	80	80
2.3	简支梁冲击强度 σ_{cU}	kJ/m²	Q	≥	4.5	4.5	4.5	4.5
			M	≥	5.0	5.0	5.0	5.0
2.4	简支梁缺口冲击强度 σ_{cA}	kJ/m²	Q	≥	1.3	1.3	1.3	2.5
			M	≥	1.3	1.3	1.3	2.5
3	热性能							
3.1	负荷变形温度 $T_f 1.8$	℃	Q/M	≥	160	160	160	160
3.2	负荷变形温度 $T_f 8.0$	℃	Q/M	≥	115	115	115	110

续表

编号	性能	单位	加工方法①	最大或最小	1 (WD30+MD20)~(WD40+MD10)	2 (WD30+MD20),X,E~(WD40+MD10),X,E	3 (WD30+MD20),X,A~(WD40+MD10),X,A	4 (LF20+MD25)~(LF30+MD15)
					型号：模塑料 GB/T 1404.1—2008-PF…			
3	热性能							
3.3	可燃性（炽热棒）BH	—	Q/M	≤	BH 2~10	BH 2~10	BH 2~10	BH 2~30
4	电性能							
4.1	介质损耗因数 $\tan\delta 100$	—	Q/M	≤	—	0.10	—	—
4.2	介质损耗因数 $\tan\delta 1M$	—	Q/M	≤	—	0.10	—	—
4.3	体积电阻率 ρ_V	Ω·cm	Q/M	≥	—	10^{11}	—	—
4.4	表面电阻率 ρ_S	Ω	Q/M	≥	10^9	10^{10}	10^9	10^8
4.5	电气强度 $E_S 2$	kV/mm	Q/M	≥	—	10	—	—
4.6	耐电痕化指数 PTI	—	Q/M	≥	125	125	125	125
5	其他性能							
5.1	吸水性	mg	Q/M	≤	100	100	100	150
5.2	$W_W 24$	%	Q/M	≤	—	—	—	—
5.3	游离氨 $m_E AM$	%	Q/M	≤	—	—	0.02	—

① Q=压塑成型； M=注射成型。

注：1. 试样制备和性能测定的方法见 GB/T 1404.2—2008。

2. 考虑到模塑和注塑材料的特性指标范围的差异，即测试结果中可能的变化和材料本身隐含特性的较宽范围之间的差异，因此具有相同名称的材料，不应当视作绝对的等同。

3. 表中 2.4、3.1 和 4.5 行为强制性能项目及指标值。

■含有（SC+LF）、SS、PF 或（LF+MD）填料的粉状酚醛模塑料的性能要求

编号	性能	单位	加工方法①	最大或最小	5 (SC20+LF15)~(SC30+LF05)	6 SS40~SS50	7 PF40~PF60	8 (LF20+MD25)~(LF40+MD05)
					型号：模塑料 GB/T 1404.1—2008-PF…			
1	流动和工艺性能							
1.1	供需双方商定							
2	力学性能							
2.1	拉伸断裂应力 σ_B	MPa	Q	≥	35	30	30	35
			M	≥	45	45	40	45

附录

续表

编号	性能	单位	加工方法[①]	最大或最小	5 型号：模塑料 GB/T 1404.1—2008-PF… (SC20+LF15) ~ (SC30+LF05)	6 SS40 ~ SS50	7 PF40 ~ PF60	8 (LF20+MD25) ~ (LF40+MD05)
2	力学性能							
2.2	弯曲强度 σ_{fM}	MPa	Q M	≥ ≥	70 80	60 70	50 60	70 80
2.3	简支梁冲击强度 σ_{cU}	kJ/m²	Q M	≥ ≥	5.5 6.0	7.0 9.0	2.5 3.5	5.5 6.0
2.4	简支梁缺口冲击强度 σ_{cA}	kJ/m²	Q M	≥ ≥	4.0 4.0	7.0 7.0	1.5 1.5	2.8 2.8
3	热性能							
3.1	负荷变形温度 $T_f 1.8$	℃	Q/M	≥	160	160	170	160
3.2	负荷变形温度 $T_f 8.0$	℃	Q/M	≥	110	115	130	115
3.3	可燃性（炽热棒）BH	—	Q/M	≤	BH 2~30	BH 2~30	BH 1	BH 2~30
4	电性能							
4.1	介质损耗因数 $\tan\delta 100$	—	Q/M	≤	—	0.10	—	—
4.2	介质损耗因数 $\tan\delta 1M$	—	Q/M	≤	—	0.10	—	—
4.3	体积电阻率 ρ_V	Ω·cm	Q/M	≥	—	10^{11}	—	—
4.4	表面电阻率 ρ_S	Ω	Q/M	≥	10^8	10^8	10^{11}	10^8
4.5	电气强度 $E_S 2$	kV/mm	Q/M	≥	—	—	10	—
4.6	耐电痕化指数 PTI	—	Q/M	≥	125	125	175	125
5	其他性能							
5.1	吸水性 $W_W 24$	mg	Q/M	≤	150	200	30	150
5.2		%	Q/M	≤	—	—	—	—
5.3	游离氨 $m_E AM$	%	Q/M	≤	—	—	—	—

① Q=压塑成型；M=注塑成型。

注：1. 试样制备和性能测定的方法见 GB/T 1404.2—2008。

2. 考虑到模塑和注塑材料的特性指标范围的差异，即测试结果中可能的变化和材料本身隐含特性的较宽范围之间的差异，因此具有相同名称的材料，不应当视作绝对的等同。

3. 表中 2.4、3.1 和 4.5 行为强制性能项目及指标值。

■含有（GF+GG）或（GF+MD）填料的粉状酚醛模塑料的性能要求

编号	性能	单位	加工方法①	最大或最小	9	10	11	12
				型号：模塑料 GB/T 1404.1—2008-PF…	(GF20+GG30)~(GF30+GG20)	(GF30+MD20)~(GF40+MD10)	—	—
1	流动和工艺性能							
1.1	供需双方商定							
2	力学性能							
2.1	拉伸断裂应力 σ_B	MPa	Q M	≥ ≥	50 60	80 90		
2.2	弯曲强度 σ_{fM}	MPa	Q M	≥ ≥	80 90	140 150		
2.3	简支梁冲击强度 σ_{cU}	kJ/m²	Q M	≥ ≥	6.0 7.0	13.0 15.0		
2.4	简支梁缺口冲击强度 σ_{cA}	kJ/m²	Q M	≥ ≥	1.5 1.5	3.0 3.5		
3	热性能							
3.1	负荷变形温度 $T_f 1.8$	℃	Q/M	≥	190	210		
3.2	负荷变形温度 $T_f 8.0$	℃	Q/M	≥	140	160		
3.3	可燃性（炽热棒）BH	—	Q/M	≤	BH 1	BH 1		
4	电性能							
4.1	介质损耗因数 $\tan\delta 100$	—	Q/M	≤	0.25	0.25		
4.2	介质损耗因数 $\tan\delta 1M$	—	Q/M	≤	0.20	0.20		
4.3	体积电阻率 ρ_V	Ω·cm	Q/M	≥	10^{11}	10^{12}		
4.4	表面电阻率 ρ_S	Ω	Q/M	≥	10^{10}	10^{11}		
4.5	电气强度 $E_s 2$	kV/mm	Q/M	≥	10	10		

续表

编号		性能	单位	加工方法①	最大或最小	9	10	11	12
						型号：模塑料 GB/T 1404.1—2008-PF…			
						(GF20+GG30)~(GF30+GG20)	(GF30+MD20)~(GF40+MD10)	—	—
4	电性能								
4.6		耐电痕化指数 PTI	—	Q/M	≥	175	150		
5	其他性能								
5.1		吸水性	mg	Q/M	≤	30	30		
5.2		W_W24	%		≤	—	—		
5.3		游离氨 m_EAM	%	Q/M	≤	—	—		

① Q=压塑成型； M=注射成型。

注：1. 试样制备和性能测定的方法见 GB/T 1404.2—2008。

2. 考虑到模塑和注塑材料的特性指标范围的差异，即测试结果中可能的变化和材料本身隐含特性的较宽范围之间的差异，因此具有相同名称的材料，不应当视作绝对的等同。

3. 表中2.4、3.1和4.5行为强制性能项目及指标值。

(3) 酚醛模塑料出厂检验项目

编号	项目名称	出厂检验项目									
		1	2	3	4	5	6	7	8	9	10
1	流动和工艺性能										
1.1	供需双方商定										
2	力学性能										
2.1	拉伸断裂应力σ_B										
2.2	弯曲强度σ_{fM}										
2.3	简支梁冲击强度α_{cU}										
2.4	简支梁缺口冲击强度α_{cA}	√	√	√	√	√	√	√	√	√	√
3	热性能										
3.1	负荷变形温度$T_f1.8$	√	√	√	√	√	√	√	√	√	√
3.2	负荷变形温度$T_f8.0$										
3.3	可燃性（炽热棒）BH										
4	电性能										
4.1	介质损耗因数 $\tan\delta 100$										
4.2	介质损耗因数 $\tan\delta 1M$										
4.3	体积电阻率ρ_V		√				√		√	√	√
4.4	表面电阻率ρ_S		√				√		√	√	√
4.5	电气强度E_S2		√				√		√	√	√
4.6	耐电痕化指数 PTI										
5	其他性能										
5.1	吸水性W_W24										
5.2											
5.3	游离氨m_EAM			√							

注：标有"√"者为出厂检验项目。

(4) 酚醛模塑料命名对照

■采用粉状酚醛模塑料的国家标准和国际标准命名对照

国家或国际标准	1	2	3	4	5
	型号:模塑料 GB/T 1404.1—2008-PF…				
ISO 14526-3:1999	(WD30+MD20)~(WD40+MD10)	(WD30+MD20),X,E~(WD40+MD10),X,E	(WD30+MD20),X,A~(WD40+MD10),X,A	(LF20+MD25)~(LF30+MD15)	(SC20+LF15)~(SC30+LF05)
ISO 800:1992	PF 2A1	PF 2A2	PF 1A1	PF 2D2	PF 2D3
ASTM D 4617:1996	—	—	—	—	—
BS 771:1992	PF 2A1	PF 2A2	PF 1A1	PF 2D2	PF 2D3
DIN 7708-2:19975	31	31.5	31.9	51	84
JIS K 6915:1993	PM-GG	PM-GE	PM-EG-R	PM-ME	PM-MI
NF T 53-010:1992	PF 2A1	PF 2A2	PF 1A1	PF 2D2	PF 2D3
ISO 14526-3:1999	SS40~SS50	PF40~PF60	(LF20+MD25)~(LF40+MD05)	(GF20+GG30)~(GF30+GG20)	(GF30+MD20)~(GF40+MD10)
ISO 800:1992	PF 2D4	PF 2C3	—	PF 2C4	—
ASTM D 4617:1996	—	—	—	—	—
BS 771:1992	PF 2D4	PF 2C3	—	PF 2C4	—
DIN 7708-2:19975	74	13	83	12	—
JIS K 6915:1993	—	—	—	PM-HH	—
NF T 53-010:1992	PF 2D4	PF 2C3	—	PF 2C4	—

参 考 文 献

[1] 王顺亭, 杨学忠, 庄瑛, 彭永利. 树脂基复合材料. 北京: 中国建材工业出版社, 1997.
[2] 中华人民共和国国家标准.
[3] American Society for Testing and Materials Standards.
[4] International Standards Organization Standards.
[5] 中国标准出版社. 塑料标准大全: 合成树脂. 北京: 中国标准出版社, 1999.

附录四 酚醛树脂有关的出版物

1. 国内外期刊

■国内外涉及酚醛树脂主题的部分主要刊物

序号	国际刊物	序号	国内刊物
1	Journal of applied polymer science	1	航空材料学报
2	Carbon	2	宇航材料工艺
3	Polymer	3	塑料工业
4	Journal of materials science	4	热固性树脂
5	Wear	5	中国塑料
6	Composites science and technology	6	玻璃钢/复合材料
7	Polymer composites	7	工程塑料应用
8	Materials science and engineering a-structural materials properties microstructure and processing	8	机械工程材料
9	Polymer degradation and stability	9	高分子学报
10	European polymer journal	10	复合材料学报
11	Journal of hazardous materials	11	高分子通报
12	Journal of polymer science, part b-polymer physics	12	黏合剂
13	New carbon materials	13	材料工程
14	Journal of chromatography	14	高分子材料科学与工程
15	Journal of polymer science, part a-polymer chemistry	15	功能高分子学报
16	Journal of reinforced plastics and composites	16	塑料工程学报

2. 专著

■国内外出版的有关酚醛树脂的专著

序号	专著名称	作者	出版年份	出版社
1	Phenolic Resins: A Century of Progress	Louis Pilato	2010	Springer-Verlag
2	Phenolic Composites	Trevor Starr, Ken Forsdyke	1997	Chapman & Hall
3	Phenolic Resins: Chemistry, Applications and Performance	A. Knop, L. Pilato	1985	Springer-Verlag
4	高性能酚醛树脂及其应用技术	唐路林,李乃宁,吴培熙	2008	化学工业出版社
5	酚醛树脂及其应用	黄发荣,焦扬声	2003	化学工业出版社
6	酚醛树脂及其应用	殷荣忠,山永年,毛乾聪,方燮奎	1994	化学工业出版社